藏

蕴含千载民俗文化精髓
承载百姓生活吉祥心愿

中华民俗

老黄历

任丙未 编

第四版

气象出版社
China Meteorological Press

内容简介

本书详细介绍了我国传统天文历法知识、岁时民俗、饮食民俗、服饰民俗、礼仪民俗，既系统梳理了源远流长、绚丽多姿的中华民俗文化的历史和现状，又重点展示了若干具有代表性的民俗文化，还以小百科的形式补充介绍了与各种民俗文化相关的小知识，最后附有2023—2040年历表，含公历、农历、星期、节气等多个项目。本书语言通俗，图文并茂，信息量大，于字里行间展现出一幅浩瀚生动的中华民俗文化历史画卷，是一本很实用的中华传统民俗文化全书。

图书在版编目（CIP）数据

中华民俗老黄历 / 任丙未编. -- 4版. -- 北京 : 气象出版社, 2022.11（2024.2重印）
ISBN 978-7-5029-7691-0

Ⅰ. ①中… Ⅱ. ①任… Ⅲ. ①历书－中国②风俗习惯－中国 Ⅳ. ①P195.2②K892

中国版本图书馆CIP数据核字(2022)第153100号

中华民俗老黄历（第四版）
Zhonghua Minsu Laohuangli (Disiban)

出版发行：气象出版社
地　　址：北京市海淀区中关村南大街46号　　邮政编码：100081
电　　话：010-68407112（总编室）　010-68408042（发行部）
网　　址：http://www.qxcbs.com　　E－mail：qxcbs@cma.gov.cn
责任编辑：周　露　杨　辉　　终　　审：吴晓鹏
责任校对：张硕杰　　责任技编：赵相宁
封面设计：樊润琴
印　　刷：中煤（北京）印务有限公司
开　　本：710mm×1000mm　1/16　　印　　张：32
字　　数：510千字
版　　次：2022年11月第4版　　印　　次：2024年2月第2次印刷
定　　价：69.00元

目录

第一章　传统历法

第二章 传统岁时

第三章　传统饮食文化

第四章　传统服饰文化

第五章　传统礼俗

第六章　传统民间信仰

传统历法

第一章

所谓“历法”，是指推算年、月、日的长度和它们之间的关系，是制定时间顺序的法则。人类根据太阳、月球及地球运转的周期制定了年、月、日以及顺应自然变化的春夏秋冬，从而形成了历法。中国是世界上最早发明历法的国家之一，历法的出现对中国经济、文化的发展有重大的影响。

一个民族有一个民族的历法，一个时代有一个时代的历法。无论哪种历法，其主要内容都是协调历日周期与天文周期的关系。其原则是，历月力求等于朔望月，历年力求等于回归年。但因朔望月和回归年都不是整日数，所以历月就有大月和小月之分，历年就有平年和闰年之分。通过大月和小月、平年和闰年的适当搭配和安排，使平均历月等于朔望月，平均历年等于回归年。

世界历法有三种：阳历、阴历和阴阳合历。阳历也叫太阳历，其中年的日数平均约等于回归年，月的日数和年的月数则属人为规定，如公历、儒略历等；阴历也叫太阴历、月亮历，其中月的日数平均约等于朔望月，年的月数则属人为规定，如伊斯兰教历、古希腊历等；阴阳合历也叫阴阳历，其中月的日数平均约等于朔望月，而年的日数又平均约等于回归年，如中国现在还采用的农历、藏历等。中国许多少数民族也有自己的历法，如藏族有藏历，基本和农历一致，只是干支纪年天干用铁、木、水、火、土（加以阴阳区别），地支直接用生肖；西双版纳地区傣族的沙戛历（小傣历）也与农历相似，但以公元639年春分开始纪年，每年第一个月为六月，闰月固定在傣历九月；而傣历一月为立冬月，新年为清明后第7天，即“泼水节”。中国少数民族的历法基本都是以农历为依据制定自己的节日，如苗族四月八、壮族三月三、白族三月节等。

中国传统历法（农历）是历经岁月变迁，在实践中创造出来的宝贵文化遗产，它与节气、物候相结合，指示农时，指导农事，深深地影响着人们的生产，也极大地影响着人们的生活，是中国民俗文化中的璀璨明珠。

第一节

纪时系统

1. 农历

我们在计算日期时，经常在公元某年某月某日后习惯性地加上一句“农历某年某月某日”来说明具体的时日。这里的农历就是中国的传统历法，是中国传统文化的代表之一。虽然从辛亥革命以来，中国开始使用世界通用的公历，但是传统农历在我们的生活中依然占据重要地位而且被广泛使用，它的准确巧妙，被中国人视为骄傲。

农历的起源

农历，即夏历，相传起源于中国的夏朝，民间也称阴历。农历是一种阴阳合历，一方面以月球绕地球运行一周为一“月”，平均月长度等于朔望月，这一点与阴历原则相同；另一方面设置闰月以使每年的平均长度尽可能接近回归年，同时设置二十四节气以反映季节的变化特征，兼有阳历的性质。农历把太阳和月亮的运行规则合为一体，是中国古人为了掌握农时，长期观察天文运行、总结农业生产规律的结果，所以中国的农历比纯粹的阴历或阳历更方便、实用。

根据农历，人们可以轻松掌握月相圆缺、潮汐涨落，又可基本掌握四时节气，而且自古流传下来的农谚、生产经验多依农历形成，重要的传统节日，如春节、中秋节、端午节等也是根据农历推算的。因此，农历是不可被公历替代的，将辅助公历，继续沿用下去。

农历月的天数

农历的月长度是以朔望月为准的，大月30天，小月29天，大月和小月相互弥补，使历月的平均长度接近朔望月。农历月的平均长度约29天半。农历把月亮黄经和太阳黄经相同的那一天，即朔日，作为月首。农历每月的第一天（初一）必须是朔日，这使得大小月的安排不固定，需要通过严格的观测和计算来确定。因此，农历中连续两个月是大月或小月的事常有发生。在1990年甚至还出现过9、10、11、12月连续四个月是大月的罕见特例。

“节气”和“中气”

农历按照全年的自然日划分为四季、二十四节气和年节。二十四节气包括：春季的立春、雨水、惊蛰、春分、清明、谷雨；夏季的立夏、小满、芒种、夏至、小暑、大暑；秋季的立秋、处暑、白露、秋分、寒露、霜降；冬季的立冬、小雪、大雪、冬至、小寒、大寒。

什么叫“中气”呢？古代天文学家把二十四节气中排在单数位置的称节气，排在偶数位置的称中气，一年共有12个节气和12个中气，并规定中国农历的12个月份要以12个中气作为标志，即每个月份必须含有一个中气。农历中月份的名称，也是由中气来决定的。各月所含中气为：正月雨水、二月春分、三月谷雨，四月小满、五月夏至、六月大暑、七月处暑、八月秋分、九月霜降、十月小雪、十一月冬至、十二月大寒。如遇不含中气的月份，则设置为闰月。

闰月的由来

农历设置闰月是为了解决农历与回归年长度差的问题。农历中大月30天，小月29天，一年12个月共354或355天，比一回归年（365.2422天）少11天左右，积累4年就要少1个多月。这样下去9年后就相差3个月，就会出现农历年初在夏天；17年后就相差6个月，就会出现农历年初在回归年年尾的逆反现象。如一年设置13个朔望月，则农历年长度比回归年又多出18天多。这样，也会出现天时与历法不合、时序错乱颠倒的现象。为了解决这一问题，古代先民在天文观测的基础上，找出了设置“闰月”的办法。

由于太阳、月亮运动的复杂性，有时中气并不落在相应的月份，会出现不含中气的月份，农历把没有中气的那个月设置为闰月，并将以上月命名为闰几月。例如2009年夏至节气出现在6月21日，其后有两个节气小暑（7月7日）和大暑（7月23日），由于农历五月的下一个月初一为公历6月23日，月末二十九在公历7月21日，所以农历五月的下一个月只有节气小暑，没有中气，因此设置了闰五月。

十九年七闰

农历的置闰规律是十九年七闰，即在19个农历年中设置7个闰月，如此，19个农历年与19个回归年的长度几乎相同。设置闰月的年份有13个月，全年约384天，这个增加的月便叫“闰月”。虽然不像阳历那样准确，但这种方法置闰可以使农历月份与节气不会相差太远，而其缺点是平年与闰年的天数差别大。

民俗小百科

2033年如何置闰

农历以无中气之月为闰月。2033年非常特殊，这一年第8个月、第12个月都没有中气，而2034年的正月也无中气。查看万年历，可以看到，闰月没有设置在第八个月，而设置在了第12个月。这是因为在农历历算中是以冬至所在月为十一月的，上一年的冬至月（农历十一月）和本年的冬至月（农历十一月）决定农历年的长度；2032年农历十一月至2033年农历十一月之间有12个月，所以就不闰七月了。2033年农历十一月和2034年农历十一月之间有13个月，而在2033年冬至后的第一个无中气之月恰好是2033年的第12个月，所以就定为闰十一月了。因为已经闰了十一月就不再闰2034年正月了。

2．月相

“初三初四鹅毛月，初七初八月半圆，十五十六月团圆。”这首儿歌所唱的就是月相的变化。

月相的成因

月亮本身不发光，人在地球上所看到的月光，是太阳光线照到月球，再由月亮表面反射到地球的反射光。“人有悲欢离合，月有阴晴圆缺”。作为地球的卫星，月球绕地球旋转，太阳、地球、月球三者的相对位置在一个月中有规律地循环变动着，因此人们看到的月亮的形状也在不断地有规律地变化着，这种月亮形状的变化就叫做月相。

当月亮位于地球和太阳之间时，月亮以背着太阳光的黑暗半球对着地球，人们便看不见月亮了，这时的月相被称为“朔月”，这一天被称为“朔日”，在农历中为“初一”。当地球位于太阳与月亮之间时，人们可以看到一轮圆圆的明月，这时的月相叫望月。从朔月到望月再到朔月，是月相变化的一个周期，其平均长度为29.53天，被称为一个朔望月。农历月份就是依照朔望月设置的。

在中国古代文献中有许多关于朔望月的记载，《诗经•小雅•十月之交》：“十月之交，朔月辛卯。日有食之，亦孔之丑。”郑笺曰：“周之十月，夏之八月也。八月朔日，日月交会而日食。”《礼记•玉藻》说：“朔月少牢，五俎四簋。”清代王引之《经义述闻•通说上》以为“朔日不谓之吉日”“一月之始谓之朔日，或谓朔月”。

月相种类

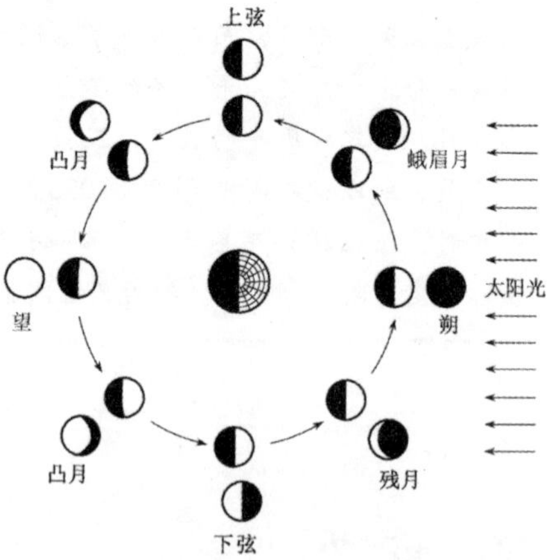

天文学中的月相是以日月黄经差度数来推算的，共划分为以下八种：

朔月：农历初一日，即朔日，日月黄经差度为0度；

娥眉月：约农历初二到初七，日月黄经差度为0～90度；

上弦月：农历初八前后，日月黄经差度为90度；

渐盈凸月：约农历初九到十四，日月黄经差度为90～180度；

望月：望日，农历十五或十六，日月黄经差度为180度；

渐亏凸月：约农历十六到二十三，日月黄经差度为180～270度；

下弦月：农历二十三，日月黄经差度为270度；

残月：约农历二十四到月末，日月黄经差度为270～360度；

晦日：农历月最后一天称为晦日。

在以上八种月相中，四种月相有明确的发生时刻，是经过精密计算得出的，分别为：新月（农历初一）、上弦（农历初八前后，这时月亮的西半边是明的，东半边是暗的）、满月（农历十五前后）、下弦（农历二十三前后，这时月亮东半边是明的，西半边是暗的）。

月相识别

假设满月是一个圆形，那么无论月相如何变化，它的上下两个顶点的连线都一定是这个圆形的直径（月食的时候月相是不规则的）。当我们看到的月相外边缘是接近反C字母形状时，那么这时的月相则是农历十五日以前的月相，相反，当我们看到的月相外边缘是接近C字母形状时，那么这时的月相则是农历十五以后的月相。

民俗小百科

晦日送穷的习俗

晦日是指农历每月的最后一天，即大月三十日、小月二十九日，正月晦日作为一年的第一个晦日，即“初晦”，有许多传统习俗。

我国古人早在南朝梁时就有在晦日消灾解厄的习俗。南朝梁宗懔《荆楚岁时记》记载：“正月未日夜，芦苣火照井厕中，则百鬼走。元日至于月晦，并为酺聚饮食，士女泛舟，或临水宴会，行乐饮酒。晦日送穷。”说的是正月最后一晚，人们点燃芦草火炬，照水井、厕所，以驱除百鬼。正月初一到月底，人们都做些美酒佳肴，泛舟游玩或在水边设宴聚饮。而且，晦日这天要祭送穷鬼。

唐代有许多具有祓除意义的晦日送穷习俗。唐肃宗时进士严维《晦日宴游》中有“晦日湔裾俗，春楼致酒时”的诗句，描写了晦日水中洗裙的习俗。唐代诗人姚合《晦日送穷》中说：“年年到此日，沥酒拜街中。万户千门看，无人不送穷。”反映了唐代沥酒送穷习俗的流行。后世送穷逐渐移至正月其他时间，晦日风俗逐渐衰落，但在我国个别地区还有遗存。

3. 干支历

干支历概述

传说，天干地支是距今四五千年前轩辕时期的大挠氏发明的。甲、乙、丙、丁、戊、己、庚、辛、壬、癸被称为“十天干”，子、丑、寅、卯、辰、巳、午、未、申、酉、戌、亥叫做“十二地支”。天干、地支两两依次相配，便得到六十干支，又称六十甲子。天干地支是我国古代历法中的重要创造，而且古人还将这些符号运用在地图、方位等方面。

1 甲子	11 甲戌	21 甲申	31甲午	41甲辰	51甲寅
2 乙丑	12 乙亥	22 乙酉	32乙未	42乙巳	52乙卯
3 丙寅	13 丙子	23 丙戌	33丙申	43丙午	53丙辰
4 丁卯	14 丁丑	24 丁亥	34丁酉	44丁未	54丁巳
5 戊辰	15 戊寅	25 戊子	35戊戌	45戊申	55戊午
6 己巳	16 己卯	26 己丑	36己亥	46己酉	56己未
7 庚午	17 庚辰	27 庚寅	37庚子	47庚戌	57庚申
8 辛未	18 辛巳	28 辛卯	38辛丑	48辛亥	58辛酉
9 壬申	19 壬午	29 壬辰	39壬寅	49壬子	59壬戌
10 癸酉	20 癸未	30 癸巳	40 癸卯	50 癸丑	60 癸亥

干支历，也称为干支历法，是以六十干支纪年月日时的一种方法，由于60干支以甲子为首，所以干支历又称为甲子历、甲子历法，是中国所特有的。从殷墟出土的甲骨文来看，天干地支在中国古代最早用于纪日，后逐渐用于纪月、纪年、纪时。

干支纪年

我国从战国时代便有了干支纪年，从东汉建武三十年甲寅年（公元54年）开始至今，干支纪年从未间断过。

干支纪年中，每一年配一个干支，甲子、乙丑、丙寅……依次排列，60年一轮，周而复始，循环不息。例如，1864年为农历甲子年，而60年后的1924年同为农历甲子年；1865年为农历乙丑年，而1925年同为农历乙丑年；等等。

值得注意的是干支纪年是以立春作为一年即岁次的开始，是为岁首，而不是以农历正月初一作为一年的开始。例如，1984年大致是岁次甲子年，但严格来讲，当时的甲子年是自1984年立春起，至1985年立春止。

干支纪月

干支纪月中，正月地支为寅，二月为卯，三月为辰，依次类推。各月的地支固定不变，天干依次配月，甲子年正月为丙寅月、二月是丁卯月、三月是戊辰……从甲子月到癸亥月，共六十甲子，刚好5年，60个月。

干支纪月时，每个地支对应的时间段是二十四节气的某一节气（非中气）至下一节气，以交节时间决定起止，而不是农历某月初一至月底。许多历书注明某农历月对应某干支，只是近似而非全等对应。若年天干为甲或己之年，正月干支一般是丙寅；年天干为乙或庚之年，正月干支一般是戊寅；年天干为丙或辛之年，正月干支一般是庚寅，年天干为丁或壬之年，正月干支一般是壬寅，年天干为戊或癸之年，正月干支一般是甲寅。民间有歌诀：

甲己之年丙作首，乙庚之岁戊为头；
丙辛必定寻庚起，丁壬壬位顺行流；
更有戊癸何方觅，甲寅之上好追求。

据考，东汉光武帝建武二十九年癸丑年（公元53年）冬至月（大雪至小寒的月份，近似农历十一月）就是“甲子月”。

干支纪日

河南安阳殷墟出土的一片牛骨上刻有商代干支表，据考证，这是用于纪日的。干支纪日是目前世界使用最久的纪日法。

干支纪日中，六十干支依次值日，由甲子日开始，按顺序依次排列，60日刚好一个周期，循环往复。

干支纪时

干支纪时中，一个干支值一个时辰，60个时辰即5日，一个周期周而复始，循环往复。每日各时辰的地支是固定的，23－1时为子时，1－3时是丑时，依次类推。而时辰的干支可根据当日日天干来推断。民间有歌诀道出其中的关联：

甲己还生甲，乙庚丙作初；
丙辛从戊起，丁壬庚子居；
戊癸何方发，壬子是真途。

民俗小百科

干支的本义

天干地支的原意乃取象于树木。古人说："夫干，犹木之干，强而为阳；支，犹木之枝，弱而为阴。"可见，天干地支的原意源于树木，所以，对它们的原始含义，有以下这样有趣的说法。

先看天干：

甲：像草木破土而萌，阳在内而被阴包裹；

乙：草木初生，枝叶柔软屈曲；

丙：柄也，如赫赫太阳，炎光万丈，万物皆炳然著见而明；

丁：草木成长壮实，好比人的成丁；

戊：茂也，象征大地草木茂盛；

己：起也，纪也，万物抑屈而起，有形可记；

庚：更也，秋收而待来春；

辛：金味辛，物成而后有味（另一解释说：辛者，新也，万物肃然更改，秀实新成）；

壬：妊也，阳气潜伏地中，万物怀妊；

癸：揆也，万物闭藏，怀妊地下，揆然萌芽。

再看十二地支：

子：孳也，像草木种子，吸土中水分而出，为一阳萌生的开始；

丑：草木在土中出芽，屈曲着将要冒出地面；

寅：演也，津也，寒土中屈曲的草木，迎着春阳从地面伸展；

卯：茂也，日照东方，万物滋茂；

辰：震也，万物震起而长，阳气生长已经过半；

巳：起也，万物盛长而起，阴气尽消，纯阳无阴；

午：万物丰满长大，阳气充盛，阴气开始萌生；

未：味也，果实成熟而有滋味；

申：身也，物体都已长成；

酉：缮也，万物到这时都绪缩收敛；

戌：灭也，草木凋零，生气灭绝；

亥：劾也，阴气劾杀万物，到此达于极点。

下表以北京时间为准，列出了干支纪时情况，供大家查阅。

时辰地支	北京时	甲或己日	乙或庚日	丙或辛日	丁或壬日	戊或癸日
子　时	23～1时	甲子时	丙子时	戊子时	庚子时	壬子时
丑　时	1～3时	乙丑时	丁丑时	己丑时	辛丑时	癸丑时
寅　时	3～5时	丙寅时	戊寅时	庚寅时	壬寅时	甲寅时
卯　时	5～7时	丁卯时	己卯时	辛卯时	癸卯时	乙卯时
辰　时	7～9时	戊辰时	庚辰时	壬辰时	甲辰时	丙辰时
巳　时	9～11时	己巳时	辛巳时	癸巳时	乙巳时	丁巳时
午　时	11～13时	庚午时	壬午时	甲午时	丙午时	戊午时
未　时	13～15时	辛未时	癸未时	乙未时	丁未时	己未时
申　时	15～17时	壬申时	甲申时	丙申时	戊申时	庚申时
酉　时	17～19时	癸酉时	乙酉时	丁酉时	己酉时	辛酉时
戌　时	19～21时	甲戌时	丙戌时	戊戌时	庚戌时	壬戌时
亥　时	21～23时	乙亥时	丁亥时	己亥时	辛亥时	癸亥时

4. 节气

万物生长靠太阳，而节气的安排也取决于太阳。我们祖先根据太阳对气候的影响，将一回归年的长度等分成24份，成为二十四节气，并以梅、伏、分龙、九九等杂节气作为补充，成为中国各地农事活动的主要依据，至今仍在农业生产中起一定的作用。

二十四节气

二十四节气是十二个中气和十二个节气的总称，起源于黄河流域。远在春秋时代，我们祖先就定出仲春、仲夏、仲秋和仲冬等四个节气，以后经过不断地改进与完善，到秦汉年间，二十四节气已完全确立。公元前104年，汉武帝命倪宽等人制定《太初历》，正式把二十四节气定于历法，明确了二十四节气的天文位置，几千年来对中国农牧业发展起了重要作用。

二十四节气反映了太阳的周年视运动。太阳从黄经0度起，沿黄经每运行15度所经历的时日为一个节气。每年运行一周——360度，共经历24个节气。

二十四节气中，单数位的为“节气”，即：立春、惊蛰、清明、立夏、芒种、小暑、立秋、白露、寒露、立冬、大雪和小寒；双数位的为“中气”，即：雨水、春分、谷雨、小满、夏至、大暑、处暑、秋分、霜降、小雪、冬至和大寒。“节气” 和“中气”交替出现，各历时15天，现在人们已经把“节气”和“中气”统称为“节气”。节气在现行公历中的日期大致固定，上半年在6日、21日左右，下半年在8日、23日左右，前后不差一两天。

为了便于记忆，人们作二十四节气歌诀：

春雨惊春清谷天，夏满芒夏暑相连，
秋处露秋寒霜降，冬雪雪冬小大寒。

还有一首更详细的二十四节气七言诗：

地球绕着太阳转，绕完一圈是一年。
一年分成十二月，二十四节紧相连。
按照公历来推算，每月两气不改变。
上半年是六廿一，下半年逢八廿三。
这些就是交节日，有差不过一两天。
二十四节有先后，下列口诀记心间：
一月小寒接大寒，二月立春雨水连；
惊蛰春分在三月，清明谷雨四月天；
五月立夏和小满，六月芒种夏至连；
七月大暑和小暑，立秋处暑八月间；
九月白露接秋分，寒露霜降十月全；
立冬小雪十一月，大雪冬至迎新年。

随着中国历法的外传，二十四节气已流传到世界许多地方。

杂节气

除二十四节气外，民间还常用梅、分龙、伏、九九等杂节气来判断气候、指导生产。

梅　指梅雨期，中国传统上分为入梅和出梅。入梅、出梅分别指梅雨期的开始与结束日，主要反映了中国江南地区的气候。入梅和出梅时间的确定，是结合节气与干支来推算的，因此每年的梅雨期的长短不一样。芒种后的第一个丙日为入梅。从入梅开始，江南地区的空气湿度变大，时常连续阴雨，家中容易生霉，同时，梅子也开始成熟。“梅”“霉”谐音，所以，这一时期被称为“梅雨季节”。小暑后的第一个未日为出梅。出梅后，江南地区的连续降水期将结束。此后的降水一般是夏季局部雷阵雨和台风带来的雨水。

分龙 “夏至逢辰是分龙”，并形成分龙节，流行于全国大部分地区，尤以江南为最，日期多在农历五月二十日。据考证，分龙节最早源于远古的祈雨方式——雩祀。《周礼•春官宗伯•司巫》中就有“若国大旱，则帅巫而舞雩”的记载。《左传》云：“龙见而雩。”这里的“龙”，即东方七宿组成的“龙”。民间认为，在分龙这一天，原来生活在一起的五条龙要分开，各主一方晴雨。如果这一天不下雨，人们就会考虑是否需要祈雨。民谚云：“二十分龙廿一雨，石头缝里都是米。”认为分龙次日如雨，则多大水。

伏 是指阴气受阳气所迫藏伏在地下的意思。三伏是一年中最热的季节。夏至后，依照干支纪日，第三个庚日为初伏，第四个庚日为中伏，立秋后第一个庚日为末伏。伏天的起讫时间每年都不尽相同，大致是在七月中旬到八月中旬。当夏至与立秋之间出现4个庚日时中伏为10天，出现5个庚日则为20天，所以中伏到末伏有时10天，有时是20天，而头伏和末伏都是10天。

九九 九九分为冬九九和夏九九。冬九九是从冬至日起一九，每九为九日，共九九八十一日；夏九九从夏至日起一九，每九为九日，共九九八十一日。冬九九中的三九、四九是全年最寒冷的时节；夏九九中的三九、四九是全年最炎热的时节。九九与节气是相当的，每个节气相距15～16天，而九九则固定为9天划分得更细所以更具体明确。九九与节气大致是固定的，故有“春打六九头”等谚语。人们按照各地的农事物候和风俗习惯，自古就流传有不同的

九九歌，以便记忆和应用，在元朝《吴下田家志》和清朝《帝京岁时纪胜》等书中均有记载。下面这支冬九九口诀流传甚广：

一九二九不出手，
三九四九冰上走，
五九六九沿河看柳，
七九河开，八九燕来，
九九加一九，耕牛遍地走。

民俗小百科

九九消寒图

明清以后，人们有画九九消寒图的习俗。《帝京景物略》记载："日冬至，画素梅一枝，为瓣八十有一，日染一瓣，瓣尽而九九出，则春深矣。曰九九消寒图。"画九九消寒图，一方面是为了计算过去的九九日数，另一方面也是一种有趣的消寒娱乐活动。有的消寒图，其旁还书有一副对联："试看图中梅黑黑，自然门外草青青。"意思是当人们将所有的花瓣都着上颜色以后，门外已青草遍地了。

消寒图还有另外一种画法，即将八十一个圈排列成九行，每行九个圈，自冬至起，每天一个圈。在涂圈的时候，可考虑当天的天气状况，阴天涂上部，晴天涂下部，风天涂左部，雨天涂右部，下雪天涂当中。现在看来，这种消寒图也可以称之为天气统计图了。

5. 七十二候

人人都知道"气候"这个词，但我国古代所称的"气候"并不是指天气变化，而是特指二十四气七十二候。"气"——二十四节气，我们已在前面详细介绍过，现在我们来了解"候"——七十二候。

七十二候概况

七十二候是中国最早的结合天文、气象、物候知识指导农事活动的历法。源于黄河流域，以五天一候，一年365天（平年）为七十三候，但为与二十四节气对应，规定三候为一节（气）、一年为七十二候。

七十二候的起源很早，对农事活动曾起过一定作用。虽然其中有些物候描述不那么准确，其中还有不科学的成分，但对于了解古代华北地区的气候及其变迁，仍然具有一定的参考价值。由于当时确定物候的始见范围较小，而气候的实际及地区差别很大，所以很难广泛应用。如有的地方的七十二候与节气并不是正好相对，例如景象表示正是“桃始华”，但节气已过谷雨了。我们现在研究七十二候应该以当地的自然现象为准，不断发展物候学，遵照新的自然历，而不是一味机械地照搬古书。

候应

每一候均与一种物候现象相应，叫“候应”。七十二候的候应包括非生物和生物两大类，非生物类如“水始涸”“东风解冻”“虹始见”“地始冻”等；生物类包括动物和植物，如“鸿雁来”“虎始交”“萍始生”“苦菜秀”“桃始华”等，七十二候候应的依次变化，反映了一年中气候变化的一般情况。现将所有候应列举如下：

孟春之正月六候候应：

东风解冻。蛰虫始振。鱼陟负冰。獭祭鱼。候雁北。草木萌动。

仲春之二月六候候应：

桃始华。仓庚（黄莺）鸣。鹰化为鸠。玄鸟（燕子）至。雷乃发声。始电。

季春之三月六候候应：

桐始华。田鼠化为鴽（鹌鹑）。虹始见。萍始生。鸣鸠拂其羽。戴胜降于桑。

孟夏之四月六候候应：

蝼蝈（蛙）鸣。蚯蚓出。王瓜生。苦菜秀。靡草死。麦秋至。

仲夏之五月六候候应：

螳螂生。鵙始鸣。反舌无声。鹿角解。蝉始鸣。半夏生。

季夏之六月六候候应：

温风至。蟋蟀居壁。鹰始鸷。腐草为萤。土润溽暑。大雨时行。

孟秋之七月六候候应：

凉风至。白露生。寒蝉鸣。鹰乃祭鸟。天地始肃。禾乃登。

仲秋之八月六候候应：

鸿雁来。玄鸟（燕子）归。群鸟养羞。雷始收声。蛰虫坯户。水始涸。

季秋之九月六候候应：

鸿雁来宾。雀入水为蛤。菊有黄华。豺乃祭兽。草木黄落。蛰虫咸俯。

孟冬之十月六候候应：

水始冰。地始冻。雉入水为蜃。虹藏不见。天气上升，地气下降。闭塞成冬。

仲冬之十一月六候候应：

鹖鴠不鸣。虎始交。荔挺出。蚯蚓结。麋角解。水泉动。

季冬之十二月六候候应：

雁北乡。鹊始巢。雉始雊。鸡始乳。征鸟（鹰属）厉疾。水泽腹坚。

民俗小百科

七十二候图

古代易学家用卦象图来表示七十二候，称为卦气七十二候图。其把一年分为四季，每季三个月中有六个节气，每节气又分为三候，三百六十日与六十四卦对应配置在一起，用六十四卦表示一年内天地的运转情况。但此图只是个大的框架，不能精确地表现农时。

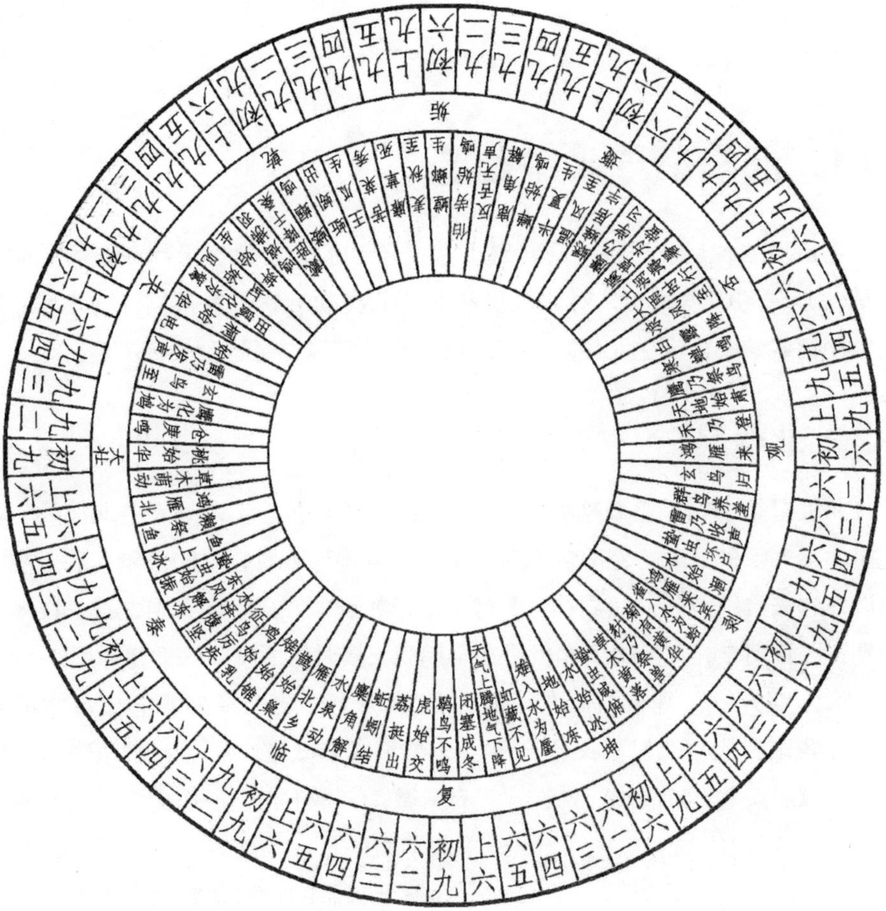
复
临
泰
大壮
夬
乾
姤
遯
否
观
剥
坤

第二节

观象授时

1. 北极星与北斗七星

在恒星的视运动过程中，天球北极是不动的，其他恒星都在绕着它转。身处北半球的中华民族，对北极星和北斗七星的观察高度重视，《尔雅·释天》中记载“北极谓之北辰”，将北极星定为观测群星运动的标准星。

北极星

北极星是小熊星座最亮的一颗星，距地球约400光年，是天空北部的一颗亮星，离北天极很近，差不多正对着地轴，从地球上看，它的位置几乎不变，可以靠它来辨别方向。《周礼·冬官考工记》云：“昼参诸日中之景，夜考之极星，以正朝夕。”反映了北极星在早期观象授时方面发挥的重要作用。

除判别方位、观象授时外，在中国传统上，北极星有着非比寻常的意义。在我国古代，北极星又称帝星、紫微星或紫微宫，居于紫微垣内。唐代李贤注《后汉书·霍谓传》说：“天有紫微宫，是上帝之所居也。”它被视为最尊贵的星，为群星之主。道教认为，执掌北极星的神君是紫微北极大帝，他执掌天经地纬，率领三界星神和山川诸神，是一切现象的宗王，能呼风唤雨，役使雷电鬼神。全国许多地区都供奉紫微北极大帝，体现了中国古代的星辰崇拜。

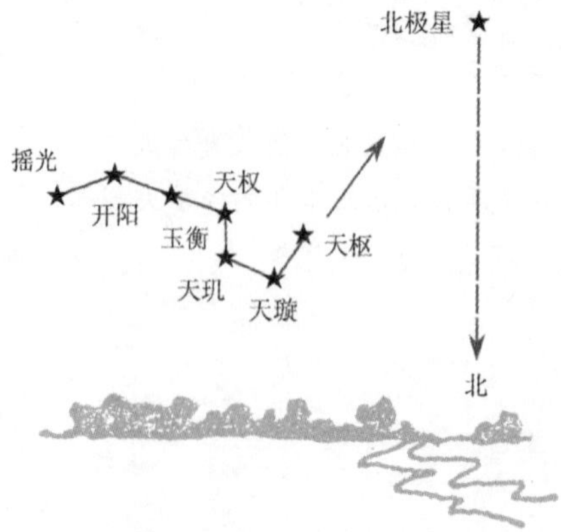

北斗七星

北斗七星是大熊星座中排成勺形的7颗星，从斗身上端开始，到斗柄的末尾，按顺序依次命名为天枢（α）、天璇（β）、天玑（γ）、天权（δ）、玉衡（ε）、开阳（ζ）、摇光（η）。北斗七星的勺柄总是指向北极星，斗口的两颗星连线，朝斗口方向延长约5倍远，就可以找到北极星。中国古代已十分重视北斗七星，把北斗星斗柄方向的变化作为判断季节的标志之一。

民俗小百科

璇玑玉衡

《尚书•舜典》最早提出了“璇玑玉衡”一词，“在璇玑玉衡,以齐七政”。后世对其有两种解释，一为星象说,一为仪器说。

西汉司马迁主张璇玑玉衡就是北斗七星,其在《史记·天官书》中说：“北斗七星，所谓‘旋、玑、玉衡以齐七政’。”汉代纬书《春秋运斗枢》更把北斗七星的名称与璇玑玉衡联系起来。《晋书·天文志》则说：“魁四星为璇玑，杓三星为玉衡。”与司马迁的主张略有不同。此外，还有认为璇玑玉衡是指北极星的。例如，汉代经学大师伏胜在《尚书大传》中写道：“璇者，还也，玑者几也，微也，其变微微，而所动者大，谓之璇玑。是故璇玑谓之北极。”西汉刘向所撰《说苑》则说：“璇玑谓此辰勾陈枢星也。”而《周髀算经》称北辰皆曰璇玑。

自汉代，认为璇玑玉衡是仪器的也大有人在。西汉孔安国认为璇玑玉衡是可运转的“正天之器”，东汉马融认为其是浑仪，东汉末年的经学大师郑玄说：“运动为玑,持正为衡，以玉为之，视其行度。”也是视璇玑玉衡为仪器。三国时期天文学家、数学家王蕃说：“浑仪羲和氏旧器,历代相传谓之玑衡。”而北宋的天文学家苏颂认为璇玑玉衡是浑仪中的四游仪。

北斗在古时还是黄帝的象征。《史记·天官书》认为北斗为天帝的车子，这也是黄帝又被称为轩辕的原因。汉代纬书中称北斗为“神斗”，并说其是黄帝之府，甚至干脆就说黄帝为北斗神；《搜神记》称黄帝母梦北斗而孕生黄帝；晋志怪小说集《拾遗记》则说：“帝颛顼高阳氏，黄帝孙，昌意之子。昌意出河滨，遇黑龙负玄玉图。时有一老叟谓昌意云：‘生子必叶水德而王。’至十年，颛顼生，手有文如龙，亦有玉图之象。其夜昌意仰视天，北辰下，化为老叟。”

2.《尧典》及四仲中星

中国古人对天象的观测可以追溯到传说中的远古时代，现存最早而又比较完整记录观象授时的典籍是《尚书·尧典》，其涉及的内容极广，可从中了解中国祖先丰富的天文知识，因此可以看作是古代观象授时的总结。

《尧典》中的经典记载

《尚书·尧典》记载：

乃命羲和，钦若昊天，历象日月星辰，敬授人时。分命羲仲，宅嵎夷，曰旸谷。寅宾出日，平秩东作。日中，星鸟，以殷仲春。厥民析，鸟兽孳尾。申命羲叔，宅南交。平秩南讹，敬致。日永，星火，以正仲夏。厥民因，鸟兽希革。分命和仲，宅西，曰昧谷。寅饯纳日，平秩西成。宵中，星虚，以殷仲秋。厥民夷，鸟兽毛毨。申命和叔，宅朔方，曰幽都。平在朔易。日短，星昴，以正仲冬。厥民隩，鸟兽氄毛。

整段可以解析为：尧命令羲氏、和氏，恭谨地遵循上天的意旨行事，根据日月星辰的运行情况来制定历法，以教导人民按时令节气从事生产活动。又命令羲仲，住在东海名叫阳谷的地方，恭敬地等待日出，辨别不同时间日出的特点。以昼夜平分的那天作为春分，并以鸟星见于正南方作为考定仲春的依据。这时人民分散在田野里劳作，鸟兽也生育繁殖。又命令羲叔，住在太阳由北向南转移的地方，这个地方叫明都。在这里恭敬地等待着太阳的到来，观察太阳向南移动的顺序，以规定夏天所应该从事的工作。以白昼时间最长的那天为夏至，并以这天火星见于正南方作为考定仲夏的依据。这时人民住在高处，鸟兽开始脱毛。又命令和仲，住在西方名叫昧谷的地方，以测定日落之处，恭敬地给太阳送行，并观察太阳入山的顺序，以安排秋季收获庄稼的工作，以秋分这天昼夜交替和虚星见于正南方的时候作为考定仲秋的依据。这时，人民离开高地而住在平原，从事收获；鸟兽毛盛，可以用来制作器物。又命令和叔，居住在北方叫幽都的地方，以观察太阳从极南向北运行的情况。以白昼最短的那天作为冬至，并以昴星见于正南方作为考定仲冬的依据。这时，人民都住在室内取暖，鸟兽毛长得特别细密丰盛。之后，尧说："唉！羲与和啊！一年有365天，要采用设置闰月的方法来确定四季，推算年历。这样顺应天时来规定百官的职务，成效才会显著。"

由此可以看出尧对观象制历是何等重视，更可以看出星历在指导生产方面的重要作用。

四仲中星

"日中，星鸟，以殷仲春""日永，星火，以正仲夏""宵中，星虚，以殷仲秋""日短，星昴，以正仲冬"，《尧典》中对这四仲中星的真实记录，标志着它们产生的时代。历代都有人对这四仲中星进行研究，希望找到产生四仲中星的准确年代，其方法主要是，依据四颗仲星的赤经差，再用岁差法计算出它的年代。近代人更应用现代天文学的方法严格推算。中外天文学家对《尧典》中记录的星象做了深入研究，证明《尧典》中所提到的星象确实是尧时代的星象记录，由此可见《尧典》的内容是符合历史真实的，生动地展示了中国上古时代的社会概貌，是研究中国原始社会后期政治思想的重要文献。

民俗小百科

尧

尧是传说中的上古帝王，他的品质和才智俱是非凡绝伦，“其仁如天，其知（智）如神。就之如日，望之如云。富而不骄，贵而不舒”。他即位以后，举荐本族德才兼备的贤者，首先使族人能紧密团结，做到“九族既睦”；又考察百官的政绩，区分高下，奖善罚恶，使政务井然有序；同时注意协调各个邦族间的关系，教育老百姓和睦相处，因而“协和万邦，黎民于变时雍”，天下安宁，政治清明，世风祥和。而尧与其继任者舜统治的尧舜时代更是《礼记•礼运》篇中孔子所向往的那种理想社会：“大道之行也，天下为公。选贤与能，讲信修睦。故人不独亲其亲，不独子其子，使老有所终，壮有所用，幼有所长，矜寡孤独废疾者，皆有所养。男有分，女有归。货恶其弃于地也，不必藏于己；力恶其不出于身也，不必为己。是故谋闭而不兴，盗窃乱贼而不作，故外户而不闭，是谓大同。”

3．岁星与太岁

在古籍中经常出现以岁星、太岁纪年的记载，那么，“岁星”与“太岁”是什么呢？岁星纪年法和太岁纪年法又是怎么操作的？

岁星纪年法

古人把黄道附近一周天分为十二等份，由西向东命名为星纪、玄枵，诹訾、降娄、大梁、实沈、鹑首、鹑火、鹑尾、寿星、大火、析木，即12次。古人观测到木星由西向东12年绕行天一周，每年行经一次，并用其纪年，所以木星古称岁星。假如某年岁星运行到星纪这个度次，这一年就为“岁在星纪”，第二年岁运行到玄枵，就为“岁在玄枵”。由此类推，12年一轮回，周而复始。这种纪年法被称为岁星纪年法。如《国语·周语》所说“昔武王伐殷，岁在鹑火”，《国语·晋语》中“岁在大梁，将集天行”，用的都是岁星纪年法。不过，岁星运动的恒星周期实际上并不恰好为12年，而是11.86年，即岁星不用12年便可绕行黄道一周。这样，时间一长，岁星的位置便会超前。例如，鲁襄公二十八年（公元前545年）本应该是“星纪”年，但岁星的实际位置已经到达“玄枵”次，所以《左传·襄公二十八年》有“岁在星纪，而淫于玄枵”的记载。

太岁纪年法

太岁纪年法是在岁星纪年法的基础上发展起来的。为了避免岁星纪年法与实际的恒星周期的误差问题，古人虚拟了一个相对岁星反向运动的“假岁星”——太岁，又称岁阴或太阴。太岁沿着以十二辰划分的十二个地平方位匀速运动，一年走一辰，以太岁每年所在辰位纪年。

古人有所谓十二辰，就是把黄道附近一周天的十二等份由东向西配以十二地支，其排列顺序与十二次相反。为了回避地支之名，古人又在十二辰的基础上给十二度次配了对应的岁名：

十二次	星纪	玄枵	诹訾	降娄	大梁	实沈	鹑首	鹑火	鹑尾	寿星	大火	析木
十二辰	丑	子	亥	戌	酉	申	未	午	巳	辰	卯	寅
岁名	赤奋若	困敦	大渊献	阉茂	作噩	涒滩	协洽	敦牂	大荒落	执徐	单阏	摄提格

《吕氏春秋·序意篇》说：“维秦八年，岁在涒滩。”其中的“涒滩”就是岁名，即申年。《汉书·天文志》记载战国时天象记录，某年岁星在星纪，太岁便运行到析木（寅），这一年就是“太岁在寅”；第二年岁星运行到玄枵，太岁便运行到大火（卯），这一年就是“太岁在卯”。

古代从事术数活动的方士为了占卜的需要，具体规定了太岁运行辰位与岁星运行星宿的对应关系。如《淮南子·天文训》云：“太阴在四仲，则岁星行三宿；太阴在四钩，则岁星行二宿。”其中，“四仲”是指卯、酉、子、午四个辰位，因为它们正好位于东、西、北、南四方的中央，故名四仲；“四钩”是指丑、寅、辰、巳、未、申、戌、亥八个辰位，因为它们分别位于四方的东北、东南、西南、西北四角，故名四钩。长沙马王堆汉墓帛书《五星占》中，也有关于太岁与岁星对应关系的记述：“岁星与大阴应也，大阴居维辰一，岁星居维宿星二；大阴居仲辰一，岁星居仲宿星三。”

民俗小百科

“竟敢在太岁头上动土”

“竟敢在太岁头上动土”中的“太岁”与太岁纪年法中的“太岁”不是一回事。干支纪年以60年为一周期，传说每一干支年，上天都会派相应的一位神仙值年，被称为值年太岁，六十甲子对应着六十太岁，所以其统称为六十甲子神，他们的名字如下：

甲子金赤	乙丑陈泰	丙寅沈兴	丁卯耿章
戊辰赵达	己巳郭灿	庚午王清	辛未李素
壬申刘旺	癸酉康忠	甲戌誓广	乙亥伍保
丙子郭嘉	丁丑汪文	戊寅曾光	己卯伍仲
庚辰重德	辛巳郑祖	壬午路明	癸未魏明
甲申方公	乙酉蒋嵩	丙戌向般	丁亥封济
戊子郢班	己丑潘佑	庚寅邬桓	辛卯范宁
壬辰彭泰	癸巳徐舜	甲午张词	乙未杨贤
丙申管仲	丁酉康杰	戊戌姜武	己亥谢寿
庚子卢起	辛丑汤信	壬寅贺谔	癸卯皮时
甲辰李成	乙巳吴遂	丙午文折	丁未缪丙
戊申俞忠	己酉程寅	庚戌化秋	辛亥叶坚
壬子邱德	癸丑林簿	甲寅张朝	乙卯方清
丙辰辛亚	丁巳易彦	戊午妙黎	己未傅税
庚申毛幸	辛酉文政	壬戌洪范	癸亥虞程

古人认为值年太岁掌管这一年人间的福祸，也掌管这一年出生的人的祸福，每年要祭拜值年太岁，祈求平安；若冲犯太岁，将招致灾祸。旧俗中每有建筑动土之事，必先探明太岁的方位以避之，这便是俗语“竟敢在太岁头上动土”的来历。

4．五星

五星，即金星、木星、水星、火星、土星，古人称其为“五纬”，并将它们与日、月合称为七政或七曜。我国五星的确立最早大约在公元前四五百年，其古称分别为“太白”“岁星”“辰星”“荧惑”“镇星”，它们与我们现在所说的太阳系中的五大行星并不完全相同。

金星

金星古名“太白”“明星”，缘于其反射光为明亮的白色，是星空中除月亮和太阳之外最亮的一颗星体，其银白色的亮光最亮时比淡蓝色的“天狼星”还要耀眼。《诗经•小雅•谷风之什》：“东有启明，西有长庚。”这里所说的“启明”和“长庚”似乎为两颗不同的星，其实两者实际上都是金星，当其先太阳而出地平线时，就是所谓的“启明”，而后太阳而出地平线时，就是“长庚”了。

木星

木星古名“岁星”。古人观测岁星的运行用以纪年，这在前文“岁星与太岁”中已有介绍。木星为目前已知的太阳系里最大的行星，木星在古人眼中是仁德的象征，认为它所在的地方有福运，故又称其为“福星”“德星”。

水星

水星古名“辰星”，并非太阳系八大行星中的水星，而是二十八宿中北方室宿中“营室”，即飞马座的α、β两星。《左传•庄公二十九年》中有“水昏正而栽”的记载，“水昏正”是指水星黄昏时悬于空中，即夏历十月。

火星

火星古名“荧惑”，也不是太阳系八大行星中的火星，而是指心宿中的“大火”，即天蝎座的α星，因其呈红色，荧荧像火，光亮度常有变化，而且悬挂于云霓之间，令人扑朔迷离，因此名为“荧惑”。《鬼谷子•符言》：“四方上下，左右前后，荧惑之处安在。”《吕氏春秋•制乐》也提及“荧惑在心”。

古人认为，荧惑星所对应的分野并不太平，会“为乱为贼，为疾为丧，为饥为兵，所居国受殃”（《晋书•天文志》）。因此，火星荧惑又被称为“罚星”“执法”，被视为主“征战杀伐”的星辰。

《诗经•七月》有“七月流火”一句，许多人认为这是说七月天气炎热，高天流火，其实不然。“大火”，即火星，在每年夏历五月的黄昏时分，处正南方，即最高的位置，而七月则向西下沉，即所谓“流火”。

土星

土星古名“镇星”。古人观测土星约28年绕天一周，平均每年行经“二十八宿”之一，好像轮流驻扎于“二十八宿”，即“岁镇一宿”，所以称其为“镇星”。另外，“土星”也称“填星”，其中“填”同“镇”，应为通假字。土星最初令人惊异的，就是它的“环”，从地球上观测，它就像长了两个“耳朵”一样。

民俗小百科

七曜星君

七曜即日、月及五星，人们对七曜之崇拜，起源很早。西汉以前，雍州就有专门祭祀它们的祠庙。《史记•封禅书》曰：“雍有日、月、参、辰、南北斗、荧惑、太白、岁星、填星、二十八宿、风伯、雨师、四海、九臣、诸布、诸严、诸逑之属，百有余庙。”两汉时，多据星象以占验人事。现存纬书辑文中，就多以日、月、五星运行之位置及表露之颜色等预言人事之吉凶。道教在此基础上进一步给七曜配以姓氏、服色，赋予威权职掌，使之具有完整的人的形象，尊之为星君。

5. 三垣二十八宿

天空间繁星密布，日夜运转，周而复始。要从纷繁中理出一个头绪，最简单的办法就是识别一些亮星，再划分天区，以利于观测。中国古代天文学家把天上的恒星几个划为一组，每个组合被赋予一个名称，这样的恒星组合被称为星官。各个星官所包含的星数多寡不等，少到一个，多到几十个，所占的天区范围也各不相同。在我国古代众多的星官中，有31个占有很重要的地位，这就是三垣二十八宿。这种别具一格的划分天区的方法，构成中国古代独特的观星系统。

三垣

三垣即紫微垣、太微垣和天市垣。

太微垣是三垣的上垣，包括北天极附近的天区，在北斗之南，轸宿和翼宿之北，有星10颗，以五帝座为中枢，成屏藩形状。东藩4星，由南起叫东上相、东次相、东次将、东上将（即室女座γ，δ，ε与后发座42）；西藩4星，由南起叫西上将、西次将、西次相、西上相（即狮子座σ，ι，θ，δ）；南藩2星，东称左执法（即室女座η），西称右执法（即室女座β）。太微垣名称最早在唐初的《玄象诗》中有相关记载，古时多以皇家贵胄命名，如：天皇大帝、太子、太尊。

紫微垣是三垣的中垣，在北斗东北，有星15颗，东西列，以北极星为中枢，成屏藩形状。东藩八星，由南起叫左枢、上宰、少宰、上弼、少弼、上卫、少卫、少丞（即天龙座ι，θ，η，ζ，ν，73；仙王座π；仙后座23）。西藩7星，由南起叫右枢、少尉、上辅、少辅、上卫、少卫、上丞（即天龙座α，κ，λ；鹿豹座43，9，H1）。左右枢之间叫“阊阖门”。紫微垣名称最早见于《开元占经》辑录的《石氏星经》中，古时多以大臣官职命名，如：三公、九卿、虎贲、从官、幸臣。

天市垣是三垣的下垣，在房宿和心宿东北，有星22颗，以帝座为中枢，成屏藩形状。东藩11星，由南起叫宋、南海、燕、东海、徐、吴越、齐、中山、九河、赵、魏（即蛇夫座η；巨蛇座ξ；蛇夫座ν；巨蛇座η，θ；天鹰座ζ；武仙座112，ο，μ，λ，δ）。西藩11星，由南起叫韩、楚、梁、巴、蜀、秦、周、郑、晋、河间、河中（即蛇夫座ζ，ε，δ；巨蛇座ε，α，δ，β，γ；武仙座κ，γ，β）。天市垣在古时多以市井商贾命名，如：斗、斛、肆、楼。

二十八宿

二十八宿又称为二十八星或二十八舍，最初是古人为观测日、月、金、木、水、火、土的运动而选择的二十八个星官，作为观测时的标记，又被称为“经星”。“宿”的意思和黄道十二宫的“宫”类似，表示日月五星所在的位置。唐代，二十八宿成为二十八个天区的主体，这些天区仍以二十八宿的名称为名称。和三垣的情况不同，作为天区，二十八宿主要是为了区划星官的归属。二十八宿从角宿开始，自西向东排列，与日、月视运动的方向相同，其名称分别是：

东方七星宿：角、亢、氐、房、心、尾、箕；

北方七星宿：斗、牛、女、虚、危、室、壁；

西方七星宿：奎、娄、胃、昴、毕、觜、参；

南方七星宿：井、鬼、柳、星、张、翼、轸。

可见早期星官的名称，都和生产生活中常见的事物有关。

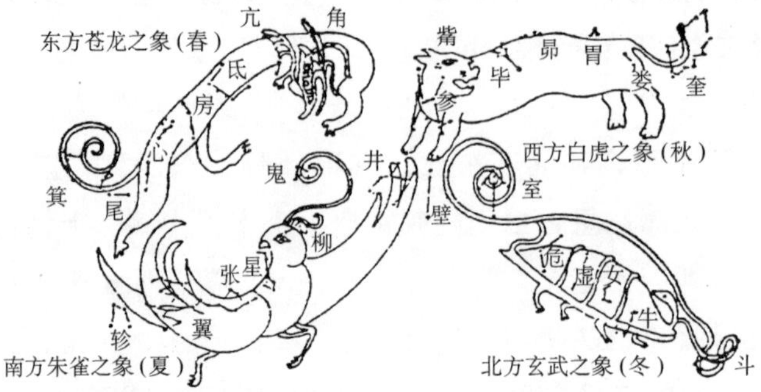

此外，还有一些贴近二十八宿，与其关系密切的星官，如坟墓、离宫、附耳、伐、钺、积尸、右辖、左辖、长沙、神宫等，分别附属于房、危、室、毕、参、井、鬼、轸、尾等宿内，称为辅官或辅座。唐代的二十八宿，包括辅官或辅座星在内，总共有183颗星。

6.《礼记·月令》

除了《尧典》，观象授时的详细记载还保留在月令之中。月令是上古一种文章体裁，按照一年12个月的时令，记述政府的祭祀礼仪、职务、法令、禁令，并把它们归纳在五行相生的系统中。《礼记·月令》成书于战国时期，也有人认为是两汉人杂凑汇编而成。

民俗小百科

二十八宿和四象

二十八宿按东、北、西、南四个方位分作四组，每组七宿，分别与四种颜色、五种四组动物形象相匹配，叫做四象或四陆，对应关系如下：东方苍龙，青色；北方玄武，黑色；西方白虎，白色；南方朱雀，红色。

二十八宿与四方相配，是以古代春分前后初昏时的天象为依据的，这时正是朱鸟七宿在南方，苍龙七宿在东方，玄武七宿在北方，白虎七宿在西方。四象与四种颜色的相配，则与五行说有关。至于龙、龟蛇、虎、鸟匹配天象的由来，一种观点认为是与原始部落的图腾有关，另一种说法则认为可能与这些星座所代表的季节特征有联系。例如，南方七宿初昏时在南方则为春季，而鸟可以被视为是春天的象征。

1978年夏，湖北省随县发掘出战国初年的古墓葬，其中有一件漆箱盖，上面有二十八宿的名称，还有与之相对应的青龙、白虎图像。这说明了四象与二十八宿相配的起源年代很早。

《礼记·月令》所记天象

孟春之月，日在营室，昏参中，旦尾中。……
仲春之月，日在奎，昏弧中，旦建星中。……
季春之月，日在胃，昏七星中，旦牵牛中。……
孟夏之月，日在毕，昏翼中，日婺女中。……
仲夏之月，日在东井，昏亢中，旦危中。……
季夏之月，日在柳，昏火中，旦奎中。……
孟秋之月，日在翼，昏建星中，旦毕中。……
仲秋之月，日在角，昏牵牛中，旦觜觿中。……
季秋之月，日在房，昏虚中，旦柳中。……
孟冬之月，日在尾，昏危中，旦七星中。……
仲冬之月，日在斗，昏东壁中，轸旦中。……
季冬之月，日在婺女，昏娄中，旦氐中。……

《礼记·月令》师法自然

《礼记·月令》中的世界具有多层结构。太阳最高，具有决定的意义。太阳决定了四时，每时又分为三个月。四时各有气候特征，每个月又有各自的征候。与四时相对应，每时都有一班帝神，与时月、神的变化相对，每个月各有相应的祭祀规定的礼制。五行与四时的运转相配合，春为木、夏为火、秋为金、冬为水，土被放在夏秋之交，居中央。四时的变化不仅受太阳的制约，还受五行的制约。再下一个层次是各种人事活动，如生产、政令等。上述结构基本是同向制约，特别是人事，要受到太阳、四时、月、神、五行各种力量的制约，政令应以生产规律为依据，应有益于生产的发展，不能相违，表明古人通过观察自然而掌握自然规律即师法自然。

汉代以后，差不多历代都有类似月令的农书或总括天象、节气的月令图，著名的如《四民月令》和《唐月令》。清代李调元曾经说过："自唐以后，言月令者无虑数十百家。"可见人们对月令的重视。

民俗小百科

花月令

历史上的花月令版本繁多，但都是将一年四季不同时段的主要花卉的生长状况以诗歌或者经文的形式总结出来，以便于记忆，利于农事。明代程羽文的《花月令》，至今仍有很好的参考价值：

正月：兰蕙芬。瑞香烈。樱桃始葩。径草绿。望春初放。百花萌动。

二月：桃夭。玉兰解。紫荆繁。杏花饰其靥。梨花溶。李花白。

三月：蔷薇蔓。木笔书空。棣萼韡韡（光明华美）。杨入大水为萍。海棠睡。绣球落。

四月：牡丹王。芍药相于阶。罂粟满。木香上升。杜鹃归。荼蘼香梦。

五月：榴花照眼。萱北乡。夜合始交。薝蔔有香。锦葵开。山丹赪。

六月：桐花馥。菡萏为莲。茉莉来宾。凌霄结。凤仙降于庭。鸡冠环户。

七月：葵倾日。玉簪搔头。紫薇浸月。木槿朝荣。蓼花红。菱花乃实。

八月：槐花黄。桂香飘。断肠始娇。白苹开。金钱夜落。丁香紫。

九月：菊有英。芙蓉冷。汉宫秋老。芰荷化为衣。橙橘登。山药乳。

十月：木叶落。芳草化为薪。苔枯萎。芦始秋。朝菌歇。花藏不见。

十一月：蕉花红。枇杷芯。松柏秀。蜂蝶蛰。剪彩时行。花信风至。

十二月：蜡梅坼。茗花发。水仙负冰。梅香绽。山茶灼。雪花六出。

7. 分野

分野大约起源于春秋战国时期。《周礼·春官宗伯·保章氏》中有“以星土辨九州之地所封，封域皆有分星，以观妖祥”之记载。《史记·天官书》说：“天则有列宿，地则有州域。”中国古代占星家认为，地上各州郡邦国和天上一定的区域相对应，在该天区发生的天象预兆着各对应地方的吉凶，用列宿配州郡，这就是分野。具体地说，就是把某星宿当作某封国的分野，某星宿当作某州的分野，或反过来把某国当作某星宿的分野，某州当作某星宿的分野。随着时代的发展及占星家采用的系统不同，各史料记载的中国古代分野中，州郡与星宿的分配方法是不一致的。

分野最早是以十二次为准。所载故事最早的是：武王伐纣这天的天象是岁星在鹑火，因而周的分野为鹑火。战国以后也有以二十八宿来划分分野的，在《淮南子·天文训》等文献中有记载。后又因十二星次与二十八宿互相联系，从而两种分野也在西汉之后逐渐协调互通。

十二分野

根据十二次，即星纪、玄枵、诹訾、降娄、大梁、实沈、鹑首、鹑火、鹑尾、寿星、大火、析木，将地上的州、诸侯国划分为十二个区域，使两者相互对应，在天称为“十二分星”，在地称为“十二分野”，星纪为吴越、玄枵为齐、诹訾为卫、降娄为鲁、大梁为赵、实沈为晋、鹑首为秦、鹑火为周、鹑尾为楚、寿星为郑、大火为宋、析木为燕。

二十八宿分野

《晋书·天文志》中记载了十二州，即兖州、豫州、幽州、扬州、青州、并州、徐州、冀州、益州、雍州、三河以及荆州，分别由郑、宋、燕、吴（越）、齐、卫、鲁、赵、魏、秦、周、楚这十二古国瓜分。二十八宿与十二州、十二古国的分野关系具体为：

二十八宿	斗牛	女虚危	室壁	奎娄	毕昴胃	觜参	井鬼	柳星张	翼轸	角亢	氐房心	尾箕
十二分野	吴/扬州	齐/青州	卫/并州	鲁/徐州	赵/冀州	晋/益州	秦/雍州	周/三河	楚/荆州	郑/兖州	宋/豫州	燕/幽州

民俗小百科

《淮南子·天文训》中的分野

《淮南子•天文训》将二十八宿分成九野：

中央钧天——角宿 亢宿 氐宿

东方苍天——房宿 心宿 尾宿

东北变天——箕宿 斗宿 牵牛宿

北方玄天——须女宿 虚宿 危宿 室宿

西北幽天——东壁宿 奎宿 娄宿

西方颢天——胃宿 昴宿 毕宿

西南朱天——觜巂宿 参宿 东井宿

南方炎天——舆鬼宿 柳宿 七星宿

东南阳天——张宿 翼宿 轸宿

8. 地平方位

中国古人制定历法依据天象的事实，十分形象地表现在“观象授时”这一术语上。观测天象，不仅要有一个标准的时间计量，还得有一个统一的方位概念，这就得从地平方位说起。

地平四方

甲骨文中已有明确的四方的记载：“东土受年，南土受年，西土受年，北土受年。”《山海经》中有大荒东经、南经、西经、北经，也有类似甲骨文中四方和四方风名的描写。《尚书•尧典》中，更将四仲中星所代表的春夏秋冬四季与东、南、西、北四方联系起来。《管子•四时》篇说得很清楚：

是故阴阳者，天地之大理也，四时者，阴阳之大经也……

东方曰星，其时曰春。其气曰风……

南方曰日，其时曰夏，其气曰阳……

西方曰辰，其时曰秋，其气曰阴……

北方曰月，其时曰冬，其气曰寒。

其中的四方、四时、四气与日月星辰相配，把天象与四平方位、四季、气令结合起来，顺次井然，脉络清晰。

日景定位

在没有发明指南针以前，古人晚上依靠北极星，白天依靠测量日景的工具圭表来确定方位。在指南针发明以前，地平方位不可能划分得很细，只能用北、东北、东、东南、南、西南、西、西北八个大方位来描述方向和方位。术数上用八卦来表示，如文王八卦方位图中：坎卦代表北方，艮卦代表东北方，震卦代表东方，巽卦代表东南方，离卦代表南方，坤卦代表西南方，兑卦代表西方，乾卦代表西北方。日圭定位则将地平面均分为十二等份，用十二地支即子、丑、寅、卯、辰、巳、午、未、申、酉、戌、亥，来表示方位。

指南针定位

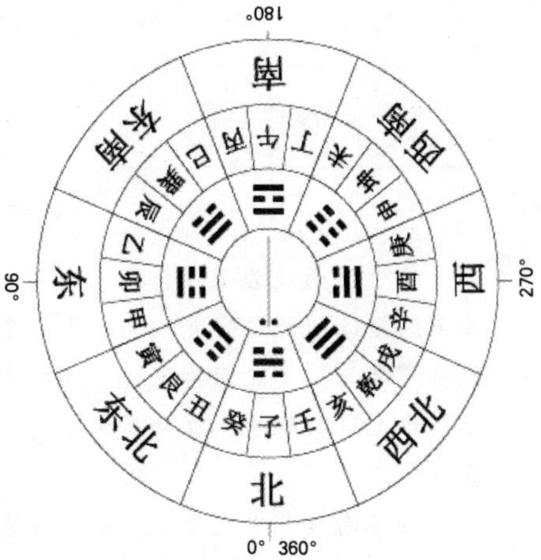

传说黄帝（约公元前47世纪）和西周周公（约公元前21世纪）曾制造和使用指南车分辨地平方位。战国时期，人们利用磁石指示南北的特性制成了指南工具——司南。到了北宋，我国劳动人民掌握了制造人工磁体的技术，用磁铁片制成了浮于水面的指南鱼。至南宋，磁体由匙形转变为针形，并由水浮磁针转变为用顶针，形成了磁针和方位盘相结合的罗盘，使指南针的测量精度发生了质的变化。

随着定位工具的发展，古人对方位的划分也日益详细。唐代，杨筠松将八卦和十二地支两大定位体系合而为一，并将十天干也加入进来，用于表示方位。于是，地平面周天三360度均分为24等份，被称为二十四山，每山占15度，三山为一卦，每卦占45度。

山川地势定位

水之南为阴，之北为阳；山之南为阳，之北为阴。山南水北谓之阳，山北水南谓之阴。例如，衡阳在衡山之南，华阴处在华山之北。自商周时期始，测量方向是选择环境的先行步骤，《诗经•公刘》云："既景迺冈，相其阴阳。"后来，汉代政治家晁昏提出，在选择城址时，应当"相其阴阳之和，尝其水泉之味，审其土地之宜……正阡陌之界"。

四象与方位

在夜晚，古人除了用北极星判别方向，还用二十八宿中白虎、青龙、朱雀、玄武这四象来表示东、西、南、北四个方向。《尚书正义》说："四方皆有七宿，各成一形。东方成龙形，西方成虎形，皆南首而北尾；南方成鸟形，北方成龟形，皆西首而东尾。"即东方青龙、西方白虎、南方朱雀、北方玄武。中国传统方位的绘制与现代地图方位相反，是上南、下北、左东、右西，所以描述四象方位，又会说左青龙（东）、右白虎（西）、前朱雀（南）、后玄武（北）。

民俗小百科

方位与地位

古代把南视为至尊，而以北象征失败、臣服，宫殿和庙宇都面朝正南，帝王的座位也都是坐北朝南，当上皇帝称"南面称尊"；打了败仗、臣服他人称"败北""北面称臣"。正因为正南这个方向如此尊荣，古代百姓盖房子，谁也不敢取子午线的正南方向，都是偏东或偏西一些，以免犯忌讳而获罪。

除了南尊北卑之外，在东、西方向上，古人以东为首，以西为次。皇后和妃子们的住处分为东宫、西宫，而以东宫为大为正，西宫为次为从；供奉祖宗牌位的太庙，要建在皇宫的东侧。现代汉语中的"东家""房东"等也由此而来。

除了东西南北之外，表示方向的前后左右也有尊卑高低之分。古代皇帝是至尊，他面南背北而坐，其左侧是东方。因此就在崇尚东方的同时，"左"也随着高贵起来。三国时期的东吴占据江东，也称江左。文左武右的仪制，男左女右的观念等，都是尊左的反映，有些习俗甚至延续至今。

第二章 传统岁时

传统岁时作为中国民众时间观念的具体体现，在中国民俗文化中占有重要的位置。岁与时同属时间量度单位，二者很早就有着密切的配合关系，季节更替、寒暑相推，合成年岁。《尚书•尧典》："帝曰：'咨！汝羲暨和，期三百有六旬有六日，以闰月定四时成岁。'""连月为时，纪时为岁"，岁时的合成表明了中国人年度周期的时间体系的完成。

岁时节日由来已久，它是古代先民创造的由年月日与气候变化相结合排定的节气时令，早在殷墟甲骨文和《逸周书•时训》等古文献中就有记载。汉魏以前的岁时观念有较强的自然属性，还有着浓郁的原始宗教性质与王权政治性质。汉魏是中国民族文化发展的重要时期，民众岁时观念虽然部分地传承了上古的岁时观念，但其主体发生了重大变化，岁时信仰中的世俗性质增强，岁时中的政治性质逐渐转向了社会规范的性质。汉代中期以后岁时节日体系开始形成。在宋明以后社会文化的世俗化的历史变迁中，即使是皇家的岁时观念也不可避免地出现世俗的趋向，明代的岁时祭祀已不再按照古时四立（即立春、立夏、立秋、立冬）迎气的时间举行，而是依照民间节日时间进行，明代《明会典》中就规定："春以清明，夏以端午，秋以中元，冬以冬至，惟岁除如旧。"

我们也不能因天时神圣色彩的淡化就简单地认为中国民众岁时观念中没有了神秘色彩，事实上这种神秘色彩一直是岁时的重要内涵，只不过它从消极被动地从属于"天"的状态中脱离出来，更多地体现了人们对美好生活的期盼，从而使岁时节日的民俗意义更加鲜明、生动。

特定的地理与人文环境孕育了中国民众特有的岁时观念，形成了具有深厚文化内涵的节日体系。在历史一现实的时间流程中，在除夕、春节、元宵、清明、端午、中秋、重阳等诸多节庆中，我们体味到了中华民族自强不息的生命意识，感悟到了民众情感的凝聚、历史的传承与社会活力的延续。

1. 除夕与春节

中国农历年的最后一天称为除夕，民间习惯把这一天叫大年三十，它与新年第一天——春节（正月初一）尾首相连，是农历年辞旧迎新之时。

在民间，传统意义上的过年是指从腊月初八的腊祭（或腊月二十三或二十四的祭灶），一直到正月十五元宵节，其中以除夕和正月初一为高潮，是中华民族独有的节日。除夕与春节的民俗活动丰富多彩，主要有吃年夜饭、守岁、祭祀、拜年等。

吃年夜饭

吃年夜饭，是大年三十家家户户一年中最热闹愉快的时刻。大年夜，丰盛的年菜摆满一桌，阖家团聚，围坐桌旁，共吃团圆饭，心头的充实感真是难以言喻，人们既享受满桌的佳肴盛馔，也感受着一家团圆，总结一年收获的那份快乐气氛。年夜饭中有大菜、冷盆、热炒、点心，而且一般少不了鱼，“鱼”和“余”谐音，是象征“吉庆有余”，也喻示着“年年有余”。年夜饭要慢慢地吃，从掌灯时分入席，有的人家一直要吃到深夜。

年夜饭的风俗很多，南北各地不同，有的吃饺子，有的吃元宵，还有的吃长面、馄饨，而且各有讲究。北方人过年习惯吃饺子，是取新旧交替“更岁交子”的意思，又因为白面饺子形状像银元宝，一盆盆端上桌象征着“新年大发财，元宝滚进来”之意。包饺子时，还有把几枚沸水消毒后的硬币包进去的，说是谁先吃着了，就会更添财运福气。南方除夕一般是吃元宵和

年糕。元宵又叫“团子”“圆子”，中间包糖馅料，寓意全家团圆美满甜蜜；年糕由糯米做成，以谐音取“年年高”之意。

守岁

中国民间在除夕有守岁的习惯，既有对如水逝去的岁月的惜别留恋之情，又有对即将来临的新年寄以美好希望之意。守岁之俗由来已久。最早记载见于西晋周处的《风土记》：除夕之夜，各相与赠送，称为“馈岁”；酒食相邀，称为“别岁”；长幼聚饮，祝颂而散，称为“分岁”；大家终夜不眠，以待天明，称曰“守岁”。古时守岁有两种含义：年长者守岁为“辞旧岁”，有珍爱光阴的意思；年轻人守岁，是为延长父母寿命。自汉代以来，新旧年交替的时刻一般为夜半时分，现代依然如此，人们一般都要等待新年钟声的敲响。

“一夜连双岁，五更分二天”，除夕之夜，家人团圆，欢聚一堂。全家人围坐在一起，茶点瓜果放满一桌。大年摆供，苹果一大盘是少不了的，这叫做“平平安安”。有的人家还要供一盆饭，年前烧好，要供过年，叫做“隔年饭”，是年年有剩饭，一年到头吃不完，今年还吃昔年粮的意思。不少地方在守岁时所备的糕点瓜果，都是想讨个吉利的口彩：吃枣（春来早），吃柿饼（事事如意），吃杏仁（幸福人），吃长生果（长生不老），吃年糕（一年比一年高）。除夕之夜，一家老小，边吃边乐，谈笑畅叙。

除夕夜许多人家挂起红灯，寓意来年日子红火。守岁时在家里点灯的风俗也叫“照虚耗”，特别是床下、角落等，意思是将不吉利的东西都照跑。守岁时我国许多地区还有在户外生篝火的习俗，又称“旺火”，火越旺越好，以示旺气通天，兴隆繁盛。

放爆竹

过新年，家家户户都要燃放爆竹，以噼噼啪啪的爆竹声除旧迎新。爆竹也叫爆仗、炮仗、鞭炮，有两千多年的历史。传说它起源于“庭燎”，《诗经·

小雅》中就有“庭燎之光”的诗句。“庭燎”就是当时用竹竿之类作成的火炬。竹竿燃烧后，竹节里的空气受热膨胀，竹腔爆裂，发出噼啪的炸声，以此驱鬼除邪。这就是最早的“爆竹”，也叫“爆仗”。《荆楚岁时记》载：“正月一日……鸡鸣而起。先于庭前爆竹，以辟山臊恶鬼。”其实用爆竹不过是讨个吉利，作为“暴发”的象征。到了唐朝，炼丹家经过不断的化学实验，发现硝石、硫磺和木炭合在一起能引起燃烧和爆炸，于是发明了火药。火药的发明使爆竹进入了一个新的发展时期。北宋时，便有人用纸包裹硫磺粉制成爆竹，称为“爆仗”。南宋时又出现了“鞭炮”，周密的《武林旧事》谓“内藏药线，一爇连百余不绝”，这就是现在的“百子炮伏”。至今，爆竹五花八门，品种繁多，放爆竹可以创造出喜庆热闹的气氛，是节日的一种娱乐活动，可以给人们带来欢愉和吉利。当午夜新年钟声敲响，整个中华大地，爆竹声震响天宇。我国许多地区还有正月初一放“开门炮”的习俗，寓意迎来一个崭新美好的年头。

祭拜祖先

新的一年来临，人们要做的第一件事就是祭祖。一方面是在辞旧迎新之际对祖宗先辈表示孝敬之意和表达怀念之情；另一方面，民间认为祖先和天、地、神、佛一样关心和保佑着后代的子孙们。春节祭祖的具体时间有的在子时，有的在清晨，有的则根据历书择一个吉利的时辰。祭祖时人们穿上新衣，摆上茶点等供品，燃烛焚香，叩拜祖先，鞭炮争放。

拜年与压岁钱

春节早晨，开门大吉，先放爆竹，叫做

“开门炮仗”。爆竹声后，碎红满地，灿若云锦，称为“满堂红”。这时满街瑞气，喜气洋洋，人们再穿上最漂亮的衣服，打扮得整整齐齐，出门去走亲访友，相互拜年，恭祝来年大吉大利。拜年的方式多种多样，有的是同族长带领若干人挨家挨户地拜年；有的是同事相邀几个人去拜年；也有大家聚在一起相互祝贺，称为“团拜”。

拜年时，晚辈要先给长辈拜年，祝长辈长寿安康，长辈可将事先准备好的压岁钱分给晚辈，据说压岁钱可以压住邪祟，因为“岁”与“祟”谐音，晚辈得到压岁钱就可以平平安安度过一岁。压岁钱有两种，一种是以彩绳穿线编作龙形，置于床脚，此记载见于清代富察敦崇所著《燕京岁时记》；另一种是最常见的，即由家长用红纸包裹分给孩子的钱。压岁钱可在晚辈拜年后当众赏给，亦可在除夕夜孩子睡着时，由家长偷偷地放在孩子的枕头底下。现在长辈为晚辈分送压岁钱的习俗仍然盛行。

民俗小百科

春节与元旦

现在我们的元旦指公历1月1日，而春节指农历正月初一。但1014年以前，正月初一叫做元旦，或叫元辰、元日，也有称为“三元”的，意思是说这一天为“岁之元、月之元、时之元”，而春节是指立春。

2. 正月初五破五

正月初五俗称为破五，是因为新年期间的禁忌，如妇女不能动针线，不能用生米做饭等，到今天全都可以破除。古时春节期间忌门的妇女们开始互相走访拜年、道贺，新嫁女子在这一天归家。初五这天最重要的活动是送穷、迎财神、开市贸易。

迎财神

财神是中国民间普遍供奉的道教善神之一，一般认为“正财神”为赵公明，“文财神”为比干、范蠡，“武财神”为关羽，“偏财神”为五路神、利市仙官，“准财神”为刘海蟾。这些财神，又可分为文财神和武财神两大类。人们最熟悉的则是“正财神”赵公明和“武财神”关羽。

农历正月初五“接财神”的习俗，盛行于明清及民国。此时人们迎接的是“正财神”赵公明，传说他一年中仅在正月初五这天走下龙虎玄坛一次，而且是随性驾临百姓人家，所以大家都在此日赶早鸣放鞭炮，焚香献牲，赶在前头迎接他，以期其光临自家，带来一年的好财运。

南方人在正月初五祭财神，所祭的为“偏财神”五路神。所谓五路，指东西南北中，意为出门五路，皆可得财。民间又称初五是五路财神诞辰，清代顾禄《清嘉录》云：“正月初五日，为路头神诞辰。金锣爆竹，牲醴毕陈，以争先为利市，必早起迎之，谓之‘接路头’。”又说：“今之路头，是五祀中之行神。所谓五路，当是东西南北中耳。”这里的“路头”即民间所说的“五路财神”。为了“抢路头”，人们在正月初四子夜，备好祭牲、糕果、香烛等物，并鸣锣击鼓、焚香礼拜，虔诚地恭敬财神，然后在正月初五零时零分，打开大门和窗户，燃香放炮，向财神表示欢迎。接过财神，大家还要吃路头酒，往往吃到天亮。

送穷

“送穷”是中国古代民间一种很有特色的岁时风俗，其意就是祭送穷鬼（穷神），最早是在正月晦日，唐代以后逐渐移至正月初五。这一天各家用纸造妇人，称为“扫晴娘”“五穷妇”或“五穷娘”，身背纸袋，然后将屋内秽土都扫到袋内，送到门外用点燃的炮仗炸之。现在还有初五这一天，家家户户放鞭炮，辟邪免灾，把“晦气”“穷气”“霉气”从家中崩走的习俗。此外，旧时正月初五要吃得特别饱，俗称“填穷坑”。

民间广泛流行的送穷习俗，反映了中国人民普遍希望辞旧迎新，送走旧日贫穷困苦，迎接新一年的美好生活的传统心理。

开市

旧俗春节期间大小店铺从大年初一起关门，而在正月初五开市。因为正月初五为财神生日，选择在这一天开市，必将招财进宝。还有许多为过年而关门休息的大小商户，会在初五这天做好开市的一切准备，并将初六作为“开市大吉”的好日子。

民俗小百科

破五吃饺子

初五这天，民间有吃饺子的食俗。例如，天津人破五这一天，家家户户吃饺子，并且剁馅时，菜板要剁得叮咚响，以示正在剁“小人”。包饺子也俗称“捏小人嘴”，据说，这样可免除谗言之祸。而最有意思的是陕西省凤翔县，破五前一天晚上包饺子，妙在包饺子时，须点一支香，在那盛饺子馅的盆上边绕去又绕来，然后才开始包，包好后等破五这天早起煮了吃。这是为了将“五穷”之类赶拢了，包将起来，煮熟了，然后吃掉。有些地方饺子里还要包上硬币、蜜枣、红糖等，寓意发财、好运早来、甜蜜和美。

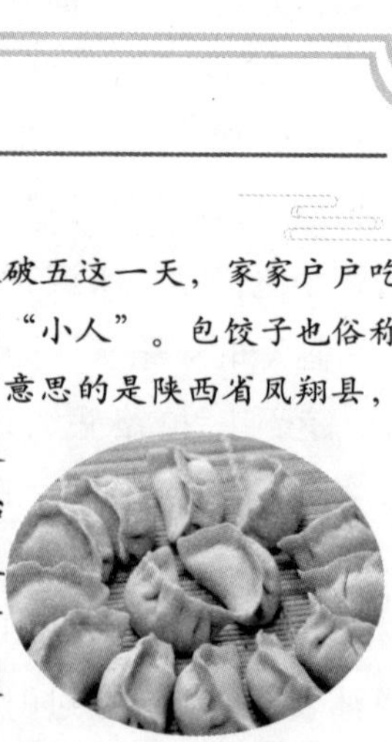

3. 正月十五元宵节

春节之后半个月，在噼噼啪啪的爆竹声中，人们又迎来一个重要节日，那就是元宵节。元宵节始于汉代，又叫“灯节”“上元节”，已有两千多年的历史。正月是农历的元月，古人称夜为“宵”，所以称正月十五为元宵节。正月十五日是一年中第一个月圆之夜，也是一元复始、大地回春的夜晚，人们对此加以庆祝，也是庆贺新春的延续。

元宵燃灯的习俗

按中国民间的传统，元宵节这天，人们要点起彩灯万盏，以示庆贺。元宵燃灯的风俗始于东汉明帝时期，明帝提倡佛教，听说佛教有正月十五日僧人观佛舍利，点灯敬佛的做法，就命令这一天夜晚在皇宫和寺庙里点灯敬佛，令士族、庶民家家户户都挂灯。以后这种佛教节日逐渐演变成民间盛大的节日。到了唐代，元宵赏灯活动更加兴盛，皇宫里、街道上处处挂灯，还要建立高大的灯轮、灯楼和灯树，唐朝大诗人卢照邻曾在《十五夜观灯》中云“接汉疑星落，依楼似月悬”，反映出元宵节燃灯的盛况。

宋代更重视元宵节，赏灯活动更加热闹，赏灯活动要进行5天，灯的样式也更丰富。明代要连续赏灯10天，是中国最长的灯节了。清代赏灯活动虽然只有3天，但是赏灯活动规模很大，盛况空前，除燃灯之外，还放烟花助兴。

猜灯谜

“猜灯谜”又叫“打灯谜”，是宋代以后出现的元宵节民俗活动。南宋时，首都临安每逢元宵节时制谜，猜谜的人众多。开始时是好事者把谜语写在纸条上，贴在五光十色的彩灯上供人猜。明清以后，灯谜已发展成为城乡人民在年节，特别是元宵节不可缺少的文娱活动形式，街头巷尾或公共场所，到处可见猜灯谜活动。因为谜语能启迪智慧又饶有兴趣，所以深受社会各阶层的欢迎。尤其是在清代，文学家还把猜谜活动写入小说中。曹雪芹在《红楼梦》里，就描绘了许多猜谜的生动场面。

吃元宵

元宵俗称“汤圆”“汤团”或“圆子”“团子”，南方人还称为“水圆”“浮圆子”。每到正月十五，几乎家家户户都要吃元宵。

元宵节吃元宵的习俗大约形成于宋代。据记载，唐朝时，元宵节吃“面茧”“圆不落角”。到了南宋，出现了“乳糖圆子”，这应该就是汤圆的前身。宋代周必大所写的《元宵煮浮圆子》中就有“星灿乌云里，珠浮浊水中”的诗句。到了明朝，“元宵”的称呼就比较通用了。

元宵一开始多被称为“汤圆”，因为它开锅之后漂在水上，煞是好看，让人联想到一轮明月挂在晴空。天上明月，碗里汤圆，家家户户团团圆圆。因此，吃元宵表达的是人们喜爱阖家团圆的美意。

4. 正月廿五填仓节

“填仓节”亦称为“天仓节”，是民间的传统节日，有老天仓与小天仓之分，农历正月二十为小天仓，正月二十五为老天仓（各地日期略有差异），是象征新年五谷丰登的节日，寄托了民间百姓对幸福生活和美好明天的期盼。随着时代的变迁，填仓节逐渐被人们忽视，但古人的祈愿不应忘怀。

民俗小百科

中国古代的情人节

元宵节也是一个浪漫的节日，被称为古代的“情人节”。传统社会的年轻女孩不允许外出自由活动，过节却可以结伴出来游玩，元宵节赏花灯正好是一个交谊的机会，未婚男女借着赏花灯也顺便可以为自己物色对象。因此，元宵灯节期间，是男女青年与情人相会的最佳时机。

欧阳修的《生查子》云：“去年元夜时，花市灯如昼。月到柳梢头，人约黄昏后。”辛弃疾在《青玉案》中写道：“众里寻他千百度。蓦然回首，那人却在，灯火阑珊处。”都描述了元宵夜的情景。民间流传着许多元宵节的浪漫故事，如传统戏曲《陈三五娘》中陈三与黄五娘是在元宵节赏花灯时相遇且一见钟情的，《分合镜》中乐昌公主与徐德言在元宵夜破镜重圆，《春灯谜》中宇文彦和影娘也是在元宵定情的，所以说元宵节也是中国古代的“情人节”。

填仓节由来

按照民间传说，正月二十五填仓，是为了纪念一位好心的仓官。相传在很久很久以前，中国北方遇到连年旱灾，赤地千里，颗粒无收。可是，皇家不管黎民百姓的死活，照样征收皇粮，弄得民间怨声载道。看守皇家粮仓的仓官，目睹这一惨景，于心不忍，便毅然打开皇仓，救济灾民。他知道，这样做是触犯了王法，皇帝绝不会饶恕他。于是，他让百姓把粮食运走了以后，就一把火把皇仓烧了，连同自己也活活烧死。这一天正好是农历正月二十五日。后人为了纪念这位放粮救济灾民的仓官，每到这一天，就用细炊灰在院内外撒成圆圈状，意为粮囤，有的还镶上花边、吉庆字样，并在圈中撒以五谷，象征五谷丰登，以表达人们对仓官的感怀，也祈盼新年有好收成。

填仓节活动

在古代，填仓节是一个隆重的节日。每当节日到来，民间亲朋往来，佳肴盛餐，醉饱方归。有民谣：“过了年，二十二，填仓米面作灯盏。拿箕帚，扫东墙，拾到昆虫验丰年。”讲的是填仓的民俗。

填仓节民俗要在院内或场面打灰窨。用簸箕盛草木灰，用棍棒均匀敲打，在地上撒出三环套或五环套圆圈，意为粮仓或者粮囤。讲究的人家还要在灰窨旁边撒画出耙子、扫帚甚至扇车等图案。小填仓日的灰窨，象征夏粮丰收，要在圆圈中心放置少许夏粮；大填仓日的灰窨，象征秋粮丰收，圆圈内则放秋粮。然后用砖石将粮食盖住，称为压仓。再将鞭炮点燃，在圈内爆响，取意粮食爆满粮仓。

山西地区在填仓节习惯蒸莜面窝，取其形如粮囤，再作面团，置莜面窝中空处，是谓填仓。晋北常用荞面作团，晋东南用黍米面，而晋中地区是用谷面作团。

填仓节民俗讲究喜进厌出。各家各户均不向别人家借东西，即使有人来家里借东西也必须拒绝。囤里要添粮，缸里要添水，门口放些煤炭以镇宅。旧俗农民卖粮，忌在此日。粮店收购粮食却喜欢在此日。至今，一些人仍保持着在填仓日购米买面的习俗。

俗语说：“点遍灯、烧遍香，家家粮食填满仓。”填仓节晚间要点灯以祀仓神。凡是与饮食有关的地方均要置灯。此俗在山西吕梁地区最为典型，按照家庭人口数，各人属相，用面捏成相应的本命灯，然后再捏上两条狗、一只鸡、一条鱼以及人口盘子、仓官老爷、酒盅、酒壶、银钱、元宝、驮炭毛驴等。夜晚，将这些面灯注油点燃。本命灯置家中炕上，狗置大门口，鸡放院中，鱼浮水缸、驴站畜圈，仓官老爷挂在天窗，其余均在家中。置放面灯时，口中还要高呼相应的吉利语，如“仓官老爷送粮来”“鸡娃鸡娃多下蛋”等。有些地区，如晋北，在填仓节晚上要打着灯笼，在院内各处找“填仓虫”（即各种小虫蚁），发现得越多，兆头越好。

民俗小百科

天穿节

在远古时期，天崩地裂，火山爆发，洪水浩荡，猛兽巨鹰横行，百姓处于水深火热中。这时被称为人类始祖的女娲氏，采来五色彩石日夜冶炼，炼了七七四十九天后，于正月二十五这一天，终于把破裂的天空修补好。女娲氏又斩断巨龟的四条腿，用来支撑天的四方，并且杀死猛兽巨鹰，治退洪水，使百姓安居乐业。为了纪念女娲氏，人们就在正月二十五这天吃烙饼、煎饼，并要用红丝线系饼投在房屋顶上，谓之“补天穿”。苏轼曾有“一枚煎饼补天穿”的诗句，故正月二十五又称为“天穿节”。

关于天穿节，不同的时代，不同的地区，节日时间有所不同。更早时，东晋王嘉《拾遗记》曰：“江东俗号正月二十日为天穿日。以红缕丝系饼饵置屋上，曰补天穿。”

5. 立春

立春是二十四节气之首，“立”是“开始”的意思，立春就是春季的开始，民间习惯将立春作为节日来过，在这一天举行盛大的迎春仪式。立春亦称“打春”“咬春”，又叫“报春”。这天有“打牛”和吃春饼、春盘以及咬萝卜等习俗。

迎春

立春日迎春，是在立春日进行的一项重要活动，其历史悠久，在3000年前就已经出现。当时，祭祀的句芒亦称芒神，是主管草木萌发的春神。据文献记载，周朝立春时，天子亲率三公九卿诸侯大夫去东郊迎春，祈求丰收，回宫后要赏赐群臣，布德和令以施惠兆民。到东汉时正式产生了迎春礼俗和民间的服饰饮食习俗。在唐宋时代的立春日，宰臣以下都要入朝称贺。沿袭到明清两代时，立春文化盛行，清代称立春的贺节习俗为“拜春”，其迎春的礼仪形式称为“行春”。清人所著的《清嘉录》中记载了立春祀神祭祖的典仪，虽然比不上正月初一的岁朝，但要高于冬至的规模。可以看出立春在古代是相当受重视的。

现今立春日迎春虽不如从前隆重，但许多礼俗仍然流传于民间，寄托着人们的希望。

打春牛

山西民间流行着春字歌“春日春风动，春江春水流。春人饮春酒，春官鞭春牛”，讲的就是打春牛的盛况。

打春牛习俗由来已久，盛行于唐、宋两代，尤其是宋仁宗颁布《土牛经》后使鞭土牛风俗传播更广，为民俗文化的重要内容。据《事物纪原》记载：“周公始制立春土牛，盖出土牛以示农耕早晚。”后世历代封建统治者这一天都要举行鞭春之礼，意在鼓励农耕，发展生产。据《燕京岁时记》记载：“立春先一日，顺天府官员，在东直门外一里春场迎春。立春日，礼部呈进春山宝座，顺天府呈进春牛图，礼毕回署，引春牛而击之，曰打春。”

鞭春牛的意义，不限于送寒气，促春耕，也有一定的巫术意义。山东民间要把土牛打碎，人们争抢春牛土，谓之抢春，以抢得牛头为吉利。另外还有采茶祭春牛活动。

报春

旧俗立春前一日，有两名艺人顶冠饰带，一称春官，一称春吏。沿街高喊“春来了”，俗称“报春”。无论士、农、工、商，见春官都要作揖礼谒。现在有的农村中仍保留这个古老的习俗，即由一个人手敲着小锣鼓，唱着迎春的赞词，并挨家挨户送上一张春牛图。在这红纸印的春牛图上，印有一年二十四个节气和人牵着牛耕地，人们称其为“春帖子”。这送春牛图，其意在催促提醒人们，一年之计在于春，要抓紧农时，莫误大好春光。

老北京的民间居室墙上常贴着春牛图及二十四节气文图并茂的年画。各地年画、年历中也普遍刻印春牛图，作为春节期间的吉祥图，可见自古报春之俗在官家与民间都很盛行。

咬春祈福

咬春是指立春日吃春盘、吃春饼、吃春卷、嚼萝卜的习俗。

春盘、春饼是用蔬菜、水果、饼饵等装盘馈送亲友或自己享用的食品。春盘在晋代已有，那时称“五辛盘”。五辛，广义讲是指五种辛辣（葱、蒜、椒、姜、芥）蔬菜做的五辛盘，服食五辛可杀菌驱寒。那时是将春饼与菜同置于一个盘内。到唐宋时吃春盘春饼之风盛行，皇帝以春酒春饼赐予百官近臣。宋人陈元靓撰《岁时广记》称：“立春前一日，大内出春饼，并以酒赐近臣。”沿袭至清代时，皇帝也以春饼春盘赏赐丹臣近侍，受赐者感涕不尽。

这种吃春盘春饼之俗，传向民间，更以食饼制菜并相互馈赠为乐。清代的《北平风俗类征•岁时》记载，立春，富家食春饼，备酱熏及炉烧盐腌各肉，并各色炒菜，如菠菜、韭菜、豆芽菜、干粉、鸡蛋等，且以面粉烙薄饼卷而食之。这描写的正是清末民国时期老北京人家吃春饼应景咬春之节俗，至今北京仍传承着此食俗，并有“打春吃春饼”的俗语。

炸春卷，亦是古代立春的传统节令食品。《岁时广记》云：“京师富贵人家

造面蚕，以肉或素做馅……名曰探官蚕。又因立春日做此，故又称探春蚕。”后来“蚕”字转化为“卷”，即当今常吃的“春卷”。古时常用椿树的嫩芽为馅，元代用羊肉为馅，现今则多以猪肉、豆芽、韭菜、韭黄等为馅，外焦内香，是很好的春令食品。

咬春之俗还有嚼吃萝卜。《燕京岁时记》中云：“是日，富家多食春饼，妇女等多买萝卜而食之，曰‘咬春’。谓可以却春困也。”萝卜古代时称芦菔，苏东坡有诗云：“秋来霜雪满东园，芦菔生儿芥有孙。”旧时药典认为，萝卜根叶皆可生、熟、当菜当饭而食，有很大的药用价值。常食萝卜不但可解春困，还可有助于软化血管，降血脂稳血压，可解酒、理气等，具有营养、健身、祛病之功。这也是古人提倡在立春时众人嚼吃萝卜的本来用意吧。

民俗小百科

两头春、盲春、隔年春

人们称农历一年中有两个立春的现象为“两头春”或“双春年”。例如，农历己丑年（公元2009年）分别在正月初十日和十二月廿一日（阳历2009年2月4日和2010年2月4日）立春。这与农历闰月有直接关系，己丑年是闰五月，闰月年有384或385天计十三个月，由于闰月中少了一个节气，所以闰年里只有25个节气。如闰年里第一个节气是立春，那么第25个节气必然是立春，且这个立春就处在岁末。在之后10年中，还有壬辰年（2012年）、甲午年（2014年）、丁酉年（2017年）三个“两头春”年。

双春年的下一个农历年就没有立春这个节气了，只有23个节气，这样的年就是“盲春”年，也叫“寡春年”。农历戊子年（2008年）、庚寅年（2010年）、癸巳年（2013年）、丙申年（2016年）就是“盲春”年。

农历闰年的次年仍有24个节气的年份也是有的，与甲午年（2014年）相接的乙未年（2015年）仍有24个节气，并且第24个节气就是立春，且处岁末腊月二十六日（相当于2016年2月4日），这种情况，民间称之为“隔年春”。“隔年春”也有特殊情况，如农历戊戌年（2018年）的立春节气正好在年末腊月三十日除夕这天，则称之为“岁交春”。

农历年中立春的时间差异体现了农历与太阳历之间的差异，和人间的吉凶祸福没有丝毫联系。

6. 二月二龙抬头

俗语有云："二月二，龙抬头。"旧时民众以为从二月初二开始，龙要抬头行云作雨，因而围绕这种俗信形成了许多传统，人们也把这一天称为龙头节、春龙节或青龙节。

二月二龙抬头的由来

龙是中国古代文化中地位显赫的神物，是祥瑞之物，主宰云雨。俗云："龙不抬头天不雨。"农历二月初二前后是二十四节气中的惊蛰。据说经过冬眠的龙，此日会被隆隆的春雷惊醒，抬头而起。这天之后雨水会逐渐增多。这一天人们便到江河水畔祭龙神，农历二月初二便成为民间一个重要节日。

"二月二，龙抬头"和古代天文学也有关。中国古代用二十八宿来表示日月星辰在天空的位置和判断季节，二十八宿中的角、亢、氐、房、心、尾、箕七宿组成为东方苍龙，其中角宿象征龙的头角。在冬季，苍龙隐没在地平线下，至二月初，黄昏来临时，角宿才从东方地平线上露头。这时整个苍龙的身子还隐没在地平线以下，只是角宿初露，所以称之为龙抬头。

二月二龙抬头的民俗

二月二龙抬头由来已久，自古便有许多风俗，其中一些习俗一直沿袭至今，主要是两个方面的，一是扶龙、引龙，一是熏虫、除虫。明人沈榜的《宛署杂记》中云："二月引龙，熏百虫。……乡民用灰自门外委婉布入宅厨，旋绕水缸，呼为引龙回。用面摊煎饼。熏床炕令百虫不生。"引龙也叫引青龙、引钱龙，引龙的方法有两种。一种是清晨汲水回家，叫"引青龙"（龙在水中）；或放古钱在水桶中，叫"引钱龙"。另一种方法是撒灰作龙蛇状，从门外蜿蜒布入宅厨，旋绕水缸，叫“引龙回”；或者用红丝线系一枚铜钱，从门外拖入室中，也叫“引钱龙”。

熏虫、咬虫是民间在二月二采取的防虫、除虫活动。二月二正是惊蛰前后，百虫蠢动，疫病易生，人们祈望龙抬头出来镇住毒虫。《明宫史》载：“初二日……各家用黍面枣糕，以油煎之，或以面和稀，摊为煎饼，名曰熏虫。”并把油煎食品吃掉，俗谓此举可以免除虫蛀、虫灾。咬虫是更进一步的巫术行为，即吃炒豆，或者吃蝎子状、虫状的油煎食物。旧时北京还有“照房梁”之俗，即把过年时祭祀用剩下的蜡烛点燃，照射房内各处，以驱逐蝎子、蜈蚣等毒虫。民间说将要出蜇的虫子被亮光晃照及油烟熏燎后，自动掉落，即可除灭。所以俗谚说：“二月二，照房梁，蝎子蜈蚣没处藏。”此外，拍打、清扫、撒石灰等除虫方法，则更科学、实用。

另外，民间还有吃食除夕锅巴、吃面食和妇女忌用针线的习俗。《燕京岁时记》说：“二月二日……今人呼为龙抬头。是日食饼者谓之龙鳞，食面者谓之龙须面。闺中停止针线，恐伤龙目也。”人们以此来祈求神龙赐福于人间，并且保佑这一年都能够风调雨顺、五谷丰登。

民俗小百科

二月二，剃龙头

二月二，剃龙头。这当然不是给龙剃头，而是给人剃头，以求得一年好运。过年旧时有许多禁忌，正月里不剃头就是其一。到了二月二，这一禁忌才解除，而且这天是吉祥如意的日子，人们剃头理发图的是一个新年好兆头。民谚“二月二龙抬头，家家男子剃龙头”“二月二龙抬头，家家小孩剃毛头”，都是在说这一习俗。

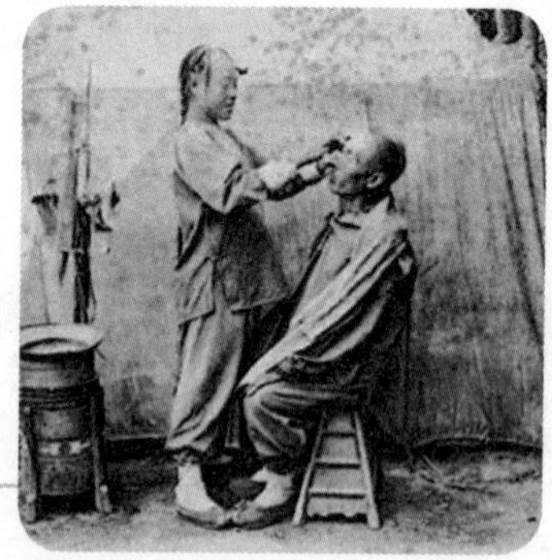

7. 社日

社字从示从土，“土”是土地，“示”表示祭祀，那么，社就是祭土地。早先的土地神只是神灵，相传为古代共工氏之子，名曰后土，掌土地与农业之事，后来逐渐人格化，叫社神，俗称土地爷，而且有配偶神（社母，俗称土地奶奶）。有时，土地神与谷神合祀，这就是古代所谓的社稷了。

社日是古代农民祭祀土地神的节日，一般在春分前后。中国历史上的相当长一段时期，其社会形态是典型的传统农业社会，人们对土地有着极其深厚的感情，因此土地很早就是人们的祭祀对象，而重点祭祀的那个日子，就是“社日”。

社日的由来

所谓“社日”，是古时候人们祭祀土地神的日子，起于先秦。《礼记•月令》记载：“择元日，命民社。”郑玄注：“社，后土也，使民祀焉，神其农业也。”《荆楚岁时记》：“社日，四邻并结综合社，牲醪，为屋于树下，先祭神，然后飨其胙。”注引郑玄曰：“‘百家共一社。’今百家所社综，即共立之社也。”《北史•李孝伯传》载：“李氏宗党豪盛，每春秋二社，必高会极宴，无不沉醉喧乱。”

汉以前，仅有春社，汉以后才有春、秋二社日。春、秋二社祀神的功能有所分别，即所谓春祈秋报。春社主要是祈求土地神保佑农业丰收，秋社则以收获报答感谢神明。宋人邱光庭《兼明录》等书称：社日一般用戊日，立春后的第五个戊日为春社，立秋后的第五个戊日为秋社，大体在春分或秋分前后。

社日的民俗

旧俗，社日这一天，乡邻们在土地庙集会，准备酒肉祭神，然后宴饮。春、秋二社相比来看，春社的活动更多一些。春社的时间是立春后第五个戊日。袁景澜《吴郡岁华纪胜》记苏州此俗说：“乡村土谷神祠，农民亦家具壶浆以祝，神厘俗称田公、田婆，古称社公、社母。社公不食宿水，故社日必有雨，曰社公雨。醵钱作会，曰社钱。叠鼓祈年，曰社鼓。饮酒治聋，曰社酒。以肉杂调和饭，曰社饭。……田事将兴，特祀社以祈农祥。”

社日的传统民俗有社酒、社肉、社饭、社雨等，但最主要的是“社会”“社火”“社戏”。社会也就是土地会，是人们在社日祭祀土地神的时候举行的赛会，后来泛指节日演艺集会。由专称到泛指，可以看出社日的影响之大。社会在魏晋已经很是盛行，唐裴孝源《贞观公私画史》载有晋人史道硕画《田家社会图》。旧时社会的一个重要活动是分肉吃——肉本来是用来祭土地，祭祀完毕，大家便一起分食了。有肉当然要佐以酒，食肉饮酒又不能佐以娱乐，所以社会也就成了祭神娱已的热闹所在。当然，演戏酬神是中国民俗的一大传统，对土地爷当然也不例外，不但能烘托出社日的欢乐，也寄托了人们对土地的深厚感情。鲁迅先生的名篇《社戏》，描写的正是民国之初江南社戏的场景。

民俗小百科

《社日》

“鹅湖山下稻粱肥，豚栅鸡栖半掩扉。桑柘影斜春社散，家家扶得醉人归。”这首名为《社日》的诗为晚唐诗人王驾所作。王驾的诗名远远不及同时期的李商隐、杜牧等，诗作似乎也不多见于各类典籍，然而他的这首《社日》，却以淳朴敦厚的诗风，在浩瀚的唐诗中占据了一席之地，唱出了属于他自己的歌声。诗人未有一字正面写社日，没有将笔墨集中于“社日”表演的热闹场面，而是把“聚焦点”集中于“社散”之时，衬托出社日的盛况，烘托出山村节日的欢乐，反映了农人辛勤劳动带来的富裕生活。

8．三月初三上巳节

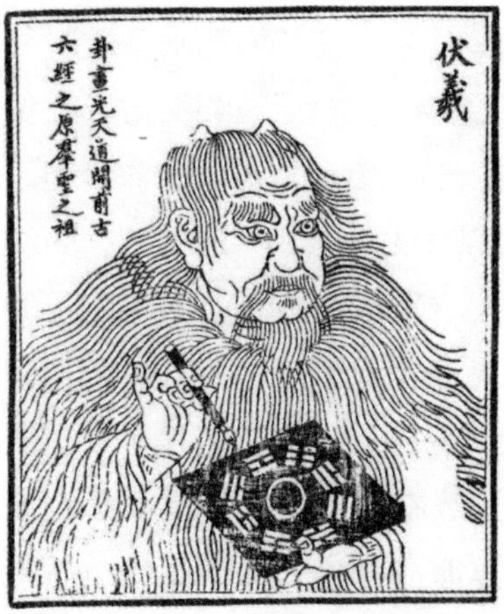

在中国传统观念里，月、日相同的日子总是不那么平凡，因而许多这样的日子都成了节日，正月一、二月二、三月三、五月五、六月六、七月七、九月九，都是如此。而在三月三多种节日聚集，节俗丰富多彩。

三月三节俗溯源

要说“三月三”的来历，可追溯到伏羲氏。豫东一带尊称伏羲为“人祖爷”，淮阳（伏羲建都地）的太昊陵古庙，每年农历二月二到三月三为太昊陵庙会，善男信女会云集这里，朝拜人祖。

农历三月三为上巳节。“巳”是地支之一。春秋时期上巳节已非常流行。在汉代以前其时间为农历三月的第一个巳日，也叫“元巳”。到了曹魏时期，上巳节就固定在了农历三月初三。

农历三月三，还是传说中王母娘娘开蟠桃会的日子。有一首北京竹枝词是这样描述蟠桃宫庙会盛况的：“三月初三春正长，蟠桃宫里看烧香；沿河一带风微起，十丈红尘匝地扬。” 这一天也是道教真武大帝的寿诞。真武大帝又称玄天上帝、玄武大帝、真武真君，是道教中主管军事与战争的正神。各地的道教宫观在三月三日这一天都要举行盛大的法会，道教信徒们也会在这一天到宫观庙宇中烧香祈福，或在家里诵经祈祷。

上巳的节俗

上巳节的原始节俗，是到水边洗浴，去垢求洁，除病致祥。这种活动叫修禊、祓禊，有春禊、秋禊之分，上巳节的祓禊就是春禊。祓禊的习俗，早在周代就已经存在。《周礼•春官》说："女巫掌岁时祓除衅浴。"汉代经学家郑玄解释说："岁时祓除，如今三月上巳如水上之类。衅浴，谓以香薰草药沐浴。"此俗历代相沿不改。《诗经•郑风•溱洧》记述了春秋时郑国的祓除之举，宋高承《事物纪原》引《韩诗外传》解释说："三月桃花水下之时，郑国之俗，以上巳于溱洧之上，执兰招魂续魄，祓除不祥。"《后汉书•礼仪志》不仅记述了节俗，也指出了其意义："是月上巳，官民皆洁于东流水上，曰洗濯祓除去宿垢疢为大洁。"相传这样不仅可以洗去一冬积聚的宿垢，而洗掉的这些东西随水流走，也代表着人们一年的不吉不祥也已随波流去，剩下的只是吉祥如意。

上巳节还有临水浮卵、水上浮枣和曲水流觞三种活动。在上述三种水上活动中，以临水浮卵最为古老，它是将煮熟的鸡蛋放在河水中，任其浮移，谁拾到谁食之。水上浮枣和曲水流觞则是由临水浮卵演变来的。到汉代，曲水流觞之举相沿成习。之后的此类盛集很多，王羲之《兰亭集序》描述得最为真切。到唐代，这种习俗大为炽盛，节俗活动种类已臻完备，诸如流杯、泛酒、流卵、流枣、乞子、插柳、戴柳圈、探春、踏青、蹴鞠、秋千、拔河以及歌会等。后来，这些种类的活动几乎各代都继承并且发展了，进而形成了中国最大、最完备的野外游乐节日。上巳节在中国不少地区至今尚有余韵可寻，但在节日性质和内容上已发生了不少变化。

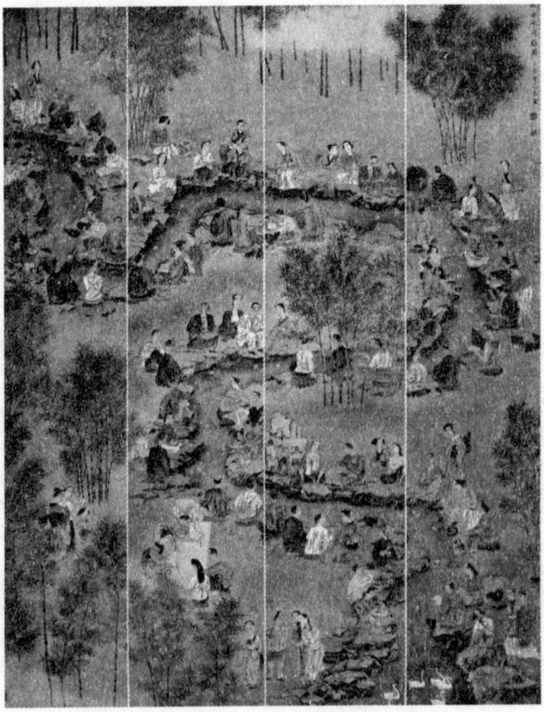

另外，上巳节曾被当做踏青的节期，特别是北方地区。此俗十分古老，基本上是伴随上巳祓禊和清明扫墓形成的。早在先秦，《诗经》中的一首诗就提到了伴随上巳修禊的士女的游乐活动。唐代都城长安的踏青活动也多在上巳。宋陈元靓《岁时广记》引唐人《辇下岁时记》说："三月上巳，有赐宴群臣，即在曲江，倾都人物，于江头禊饮踏青。”此后，宋元明清各代，踏青之俗相沿不绝。《清嘉录》也有记录说在上巳踏青。而与西湖老人同时代的宋代散文家苏辙，有诗题为《记岁首乡俗寄子瞻》，诗云“江水冰消岸草青，三三五五踏青行”，所记踏青显然是在正月（岁首）里了，也可推见踏青之俗的流行。春游踏青既可饱览大好春光，又能怡乐身心，沿袭到今天仍然是一种重要的民间游赏娱乐习俗。

民俗小百科

三月三桃花酒

现存最早的药学专著《神农本草经》中就有桃花可使人“好颜色”的说法。《大清方》云：“酒渍桃花饮之，除百病，益颜色。”梁代医学家陶弘景也说：“服三树桃花尽，则面色红润悦泽，如桃花也。”

现代医学研究表明，桃花中含有山奈酚、香豆精、三叶豆甙和维生素A、维生素B、维生素C等营养物质，能扩张血管，疏通脉络，润泽肌肤，改善血液循环，促进皮肤营养和氧供给，使促进人体衰老的脂褐质素加快排泄，防止黑色素在皮肤内慢性沉积，从而能有效地预防黄褐斑、雀斑、黑斑；桃花中还富含植物蛋白和呈游离状态的氨基酸，容易被皮肤吸收，可防止皮肤干燥、粗糙及皱纹，对皮肤大有裨益。

9. 清明节

唐代诗人杜牧的诗《清明》：“清明时节雨纷纷，路上行人欲断魂。借问酒家何处有？牧童遥指杏花村。”写出了清明节的特殊气氛。清明是一个节气，也是一个节日。这个节日的传统节俗活动是上坟扫墓祭奠先人，还有插柳、踏青等，是中华民族的传统节日。

清明节的由来

中国传统的清明节大约始于周代，已有2500多年的历史。清明最开始是一个很重要的节气，清明一到，气温升高，正是春耕春种的大好时节，故有“清明前后，种瓜种豆”“植树造林，莫过清明”等农谚。《历书》云：“春分后十五日，斗指丁，为清明，时万物皆洁齐而清明，盖时当气清景明，万物皆显，因此得名。”所以，“清明”本为节气名，后来增加了寒食禁火及扫墓等习俗才逐渐形成清明节的。清明节的起源，据说始于古代帝王将相的“墓祭”之礼，后来民间仿效，也于此日祭祖扫墓，历代沿袭而成一种固定的风俗。由于清明与寒食的日子接近，而寒食是民间禁火扫墓的日子，渐渐地，寒食与清明就合二为一了，而寒食既成为清明的别称，也成为清明时节的一个习俗。

扫墓祭先

清明节最主要的节俗是祭扫祖先坟墓。秦汉时代，墓祭已经成为不可或缺的礼俗活动。《后汉书•明帝纪》注引《汉官仪》说：“古不墓祭。秦始皇起寝于墓侧，汉因而不改。”后世把墓祭归入了五礼之中：“五月癸卯，寒食上墓，宜编入五礼，永为恒式。”（《旧唐书•玄宗纪》）得到官方的肯定之后，清明墓祭之风大盛。《清通礼》云：“岁，寒食及霜降节，拜扫圹茔，届期素服诣墓，具酒馔及芟剪草木之器，周胝封树，剪除荆草，故称扫墓。”明清时期，清明扫墓更为盛行。相传至今，2007年12月国务院第二次修订了全国年节及纪念日放假办法，将清明节纳入年节，放假一天，以便于人们扫墓祭祖。

旧时清明墓祭，一般要在墓前焚纸钱、供食品、奠酒醴，所以要提盒担篮，有的甚至是车马出行。明《帝京景物略》载：“三月清明日，男女扫墓，担提尊榼，轿前马后挂楮锭，粲粲然满道也。拜者、酹者、哭者、为墓除草添土者，焚楮锭次，以纸钱置坟头。望中无纸钱，则孤坟矣。哭罢，不归也，趋芳树，择园圃，列坐尽醉。”祭罢，有的围坐聚餐饮酒，有的则放起风筝甚至互相比赛，进行娱乐活动，逐渐发展为清明踏青游玩的习俗。

插柳戴柳

清明除了扫墓祭先之外，还有插柳、戴柳之俗。插柳之俗起源较早，有的地方也会在元旦插柳，但以清明、寒食期间为多。南北朝时，人们多在元旦插柳，说是能避鬼。北魏贾思勰《齐民要术》说：“正月旦取杨柳枝著户上，百鬼不入家。”这与元旦桃枝避鬼用意相同。清明既是鬼节，值此柳条发芽时节，人们自然纷纷插柳戴柳以辟邪了。而宋人孟元老《东京梦华录》所记则为：“清明节……用面造枣旗飞燕，柳条串之，插于门楣。”戴柳之俗，大约也是与插柳相偕而起的。最早的记载见于唐代段成式的《酉阳杂俎》：“三月三日，赐侍臣细柳圈，言带之免虿毒。”只是后来人们戴柳并不像唐代那样为“免虿毒”，而是为了驻颜——留住青春美丽。明人田汝成《西湖游览志余》说：“（清明）家家插柳满檐，青茜可爱。男女或戴之。”民谚云：“清明不戴柳，红颜成皓首。”

放风筝

放风筝也是清明时节人们所喜爱的活动。每逢清明时节，人们不仅白天放，夜间也放。夜里在风筝下挂上一串串彩色的小灯笼，像闪烁的明星，被称为“神灯”。过去，有的人把风筝放上蓝天后，便剪断牵线，任凭清风把它们送往天涯海角，据说这样能除病消灾，给自己带来好运，现在从安全的角度考虑，则不宜这样做。

民俗小百科

寒食与清明

根据《荆楚岁时记》的记载，冬至后一百零五天称寒食节，这样正好是清明节前后。唐代元稹的诗云“初过寒食一百六”，认为清明节前一天为寒食节，清明节与寒食节本身所处的日期，就有一天的差异。因为寒食和清明的日子相近，而古人在寒食中的活动又往往延续到清明，久而久之，寒食和清明也就没有严格区分了。

10. 四月初八浴佛节

每年的农历四月初八，是我国汉族地区纪念佛教创始人释迦牟尼诞生的佛教节日，称为浴佛节、佛诞节、龙华会，后来逐渐演变成民俗节日，具有中国传统文化特点，其中的浴佛、斋会、结缘和放生在过去广为流行。

浴佛节由来

相传佛教为古印度迦毗罗卫国的王子乔达摩•悉达多（释迦牟尼）所创立。佛教自东汉时传入中国后，各地佛寺林立，庙宇的主体建筑——大雄宝殿内均供奉着佛教创始人释迦牟尼的佛像。相传佛祖释迦牟尼出生后，有天上九龙吐出香水为他洗浴，因此才有佛祖诞日以香水沐浴佛身的习俗。浴佛节在中国东汉时仅限于寺院举行，到魏晋南北朝时流传至民间。《荆楚岁时记》云：“四月八日，诸寺设斋，以五色香水浴佛，共作龙华会。”此日僧尼皆香花灯烛，置铜佛于水中，进行浴佛，一般民众则纷纷到佛寺进香，争舍财钱、放生、求子，祈求佛祖保佑，出现各种庙会。

斋会

在浴佛节这一天，各佛教寺庙还会准备些素菜素饭，有面条、蔬菜和酒等，招待前来祭拜的信徒，也就是 “斋会”。与会者吃斋饭，要交“会印钱”，在吃斋前要先念佛经，斋会后还要讨一些洗佛水来饮用，或食些佛寺煮制的一种粥食——“乌米饭”，以示虔诚。

舍豆结缘

舍豆结缘是浴佛节中的一种结缘活动。它是以施舍的形式，祈求结来世之缘。因佛祖认为人与人之间的相识是前世就已结下缘分，俗语就有“有缘千里来相会”之说。又因黄豆是圆的，圆与缘谐音所以以圆结缘。这个习俗起于元代，最盛于清代。清宫内每到四月初八这一天，都要给大臣、太监以及宫女发放煮熟的五香黄豆。这个习俗在佛寺及民间更为流行。四月初八开庙时，焚香拜佛后，人们要将带来的熟黄豆倒在寺庙的簸箩里，以表跟佛祖结缘。在去庙会的路上，常有一些妇女挎着香袋，拿着香烛，挨家去索要“缘豆”，不管认不认识，信佛不信佛的人家都十分愿意给出一些黄豆，双方不拘多少，只为结缘。那时的一些达官贵人之家，还常把煮好的黄豆，盛在器皿内放在家门口外，任路人取食，以示自己与四方邻居百姓结识好缘，和谐相处，保一方平安。在家中，妇女早早用盐水把黄豆煮好，然后在佛堂里虔诚盘腿而坐，口念“阿弥陀佛”，手中一颗颗捻豆不止，每捻一次都代表对佛的虔诚，用此法修身养性。

放生

佛教主张不杀生，宣扬放生能够行善积德，修炼人的功德。浴佛节有放生习俗，早在宋代就已有记载。一些佛庙的僧侣和平民百姓还常在这一天把自己养的或买来的小龟、小鸟、小鱼带到河边或山野放生。

民俗小百科

浴佛节求子

农历四月初八虽为浴佛节，各地在浴佛节拜观音求子的人也不胜枚举。《吉林奇俗谈》说：“吉地白山四月二十八日开庙会，求嗣者诣观音阁，于莲花座下窃取纸糊童子一，归家后置褥底，俗谓梦熊可操左券。”山东、山西等地区还有拴娃娃的习俗。四月初八，求子嗣者到庙堂拜观音和送生娘娘，烧香许愿后要讨一个神案前的泥塑男娃，以红线绳套住娃娃脖子，号称拴娃娃。因此，四月初八这天有名的求子庙也是香火鼎盛。

11. 五月初五端午节

农历五月初五端午节，是中华民族古老的传统节日之一。这天，人们吃粽子、煮鸡蛋、吃大蒜、喝雄黄酒，采来白艾和菖蒲用红纸条扎成束后悬于门前，当然还少不了过端午节的重头戏——龙舟竞渡，这种热闹的场景让人深刻感受到中国传统节日的气氛。

端午节的由来

端午也称端五，端阳，始于中国的春秋战国时期，至今已有两千多年历史。由于地域广大，民族众多，加上许多故事传说，端午节的由来说法众多。据学者闻一多先生的《端午考》和《端午的历史教育》列举的百余条古籍记载及专家考古考证，端午起源于中国古代南方吴越民族举行的图腾祭节日。但千百年来，屈原的爱国精神和感人楚辞，已深入人心，人们“惜而哀之，世论其辞，以相传焉”，因此，端午源于纪念屈原之说，影响最广最深，占据主流地位，而且民间把端午节的龙舟竞渡和吃粽子等，都与纪念屈原联系在一起。

端午食粽

端午节吃粽子，这是中国人民的传统习俗。根据纪念屈原说，屈原投江后，为了让鱼龙虾蟹不去咬他的身体，村民们拿出为屈原准备的饭团、鸡蛋等食物，投入江中喂鱼龙虾蟹。后来为怕饭团为蛟龙所食，人们想出用楝树叶包饭，外缠彩丝，后发展成粽子。根据史书记载，早在春秋时期，人们用菰叶（茭白叶）包黍米成牛角状，称“角黍”；用竹筒装米密封烤熟，称“筒粽”。晋代，粽子被正式定为端午节食品。这时，包粽子的原料除糯米外，还添加中药益智仁，煮熟的粽子称“益智粽”。西晋周处《岳阳风土记》载：“俗以菰叶裹黍米……煮之，合烂熟，于五月五日至夏至啖之，一

名粽，一名黍。”元、明时期，粽子的包裹料已从菰叶变革为箬叶，后来又出现用芦苇叶包的粽子，附加料已出现豆沙、猪肉、松仁、枣子、胡桃等。一直到今天，每年五月初，中国百姓家家都要浸糯米、洗粽叶、包粽子，其花色品种繁多。吃粽子的风俗，千百年来，在中国盛行不衰，而且流传到朝鲜、日本及东南亚诸国。

龙舟竞渡

赛龙舟，是端午节的主要习俗之一。据《荆楚岁时记》载：“五月五日，谓之浴兰节。…… 是日竞渡，采杂药。”此后，历代记载竞渡的诗赋、笔记、志书等数不胜数。最早，竞渡之习，盛行于吴、越、楚。端午节龙舟竞渡相传起源于古时楚国人因舍不得贤臣屈原投江死去，许多人划船追赶拯救。他们争先恐后，追至洞庭湖时不见踪迹，于是人们借划龙舟驱散江中之鱼，以免鱼龙虾蟹吃掉屈原的身体。

自古龙舟竞渡的气氛就十分热烈。唐代诗人张建封《竞渡歌》云：“两岸罗衣破晕香，银钗照日如霜刃。鼓声三下红旗开，两龙跃出浮水来。棹影斡波飞万剑，鼓声劈浪鸣千雷。鼓声渐急标将近，两龙望标且如瞬。坡上人呼霹雳惊，竿头彩挂虹霓晕。前船抢水已得标，后船失势空挥桡。” 北宋黄裳的《减字木兰花•竞渡》：“红旗高举，飞出深深杨柳渚。鼓击春雷，直破烟波远远回。欢声震地，惊退万人争战气。金碧楼西，衔得锦标第一归。”竞赛的热烈场面，跃然纸上。这些诗句淋漓尽致地写出了龙舟竞渡的壮景。近代的龙舟比赛与旧时大抵相同，但组织更加有序、规范。而且，近年来国内外都出现了国际性龙舟比赛，吸引了各国健儿。

悬艾叶、菖蒲

民谚说：“清明插柳，端午插艾。”在端午节，人们把插艾和菖蒲作为重要内容之一。家家洒扫庭除，以菖蒲、艾条插于门楣，悬于堂中。

艾草代表招百福，可以灭蚊驱虫杀菌，制成艾卷熏炽穴位，配合针刺治病。有关艾草可以驱邪的传说已经流传很久，主要是源于它的医药功能。《荆楚岁时记》中记载：“常以五月五日鸡未鸣时采艾，见似人处，用灸驱验。”描述的就是端午采艾草、插带艾草的习俗。

菖蒲天中五瑞之首，叶片呈剑型，象征驱除不祥的宝剑，被人们视为可感“百阴之气”，所以古时它被称为“水剑”，后称“蒲剑”，被认为可以斩千邪，插在门口可以避邪。晋代《风土志》说：“以艾为虎形，或剪彩为小虎，帖以艾叶，内人争相裁之。以后更加菖蒲，或作人形，或肖剑状，名为蒲剑，以驱邪却鬼。”而《清嘉录》也记载：“截蒲为剑，割蓬作鞭，副以桃梗蒜头，悬于床户，皆以却鬼。”

驱五毒

浙江有民谚：“端午节，天气热；五毒醒，不安宁。”民间认为五月是五毒即蝎、蛇、蜈蚣、壁虎、蟾蜍出没之时，要用各种方法预防五毒之害。旧时一般在屋中贴五毒图，以红纸印画五种毒物，再用五根针刺于五毒之上，即认为毒物被刺死，再不能横行了。还有在衣饰上绣制五毒，在饼上缀五毒图案的，炒食五毒的（各地用料不同，如山东南部、苏州北部以辣椒、葱、姜、蒜、香菜混合在一起炒五毒），均是驱除五毒之意。

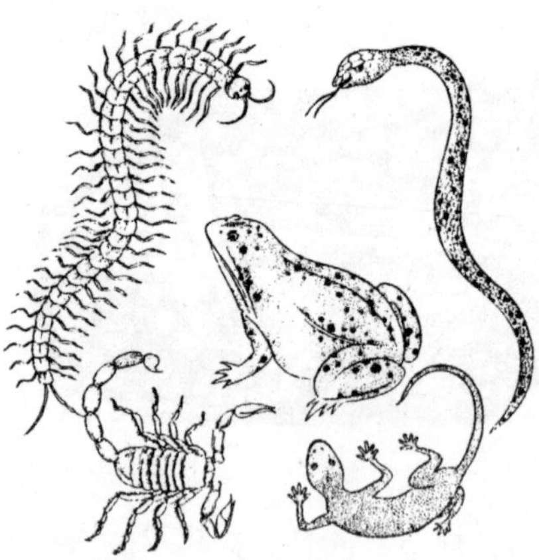

端午还有饮蒲酒、雄黄、朱砂酒，以酒洒喷的习俗，流传甚广。明代冯应京的《月令广义》中就说：“五日用朱砂酒，辟邪解毒，用酒染额胸手足心，无会虺蛇（一种毒蛇）之患。又以洒墙壁门窗，以避毒虫。”

《燕京岁时记》有：“每至端阳，自初一日起，取雄黄合酒晒之，用涂小儿额及鼻耳间，以避毒物。”端午时用雄黄涂抹小儿额头的习俗也寓意驱避毒虫。用雄黄酒在小儿额头画“王”字，一是借雄黄驱毒，二是借猛虎（“王”喻虎）镇邪。

民俗小百科

五彩线和香荷包

五彩线，又称长命缕、长寿线、百索等。端午节以五色丝结绳索的习俗始于汉代。东汉应劭《风俗通·佚文》："五月五日，以五彩丝系臂，名长命缕，一名续命缕，一名辟兵缯，一名五色缕，一名朱索，辟兵及鬼，命人不病瘟。"以后相沿成习，直至今日仍延续不衰，广泛流传。端午清晨，大人起床后第一件事便是在孩子手腕、脚腕、脖子上拴五色线。系线时，忌儿童开口说话。五色线不可任意折断或丢弃，只能在此后第一场雨或第一次洗澡时，抛到水中，意味着让水将瘟疫、疾病冲走。

"五月初一做荷包，五月端阳戴荷包。"旧时在端午节前，家家户户的媳妇、姑娘及老太太，都要动手绣制香荷包，以赠亲友和家人佩戴。香荷包有用五色丝线缠成的，有用碎布缝成的，内装香料（常用白芷、川芎、芩草、排草、山奈、甘松等中药制成），目的也是驱毒辟邪，防病健身。现在，荷包成为了商品，每到端午节，各式各样制作精美的香荷包纷纷上市，人们可以根据自己的需要买给自己或送给家人朋友。

12．六月初六天贶节

农历六月初六是中国传统节日天贶（kuàng，音况）节。天贶即"天赐"之意，此节源于宋真宗封禅泰山。公元1008年农历六月初六，宋真宗称天降天书于泰山，因此大举封禅，为感谢上天，不仅在岱庙修建天贶殿，而且定六月六日为天贶节。今天，天贶节虽然已逐渐被人们遗忘，但其在旧时也是重要节日，其习俗在有些地方还有保存，如晒衣物、晒书、藏水、回娘家等。

晒经书

明代沈德符《万历野获编》记述："六月六日本非令节，但内府皇史宬晒暴列圣实录，御制文集诸大函，则每岁故事也。"从明代开始皇家即以六月六

为晒书日了，晒的都是重要的文献资料书籍。随后民间也传播开来，谓此日阳光可杀灭书中蛀虫。

在佛教中，传说唐玄奘历尽八十一难终于从西天取来佛经，在回国途中经大海时佛经坠入海中，为水所湿。皇天感其艰辛，便在六月六这天赐以炎晴天气，将被水所湿佛经，全部晒干，于是这天被定为天贶节，也叫翻经节。所以，寺院里的僧人也在这日晒经书。

晒衣物

旧时民间还称六月初六为晒衣节，认为这一天丝绸棉布经日一晒，一年到头就没有虫蛀发生，此俗可以追溯到晋朝以前。到了明代，皇家也仿效百姓这么个风俗。《宛署杂记》说："六月六日……曝所有衣服，是日朝内亦晒銮驾。"王公贵族也尊重民间风尚、渐趋同步。俗谚说："六月六，家家晒红绿。"每到六月六这天，家家户户一早起来，搁好竹竿、竹匾，把一件件衣服搬出来曝晒，棉胎被子放在竹竿上晒，其他各种衣服放在竹匾里晒，家家户户晒满了红红绿绿。

回娘家

传说，春秋战国时期，晋国卿狐偃骄傲自大，亲家赵衰极力规劝他，狐偃仍我行我素，致使赵衰气恼身亡。后来，女婿想乘狐偃六月六寿诞之时，为父亲报仇，杀死狐偃。狐偃女儿知道后，星夜赶回娘家报信，让父亲有个准备。听了女儿的话，狐偃自己反躬自责，痛自改悔，非但没有治女婿谋杀之罪，反而翁婿握手言和。此后，每年农历六月六日，狐偃都把女婿、女儿接回家里，合家团聚。后来此俗传到民间，农历六月六逐渐成了妇女回娘家的节日。

民俗小百科

洗象风俗

六月六，还有洗浴习俗，不仅人要洗得干净，连猫、狗、驴、马等也要洗浴。相传以前皇家在农历六月初六要把象园中的象赶到护城河里去洗澡，并把大象经过的道路叫象来街。明清诗人王渔洋有一首描写洗象习俗的竹枝词：

玉水轻阴夹绿槐，香车笋轿锦成堆。

千钱更赁楼窗坐，都为河边洗象来。

清代庞垲诗云：

团团赤日射河喷，夹岸人看密似云。

骑象蛮奴冲浪立，晴天喷落雨纷纷。

洗象盛举在清光绪十年后停止。后来，在象来街考古出土了汉白玉小象一尊，大象骨头若干批，及专为大象洗澡而修建的水池大青石条若干，由此可以想见当年皇家洗象盛况。

13．七夕乞巧节

农历七月初七是中国传统节日七夕节，又称乞巧节、女儿节，是中国传统节日中最具浪漫色彩的一个节日，也是旧时姑娘们最为重视的日子。

穿针乞巧

七夕乞巧的习俗汉代就已有之，东晋葛洪的《西京杂记》有“汉彩女常以七月七日穿七孔针于开襟楼，俱以习之”的记载。后来的唐宋诗词中，妇女乞巧也被屡屡提及，唐朝王建有诗说“阑珊星斗缀珠光，七夕宫娥乞巧忙”。据《开元天宝遗事》记载，唐太宗与妃子每逢七夕在清宫夜宴，宫女们各自乞巧。这一习俗在民间也经久不衰，代代延续。“乞巧”，就是乞求灵巧。《荆楚岁时记》载，古代妇女为了把精湛的女红技艺学到手，七夕之夜要举行“观

星慕仙”的聚会。是时，姑娘、媳妇们眼望星空，手靠背后，竞赛穿针。先穿完为“得巧”，迟穿完的为“输巧”。

宋元之际，七夕乞巧相当隆重，京城中还设有专卖乞巧物品的“乞巧市”。宋代罗烨、金盈之辑《醉翁谈录》说：“七夕，潘楼前卖乞巧物。自七月一日车马嗔咽，至七夕前三日，车马不通行，相次壅遏，不复得出，至夜方散。”在这里，从乞巧市购买乞巧物的盛况，就可以推知当时七夕乞巧节的热闹景象。观其风情，似乎不亚于最盛大的节日——春节，说明乞巧节是古人极为喜欢的节日之一。

拜织女

旧时七夕，姑娘、媳妇会预先和朋友或邻里相约，一起举行祭拜织女的仪式。天帝之女——织女，在传说中是能织云锦天衣，缝衣不见缝的纺织高手。拜织女的姑娘、媳妇，七夕要斋戒一天，清洁沐浴。七夕夜晚，于月光下摆一张桌子，桌子上置茶、酒、水果、干果等祭品以及插在瓶中束以红纸的鲜花，花前置一个小香炉。姑娘、媳妇们依次在案前焚香礼拜后，大家一起围坐在桌前，一面吃花生，瓜子，一面朝着

织女星座，默念自己的心愿。姑娘们通常乞求上天能赋予她们聪慧的心灵和灵巧的双手，让自己的针织女红技法娴熟。过去婚姻对于女性来说是决定一生幸福与否的终身大事，所以姑娘会在这个晚上，夜深人静时刻，对着星空祈祷自己的姻缘美满。

牛郎织女鹊桥会

七夕有牛郎织女鹊桥相会的传说。相传天上的织女星乃玉皇大帝之女，她很会织布，织出来的布，缝成衣服就看不到缝，所以说：“天衣无缝。”牛郎父母早死，和哥哥嫂嫂生活，因嫂嫂是个吝啬鬼，牛郎生活得很凄惨。一天，他家的老牛对他说：“我要和你告别了，我死了之后，你就踩上我的角到前面的河边去找你的妻子，前面的那条河就是天河，那儿正有九位仙女在沐浴，你看上哪一位仙女，就把她的衣服偷走，这样她一定向你要衣服，你就可以娶她为妻了。”牛郎按照老牛的话去做，结果娶了个美丽的织女为妻，两人一同生活了十年，并生了一男一女，日子一直过得很甜蜜。天上一日，世上一年，忽然王母娘娘发现织女与牛郎结了婚，很生气，就派天兵天将把织女追回，牛郎看见妻子被劫持，不顾死活，担上孩子，踩上牛角(角船)腾空追去，快要追上了，王母拔下头上的金簪一挥手，在天上划出了一条波涛滚滚的天河。将牛郎与织女一个发落在茫茫的天河之东，一个发落在天河之西，他们朝思暮想，只能隔河相望。他们坚贞的爱情，感动了喜鹊，每年七月初七，无数喜鹊一齐飞来，用身上的五彩羽毛，架成一座跨越天河的彩桥，让牛郎织女相会。

古诗《迢迢牵牛星》就对此作了很多的描绘：

迢迢牵牛星，皎皎河汉女。
纤纤擢素手，札札弄机杼。
终日不成章，泣涕零如雨。
河汉清且浅，相去复几许。
盈盈一水间，脉脉不得语。

牛郎织女这对夫妻的爱情传说感动世人。直到今日，七夕仍是一个富有浪漫色彩的传统节日，被视为“中国的情人节”。

民俗小百科

巧果

巧果是七夕乞巧的应节食品。巧果又名“乞巧果子”，《东京梦华录》中称之为“笑靥儿”“果食花样”，款式极多。巧果主要的材料是油、面、糖、蜜。其做法是：先将白糖放在锅中融为糖浆，然后和入面粉、芝麻，拌匀后摊在案上擀薄，晾凉后用刀切为长方块，最后折为梭形巧果胚，入油炸至金黄即成。手巧的女子，会捏塑出各种与七夕传说有关的花样。宋朝时，街市上已有七夕巧果出售。

14. 七月十五中元节

七月十五日为中元节，与正月十五日的上元节和十月十五日的下元节同为古老传统节日，统称“三元”。

中元节由来

道教中有三官神祇，即天官、地官、水官，总称为三官大帝。道教《太上三官经》谓“天官赐福，地官赦罪，水官解厄”“一切众生皆是天、地、水官统摄”。“三元”分别为三官大帝的诞辰，天官上元（正月十五）赐福，地官中元（七月十五）赦罪，水官下元（十月十五）解厄。地官所管为地府，中元赦罪主要是针对诸路鬼众。

与道教不同，佛教将中元节又称为盂兰盆节。起源于“目犍连救母”的佛经故事。释迦牟尼佛有一重要弟子名唤目犍连（又称目连），修持甚深，以法力神通著称。相传，目连的母亲做了很多坏事，死后变成了饿鬼，目连通过神通法力看到这些后十分伤心，就运用法力，将一些饭菜拿给母亲食用，可是饭一到母亲口边就化为焰灰，目连大声向释迦牟尼佛哭救。佛陀告诉他，必须集合众僧的力量，于每年七月中以百味五果，置于盆中，供养十方僧人，以此般功德，其母方能济度。目犍连依佛意行事，其母终得解脱。因“目犍连救母”强调藉由供养十方自恣僧，以报答双亲养育之恩，乃至度脱七世父母的思想，与中国崇尚的孝道相符，因此受到历代帝王的提倡，盛行不衰。

《荆楚岁时记》记载：“七月十五日，僧尼道俗悉营盆供诸寺。”道教与佛教的中元节有许多相通之处，在中国民间多有融合，形成了许多共同的中元习俗，如祭祖、普度、放河灯等，中元节因此成为最大的“鬼节”。

祭祖

俗传去世的祖先七月初被阎王释放半月，故有七月初接祖、七月半送祖习俗。民间相信祖先会在此时返家探望子孙，故需祭祖。各地祭祀活动有差异，但一般在七月底之前进行。接祖先灵魂回家后，每日晨、午、昏，供三次茶饭。七月十五，家家要举行家宴，供奉时行礼如仪。酹酒三巡，表示祖先宴毕，合家再团坐，共进晚餐。断黑之后，携带炮竹、纸钱、香烛，找一块僻静的河畔或塘边平地，用石灰撒一圆圈，表示禁区。再在圈内泼些水饭，烧些纸钱、衣物供祖先享用，然后鸣放鞭炮，恭送祖先上路，回转“阴曹地府”。在江西、湖南的一些地区，中元节是比清明节或重阳节更重要的祭祖日。去除了迷信色彩，现在的中元祭祖主要是表达人们对祖先的缅怀和思念。

中元普度

因传说七月初地府放出鬼魂回人间，除了祭祖，旧俗中人们为了避免鬼怪缠身，祈求自己全年平安顺利，会在中元节以酒肉、糖饼、水果等祭品举办祭祀活动，以慰在人世间游玩的孤魂野鬼，有较为隆重者，甚至请来僧、道诵经作法，以消弭死者亡魂的戾气，超度亡魂。《帝京岁时纪胜》中载：“街巷搭苫高台、鬼王棚座，看演经文，施放焰口，以济孤魂。锦纸扎糊法船，长至七八十尺者，临池焚化。点燃河灯，谓以慈航普度。”描述了清代北京中元普度的场景。

民俗小百科

放河灯

中元节放河灯，是僧、道、俗皆有其传统。河灯也叫“荷花灯”，一般做成荷花瓣形，点上蜡烛，漂浮在河水之上。放河灯的目的，是普度水中的落水鬼和其他孤魂野鬼。俗传从阴间到阳间的这一条路，非常黑，若没有灯是看不见路的。还有说，“鬼节”也应该张灯庆祝，但人鬼有别，人为阳，鬼为阴；陆为阳，水为阴。所以，上元张灯在陆地，中元张灯在水中。《燕京岁时记》中说：“中元黄昏以后，街巷儿童以荷叶燃灯，沿街唱曰：‘荷叶灯，荷叶灯，今日点了明日扔。’又以青蒿粘香而燃之，恍如万点流萤，谓之蒿子灯。市人之巧者，又以各色彩纸制成莲花、莲叶、花篮、鹤鹭之形，谓之莲花灯。”无数盏河灯放在缓缓流动的河水中，星星点点，闪闪烁烁，给中元节留下了无尽的情思。

15. 八月十五中秋节

八月十五是中秋。中秋节与春节、清明节、端午节并称为中国汉族的四大传统节日。此夜，人们仰望圆月，家人团圆。所以，中秋又叫“团圆节”。

中秋节由来

“秋暮夕月”的习俗在《大戴礼记》中就有记载。夕月，即祭拜月神。古代帝王祭月的节期为农历八月十五，时日恰逢三秋之半，故名“中秋节”。到唐朝初年，中秋节成为固定的节日。《新唐书•礼乐志》载“其中春、中秋释奠于文宣王、武成王”及“开元十九年，始置太公尚父庙，以留侯张良配。中春、中秋上戊祭之，牲、乐之制如文”。中秋节的盛行始于宋朝，至明清时，成为中国的主要节日之一。

关于中秋由来，“嫦娥奔月”的传说流传甚广。相传在远古时代的射日英雄后羿娶了嫦娥。有一天，后羿从王母娘娘的手中求得一包不死药，只要吃了不死药，就能成仙升天。嫦娥知道后就把不死药全部吞下，然后变成了仙女，往月宫飞去。百姓们得知嫦娥奔月成仙后，纷纷在月下摆设香案，向嫦娥祈求平安吉祥，由此便逐渐形成了中秋节拜月的风俗。

赏月拜月

中国自古就有中秋节赏月的习俗，周代每逢中秋夜都要举行迎寒和祭月。旧时中秋月夜，庭院中设大香案，摆上月饼、西瓜、苹果、红枣、李子、葡萄等祭品，其中月饼和西瓜是绝对不能少的。西瓜还要切成莲花状。在月下，将月亮神像放在月亮的那个方向，红烛高燃，全家人依次拜祭月亮。在唐代，中秋赏月、玩月颇为盛行。在宋代，中秋赏月之风更盛，《东京梦华录》记载：“中秋夜，贵家结饰台榭，民间争占酒楼玩月。”当时每逢这一日，京城的所有店家、酒楼都要重新装饰门面，牌楼上扎绸挂彩，出售新鲜佳果和精制食品，夜市热闹非凡，百姓们多登上楼台，一些富户人家在自己的楼台亭阁上赏月，并摆上食品或安排家宴，子女团圆，共同赏月叙谈。满城人家，不论贫富老小，都要焚香拜月说出心愿，祈求月亮神的保佑。明清以后，中秋节赏月风俗依旧，许多地方形成了烧斗香、树中秋、点塔灯、放天灯、走月亮、舞火龙等特殊风俗。

吃月饼

月饼最初是用来祭奉月神的祭品，“月饼”一词，最早见于南宋吴自牧的《梦粱录》中，那时，它也只是像菱花饼一样的饼形食品。后来人们逐渐把中秋赏月与品尝月饼结合在一起，是家人团圆的象征。中秋节由当家主妇切开团圆月饼。切的人预先算好全家共有多少人，在家的，在外地的，都要算在一起，不能切多也不能切少，大小要一样。清代袁枚在《随园食单》中记载有月饼的做法。到了近代，有了专门制作月饼的作坊，月饼的制作越来越精细，馅料考究，外形美观，在月饼的外面还印有各种精美的图案，如“嫦娥奔月”“银河夜月”“三潭印月”等。现代，月饼更是中秋馈赠亲朋好友的首选礼品。以月之圆兆人之团圆，以饼之圆兆人之常生，用月饼寄托思念故乡、亲人之情，祈盼丰收、幸福。

民俗小百科

兔儿爷

兔儿爷为中秋祭月之用。兔儿爷的起源约在明末。传说，有一年，北京城闹瘟疫，玉兔为救人苦难，下凡为百姓医病。它身着人服，或袍服或战甲，有时骑马、鹿或虎，有时乘凤。它走了一家又一家，医好了许多人，而且不计报酬。人们为了感谢它的恩德，盼其带来吉祥和幸福，每到农历八月十五，家家都会祭拜兔爷。明人纪坤《花王阁剩稿》：“京中秋节多以泥抟兔形，衣冠踞坐如人状，儿女祀而拜之。”到了清代，兔儿爷的功能已由祭月转变为儿童的中秋节玩具。制作也日趋精致，有扮成武将头戴盔甲、身披戢袍的，也有背插纸旗或纸伞、或坐或立的。坐则有麒麟虎豹等。也有扮成兔首人身之商贩，或是剃头师父，或是缝鞋、卖馄饨、茶汤的，不一而足。旧时中秋北京街头到处都是兔儿爷摊子，大大小小，高高低低，极为热闹。

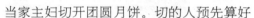

16. 九月九重阳节

农历九月初九，为传统的重阳节，《易经》把“六”定为阴数，把“九”定为阳数，九月九日，日月并阳，两九相重，故而叫重阳，也叫重九。因重九极阳即将转阴，因此民间登高、插茱萸等习俗有辟邪求吉之意。又因为九九与“久久”同音，包含有生命长久、健康长寿的寓意，赏菊、饮菊花酒等习俗就为祈求长寿之意。

重阳由来

九九重阳，早在春秋战国时的楚辞中已提到了。屈原的《远游》里写道：“集重阳入帝宫兮，造旬始而观清都。”这里的“重阳”是指天，还不是指节日。三国时魏文帝曹丕《九日与钟繇书》则已明确写出了重阳的饮宴：“岁往月来，忽复九月九日。九为阳数，而日月并应，俗嘉其名，以为宜于长久，故以享宴高会。”到了唐代，重阳被正式定为民间的节日，此后历朝历代沿袭至今。

登高

在古代，民间在重阳有登高的风俗，故重阳节又叫“登高节”。传说在“阳极必变”的重阳节，山神能赐人吉祥，所以人们要登山远眺，以避灾祸。相传此风俗始于东汉。西汉《长安志》中就有汉代京城九月九日时人们游玩观景之记载。唐代文人所写的登高诗很多，大多是写重阳节的习俗，王勃的《蜀中九日登高》、杜甫《九日五首》等都是描写重阳登高的名篇。

明清时，北京地区登高习俗颇盛，《燕京岁时记》云：“京师谓重阳为九月九。每届九月九日，则都人士提壶携榼，出郭登高。”登高所到之处，没有划一的规定，一般是登高山、登高塔。吃重阳糕也和登高习俗有关。重阳糕最早是庆祝秋粮丰收、喜尝新粮的用意。“高”与“糕”谐音，之后民间才有了登高吃糕习俗，取步步登高之意。

插茱萸、簪菊花

重阳节插茱萸的风俗，在唐代就已经很普遍，唐代诗人王维的《九月九日忆山东兄弟》：

独在异乡为异客，每逢佳节倍思亲。
遥知兄弟登高处，遍插茱萸少一人。

《本草纲目》说茱萸气味辛辣芳香，性温热，可以治寒驱毒。古人认为佩戴茱萸，可以辟邪去灾，多是妇女、儿童佩戴，有些地方，男子也佩戴。重阳节佩茱萸，在晋代葛洪《西京杂记》中就有记载。

除了佩戴茱萸，人们也有头戴菊花的。唐代就已经如此，历代盛行。宋代，有将彩缯剪成茱萸、菊花来相赠佩戴的。清代，北京重阳节的习俗是把菊花枝叶贴在门窗上，“解除凶秽，以招吉祥”。这是头上簪菊的变俗。

赏菊、饮菊花酒

重阳节正是一年的金秋时节，菊花盛开，据传赏菊及饮菊花酒，起源于晋朝大诗人陶渊明。陶渊明以隐居出名，以诗出名，以酒出名，也以爱菊出名，后人效之，遂有重阳赏菊之俗。北宋京师开封，重阳赏菊之风极盛，当时的菊花就有很多品种，千姿百态。宋代《东京梦华录》卷八记载：“九月重阳，都下赏菊，有数种。”清代以后，赏菊之习尤为盛行，且不限于九月九日，但仍然以重阳节前后最为繁盛。

我国酿制、饮用菊花酒的传统习俗汉代已有。菊花酒能疏风除热、养肝明目、消炎解毒，故具有较高的药用价值，民间认为其是祛灾祈福的“吉祥酒”，重阳必饮。魏时曹五曾在重阳赠菊给钟昭，祝他长寿。《西京杂记》载：“菊花舒时，并采茎叶，杂黍为酿之，至来年九月九日始熟，就饮焉，故谓之菊花酒。”南朝梁简文帝《采菊篇》中则有“相唤提筐采菊珠，朝起露湿沾罗襦”之诗句。直到明清，菊花酒仍然盛行。

民俗小百科

重阳节传说

较早有关重阳节的传说，见于梁朝吴均的《续齐谐记》：“汝南桓景随费长房游学累年。长房谓曰：‘九月九日，汝家中当有灾。宜急去，令家人各作绛囊，盛茱萸，以系臂，登高饮菊花酒，此祸可除。’景如言，齐家登山。夕还，见鸡犬牛羊一时暴死。长房闻之曰：‘此可代也。’今世人九日登高饮酒，妇人带茱萸囊，盖始于此。”据说，从此九月初九登高避疫、插戴茱萸、饮菊花酒的风俗便年复一年地流传下来。

17. 十月十五下元节

农历十月十五，是“三元”中的“下元节”。道家有三官——天官、地官、水官，天官赐福，地官赦罪，水官解厄。在道教中下元节是水官大帝的生日，也是其下凡人间，为民解厄之日，因此下元节又叫“消灾日”。旧时这天，家家户户都会准备香烛祭品拜祀水官大帝，以求平安。现代，下元节已逐渐淡化。

《中华风俗志》记载：“十月望为下元节，俗传水官解厄之辰，亦有持斋诵经者。”这一天，道观做道场，民间则祭祀亡灵，并祈求下元水官排忧解难。古代，下元节也是朝廷禁屠及延缓死刑执行的日子。

斋三官

斋三官是常州习俗。常州属江南水乡，农村多种水稻，副业捕鱼捉虾、驶舟航船等皆与“水”有深厚的缘分，所以农家对“水官生日”特别重视，多于下元节水官大帝生日这天“斋三官”（祭祀天官、地官、水官），祈求风调雨顺、国泰民安。旧时俗谚云：“十月半，牵砻团子斋三官。”旧时下元节，常州几乎家家户户用新谷磨糯米粉做小团子，包素菜馅心，蒸熟后在大门外“斋天”。有些农家还按古制，在大门口竖起高高的“天杆”，白天在杆顶张挂杏黄旗，旗帜上写“天地水府”“风调雨顺”等字样，到了晚上则换上三盏“天灯”，以示祭祀天、地、水“三官”。清代，常州城内每年十月十五“下元节”非常热闹。清代诗人洪亮吉《南楼忆旧》：“才过中元又下元，赛神箫鼓巷头喧。来年台阁多新样，都插宫花扮杏园。”说明了当时下元节的热闹。此俗在民国以后逐渐淡化消失。

焚“金银包”

焚“金银包”是下元节祭拜祖先亡灵的活动。民间折红绿纸为仙衣，折锡箔为银锭，装入白纸糊的袋中，正面写“谨言冥宝一封、彩衣一身上献某某受纳”，下书“子孙某某百拜”，背面写“某年、某月、某日谨封”，俗称“金银包”，叩拜后焚化。除此以外，还有其他常见的祭拜祖先活动。民国以后此俗逐渐废止。

民俗小百科

瞎传三官经

旧时，“三官堂”香火极盛，前往烧香念佛的善男信女云集坐夜，通宵达旦地念诵《三官经》。但是，坐夜念佛的婆婆多数没有文化，经文口耳相传，有口无心，难免以讹传讹，穿凿附会，错误百出，往往闹出许多笑话来，所以常州民间谣谚中有“瞎传三官经、丝瓜炒面筋”之句，常州方言也有“瞎缠三官经”或“瞎串三官经”的说法。

18. 冬至

冬至，俗称“冬节”“长至节”“亚岁”等，时间在每年的公历12月22日或23日，是中国农历中一个非常重要的节气，也是一个传统节日，至今仍有不少地方有过冬至节的习俗。

冬至的由来

古人认为，阴极之至，阳气始生，日南至，日短之至，日影长之至，故曰“冬至”。冬至过后，各地气候都进入一年中最寒冷的阶段。人们认为冬至是阴阳二气转化的时节，蔡邕《独断》说：“冬至阳气起，君道长，故贺。”意思是过了冬至，白昼一天比一天长，阳气回升，是上天赐予的福气，所以应该庆贺。

冬至过节源于汉代，以冬至为“冬节”，官府要举行祝贺仪式称为“贺冬”，例行放假。《后汉书》中有这样的记载：“冬至前后，君子安身静体，百官绝事，不听政，择吉辰而后省事。”所以这天朝廷上下要放假休息，军队待命，边塞闭关，商旅停业，亲朋各以美食相赠，相互拜访，欢乐地过一个“安身静体”的节日。唐宋时期，冬至是祭天祭祖的日子，皇帝在这天要到郊外举行祭天大典，百姓在这一天要向父母尊长祭拜。《清嘉录》甚至有“冬至大如年”之说，表明古人对冬至十分重视。现在仍有许多地方在冬至这天过节庆贺。

冬至食俗

冬至经过数千年发展，形成了独特的节令饮食文化，如吃馄饨、饺子、汤圆、赤豆粥、黍米糕等。曾较为时兴的“冬至亚岁宴”的名目也很多，如吃冬至肉、献冬至盘、供冬至团、馄饨拜冬等。

馄饨　《燕京岁时记》云：“夫馄饨之形有如鸡卵，颇似天地浑沌之象，故于冬至日食之。”实际上，“馄饨”与“混沌”谐音，故民间将吃馄饨引申为打破混沌，开辟天地，过上太平日子。早在南宋时，临安就在冬至吃馄饨，开始是为了祭祀祖先，后逐渐盛行开来。

饺子　谚云：“冬至不端饺子碗，冻掉耳朵没人管。”冬至这天家家户户

吃水饺习俗的由来有这样的传说。东汉的张仲景，集医家之大成，被称为医圣。他曾毅然辞任长沙太守，回乡为乡邻治病。其返乡之时是冬季，他看到乡亲面黄肌瘦，饥寒交迫，不少人的耳朵都冻烂了。便让弟子搭起医棚，支起大锅。张仲景把羊肉和一些驱寒药材放在锅里熬煮，然后将羊肉、药物捞出来切碎，用面包成耳朵样的“娇耳”，煮熟后，分给来求药的人每人两只，以及一大碗肉汤。人们吃了“娇耳”，喝了“祛寒汤”，浑身暖和，两耳发热，冻伤的耳朵都治好了。此后冬至吃饺子就成了习俗，流传至今。

汤圆　冬至吃汤圆又叫“冬至团”，在江南尤为盛行。民间有“吃了汤圆大一岁”之说。冬至团可以用来祭祖，也可用于互赠亲朋。旧时上海人最讲究吃汤团。古人有诗云：“家家捣米做汤圆，知是明朝冬至天。”

北方还有不少地方，在冬至这一天有吃狗肉和羊肉的习俗，因为冬至过后天气进入最冷的时期，中医认为羊肉狗肉都对壮阳补体有功效，民间至今有冬至进补的习俗。各个地区在冬至这一天还有祭天祭祖的习俗。

民俗小百科

冬至馄饨

关于冬至吃馄饨习俗的起源还有一说。相传汉朝时，北方匈奴经常骚扰边疆，百姓不得安宁。当时匈奴部落中有浑氏和屯氏两个首领，十分凶残。百姓对其恨之入骨，于是用肉馅包成角儿，取“浑”与“屯”之音，呼作“馄饨”。恨而食之，并求平息战乱，能过上太平日子。

19. 腊月初八腊八节

农历腊月初八，古代称为“腊日”，俗称“腊八节”。这天中国大多数地区都有吃腊八粥的习俗。

腊八节的由来

“腊八”一词成于秦代，最早是欢庆丰收、感谢祖先和神灵的祭祀仪式，后又有了逐疫之意。还有一说，腊八节来自“赤豆打鬼”的风俗。传说上古五帝之一的颛顼氏，三个儿子死后变成恶鬼，专门出来惊吓孩子。古代人们普遍相信迷信，害怕鬼神，认为大人小孩中风得病、身体不好都是由于疫鬼作祟。这些恶鬼天不怕地不怕，单怕赤（红）豆，故有“赤豆打鬼”的说法。所以，在腊月初八这一天以红小豆、赤小豆熬粥，以祛疫迎祥。佛教中，腊八还是佛祖成道纪念日，也是佛教的盛大节日。

腊八粥

过腊八喝腊八粥，这一习俗早在宋代就有记载，已有一千多年历史。宋朝吴自牧撰《梦粱录》卷六：“八日，寺院谓之‘腊八’。大刹寺等俱设五味粥，名曰‘腊八粥’。”相传腊八粥起源于释迦牟尼成道前，牧女献糜的传说故事。因此腊八日寺庙多用香谷、果实等煮腊八粥供佛，并将腊八粥赠送给门徒及善男信女们，以后便在民间相沿成俗。元人孙国敕作《燕都游览志》云：“十二月八日，赐百官粥，以米果杂成之。品多者为胜，此盖循宋时故事。”《清嘉录》载：“居民以菜果入米煮粥，调之腊八粥。或有馈自僧尼者，名曰佛粥。”此俗从古至今一直兴盛不衰。

最早的腊八粥是红小豆、糯米煮成，后经演变，加之地方特色，材料逐渐增加，当今更是丰富多彩。南宋文人周密撰《武林旧事》说：“用胡桃、松子、乳蕈、柿蕈、柿栗之类作粥，谓之‘腊八粥’。”清代《燕京岁时记》里则称“腊八粥者，用黄米、白米、江米、小米、菱角米、栗子、红江豆、去皮枣泥等，合水煮熟，外用染红桃仁、杏仁、瓜子、花生、榛穰、松子及白糖、红糖、琐琐葡萄，以作点染”，颇有京城特色。冬季吃一碗热气腾腾的腊八粥，既可口又有营养，还能增福增寿。

腊八蒜

北方腊月初八有用醋泡腊八蒜的习俗。方法是将蒜瓣去皮，浸入米醋中，装入小坛封严，至除夕启封时，蒜瓣青翠，蒜辣醋酸相融，味道独特，是吃饺子、烧菜的好佐料。

民俗小百科

“腊八算”

旧时腊八也是店铺商家计算收支盈亏、整理欠款和外债的日子。腊八这天债主要通知欠钱的人家准备还钱。北京就有句民谚：“腊八粥、腊八蒜，放账的送信儿，欠债的还钱。”过去腊八节没有当街吆喝卖腊八蒜的，就是忌讳“蒜”与“算”同音。家家户户动手泡制腊八蒜的时候也会算计一年里一家的收支，想想如何过年。

20. 腊月二十三过小年

小年又叫“小岁”“小年夜”，是相对除夕大年而言的，一般在腊月二十三（有些地区在腊月二十四或二十五）。小年被视为过年的开端，是中国民间祭灶、扫尘的日子。

祭灶

祭灶，是小年最主要的节日习俗，自古有之，至今仍广为流传。

灶王爷是神话传说中的司饮食之神。《庄子•达生》中有“灶有髻”之说，晋代司马彪注称：“灶神，著赤衣，状如美女。”可见最早灶神是女性形象。汉代以后，灶神逐渐变为男神，多为受人崇敬的圣人，如黄帝、炎帝、祝融等。到了唐宋，关于灶神的传说越来越多。

祭灶据说源于汉代的“黄羊祭灶”。《后汉书•阴识传》载，汉宣帝时，有个叫阴子方的人，在腊月初八做早饭时看到了灶神，便杀了一条黄狗祭拜他（祭祀用的黄狗叫黄羊）。此后阴子房世世代代受到灶神的赐福，生活幸福。因此人们争相仿效，由此祭灶之俗渐盛。

相传灶王爷每年腊月二十三都要上天向玉皇大帝禀报人间各家的善恶，让上天赏罚。因此旧时家家在小年这天祭灶。祭灶要在灶王爷神像前供上麦芽糖制的糖瓜或关东糖，意在把灶王爷的嘴粘住，以免他在玉皇大帝那里说自家坏话。为其烧些纸钱，意思是送灶王爷上天路上用的盘缠，还要给灶王的坐骑准备一桶水和一些草料。祭祀时口中要念诵“上天言好事，下界保平安”。七日之后，也就是除夕晚上，家家要再燃香烛，摆上供品，把新买来的灶神像贴在灶上神龛里，上面写着“保佑”二字，两边贴对联，有的写“上天言好事，回宫降吉祥”，有的写“油盐深似海，米面积如山”，这就是把送走的“灶神”又请回来了，俗称“迎灶”。

扫尘

小年之后不足十日便是大年了，为了除旧迎新，送灶前后，各家各户都要打扫卫生。家家用扫帚将墙壁上下扫干净，擦洗桌椅、冲洗地面，干干净净、整洁一新地迎接新年的到来，称之为“扫尘”“掸尘”。有民谚说：“腊月不扫尘，来年招瘟神。”扫尘既有驱除病疫、祈求新年安康的意思，也有除“陈”（尘）布新的含义。

民俗小百科

小年的日期

过小年在旧时有“官三民四船五”的传统，即官家的小年是腊月二十三，百姓家是腊月二十四，而水上人家则是腊月二十五。一般北方小年多为腊月二十三；南方小年为腊月二十四；而鄱阳湖等沿湖的居民，则保留了船家的传统，小年定在腊月二十五。除此之外，四川和贵州等部分地区以腊月三十为小年，正月十五为大年。无论是在哪天过小年，人们辞旧迎新的愿望都是一致的。

第三章 传统饮食文化

从燧人氏钻木取火开始，中国进入了熟食时代，此后炊具、烹饪方法、食材不断发展，至先秦，中国饮食文化逐渐成形，以植物性食材为主，主食为五谷，辅食为蔬菜和少量肉类。汉代中国对外交流增多，引进了许多蔬菜和水果，饮食文化日趋丰富。唐宋和清代是中国饮食文化发展的高峰时期。

“民以食为天”，中国饮食文化源远流长，博大精深，融合了阴阳五行哲学、儒家伦理道德、中医营养摄生说等，形成了食医合一、饮食养生、本味主张、孔子食道四大原则，加之文化艺术、审美标准、民族性格等因素的影响，我国传统饮食文化独具特色，风味多样、四季有别、讲究美感、注重情趣，享誉世界。

中国传统饮食文化，直接影响到日本、蒙古、朝鲜、韩国、泰国、新加坡等国家，是东方饮食文化圈的轴心；而且还间接影响到欧洲、美洲、非洲和大洋洲。中国饮食文化视野广、层次深、角度多、品位高，是中国的国粹，是珍贵的物质和精神财富。

第一节

传统饮食文化的四大原则

1. 食医合一

由于饮食获取营养和医病二者的相互借助和影响，从“医食同源”的实践和初步认识中派生出了中国饮食思想的重要原则，形成了中国特色的“食医合一”的宝贵传统。

医食同源

早在原始农业开始以前的采集、渔猎生活时代，人们就已经注意到了日常食物中的一些品种具有某种超越一般食物意义的特殊功能。医药学的最初胚芽就产生于原始人类的饮食生活中，这可以说是人类医药学发生和发展的一般规律。《淮南子》一书关于神农“尝百草之滋味，水泉之甘苦，令民知所辟就。当此之时，一日而遇七十毒”的记述，正反映了医学和食物的关系。中国饮食著作自古便与农学、医药学著作结下了不解之缘，如北魏贾思勰的《齐民要术》、明代李时珍的《本草纲目》等。

食医制度

随着“食医合一”的进一步发展，出现了食医制度。在周代，就有了“食医”这个职业，作为宫廷营养师，其地位颇高，职在“天官”之序，居众医之首。《周礼•天官冢宰》记载食医：“掌和王之六食、六饮、六膳、百羞、百酱、八珍之齐。”由此可以了解，食医掌管着君王及贵族的谷物、肉类、饮料及百余种酱料和珍贵食品。古代，食医并非单纯掌管配餐，而是从养生保健的角度出发，以中医理论作为依据，根据个人身体状况配制日常饮食。“食医”虽然没有一直延续下来，但这种职业却流传至今，只是名称改变了。如春秋齐桓公就有易牙、开方、竖刁为其营养饮食服务；南朝梁有光禄卿，北齐设光禄寺，设卿及少卿，皆以皇室膳食为专职。在现代，营养师这个职业日渐盛行，他们对人体营养摄入“量体裁衣”，指导人们合理饮食，可以说是古代食医制度的延续。

民俗小百科

药　膳

孙思邈之后，他的学生，著名的医学家孟诜，著有《食疗本草》，将食医理论和实践推向了新的高度。他认为，良医莫过于合理饮食，尤其是老年人，不耐刚烈之药，食疗最为适宜。更进一步，又有“药膳”的出现，更超出了一般意义上的饮食保健和疗疾。因为其更侧重于“医”，所谓“药借食威，食助药力”，所以叫做药膳。

2. 饮食养生

“饮食者，人之命脉也”，现在大家都在提倡饮食养生，即根据自己的生活习性，制定营养平衡、搭配合理、增进健康的膳食养生方案。“饮食养生”，源于医食同源、食医合一的思想和实践。

天人相应

中国历来有“天人合一”的说法，认为人与自然界息息相关，所以在饮食上也有根据季节变化而变化的理论。中国传统饮食对调味适时非常讲究，认为春季要多吃酸味，夏季多吃苦味，秋节多吃辛味，冬季多吃咸味。另外，一年四季不同时期的饮食也要与当时的气候条件相适应，例如，夏季天气炎热，应多选用寒凉食物以消暑解热，主食多吃小米、大麦类食品，多喝些绿豆汤，多吃些水果、西瓜等寒凉食物，不宜食用辣椒、肉桂等辛热食品，还要适当限制温性的肉类摄入量以免助阳动火；冬季天气寒冷，应多选用温热食物以增温祛寒，如在红焖羊肉、狗肉等时再加些辣椒、花椒、肉桂等辛热香料，以增加温热的功效。

审因用膳

饮食养生还注重审因用膳，即根据个人的机体情况来合理地调配膳食。其实中国最早的中医经典著作《黄帝内经》就指出人体需要“五谷为养，五果为助，五畜为益，五菜为充，气味合而服之，以补精益气”的养生哲学。人体需要均衡各种营养成分，在保证全面营养的前提下，还应根据每个人的不同情况适当地调配饮食结构。如体质健壮者，应该多吃清淡饮食，不宜过多食用荤厚难消化及辛辣之物；体质虚弱者，应该适量多吃些禽蛋肉乳类补虚作用较佳的食品，少食用寒凉的蔬菜水果等；因阳虚而有畏寒肢冷，神疲乏力等症状者，应多吃一些羊肉、狗肉、虾类等温热壮阳食品，而忌用田螺、蟹肉等寒凉之品；阴虚而有五心（手掌心、脚心及胸口）烦热、口燥咽干等症状者，应多吃一些蔬菜水果及乳类制品，饮食应以清淡为主，而忌用辛辣生热及温热之品。

民俗小百科

以不伤为本

东晋的著名养生家葛洪主张“养生以不伤为本”，要求人们处事要坦然随和、怡淡欢愉、情绪稳定、心境舒畅、生活规律、饮食适宜、劳逸得当、养成良好习惯，不能思虑无穷、患得患失。同时还指出，言伤者，初亦不觉，久则损寿，亦既当防患于未然。总之，意欲养生长寿，必先防病，意欲防病，先防伤身的养生思想，给世人很多有益启示。

3. 本味主张

中国人对待吃，讲究一个“美”字。中国古代饮食审美有“十美风格”原则，即质、香、色、形、器、味、适、序、境、趣十个方面的美，充分体现了饮食文化对味觉、色彩和美感享受的总体追求。而“十美风格”的核心就是“味”，俗语说：“民以食为天，食以味为先，味以本为好。”本味主张注重原料的天然味性，讲究食物的原汁原味，是中国传统饮食文化理论的四大原则之一，也是中国烹饪的核心原则。

味性的认识

所谓味性，具有“味”和“性”两重含义。“味”是人的鼻、舌等器官可以感觉和判断的食物的自然属性，而“性”则是人们无法直接感觉的食物的功能。古人认为性源于味，故对食物原料的天然味道极其重视。

味性在先秦典籍已有许多记录。《吕氏春秋·本味篇》有伊尹以“至味”说汤的故事，对食物原料的自然之味、调味品的相互作用和变化、水火对味的影响等方面作了精辟的论述：“夫三群之虫，水居者腥，肉玃者臊，草食者膻。臭恶犹美，皆有所以。凡味之本，水最为始。五味三材，九沸九变，火为之纪。时疾时徐，灭腥去臊除膻，必以其胜，无失其理。调和之事，必以甘酸苦辛咸。先后多少，其齐甚微，皆有自起。鼎中之变，精妙微纤，口弗能言，志不能喻。若射御之微，阴阳之化，四时之数。故久而不弊，熟而不烂，甘而不哝，酸而不酷，咸而不减，辛而不烈，澹而不薄，肥而不腻。”充分体现了人们对调和隽美味性的较高追求与认识水平。

唐代段成式所著的《酉阳杂俎•酒食》介绍了当时的酒食习俗，并提出：“物无不堪吃，唯在火候，善均五味。”当时的烹调技术已经超越“火烹”“水烹”阶段，烹饪材料和方法更为丰富，人们对饮食有了更高的认识和追求。

明清时期美食家辈出，他们对味的追求已经达到了更高水平，主张食物应当兼有“可口”与“宜人”方为上品，不仅仅追求食物本身的滋味，而且注重“心理味道”。

中国人对“味性”有着不懈的追求，不断探索厨艺，菜色变化无穷，形成了中国饮食独特而丰富的“中国味”。

本味论

中国传统的思想意识特别注重“本”的一面，追本溯源是传统思维定式，饮食文化上亦是如此，这种主张对于烹饪的影响，则是注重食物的本味。

烹调中的“本味论”是伴随着素食风气而在宋以后被人们所重视的。宋代以后，人们逐渐喜爱素食，如蔬菜、竹笋、菌类等。苏轼在《菜羹赋》序中说：“水陆之味，贫不能致，煮蔓菁、芦菔、苦荠而食之。其法不用醯酱，而有自然之味，盖易而可常享。”所谓“自然之味”，即蔬菜的本味。南宋倪思把食物本味和食物经过调和所获得的“变味”加以对比：“人食多以五味杂之，未有知正味者，若淡食，则本自甘美，初不假外味也。”（见明代高濂《遵生八笺》引）金元四大医家之一朱丹溪在《茹谈论》中说：“味有出于天赋者，有成于人为者。天之所赋者，若谷菽菜果，自然冲和之味，有食人补阴之功，此

《内经》所谓味也。”明末清初戏曲家李渔在其《闲情偶寄》中更是大大地发扬了“本味论”，说：“吾谓饮食之道，脍不如肉，肉不如蔬，亦以其渐近自然也。”清代另一饮食大家袁枚亦重视“本味”，认为：“风物各有先天，如人各有禀赋。” 袁枚的“本味”主张并非指菜肴不需调和加味，而是说调和加味后仍能保持其原本之味。袁枚在论及鸡、鸭、鱼、猪肉各有原味之时，指出也需要“五味调各，全力治之”，但“治之”以后，鸡、鸭、鱼、猪肉仍要保持其“本味”，其调料之味绝不可掩盖了“本味”。这就是在保持原味基础上的“变味”。这种主张实际已将“变味论”和“本味论”融合起来，互补长短，把中国传统的烹调理论和实践提高到了新的水平。

民俗小百科

烹饪之道

“烹饪”一词最早出现于《周易》：“以木巽火，亨饪也。”这里是借以鼎烹饪喻变化和创新。唐代孔颖达在《周易正义》中说“烹饪成新，能成新法”“‘革去故’而‘鼎取新’，明其烹饪有成新之用”，反复强调“新”字。而烹饪创新过程中要遵循诸味和谐统一，源于诸味，而高于诸味，要求能够将众多的食材、调料，通过烹调，精妙地综合于一体，相互渗透和融合，“集多味一品而取其和”，从而创造出全新美味，实现味的创新和飞跃。

4. 孔孟食道

孔孟食道，是春秋战国时期孔子和孟子的饮食观点、思想、理论及生活实践所体现的基本风格，即孔子的“二不厌、三适度、十不食”和孟子的“食治一食功一食德”。孔孟食道是中国传统饮食文化的四大基础原则之一，形成于先秦时期。

孔子饮食主张

孔子的饮食思想和原则，集中地体现在下面这段话中：

食不厌精，脍不厌细。食饐（yì）而餲（aì），鱼馁（něi）而肉败，不食；色恶，不食；臭恶，不食；失饪，不食；不时，不食；割不正，不食；不得其酱，不食。肉虽多，不使胜食气。唯酒无量，不及乱。沽酒市脯，不食。不撤姜食，不多食。祭于公，不宿肉。祭肉不出三日。出三日，不食之矣。（《论语·乡党》）

这既是孔子饮食主张的完整表述，也是对传统饮食思想的历史性总结。略去斋祭礼俗等因素，孔子的饮食主张主要有：饮食要追求美好，加工烹制力求恰到好处，遵时守节，不求过饱，注重卫生，讲究营养，恪守饮食文明。若就原文来说，则可概括为“二不厌、三适度、十不食”。“食不厌精、脍不厌细”八个字被人们视作对孔子食道的最高概括。

孟子食德

孟子可以说是完全承袭并坚定地崇奉着孔子的饮食信念与准则，不仅如此，通过他的理解与实践，使孔子的饮食主张深化成为完整系统的“孔孟食道”理论，即“食治—食功—食德”。

孟子主张：“非其道，则一箪食不可受于人；如其道，则舜受尧之天下，不以为泰。”提出不碌碌无为白吃饭的“食治”原则，这一原则既适用于劳力者也适于劳心者。“梓匠轮舆，其志将以求食也；君子之为道也，其志亦将以求食与”，这就是“食治”。所谓“食功”，可以理解为以等值或足量的劳动（劳心或劳力）成果换得养生之食的过程，“士无事而食，不可也”。“食德”则是指坚持吃正大清白之食和符合进食的礼仪原则。孟子认为进食尊礼同样是关乎食德的重

大原则问题，认为即便在“以礼食，则饥而死；不以礼食，则得食”的生死抉择面前，也应当毫不迟疑地守礼而死。这种观点，显然同孔子答子贡问的“去食”以守“信”的观点出于一辙。孔孟食道是一种社会饮食生活中的个体模式，对中国饮食文化、饮食文明的形成与发展有着重要影响。

民俗小百科

孔子简素为朴的饮食原则

孔孟在饮食上追求并安于以养生为宗旨的淡泊简素，并以此励志标操。他们反对厚养重味，摒弃愉悦口味的追求，他们实在没有多少兴趣去关心自己如何吃，似乎只以果腹不饥为满足。孔子认为人生的真正辉煌和崇高价值在于追求“道”，“朝闻道，夕死可矣”，人生的乐趣全在于此，因此他非常鄙视讲究吃穿的人，即“士志于道，而耻恶衣恶食者”，如是“恶衣恶食者”则“未足与议也”，对其不理睬、不交谈。孔子一生追求的最高境界和最终目标是“克己复礼”、实现“礼治”，他的饮食生活实践，也严格限定于他自我修养的规范之中。

第二节

传统菜系

中国菜肴在烹饪中有许多流派，按地域划分，最有影响和代表性的有鲁、川、粤、闽、苏、浙、湘、徽等菜系，即人们常说的中国“八大菜系”。一个菜系的形成和它悠久的历史、独到的烹饪特色分不开，同时也受到这个地区的自然地理、气候条件、资源特产、饮食习惯等影响。中国“八大菜系”的烹调技艺各具风韵，其菜肴之特色也各有千秋。鲁菜历史悠久，文化底蕴浓厚；川菜采巴蜀丰富的物产，烹巴蜀之美味，“七滋八味”尽在其中；苏菜“金齑玉脍”，技法精妙，玲珑剔透；湘菜香甜酸辣，诸味俱全，风味浓郁；徽菜古色古香，河鲜家禽，尽入其味；浙菜南料北烹，味贯南北，清鲜爽脆；闽菜清鲜和醇，色香味形，无一不备；粤菜清淡鲜活，博采众家，影响深远。

1．鲁菜

鲁菜，即山东菜，历史悠久，具有浓厚的文化底蕴。鲁菜发端于春秋战国时的齐国和鲁国（疆域大致相当于今山东省），形成于秦汉，宋代后，鲁菜就成为“北食”的代表，遍及京津塘及东北三省，是中国覆盖面最广的地方风味菜系。

鲁菜渊源

鲁菜历史悠久，影响广泛，是中国饮食文化的重要组成部分。齐鲁大地依山傍海，物产丰富，是经济发达的美好地域，为烹饪文化的发展、山东菜系的形成，提供了良好的条件。《尚书•禹贡》中有青州“贡盐”之说，说明至少在夏代，山东已经用盐调味；《黄帝内经•素问•异法方宜论》云：“东方之域，天地之所始生也。鱼盐之地，海滨傍水，其民食鱼而嗜咸，皆安其处，美其食。”《诗经》中已有食用黄河的鲂鱼和鲤鱼的记载，而今糖醋黄河鲤鱼仍然是鲁菜中的名品，可见其源远流长。唐代的段文昌，山东临淄人，穆宗时任宰相，精于饮食，并自编食经五十卷，成为历史掌故。到了宋代，宋都汴梁所作“北食”（当时为鲁菜的别称）已具规模。明清两代，鲁菜已经自成菜系，此时鲁菜大量进入宫廷，成为御膳珍品，并在北方各地广泛流传。

鲁菜特色

现今鲁菜是由济南和胶东两地的地方菜演化而成的，其以风味独特、制作精细享誉海内外。鲁菜选料精细，刀法细腻，注重实惠，花色多样，善用葱姜。济南菜擅长爆、烧、炸、炒，菜肴以清、鲜、脆、嫩见长，名肴有清汤什

锦、奶汤蒲菜，清鲜淡雅，别具一格，而里嫩外焦的糖醋黄河鲤鱼、九转大肠、脆嫩爽口的油爆双脆、烧海螺、烧蛎蝗、烤大虾、素菜之珍的锅豆腐，则显示了济南派的火候功力。胶东菜以烹制各种海鲜而驰名，口味以鲜为主，偏重清淡，选料则多为明虾、海螺、鲍鱼、蛎黄、海带等海鲜，名肴有蟹黄鱼翅、芙蓉干贝、烧海参、烤大虾、炸蛎黄和清蒸加吉鱼干等，具有独特的风味。

民俗小百科

九转大肠

清代光绪年间，济南九华林酒楼店主将猪大肠洗涮后，加香料开水煮至软酥取出，切成段后，加酱油、糖、香料等制成又香又肥的红烧大肠，闻名于市。后来在制作上又有所改进，将洗净的大肠入开水煮熟后，入油锅炸，再加入调味和香料烹制，使此菜味道更鲜美。文人雅士根据其制作精细如道家“九炼金丹”一般，将其命名为“九转大肠”。

九转大肠的具体做法为：取熟大肠750克，熟猪油、花椒油、清汤、白糖、盐、味精、料酒、葱、姜、蒜、香菜、醋、胡椒面、砂仁、肉桂、豆蔻各适量；将大肠用盐搓第一遍，洗净，再用面粉将里外搓一遍，洗净后再用醋洗去异味，再洗净，最后用花生油搓，基本可去掉异味；然后将肠下锅煮熟，捞起切段，再下锅煮一下，捞起；锅内放入猪油，烧热，放入白糖，小火炒至变成鸡红色，放肠炒至上色；把肠拨在旁边，下葱、姜、蒜末爆香，和肠一起炒；加入醋、料酒、盐、酱油，再加适量水，小火收汁；待汁快干时，放少许胡椒粉，淋花椒油，出锅撒上香菜即可。

2. 川菜

川菜享有“一菜一格，百菜百味”之美誉，调味多变，菜式多样，口味清鲜醇浓并重，以善用麻辣著称，并以其别具一格的烹调方法和浓郁的地方风味，融汇了东南西北各方的特点，赢得国内青睐，许多人发出“食在中国，味在四川”的赞叹，可以说是现在拥有食者最多的地方菜系。

川菜渊源

川菜发源地是古代的巴国和蜀国。晋代常璩所著的《华阳国志》记载，巴国“土植五穀，牲具六畜”，并出产鱼盐和茶蜜；蜀国则“山林泽鱼，园囿瓜果，四代节熟，靡不有焉”。当时巴国和蜀国的调味品已有卤水、岩盐、川椒、“阳朴之姜”。川菜形成菜系大致在秦始皇统一中国到三国之间，唐宋时发展迅速。宋代词人陆游长期在四川为官，对川菜兴味浓厚，离蜀多年后还念念不忘，晚年曾在《蔬食戏作》中咏出“还吴此味那复有”的动情诗句，在《饭罢戏作》一诗中说：“东门买彘骨，醯酱点橙薤。蒸鸡最知名，美不数鱼鳖。”陆游谈到四川饮食的诗多达五十多首，其中还称道了四川的韭黄、粽子、甲鱼羹等食品。

明清时期，川菜已颇有名气。到了清末，徐珂编撰《清稗类钞》载：“肴馔之各有特色者，如京师、山东、四川、广东、福建、江宁、苏州、镇江、扬州、淮安。”说明川菜已在全国饮食上确立了自己的地位。现今川菜馆遍布世界，成为中国八大菜系之一。

川菜特色

正宗川菜以四川成都、重庆两地的菜肴为代表。一般认为蓉派川菜是传统川菜，渝派川菜是新式川菜。川菜重视选料，讲究规格，分色配菜主次分明，鲜艳协调，其特点是酸、甜、麻、辣香、油重、味浓，注重调味，离不开三椒（即辣椒、胡椒、花椒）和鲜姜，以辣、酸、麻脍炙人口，为其他地方菜所少有。川菜的烹调方法擅长于烤、烧、干煸、蒸。川菜善于综合用味，收汁较浓，在咸、甜、麻、辣、酸五味基础上，加上各种调料，相互配合，形成各种复合味，如家常味、咸鲜味、鱼香味、荔枝味、怪味等二十三种。川菜的代表菜肴有水煮牛肉、宫保鸡丁、鱼香肉丝、夫妻肺片、怪味鸡块、麻婆豆腐等。除以上菜式外，四川各地还有许多著名的民间传统小吃、糕点菜肴，也为川菜浓郁的地方风味增添了内容和光彩。

民俗小百科

宫保鸡丁

宫保鸡丁是川菜名馔，它源于贵州，出于丁府，蜚声四川。关于宫保鸡丁的来历，一般认为和丁宝桢有关。据《清史稿》记载，丁宝桢，贵州平远人，光绪二年任四川总督。据传，丁宝桢对烹饪颇有研究，喜欢吃鸡和花生米，并尤其喜好辣味。他在四川总督任上的时候创制了一道将鸡丁、红辣椒、花生米下锅爆炒而成的美味佳肴。宫保鸡丁这道美味原本是丁家的“私房菜”，但后来越传越广，尽人皆知，以致风靡蜀中各地。宫保是太子太保、少保的通称。之所以此菜为宫保鸡丁，是因为丁宝桢治蜀十年，多有建树，他去世后，朝廷加封他为太子太保，也就是宫保。清朝末年，川菜走向全国，中华大地到处都有了名馔“宫保鸡丁”。

宫保鸡丁在各地做法很多，这里介绍其中一种：取鸡脯肉或鸡里脊肉250克，洗净，用刀拍松，切成1.5厘米见方的丁，放入碗里，加蛋清、精盐少许和适量干淀粉拌匀上浆；干辣椒切成小块；花生仁100克经温油氽熟；适量酱油、醋、酒、糖、鲜汤、湿淀粉、味精调和成汁。炒锅上火，用油滑锅后下油，烧至五成热，放入鸡丁。滑至断生，倒入漏勺沥油。锅内留油50克，放入干辣椒炒出香味，放入蒜片、姜片、甜面酱略炒，然后放入鸡丁、花生仁和辣椒炒几下，随即将调好的芡汁倒入。翻炒均匀，淋熟油少许，起锅装盘即成。

3. 粤菜

广东省内物产丰富，多奇珍异兽，食料与中原地区迥异，形成的粤菜菜系如同一部奇珍异味录。

粤菜渊源

粤菜有着悠久的历史。早在西汉《淮南子》中，就有“越人得髯蛇，以为上肴”的记载，南宋人也夸张描述说粤人“不问鸟兽蛇，无不食之”。粤菜的形成和发展与广东的地理环境、经济条件和风俗习惯密切相关。广东地处亚热带，濒临南海，雨量充沛，四季常青，物产富饶。故广东的饮食，一向得天独厚。西汉《淮南子•精神训》中就载有粤菜选料之精细和广泛，可以想见千余年前的广东人已经对用不同烹调方法烹制不同异味已游刃有余。在此以前，唐代诗人韩愈被贬至潮州，他的诗中描述潮州人食鲎（俗称水鳖子）、蛇、蒲鱼、青蛙、章鱼、江瑶柱等数十种。发展至现在，鲍、参、翅、肚、山珍海味已是许多地方菜之上品了，而蛇、鼠、猫、狸等野味仍为粤菜中具有独特风味的佳肴和药膳。

同时，广州又是历史悠久的通商口岸城市，吸取了外来的各种烹饪原料和烹饪技艺，使粤菜日渐完善。加之旅居海外华侨把欧美、东南亚的烹调技术传回家乡，丰富了广东菜谱的内容，使粤菜在烹调技艺上留下了鲜明的西方烹饪的痕迹。粤菜也因此推向世界，仅美国纽约就有粤菜馆数千家。

粤菜特色

粤菜是以广州、潮州、东江三地的菜为代表而形成的。

广州菜的原料较广，花色繁多，形态新颖，善于变化，烹调方法有21种之多，尤以炒、煎、焖、炸、煲、炖、扣等见长，讲究火候，烹制出的菜肴注重色、香、味、形。广州菜在口味上以清、鲜、嫩、脆为主，讲究清而不淡、鲜而不俗、嫩而不生、油而不腻。时令性强，夏秋力求清淡，冬春偏重浓郁。较为常见的菜色有白切鸡、白灼海虾、明炉乳猪、挂炉烧鹅、蛇羹、油泡虾仁、红烧大裙翅、清蒸海鲜、虾籽扒婆参等。

潮汕地区的饮食习惯与闽南接近，同时又受广州地区的影响，汇两家之所长，风味自成一格。近年来新派潮州菜吸收了世界各地美食的精华，声名大振。潮州菜注重刀工和造型，烹调技艺以焖、炖、烧、炸、蒸、炒、泡等法擅长，以烹制海鲜、汤类和甜菜最具特色，味尚清鲜，郁而不腻。爱用鱼露、沙茶酱、梅糕酱、红醋等调味。潮州的风味名菜有烧雁鹅、护国菜、清汤蟹丸、油泡螺球、绉纱甜肉、太极芋泥等。

东江菜又称客家菜。客家原是中原人，南迁后，其风俗习食仍保留着一定的中原风貌。东江菜菜品多用肉类，极少水产，主料突出，讲求香浓，下油重，味偏咸，以砂锅菜见长，代表菜有盐焗鸡、黄道鸭、梅菜扣肉、牛肉丸、海参酥丸等。

广州菜是粤菜的主体和代表，注重清鲜、爽滑、脆嫩的风味特点，讲究清而不淡、鲜而不俗、脆嫩不生、油而不腻。粤菜烹调技艺多样善变，如煲、泡、烤、炙等；用料奇异广博，如蚝油、沙茶、咖喱、鱼露等，也为粤菜的独特风味起了举足轻重的作用。

此外，广东点心和粥品也非常有名。广东点心是中国面点三大特色派系之一，历史悠久、品种繁多，五光十色，造型精美且口味新颖，别具特色。广东粥特点是粥米煮开花和注意调味，有滑鸡粥、鱼生粥、及第粥和艇仔粥。

民俗小百科

广东的茶

除了正式菜点，广东各地的饮食风俗也有其独到之处，如广州的早茶、潮汕的功夫茶，这些饮食风俗已经超出“吃”的范畴，成为广东的饮食文化。广东饮茶实际是变相的吃饭，各酒楼、酒店，茶楼均设早、午、晚茶，饮茶也就与谈生意、听消息、会朋友连在一起了。值得一提的是潮汕功夫茶，它备用特制的微型茶壶、白瓷小杯和乌龙茶，斟茶时有“关公巡城”和“韩信点兵”两步，所冲的茶浓香带苦，回味无穷。

4. 闽菜

闽菜清鲜和醇，色香味形，无一不备。闽菜既继承了中国烹饪技艺的优良传统，又具有浓厚的南国地方特色，配以丰富的原材料，使人感到它变换有方，操作得法，常吃常新，百尝不厌。

闽菜渊源

闽菜的起源与发展离不开当地的自然资源。福建地处亚热带，气候温和，雨量充沛，四季如春，这里有广袤的海域，加上又是台湾暖流和北部湾寒流等水系交汇处，成为鱼类集聚的好场所，鱼、虾、螺、蚌、蚝等海鲜佳品常年不绝。明屠本峻《闽中海鲜录》中的鳞、介两部载有海鲜257种之多。清初周亮工《闽小记》中有多处讲到福建的海味，并认为“西施舌当列神品，蛎房能品，江瑶柱逸品”。除了海鲜，辽阔的江南平原，盛产稻米、蔬菜、花果，尤以柑橘、荔枝、龙眼、橄榄、香蕉和菠萝等著称；苍茫的山林溪涧，盛产山珍野味，有茶叶、香菇、竹笋、莲子、薏米和银耳等山珍美品。这些富饶的特产，为闽地名菜名点的形成奠定了物质基础。

中原人士入闽，对福建饮食文化的进一步开发、繁荣，产生了积极的促进作用。例如，唐代以前中原地区已开始使用红曲作为烹饪的作料。唐朝徐坚的《初学记》引王粲《七释》云：“瓜州红曲，参糅相半，软滑膏润，入口流散。”后来有特殊香味的红色酒糟传至福建，成为闽菜常用的作料，红糟鱼、红糟鸡、红糟肉等都是闽菜主要的菜肴。

福建是中国著名的侨乡，旅外华侨从海外引进的新品种食材和一些新奇的调味品，对丰富福建饮食文化、充实闽菜体系的内容，也有着不容忽略的影响。闽菜在继承传统技艺的基础上，博采各路菜肴之精华，对粗糙、滑腻的习俗，加以调整变易，逐渐朝着精细、清淡、典雅的品格演变，以至发展成为格调甚高的闽菜体系。

闽菜特色

闽菜由福州、闽南和闽西三路不同风味的地方菜组合而成。

福州菜，是闽菜的主流，除盛行于福州外，也在闽东、闽中、闽北一带广泛流传，其菜肴特点是清爽、鲜嫩、淡雅，偏于酸甜，汤菜居多。福州菜善以红糟为调料，尤其讲究调汤，给予人“百汤百味”“糟香扑鼻”之感，代表名菜有佛跳墙、煎糟鳗鱼、淡糟鲜竹蛏、鸡丝燕窝等。

闽南菜，盛行于厦门和晋江、龙溪地区，东及台湾，其菜肴具有鲜醇、香嫩、清淡的特色，并且以讲究调料、善用香辣而著称，在使用沙茶、芥末以及药物、干果等方面均有独到之处，代表名菜有东壁龙珠、炒鲎片、八宝芙蓉鲟、当归牛腩等。

闽西菜，盛行于“客家话”地区，菜肴有鲜润、浓香、醇厚的特色，以烹制山珍野味见长，略偏咸、偏油，在使用香辣方面更为突出，代表名菜有油焖石鳞、爆炒地猴等，鲜明地体现了山乡的传统食俗和浓郁的地方色彩。

民俗小百科

佛跳墙

佛跳墙，又叫“满坛香”“福寿全”，是闽菜中的首席名菜。这道菜产生于清同治末年，至今已有百余年历史。相传当时一福州钱庄老板设家宴招待福建布政司周莲，由其夫人亲自操办，采用鸡鸭肉和海参、鱿鱼、鱼翅、干贝、海米、猪蹄筋、火腿、羊肘、鸽蛋等18种原料，辅以绍酒、花生、冬笋、冰糖、白萝卜、姜片、桂皮、茴香等配料，效法古人放在绍酒缸内文火煨制而成，取名“福寿全”。周莲吃后赞不绝口，命衙厨郑春发仿制，郑春发登门求教，并在用料上加以改革，多用海鲜，少用肉类，使菜越发荤香可口。后郑春发离开衙府，经营起菜馆，“福寿全”成了这家菜馆的主打菜。只因福州话“福寿全”与“佛跳墙”的发音相似，久而久之，“福寿全”就被“佛跳墙”取代，名扬四海了。也有说郑春发的菜馆生意兴隆，一次，几位举人和秀才慕名而来，品尝“福寿全”后无不赞好，有人当场吟诗赞曰“缸启荤香飘四邻，佛闻弃禅跳墙来”，菜名由此改为“佛跳墙”。

5．苏菜

有人把苏菜用拟人的手法描绘成“清秀素丽的江南美女”，道出了苏菜的特色：制作精细、色彩美观、造型讲究、清鲜爽口，饶有风味。

苏菜渊源

苏菜起始于南北朝时期，唐宋以后，与浙菜齐头并进，成为“南食”两大台柱之一。苏菜系由淮扬、苏锡、徐海三大地方风味组成，以淮扬菜为主体。江苏更是名厨荟萃的地方。中国第一位典籍留名的职业厨师和第一座以厨师姓氏命名的城市均在这里。彭祖制作野鸡羹供帝尧食用，被封为大彭国，亦即今天的江苏徐州。春秋时期齐国的易牙曾在徐州传艺，由他创制的“鱼腹藏羊肉”千古流传，是为“鲜”字之本。春秋时期吴国人专诸为刺吴王，在太湖向大和公学“全鱼炙”，其中之一就是现在苏州松鹤楼的名菜——松鼠鱼。

汉代淮南王刘安在八公山上发明了豆腐，首先在苏、皖地区流传。梁武帝萧衍信佛，提倡素食，以面筋为肴。晋人葛洪有“五芝”之说，对江苏食用菌影响颇大。宋僧赞宁作《笋谱》，总结有食笋的经验。豆腐、面筋、笋、蕈号称素菜的“四大金刚”，这些美食的发源都与江苏有关。明清时期，苏州东西南北水运发达，而且沿海，这种地理、交通上的优势，促进了苏菜更快发展，扩大了苏菜在海内外的影响。乾隆帝南巡的时候，曾经到苏州的得月楼做客，尝到江南美味后，非常高兴，口称苏州为天下第一食府。

苏菜特色

苏菜主要由苏州、扬州、南京、镇江四个地方风味为代表组成。其特点是浓中带淡，鲜香酥烂，原汁原汤浓而不腻，口味平和，咸中带甜，注重本味。其烹调技艺擅长于炖、焖、烧、煨、炒等，烹调时用料严谨，注重配色，讲究造型，四季有别。

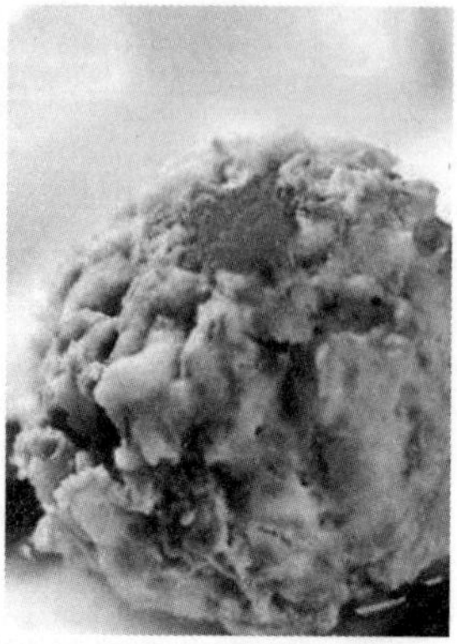

苏州菜品口味偏甜，风格雅丽，形质均美，配色和谐。扬州菜清淡适口，主料突出，刀工精细，醇厚入味。淮扬菜曾为宫廷菜，如今的国宴中大多数菜肴均为淮扬菜，因此其又称为“国菜”。南京、镇江菜口味和醇，玲珑细巧，尤以鸭制的菜肴负有盛名。清代《调鼎集》有关于套鸭制作方法的记载，“肥家鸭去骨，板鸭亦去骨，填入家鸭肚内，蒸极烂，整供”。后来扬州的厨师又将湖鸭、野鸭、菜鸽三禽相套，用宜兴产的紫砂烧锅，小火宽汤炖焖。此菜家鸭肥嫩，野鸭香酥，菜鸽细鲜，风味独特。

苏菜中著名的菜肴品种有清汤火方、鸭包鱼翅、松鼠桂鱼、盐水鸭、清炖蟹粉狮子头、金陵丸子、白汁圆菜、鸡汤煮干丝、肉酿生麸、凤尾虾、无锡排骨等。江苏的点心也富有特色，如秦淮小吃，苏州的糕团、汤包，都很有名。

民俗小百科

狮子头

狮子头是脍炙人口的苏菜之一。该菜历史悠久，隋唐时已有，最早名为葵花肉丸。相传在唐代，有一次，郇国公宴客，命府中名厨韦巨元做松鼠桂鱼、金钱虾饼、象牙鸡条、葵花献肉四道名菜，并伴有山珍海味、水陆奇珍。宾客叹为观止。当葵花献肉一菜端上时，只见用巨大肉圆做成的葵花心，美轮美奂，真如雄狮之头。郇国公半生戎马，战功彪炳，宾客劝酒道：“公应佩九头狮子帅印。”郇国公举杯一饮而尽，说：“为纪念今夕之会，葵花肉不如改为‘狮子头’。”自此淮扬名菜，又添一道“狮子头”，红烧、清蒸皆宜，脍炙人口。宋人诗云：“却将一脔配两螯，世间真有扬州鹤。”将吃螃蟹斩肉比喻成“骑鹤下扬州”的快活神仙，可见蟹粉狮子头一菜多么鲜美诱人了。清代，乾隆下江南时，把这一佳肴带入京都，使之成为清宫菜之一。嘉庆年间，甘泉人林兰痴著的《邗江三首吟》中，也歌咏了扬州的葵花肉丸。其序曰：“肉以细切粗斩为丸，用荤素油煎成葵黄色，俗名葵花肉丸。”其诗云：“宾厨缕切已频频，团此葵花放手新。饱腹也应思向日，纷纷肉食尔何人。”清代《调鼎集》中就有扬州“大劗肉圆”（劗，音jiǎn，同剪）一菜，其制法如下：“取肋条肉，去皮，切细长条，粗劗，加豆粉，少许作料，用手松捺，不可搓成。或炸或蒸（衬用嫩青）。”狮子头有清炖、清蒸、红烧三种烹调方法，清炖蟹粉狮子头、河蚌烧狮子头、风鸡烧狮子头、青菜烧狮子头、芽笋烧狮子头、清蒸蟹粉狮子头等菜都独具风味。

6. 浙菜

浙江是著名的风景旅游胜地，湖山清秀、淡雅宜人，浙菜也如其景，菜式小巧玲珑、清俊秀丽，制作精细，变化较多，真是“上有天堂美景，下有苏杭佳肴”。

浙菜渊源

浙菜富有江南特色，历史悠久，源远流长。《黄帝内经•素问•导法方宜论》曰：“东方之域，天地之所始生也。鱼盐之地，海滨傍水，其民食盐而嗜咸，皆安其处，美其食。”《史记•货殖列传》中也有“楚越之地，地广人稀，饭稻羹鱼”的记载。由此可见，浙江烹饪已有几千年的历史。经越国先民的开拓积累，汉唐时期的浙菜成熟定型，被称为中华民族第二次迁移的宋室南渡，推动了以杭州为中心的南方菜肴的创新与发展。吴自牧的《梦粱录》、西湖老人的《西湖老人繁胜录》、周密的《武林旧事》等书都记载了杭州城饮食市场的繁华和齐味万方的市食佳肴。据《梦粱录》记载，当时杭州诸色菜肴有280多种，各种烹饪技法达15种以上，精巧华贵的酒楼林立，普通食店“遍布街巷，触目皆是”，烹调风味南北皆具，一派繁荣景象。自南宋以后的几百年来，政治中心虽在北方，但言物力之富，文化之发达，工商之繁庶，浙江必居其一。北方大批名厨云集杭城，使杭菜和浙菜系从萌芽状态进入发展状态，浙菜从此立于全国菜系之列。经过明清时期的发展，浙江菜的基本风格已经形成。

浙菜特色

浙菜是以杭州、宁波、绍兴、温州等地的菜肴为代表发展而成的，其特点是清、香、脆、嫩、爽、鲜，不少名菜，来自民间，制作精细，变化较多，烹调技法擅长于炒、炸、烩、溜、

蒸、烧，重原汁原味。

杭州人李渔在《闲情偶记》中认为“世间好物，利在孤行”，意思是要吃上等原料的本味。在海鲜河鲜的烹制上，浙菜以增鲜之味和辅料来进行烹制，以突出原料之本。

浙菜的菜品形态讲究，精巧细腻，清秀雅丽。这种风格特色，始于南宋，《梦粱录》曰：“杭城风俗，凡百货卖饮食之人，多是装饰车盖担儿，盘盒器皿新洁精巧，以炫耀人耳目……食味亦不敢草率也。”浙菜中久负盛名的菜肴有西湖醋鱼、生爆蟮片、东坡肉、龙井虾仁、干炸响铃、叫化童鸡、清汤鱼圆、干菜焖肉、宋嫂鱼羹、大汤黄鱼、爆墨鱼卷、锦绣鱼丝等。浙江点心中的团子、糕、羹等面点品种多、口味佳。

民俗小百科

西湖醋鱼

西湖醋鱼又名“叔嫂传珍”，其年代可追溯到宋代，是杭州历久不衰的传统名菜。相传古时西子湖畔住着宋氏兄弟，以捕鱼为生。当地恶棍赵大官人见宋嫂姿色动人，杀害其兄，又欲加害小叔，宋嫂劝小叔外逃，用糖醋烧鱼为他饯行，要他“苦甜毋忘百姓辛酸之处”。后来小叔得了功名，除暴安良，偶然的一次宴会，又尝到这一酸甜味的鱼菜，终于找到隐名遁逃的嫂嫂，他于是辞官，重操渔家旧业。后人传其事，仿其法烹制醋鱼，“西湖醋鱼”就成为杭州的传统名菜。

西湖醋鱼选用鲜活草鱼，烹饪之前要饿养一两天，促使其排尽泥土味，鱼肉结实。草鱼要现做现杀，去鳞鳃、内脏，洗净，不着油腻，菜品色泽红亮，酸甜适宜，鲜美滑嫩，胜似蟹肉，风味独特。这个菜的特点是不用油，只用白开水加调料，鱼肉以断生为度，讲究食其鲜嫩和本味。

7. 湘菜

提到湘菜，大家的第一印象也是“辣”。湖南人爱吃辣，而且要足够辣，无辣不欢。湘菜就擅长香酸辣，具有浓郁的山乡风味。

湘菜渊源

湘菜，是中国历史悠久的一个地方风味菜，《史记》中曾记载，楚地“地势饶食，无饥馑之患”。长期以来，“湖广熟，天下足”的谚语，更是广为流传。湘西多山，盛产笋、蕈等山珍野味，丰富的物产为饮食提供了精美的原料。据考证，早在战国时期，湖南先民的饮食生活就很丰富多彩，烹调技艺相当成熟，形成了酸、咸、甜、苦等为主的南方风味。楚辞《招魂》和《大招》中就有对当时菜肴、酒水和小吃情况的描写。《招魂》中有这样的描写：“室家遂宗，食多方些，稻粢穱麦，挐黄粱些。大苦咸酸，辛甘行些。肥牛之腱，臑若芳些。和酸若苦，陈吴羹些。胹鳖炮羔，有柘浆些。鹄酸臇凫，煎鸿鸧些。露鸡臛臇，厉而不爽些。”在两千多年前的西汉，湖南的精肴美馔已近百种，仅肉羹就有5大类24种。自唐、宋以来，尤其在明、清之际，湖南饮食文化的发展更趋完善，逐步形成了具有鲜明特色的湘菜系。

湘菜特色

湘菜是以湘江流域、洞庭湖区和湘西山区的菜肴为代表发展而成的，其特点是用料广泛，油重色浓，多以辣椒、熏腊为原料，刀法奇异、形态逼真，巧夺天工，口味注重香鲜、酸辣、软嫩，烹调方法擅长腊、熏、煨、蒸、炖、炸、炒。

湖南菜最大特色一是辣，二是腊。湖南地理环境上古称“卑湿之地”，多雨潮湿。辣椒有御寒祛风湿的功效，加之湖南人终年以米饭为主食，食用辣椒，可以直接刺激到唾液分泌，开胃振食欲。著名的湖南腊肉系烟熏制品，既可做冷盘，又可热炒或用优质原汤蒸；炒则突出鲜、嫩、香、辣，市井皆知。湘菜中著名菜肴品种有腊味合蒸、东安子鸡、麻辣子鸡、红煨鱼翅、汤泡肚、冰糖湘莲、金钱鱼、油爆肚尖、生熏大黄鱼、红烧寒菌、板栗烧菜心、湘西酸肉、炒血鸭等。

民俗小百科

东安子鸡

东安子鸡是湖南的传统名菜，它始于唐代，至今已有一千二百多年的历史。相传唐玄宗开元年间，有客商赶路，入夜饥饿，在湖南东安县城一家小饭店用餐。店主老妪因无菜可供，捉来童子鸡现杀现烹。童子鸡经过葱、姜、蒜、辣调味，香油爆炒，再烹以酒、醋、盐焖烧，红油油、亮闪闪，鸡的香味扑鼻，口感鲜嫩。客商吃后非常满意，事后到处宣扬，小店声名远播，各路食客都慕名到这家小店吃鸡，于是此菜逐渐出名，东安县县太爷风闻此事，也亲临该店品尝，为之取名叫“东安鸡”。这款菜因此流传下来，成为湖南最著名的菜肴。

8. 徽菜

古有“无徽不成镇”，今有“徽菜天下闻”。徽菜，早在千年之前的南宋，作为徽商交流的一种手段，同时也作为一种“身价”的象征，闻名于世。徽菜中的“沙地马蹄鳖，雪中牛尾狐”在南宋时期就是著名菜肴了。

徽菜渊源

徽菜起源于南宋时期的古徽州(今安徽歙县一带)，原是徽州山区的地方风味。由于徽商的崛起，这种地方风味逐渐进入市肆。徽商史称“新安大贾”，起于东晋，唐宋时期日渐发达，明代晚期至清乾隆末期是徽商的黄金时代。明清时期，徽商称雄中国商界三百多年，有“无徽不成镇”“徽商遍天下”之说。徽商富甲天下，生活奢靡，而又偏爱家乡风味，其饮食之丰盛、筵席之豪华，对徽菜的发展起了推波助澜的作用，可以说哪里有徽商哪里就有徽菜馆。明清时期，徽商在扬州、上海、武汉盛极一时，上海的徽菜馆曾一度达500余家。到抗日战争初期，上海的徽菜馆仍有130余家，武汉也有40余家。有趣的是，据《老上海》资料称，1925年前后，“沪上菜馆初唯有徽州、苏州，后乃有金陵、扬州、镇江诸馆”，徽菜是最早进入上海的异地风味了。徽菜具有浓郁的地方特色和深厚的文化底蕴，是中华饮食文化宝库中一颗璀璨的明珠。

徽菜特色

徽菜是以沿江、沿淮、徽州三地区的地方菜为代表发展形成的，重油、重色、重火功是其三大特色，并以色香味形俱全而盛行于世。徽菜在烹调方法上擅长烧、炖、蒸，烧菜讲究软糯可口、味美隽永，炖菜讲究汤醇味鲜、熟透酥嫩，蒸菜着重原汁原味、爽口宜人。著名的菜肴品种有符离集烧鸡、火腿炖甲鱼、红烧臭鳜鱼、火腿炖鞭笋、雪冬烧山鸡、红烧果子狸、奶汁肥王鱼、毛峰熏鲥鱼、无为熏鸭、方腊鱼、蝴蝶面等。

民俗小百科

徽菜美食典故

徽菜中每一款菜肴，都有一个美丽的故事，在这些菜肴中，既有徽菜的历史，也有历史与现代的传承与对接。“沙地马蹄鳖”因宋高宗皇帝的“沙地马蹄鳖，雪天牛尾狸”而命名，是采用徽州山区特有的“沙地马蹄鳖”为主料，配以火腿及火腿骨。《安徽通志》载：“笋出徽州六邑，以问政山者味最佳。”其中的“问政笋”源自唐代歙州刺史于德晦在华屏山巅建“问政山房”，邀请名叫方外的贤士给他当“顾问”，方外在山上首植毛竹生笋，后人把此山叫做“问政山”，笋叫做“问政笋”。此类美食典故，在徽州还有许许多多，富有地方特色。

第三节

传统名席名宴

1. 满汉全席

满汉全席是中国最经典完整的宫廷菜，其场面盛大、菜点精美、注重礼节，让人从视觉、味觉到心境，全程领略到皇族生活的尊荣风范，是中华民族饮食的一个高峰。满汉全席是清朝传承几千年来中国的饮食文化，既有宫廷特色，又汇聚地方风味精华，菜式有咸有甜，有荤有素，取材广泛，用料精细，山珍海味无所不包，是中华美食之缩影。

追根溯源

满汉全席兴起于清代，是集满族与汉族菜点之精华而形成的历史上最著名的中华大宴。满汉全席孕育于满族入关，定鼎北京这个政治历史的背景中，其渊源可以追溯到康熙以后清宫中的“满席”和“汉席”。最初满汉全席仅在一些上层官府中盛行，自乾隆下江南的时期逐渐开始在民间的市肆酒楼饭店中流传。

满族人入关后，开始时，他们的饮食习惯还保持着传统的民族特色。《满文老档》记：“贝勒们设宴时，尚不设桌案，都席地而坐。”随着清王朝的强大和昌盛，满族统治者在饮食上大大考究起来。但在民族等级森严的清宫中，清朝统治者是不允许以任何形式把其他民族与满族并列一起的。据《大清会典》和《光禄寺则例》记载，当时光禄寺举办的各类宴席中，已分为“满席”和“汉席”，其中，满席分为六等，汉席分为三等，每等满席和汉席所用的原料数量，如饽饽用料定额、干鲜果品定额等，都有明确的规定。清早期，光禄寺办的各种宴席，或是满席，或是汉席，满汉共宴的情况是没有的。

到了清朝中期，满、汉官员之间经常互相宴请。满官宴请汉官用汉菜，汉官宴请满官用满菜。这种做法曾引起非议，诸如“忘其本分”“格外讨好”等，从袁牧的《随园食单》可见一二。但后来“满席”和“汉席”还是有选择地汇聚于一席，以示不分彼此。后来一些离京至地方上任的官员，多带有技艺高超的厨师，于是又将这种形式传到外埠，并在流传中不断吸取各地民间筵宴和饮食中的精华，发展为集宫廷满席与汉席之精华于一席的奢华盛宴。

满汉全席的菜谱

从清代到民国，再到现代，满汉全席的菜谱不断变化，并无定式。满汉全席据传为108道菜（南菜54道和北菜54道），现存最早的菜谱源于清代李斗的《扬州画舫录》记载：“上买卖街前后寺观皆为大厨房，以备六司百官食次。第一分头号五簋碗十件：燕窝鸡丝汤、海参汇猪筋、鲜蛏萝卜丝羹、海带猪肚丝羹、鲍鱼汇珍珠菜、淡菜虾子汤、鱼翅螃蟹羹、蘑菇煨鸡、辘轳锤、鱼肚煨火腿、鲨鱼皮鸡汁羹、血粉汤、一品级汤饭碗；第二分二号五簋碗十件：鲫鱼舌汇熊掌、米糟猩唇猪脑、假豹胎、蒸驼峰、梨片伴蒸果子狸、蒸鹿尾、野鸡片汤、风猪片子、风羊片子、兔脯、奶房签、一品级汤饭碗；第三份细白羹碗十件：猪肚假江瑶鸭舌羹、鸡笋粥、猪脑羹、芙蓉蛋、鹅肫掌羹、糟蒸鲥鱼、假斑鱼肝、西施乳、文思豆腐羹、甲鱼肉肉片子汤、茧儿羹、一品级汤饭碗；第四份毛血盘二十件：获炙哈尔巴小猪子、油炸猪羊肉、挂炉走油鸡鹅鸭、鸽臛、猪杂什、羊杂什、燎毛猪羊肉、白煮猪羊肉、白蒸小猪子小羊子鸡鸭鹅、白面饽饽卷子、什锦火烧、梅花包子；第五份洋碟二十件，热吃劝酒二十味，小菜碟二十件，枯果十彻桌，鲜果十彻桌，所谓‘满汉席’也。”

民俗小百科

千叟宴

清代除满汉全席闻名于世外，千叟宴也被人津津乐道。千叟宴始于康熙，盛于乾隆时期，是清宫中规模最大、与宴者最多的盛大御宴。康熙五十二年（公元1713年）三月，康熙60岁生日时，布告天下耆老，年65岁以上者，官民不论，均可按时赶到京城参加畅春园的聚宴。这是第一次举行这样的千人大宴，康熙帝席赋《千叟宴》诗一首，故得宴名。康熙年间，曾三次举办几千人参加的千叟宴。乾隆五十年于乾清宫举行千叟宴，与宴者三千人；嘉庆元年正月再举千叟宴于宁寿宫皇极殿，与宴者三千五十六人。后人称谓千叟宴是“恩隆礼洽，为万古未有之举”。

2. 孔府宴

孔府宴是古代宴席的典范，甚至有“膳食孔府宴，胜过活八仙”的说法。孔府宴分为寿宴、花宴、喜宴、迎宾宴、家常宴等多种，传统佳肴古色古香，既是民间家宴，又宴迎过皇帝、钦差大臣，各种宴席无所不包，可谓集中国宴席之大全，散发着沁人心脾的独特饮食文化韵味。

追根溯源

孔府宴席集全国各地之精华，集鲁菜之大成，其特点是色、香、味、形、名、料等俱佳。相传孔府宴是当年孔府接待贵宾、袭爵上任、祭日、生辰、婚丧时特备的高级宴席。由于当年孔府的内眷多来自各地的官宦大家闺秀，她们常从娘家带着厨师到孔府来，因而孔府宴的味道并不仅限于鲁菜之味，炸、烧、蒸、烤、炒、煨、扒均见长，后经过数百年来广泛吸取全国各地烹调技艺，不断充实创新而逐渐发展形成一套独具风味的宴系。孔府宴讲究排场和华贵，它分为三六九等，单就较高级的两等来说，其数量之多、佳肴之丰美，颇为惊人。第一等是招待皇帝和钦差大臣的，使用御赐餐具，数量多、佳肴丰富，可以 和“满汉全席”相媲美。第二等是平时寿日、节日、婚丧、祭日和接待贵宾用的“鱼翅四大件”和“海参三大件”宴席。菜肴随宴席种类确定，什么席，首个大件就上什么；大件之后还要跟两个配伍的行件。如果是燕席四大件，就要有带烧烤的菜了，如烤鸭、烤猪、绣球鱼翅、珍珠海参、玉带虾仁等。

孔府五大宴

孔府宴原为三大宴，即寿宴、喜宴、家宴。寿宴是孔府专供“衍圣公”和夫人及其尊长祝寿的特定宴席，席面富丽堂皇，要先上高摆，高摆为孔府高级宴席特有的装饰品，以江米和各种细干果构成图案，置于银盘中间，内嵌“福寿绵长”“万寿无疆”或“寿比南山”等祝词。喜宴多为鱼翅席，席面陈铺干鲜果碟，以红枣、花生、桂圆、栗子四干果寓意“早生贵子”，各色菜肴取“百年好合”“吉祥富贵”之意。家宴在孔府中规格繁多，差别较大，依据饮宴者的身份来区分宴会的档次。后来三大宴经演变形成寿宴、花宴、喜宴、迎宾宴、家常宴五大宴，并各具特色。

寿宴。孔府专门备有册簿，记载衍圣公及夫人、公子、小姐以及至亲等主要家族成员的生辰，届时要设宴庆祝，逐渐形成了寿宴。寿宴上的佳肴非常精美，餐具讲究，陈设雅致。菜肴名称也各有寓意，如“福寿绵长”“寿惊鸭羹”“长寿鱼”等。菜品制作精细，其中“一品寿桃”是孔府寿宴中的第一珍肴。开宴首献“一品寿桃”，平辈祝寿，晚辈拜寿，礼毕寿桃撤下，始上热菜，庄重典雅，颇为壮观。

花宴，是衍圣公和公子的婚礼及小姐出嫁时所设的宴席。孔府一向联姻高门，因此，花宴自然是高贵而体面。这类宴席，席间空出“喜”字，席中心有“双喜”形高盘。菜肴名称也贴切雅致，如“桃花虾仁”“鸳鸯鸡”“凤凰鱼翅”“带子上朝”等。

喜庆宴。凡孔府内有受封、袭封、得子等喜庆之事，都要办宴祝贺。这种宴席面上往往突出喜庆气氛，其菜名多美好、吉祥之意，如“鸡里炸”“阳关三叠”“四喜丸子”等。

迎宾宴。是迎圣驾，款待王公大臣等的高级宴席。由于各代帝王崇尚儒教，孔府的政治职能和地位特殊，有时皇帝来曲阜祭孔，有时派王子大臣前来。接待这些高级官员的宴席规格较高，席面上有山珍海味，如“琼浆燕菜”“熊掌扒牛腱”“御笔猴头”等。孔府一等宴席即为迎宾宴。

家常宴。是孔府自己接待亲友所用的宴席，菜品也常常随季节而变换，如秋天是菊花火锅，冬天是杂烩火锅、什锦火锅和一品锅。

民俗小百科

孔府宴菜名

孔府菜的命名极为讲究，寓意深远。有的沿用传统名称，也有的取名典雅古朴，富有诗意，如“诗礼银杏”；还有用以赞颂其家世荣耀或表达吉祥如意的名称，如“吉祥如意”。几乎每道孔府菜都有一个美丽的传说。其中“万寿无疆”这道大菜，据说是第76代衍圣公孔令贻向慈禧太后祝寿的佳肴，“老佛爷”尝后甚悦，遂赐孔令贻“紫禁城骑马”殊荣，如今这道菜仍是孔府宴中的保留菜肴。

3. 文会宴

在唐代，文人知识分子举行的宴会统称为“文酒之宴”或“文会宴”。文会宴是中国古代文人进行文学创作和相互交流的重要形式之一。其形式自由活泼，内容丰富多彩，追求雅致的环境和情趣，一般多选在气候宜人的地方，席间珍肴美酒，赋诗唱和，莺歌燕舞。文会宴重点在“宴”而不是“吃”，历史上许多著名的文学和艺术作品都是在文会宴上创作出来的。

兰亭宴

中国古代著名的风雅之宴或文酒之宴是兰亭宴。据历史记载，东晋永和九年（公元353年）三月三日，王羲之与友人谢安、孙绰等名流及亲朋共42人聚会于兰亭，行修禊之礼、饮酒赋诗，共成诗37首，合编为《兰亭集》传世。王羲之在《兰亭集序》中简洁地记录了当时的具体情形："永和九年，岁在癸丑，暮春之初，会于会稽山阴之兰亭，修禊事也。群贤毕至，少长咸集。此地有崇山峻岭，茂林修竹；又有清流激湍，映带左右，引以为流觞曲水，列坐其次。虽无丝竹管弦之盛，一觞一咏，亦足以畅叙幽情。是日也，天朗气清，惠风和畅，仰观宇宙之大，俯察品类之盛，所以游目骋怀，足以极视听之娱，信可乐也。"所谓"修禊（xì）"，是雅集的契机。汉代应劭《风俗涵义》说："禊者，洁也。"修禊是古老风俗，即古代的人们于农历三月上巳（魏以后定为三月三日）到水上沐浴除灾祈福。其实也是一种游春活动。文人雅士在这一天登临山水、会友联谊。在这里，吃什么是次要的，其更为在乎的是怎么吃。显然，兰亭宴被称为风雅之宴，与它的借"曲水"设宴，以流觞行令分不开。42位名士列坐在蜿蜒曲折、清澈湍急的溪水两旁，任盛满酒的酒杯在水上漂流，停在谁面前就由谁饮酒赋诗，吟不出诗者要罚酒。"一觞一咏"，酒为助兴之用，调节气氛，宴会的主旨是彼此间思想感情的抒发和交流。

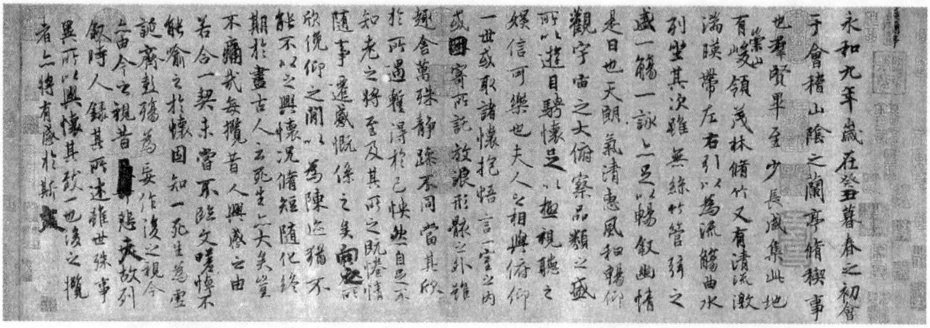

洛滨宴

唐开成二年（公元837 年）的农历三月三日，河南府尹李待价设宴洛滨，邀请当时著名的文人学士白居易、萧籍、李仍叔、刘禹锡、郑居中、裴恽、李道枢、崔晋、张可续、卢言、苗愔、裴俦、裴洽、杨鲁士和裴度等十五人与会，其风雅高韵直逼兰亭宴，但比兰亭宴的宾主们更加在意生活的享乐。宴会设在船上，另有一番情趣。与宴者一边观赏洛水两岸的秀丽景色，一边聚宴畅饮、吟诗赏乐。白居易描述了宴席上饮宴吟诗的盛况：“簪组交映，歌笑间发。前水嬉而后妓乐，左笔砚而右壶觞，望之若仙，观者如堵。尽风光之赏，极游泛之娱。美景良辰，赏心乐事，尽得于今日矣。”刘禹锡作诗曰：“洛下今修禊，群贤胜会稽。盛筵陪玉铉，通籍尽金闺。”成为文学史与饮食文化史的又一佳话。

民俗小百科

《兰亭集序》

王羲之在兰亭宴上所作《兰亭集序》是一篇脍炙人口的优美散文，序中记叙兰亭周围山水之美和聚会的欢乐之情，抒发作者好景不长、生死无常的感慨。法帖相传之本，共28行，324字，章法、结构、笔法都很完美，是他50岁时的得意之作。而其精妙绝伦的书写，被后人评道“右军字体，古法一变。其雄秀之气，出于天然，故古今以为师法”，因此，历代书家都推《兰亭集序》为“天下第一行书”，滋养了一代又一代书法家。

4. 烧尾宴

烧尾宴专指士子登科或官位升迁而举行的宴会，盛行于唐代，是中国欢庆宴的典型代表。

追根溯源

烧尾宴有两种，一种是指唐代文人新登第或升迁庆贺宴席。唐代史学家封演著《封氏闻见记》卷五《烧尾》载："士子初登荣进及迁除，朋僚慰贺，必盛置酒馔音乐，以展欢宴，谓之'烧尾'。"这表明"烧尾"是为表示文人地位发生重大变化而举行的一种庆贺仪式。这种"烧尾宴"，民间广泛流行，其宴席规格，虽有"酒馔音乐"，但菜肴酒食的丰盛程度，主要视主人官职与财力而定。

另一种是唐代凡新任命朝廷大臣官职者，按"例许"向皇帝"献食"，以表示感激皇帝恩宠，这种宴席也称烧尾宴。这种专门邀请皇帝赴大臣家设的特殊宴席规格很高，要请御厨及民间烹饪高手参与烹饪制作。北宋文学家李昉等编撰的《太平广记》一八七卷载："时公卿大臣初拜官者，例计献食，名曰'烧尾'。"

由于唐前期社会安定，四邻友好，农业达到了超越前代的水平，中国封建社会政治、经济、文化发展达到前所未有的高峰时期，举国上下一派歌舞升平的繁荣景象。国都长安，更有"冠盖满京华"之称，是财富集中，人才荟萃，中西方文化交流的中心。这为饮食行业的兴旺发达，创造了良好的条件。从整体上来说，人们的生活是安定了，生活水平提高了。

而达官贵人、富商大贾更是过着“朝朝寒食，夜夜元宵”的豪华奢侈生活。烧尾宴就是这个时期丰富的饮食资源和高超的烹调技术的集中表现，是初盛唐文化的一朵奇葩。

从中国烹饪史的全过程来看，“烧尾宴”汇集了前代烹饪艺术的精华，同时给后世以很大的影响，起了继往开来的作用。如果没有唐代的“烧尾宴”，也不可能有清代的“满汉全席”。中华美食就是靠一代一代、一砖一瓦的积累逐步丰富起来的。但“烧尾宴”的风习并没有流传多久，其从唐中宗景龙时期开始至玄宗开元中停止，仅仅流行20年光景。

烧尾宴菜谱

由于年代久远，记载简略，烧尾宴的菜谱很多名目不能详考。我们可以从现存食单中略知这一盛筵的整体规模和奢华程度。据韦巨源《食谱》记载，烧尾宴上美味陈列，佳肴重叠，其中有58款肴馔留存于世，成为唐代负有盛名的“食单”之一。这58种菜点有主食，有羹汤，有山珍海味，也有家畜飞禽，其中除御黄王母饭、长生粥外，共有20余种糕饼点心，其用料之考究、制作之精细，叹为观止。从食材看，有北方的熊、鹿，南方的狸、虾、蟹、青蛙、鳖，还有鱼、鸡、鸭、鹅、鹌鹑、猪、牛、羊、兔等，真是山珍海味，水陆杂陈。至于烹调技术的新奇别致，更难以想象。例如，光是饼的名目，就有单笼金乳酥、贵粉红、见风消、双拌方破饼、玉露团、八方寒食饼等七八种之多；馄饨一项，就有24种形式和馅料。

民俗小百科

看菜

筵席上有一种“看菜”，即工艺菜，主要用来装饰和观赏，这是古来就有的。宋代周密《武林旧事•酒楼》就记载：“酒未至，则先设看菜数碟，及举杯则又换细菜……极意奉承。”烧尾宴食单中有一道“素蒸音声部”的看菜，用素菜和蒸面做成一群蓬莱仙子般的歌女舞女，共有70件，放在筵席上非常华丽和壮观。

第四节

传统酒文化

1. 酒的起源

中国是酒的故乡，也是酒文化的发源地，是世界上酿酒最早的国家之一。数千年里，中国酒及与之相关的文化的发展与中国的文明发展史基本上是同步的。

酒的起源

据有关资料记载，地球上最早的酒，应是落地野果自然发酵而成的。而中国有酒的历史，可以追溯到上古时期。《史记•殷本纪》关于纣王“以酒为池，悬肉为林”与“为长夜之饮”的记载，以及《诗经》中“十月获稻，为此春酒，以介眉寿”的诗句等，都表明中国酒之兴起，至少已有五千年的历史了。但究竟是谁发明了酒，自古以来，众说纷纭，也很难断定。在中国民间有许多关于酒起源的传说，我们的先民在创造酒的同时，也给后人留下了一段段令人心驰神往的美丽传说，“上天造酒说”“仪狄造酒说”“黄帝造酒说”“杜康造酒说”等皆流传至今。

酿酒起源传说

上天造酒　宋代窦革《酒谱》说："天有酒星，酒之作也，其与天地并矣。"自古以来，我们的祖先就有酒是天上"酒星"所造的说法。中国有很多古籍都记载了这带有神话色彩的传说。在距今三千多年的《周礼》中已详细记述了天上"酒旗星"的存在。《晋书》中记载："轩辕右角南三星曰酒旗，酒官之旗也，主飨宴饮食。"东汉末年以"座上客恒满，樽中酒不空"自诩的孔融，在《与曹操论酒禁书》中有"天垂酒星之耀，地列酒泉之郡"之说。

仪狄造酒　相传夏禹时期的仪狄发明了酿酒。《吕氏春秋》云："仪狄作酒。"《战国策》则进一步说："昔者，帝女令仪狄作酒而美，进之禹，禹饮而甘之，遂疏仪狄，绝旨酒，曰：'后世必有以酒亡其国者。'"

黄帝造酒　另一种传说则表明在黄帝时代人们就已开始酿酒。汉代《黄帝内经•素问》记载了黄帝与医者歧伯讨论酿酒的情景，其中还提到一种古老的酒——醴酪，即用动物的乳汁酿成的甜酒。黄帝是中华民族的共同祖先，很多发明创造都出现在黄帝时期。《黄帝内经》一书实乃后人托名黄帝之作，其可信度尚待考证。

杜康造酒　另一则传说认为酿酒始于杜康。东汉《说文解字》解释"酒"字的条目中说："杜康作秫酒。"《世本》也有同样的说法。传说有一天，杜康想着发明一种饮品，晚上睡觉，梦见一个老翁对他说："你以水为源，以粮为料，再在粮食泡在水里第九天的酉时找三个人，每人取一滴血加在其中，即成。"说完老翁就不见了。杜康醒来，按照老翁说的制作。在第九天的酉时，他来到路边了寻找三个人，弄到了三滴血，完成了饮品的制作。这饮品里有三个人的血，又是酉时滴的，杜康酒名其为"酒"，因是在第九天做成的，就念"九"音。

2. 酒礼

也许有人认为，饮酒是一件非常简单的事情，其实不然。饮酒作为一种食文化，在远古时代就形成了一些大家必须遵守的礼节。有时这种礼节还非常繁琐。

酒礼的渊源

酒礼，用以体现酒行为中的贵贱、尊卑、长幼乃至各种不同场合的礼仪规范。在中国古代，酒被视为神圣的物质，酒的使用，更是庄严之事，非祀天地、祭宗庙、奉嘉宾而不用。

西周时，酒礼成为最严格的礼节。周公颁布的《酒诰》，明确指出天帝造酒的目的并非供人享用，而是为了祭祀天地神灵和列祖列宗，严申禁止“群饮”“崇饮”，违者处以死刑。秦汉以后，随着礼乐文化的确立与巩固，酒文化中“礼”的色彩也愈来愈浓，《酒戒》《酒警》《酒觞》《酒诰》《酒箴》《酒德》《酒政》之类的文章比比皆是，完全把酒纳入了秩序礼仪的范畴。为了保证酒礼的执行，历代都设有酒官。

相对于统治阶级，文人雅士饮酒之礼集中体现了士大夫阶级的审美情趣和文化心理。对饮酒之人、饮酒之地、饮酒之时，尤其是醉酒之地都有要求，吴彬《酒政》中记载：理想的饮酒对象是“高雅、豪侠、直率、忘机、知己、故交、玉人、可儿”，饮酒地点是“花下、竹林、高阁、画舫、幽馆、曲涧、平畴、荷亭”，饮酒季节是“春郊、花时、清秋、新绿、雨霁、积雪、新月、晚凉”。田世衡《醉公律令》、袁宏道《觞政》也都有类似记载。凡此种种，都可看出士大夫阶层对超俗拔尘境界的推崇，对温文尔雅风度的追求。

对于一般老百姓来说，就没有统治阶级和文人雅士那么多的酒礼，但是他们对于年长者和领导者的遵从，对某种仪式的默契，对饮酒对象的选择等，都不难发现“礼”的影响。

饮酒礼节

据明代袁宏道《觞政》记载，中国古代饮酒有以下一些礼节：主人和宾客一起饮酒时，要相互跪拜。晚辈在长辈面前饮酒，叫侍饮，通常要先行跪拜礼，然后坐人次席。长辈命晚辈饮酒，晚辈才可举杯；长辈酒杯中的酒尚未饮完，晚辈也不能先饮尽。

古代饮酒的礼仪约有四步：拜、祭、啐、卒爵。就是先作出拜的动作，表示敬意，接着把酒倒出一点在地上，祭谢大地生养之德；然后尝尝酒味，并加以赞扬令主人高兴；最后仰杯而尽。

在酒宴上，主人要向客人敬酒（叫酬），客人要回敬主人（叫酢），敬酒时还要说上几句敬酒辞。客人之间相互也可敬酒（叫旅酬）。有时还要依次向人敬酒（叫行酒）。敬酒时，敬酒的人和被敬酒的人都要“避席”，起立。普通敬酒以三杯为度。

民俗小百科

敬酒

中国人饮酒时，往往都想对方多喝点酒，自然而然就形成了敬酒的礼俗。特别是主人，以表示自己尽到了地主之谊，客人喝得越多，主人就越高兴，说客人看得起自己，如果客人不喝酒，主人就会觉得有失面子。中国人喝酒有很多的说法，比如“文敬”“回敬”“代饮”等。“文敬”，是传统酒德的一种体现，亦即有礼有节地劝客人饮酒；客人向主人敬酒叫“回敬”，而“互敬”是客人与客人之间的“敬酒”，“代饮”就是请人代酒。

3．酒道

饮酒实际上是一种境界颇高的艺术享受，有许多学问。特别是在古代，人们不仅注重酒的质量和强调节制饮酒，而且还十分讲究饮酒之道。

酒宜温饮

商周时期就有温酒器，元人贾铭说“凡饮酒宜温，不宜热”，但喝冷酒也不好，认为“饮冷酒成手战（即颤抖）”。明人陆容在《菽固杂记》中记载了自己的亲身感受和经历：“尝闻一医者云：‘酒不宜冷饮’颇忽之，谓其未知丹溪之论而云然耳。数年后，秋间病痢，致此医治之，云：‘公莫非多饮凉酒乎？’子宣告以遵信丹溪之言，暑中常冷饮醇酒。医云：‘丹溪知热酒之为害，而不知冷酒之害尤甚也！’予因其吉而恩之，热酒固能伤肺，然行气和血之功居多；冷酒于肺无伤，而胃性恶寒，多饮之，必致郎滞其气。而为亭饮，盖不冷不热，适其中和，斯无患害。”

饮必小咽

酒应该是轻酌慢饮。《吕氏春秋》说：“饮必小咽，端直无戾。”清代徐坷也认为“急盥非所宜”，吃饭、饮酒都应慢慢地来，这样才能品出味道，也有助于消化，以免给脾胃造成过量的负担。清代菜谱《调鼎集》中更明确地说酒“忌速饮，亦忌流饮”。

空腹勿饮

唐孙思邈《千金食治》中提醒人们忌空腹饮酒。因为酒进入人体后，乙醇是靠肝脏分解的。肝脏在分解过程中又需要各种维生素来维持辅助，如果此时胃肠中空无食物，乙醇最易被迅速吸收，造成肌理失调、肝脏受损。中国有句古语叫“空腹盛怒，切勿饮酒”，也认为饮酒必佐佳肴。

勿混饮

元代贾铭《饮食须知》说：“饮食藉以养生，而不知物性有相宜相忌，从然杂进，轻则五内不和，重则立兴祸患。是以养生者亦未尝不害生也。”《清异录》曾告诫人们：“酒不可杂饮。饮之，虽善酒者亦醉，乃饮家所深。”各种不同的酒中除都含有乙醇外，还含有其他一些互不相同的成分，其中有些成分不宜混杂。多种酒混杂饮用会产生一些新的有害成分，会使人感觉胃不舒服、头痛等。

勿强饮

明末清初戏曲作家黄周星《酒社刍》说："饮酒之人有三种，其善饮者不待劝，其绝饮者不能劝，惟有一种能饮而故不饮者，宜用劝。然能饮而故不饮，彼先已自欺矣，吾亦何为劝之哉。故愚谓不问作主作客，惟当率真称量而饮，人我皆不须劝。"说明饮酒时不能强逼硬劝别人，自己也不能赌气争胜，不能喝硬要往肚里灌。

民俗小百科

以茶解酒不可取

自古以来，不少饮酒之人常常喜欢酒后喝茶，以为喝茶可以解酒。实则不然。酒后喝茶对身体极为有害。李时珍说："酒后饮茶，伤肾脏，腰脚重坠，膀胱冷痛，兼患痰饮水肿、消渴挛痛之疾。"清代朱彝尊也说："酒后渴，不可饮水及多啜茶。茶性寒，随酒引入肾脏，为停毒之水。"现代科学已证实了他们所说的酒后饮茶对肾脏的损害。据古人的养生之道，酒后宜以水果解酒，或以甘蔗与白萝卜熬汤解酒。

4. 酒德

历史上，饮酒的习俗受儒家酒文化观点的影响，素来讲究酒德。"酒德"二字，最早见于《尚书》和《诗经》，其含义是说饮酒者要有德行，不能像商纣王那样"颠覆厥德，荒湛于酒"，儒家饮酒讲究的"酒德"，指的是饮酒行为的道德，它与酒礼互为表里。

节制有度

儒家并不反对饮酒，用酒祭祀敬神，养老奉宾，都是德行。《尚书·酒诰》集中体现了儒家的酒德，其中就规定禁止“湎于酒”，即饮酒要注意自我克制，十分酒量最好只喝到六七分，至多不得超过八分，这样才饮酒而不乱。晏婴谏齐景公节制饮酒，山涛酒量极宏却每饮不过八斗，都一直被世人奉为佳话。裴松之注本《三国志•魏书•管辂别传》中，管辂说：“酒不可极，才不可尽。吾欲持酒以礼，持才以愚，何患之有也？”这也是在力戒贪杯与逞才。明代莫云卿在《酗酒戒》中论及与友人饮，认为“唇齿间觉酒然以甘，肠胃间觉欣然以悦”，超过此限，则立即“覆斛止酒”（杯倒扣，以示决不再饮），对那些以“酒逢知己千杯少”为由劝其再饮者则认为“非良友也”，这也是节饮的主张。

量力而饮

饮酒不在多少，贵在适量。要正确估量自己的饮酒能力，不作力不从心之饮。过量饮酒或嗜酒成癖，都将导致严重后果。《饮膳正要》指出：“少饮尤佳，多饮伤神损寿，易人本性，其毒甚也。醉饮过度，丧生之源。”《史记》载信陵君“与宾客为长夜饮。……日夜为乐饮者四岁，竟病酒而卒”；《三国志》载曹植“任性而行，不自雕励，饮酒不节”“常饮酒无欢，遂发病薨”，享年仅41岁。《本草纲目》亦指出：“酒，天之美禄也……痛饮则伤神耗血，损胃亡精，生痰动火。……若夫沉湎无度，醉以为常者，轻则致疾败行，甚则丧邦亡家而殒躯命，其害可胜言哉？”过量饮酒，一伤身体，二误大事。

不能强劝

明代吴彬在《酒政》中提出饮酒要禁“华诞、连宵、苦劝、争执、避酒、恶谑、喷秽、佯醉”。清代阮葵生所著《茶余客话》引陈畿亭的话说：“饮宴者劝人醉，苟非不仁，即是客气，不然，亦蠢俗也。君子饮酒，率真量情；文士儒雅，概有斯致。

夫唯市井仆役，以逼为恭敬，以虐为慷慨，以大醉为欢乐，士人而效斯习，必无礼无义不读书者。”人们酒量各异，对酒的承受力不一；强人饮酒，不仅是败坏这一赏心乐事，而且容易出事，甚至丧命。因此，作为主人，在款待客人时，既要热情，又要诚恳；既要热闹，又要理智。切勿强人所难，执意劝饮。还是主随客便，自饮自斟。

民俗小百科

酗酒

古人认为，酒德有凶和吉两种。《孔氏传》云：“以酒为凶谓之酗，言讨心迷政乱，以酗酒为德，戒嗣王无如之。”故首先提出“酒德”概念的周公反对酗酒，提倡的是不滥饮酒的酒德。怎样才算不滥饮酒呢？《礼记》中有具体的说明：“君子之饮酒也，受一爵而色洒如也，二爵而言言斯，礼已三爵，而油油以退。”就是说各人饮酒的多少没有什么具体的数量限制，以饮酒之后神志清晰、形体稳健、气血安宁、皆如其常为限度。

5. 酒令

饮酒行令，是中国人在饮酒时助兴的一种特有方式，由来已久，流传至今。酒令方式可谓五花八门，是酒文化的重要组成部分。

酒令的渊源

酒令由来已久，原是筵宴上助兴取乐的饮酒游戏，最早源于西周时期的射礼，即在酒宴上设一壶，宾客依次将箭向壶内投去，以投入壶内多者为胜，负者受罚饮酒。汉代有了“觞政”，就是在酒宴上执行觞令，对不饮尽杯中酒的人实行某种处罚。后汉贾逵曾撰有《酒令》一书。清代俞敦培辑成《酒令丛钞》四卷。总的说来，酒令是用来罚酒的。但实行酒令最主要的目的是活跃饮酒时的气氛。何况酒席上有时坐的都是客人，互不认识是很常见的，行令就像催化剂，顿使酒席上的气氛活跃起来。古时，饮酒行令在士大夫中特别风行，他们还常常赋诗撰文予以赞颂，如白居易诗曰：“花时同醉破春愁，醉折花枝当酒筹。”

行令方式

饮酒行令的方式很多，文人雅士与平民百姓行酒令的方式自然大不相同。酒令分雅令和通令。

雅令多为文人雅士所用，常用对诗或对对联、猜字或猜谜等形式。行令方法是：先推一人为令官，或出诗句，或出对子，其他人按首令之意续令，所续必在内容与形式上相符，不然则被罚饮酒。行雅令时，必须引经据典，分韵联吟，当席构思，即席应对，所以它是酒令中最能展示饮者才思的项目。《红楼梦》第四十回写到鸳鸯作令官，喝酒行令的情景，描写的就是清代上层社会喝酒行雅令的风貌。

通令的行令方法主要有掷骰、抽签、划拳、猜数等。最常见也最简单的是“同数”，现在一般叫“猜拳”，即用若干个手势代表数字，两人出手后，相加后必等于某数，出手的同时，每人报一个数字，如果甲所说的数正好与加数之和相同，则算赢家，输者就得喝酒。如果两人说的数相同，则不计胜负，重新再来一次。通令很容易带动酒宴中热闹的气氛，因此较流行。但通令掳拳奋臂，叫号喧争，有失风度，显得粗俗、单调、嘈杂。

民俗小百科

击鼓传花

击鼓传花是一种既热闹又紧张的罚酒方式，多用于女客，《红楼梦》中就曾生动描述了这一场景。在酒宴上宾客依次坐定位置。由一人击鼓，击鼓的地方与传花的地方是分开的，以示公正。开始击鼓时，花束就开始依次传递，鼓声一落，如果花束在某人手中，则该人就得被罚酒。因此花束的传递很快，每个人都唯恐花束留在自己的手中。击鼓的人也得有些技巧，有时紧，有时慢，造成一种捉摸不定的气氛，更加剧了场上的紧张程度，一旦鼓声停止，大家都会不约而同地将目光投向接花者，此时大家一哄而笑，紧张的气氛一消而散。接花者只好饮酒。如果花束正好在两人手中，则两人可通过猜拳或其他方式决定负者。

6. 酒店

卖酒和为顾客提供饮用器具、场所及各种服务的店肆，古往今来有各种名称，如酒肆、酒舍、酒垆、酒家、酒楼、酒馆、酒店等。无论其叫什么名称，其在历史上的发展变迁也与社会经济的发展和人们的经济生活变化有很大的关系。

酒店的渊源

酒店在中国有悠久的历史。《诗经•小雅》中一首宴亲友的诗《伐木》写道："有酒湑（xǔ）我，无酒酤我。"意思说，有酒就把酒过滤了斟上来，没有酒就去买来。从此就可以看出，西周时人们已习惯于到市场上的酒肆买酒了。战国时酒店发展更快，司马迁《史记•.刺客列传》谈到以刺秦王闻名的荆轲："嗜酒，日与狗屠及高渐离饮于燕市。酒酣以往，高渐离击筑，荆轲和而歌于市中，相乐也。"此种酒店基本上和后世的酒馆没有什么差别了。经战国到秦，不仅都市里有酒肆、酒店，连一般的乡镇也都有酒店。后来连士大夫级别的人也常去酒店饮酒，《南史•颜延之传》记其逸事云："文帝尝召延之，传诏频不见，常日但酒店裸袒挽歌，了不应对。"

唐代酒店进一步发展，当时长安的酒楼，楼高百尺，酒旗高扬，丝竹之音嘹亮。酒楼因酒店之房舍建筑而得名，也意味着酒店规模的扩大、服务项目的增多与饮食供应品位的提高。后来人们将规模较小、条件比较简陋的酒店称为"酒馆""酒铺"，而将档次高些、带楼座并有各种相应服务的酒店称为"酒楼"。

酒旗

酒旗伴随着酒店而生，《韩非子》记载："宋人有酤酒者……县（同"悬"）帜甚高。""帜"就是酒旗，后世人称："酒市有旗，始见于此。"由此可见，早在两千多年前，古人就知道利用酒旗来作为酒店的标志了。自唐代以后，酒旗逐渐发展成为一种十分普通的市招，而且五花八门，异彩纷呈，唐代不少诗歌作品中均有描写："碧疏玲珑含春风，银题彩帜邀上客""闪闪

酒帘招醉客，深深绿树隐啼莺”。张择端的《清明上河图》中也有一面“孙羊正店”的酒招。

一般酒旗上署店家字号，或悬于店铺之上，或挂在屋顶房前，或干脆另立一根望杆，扯上酒旗，让其随风飘展，以达到招徕顾客的目的。有的店家还在酒旗上注有经营方式或售卖数量等内容，以便让客人一目了然。如清代小说《歧路灯》中，开封祥符三月三吹台会上的那面“飞在半天里”的“酒帘儿”写着“现沽不赊”。

酒旗还有一个重要的作用，那就是它的升降是店家有酒或无酒、营业或不营业的标志。早晨起来，开始营业，有酒可卖，便高悬酒旗；若无酒可售，就收下酒旗。《东京梦华录》里说：“至午未间，家家无酒，拽下望子。”这“望子”就是酒旗。

民俗小百科

太白楼

唐开元二十四年（736年），大诗人李白与夫人许氏及女儿平阳由湖北安陆迁居任城（今山东济宁），“其居在酒楼”，每天至贺兰氏经营的酒楼饮酒消遣，挥洒文字，写下了许多著名诗篇。贺兰氏酒楼也因李白的光顾而名声大振，生意兴隆。唐咸通二年（861年），吴兴人沈光敬慕李白，登贺兰氏酒楼观光，为该楼篆书“太白酒楼”匾额，并作《李翰林酒楼记》，从此贺兰氏酒楼便改为“太白酒楼”并闻名于世。明朝重建时，将“太白酒楼”改为“太白楼”，流传至今。

第五节

传统茶文化

1. 茶的源流

中国是茶的原产地，是世界产茶、饮茶最早的国家。世界上第一部茶叶著作——《茶经》，就出自中国唐代陆羽之手。人们在饮茶中，创造了灿烂的茶文化，可以说，饮茶文化是中国民族文化宝库中的精品。

茶的渊源

茶在中国很早就为人们所广泛认识和利用，且很早就有茶树的种植和茶叶的采制。传说茶叶被人类发现是在公元前28世纪的神农时代，陆羽在《茶经》中说：“茶之为饮，发乎神农氏。”据东晋常璩撰《华阳国志》记载，约公元前一千年周武王伐纣时，巴蜀一带已用所产的茶叶作为“纳贡”珍品，这是茶作为贡品的最早记述。《晏子春秋》记载，春秋时期（公元前547—公元前490年）“食脱粟之饭，炙三弋五卵，茗茶而已”。表明茶叶已作为菜肴汤料，供人食用。《三国志》记载吴国君主孙皓（孙权的后代）“密赐茶荈以代酒”，是“以茶代酒”的最早记载。

传说“神农尝百草，日遇七十二毒，得茶而解”，可能为茶叶药用之始。医学家华佗《食论》则提出了“苦茶久食益意思。”隋朝，茶从药用到饮用逐渐开始普及，据说隋文帝患病，遇俗人告以烹茗草服之，果然见效。于是人们竞相采之，并逐渐由药用演变成社交饮料，但主要还是在社会的上层。

茶的发展

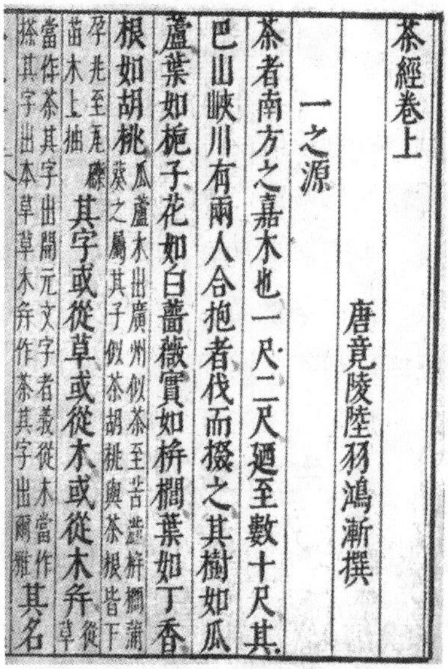
茶經卷上
唐竟陵陸羽鴻漸撰
一之源
茶者南方之嘉木也一尺二尺迺至數十尺其
巴山峽川有兩人合抱者伐而掇之其樹如瓜
蘆葉如梔子花如白薔薇實如栟櫚葉如丁香
根如胡桃瓜蘆木出廣州似茶至苦澀栟櫚蒲葵之屬其子似茶胡桃與茶根皆下
孕兆至瓦礫苗木上抽其字或從草或從木或從木并從草
當作茶其字出開元文字音義從木當作搽其字出本草草木并作茶其字出爾雅其名

茶在社会中各阶层被广泛普及品饮，大致还是在唐代陆羽的《茶经》传世以后。所以宋人有诗云“自从陆羽生人间，人间相学事春茶”。唐代宗大历五年（公元770年）开始在顾渚山（今浙江长兴）建贡茶院，每年清明前兴师动众督制“顾渚紫笋”饼茶，进贡皇朝。宋太宗太平兴国年间开始在建安（今福建建瓯）设官焙，专造北苑贡茶，从此龙凤团茶有了很大发展。宋徽宗赵佶在大观元年（公元1107年）亲著《大观茶论》一书，以帝王之尊，倡导茶学，弘扬茶文化。明太祖朱元璋于洪武二十四年（公元1391年）九月发布诏令，废团茶，兴叶茶，从此贡茶由团饼茶改为芽茶（散叶茶），对炒青叶茶的发展起了积极作用。如今，饮茶已普及全世界，客来敬茶，已成为中国人民及世界人民交友待客、增进友情的文明礼节。

民俗小百科

茶叶贸易的发展

茶起源于中国，在17世纪初传入欧洲，后遍及全球。最早把茶运销欧洲的是1610年荷兰东印度公司的船队。此后，当时被欧洲人称为“草药汁液”的茶叶，首先在上层社会流行开来，接着逐渐传遍各个阶层，并传播到世界各地。许多国家纷纷到中国运销茶叶，使茶和丝绸成为中国和西方贸易的两种主要商品。据记载，1699年，英国东印度公司从中国仅订购300桶上等绿茶、80桶武夷茶，市场就为之充斥。但至18世纪末，英国每年从中国输入的茶叶，年均达到了330万磅左右，至1834年，更猛增到3200万磅。

2. 制茶

各种茶的品质特征的形成，除了茶树品种和鲜叶原料的影响外，加工条件和制造方法是重要的决定因素。中国制茶历史悠久，自发现野生茶树，从生煮羹饮，到饼茶散茶，从绿茶到其他茶类，从手工操作到机械化制茶，期间经历了复杂的变革。

生煮羹饮

茶叶的应用，最早从咀嚼茶树的鲜叶开始，发展到生煮羹饮。生煮者，类似现代的煮菜汤。如云南基诺族至今仍有吃“凉拌茶”习俗，鲜叶揉碎放碗中，加入少许黄果叶、大蒜、辣椒和盐等作配料，再加入泉水拌匀；茶作羹饮。《明史》记载魏骥“以进士副榜授松江训导。常夜分携茗粥劳诸生”。

蒸青制茶

三国时，魏朝已出现了茶叶的简单加工，采来的叶子先做成饼，晒干或烘干，这是制茶工艺的萌芽。经过初步加工的饼茶仍有很浓的青草味，后经反复实践，发明了蒸青制茶，即将茶的鲜叶蒸后碎制，饼茶穿孔，贯串烘干，去其青气。但这么做仍有苦涩味，于是又通过洗涤鲜叶，蒸青压榨，去汁制饼，使茶叶苦涩味大大降低。

唐代，贡茶兴起，成立了贡茶院，即制茶厂，组织官员研究制茶技术，从而促使茶叶生产不断改革。唐代蒸青作饼已经逐渐完善，陆羽《茶经•三之造》记述：“晴采之，蒸之，捣之，拍之，焙之，穿之，封之，茶之干矣。”即此时完整的蒸青茶饼制作工序为：蒸茶、解块、捣茶、装模、拍压、出模、列茶晾干、穿孔、烘焙、成穿、封茶。

宋代，制茶技术发展很快。新品不断涌现。北宋年间，做成团片状的龙凤团茶盛行。宋代《宣和北苑贡茶录》记述“宋太平兴国初，特置龙凤模，遣使即北苑造团茶，以别庶饮，龙凤茶盖始于此”。

蒸青散茶

宋代时，在蒸青团茶的生产中，为了改善苦味难除、香味不正的缺点，逐渐采取蒸后不揉不压，直接烘干的做法，将蒸青团茶改造为蒸青散茶，保持茶的香味，同时还出现了对散茶的鉴赏方法和品质要求。《宋史•食货志》载：“茶有二类，曰片茶，曰散茶。”片茶即饼茶。元代王祯在《农书•卷十•百谷谱》中，对当时制蒸青散茶工序有详细记载：“采讫，以甑微蒸，生熟得所。蒸已，用筐箔薄摊，乘湿略揉之，入焙，匀布火令干，勿使焦。”由宋至元，饼茶、龙凤团茶和散茶同时并存，蒸青散茶盛行于明代。

炒青制茶

使用蒸青方法，依然存在香味不够浓郁的缺点。于是出现了利用干热发挥茶叶优良香气的炒青技术。炒青绿茶自唐代已始有之。唐刘禹锡《西山兰若试茶歌》言“山僧后檐茶数丛……斯须炒成满室香”，又有“自摘至煎俄顷馀”之句，说明嫩叶经过炒制而满室生香，且炒制时间不长，这是至今发现的关于炒青绿茶最早的文字记载。经唐、宋、元代的进一步发展，炒青茶逐渐增多。到了明代，炒青制法日趋完善，在《茶录》《茶疏》《茶解》中均有详细记载，其制法大体为：高温杀青、揉捻、复炒、烘焙至干，这种工艺与现代炒青绿茶制法非常相似。

民俗小百科

茶的种类

不同种类的茶主要是制作方法的不同。人们在制茶的过程中，由于注重确保茶叶香气和滋味的探讨，通过不同加工方法，从不发酵、半发酵到全发酵一系列不同发酵程序引起茶叶内质的变化，找到了一些规律，从而使茶叶从鲜叶到原料，通过不同的制造工艺，制成各类色、香、味、形品质特征不同的六大茶类，即绿茶、黄茶、黑茶、白茶、红茶、青茶。

3. 饮法

中国历来对选茗、取水、备具、佐料、烹茶、奉茶以及品尝方法都颇为讲究，因而逐渐形成丰富多彩、雅俗共赏的饮茶习俗。

煮茶法

所谓煮茶法，是指茶入水烹煮而饮。在春秋以前，茶叶主要作为药用。古代人类直接含嚼茶树鲜叶汲取茶汁而感到芬芳清口并富有养生功效，久而久之，茶的含嚼成为人们的一种嗜好。随着人类生活的进化，生嚼茶叶的习惯转变为煮服，即鲜茶叶洗净后，置陶罐中加水煮熟，连汤带叶服用。这是茶作为饮料的开端。西汉王褒《僮约》："烹茶尽具。"西晋郭义恭《广志》："茶丛生，真煮饮为真茗茶。"唐以后，茶叶加工工艺不断发展，煮茶开始以干茶为主。

羹饮法

《晏子春秋》记载："晏子相景公，食脱粟之食，炙三弋、五卯、苔菜耳矣。"当时的饮用方法，正如晋代郭璞《尔雅注》所说"叶可煮作羹饮"，也就是说，煮茶时，还要加粟米及调味的作料，煮做粥状。汉魏南北朝至初唐，人们主要是直接采茶树生叶烹煮成羹汤而饮，饮茶类似喝蔬茶汤，此羹汤吴人又称之为"茗粥"。陆羽《茶经•六之饮》也有记载："或用葱、姜、枣、橘皮、茱萸、薄荷之等，煮之百沸，或扬令滑，或煮去沫，斯沟渠间弃水耳，而习俗不已。"唐代，随着制茶技术日益发展，团茶、片茶日渐增多，饮茶方式逐渐以陆羽式煎茶为主。陆羽明确反对在茶中加其他香调料，强调品茶应品茶的本味，纯用茶叶冲泡，此茶唐人称为"清茗"。宋代以饮冲泡的清茗为主，羹饮法除边远少数民族之外，已很少见到。而我国许多少数民族地区至今仍习惯于羹饮法，喜欢在茶汁中加其他食品。

煎茶法

煎茶法是指陆羽在《茶经》里所创造、记载的一种烹煎方法，其茶主要用饼茶，经炙烤、碾罗成末，候汤初沸投末，并加以环搅、沸腾则止。而煮茶法

中茶投冷、热水皆可，需经较长时间的煮熬。煎茶法的主要程序有备器、选水、取火、候汤、炙茶、碾茶、罗茶、煎茶（投茶、搅拌）、酌茶。

煎茶法在中晚唐很流行。唐代著名诗僧茶僧皎然《对陆迅饮天目茶，因寄元居士晟》诗："文火香偏胜，寒泉味转嘉。投铛涌作沫，著碗聚生花。"白居易《睡后茶兴忆杨同州》诗："白瓷瓯甚洁，红炉炭方炽。沫下麹尘香，花浮鱼眼沸。"说明了文人墨客对煎茶法的喜爱。从五代到北宋、南宋，煎茶法渐趋衰亡，南宋末已无闻。

点茶是宋代盛行的一种煮茶方法，候汤是点茶技艺中重要的组成部分。点茶，可以二人或二人以上进行，也可以独个自煎（水）、自点（茶）、自品，它给人带来的身心享受，能唤来无穷的回味。

点茶法

到了宋代，中国点茶法成为时尚。和唐代的煎茶法不同，点茶不再直接将茶放入釜中熟煮，而是先将饼茶碾碎，置碗中待用，用沸水冲点碗中的茶，并用茶筅搅拌，使茶末与水交融成茶汤。宋代蔡襄《茶录》将点茶技艺分为

炙茶、碾茶、罗茶、候汤、熁（xié，音协）盏、点茶等程序，即首先必须用微火将茶饼炙干，碾成粉末，再用绢罗筛过，茶粉越细越好，"罗细则茶浮，粗则水浮"，然后将茶粉末放在茶碗里，注入少量沸水调成糊状，然后再注入沸水，或者直接向茶碗中注入沸水，同

时用茶筅搅动，使茶末上浮，形成粥面，称之为“运筅”或“击拂”。在实际操作过程中，注水和击拂是同时进行的。所以，严格说来，要创造出点茶的最佳效果：一要注意调膏，二要有节奏地注水，三是茶筅击拂得视情况而有轻重缓急。只有这样，才能点出最佳效果的茶汤来。高明的点茶能手，被称为“三昧手”。北宋苏轼《送南屏谦师》诗云：“道人晓出南屏山，来试点茶三昧手。”点茶约消失于明朝后期。

泡茶法

泡茶法是以茶置茶壶或茶盏中，以沸水冲泡的简便方法。陆羽《茶经•六之饮》载：“饮有粗茶、散茶、末茶、饼茶者，乃斫，乃熬，乃炀，乃舂，贮于瓶缶之中，以汤沃焉，谓之痷茶。”即以茶置瓶或缶之中，灌上沸水淹泡，唐时称此为“痷茶”，开后世泡茶法的先河。

唐五代主煎茶，宋元主点茶，泡茶法直到明清时期才流行。朱元璋罢贡团饼茶，遂使散茶（叶茶、草茶）独盛，茶风也为之一变。明代陈师《茶考》载：“杭俗烹茶，用细茗置茶瓯，以沸汤点之，名为撮泡。”置茶于瓯、盏之中，用沸水冲泡，明时称“撮泡”。此法至今仍被普遍使用。

明清更普遍的还是壶泡，即置茶于茶壶中，以沸水冲泡，再分至茶盏中饮用。据张源《茶录》、许次纾《茶疏》等书，壶泡的主要程序有备器、择水、取火、候汤、投茶、冲泡、酾茶等。现今流行于我国闽、粤、台等地的“工夫茶”则是典型的壶泡法。

民俗小百科

点茶与礼

古时，点茶为朝廷官场待下之礼，多见于宋人笔记。近代王国维《茶汤遣客之俗》已有考证："今世官场，客至设茶而不饭，至主人延客茶，则仆从一声呼送客矣，此风自宋已然，但用汤不用茶耳。"薛瑞兆《元杂剧中的"点汤"》亦论及宋代点茶的发展，认为："设茶点汤的礼节盛行于宋，并流传到北方的辽金，只是次序更改为'先汤后茶'。"

点茶之礼也许是清代端茶送客的始由。"端茶送客"是指来客相见，仆役献茶，主人认为事情谈完了，便端起茶杯请客用茶。来客嘴唇一碰杯中的茶水，侍役便高喊："送客！"主人便站起身来送客，客人也自觉告辞。这样避免了主人想结束谈话又不便开口、客人想告辞又不好意思贸然说出的尴尬。

4．茶水

饮茶既要选茶，也要选水，自古以来，泡茶用水就为人们所重视。在《红楼梦》中，甚至提出雪化水是最好的泡茶用水，要是用梅花上的雪化水更是极品中的极品。

取水的重要性

明代田艺蘅在《煮泉小品》中说："茶，南方嘉木，日用之不可少者。品固有媺（měi，音美）恶，若不得其水，且煮之不得其宜，虽佳弗佳也。"许次纾《茶疏》说："精茗蕴香，借水而发，无水不可与论茶也。"明代张大复在《梅花草堂笔谈》中也谈到："茶性必发于水，八分之茶，遇十分之水，茶亦十分矣；八分之水，试十分之茶，茶只八分耳。"可见水质能直接影响茶汤品质。水质不好，就不能正确反映茶叶的色、香、味，尤其对茶汤滋味影响更大。杭州的“龙井茶，虎跑水”，俗称杭州“双绝”。“扬子江中水，蒙顶山上茶”，名扬遐迩。名泉伴名茶，真是美上加美，相得益彰。为了使茶达到最佳的效果，陆羽在《茶经•五之煮》中就总结煮茶用水的经验为“其水，用山水上，江水中，井水下”，而在这上中下之中也有高下之分：“其山水，拣乳泉石地慢流者上。”

茶饮取水

泡茶用水的选择，古人主要注意以下几点：

一是水要甘而洁。蔡襄《茶录》说：“水泉不甘，能损茶味。”赵佶《大观茶论》指出：“水以清轻甘洁为美。”王安石还有“水甘茶串香”的诗句。

二是水要活而清鲜。宋唐庚的《斗茶记》记载：“水不问江井，要之贵活。”明代张源在《茶录》中分析得更为具体，指出：“山顶泉清而轻，山下泉清而重，石中泉清而甘，砂中泉清而冽，土中泉淡而白。流于黄石为佳，泻出青石无用。流动者愈于安静，负阴者胜于向阳。真源无味，真水无香。”

三是贮水要得法。如明代熊明遇在《罗山介茶记》中指出“养水须置石子于瓮”，许次纾《茶疏》进一步指出：“水性忌木，松杉为甚。木桶贮水，其害滋甚，挈瓶为佳耳。”明代罗廪在《茶解》中介绍得更为具体，他说：“大瓮满贮，投伏龙肝一块（即灶中心干土也），乘热投之。贮水瓮预置于阴庭，覆以纱帛，使昼挹天光，夜承星露，则英华不散，灵气常存。假令压以木石，封以纸箬，暴于日中，则内闭其气，外耗其精，水神敝矣，水味败矣。”

民俗小百科

陆羽品水

陆羽习茶精深，对水的品鉴也有许多神奇传说。唐代张又新的《煎茶人记》里便记述了陆羽品水的一段神奇故事。一次，湖州刺史在扬州巧遇陆羽，素慕陆之大名，特意派人到长江中去取南零水来烹茶。南零水位于今江苏金山一带，需在子、午两个时辰内，用长绳吊着铜瓶深入水下取水，方为南零水，其被陆羽定为天下泉水中的第七名。取来水后，陆羽略一察看，便用勺舀去上半桶水后说，下半桶才是南零水。部下大惊失色，连忙伏地认错，因为颠簸而把水洒了一半，故用岸边之水注满以充数，众人无不骇服。

5. 茶道

茶道包括两个内容：一是备茶品饮之道，即备茶的技艺、规范和品饮方法；二是思想内涵，即通过饮茶陶冶情操、修身养性，把思想升华到富有哲理的境界。在博大精深的中国茶文化中，茶道是核心。

茶道在唐人陆羽的《茶经》中有明显体现。《茶经》不但记载了详细的备茶品饮之道，而且对于茶道的思想内涵作了概括："茶之为用，味至寒，为饮最宜精行俭德之人。"也就是说，通过饮茶活动，陶冶情操，使自己成为具有美好行为和俭朴、高尚道德的人。宋代蔡襄的《茶录》和宋徽宗赵佶的《大观茶论》记述了宋代茶道的发展情况和特点。宋徽宗赵佶非常喜爱饮茶，他认为茶的芬芳品味，能使人闲和宁静、趣味无穷："至若茶之有物，擅瓯闽之秀气，钟山川之灵禀。祛襟涤滞，致清导和，则非庸人孺子可得而知矣；冲澹闲洁，韵高致静，则百遑遽之时可得而好尚之。"他在《大观茶论》中对点茶技法做了精辟而详尽的描述，还把茶道精神概括为"祛襟、涤滞、致清、导和"八个字。

民俗小百科

日本茶道精神

日本人把茶道视为日本文化的结晶，也是日本文化的代表。日本学者把茶道的基本精神归纳为"和、敬、清、寂"，这是茶道的四谛、四则、四规。此四谛始创于村田珠光，四百多年来一直是日本茶人的行为准则。"和"强调主人对客人要和气，客人与茶事活动要和谐。"敬"表示相互承认，相互尊重，并做到上下有别，有礼有节。"清"是要求人、茶具、环境都必须清洁、清爽、清楚，不能有丝毫的马虎。"寂"是指整个的茶事活动要安静、神情要庄重、主人与客人都是怀着严肃的态度，不苟言笑地完成整个茶事活动。

6．茶馆

茶馆是爱茶者的乐园，也是人们休息、消遣和交际的场所。追溯其历史，十分悠久。

茶馆，古代称为茶寮、茶肆、茶坊、茶楼、茶房、茶店、茶社、茶铺、茶亭等。中国的茶馆由来已久，两晋时已经出现。六朝时期，江南品茗清谈之风盛行。当时有一种既可供人们喝茶，又可供旅客住宿的处所叫茶寮。唐代封演在《封氏闻见记》中说："起自邹、齐、沧、棣，渐至京邑。城市多开店铺，煎茶卖之，不问道俗，投钱取饮。"宋代饮茶之风更盛，从京城至各州县，到处设有茶坊。宋代张择端的《清明上河图》中的汴梁城就有人们在茶坊中饮茶的画面。宋时茶馆多称茶坊，也有叫茶肆、茶楼的，具有很多特殊的功能，如供人们喝茶聊天、品尝小吃、谈生意、做买卖，进行各种演艺活动、行业聚会等。明代出现茶馆这个名称，张岱《陶庵梦忆》就有关于"茶馆"的记载。清代是中国茶馆鼎盛时期，茶馆不仅遍布城乡，其数量之多，也是历史少见。现在，各地的茶馆渐渐增多，星罗棋布，主要供消费者品茗、休闲、会友。

民俗小百科

书茶馆

老北京的茶馆遍及京城内外，各种茶馆又有不同的形式与功用，其中的书茶馆，即设书场的茶馆。在这书茶馆里，饮茶只是媒介，听评书是主要内容，茶客边听书，边饮茶。这种书茶馆，直接把茶与文学相联系，既传讲历史故事，又达到消闲、娱乐的目的，老少皆宜。老舍茶馆是集书茶馆、餐茶馆、茶艺馆于一体的多功能综合性大茶馆，在国内外享有很高的声誉。

第四章

传统服饰文化

服饰对人类来说，蔽体御寒是它的首要功能，但自走出了以实用为唯一目的的时代以后，服饰的功能就复杂了。尤其在中国，服饰自古就是一种身份地位的象征，一种符号，它代表着一个人的政治地位和社会地位，使人们恪守本分，遵守各种礼仪教化的严格规范，对民俗文化有一定的影响和作用。

1. 汉服

汉服发展悠悠四千余载，上启炎黄，下至明末，谨承周礼，延续道统，是传承时间最长的民族服饰。汉服虽历经各朝不断发展，但其基本特征一直保持不变，是最具代表性的中华传统服饰。

汉服的渊源

自炎黄时代黄帝垂衣裳而天下治，汉服已具基本形式，到了汉朝已全面完善并普及，汉人汉服由此得名。据研究，有关“汉服”一词的记载最早见于《汉书》，其中说龟兹王“后数来朝贺，乐汉衣服制度”，这里的“汉”主要是指汉朝，“汉衣服制度”是指汉朝的服装礼仪制度。后来，“汉服”这个词汇的基本内涵也固定下来，即汉族传统服饰，后期资料均有相关记载。唐代樊绰的书就明确地称大唐的服饰为“汉服”；宋元明时期，那些异族执政者也明确地用“汉服”来指称汉人服饰，如《辽史·仪卫志》有“辽国自太宗入晋之后，皇帝与南班汉官用汉服；太后与北班契丹臣僚用国服，其汉服即五代晋之遗制也”的记载；元代修《辽史》时，甚至专门为汉服开辟了一个“汉服”条。汉服在很大程度上就已经被视为正宗传统文化的象征了，它的影响十分深远，亚洲各国的部分民族如日本、朝鲜、越南、蒙古、不丹等服饰均具有或借鉴汉服特征。

汉服可以分为礼服和常服。冕服是官员正式场合的礼服，深衣是官员的常服，襦裙主要为妇女所穿着。普通百姓劳作时身着短衣、长裤，节庆活动也穿深衣。汉服的基本特点是交领右衽、宽袖、系带，给人以洒脱飘逸的观感。各朝代的汉服虽有局部变动，但其主要特征不变，基本上保留了以上特点。

冕服

冕服为古代帝王、诸侯及士大夫的礼服，一般在举行吉礼时使用。冕服之制，传说殷商时期已有，至周定制规范、完善，据《周礼•春官•司服》载：“王之吉服：祀昊天上帝，则服大裘而冕，祀五帝亦如之；享先王则衮冕；享先公飨射则鷩冕；祀四望山川则毳冕；祭社稷五祀则希冕；祭群小祀则玄冕。”自汉代以来，冕服历代沿袭，源远流长，虽种类、使用的范围、章纹的分布等屡有更定、演变，各朝不一，但冕服制度一直沿用到明，至清朝才被废除，而冕服的十二纹章在清朝仍得以沿用。

早期，冕服为青黑色的冕冠、上衣和红色的裙子、赤舄（与冕服配套的鞋子），并配有大带（由丝织物制成的腰带）、革带（由皮革制成的腰带）和蔽膝（从腰带垂下的饰带）。冕服上一般绣有“十二纹章”，包括：日、月、星辰（取其照临），山（取其稳重），龙（取其应变），华虫（一种雉鸟，取其文丽），宗彝（一种祭祀礼器，后来在其中绘一虎一猴，取其忠孝），藻（取其洁净），火（取其光明），粉米（取其滋养），黼（fǔ，音斧，取其决断），黻（fú，音浮，纹如两弓相对，取其明辨）。使用纹样品种的多寡取决于人的官阶地位和冕服用途。

深衣

深衣是古代诸侯、士大夫等官员的常服，也是庶人唯一的礼服，最早出现于周代，流行于战国时期。在长沙楚墓出土的帛画和湖北云梦出土的男女木俑服饰上，可看到当时深衣

日

月

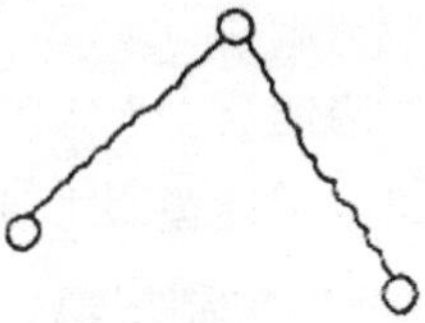
星辰

山

龙

华虫

宗彝

藻

火

粉米

黼

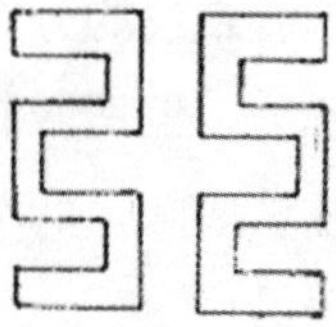
黻

的式样。《礼记•深衣》："古者深衣，盖有制度，以应规矩绳权衡。"郑玄注："名曰《深衣》者，谓连衣裳而纯之以采也。"可见先秦时深衣，以素色麻布为之。孔颖达疏："凡深衣皆用诸侯大夫士夕时所著之服，故《玉藻》云：'朝玄端，夕深衣。'庶人吉服亦深衣，皆著之在表也。"

深衣为上衣和下裳相连，衣襟右掩，下摆不开衩，将衣襟接长，向后拥掩，垂及踝部，一般前后深长，因此被称为深衣。可以说，几千年来的中国服装都采用了深衣遗制。深衣的另一特点是"续衽钩边"。"衽"就是衣襟，"续衽"是将衣襟接长，"钩边"是形容衣襟的样式。《淮南子》载"满堂之坐，视钩各异"，说明当时带钩的形式多样，并已普遍使用。

深衣是最能体现华夏文化精神的服饰。一般认为，深衣象征天人合一，恢宏大度，公平正直，包容万物的美德。袖口宽大，象征天道圆融；领口直角相交，象征地道方正；背后一条直缝贯通上下，象征人道正直；腰系大带，象征权衡；分上衣、下裳两部分，象征两仪；上衣用布四幅，象征一年四季；下裳用布十二幅，象征一年十二月。身穿深衣，能体现天道之圆融，身合人间之正道，行动进退合权衡规矩，生活起居顺应四时之序。

襦裙

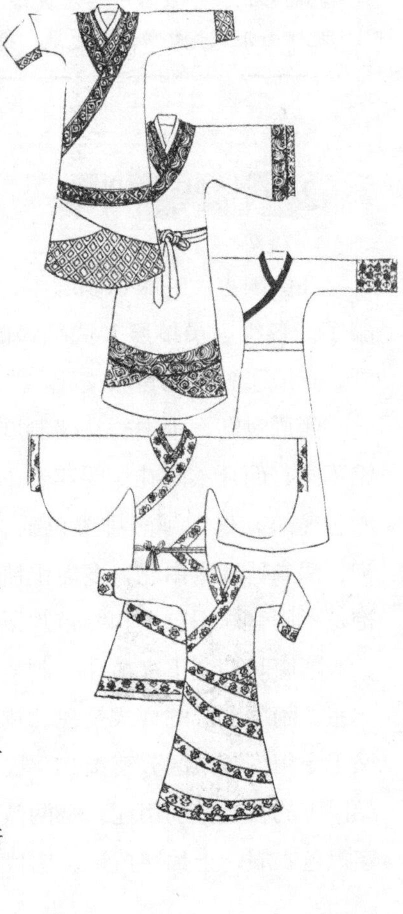

襦（rú，音儒）裙是中国历史上最早也是最基本的女士汉服形制，是上襦下裙式的套装，从有实物考证的战国时期开始，终于明末清初，历经两千多载。

襦裙的基本款式是：襦的袖子一般较长，或窄或宽；交领右衽，直领则多配以抹胸；腰带用丝或革制成，起固定作用，还可佩戴宫绦环节和玉佩；裙从六幅到十二幅，有各种颜色及繁多的式样。襦裙上衣短，下裙长，体现了黄金分割，具有丰富的美学内涵。

在历朝历代，襦裙的款式各有不同，但基本形制始终保持着最初的样式。汉代襦裙一般上襦极短，只到腰间，而裙子很长，下垂至地。魏晋南北朝时期，上襦多用对襟，领子和袖子喜好添施彩绣，袖口或窄或宽；腰间常用围裳，外束丝带。隋唐五代时，上衣为短襦（袖子长度在长袖与背心之间），与披肩构成当时襦裙的重要组成部分。盛唐以后，上襦的领口变化多样，其中袒胸大袖衫一度流行，展示了盛唐思想解放的精神风貌，而裙下垂至地，不施边缘。这一时期襦裙色彩多样，多中求异，让人眼花缭乱，目不暇接。宋代服装一反唐朝的艳丽之色，形成淡雅恬静之风。此时的上襦多为大襟半臂，下裙时兴“千褶”“百叠”，还出现了前后开衩的“旋裙”及相掩以带束之的“赶上裙”。明代盛行袄裙，交领中腰襦裙逐渐消逝。

民俗小百科

汉服与华夏文明

中国又称“华夏”，这一名称的由来就与汉服有关。《尚书正义》注：“冕服华章曰华，大国曰夏。”《左传正义·定公十年》疏：“中国有礼仪之大，故称夏；有章服之美，谓之华。”中国自古就被称为“衣冠上国”“礼仪之邦”，而“衣冠”便成了文明的代名词。比如五胡乱华之时，原先在中原地区的知识分子及各阶层人民纷纷逃亡到南方，保留了中原文明的火种，而逐渐把江南开发成繁华富庶之地，这一事件史称“衣冠南渡”。

2. 古代官服

在中国古代的服饰制度中，最能反映封建等级制度的，要数文武百官的官服了。各级官员按照文武品级的不同，装饰官服的颜色、图案纹样也各不相同，形成了独特的官服文化。

西周时期，中国的礼仪制度基本形成，各等级人的服装式样和所使用的图案不同，而且不同礼仪要穿着不同的服饰。秦始皇统一中国后，废除了前代的六种冕服，仅留下一种黑色的玄冕供祭祀时使用，并规定官员三品以上穿绿袍、深衣，庶人白袍，多以绢制作。至西汉，各级官员的官服全都是黑色的长袍，不同官职用冠帽和绶带加以区分。

隋唐时期帝王官员礼服制度有了重大改变，形成了十分完备且等级森严的体系。隋朝官服的样式是在北周冕服的基础上改进而来的。隋代末年，隋炀帝又下令用颜色来区分官员和平民的衣着，限定五品以上的官员可以穿紫袍，六品以下的官员分别用红、绿两色，小吏们用青色，平民用白色，屠夫商人只许穿黑色衣服，士兵穿黄袍。唐代继承了隋代的冕服定制。规定了群臣的礼服有

10种，只在盛大的典礼中穿。在其他的日子里，皇帝百官都另外穿统一规定的朝服、公服及常服。朝服，是朝见时穿的服装，只限七品以上的官员穿用。公服又叫省服，它与朝服基本相同，但更为简便一些。常服是一种圆领窄袖，左右开衩的长袍。唐朝官服也分颜色：三品以上紫袍；五品以上绯袍；六品以下绿袍。

宋代的官服分为祭服、朝服和常服三种。祭服维持唐代的式样。朝服的式样也与唐代朝服基本相同，但后来，宋神宗废除了隋唐以来依照官员品级确定冠绶的规定，改由官员职位决定服饰，共分为七等冠绶。宋代官员朝服的服饰很有特点，在脖子上套一个上圆下方的饰物，叫做方心圆领。宋代和唐代一样，常服靠颜色来区别品级。元代在唐宋官服式样的基础上确定了和它们大致相似的冕服、朝服、公服。

明朝官员的官服制度完备而繁琐，分常服、朝服和公服。明代官员常服又称补服，在前胸及后背缀有用金线或彩丝绣成的图像徽识。通常文官绣双鸟，武官绣单兽。补服对服色及服装图案有严格规定，并以公文形式指导穿衣，如明洪武二十四年（1391年）规定，公、侯、驸马、伯用绣麒麟白泽；文官一品仙鹤，二品锦鸡，三品孔雀，四品云雁，五品白鹇，六品鹭鸶，七品鸂鶒（xiè zhì，音谢治，传说中的异兽），八品黄鹂，九品鹌鹑；杂职练鹊；风宪官獬豸（xī chí，音溪斥，一种水鸟）；武官一品、二品狮子，三品、四品虎豹，五品熊罴，六品、七品彪，八品犀牛，九品海马。文武百官的朝服都沿袭唐宋朝服式样，外穿红罗上衣、下裳和蔽膝，内穿白纱单衣，足登白袜黑履，腰束革带和佩绶，头戴有梁冠，官员等级通过冠的梁数和绶带的不同纹饰表示。公服是在重大朝会时的服装，由展脚硬幞头和盘领宽袖长袍组成，颜色根据官品而定。

清代官服废除了服色制度，只在帽顶及补服上分别品级，服饰颜色不论职位高低原则上都是蓝色，只在庆典时可用绛色；外褂在平时都是红青色，素服时，改用黑色。清代朝服沿用明代补服，款式一般为无领、对襟，其长度比袍短、比褂长，前后各缀有一块补子，清朝补子比明朝略小，穿着的场所和时间也较多，凡吉庆、上朝、会客等均须齐备，一般和朝珠、朝带等，配合穿着。

清朝所缀补子分为方形补子和圆形补子，方形补子是区分官职品级的主要标志，圆形补子为皇子、亲王、郡王、贝勒、贝子皇亲贵族服用。补子的图案一般亲王用团龙；一品文官用鹤、武官用麒麟；二品文官锦鸡、武官狮 ；三品文官孔雀、武官豹；四品文官雁、武官虎；五品文官白鹇、武官熊；六品文官鹭鸶、武官彪；七品文官鸂鶒、武官彪；八品文官鹌鹑、武官犀牛；九品文官练雀、武官海马。此外，都御史、按察使等，均绣獬豸。清朝服饰带有满族特色，满族袍褂是最主要的礼服。袍褂上身紧窄贴身，袖子较细瘦，下身的前后左右开衩。袍褂的图案和开衩有着等级制度要求。按规定，皇帝的礼服袍子用明黄色，绣有龙纹；官员和命妇们穿绣有蟒纹的袍子。皇室袍子开四衩，官员百姓的袍褂只许在前后开两衩。在袍服外面加穿外褂，也是满族服装的一大特征。对襟马褂也经常被当作宫中礼服穿用。黄色的马褂最为尊贵，一般为皇帝御赐。

民俗小百科

命妇的补服

除官员外，在明清两代，受过诰封的命妇（一般为官吏的母亲及妻子）也备有补服，通常穿着于庆典朝会上。她们所用的补子纹样以其丈夫或儿子的官品为准。《清稗类钞•女补服》曰：“品官之补服，文武命妇受封者亦得用之，各从其夫或子之品以分等级。惟武官之母妻亦用鸟，意谓巾帼不必尚武也。”表明凡武职官员的妻、母，则不用兽纹补，也和文官家属一样，用禽纹补，意思是女子以娴雅为美，不必尚武。

3. 旗袍

从字义上理解“旗袍”，其泛指清代满族旗人（无论男女）所穿的长袍。20世纪50年代中期，作为清朝及民国期间标准男装的男式长袍退出了历史舞台，但女式长袍却一直流行，并不断发展，“旗袍”一词也开始专指女士长袍。

清初期，政府强调保持其固有的生活习俗和穿着方式，一方面要用满族的服饰来同化汉人，同时又严禁满族及蒙古族妇女仿效汉族装束。清朝后期汉族女子开始效仿满族装束，满汉女士服装样式相互交融，差别日益减小。那时的女士长袍，衣身宽博，线条平直硬朗，衣长至脚踝。普遍采用“元宝领”，领高盖住腮碰到耳，袍身上多绣以各色花纹，领、袖、襟、裾都有多重宽阔的滚边。

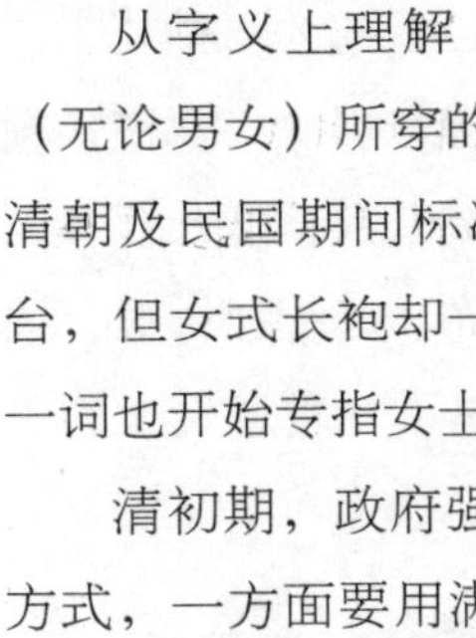

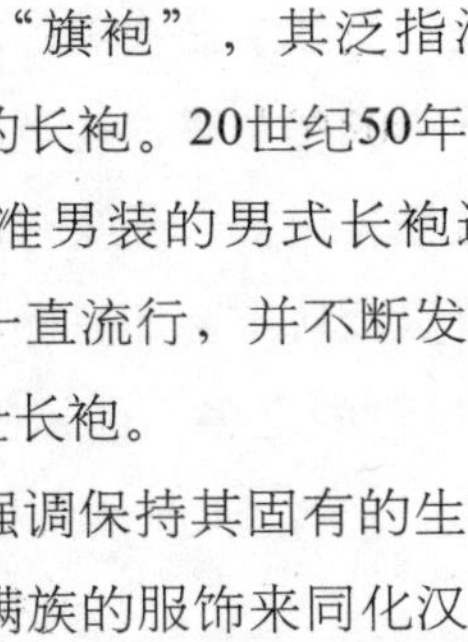

清末，洋务派提出“中学为体，西学为用”，派遣了大批留学生到国外学习，军队也改练新军。在中国学生和军人中最先出现了西式服装样式，逐渐影响了整个中国社会的服饰观念。而辛亥革命推翻了清朝统治，进一步为西式服装在中国的普及清除

了政治障碍，解除了服制上等级森严的种种桎梏，旗袍也由此卸去了传统沉重的负担，脱胎于清代旗袍的改良旗袍日益流行和成熟起来，成为20世纪三四十年代中国都市女性主要的服装款式。改良旗袍在结构上吸取西式裁剪方法，使袍身更为称身合体。这时的旗袍腰身收小，下摆收拢，下摆有长有短，短的及膝，长的至脚踝。修长的旗袍，下摆开衩成为必要，这也是改良旗袍的重要标志。除了腰身下摆，改良旗袍的袖也经历了许多变化，20年代流行喇叭袖，后袖型逐渐变得细窄合体，短至肘上，再后来袖长更是缩至肩下两寸，几近无袖，甚至出现坎袖。

近百年来，旗袍不断地演变发展，由最早的宽腰身直筒式逐渐形成现在的线条清晰自然，紧身合体，更能显出女性身体的曲线美，已经成为一种礼服，并且风靡国际。现代旗袍样式繁多，开襟有如意襟、琵琶襟、斜襟、双襟；领有高领、低领、无领；袖口有长袖、短袖、无袖；开衩有高开衩、低开衩；还有长旗袍、短旗袍、夹旗袍、单旗袍等；面料丰富，有棉布、丝绸、锦缎、绢纺等。旗袍既有中国传统韵味，又兼具时尚之美，已超脱了一般意义上的服装，上升为一种中国女性文化的象征。

民俗小百科

唐装

中国现代所穿着的“唐装”，不是指传统意义上的唐装——唐朝的服装，而是源于海外。西方国家称“中华街”为“Chinatown”英文发音很像“唐”，于是中文译为“唐人街”，同时将这些华人街的“唐人”所着的中式服装叫做“唐装”。这种唐装是由清代的马褂演变而来的，有四大特点：立领、连袖、对襟、盘扣。从面料来说，唐装主要使用织锦缎面料。2001年，APEC会议在中国召开，当时各国元首所穿的会议装就是唐装。

4. 中山装

1949年10月1日，中华人民共和国成立，在开国大典上，毛泽东穿着中山装检阅三军。其实，自孙中山始，中山装一直是政治领袖的正装，其有着深厚的思想和政治含义。

中山装的由来

中山装是中国革命先行者孙中山命名的男装。相传，孙中山先生在广州任中国革命政府大元帅时，感到西装样式繁琐，穿着不便，而中国传统服装在实用上亦有缺点。1902年，他到越南河内筹组兴中会，其间来到由广东人黄隆生开设的洋服店，根据中国国情授意黄隆生设计了一种美观、简易而又实用的中国服装，这套服装参考了西欧和日本的服装式样，并结合当时南洋华侨中流行的“企领文装”上衣和学生装设计缝制而成。另说，1919年，孙中山先生在上海居住时，有一次，将一套已经穿过的陆军制服拿到著名的亨利服装店请裁缝改成“便服”，改成“便服”后仍有点像军制服。作为便服，这套衣服既不像“唐装”，更不像“西装”，店员便称之为中山装。由于孙中山先生在海内外声望很高，中山装也随之流行。

中山装款式特点

中山装造型均衡对称，外形美观大方，穿着高雅稳重，活动方便，行动自如，既可作礼服，又可作便装。中山装的上衣在企领上加一条反领，以代替西装衬衣的硬领。一件上衣便兼有西装上衣、衬衣和硬领的作用。中山装将“企领文装”上衣的三个暗袋改为四个明袋，下面的两个明袋还裁制成可以随着放进物品多少而涨缩的“琴袋”式样。中山装的裤子是前面开缝，用暗纽；左右各一大暗袋，前面一小暗袋（表袋）；右后臀部挖一暗袋，用软盖。这种裤子穿着方便，也便于携带随身物品。中山装对做工要求很高，领角要做成窝势，后过肩不应涌起，袖子同西装袖一样要求前圆后登，前胸处要有胖势，四个口袋要做得平整，丝绺要直。除常见的蓝色、灰色外，中山装还有驼色、黑色、白色、灰绿色、米黄色等。

中山装的政治含义

1912年民国政府通令将中山装定为礼服，立翻领、对襟、前襟五粒扣、四个贴袋、袖口三粒扣、后片不破缝，并赋予了其形制新的融传统礼仪、民主政治于一体的寓意。中山装前身四个口袋表示国之四维——礼、义、廉、耻；袋盖为倒笔架，寓意为以文治国；门襟五粒纽扣寓意五权分立——行政、立法、司法、考试、监察；袖口三粒纽扣表示三民主义——民族、民权、民生；后背不破缝，表示国家和平统一；衣领定为翻领封闭式，显示严谨治国的理念。

民俗小百科

列宁装

列宁装因列宁在十月革命前后常穿而得名，式样为西装开领，双排扣、斜纹布的上衣，有单衣也有棉衣，双襟中下方斜口袋，腰中束腰带，各有3粒纽扣。

“列宁装”本是男装上衣，在中国却演变出女装，并成为与中山装齐名的革命“时装”。在20世纪50年代，“列宁装”成为中国女干部的典型服装，因此也被称为“干部服”。后来这款服装成了无数中国女性最崇尚的“时装”，穿列宁装、留短发是那时年轻女性的时髦打扮，看上去朴素干练、英姿飒爽。

第五章 传统礼俗

中国被誉为“礼仪之邦”，礼俗是传统文化不可缺少的组成部分，其无时不有，时刻都在影响着人们的生活。了解传统礼俗及其变迁，对了解中国灿烂的文明有重要意义。

第一节

传统婚嫁习俗

1．说媒

古代强调“天上无云不下雨，地上无媒不成亲”。“授受不亲”的男女双方一般都要经人从中说合，才能“结丝罗”“谐秦晋”“结连理”“通二姓之好”。这种说合，就叫“说媒”。

无媒不成婚

中国古代无媒不成婚。《诗经·卫风·氓》中所说“匪我愆期，子无良媒”，即指此。周代设有官媒，专司判合之事，据《周礼·地官司徒》记载：“媒氏掌万民之判。凡男女自成名以上，皆书年月日名焉。令男三十而娶，女二十而嫁。凡娶判妻人子者，皆书之。中春之月，令会男女，于是时也，奔者不禁。”在封建社会，媒人是合法男女婚姻的证明人，没有媒人撮合的婚姻要遭到社会道德礼教的谴责和反对。《说苑》中载：“士不中而见，女无媒而嫁，君子不行也。”《孟子•滕文公》说：“不待父母之命，媒妁之言，钻穴隙相窥，逾墙相从，则父母国人皆贱之。”即便男女双方、男女双方父母都相中了对方，也必须找个媒人从中撮合良缘。

媒人

历史上，媒人有许多别称。《诗经•豳风•伐柯》咏叹道：“伐柯如何？匪斧不克。取妻如何？匪媒不得。”所以后世又称媒人为“伐柯人”，称提亲为“伐柯”，称作媒为“执柯”。宋代《梦粱录》“嫁娶”条载：“其伐柯人两家通报，择日过帖。”媒人又称冰人。这源自《晋书•索紞传》：“孝廉令狐策梦立冰上，与冰下人语。紞曰：‘冰上为阳，冰下为阴，阴阳事也。士如归妻，迨冰未泮，婚姻事也。君在冰上与冰下人语，为阳语阴，媒介事也。君当为人作媒，冰泮而婚成。’”于是后世就称媒人为冰人，给人说媒也就被称为“作冰”。大约到了唐代，民间神话中出现了专司婚姻之神——月下老人。唐代才子元稹写过传奇小说《莺莺传》，其中塑造了一个聪明活泼的婢女红娘的形象，她一再巧设机谋，终于撮合成了张生与莺莺小姐的婚事。元代王实甫根据这个故事写成了《西厢记》，其中红娘的形象更加聪明可爱。因此后世人们也以“红娘”代称媒人。

媒人说亲要力求成全男女双方幸福美满的婚姻生活，因此责任重大，不是一件轻松活。媒人说媒要求技巧和经验，要了解男女双方及其家庭的基本情况，尽量门当户对地提亲；要尽可能地使双方多了解对方，多交流情况，准确传达彼此的愿望和要求。媒人在旧式婚礼中是一个重要角色。在男女两家对婚事取得基本一致的意见之后，媒人要引导男方去相亲，代双方送换庚帖，

带领男方过礼订婚，选择成亲吉日，引导男方接亲，协办拜堂成亲事宜，一直到“新人进了房”，才把“媒人抛过墙”。

官媒和私媒

旧时，媒人有官媒和私媒之分。官媒是政府组织的行男女婚姻之事的机构，私媒就是民间私人做媒。

古代媒官又称媒氏、媒互人等，最早出现在西周。据前文所引《周礼·地官司徒》之记载可以看出，媒氏的主要工作职责就是掌握全国男女的姓名和出生时间，督促适龄男女结婚。《管子·入国》篇中描述：“凡国都皆有掌媒。丈夫无妻曰鳏，妇人无夫曰寡。取鳏寡而合和之，予田宅而家室之，三年然后事之，此之谓合独。”可见当时的官媒，除了帮未婚男女撮合婚姻，还要帮鳏夫寡妇重组家庭。

古代官媒的权力都很大。按《晋书·武帝纪》记载，女子凡年满17岁，其父母尚未给她选择婆家的，一律交官媒，由其配给丈夫。而清朝时曾将大批罪犯流放到西北边疆去，为解决这些人的婚姻问题，特地“立媒官两人司其事，非官媒所指配，不得私相嫁娶”。

私媒，一般是中老年妇女，为男女双方穿针引线，撮合良缘。在传统戏曲中经常能看到媒婆的形象。但私媒促成的婚姻还是要到官媒处登记，使其合法化，并接受官媒的监督。

如今“无媒不成婚”已经成为历史，但一些还未找到意中人的男女们会委托媒人或婚介为其介绍条件相当者。而且，民间认为做媒是积德积善之举，因此许多人仍乐于尽自己所能为他人牵线做媒。

民俗小百科

月下老人

“月老”即“月下老人”的简称。据《唐人小说》，有个叫韦固的读书人夜行经过宋城，碰上一位老人靠着一个大口袋坐在路边，在月光下翻阅一本大书。韦固好奇地问他翻的是什么书。老人回答说，这是天下人的婚姻簿。韦固又问老人那大口袋里装着什么东西。老人回答说：“装着红绳，用它去系男女的脚，只要把一男一女的脚系在一根红绳上，即使他们是不共戴天的仇家，或者是相隔万里的异乡人，也一定会结成夫妇。”这就是人们常说的“千里姻缘一线牵”的由来。古代称“若是月下老人不用红线拴的，再不能到一处”，足见月老在姻缘中的作用。民间还因此专门修有求婚姻的“月老庙”。

2．婚姻六礼

中国旧式传统婚礼，基本上是按照《礼记•昏义》所定的原则进行的，可概括为以下六个步骤：纳采、问名、纳吉、纳征、请期、迎亲。这六个步骤古称“婚姻六礼”，是婚礼的准备阶段，等迎亲结束，正式的结婚庆典才开始。

纳采

纳采即议婚，相当于如今的提亲，是男方向女方正式求婚的第一步，是古代结婚六礼之第一礼，是全部婚姻程序的开始。男家选定意中人后，就先请媒妁向女家提亲，只有女方答应议婚后，男家再备礼请人前去求婚。

纳采在各代有不同的称谓。《左传•昭公元年》载：“郑徐吾犯之妹美，公孙楚聘之矣，公孙黑又使强委禽焉。”杜预注：“禽，雁也，纳采用雁。”

以其用雁作礼物，故曰委禽。纳采在宋时还叫“敲门”。《宋史•礼志》：“宋朝之制，诸王聘礼，赐女家白金万两。敌门，用羊二十口、酒二十壶、采四十匹。”注云：“敲门即古之纳采。”纳采之礼多见于古代小说，《金瓶梅词话》《镜花缘》中均有记载。

女家答应议婚后，男家要备纳采礼请人前去求婚。最早，纳采礼因身份等级不同而有区别，公卿用羊羔，大夫用雁，士用雉，后一律改用雁。《仪礼•士昏礼》：“昏礼，下达纳采。用雁。”古人以为，雁为候鸟，顺阴阳往来，象征男婚女嫁顺乎阴阳；又说雁失配偶，终生不再成双，以取其忠贞，又取雁飞成行，止成列，以明嫁娶必须长幼有序，不能逾越的意思。

问名

纳采后，男方托媒人询问女方的名字和出生年月日及时辰，以便男家卜问，决定成婚与否，吉凶如何，这叫问名。

《仪礼•士昏礼》载：“宾执雁，请问名；主人许，宾入授。”郑玄注：“问名者，将归卜其吉凶。”贾公彦疏：“言‘问名’者，问女之姓氏。”

即男方遣媒人到女家询问女方姓名，生辰八字。取回庚帖后，卜吉合八字。也有男方遣使者问女方生母的姓氏，以便分辨嫡庶。《礼记•昏义》注也说：“‘问名’者，问其女之所生母之姓名。”后问名范围扩展到议门第、职位、财产以至容貌、健康等多侧面。男方问名也须携带礼物，一般用雁。

男方收到女方的生辰庚帖后，自然要向神明、家庙问卜。更慎重者，要将生庚放在神前香炉底下，纵使相命师及祖先掷筊，如都说可以，还得三天内家中没有事故，才能进行第三阶段的纳吉。

纳吉

古人笃信五行生克，认为夫妻要八字相合才能婚姻美满，迷信色彩浓重。因此，在拿到女方生辰八字以后，要拿着男女双方的八字和生肖去合婚，占卜他们命相是否般配。“归卜于庙，得吉兆，复使使者往告，婚姻之事于是定”。进行合婚时，男女双方各用一张红纸做成的折子，写上生辰八字，然后拿去“批八字”。算命先生拿到男女八字，会在一个红纸折子上写出鉴定，以及办婚事的黄道吉日、喜神方位，俗称“龙凤贴”。在旧时的婚俗中，取得龙凤贴是结婚的必要手续。如果男女命相不和，一般这门亲事就告吹了。

拿到龙凤贴后，男方就会将好消息通知女方，双方交换定亲之书，这就叫“纳吉”，相当于现在的订婚。纳吉照例也要用雁作为婚事已定的信物。纳吉后男女双方的婚姻关系就不可以随便更改了。

纳征

纳征亦称“纳币”“纳成”“文定”，后世俗称“纳财”“送盘”“大聘”“过大礼”“下财礼”等。《礼记•昏义》之注曰：“纳征者，纳聘财也。征，成也。先纳聘财，而后昏成。”即派遣者纳送聘财以成婚礼。

男方是在纳吉得知女方允婚后才行纳征礼的。历代纳征的礼物各有定制。周朝聘礼规定："凡嫁子娶妻，入币纯帛，无过五两。"到了后世，聘礼的内涵就要实际多了，还包括饰物、绸缎、牲畜或现金等物。隋唐聘礼固定为九种，有合欢、嘉禾、阿胶、九子蒲、朱苇、双石、棉絮、长命缕、干漆等，各项物品皆有祝福夫妻爱情永固的意义。后代皇室、高官，聘礼丰奢，唐高宗曾下诏，限定官宦之家聘财之数。

在大婚前一个月至两周，男家会请两位或四位女性亲戚（一般要求是父母健在，有丈夫，儿女双全的全福之人）约同媒人，带备聘金、礼金及聘礼到女方家中；女方收受聘物后，需准备一些回聘之礼，请媒人送回男家，男方则将回聘物品，祭祀祖先及神明。

请期

请期又称告期，俗称选日子，即决定迎娶的"吉日良辰"。男方在纳送聘礼于女方后，即占卜吉日以定婚期。《仪礼•士昏礼》："请期用雁，主人辞，宾许告期，如纳征礼。"男方选定吉日后，备礼，派使者去女方请期，女父表示接受后，使者返回复命，双方以书面或口头形式确定婚期。请期礼物仍为雁。宋时，将请期礼并于纳征中，《宋史•礼志》载："士庶人婚礼。并问名于纳采，并请期于纳成。"明代请期又演变为"催妆"，吕坤《四礼疑》卷三载："催妆，告亲迎也。……此可代请期之礼，近世用果酒二席，大红衣裳一套，脂粉一包，巾栉两面，先亲迎一日早，女宾二人以车往，先回，薄暮婿往。"至清代，请期多称通信，即男家用红笺，将过礼日、迎娶日等有关事项一一写明，由媒人送到女方家，并与女方商议婚礼事宜。也有的在行纳征礼的同时，已将请期手续办完。

在婚期的择定方面，古代民间多有禁忌。比如嫁娶忌讳安排在没有立春的年份里，忌讳安排在直系亲属长辈去世的服孝期间，忌讳安排在与新人生肖、八字相冲的月份，还有忌讳单日嫁娶的。这些禁忌如今大都已被革除。现在嫁娶，大都选择在节假日里举行。有些仍然愿意选个良辰吉日嫁娶，更多的是表达人们对美好生活的期盼。

亲迎

亲迎，又称迎亲，是古代“婚姻六礼”的最后一礼。亲迎礼始于周代，此礼历代沿袭，为婚礼的开端。《诗经•大雅•大明》：“大邦有子，伣天之妹，文定厥祥，亲迎于渭。”在结婚吉日，穿着礼服的新郎会偕同媒人、亲友亲自往女家迎娶新娘。《仪礼•士昏礼》规定：亲迎那一天，新郎穿黑色礼服，乘黑漆车子，前有人执烛前导，后有从车，前往女家。新娘之父亲自出门迎女婿与男家宾客入门。新郎将雁与礼品交给女家，行礼而出。梳妆整齐的新娘，头蒙盖巾，随至车前，新郎亲自把车上的索子授给她，引她上车。先由新郎亲自驾车，随后由驭者代替，女家派人随行。车至男家，新郎先乘车进门，待新娘及送行者到达后，由新郎接新娘进家门。然后入宅行拜堂、合卺等仪式。宋代《梦粱录•嫁娶》：“至迎亲日，男家刻定时辰，预令行郎，各以执色如花瓶、花烛、香球、沙罗洗漱、妆合、照台、裙箱、衣匣……授事街司等人，及顾（雇）借官私妓女乘马，及和倩乐官鼓吹，引迎花檐子或粽檐子藤轿，前往女家，迎娶新人。”到了清代，新郎亲迎，披红戴花，或乘马，或坐轿到女家，傧相赞引拜其岳父母以及诸亲。

女方家在花轿到来之前，要准备好喜筵。姑娘要由母亲或姐姐梳好头，化好妆（谓之“开脸”），然后饰上凤冠霞帔，蒙上红布盖头，等待迎亲的

花轿。当新郎亲迎来到女方家时，新娘往往哭哭啼啼不肯上轿，称之“哭嫁”，新娘的亲友则要当众试才，考验新郎的学识后，新娘方始起身上轿。上轿前，女家先使一妇人手持灯或镜子向轿中照一下，谓之“照轿”，认为这样可以压邪。近代，花轿起轿后，女方家在门口泼上一盆水，原意是认为水可以涤除污秽，当然也可以压邪治鬼，后来演变成“嫁出去的女儿泼出去的水”——祈祝女儿出嫁之后和婆家关系融洽，不要被斥退回。

旧时新娘上轿至拜堂，这期间还有很多讲究。新娘坐在花轿中，未到男家大门，未经新郎揭开轿帘，新娘不能下轿。迎亲队伍从新娘家返回时，新郎在前，新娘的花轿随后，其后依次为送嫁爷、媒人、媒香、伴郎、伴娘、送亲众姐妹、鼓乐队、抬嫁妆者，如陪嫁牛羊，则尾随最后。途中如遇有寺庙、祠堂，要绕道而行；途经村庄或圩镇时，要燃放鞭炮、奏鼓乐。中途一般不停留休息，如果路途遥远，须经媒人同意，才能歇息片刻，但新娘也不能出轿门。当新娘花轿到达男家门口时，新郎的兄弟即燃放鞭炮，扶新婆将草把（常用黄茅草，据说此草能驱邪气）点燃，向轿门绕三圈。然后掀开门帘，扶新娘出轿，随即打开布伞，并撒以谷米或钱。一些地区还有新娘下轿后跨火盆的习俗。然后新郎用红绸绣球将披着红盖头的新娘扶至厅前，准备拜堂。

民俗小百科

三书六礼

“三书六礼”的传统婚俗历史悠久，可以追溯至西周。西周时期的“婚姻六礼”，对其后各朝代婚姻的形式产生了重要的影响。《礼记》中对婚姻六礼有详细记述，娶妻必须办妥这六项手续，每段婚姻均须完成这六个步骤，才算得到正式承认。所谓“三书”，则是奉行“六礼”应具备的文书，是古时保障婚姻有效的文字记录，包括聘书、礼书和迎书。聘书，即定亲之文书，在纳吉时，男家交予女家之书柬，用作确定婚约。礼书，男家在过大礼时给女家的书信，详细列明过大礼时的物品和数量。迎书，迎亲当日，男家送给女家的书柬。这三书是整个婚礼程序中男女互相致敬的书柬。

三书六礼的传统随着朝代的更替不断变更。较为现代的婚俗礼仪中，三书六礼的婚俗礼仪已化繁为简，一般来说，现在人们结婚仅遵循提亲、纳征（即过大礼）和亲迎（即接新娘）等礼仪而已。

3. 拜堂

拜堂也称“拜天地”，是古代婚礼的高潮阶段。拜堂仪式非常重要，仪式完成之后，新郎新娘便有了正式的夫妻名分。

拜堂的由来

拜堂的习俗源于古人对男女结合的重视，所以才有如此隆重而严肃的婚礼仪式。男女相交是从结婚开始，而后才有人伦之义，所以要拜天神地祇；从结婚开始，才把男女的个体合为一体，因此新夫妇一定要交拜，以示郑重其事，这样才能

表示男女间的心迹，才能“合二姓之好”。所以拜堂之礼，自然属于婚典大礼的范围，把新娘迎回来之后，一定要经过“拜堂”，婚姻始能成立。

清代赵翼《陔余丛考》认为拜堂仪式源于唐代以前。不过司马光《温公书仪》卷三论述新夫妇相拜之礼时，曾提出新人交拜始自近世的观点。拜堂仪式自唐代后，从皇室至士庶，普遍流行起来。最开始拜堂仪式仅只新婚之妇见舅姑，发展到北宋时，变成新婚当日先拜家庙，行合卺（jǐn，音紧）礼，到第二天五更时，用一桌，盛镜台镜子于其上，望上展拜，称之为新妇拜堂。至南宋，则改在新婚当天，坐富贵礼后，新婚夫妇牵巾到中堂先揭新娘盖头，然后“参拜堂，次诸家神及家庙，行参诸亲之礼”。

近代拜堂习俗

近代有将拜天地和拜祖先统称为拜堂礼之说。近代“拜堂”范围扩大，除天地祖先尊亲及交拜外，并且还要拜祖先、族亲宾客，甚至邻里街坊，统统都在拜的范围之内。按民间婚俗礼仪，在拜堂时须有全福人照料诸多事项，以求新婚夫妇未来吉祥如意。

迎娶之日，男家发轿之后，傧相就要在男家堂屋布置好拜堂的场所。当花轿停在堂屋门前，男方请的伴娘站到花轿前时，仪式即已开始。香案上，香烟缭绕，红烛高烧，亲戚朋友、职司人员各就各位。新郎新娘按赞礼开始拜堂。新郎将新娘引至香案，两人就位后，奏乐鸣炮，一对新人一起向神位和祖宗牌位进香烛，然后跪下向其三叩首，接下来是传统的“三拜”——一拜天地，二拜双亲，夫妻相拜。如此礼成，新人入洞房。拜堂仪式到此结束。

4. 入洞房

新婚夫妇进入洞房，还有一系列热闹和有趣的风俗，寄托了人们对新人的美好祝愿。这些风俗流传了千百年，直到今天，还留下许多痕迹。

民俗小百科

囍

中国传统婚俗中有贴“囍”的习俗，以增添喜庆吉祥的气氛。关于这个字的由来，有这样的传说。据传，王安石23岁那年赴京赶考，中途在马家镇留宿。饭后闲来无事，他上街游逛，见一个大户人家的宅院外面挂着一盏走马灯，灯上分明写着半幅对子：“走马灯，灯马走，灯熄马停步。”显然是在等人对下联。王安石不由拍手连称：“好对！好对！”站在一旁的管家马上进去禀告宅院的主人马员外，但再出来时，已不见了王安石。进了京，王安石进了考场，答题时一挥而就，交了头卷。主考官见他聪明机敏，便传来面试。考官指着厅前的飞虎旗曰：“飞虎旗，旗虎飞，旗卷虎身藏。”王安石脑中立刻浮现出走马灯上的那半幅对子，不假思索地答道：“走马灯，灯马走，灯熄马停步。”他对得又快又好，令主考官赞叹不已。考试结束，王安石回到马家镇，又特意走到马员外家观灯，已企盼多时的管家立即认出他就是前几日称赞联语的那位公子，执意请他进了宅院。看茶落座后，马员外便敦请王安石对走马灯上的对子，王安石再次移花接木，“飞虎旗，旗虎飞，旗卷虎身藏”。员外见他对得又巧妙又工整，决意把女儿许给他，并主动提出择吉日在马府完婚。原来，走马灯上的对子，乃是马小姐为选婿而出的。一对新人结婚那天，马府上上下下喜气洋洋。正当新郎新娘拜天地时，有人来报：“王大人金榜题名，明日请赴琼林宴！”这真是喜上加喜，马员外当即重开酒宴。面对双喜临门，王安石带着三分醉意，挥毫在红纸上写了一个大“囍”字，让人贴在门上，并随口吟道：“巧对联成双喜歌，马灯飞虎结丝罗。”从此，“囍”字便在我国民间开始流行。

坐帐

坐帐，又称“坐福”。男方事先请两位全福人把炕或床铺好，入洞房后，新娘便盘膝坐帐中，称之为坐床富贵。《东京梦华录•娶妇》中就有相关记载：“入门，于一室内当中悬帐，谓之‘从虚帐’；或只径入房中坐于床上，亦谓之‘坐富贵’。”

合卺

所谓“合卺”，是指新夫妇在新房内共饮合欢酒，以示二人自此永结同心。卺是指破匏（páo，音袍）为二，合之则成一器，故名合卺。“匏”就是匏瓜，剖分为二，就可以盛酒，因此“合卺”，古代亦称“匏爵”。匏瓜被剖分为二，所以象征夫妇原为二体，而又以线连柄，则象征着婚礼把两人连成一体，所以分之则为二，合之则为一。此外，拿来盛酒的“匏”据说“苦不可食”有提示新夫妇应有同甘共苦的意思。“合”，不单有合成一体，而且也提示既为夫妻，就该如琴瑟之好合。如此看来，“合卺”的意义就更加深远了。合卺之礼最早见于《礼经》中，后来用普通的酒杯盛酒，合卺改名“交杯酒”，到宋时已成通行的名词。

同牢

同牢又称共牢，古代婚礼中新夫妇同食一牲的仪式，表示共同生活的开始。共牢和合卺都含有夫妻互相亲爱，从此合为一体之意。现代有些地区还存有夫妻共饮“和气汤”的习俗。和气汤一般用桂圆煮成，新郎、新娘和男方全家每人喝一口，表示喝过和气汤，从今以后全家大小和和睦睦过日子。

撒帐

新郎最后也要坐上床，再由伴娘抛掷金钱糖果，因是撒向床内，所以叫做撒帐。据典籍记载，撒帐始于汉武帝，“李夫人初至，帝迎入帐中，预戒宫人遥撒五色同心花果，帝与夫人以衣裾盛之，云多得子孙也”。

新婚夫妇坐帐饮过交杯酒后，亲友用五色同心花果撒向新夫妇，新人则以得果的多少，为得子多少之兆。唐时，撒帐不用花果，而特铸六铢钱，上边刻以“长命富贵”的文字，唐人的取义，不再是祝多子，而是向新人祝福。明时撒帐用果，而不用钱，所以又叫“撒帐果”。果亦多籽用意多在祝新人“多得子”。后世“撒帐”，或用糖，或用果，或掺以花瓣，其间亦夹杂铜钱者，可谓集古礼之大成。

民俗小百科

“结发”与“合髻”

“结发”与“合髻”其实指的是一回事，指在举行婚礼之日，新婚男女各剪下一绺头发，绾结一起作为信物，象征夫妻和睦，永结同心。“结发”的具体操作方式历代不同。先秦、秦汉时的“结发”，就是新郎亲手解去新娘在娘家时所结的许婚之缨，即系头发的彩带，重新梳理头发后再为之系上。隋唐以后的“结发”，是男女双方各剪下少许头发，挽成“合髻”，一般交给新娘保存起来。唐代女诗人晁采的《子夜歌》云：“侬既剪云鬟，郎亦分丝发。觅向无人处，绾作同心结。”正是对合髻的描述。世人常用“结发”“合髻”作为夫妻结合的代称，甚至特指为原配夫妇，表示夫妻间互敬互爱之意。

5. 闹洞房

入洞房等各项礼仪完毕后，便有一项最为热闹、最不能简化的习俗——闹洞房，它把整个婚礼推向了高潮。

闹洞房的由来

人们习惯地把新人完婚的新房称作“洞房”。民间认为，洞房易受邪魔侵扰，如果不禳解、镇压，就会出现异常事故，于新郎、新娘不利，这种说法源自民间传说。相传，很早以前有一日，紫微星下凡，在路上遇到一个披麻

戴孝的女子，尾随在一伙迎亲队伍之后，他看出这是鬼怪在伺机作恶，于是就跟踪到新郎家，只见那女人已先到了，并躲进洞房。当新郎、新娘拜完天地要进入洞房时，紫微星守着门不让进，说里面藏着鬼怪。众人请他指点除魔办法，他建议道："鬼怪最怕人多，人多势众，魔鬼就不敢行凶作恶了。"于是，新郎请客人们在洞房里嬉戏说笑，用笑声驱走邪鬼；果然，到了五更时分，鬼怪终于逃走了。可见，闹洞房之习俗一开始即被蒙上了驱邪避灾的色彩。

欢天喜地闹洞房

闹洞房的习俗以新娘为主要逗趣对象，故又称"闹新娘""耍新娘"，旧时还称之为"戏妇"。有的地区闹洞房全过程包括"闹房""熏房""听房"三部曲。闹房时，众多闹房者一般有一人主持，他人附和，新郎新娘要听从安排，一一应付，不得拒绝，更不能发脾气、冷场。传统的闹房节目常见新人喝交杯酒、说说对口词、点燃过桥烟、空中吃苹果等。将事先备好的辣椒、花椒、烟叶等呛味十足的东西点燃从烟囱投下，盖住洞口；或从炕洞塞进，使洞房中充满呛味，人们把这种恶作剧称之为"熏房"。"听房"则是在新房门外听动静的习俗。因为闹房的习俗，旧时在闹洞房中还滋生出一些乖情悖理的举动。汉末仲长统《昌言》说："今嫁娶之会，棰杖以督之戏谑，酒醴以趣之情欲，宣淫佚于广众之中，显阴私于族亲之间，污风诡俗，生淫长奸，莫此之甚，不可不断者也。"从中可知，

闹房从其出现伊始，就被视为一种陋俗恶习。随着时代的发展，闹洞房的习俗也日趋文明。

民俗小百科

洞房花烛夜

宋人洪迈在《容斋随笔》里有“洞房花烛夜，金榜题名时”的传世佳句。其中的花烛，就是婚礼时用的绘有龙凤等彩饰的大红蜡烛。宋代《梦粱录•嫁娶》载：“新人下车，一妓女倒朝车行捧镜，又以数妓女执莲炬花烛，导前迎引，遂以二亲信女使，左右扶侍而行。”旧时婚礼多用花烛，所以花烛又作婚礼的代称。北周庾信《庾子山集·和咏舞》诗云：“洞房花烛明，燕余双舞轻。”南朝梁何逊《何记室集•看伏郎新婚》有“何如花烛夜，轻扇掩红妆”之诗句。

6. 回门

按照中国婚俗习惯，结婚三天，新娘便要偕同新郎一起回娘家，称为“回门”，古时称之为“归宁”，也是一种必不可少的礼节。

回门的渊源

早在《诗经•周南•葛覃》中就有关于回门的诗句：“害浣害否，归宁父母。”《毛传》曰：“宁，安也，父母在，则有时归宁尔。”即出嫁之女子，若父母健在，婚后某日要回娘家向父母问安。据记载，周代时，诸侯的夫人，如果父母健在，可以归宁；如父母已死，则不可归宁，只能派人向娘家兄弟问安。而卿、大夫之妻，则没有此等限制。宋代回门被称为“拜门”，清代北方称“双回门”，南方称“会亲”。

回门礼俗

回门为婚事的最后一项仪式，有女儿不忘父母养育之恩，女婿感谢岳父母及新婚夫妇恩爱和美等意义，新娘家非常重视。回门时间各地时日不同，主要在三、六、七、九、十日或满月，不过婚后三日回门较为普遍，所以又称“三朝回门”。一般，新娘家要设宴款待新人，新女婿入席上座，由女族尊长陪饮。古代，新娘在回门的当天必须返回婆家，不准在娘家留宿，因万不得已留宿时，新夫妇也不能同宿一室。古代回门还有送礼的习俗。宋代《梦粱录•嫁娶》记载：“三日，女家送冠花、彩缎、鹅蛋，以金银缸儿盛油蜜，顿于盘中……并以茶饼鹅羊果物等合送去婿家，谓之‘送三朝礼’也。其两新人于三日或七朝九日，往女家行拜门礼，女亲家广设华筵，款待新婿，名曰‘会郎’。”《东京梦华录》卷五《娶妇》记宋代风俗说：“婿往参妇家，谓之‘拜门’。有力能趣办，次日即往，谓之‘复面拜门’，不然，三日、七日皆可，赏贺亦如女家之礼。酒散，女家具鼓吹从物，迎婿还家。”

民俗小百科

七夕嫁娶

今日，七夕节被认为是一个富有浪漫色彩的传统节日，甚至被称为“中国的情人节”，有的人会选择这天嫁娶，追求浪漫情调。但在传统民俗中，一些地区是忌七月初七嫁娶的。此俗也与牛郎织女的传说有关。相传织女为天帝之孙女，私自下凡与牛郎婚配，后被迫回到天上，织女与牛郎隔着天河只能翘首相望，只有在每年七月初七才能相逢一次，聚少离多对夫妇来说最为忌讳，忌七月七日嫁娶，反映出人们盼望儿女婚后永不分离、幸福美满的良好愿望。

7. 喜联

在我国传统礼俗中，办喜事要张贴大红喜联，现代家庭仍喜用这种方式来增添喜庆气氛。婚联的撰写与张贴要根据不同的情况选择适用、贴切的。

通用婚联

百年好合　天作之合　良辰美景　鸳鸯对舞　鸳鸯比翼　花开并蒂
五世其昌　文定厥祥　盛世新婚　鸾凤和鸣　龙凤呈祥　藕结同心

同心永结　永偕伉俪　吹箫引凤　诗题红叶　珠联璧合　山盟海誓
白头偕老　久缔良缘　扫榻迎宾　彩耀青鸾　凤翥鸾翔　地久天长

三星喜在户　四季花常好　兰绾同心结　花烛生光彩　鸟结同行侣
百年歌好合　百年月永圆　莲开并蒂花　琼筵燕喜新　花开连理枝

春风人共醉　笑语燕双飞　梅吐流苏帐　鱼水千年合　调羹称素手
笑语燕双飞　鱼水两情深　酒斟合卺杯　芝兰百世香　举案效齐眉

良日良辰良偶　槛外红梅齐放　银河双星庆会　佳偶百年好合
佳男佳女佳缘　檐前紫燕双飞　金屋大礼观成　知音千里相逢

并蒂花双比美　贺新郎同心结　花烛交心勉志　喜迎亲朋贵客
连理枝两称奇　将进酒合欢杯　百年携手图强　欣接伉俪佳人

一门喜庆三春暖　一曲求凰终引凤　今日喜结幸福侣　凌空如同比翼鸟
两姓欣成百世缘　九霄攀桂始乘龙　明朝双佩并蒂花　在地恰似连理枝

红叶题诗传厚意　四境谐良风俗美　百岁夫妻常合好　女慧男才原有对
赤绳系足结良缘　百年庆佳偶天成　千秋伴侣永和谐　你恩我爱总相联

青山有意结白发　爱情坚贞花正好　结彩张灯良夜美　花好月圆昭美景
绿水多情弹恋歌　志趣相投月常圆　鸣鸾和凤伴春来　天长地久祝新人

同心同德幸福伴侣　相亲相爱美满夫妻　新婚堂内红花并蒂相映美
互敬互爱美满姻缘　互敬互助幸福家庭　小康途上娇燕双飞试比高

美禽双栖嘉鱼比目　室霭祥光花团锦簇　洞房花烛交颈鸳鸯双得意
仙葩并蒂瑞木交枝　天生佳偶璧合珠联　意合情投意情恰似连理枝

俭朴联婚双偕鱼水　芝秀兰馨荣滋雨露　佳期值佳节喜看阶前佳儿佳妇成佳配
勤劳致富喜溢万庭　鸿仪凤彩高焕云霄　春庭开春筵敬教座上春日春人醉春风

百花齐放爱情花最美　恩爱夫妻情似青山不老　红雨花村交颈鸳鸯成匹配
万木色春连理木常青　幸福伴侣意如碧水长流　翠烟柳驿和鸣鸾凤共于飞

男女双佳好似双蝴蝶　东风劲蓝天高鸳鸯比翼　志同道合同德同心花吐艳
婚姻两愿喜结两鸳鸯　爆竹鸣华灯放龙凤呈祥　日新月异新人新事桂生香

交颈鸳鸯并蒂花下立　玉烛生辉喜兆千秋鸾凰　鞭炮声声玉笛琴弦迎淑女
协翅紫燕连理枝头飞　银灯结彩祥言百代鸳鸯　欢歌阵阵金箫鼓乐贺新郎

四季婚联

春

春来花并蒂　鸳鸯戏池水　新婚吉庆日　一门喜沐三春雨　三月桃花红锦绣
日暖小康家　连理沐春晖　大喜艳阳春　两姓欣缔百岁缘　一双银烛照新人

翠帐飘香红花并蒂　喜期办喜事皆大欢喜　鸟语花香藉此吉期行吉礼
春风拂柳紫燕双飞　新春结新婚焕然一新　风和日丽趁期良辰结良缘

白首齐眉鸳鸯比翼　夜雨开春花花开并蒂　佳节贺佳期佳女佳男成佳偶
春阳启瑞桃李同春　爱情结硕果果结同心　春庭开春宴春人春酒醉春风

夏

榴花含笑脸　欣如丹杜好　荷花香六月　花间蝴蝶翩翩舞　菱花光映合欢镜
蒲月照新人　庆比玉蟾圆　佳偶乐百年　水上鸳鸯对对游　瓜果香融琥珀杯

艾绶舒风榴花光耀　翠竹碧梧丽色映屏间孔雀　栀子结同心喜向帘前唤鹦鹉
鸣鸾歌日彩凤翔云　绿槐新柳欢声谐叶底新蝉　莲花开并蒂笑看池畔宿鸳鸯

玉律鸣秋鹊桥路近　朗月喜长圆光照人间佳侣　银汉双星任石烂海枯同心永结
金风涤暑鱼水欢谐　卿云何灿烂瑞符天上吉星　人间佳节共天高地阔比翼齐飞

秋

九月艳阳景　桂花已馥馥　同心高格调　同心盟订三生石　良辰月圆合欢美
百年幸福人　瓜瓞祝绵绵　十月小阳春　连理枝开十月花　吉时花好齐眉亲

酒熟黄花杯斟合卺　稻熟果香丰收张喜宴　爱敬常怀莫把新婚移少艾
诗题红叶结绾同心　秋高气爽两姓结新婚　治平有待还将正始验齐家

丹桂香飘姻联两姓　新婚新偶新人人人如意　庆佳节佳节会佳期天朗风和天仙配
蟾宫月满照映良辰　佳期佳景佳时时时称心　贺新春新春办新事花好月圆花为媒

冬

雪伴红梅放　喜鹊登梅唱　良缘联两姓　钟情佳偶同心结　苍松翠柏沐喜气
门迎淑女来　新妆映雪红　美景数三冬　傲雪梅花着意开　玉树银枝迎新人

白雪无尘爱情圣洁　叶上题吟朱陈结好　合卺交杯洞房花烛三冬暖
红梅有信盟誓坚贞　梅边索句秦晋联姻　并肩携手举世芳名四季香

梅蕊初放花开并蒂　金屋才高诗吟白雪　旧岁将辞且趁吉时行吉礼
凤凰于飞喜满华堂　玉台春早妆点红梅　新年即届迎来春始探春人

◎ 嫁女联

祥光拥大道　宝马迎来云外客　一片欢心嫁爱女　梅蕊冲寒幸沐春光迎贵客
喜气满闺门　香车送出月中仙　满堂喜气宴嘉宾　松针吐翠喜送淑女赴新婚

◎ 入赘联

婿媳均为子女　贤婿作儿福中福　未必生男胜生女　爱自钟情何必男婚女嫁
翁婆便是爹娘　爱女为媳亲上亲　从来佳婿胜佳儿　俗因时易也能妇唱夫随

第二节 传统寿诞习俗

1. 报喜贺生

对一个家庭来说，孩子诞生是大喜事，向亲戚、朋友报喜是必不可少的礼节。旧时，报喜贺生最突出特点的是孩子性别不同，则礼俗不同，表现出中国古代传统的重男轻女、男尊女卑意识。随着时代的发展，现代这些习俗已经逐渐消失。

◎ 男弄璋、女弄瓦

“男弄璋、女弄瓦”在《诗经》中就有表现：“乃生男子，载寝之床。载衣之裳，载弄之璋。”相反，“乃生女子，载寝之地。载衣之裼，载弄之瓦”。璋是古代一种玉器，如果生了男孩，叫做“弄璋之喜”，就给他玩白玉璋；瓦，这里指古代纺纱用的砂砖，如果生的是女孩，叫做“弄瓦之喜”，就给她陶制的纺锤玩。

男悬弓、女悬帨

生子后，在家门口悬挂诞生标志，是报喜的一种方式。《礼记·内则》称："子生。男子设弧于门左，女子设帨于门右。"即若生的是男孩，在侧室门左悬弓一副；若是女孩，则在侧室门右悬帨（shuì，音税）。弓象征男子的阳刚之气；帨是女子所用的佩巾，象征女子阴柔之美。后世此俗流传演变，各地略有不同，如晋西北地区，生男孩在门外贴一对红葫芦剪纸，生女孩则贴一对梅花。

报喜

生子后，一般孩子的父亲要亲自赴亲友家报喜，特别是岳母家。到岳母家报喜，要持的喜物主要有红鸡蛋、鸡或酒肉等，通常生男孩红鸡蛋要送单数，而女孩送双数，这是因为单数属阳，双数属阴。如果送鸡，则生男孩送公鸡，生女孩送母鸡。孩子父亲从岳母家回来时，岳母家则必送米或蛋等。

民俗小百科

取乳名

在古代，婴儿出生以后，先要起乳名。起乳名很讲究，最重要的是要利于孩子的生长。因此有的父亲会携带着礼物，请求家族或是乡村里的长者给孩子起乳名。据说这样便能得到长者的荫庇。一般，起名要吉祥长寿，如"福娃""百岁"等，而有人担心给孩子起个太好的名字会"折福减寿"，因此故意取一些卑贱的名字，如"狗剩""石头"等。旧时，有的父母会给小孩算八字，看孩子五行之中缺什么，缺什么起什么名字，如"闰土""水根"等，这些命名的方法都和迷信有关，其实也是一种厌胜的方法，但流传至今，这种习俗更多是寄托了家长对孩子的美好祝愿。

2．三朝洗礼

新生儿出生的第三天称为“三朝”，民间有举行洗儿的习俗，俗称“洗三”，可谓人生第一道庆贺礼仪，其用意，一是洗涤污秽，消灾免难；二是祈祥求福，图个吉利。

洗三的由来

民间传说，婴儿系送子娘娘所送，出生三日，她要亲临凡间察看。若小儿精神饱满，身体健壮，家中喝喜酒，吃寿面，便认为主人疼爱孩子，可放心离去。反之，则认定主人不爱孩子，便随即带走（即婴儿夭亡）。世人畏之，故有洗三之举，世代传承。

传说故事为洗三朝注入了神奇绮丽的色彩，其实此俗早在唐代已盛行。唐《金銮密记》记载：“天复二年，大驾在岐，皇女生三日，赐洗儿果子。”这里记述了洗儿的仪式，洗儿意在祈愿小儿聪明富贵、无灾无难。宋代苏轼就有一首《洗儿》诗：“人皆养子望聪明，我被聪明误一生。惟愿孩儿愚且鲁，无灾无难到公卿。”古代亦有满月后给婴儿洗浴的。宋代《东京梦华录·育子》云：“至满月则生色及绷绣线，贵富家金银犀玉为之，并果子，大展洗儿会。” 在北京雍和宫的法轮殿五百罗汉山前，放着一个精美的鱼龙变化盆，据说，清乾隆皇帝生下三天曾用它洗三，所以又称为洗三盆。

洗三的习俗

三朝洗礼在旧时是大吉之礼，非常盛行。洗三仪式一般由专门以接生、洗三为职业的中老年妇女（又称“收生姥姥”）来主持。本家事前会按收生姥姥的吩咐，准备好洗三所需用品，如盆、香烛、鸡蛋、艾叶、葱等。洗三的方法是：用温热的由艾叶、葱等熬煮的水洗浴婴儿，水内还会放入一些吉祥物，如十枚铜钱、大枣、栗子等。葱寓意婴儿聪明伶俐，十枚铜钱寓意婴儿十全十美，大枣、栗子寓意早立子儿。洗完后，要拿鸡蛋在孩子头顶滚动，寓意富贵年年。最后还要进行落脐炙囟，即去掉新生儿的脐带残余，并敷以明矾，熏炙婴儿的囟顶，表示新生儿就此脱离了孕期，正式进入婴儿阶段。“洗三”后，亲朋好友纷纷献上红包、贺礼，主人则以糕点等款待，并留亲友吃“洗三面”。

如今，婴儿多在医院出生和护理，洗三朝之俗已不再流行，但在个别地区还有沿袭，但程序已大为简化，迷信色彩的内容也逐步淡化，但其中蕴含的对婴儿的祈愿和祝福之情却未曾改变。

民俗小百科

接子、开荤与开奶

婴儿三朝期还有接子、开奶和开荤的习俗。婴儿出生三天后可以抱出来，与亲友相见，俗称“接子”。据典籍记载，古时接子礼俗隆重，皇太子要用太牢（即三牲皆备）行礼，大夫的长子用少牢，庶人的长子用一猪。

此外，旧时产妇在三朝才开始给新生儿喂奶，俗称“开奶”。为了使婴儿将来能吃苦，喂奶前在奶头上先洒几点黄连水，使婴儿吃奶前先尝到苦味，寓意孩子以后的一生生活甜美。“洗三”前，收生姥姥用手指蘸糖酒鱼肉熬成的糖水抹在婴儿嘴边，祈求婴儿身体长得快又好、福禄寿有余，这便是“开荤”。

3．满月礼俗

婴儿出生满月，要为其举办满月礼，有些地方称“弥月礼”，其中包括饮满月酒、剃胎发等习俗。

满月酒

婴儿满月，亲朋好友带礼物来道贺，主人设丰盛宴席款待宾客，便成了满月礼中的重头戏，即吃满月酒。中国自唐代民间便有请满月酒的礼俗。唐高宗龙朔二年七月，皇子李旭满月，赐铺三日。这是关于做满月酒的最早记载。自古以来，满月礼均隆重浩大，亲朋四方云集往贺，主家大摆筵席待客，谓“弥月之喜”。摆满月酒具体日期，有的男孩做满月在其出生后二十九天，而女孩则在出生后三十天；有的地方在孩子出生后九天摆满月酒，是借“九”与“久”谐音，寓意吉祥；此外还有在孩子出生后十二天摆酒的，寓意圆满。

添盆

旧时，也有在满月进行洗儿的，又称添盆礼，宋代《东京梦华录•育子》谓：“至满月则生色及绷绣线……用数丈彩绕之，名曰‘围盆’；以钗子搅水，谓之‘搅盆’；观者各撒钱于水中，谓之‘添盆’。盆中枣子直立者，妇人争取食之，以为生男之征。浴儿毕，落胎发，遍谢坐客。”其实，满月添盆不仅仅是宋代习俗，其到明清时期民间还依然可见。

剃胎发

满月时，为小孩第一次剪理头发，称为剃胎发。《东京梦华录》记载：“浴儿毕，落胎发，遍谢坐客，抱牙儿入他人房，谓之‘移窠’。”《梦粱录》对此俗也有记载。

剃头礼隆重而庄严，举行前要查看历书，找准吉时。剃头仪程主要由新生儿外婆家主持，由外婆家赠礼，布置礼堂，请全福人抱婴儿坐在礼堂中央，由剃头匠人为婴儿剃去胎发。有些地区剔胎发，讲究孩子舅舅必须参加，若其不能出席，则要捏个蒜臼，寓意舅舅在场。一些地区剃头时会在婴儿头顶留“聪明发”，后脑勺留“撑根发”，眉毛则全部剃光。

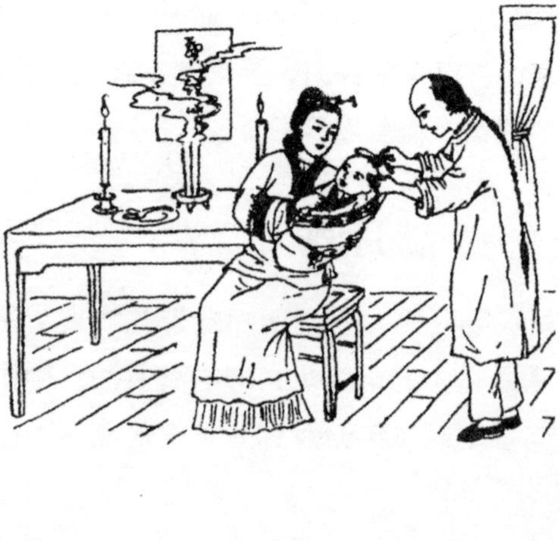

旧说，婴儿的胎发极其重要，又称为“血发”，受之父母，因此剃下的胎发要谨慎收藏，一旦丢失或遗忘，会使婴儿遭遇不测。有的地区将剃下的胎毛搓成一团，用金丝或银

丝、彩线缠好，挂在床前或门楣上；有的则由母亲或婆婆用红纸包裹好，珍藏起来，或供在祖神像前；有的将其缝在小孩枕头或衣服里以避邪。

民俗小百科

胎毛笔

现代许多父母会用孩子的胎发做成胎毛笔，留作纪念，其实此俗古已有之。相传古时一书生上京赴考，以胎毛笔为文，高中状元，因此状元笔。胎毛笔可追溯至唐代。唐代齐已《送胎发笔寄仁公》：“内唯胎发外秋毫，绿玉新栽管束牢。”唐代段成式《酉阳杂俎》谓：“南朝有姥，善作笔，萧子云常书用。笔心用胎发。”

4. 百日礼俗

“百日”，就是婴儿出生后满百天，是一个比较重要的日子，要行百日礼。民间习俗一般会在此日摆宴，规格与满月酒同。除此之外，穿百家衣、吃百家饭、戴长命锁是百日礼的重要习俗。

穿百家衣，吃百家饭

幼儿百日，民间有给其穿百家衣的习俗。百家衣即从各家取一块布片，将布片拼合起来做成的衣服。百岁衣讲究敛布的家数越多越好，百象征圆满，寓意孩子长命百岁。百日这天，父母要凑集百家粮，给孩子吃百家饭。旧时，父母期望孩子健康成长，认为这需要托大家的福，托大家的福就要吃百家饭、穿百家衣。

戴长命锁

明清时期，戴长命锁开始盛行，民间认为长命锁能辟灾去邪，只要佩挂上这种饰物，就能“锁”住孩子的寿命。

长命锁一般为白银制，也有金或铜的。长命锁有的两面镌字，亦有单面镌字的，不外“长命百岁”“富贵安乐”之类，锁上图案主要为象征福寿的蝙

蝠、寿字或桃等。长命锁有父母自己置办的，也有满月时由前来祝贺的至亲赠送的，主要由孩子干爹干娘赠送。孩子戴长命锁，有的戴到周岁，有的戴到十二岁。

长命锁的前身是“长命缕”。佩长命缕的习俗，最早可追溯到汉代。据《荆楚岁时记》《风俗通义》等书的记载，在汉代，每到端午佳节，家家户户都在门楣上悬挂上五色丝绳，以避不祥。后代便于此日用五色线带小儿颈上，以祈求辟邪去灾祛病延年，谓之“百索”，亦名“长命缕”。到了宋代，这种风俗继续存在。不仅流行在民间，还传入宫廷，除妇女儿童之外，男子也可佩戴。每到端午节前，皇帝还亲自将续命缕赏赐给近臣百官，以便他们在节日佩戴。到了明代，风俗变迁，成年男女使用日少，通常用于儿童，并成为一种儿童专用颈饰。宋朝高承《事物纪原》引晋周处《风土记》记述：“荆楚人端午日以五彩系臂，辟兵鬼气，一名长命缕，今‘百索’也。”

民俗小百科

百家锁

长命锁中，以“百家锁”为贵，取百家福佑之意。旧时北京有“化百家锁”的习俗，即由幼儿家庭派人沿大街小巷乞讨，每家一文钱，然后凑起来给幼儿打锁戴上。因为乞丐的钱是向多家乞讨而来的，所以亦有向乞丐换钱给孩子打锁的。南方地区亦有“百家锁”，但乞钱方法和北京的有不同之处。《中华全国风俗志》记载：“凑百家锁一事，尤为全赣之通行品。其法以白米七粒，红茶七叶，以红纸裹之，总计二三百包，散给亲友。收回时，须各备钱数百文或数十文不等。将集成之钱，购一银锁（正面镌‘百家宝锁’，反面镌‘长命富贵’），系于小孩颈上，即谓之百家锁，谓佩之可以保延寿命云云。”这几种凑钱打锁的方法均表达了盼孩子平安顺利长大成人的意愿。

5. 周岁礼俗

孩子出生满一年，即为周岁。周岁礼比较隆重，喜庆的周岁宴当然必不可少，同时还要祭祀神灵和祖先。而周岁礼中最具特色的风俗要数“抓周”了。这种传统的仪式，蕴含着父母、长辈对孩子的期望与感情。

抓周的渊源

满周岁行“抓周”礼的风俗，在民间流传已久。抓周，又叫“拈周”“试儿”，它源于原始人对征兆的信仰，是一种预卜孩子前途和职业的礼俗。南北朝时期颜之推的《颜氏家训•风操》：“江南风俗，儿生一期（一周岁），为制新衣，盥浴装饰，男则用弓矢纸笔，女则刀尺针缕，并加饮食之物，及珍宝服玩，置之儿前，观其发意所取，以验贪廉愚智，名之为试儿。”《东京梦华录》记载：“至来岁生日，谓之周晬。罗列盘盏于地，盛果木、饮食、官诰、笔砚、算秤等，经卷针线应用之物，观其所先拈者，以为征兆，谓之‘试晬’。此小儿之盛礼也。”但从资料看，至迟在南北朝时，已有这种风俗，郑珍《芝女周岁》诗云：“为纪晬盘诗，悲忻共填结。”

抓周礼俗

“抓周”的仪式一般在祭拜祖先后进行，祭拜后，在神桌前准备一个米筛，在米筛内放入十几样物品，然后让梳洗干净、穿上新衣的孩子坐在米筛中央，不予任何诱导，任其挑选，视其先抓何物，后抓何物，以其紧抓不放的物品来推测孩子未来的职业或嗜好。古时富庶大户家一般在床（炕）前陈设大案，上摆：印章、儒、释、道三教的经书，笔、墨、纸、砚、算盘、钱币、账册、首饰、花朵、胭脂、吃食、玩具；如是女孩“抓周”，还要加摆铲子、勺子（炊具）、剪子、尺子（缝纫用具）、绣线、花样子

（刺绣用具）等。寻常百姓家限于经济条件，多予简化，仅用一铜茶盘，内放私塾启蒙课本：《三字经》或《千字文》一本，毛笔一支、算盘一个、烧饼油果一套。女孩加摆铲子、剪子、尺子各一把。抓周的习俗现在仍十分流行，不同的是现在的父母们早已不再迷信那些盲目的期盼，而更多注重其中的趣味性，借此增添喜庆气氛。

民俗小百科

本命年

生年地支和生肖十二年一轮，当孩子十二岁时就到了他人生第一个本命年。民间认为这是一个循环的完成，象征圆满，因此旧时常在孩子十二岁生日这天举行圆锁礼，又叫脱锁礼。此后，每过十二年就会有一次本命年。因为古人认为犯太岁不吉利，因此在南北民俗中，都有在本命年挂红避邪躲灾的传统。中国民间崇拜和喜爱红色，认为红色吉祥，且能辟邪，因此有在大年三十，过本命年的人要穿上红色内衣，系上红色腰带，穿上红色袜子的习俗。

6．年寿代称

中国古代对每个年龄层都有种特别的称呼，即为年寿的代称，较为常见的有以下几种。

黄口：本意是雏鸟的嘴；指代婴儿，也指十岁以下孩童。

孩提：指初知发笑，一至三岁的孩童。《孟子•尽心上》：“孩提之童，无不知爱其亲者。”

垂髫：指七八岁以下的幼童。古时儿童不束发，头发下垂，而髫（tiáo，音条）意思是儿童垂下的头发，因此用垂髫代指儿童或童年。陶渊明《桃花源记》中有：“黄发垂髫，并怡然自乐。”髫草、髫儿、髫岁均代指幼童。

始龀：指七八岁的孩子。小孩换牙被称为“龀（chèn，音趁）”。男孩八岁、女孩七岁换牙，脱去乳齿，长出恒牙。龀髫、龆（tiáo，音条）龀均指幼年。

总角：代指童年。古代儿童将头发分作左右两半，在头顶各扎成一个结，形如两个羊角，故称总角。《诗经•氓》中有“总角之宴，言笑晏晏”的诗句。

幼学：满十岁。《礼记•曲礼上》：“人生十年曰幼，学。”因为古代文字无标点，人们就截取“幼学”二字作为十岁代称。

志学之年：指十五岁左右的成童。《论语》中孔子说“吾十有五而志于学”。

束发：古代男童成为少年，将头发束成一髻。一般指十五岁左右，这时应该学会各种技艺。《大戴礼记•保傅》：“束发而就大学，学大艺焉，履大节焉。”

豆蔻年华：豆蔻，一种多年生植物。豆蔻年华喻指十三四岁的女孩子。唐代杜牧《赠别》：“娉娉袅袅十三余，豆蔻梢头二月初。”

及笄之年：笄（jī，音机）是古代的一种簪子。古代女子十五岁就把头发挽结成髻，插上笄，叫加笄礼，表示她已成年。《礼记•内则》谓女子“十有五年而笄”。

弱冠：指男子二十岁。古代男子二十岁行“冠礼”，头发盘结戴冠，因此时身体还不很强壮，因此称为“弱冠”。《仪礼•曲礼上》说：“二十曰弱冠。”

而立：《论语•为政》孔子以“三十而立”，因此后世称三十岁为“而立之年”。

不惑：《论语•为政》以“四十而不惑”。人到四十称“不惑之年”，意思是人到此时已掌握知识，能明辨事理，而不致迷惑。

强仕：指四十岁。《礼记•曲礼上》：“四十曰强，而仕。”意思是男子年四十，智虑气力皆强盛，可以出仕。

天命：《论语•为政》谓“五十而知天命”，因此五十岁被称为“天命之年”，又称半百。

花甲：指六十岁。花甲即干支，六十年一轮回。“花甲重开”即指代一百二十岁。

耳顺：也是指六十岁，《论语•为政》：“六十而耳顺。”意为耳闻其言，能知其微旨。

耆：也代指六十岁。《礼记•曲礼上》：“六十曰耆（qí，音其）。”耆也泛指六十岁以上的老人。

古稀：七十岁的代称。唐杜甫《曲江二首》之二："朝回日日典春衣，每日江头尽醉归。酒债寻常行处有，人生七十古来稀。"

杖朝：指八十岁。《礼记•王制》中有："八十杖于朝。"意思是八十岁可拄杖出入朝廷。

耄耋之年：耄耋泛指老年。《礼记•曲礼上》："八十九十曰耄（mào，音茂）。"《毛传》："耋（dié，音迭），老也。八十曰耋。"后世将耄耋两字连用泛指年寿高者。

期颐：指百岁之人。《礼记•曲礼上》："百年曰期颐。"意思是百岁老人需要后代赡养。

黄发：老人的白发日久转黄，因此黄发也代指长寿老人，如《桃花源记》中的"黄发垂髫"。

老耇：耇（gǒu，音构）本意为老人面部的寿斑，老耇泛指老人。

鲐背：指高寿老人。《尔雅•释诂上》："鲐（tái，音台）背、耇老，寿也。"郭璞注："鲐背，背皮如鲐鱼。"

上中下寿：古代有上中下寿之说，古人以六十为下寿，七十为中寿，九十为上寿。

7. 民间祝寿礼俗

人类在追求子孙绵延的同时，也希冀着自身生命的延伸，祝寿就显得尤为隆重。民间祝寿往往从六十岁开始，过大寿时通常要举行隆重的庆祝仪式。

过大寿

民俗传统中所谓的大寿主要有花甲寿、六六寿、逢十寿等。

花甲寿：花甲即甲子干支，六十年为一循环，因此花甲又代指六十岁，所以六十大寿就叫花甲寿。民间认为，活满了一个甲子，就相当于过完了人生的一个完整周期，所以特别重视庆贺花甲寿诞，礼仪比普通的寿礼更为隆重。

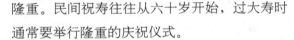

六六寿：六六是传统的吉祥数字，人们常说“六六大顺”，人活到六十六岁，在古代已算高寿了。另外，我国许多地区有“六十六，阎罗大王要吃肉”之说。意思是六十六岁是一关，阎罗要吃你的肉。因此，江南又有俗语：“六十六，女儿家中吃碗肉。”即在父母六六大寿时，出嫁的女儿为其做寿，并且要用六十六块猪肉做红烧肉，寓意六六大顺，多福多寿。

逢十寿： 除了六十花甲寿，凡逢整十，如七十、八十岁生日时，都要举行隆重的寿礼。七十大寿又称古稀寿。八十大寿格外隆重，因为八十岁的老人可以被誉为老寿星。超过八十以后，常有“米寿”（八十八岁），“白寿”（九十九岁），“茶寿”（一〇八岁）等。

庆寿

子女或亲朋决定为“寿星”祝寿，要预先邀请亲朋，并准备寿堂、寿礼、寿宴。寿堂的摆设一般以红色为基调，中堂上要贴上大红寿字，或挂百寿图、百福捧寿图等，寿堂两侧要挂寿幛、贴寿联，寿案上供有寿烛、寿糕、寿桃、寿酒等祥物。“寿星”要在堂上接受亲朋的拜贺，平辈一揖，子侄辈四拜。前来祝寿者往往要备一些寿礼，主要包括寿糕、寿桃、寿画、寿屏、寿幛、寿面、寿酒等。寿宴是庆寿的重要环节，宴席上，举杯祝酒要先敬寿星，然后宾客同饮。另外，寿宴上必不可少的便是长寿面。寿面绵长，寓意延年长寿。

寿礼

寿糕：庆寿用寿糕，主要取“糕”与“高”谐音，寓意高福高寿，寿糕一般会做成如意形，并印上寿字、吉语。

寿桃：传说，蟠桃是天宫西王母娘娘种的仙果，枝蔓伸展三千里，三千年一开花，三千年一结果，吃了能够延寿，西王母娘娘做寿，设蟠桃会，群仙有幸品尝仙桃。民间祝寿所用的桃，一般用面粉做成，也有用鲜桃的，通常会根据“寿星”的年岁购买或制作。寿堂的寿案之上，九只桃子叠为一盘，要有三盘并列。寿宴结束后，主人要向亲朋赠桃，认为这样可以给受赠者添福加寿。

寿酒：祝寿少不了酒，因为“酒”谐音“久”，“祝酒”也就是“祝久”。《诗经》里凡是涉及祝寿的地方，几乎全都离不开酒，在后来的礼俗中，甚至干脆用“奉觞”“称觞”来作为祝寿的代称。祝寿常用桂花酒。

寿面：庆寿用寿面的习俗由来已久。寿面是一种长长的面条，寓意绵长，吃寿面寓意长寿。另说，这个习俗源于西汉年间。相传，汉武帝崇信鬼神又相信相术。一天与众大臣聊天，汉武帝说相书上道：“人中鼻和上唇之间的穴位长，寿命长，如果人中长一寸，可以活一百岁。”坐在汉武帝身边的大臣东方朔大笑起来，说：“如果说人中一寸长活一百岁，那么，彭祖八百岁，那人中岂不是有八寸长？彭祖一定是长面脸了。”后来，人们把长寿与长人中、长面脸结合起来，借用长长的面条来祝福长寿，并逐渐演化为生日吃面条的习惯。寿堂寿案上的寿面要盘成塔形，用红绿镂纸拉花罩上面作为寿礼，敬献寿星，必备双份。

民俗小百科

过　九

在中国许多地方，流行一种“做九不做十”的俗信，特别是因为民间认为“十”意味着“满”，“满”则“溢”，“满”又意味着完结，所以许多地方不在整十周岁时做寿，而是提前到头一年时，即虚岁满整十时做寿。

但是，中国许多地方又流行所谓逢九之年是厄年的说法，所以不少地方在老人生日逢九之年，一般都在过生日之前提前做寿，叫做“过九”，并举行寿礼庆典。在有的地方，不但五十九岁、六十九岁、七十九岁等所谓“明九”之年需要忌，还要忌所谓“暗九”，即为九的倍数的年份，如六十三岁、七十二岁、八十一岁等。在“明九”和“暗九”之年做寿时，不但需要提前一点做寿，而且还需要其他的化解办法。民间常用的方法是穿红衣服，还要系上红腰带。《红楼梦》第八十七回里写到了这种风俗，鸳鸯说：“老太太明年八十一岁，是个暗九，许下一场九昼夜的功德，发心要写三千六百五十零一部《金刚经》。”

8. 吉祥寿图

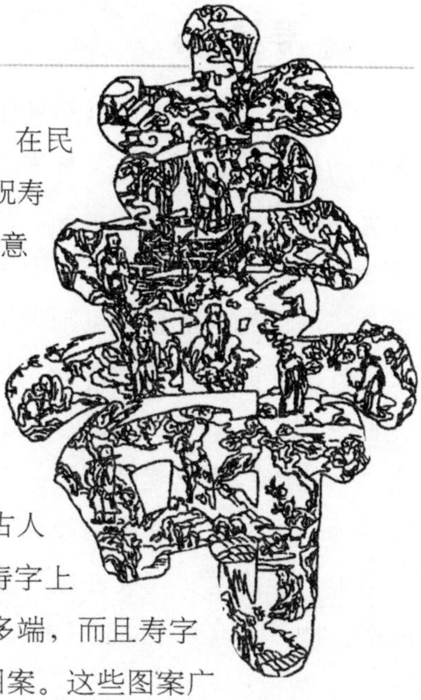

《尚书》中的“五福”之说，寿为第一。在民间，不但把高龄老人比喻为“寿星”， 给老人祝寿时举行隆重的庆祝仪式，还因此衍生出具有庆寿意义的许多吉祥图。

寿字图案

中国传统观念中五福的第一位就是寿。《尚书•洪范》中记载：“五福，一曰寿”。古人认为人在一切在，因而追求生命的长久，在寿字上做文章是很自然的。古今寿字不但字体变化多端，而且寿字还被图案化、艺术化，变成了一种长寿吉祥图案。这些图案广泛地应用在日常生活中，建筑、家具、瓷器上常常绘有“寿”字图案，上了年纪的人常穿有寿字的衣服，枕绣有寿字的枕头，盖的是织有寿字的被。所有这些都反映了中华民族追求健康长寿，希望用“寿”这一吉祥护符来保佑自己的美好愿望。

鹤、龟

鹤、龟都是长寿的象征，我们常在寿星图或有关长寿的图案中见到它们。鹤被视为羽族之长，民间称之为“一品鸟”，仅在凤凰之下。传说鹤寿量无限，被视为长寿之王。而龟与龙、凤、麒麟并称“四灵”，因其寿命长也被人们视为长寿象征。鹤与龟搭配在一起，被称为“龟龄鹤寿”“龟鹤齐龄”。

寿星

寿星最早是吉星名（船底座 a 星），后来逐渐演变为长寿神，又称南极老人星，与福星和禄星合称为“三星”。我国自古就有祭祀寿星的习俗，如《史记索隐》：“寿星，盖南极老人星也。见则天下理安，故祠之以祈福寿也。”《后汉书•礼仪志》也说：“仲秋之月……祈老人星于国都南郊老人庙。”此俗一直延续到明代。在传统寿图中寿星为一位白发老翁，白须飘逸，长眉间透着慈善，手持龙头拐杖，额部隆起，常衬托以鹿、鹤、仙桃等，象征长寿。

麻姑

传说，每年三月初三，为庆贺西王母娘娘诞辰，要在瑶池设蟠桃会。届时，各路神仙都前来祝寿。麻姑以其在绛珠河畔用灵芝酿的酒作为寿礼进献王母。这便是“麻姑献寿”。如此，麻姑就成了民间的女寿仙，也成为长寿的象征。传统寿图中，麻姑为一位美丽的仙女，腾云驾雾，带着美酒以及寿桃或佛手等，常伴有飞鹤、鹿、青松，多用于为女士贺寿。

寿山石

自古以来，人们就热衷于赏石。奇石集天地灵秀，能蕴含千岩之气势。石坚贞沉静，恒寿长久，且坚贞沉静，因此传统寿图常以奇石入画，寓意长寿。奇石寿图中还常常搭配其他图案，以添吉祥，如绘奇石与松柏，寓意百寿；绘奇石、海浪与蝙蝠，寓意寿山福海；绘奇石、牡丹和桃花，寓意长命富贵；绘猫、蝶与奇石，寓意寿居耄耋，等等。

民俗小百科

东方朔偷桃

传说，汉武帝寿辰之日，宫殿前一只黑鸟从天而降，武帝不知其名。东方朔回答说："此为西王母的坐骑'青鸾'，王母即将前来为帝祝寿。"果然，顷刻间，西王母携几枚仙桃飘然而至。帝食后欲留核种植。西王母言："此桃三千年一生实，中原地薄，种之不生。"又指东方朔道："他曾三次偷食我的仙桃。"据此，始有东方朔偷桃之说。还有传说，东方朔活了一万八千岁以上，被奉为寿星。后世帝王寿辰，常用东方朔偷桃图庆寿。

9. 寿联

通用寿联

大德必寿　地天同寿　福如东海　福同海阔　老骥伏枥　立功立德
美意延年　日月齐光　寿比南山　寿与天齐　余热生辉　寿国寿民

白鹤翔万里　福临寿星门　福如东海阔　光景天天好　鹤算千年寿
红桃寿千秋　春到劳动家　寿比南山高　寿辰岁岁增　松龄万古春

福与山河共在　汉柏秦松骨气　乃文乃武乃寿　仁者有寿者相　笑指南山作颂
寿和日月同辉　商彝夏鼎精神　如梅如竹如松　福人得古人风　喜倾北海为樽

瑶草奇葩不谢　指南山而作颂　紫气辉连南极　爱日恩深歌长寿
青松翠柏常青　倾北海以为樽　丹心彩映北楼　慈云瑞霭乐延年

彩笔不随年岁老　苍龙日暮还行雨　春放百花晴献寿　春日融和欣祝寿
华章偏映夕阳红　老树春深更著花　云呈五色晓开樽　寿星光耀喜迎春

大好时光挥余热　大鸟翼举九万里　东海白鹤千秋寿　风高渐展摩天翼
太平盛世祝遐龄　蟠桃果熟三千年　南岭青松万载春　山翠遥添献寿杯

福禄寿三星共照　福如东海长流水　福如东海长流水　福星高照满庭庆
天地人六合同春　寿比南山不老松　寿比南山不老松　寿诞生辉合家欢

高龄稔许同龟鹤　桂馥兰馨春不老　海屋有筹多附鹤　红梅绿竹称佳友
瑞世应知有凤毛　年高德邵福无穷　春城无处不飞花　翠柏苍松耐岁寒

花开红杏酣春色　华屋常悬仁寿镜　健体欣逢家国盛　蟠桃捧日三千岁
酒进南山作寿杯　高堂盛放吉祥花　高龄不论子孙多　吉柏参天五十围

蟠桃已结瑶池露　千尺松筠霜后翠　千岁蟠桃开寿域　青春四海抒豪气
玉树交联阆苑春　五云花浩日边红　九重春色映霞觞　白首九州写壮怀

家家喜见松鹤千年寿　精神矍烁似东海云鹤　冰冷霜寒五岳劲松曾傲雪
处处笑迎祖国万代春　身体健康如南山劲松　风和日暖一城古柳尚争春

穷且弥坚不坠青云之志　飒飒金风声奏丰收乐曲　天上太阳光照山河万里
老当益壮须珍皓首余晖　朗朗秋月光照长寿人家　人间高寿喜看兰桂盈庭

女寿星通用联

春云霭瑞　辉腾宝婺　秀添慈竹　冰清还玉洁　慈竹青云护
宝婺腾辉　香发琪花　荣耀萱花　松苍寿萱荣　灵芝绛雪滋

蓬壶春不老　瑞霭全家福　盛世常青树　岁寒松晚翠　萱草千年缘
萱室日原长　光耀半边天　百年不老梅　寿暖蕙先芳　桃花万树红

芝兰玉树竞娟秀　乃冰其清乃玉其洁　婺耀呈祥近对瑶池王母
青鸟蟠桃共岁华　如山之寿如松之青　琼花并蒂恍疑姑射仙人

麻姑赐得长生酒　南极星临山岳幼　勤劳酿就延龄酒　松柏长滋仙掌露
天女散来益寿花　北堂萱映海天晴　俭朴绽开益寿花　凤凰新浴碧池春

萱草含芳千岁艳　萱花挺秀辉南极　玉露常凝萱草绿　风和旋阁恒春树
桂花香动五株新　梅萼舒芬绕北堂　金风远送桂花香　日暖萱庭长乐花

男女双寿联

椿萱并茂　寿庚寿婺　斑衣人绕膝　椿树千寻碧　合欢花总艳
庚婺同明　如竹如梅　白首案齐眉　蟠桃几度红　伉俪寿无疆

青松多寿色　松柏老而健　泰岱松千尺　益寿花开并蒂　丹凤传来王母使
丹桂有丛香　芝兰清且香　丹山凤九苞　恒春树茁连枝　青鸾驾递老君书

凤凰枝上花如锦　福如王母三千岁　南极星临衡岳朗　勤俭持家由内助
松菊堂中人并年　寿比彭祖八百年　北堂萱映海天明　康强到老有余闲

庆佳节双亲长寿	绕膝芳兰夸并茂	人近百年犹赤子	寿星伴子子长寿
贺新春五谷丰登	齐眉日月庆双辉	天留二老看元孙	童婴映老老还童

第三节 传统丧葬礼俗

治丧，俗说“做白喜事”，因古人认为人终有一死，人死是“驾返仙乡”，去极乐世界“再造辉煌”。中国传统丧葬礼俗复杂而完备，场面隆重、肃穆，主要是寄托生者念祖怀亲之情，表达生者对逝者的敬孝，体现了中国人独特的生死观。

1. 送终

当人的生命垂危之时，其亲属要守护在其身边，直到其去世，这种习俗就称为“送终”。“生离死别”是人生中最痛苦的事，特别是为老人送终在传统丧葬中尤为人所看重，并以没有给老人送终为毕生遗憾。

送终的由来

丧葬礼俗，是人生最后一项礼仪，标志着人生旅途的终结，因而俗称“送终”，古代被称为凶礼之一。孟子强调了送终丧礼的重要性，他认为：“养生者不足以当大事，惟送死可以当大事。”焦循正义：“孝子事亲致养，未足以为大事；送终加礼，则为能奉大事也。”古代华夏族极重丧葬礼仪，送终之礼在各代也均有记载，汉代董仲舒在《春秋繁露•五行之义》说："圣人知之，故多其爱而少严，厚养生而谨送终，就天之制也。"宋代司马光《论麦允言给卤簿状》称："陛下念允言服勤左右，生亦极其富贵，死又以三事之礼为之送终。"清代姚世钰《哭女》诗云："绣得罗襦几回著，送终犹是嫁衣裳。"

人在弥留之际，儿孙及其直系亲人都必须在床侧守候，要保持安静，不能喧哗，更不能哭泣，目送其去世。为老人送终以子女到齐为"福气好"。

送终的礼俗

民间旧俗，在人临危之时，家人要先为其沐浴更衣，此俗在周以前就有。这时的沐浴和生人一样，洗发、擦身、修剪胡须和指甲。为将逝者更衣，即为其脱去旧衣，内外穿上新衣。旧俗认为死者如果是没穿好衣服就咽气，是"光着身子走了"，家人会内疚。古代，为死者更衣又被称为"小敛"，就是为死者穿上入葬的寿衣。寿衣多用绢棉做成，取"眷恋""缅怀"之意。衣裤的件数，忌双喜单。寿衣往往有许多求吉驱邪的讲究。例如，在北方汉族的习俗里，死者贴身穿白色的衬衣衬裤，再穿黑色的棉衣棉裤，最外面套上一件黑色的长袍。整套服装不能够有扣子，而且要全部用带子系紧，这样做是表示"带子"，就是后继有人的意思。在死者的头上要戴上一顶挽边的黑色帽，帽顶上缝一个用红布做成的疙瘩，用来驱除煞气，人们认为这样做对子孙是吉祥的。湖南湘中地区，寿鞋袜要由女儿或女性亲属做。寿鞋底钉七星，意为愿亡者足踏星月，登天成仙。佤族在为去世的老人穿寿衣的时候，除了穿上死者平时所穿的衣服之外，还要在外面套上一件反过来穿的新衣服。这是因为在佤族传统观念里，不能把死者平日所穿的旧衣服脱掉，这样死者的灵魂回来能认识自己的身体；而把外面的新衣服反过来穿，是为了让死者知道自己已经死了。

沐浴更衣后，要将将逝者从卧房移到正屋明间的灵床上，守护他度过生命的最后时刻。旧俗认为人若死在卧床上，灵魂就会被系在床上无法超度。有的地方也把死者是否在灵床上逝世看作是子女是否尽了孝道的标准。如果死者之上还有长辈，则死时不移入正厅。

民俗小百科

属纩礼

在上古时代，当亲人在弥留之际或寿终正寝时，亲属以新的蚕丝或是新的棉花，放于亲人的口鼻上面，细看棉絮如不飘动，即鼻息已经停止，以此方法来验证死亡的真确。《礼记•丧大记》记载："属纩以俟绝气。"郑玄注："纩，今之新丝，易动摇，置口鼻之上，以为候。"因而"属纩"也用为"临终"的代称。时至今日，时代进步，也不需以此法验证死亡，这个礼俗仪节亦随着时代变迁而渐渐消逝。

2. 初终

由于传统观念和迷信思想的影响，长期以来，民间普遍认为人死而灵魂不灭，死亡不过是灵魂和肉体的分离，人死后，灵魂不仅仍然和人保持着密切联系，而且还可以投胎转世。因此，亡者咽气后，亲人要拆去帐子，意为让亡魂出去。还要进行多项初终行事的仪节，寄托自己的哀思。

停尸

有的地方停尸讲究"男正女侧"，即男性死者仰卧，女性死者侧卧。停尸的方向是头朝北，脚朝南。安置之后，要有一块布盖在死者脸上，有的用布，有的用一张麻纸，古代称为"面衣"，据说春秋时的吴王夫差是始作俑者。东汉应劭的《风俗通义》说，夫差不听伍子胥的劝谏，以至国破身降，临死时觉得不好意思在阴间再见到先死去的伍子胥，让人给他脸上蒙了一块绢帛才咽了气。人们沿用这一习俗，却不是因为死者生前做了什么亏心事，而羞于在阴间见到先死的人。有的说，是家人不忍见死者之面；有的说，是由于死者咽气后面容不太好看。解释不同，究其实都是表示对死者的尊重，让死者安息。

举哀

在送终时讲究不能哭。古人认为是死者正在绝气之际，哭迷了路，死者的灵魂就无所归宿；或者认为泪水落在死者身上，会出现走尸、僵尸等不祥事故。民俗相信，亡者咽气后，魂魄已离开躯体，哀悼者方可举哀哭泣，并烧化纸钱，俗称“烧倒身纸”“下炕纸”或“奠魂纸”。烧纸的寓意在于以金钱贿赂阎王，买通小鬼，放死者灵魂附体，重回人世。烧过纸钱以后，久久不见死者复生，家人才再也忍不住，放声大哭起来，俗称“嚎丧”。儒家以哭泣辟踊（指捶胸顿足、非常悲痛）表示丧亲之痛，而佛教则认为8小时内神识未离躯体，既不可移动其身躯，也不可号哭，以免死者心有贪念。

民俗小百科

招魂

古代在亡者初终时，亲属召唤死者灵魂回复到身体，希望起死回生的一种仪式，称招魂。招魂是一种很古老的习俗，周代就已盛行，当时称之为“复”。古人认为，人有魂魄。魂是人体出入的气息，魄是人的感觉。人刚死，魂先脱离人体，只要招回魂返魄，人就可以活过来，《礼记•檀弓下》曰：“复，尽爱之道也。”郑玄注：“复，谓招魂。”孔颖达疏：“始死招魂复魄者，尽此孝子爱亲之道也。”就是说，生者不忍心其亲属死去，祈求鬼神，让死者的灵魂重返人世。现在扬州地区还有把枕头扔上房接引灵魂后，把旧外衣再覆盖在死者身上的“招魂”做法。“招魂”以后死者仍不能复苏，便可以筹办丧事了。有些学者认为长沙马王堆汉墓出土的帛画非衣就是古代“以衣招魂”风俗的文物证明。

◎ 含敛

传统丧俗中，举哀后，要用石头或银纸易枕，垫高死者头部，进行含殓，即将银币或古铜钱含于死者口中，叫做“口含钱”。这一习俗由古代“含玉”的丧礼衍变而来。死者的亲属不忍死者空口而去，在其口中放入玉石一类物品和谷物。后来一些地方直接把饭放在死者口中，则名为“含饭”。民间认为死者口中含钱、含饭入殓，这样到阴间才不会挨饿。随后要在死者的头、脚两处各点上一盏油灯，再供上一碗米饭，这碗米饭又叫“倒头饭”，意思是让死者吃上最后一碗饭，持灯照明，走上通往“另一个世界”——阴间的路。

3. 报丧

在诸多繁杂的丧事中，第一件大事便是报丧。亡者逝世后家人要尽快地向亲友通报死讯，因要去的亲友家很多，时间又紧迫，便要赶紧奔走，故又称之为“奔丧”。

◎ 报丧由来

报丧起源于周代，文献中写作“赴告”或“讣告”，亦省作“赴”或“讣”，这在《礼记•杂记》中已有记载。天子崩，要讣告诸侯和全国，诸侯一般应立即奔丧。诸侯薨，首应讣告天子，同时归还天子的玉珪。天子闻丧后，一般应痛哭示哀，辍朝，赐赙帽（送给丧家的车马财物）之礼，赐谥，亲自或派使臣代表前往致悼。重臣死，亦如之，并立即令有关部门为其治丧。近代民间，父母长辈逝世，多采取由丧家晚辈或请亲邻至戚友、亲族家叩头报丧的形式，子孙须戴重孝。如路遇亲故，要就地叩头报丧，对方不必还礼。现在发布的讣告，也是源于古代“报丧”之礼，报丧除长辈和至亲由孝子亲自上门外，一般的亲戚朋友都使用“讣告”。还有的人家干脆在大门口贴上一张“讣文”，以示广而告之。到了现当代，人们又利用新闻媒体和现代通信方式来报丧，在报纸、电台发“讣告”，或是打电报、打电话，藉以让亲友尽快地奔丧。

报丧方式

百里不同俗，不同的地方有不同的报丧方式。在广西一带，按照旧规矩，响三次火炮就表示报丧，这叫做“报丧炮”，然后派人告诉给亲友。也有的地区在死了人的家中要拿白纸扎成旗帜立在门前作为报丧的信号。还有的地方，报丧的人到亲友家门不能径自入内，必须要等在门口喊屋里的人，等到他们拿一铲子火灰撒在门外之后，才可以进门报丧。在江浙一带，报丧习俗是用伞来暗示的。不论天晴天雨，报丧者都要用右手倒挟一把雨伞，俗称“倒挟报死伞”。这个特殊的标志，使他一路得以方便，其他人不会在路上同他啰嗦。报丧者到了目的地不能进屋，雨伞要伞柄朝下，放在门外。亲友一看来者的这般举动，就知道是来报死讯。在东北一带，是用在门外悬挂纸条的方式来报丧的。纸条数是以死者年龄的不同来确定的，一岁一条，另外加上两条，表示天和地。并且他们以死者性别的不同来决定悬挂纸条的位置，死者是男性则悬挂在门的左面，死者是女性则悬挂在门的右面，人们一看到门口的纸条就知道这家死了人，死者的寿数，是男是女，就一目了然了。也有地方报丧俗规非常严格，丧家如果死的是男性，必须由房族侄子到亲戚家报丧，死的如果是女性，则由儿子、女儿给外婆家报丧。报丧的孝子要头上裹白布、戴斗笠，手上拿一条白布巾，跪在娘家或外婆家人的面前哭报丧事，哭报完之后马上回家。在外地的亲人如果收到一封“焦头信”（信封的一角被烧焦）或者“开口信”（不封信口），就可以知道这是报丧信。

民俗小百科

主丧、傧相、孝子

主丧者是操办丧葬事宜的主人。由于丧礼仪程繁琐，清规戒律甚多，稍有疏忽，就会造成礼仪不全和失礼，一是对死者不恭，二是对吊唁者不礼，所以在操办丧事时，必须请有威望、有经验、阅历深、会办事的长者帮忙料理。

古代将指引宾客、赞礼的人员称为“傧相”，由于丧主悲痛，孝子忙于跪接亲友，故丧事安排、礼仪施行，均由傧相主持。

孝子是死者的儿子、孙子、重孙，其中长子、长孙、长重孙为正孝子，他们的孝服与一般不同，特点是孝布较长，鞋上罩一层白布，在后跟半寸左右现出鞋的本色，腰间系草编的绳带，手持哭丧棒。服重孝者则披麻戴索，俗称“披麻戴孝”。

4. 成服

旧时，亲属需根据与死者关系的亲疏远近，穿戴不同的丧服，叫成服。在报丧的同时，家中眷属便要遵制成服。成服制度历代延续并有所变化，到现在已没有那么严格的讲究。

成服的由来

《礼记•奔丧》载：“唯父母之丧，见星而行，见星而舍，若未得行，则成服而后行。”又曰：“三日成服，拜宾送宾皆如初。”自周代以后，成服之俗历代沿袭，两千年来虽然经传承和变异，但仍然保持了原有的定制，即五服制度。对此俗，历代史书都有详细的记载。《新唐书•礼乐志》：“三日成服，内外皆哭，尽哀。乃降就次，服其服，无服者仍素服。相者引主人以下俱杖升，立于殡，内外皆哭。诸子孙跪哭尊者之前，祖父抚之，女子子对立而哭，唯诸父不抚。尊者出，主人以下降立阼阶。”

五服制度

“遵礼成服”基本上分为五等，即斩衰（cuī，音崔，同缞，用粗麻布制成的丧服）、齐衰、大功、小功、缌麻。清代吴荣光《吾学录•丧礼门二》中记载：“是日成服，五服各以亲疏为等。”

斩衰：五服中最高的一级，服丧最重，历代非常重视，《礼记》中的《檀弓》《王制》《丧大记》《间传》《杂记》《服问》等篇记载了服斩衰这一礼节的许多具体规定。斩衰是用最粗的生麻布制作，断处外露不缉边，“不言裁割而言斩者，取痛甚之意”（《仪礼•丧服》孔颖达疏），丧服上衣叫“衰”，所以称之为“斩衰”。一般服期为三年。古代，诸侯为天子，臣为君，男子及未嫁女为父，承重孙（长房长孙）为祖父，妻妾为夫，都需要服斩衰，沿袭至明清时期，原本为齐衰三年的“子及未嫁女为母，重孙为祖母。子妇为姑（婆）”也改为斩衰。

齐衰：是次于“斩衰”的丧服，用粗麻布制作，断处缉边，所以称之为“齐衰”。齐衰的服期分三年、一年、五月、三月。一般，为继母、慈母服期三年，孙为祖父母，夫为妻服期一年，为曾祖父母服期五月，为高祖父母服期三月。沿袭至清代，所有的夫为妻，男子为庶母、为伯叔父母、为兄弟及在室姊妹，已嫁女为父母，孙男女为祖父母，都需要服齐衰一年。

大功：是次于“齐衰”的丧服，使用粗熟麻布制作。服期为九个月。《史记•孝文帝本纪》中记载：“已下，服大红十五日，小红十四日。”东汉服虔注曰：“当言大功、小功布也。”所以大功又叫做“大红”。清代，凡为堂兄弟、未嫁堂姊妹、已嫁姑及姊妹，以及已嫁女为伯叔父、兄弟，均服大功。

小功：是次于“大功”的丧服，用稍粗熟麻布制成，服期为五个月。《仪礼•丧服》中记载：“小功布衰裳，牡麻绖，即葛五月者。从祖祖父母，从祖父母报；从祖昆弟；从父姊妹，孙适人者；为人后者，为其姊妹适人者。”清代，凡为伯叔祖父母、堂伯叔父母、未嫁祖姑及堂姑，已嫁堂姊妹、兄弟妻、再从兄弟、未嫁再从姊妹，又外亲为外祖父母、母舅、母姨等，均服小功。

缌麻：“五服”中最轻的一种，用较细熟麻布制成，服期为三个月。清代，凡男子为本宗之族曾祖父母、族祖父母、族父母、族兄弟，以及为外孙、外甥、婿、妻之父母、表兄、姨兄弟等，均服缌麻。

五服之外，还有一种更轻的丧服，即“袒免”，亦即所谓“素服”，“袒”是露左臂，“免”是用布从项中向前交于额上，又后绕于髻。一般为同五世祖的亲属服穿。明清时，素服，以尺布缠头。

到了清末以后，五服制逐渐被服孝替代。服孝分以下三种：

重孝：子女为父母、妻为夫、承重孙（子亡，长孙按子成服）为祖父母，着素服、束麻绳、头戴孝箍，女顶白长巾，服穿麻边白鞋。在停灵期、“三七”“五七”的居丧期都要服孝。

轻孝：侄女为叔伯父母、堂叔伯父母、姑父母顶白布短手巾，孙为祖父母、外祖父母、伯叔祖父母戴孝帽，外甥、外甥女为舅父母、侄为伯叔父母戴孝帽或顶白布手巾。停灵期服孝，其后则除。

全破孝：只限于内外亲吊客，每人一条白布手巾，葬后即除去。有的祖父、祖母亡故，孙辈穿孝服，帽子前沿正中缝一用红绒扎成的圆球，布鞋加罩白布面，俗称“封鞋”，鞋跟处不封死，留一宽缝，加缝红布一条；鞋脸正中各缝一红线球。孙女无帽，则头扎一白布宽带，于前额正中部位缝红绒球一个，鞋同孙男，这三个绒球称“缨儿”。另外，外祖父、母死亡，外孙、外孙女服孝时也要带缨，红线球按男左女右，缀于孝帽和封鞋的偏侧，俗称“歪缨”。现在孝服改为佩戴黑纱，红绒球则缀在黑纱上。

民俗小百科

五服制罪

五服实际上也用来指代血缘亲疏。古代习惯上以五服为标准，把亲属划分为有服亲与无服亲，五服以内为亲，五服之外为疏，故《礼记•大传》云：“四世而缌，服之穷也，五世袒免，杀同姓也，六世亲属竭矣。”西晋定律第一次把“五服”制度纳入法典之中，作为判断是否构成犯罪及衡量罪行轻重的标准，这就是“准五服以制罪”原则，它不仅适用于亲属间相互侵犯、伤害的情形，也用于确定赡养、继承等民事权利义务关系，这种制度一直沿用至明清时期。

5．吊唁

子女要“亲视含殓”，而其他亲友则要“闻丧赴吊”。所谓“闻丧赴吊”，是指接到丧报的亲友，要尽快前往死者家中吊唁。前往参加吊唁的亲友在服饰、表情、哭丧、言语等方面，都有一些俗规。

吊唁的礼俗

吊唁，又叫做“吊丧”“吊孝”。其目的是哀悼死者，慰问死者亲属。吊唁是丧葬礼俗中比较重要的内容，根据《仪礼》和《礼记》记载，死者奠帷后，灵堂布置就绪，首先国君使人吊丧，若贵戚死了，国君还亲自临吊，足见吊唁的重要性。吊唁的方式因各地风俗不同而有区别，但主要方面还是一致的。如吊唁者的服装，一定要素洁，司马光《书仪》中曰：“凡吊人者，必易去华盛之服。”就是遵从这一俗规。吊唁者的表情当然是要哀痛悲伤的，若为至亲和挚友，还有哭丧一礼。比较亲近的亲友，一般要在灵前正式举哀哭悼，直至有人劝慰。吊唁者哭丧时，家中亲属又有陪哭的礼节，此时室内外哭成一片，有的人甚至号啕大哭，所以有的地方也称之为“号丧”。

旧时，有亲友来吊时，有的地方还有发“孝帕”的仪规，即送上一方白布帕，发白布帕有两种解释，一说是让吊唁者在行礼时顶在头上，表示哀痛。二说是便于吊唁者揩抹眼泪。后来此俗发生变化，演变为发“白纸花”，现今发“白纸花”已成为流行的丧礼仪规。

吊唁时，除行礼致哀外，一般都要携带礼品或礼金。礼金用黄色、蓝色签封好，在正中的蓝签上写上“折祭×元”“尊敬二元”等字样，礼品有匾额、挽联、挽幛、香烛、纸钱等。文士间还有祭文、挽联等。民国以来，又多用花圈。此外，有的地方还有“送纸”的风俗。“送纸”是指“五服”以外的邻里乡党及族人，闻得噩耗后，便主动拿上香、纸前来烧纸吊唁，与死者告别，“送纸”的人多，就证明死者生前有德行，人缘好。

吊唁的程序

丧家对前来吊唁的人有相应的礼节应答，《礼记•杂记》中对相应程序有繁琐的规定，《世说新语》卷二十三中记载：“阮步兵（籍）丧母，裴令公（楷）往吊之。阮方醉，散发坐床，箕踞不哭。裴至，下席于地，哭，吊唁毕便去。或（有人）问裴：‘凡吊，主人哭，客乃为礼。阮既不哭，君何为哭？’裴曰：‘阮方外之人，故不崇礼制。我辈俗中人，故以仪轨自居。’

时人叹为两得其中。”这说明，自汉以来，迄魏晋，吊礼还是客来、丧主对之哭，吊客然后哭，然后互相安慰并客套一番，以此成礼。

在浙江一带，丧家在大门口设置一口“报丧鼓”。吊唁的人一进门就击鼓二下，亲属听见鼓声就号哭迎接。来吊唁的人向死者遗像行礼哀悼，然后垂泪痛哭。宾客前来吊唁，旧时还专门有人在一旁赞礼，吊唁者按照赞礼人的指挥，行“一跪三叩”之礼，也有三跪九叩首的，孝子再以跪拜礼答之。现今“一跪三叩”已改变，人们已用“三鞠躬”代替，行礼时，孝子在一旁相伴行礼。

在重丧葬、重人情的中国传统文化氛围中，吊唁活动具有极重要的地位，若闻亲、友有丧而不前往吊唁者，多要伤及感情。《颜氏家训》就有相关记载：“若相知者同在城邑，三日不吊则绝之。除丧，虽相遇则避之，怨其不已悯也。有故及道遥者，致书可也，无书亦如之。”

民俗小百科

灵堂

灵堂是亲友吊丧死者的场所。灵堂上一般书有斗大的“奠”或“悼”字，左右两边高挂挽联，用以概括死者一生的主要功绩或经历；灵堂两侧多挂有挽联，多少不一；民间还将亲朋赠送的祭幛悬于两侧，越多就越显得热闹风光；灵堂前设供桌，上摆祭物，多为菜肴果品之类，两旁香烛高烧；灵柩置于供桌之后。守灵期间，灵堂的供桌上燃有一盏油灯，时时加油，不使熄灭，号为“长明灯”。民间认为，为逝者守灵的人越多，逝者就越有福气。

6. 大殓

旧时，殓（liàn，音练）又分为小殓、大殓。小殓就是为死者穿上寿衣，在“初终”部分我们已经介绍过。大殓就是把尸体放进棺内。大殓盖棺后就再也见不到死者了，所以亲属都是万分悲伤，尽哀而止，孝子也用一些传统的方式尽最后的孝道，礼仪十分隆重。

入殓

殓，有的典籍中写作“敛”，大殓即入棺，也称“入室”“入殓”等。一般于人死三日后入殓，主要是为了希冀死者复活。据《礼记•问丧》记载：“或问曰：死三日而后敛者，何也？曰：孝子亲死，悲哀志懑，故匍匐而哭之，若将复生然，安可得夺而敛之也？故曰：三日而后敛者，以俟其生也。三日而不生，亦不生矣。孝子之心亦益衰矣；家室之计，衣服之具，亦可以成矣；亲戚之远者，亦可以至矣。是故圣人为之断决，以三日为之礼制也。”民间也有于死后七日或第二日进行入殓的习俗。

入殓时，孝子等要跳起脚来哭，叫踊。抬尸时由孝子抱死者的头部，盖棺时，亲属哭喊死者称谓。最后在灵座前行祭奠礼，整个大殓仪式才算结束。入殓后，设置“倒头饭”“引魂灯”（亦称“倒头灯”）、“丧盆”（烧纸盆）等，专供前来吊丧者磕头用。

发展到近代，大殓之俗虽袭用旧制，但其形式已有所变化。

封棺

入殓完毕后，棺盖斜盖于棺身之上，仍留缝隙，以备亲人一睹遗容，最后与死者遗体告别。待死者亲属最后检视后，在夜间或阴阳先生择定的时辰盖棺。

一般封棺时用四颗铁制的“寿钉”，由木匠以斧头将钉子楔入。其中三根楔到底，铆入棺帮，死者男性，则三根钉为左二右一，如死者是女性，则三根钉为右二左一。另一根寿钉称“主钉”按男左女右楔入棺盖前一侧。

旧时，棺盖钉礼仪甚多，有的以孝子、孝妇的发丝剪下几根，缠绕寿钉尖。也有将其头发剪下一小撮，用黄纸包好，穿在寿钉上。有的钉“主钉”时，请舅舅及表兄弟来楔。扬州地区封棺时还有“封棺礼”。此时孝子要头顶一只筛箩，筛箩内有一绺孝子的头发，一段松柏树枝、一把用红布裹柄的斧头和若干根棺材钉。“执钉”者多为死者兄弟，“挽钉”（钉牢棺盖）者为木匠。钉最后一根钉，叫钉“子钉”，“子钉”下塞进红纸裹着的孝子头发，连着“子钉”一起钉进棺盖。这种“封棺礼”是孝子尽孝道的礼式，以此来报答父母的养育之恩。

20世纪50年代以来，社会提倡火葬，大殓都在火葬场举行，这种代表孝子尽孝道的大殓仪式便演变为现今的遗体告别仪式。

民俗小百科

七星板

旧时在人死后，停尸床上及棺材内要放置一块木板，上面有七个孔，并有枧槽一道使七孔相连，称之为七星板。大殓的时候将七星板放到棺材里。这一习俗，在隋唐时期已有之。据北齐颜之推《颜氏家训•终制》载：“松棺二寸，衣帽已外，一不得自随，床上唯施七星板。”现在民间还有七星板求寿之意。入殓时，先在棺底铺上一层谷草，然后再铺一层黄纸，据说可以让死者的灵魂高高地升入天堂。然后在七星板上铺黄绫子绣花的棉褥子，俗叫铺金，褥子上绣八仙过海等图案，意思是超度死者的灵魂升天成仙。清末北京丧家流行用的陀罗经被、如意寿枕等物，都寄托了这种意思。

7. 接三

人死三天，谓之初祭。习俗以为亡人三朝必在望乡台上瞻望家中，所以三朝要祭祀亡人。希望亡人尚飨，所以称“接三”，因还必须送焚冥器，所以又称“送三”。接三是丧礼中的大典，因此，仪式场面相当隆重。

接三与送三

“接三”也叫“迎三”“送三”，是佛接引的意思。民俗认为，人死了三天，他的灵魂要正式去阴曹地府，或者被神、佛或神、佛的使者迎接去了。按佛、道两教的说法，并不是每一个人死后都能进入西方极乐世界，只有善人才能有如此的结果。人们都有让自己死去的亲人升天，成为正果或托生于善地的愿望，但一个人一生的行为，不可能尽善尽美，这样，就需要在他死后第三天，灵魂正式到阴间去的时候，为他请僧众，诵经拜忏（替亡人对自己一生的罪孽进行忏悔），放焰口，向“十方法界”无祀孤魂施食，替亡人广行功德，以资赎罪，让神佛迎接亡灵上升到西方极乐世界去。因此，人死三天之夕有“接三”之举，无论贫富都是不可逾越的礼仪。清代崇彝的《道咸以来朝野杂记》谓（人死）“三日为接三，是丧礼大典”。“迎三”是僧道对“接三”这个举动特有的称呼，有尊敬之意。因为作为僧人来讲，替亡人诵经免罪，使其不堕“三途”（地狱、饿鬼、畜生）是件善事，所以谓之“迎三功德”。

而对于亡者的亲人来说，一定要给到西方极乐世界去的亲人准备车马、银箱送行，以供死者上路时用，所以谓之“送三”。总之，接三——送三是一个仪式的两个方面。

接三民俗

老北京的丧事中，最重接三。一般接三前要到冥衣铺糊一份车马、箱子，根据尺码、款式、质量大体分为三等。头等的是与真的一般大小的大鞍轿车，由一匹大菊花青的辕马驾辕，能拉着走，所以也叫“落地拉”。车做工较细，甚至车上的铜活都要用金、银纸糊出来。同时车前要有顶马一匹，上面骑个官人，车后还要有个跟骡。另外有四只墩箱，粉红色，上绘花卉图案。有糊两个人抬着的，谓之“杠箱”。同时，给赶车的、跟车的、抬箱子的纸人都起个名字，诸如“李福”“王禄”用小纸条写出来，贴在身上。二等的车子尺码略小，箱子只是用所谓“蜡花纸”糊的，不绘图案。三等的车厢很小，车本身用秫秸架起，糊一头小黄驴拉着，赶车的人只是用纸片剪一个贴在驴腿上。只有两个很小的用蜡花纸糊的墩箱。接三之前丧家照例把车和箱子内放上纸钱、冥

钞和金银箔叠成的锞子，并加上封条。

接三之日，丧家把这些纸车纸马纸箱摆在门前，为防止损坏，还要雇人看守。到时，要举行奏吹鼓乐，迎亲朋吊唁，焚化纸糊车马等活动。

除极赤贫人家以外，小的也要来个“光头三”，大的用“音乐焰口”“传灯焰口”，可说无尽无休。贫户仅在家停灵五天，有的为使丧事连贯，干脆来个四天接三（五天就出殡了）。还有的赤贫户仅仅搁三天，所以来个两天接三（三天就出殡了）。

民俗小百科

放焰口

放焰口指僧人替丧家念“焰口经”，是接三中最重要的礼俗，称之为“接三焰口”。“焰口”指在地狱受苦受难鬼，渴望饮食，口吐焰火。民间举行仪式，摆放三宝，即佛、法、僧，便可以让饿鬼得到救助，脱离苦海。佛教有《瑜伽焰口》，比较常用；道教有《缸罐焰口》。放焰口、做法事，含有向亡人鬼魂和饿鬼施舍食物之意，所以僧人放焰口时要将一个馒头掰成许多碎块抛到地上，使亡人“饱食”，不至成为饿鬼。

送三回来放焰口是为了超度亡人。送三一般在傍晚掌灯时分，请僧人在灵前稍事超度后即开始，放焰口一般从晚上八九点钟送三回来开始，可至拂晓。

放焰口和做道场目前已不多见。

8. 出殡

出殡，即将灵棺从家里或庙堂抬到坟地去埋葬。经过辞灵、出堂起杠摔盆、扬纸钞、排出殡行列、下殡、葬后收尾等一整套仪程琐礼，逝者方“入土为安”。

出殡的由来

出殡，亦称送殡、出葬、送葬，是旧时将灵柩运送至安葬或停放处的丧仪，又称之为“发引”。本来殡为殓而未葬。棺材里装进尸体就叫“柩”，停柩待葬叫做“殡”。在古代，大殓之后先把柩停放在堂屋前的东侧台阶上，三天后再移到西侧台阶上继续停放，这时便叫“殡”。这是因为，在古代人的礼仪中，东侧是主人的位置，西侧是宾客的位置，把灵柩从东阶移到西阶，预示死者已从主人变为客人，将不能久留家中，“殡”字从“宾”字，就是这个道理。《论语•乡党》：“朋友死，无所归，曰：‘于我殡。’”周朝有人死入殓后殡于西阶的丧制，《礼记•王制》中就规定天子七日而殡，诸侯五日而殡，大夫、士、庶人三日而殡。春秋时代又有殡庙之俗。《左传•僖公三十二年》：“冬，晋文公卒。庚辰，将殡于曲沃。”曲沃为晋宗庙所在地。也有殡三年者，《北史•高丽传》：“死者，殡在屋内，经三年，择吉日而葬。”

出殡送葬之礼大约起源于春秋时代，据宋代高承《事物纪原》载：“孟子曰：上世尝有不葬……则葬埋之礼，疑自此起也。”送葬之俗自古以来，一直沿袭不断。

出殡的礼俗

一般出殡时，由长子双膝下跪，头顶丧盆，灵柩启动前将丧盆摔碎，号啕大哭，然后起行。孝子必须肩扛灵头幡，以孝带牵头杠，此为“杠牵”。女儿或侄儿抱领魂鸡随后。灵柩后为鼓乐队，然后是送葬亲友。这出殡的队伍在旧时是讲究排场的，一般由多人抬棺。依贫富之分，贫苦之家八人抬，称“八人杠”。小康之家的丧礼，用十六杠、三十二杠。豪富之家有用

四十八杠、六十四杠的，王公用八十四杠。以前皇帝出殡，有专门“皇杠”，用一百零八杠。出殡途中，还有人不断地散撒纸钱。遇有路祭，还要停下棺柩受祭。

也有出殡时用柩车的，送丧者执绋前导，有服亲属皆在引布之内，而孝子在后面走。清吴荣光《吾学录•丧礼三》：“挽车之索谓之引，亦谓之绋，今以整匹白布为之，系于杠之两端，前属于翣，柩行引布前导。《礼记•檀弓》所谓‘吊于葬者必执引’，《曲礼》所谓‘助丧必执绋’，皆是物也。”返家时，也一路散发冥纸，所谓招魂回府。

如今棺柩仍有，是火葬场租用的，也不用这么多人抬，也没有路祭（在乡村里时或还有路祭），由殡葬专用车直送火葬场，那些铺张的排场都免除了。

民俗小百科

摔　盆

旧时出殡，将起动棺材时，有由主丧孝子跪在灵前将一瓦盆摔碎的习俗，叫做“摔盆”，又称“摔老盆”或“摔尸盆”，亦称“摔丧”。摔碎的瓦盆是放在灵前烧纸用的，一般认为是死者的锅，摔得粉碎才好带到阴间去，因此摔盆有个讲究，要一次摔破，越碎越好。盆一摔，就如一声号令，杠夫迅速起杠，摔盆者扛起引魂幡，驾灵而走。摔盆这一习俗古已有之。到明清时期非常盛行，且一直沿袭到近代。

9．下葬

葬礼的最后一道程序是“下葬”，这是死者停留在世间的最后时刻了，一般都非常郑重，充分反映了人们对灵魂的崇拜。现在虽然下葬习俗随着土葬的废除而消逝了，但其民俗文化值得我们探究。

坟墓的渊源

旧时人去世后多为土葬，所以说起下葬，首先要介绍一下坟墓。旧时埋葬死人筑起的土堆叫坟，平者叫墓。《易传•系辞下》说："古之葬者，厚衣之以薪，葬之中野，不封不树，丧期无数。"可以说殷及西周的墓地上是不筑坟堆的。后来发展到春秋以后，开始在墓上筑坟堆。当时坟的作用，主要是作为墓的标志。到了战国时期，就普遍流行坟丘式的墓葬，《墨子•节丧下》以为当时王公大人的墓葬"棺椁必重，葬埋必厚，衣衾必多，文绣必繁，丘陇必巨"。此时，"坟墓""丘墓"也就成为坟墓的通称。自秦以后，丧葬筑坟墓之俗历代沿袭。特别是历代帝王，往往在世期间，就开始为自己修筑坟墓。据《史记•集解》，秦始皇用72万人为自己建造陵墓，"坟高五十余丈，周回五里余"。

后来随着佛教的传入，筑坟之习渗入了许多迷信色彩。父母死后，孝子要"负土成坟"（司马光《书仪》）。而且民间认为，坟地要选择得好，可荫佑子孙平安富贵。墓地要选在地势宽广，山清水秀的地方，找生气凝结的吉穴。于是，有的人家就请风水先生参与择地，风水先生因此也编出了许多选择坟地的说法和讲究，以使死者安息地下，庇佑子孙。

下葬的风俗

古代讲究"入土为安"，下葬的仪式也因此非常讲究和繁琐。坟地选好后，一般都事先掘好一个可放棺材的深坑，俗谓之"打金井"。待送葬行列来到坟地后，先由风水先生指明棺材在坑中的朝向，谓之"定向"，然后在坑中放进一扎稻草，点火焚烧，称之为"暖坑"。落土时，用绳索把棺柩牵引着，平稳地放入墓穴，再把铭旌（标志死者官职和姓名的旗幡）放在柩上，这叫做"安位"。然后开始填土，填土要由孝子

铲进第一锨土，其他送葬的人按辈分依次向坑中撒土，谓之“兜宝”。土填平，再向上垒土成坟，谓之“斗金”， 之后要放上一只碗，叫做“衣饭碗”。这样做是为了以后迁坟的时候动作轻些，免得惊动亡灵，招来不幸。有的地方还在墓室上嵌一面铜镜，象征太阳，并有辟邪的寓意。古时，有钱的人家要远离坟墓，射三支箭，然后马上后退。这样不敢靠近灵柩是因为担心压不住鬼邪，自己会遭殃，也有的在坟墓上栽种松柏树，以避魍魉。还有在灵柩放进墓穴的时候放炮的习俗，这是在为死者去阴间送行。

民间的习俗认为，人死后灵魂随时可能从坟墓里跑出来，跟着活人回家，所以送葬的人必须绕墓转三圈，在回家的路上也严禁回头探视。否则看见死者的灵魂在阴间的踪迹，对双方都是不利的。实际上这也是一种节哀的措施。不然，死者的亲人不停地回头观望，总也不舍得离开，是很难劝说的。这些民间传统的风俗习惯都反映了生者对于死者的寄意和对生命兴旺的美好愿望。

民俗小百科

说　好

有些地区下葬时还有在坟墓旁“说好”的风俗。这种“说好”不是砌房造屋和新婚洞房等喜事中的见“好”，说“好”，丧葬的“说好”是要把丧事说成喜事。在中国的传统观念里，高龄老人去世，人们看成是顺天之道，并称为“白喜事”。这样把“悲”和“喜”连在一起，然后把丧事当作喜事办。下葬时“说好”，讲一番吉利话，使得丧礼的最后程序在吉祥如意的祝福声中宣告结束。扬州民间的《兜宝歌》就这样唱道：“小小大锹亮堂堂，府上金井四角方。孝子兜进大元宝，子子孙孙做阁老。孝女兜宝笑盈盈，将来是个老寿星。儿媳兜宝笑哈哈，发财发福第一家。孙子兜宝笑嚷嚷，大学毕业出外洋。恭喜！恭喜！”

10. 居丧

古代，为父母或祖父母服丧，称之为居丧。居丧的基础是孝道和感情，孝子们在居丧期间，要节制生活的许多方面，以表达对亡人的哀悼、思念。

居丧的渊源

居丧习俗由来已久，早在《礼记•杂记》中就有记载：“少连、大连善居丧，三日不怠，三月不解，期（jī）悲哀，三年忧，东夷之子也。”并形成遵守居丧的制度，称之为“守制”。沿袭至周代，居丧的习俗已非常盛行了，并规定了许多应遵守的礼节，如《礼记•丧大记》载“父母之丧，居倚庐，不涂，寝苫枕块，非丧事不言”“终丧不御于内”。周代以后，居丧守制的风习一直沿袭到各个朝代，明末顾炎武《日知录》“奔丧守制”条，较为详细地记载了明代“守制”的有关规定及其执行情况。

居丧的礼俗

居丧之俗规定的礼节很多，一般父母或祖父母死后，子与承重孙（嫡长孙）自闻丧日起，不得任官、应考、嫁娶、娱乐，要在家守孝三年。这在《礼记》中《杂记》《檀弓》《曲礼》《丧大记》《间传》《丧服四制》《问丧》等篇都有记载。此外，居丧对日常起居、饮食都有严格的规定。清代吴荣光《吾学录初编》载：“《通礼》：凡丧三年者，百日剃发，仕者解仕，士子辍考，在丧不饮酒，不食肉，不处内，不入公门，不与乐事。《会典》：不娶妻纳妾，门庭不换旧符。《通礼》：期之丧，二月剃发，在丧不婚嫁，九月五月者，逾月剃发；三月者，逾旬剃发。在丧均不与燕乐。”在居直系尊亲之丧中，还有居于墓旁守丧的。父母或老师死后，其子或学生服丧期间在墓旁搭盖小屋居住，守护坟墓，叫做庐墓。这些规定后世不少又写进法律，《唐律疏议》规定居父母之丧，“丧制未终，释服从吉，若忘哀作乐，徒三年；杂戏，徒一年”，以法制的形式严格要求人们遵守这些礼俗。

居丧的这些礼俗规定，显然与人们的现实生活不相适应，人们在后来的丧事活动中，都进行了改革。一般在丧事完毕以后，为了表示对亲人的哀悼和思念，通常不参加娱乐活动，有的地方还

保留在父母亡故七七四十九天以内不理发的习俗。在父母亡故后的第一年春节要贴白对联，第二年贴绿对联，第三年贴黄对联，第四年起方才能恢复红对联，以作为对父母亡故守孝三年的标志，寄托自己的哀思。

民俗小百科

丁忧

丁忧也是居丧，是古代官员为父母居丧守制的代名词。西汉时规定在朝廷供职人员丁忧（离职）三年，至东汉时，丁忧制度已盛行。此后历代均有规定，如无特殊原因，朝廷也不可以强招丁忧的人为官，因特殊原因朝廷强招丁忧的人为官，叫做“夺情”。品官丁忧，若匿而不报，一经查出，将受到惩处。《宋史•礼志》：“咸平元年，诏任三司、馆阁职事者丁忧，并令持服。”

11. 祭扫

祭扫是对逝者的追思和哀悼。民间十分重视祭扫活动，包括七七祭扫，以及百日、周年、三年、五年、十年忌日及传统的清明节和中元节都要进行祭扫礼仪。

祭扫的由来

祭扫是对逝者的祭祀活动。我国的社会组织以血缘氏族关系为中心，一个家族有自己的宗庙、祠堂，并有为祖先留的“影像”，有为祖先专门择定的墓地。宗庙、祠堂、影像，坟墓都要在一定的时间祭祀，《宁河县志》：“清明节，祭扫先茔（yíng，墓地）……七月十五日，献麻谷，十月一日，送寒衣，年终除夕、新节元旦，悬像设供，家家致祭。”我国古代的丧葬祭祀仪式隆重而繁琐，并且往往以儒家经典的形式给予规定。据有关文献资料，除传统的清明节和中元节进行的祭扫外，下葬之后规定的祭祀仪式主要有七七、百日、周年、三年祭扫。

七七祭扫

人死后每七天称一“七”，为忌日。逢七倍数的日子做斋设祭，叫做“理七”或“做七”。“七七”之仪有“除七数七”和“连七数七”二种。父母双亡，一般“除七数七”，即每一七均为满七。母先亡即“连七数七”，即每一七为满六日。满四十九天，称为“断七”，亦称为“终七”。丧事至此，告一段落，要招僧念经，超度死人的亡灵。《魏书•胡国珍传》中记载：“又诏自始薨至七七，皆为设千僧斋。”可见，此风俗相沿已久。

百日祭扫

死后百日叫“百期”，文称“过百日”。也是例祭日之一。这一天，无论贵贱均有比较隆重的祭奠仪式。《北史•胡国珍传》记载：“又诏自始薨至七七，皆为设千僧斋，斋令七人出家；百日设万人斋，二七人出家。”一般民间要再百日请僧道超度，并且亲戚朋友亦有来祭的，祭奠毕，要烧纸钱，名曰“烧百日纸”。此后，守丧对生者的束缚可以相对放松。

周年祭

父母死后一周年要举行祭礼，古时称之为小祥。《仪礼•士虞礼》记载“期而小祥”，郑玄注：“小祥，祭名。祥，吉也。”小祥是葬后服丧期的一次较大的祭礼，祭后可稍改善生活及解除丧服的一部分，比如说孝子可以住在不加涂饰的房屋里，睡觉时也可以用普通的席子，饮食方面可以“食菜果”。男子可以除去头上的丧带，换上熟丝织成的练冠，所以小祥之祭又称“练祭”。小祥祭祀的重点是以练服代替丧服。

两周年祭

父母死后两周年的祭礼，古时称之为“大祥”， 是古代葬后服丧期的又一种较大的祭祀仪式。在古代，儒家经典规定，卒哭祭后，孝子只能吃粗饭饮水，小祥祭后才可以吃菜和果子，到大祥祭后饭食中则可用酱醋等调味品。现在有的地方孝子在两周年祭祀只烧纸，不哭祭，俗称“哑周年”。

禫祭

父母死后三周年为服丧期满，丧家在除去丧服的时候，行释服礼，俗称“除服”。此时要举行一次祭礼，这次祭礼称之为“禫祭”。禫祭祭礼极为隆重，亲友皆至，所送祭品大致与下葬时相同，富裕人家要请吹鼓手，并请道士做斋醮、立墓碑等。从此守孝期满，孝子恢复正常生活，死者也不再享受特殊祭祀，除年节祭拜和清明扫墓外，不再举行其他悼念活动。

民俗小百科

纸　钱

祭扫活动中离不开纸钱。迷信观念认为，冥冥之中有一个同人类社会相同的世界：神和鬼的世界。死了的人都成为那个世界的一员，或鬼或神。活着的子孙、亲友，为了死去的人在那个世界生活幸福，便在祈祷祭奠他们的同时，送给他们礼物、钱钞。其中钱钞，便是用纸制成的钱形，通过烧化送给自己在另一个世界的亲友或自己所祈求的神。这就是烧纸钱。

烧纸钱的习俗最早起于汉代。邓子琴的《中国风俗史》说：“汉世瘗（yì）钱以纸代钱，六朝时已有行之者。如南齐东昏侯好事鬼神，剪线为钱，以代束帛。至唐代李淳风、王玙盛行之。”五代以后，寒食野祭都用之。至宋，纸钱则盛行于民间，烧纸钱的习俗贯穿整个丧葬习俗。人死要烧倒头纸；人死停灵，他人拜祭，亦烧纸钱；安葬时，亦要备纸钱焚烧；另外，十月朔日、清明节、除夕夜均要焚烧纸钱。一般的祭奠，也离不开焚烧纸钱。

烧纸钱的习俗虽然是一种迷信，但反映了生者对于死者的心意寄托。

12．挽联

通用挽联

常怀典范　怀仁颂德　泪倾太岳　名垂千古　前人典范　秋风鹤唳
寄托哀思　虽死犹生　痛断黄泉　光启后人　后世楷模　夜月鹃啼

寿高德望　音容宛在　音容宛在　音容在目　音容已杳　云凝泪雨
子肖孙贤　风范长存　笑貌长存　德泽铭心　德泽犹存　水放悲声

蓂云遮望眼　儿孙称典范　高风传梓里　海内存知己　花为春寒泣
泣雨寄哀思　邻里赞楷模　亮节昭后人　云间渺知音　鸟因肠断哀

驾鹤西天去　哭灵心泣血　哭灵心欲碎　泪作倾盆雨　生死情难舍
留名人世间　扶柩泪涌泉　弹泪眼将枯　魂飞蓂路云　阴阳路已分

素心悬日月　提耳言犹在　痛心伤永逝　笑貌今犹在　一生行好事
悲泪湿秋云　棰心泪未干　挥泪忆深情　嘉风永世传　千古流芳名

一生树美德　音容如在目　身逝音容宛在　一世勤劳俭朴　白马素车愁入梦
半世传嘉风　愁绪向谁宣　风遗德业长存　终身浑厚和平　青天碧海怅招魂

不作风波于世上　但愿此境成梦境　恩似海深悔未报　风号鹤唳人何处
别有天地非人间　怎奈哀情是真情　泪如泉涌苦难言　月落乌啼霜满天

扶桑此日骑鲸去　魂归九天悲夜月　坚同松柏清同竹　空悬月冷人千古
华表何年化鹤来　名留百代忆春风　言可经纶行可钦　华表魂归鹤一声

泪流九曲黄河溢　流水高山思典范　骑鲸去后行云暗　山耸北廓埋忠骨
恨压三峰华月低　春风霁月仰仪容　化鹤归来霁月寒　泽被乡间仰遗风

听雨生悲愁碧汉　完来大璞归天地　一片哀思挥泪诉　一世精神归梦地
望云垂泪染丹枫　留得和风惠子孙　满腔心语对谁言　满堂血泪洒云天

挽男士联

悲歌动地　德传百世　光明正大　名留后世　严颜已逝　音容在目
哀乐惊天　名耿千秋　磊落清白　德及梓里　风木与悲　浩气凌空

苍松长耸翠　丹心昭日月　杜梁悲落月　高风传乡里　海内存知己
古柏永垂青　仁德泣河山　鲁殿圮灵光　亮节昭后人　云间渺嗣音

美名留千古　门外蓂云聚　寿终德望在　素心悬夜月　英名垂千古
忠魂上九霄　堂中悼念多　身去音容留　高义薄秋云　丹心照汗青

垄上犹存劳迹　美德堪称典范　青山永志芳德　一世正直无邪
堂前共仰遗容　遗训长昭子孙　绿水长吟雅风　终生勤劳有为

千卷史书怀拥座　悲风难挽流云住　等闲暂别犹惊梦　地下又添高士伴
一帘风雨忆篝灯　泪雨相随野鹤飞　此后何缘再晤言　生前原作古人看

仿佛音容犹入梦　风吹秋水起珠浪　风凄暝色愁杨柳　盖棺泪飞悲风木
依稀笑语更伤心　雨点春山满眼悲　月吊宵声哭杜鹃　执绋人行舞雪花

何如一梦飞蝴蝶　剑空宝匣龙应化　尽堪模范端人品　空向灵前瞻色笑
竟使千秋泣杜鹃　云锁丹心凤不来　不可销磨寿世书　何从膝下觅欢欣

兰亭少长悲陈迹　泪添九曲黄河溢　良操美德千秋在　流水夕阳千古恨
玉局风光叹化身　恨压三峰华岳低　亮节高风万古存　暮云春树一天愁

龙隐海天云万里　绿水青山常送月　美德常与乾坤在　明月清风怀旧宇
鹤归华表月三更　碧云红树不胜悲　英名永同天地存　残山剩水读遗书

南极无辉寒北斗　蓬门日影高轩过　人间未遂青云志　骑虬夜冷湖边月
西风失望痛东人　蒿里歌声白马来　天上先成白玉楼　驾鹤朝栖岭上云

情深风木呼天恸　桃花流水杳然去　夕阳流水千古恨　玉树长埋悲老友
泪点寒梅触景思　明月清风何处寻　春露秋霜百年愁　瑶花焕发盼佳儿

南极星残徒陈椒酒　謦咳不闻老成永逝　德重如山寸草春晖难报德
华堂日淡空进桃汤　音容宛在矩范长存　恩深似海空庭月夜痛思恩

月霁风光人共仰　骖鸾腾天驾鹤上汉　福寿全归音容宛在　海阔天空忽悲西去
山颓木朽天增愁　飞霜迎节高风送秋　齿德兼隆名望常昭　乌啼月落犹望南归

挽女士联

春晖未报　慈颜已逝　慈云缥缈　花凝悲泪　兰摧玉折　兰摧玉折
秋雨添愁　风木与悲　宝婺昏沉　水放哀声　花落水咽　壁落珠流

白云悬影望　花为春寒泣　风木有遗恨　户寂凄风冷　落花春已去
乌鸟切遐思　鸟因肠断哀　瞻依无尽时　楼空苦雨寒　残月夜难圆

名标彤史范　女星沉宝婺　淑德标彤史　天下皆春色　音容常在目
望断白云乡　仙驾返瑶池　芳踪依白云　吾家独素门　懿德永铭心

宝瑟无声弦柱绝　宝婺光沉天上宿　冰霜高洁传幽德　慈竹临风空有影
瑶台有月镜奁空　莲花香现佛前身　圭壁清华表后贤　晚萱经雨不留芳

蝶化竟成辞世梦　芳德常齐天地久　风凋棉树红于血　鹤驭瑶台孤月冷
鹤鸣犹作步虚声　嘉风久伴山河存　月照寒林白似霜　鹃啼玉砌素云飞

惠质兰姿归阆苑　兰径水流三月暮　柳知孝意花似雪　梅吐瘦容含孝意
琼林玉树绕阶庭　萱帏花谢一庭秋　鹃解哀情泪更红　柳飘柔态动哀情

人悼慈云长别恨　扫榻飞烟惊化鹤　身似芳兰从此逝　身归阆苑丹丘上
天摧萱草尽哀容　卷帘留月觅归魂　心如皓月几时回　神在光风霁月中

彤管自应标淑德　唯向北堂瞻淑范　西竺莲翻云影淡　西池驾已归王母
萱帏长此仰徽音　却从南国纪徽音　北堂萱萎月光寒　南国辉空仰婺星

壶范垂型贤推巾帼　彤管芬扬久钦懿范　残月光寒韵满庭前含孝意
婺星匿彩驾返蓬莱　绣帏香冷空仰徽音　愁云寂寞帘飘户外痛哀情

苦雨凄风问归何处　湘水曲终莲山路杳　菊径荒凉冥漠秋郊悲雨泣
嘉言懿训痛想当年　妆台尘掩皓月云封　蓬山缥缈苍茫野陌怅风凄

胸有绀珠贤推巾帼　懿范美德千秋永在　梦断北堂春雨梨花千古恨
星沉宝婺悲切丝罗　高风亮节万古长存　机悬东壁秋风桐叶一天愁

第四节 其他传统礼俗

1. 拜礼

中国素有“礼仪之邦”之称，古人尤其重视“礼”，因此制定了许多的礼仪规范。其中，“稽首”和“顿首”都是指中国古代礼节中的跪拜礼，只是使用的场合不相同。

拜礼的由来

古人行礼方式与起居方式有关。古时候人们席地而坐，一直到宋代前，正规场合多用跽坐，即双膝着地，臀部靠坐在自己双脚后跟上。而拜礼就是源于这种正坐方式的礼仪。古代根据跪拜动作和对象，做了严格的规范，也就是依不同的等级、社会身份，在不同的场合使用不同的跪拜礼仪，形成九拜之礼。《周礼•春官宗伯》中对九拜之礼有具体记载："辨九拜，一曰稽首，二曰顿首，三曰空首，四曰振动，五曰吉拜，六曰凶拜，七曰奇拜，八曰褒拜，九曰肃拜，以享右祭祀。"唐代贾公彦疏曰："一曰稽首，其稽，稽留之字，头至地多时，则为稽首也。此三者（空首、顿首、稽首），正拜也。稽首，拜中最重，臣拜君之拜。"九拜中前四种称为"正拜"，即常用之拜礼，后五种则依附于四种正拜。不过流传下来，较常使用的则为稽首和顿首。

稽首

"稽首"（此处"稽"读qǐ，音起）是九拜中最隆重的拜礼，一般用于臣子拜见君王和祭祀先祖的礼仪。《尚书•舜典》："禹拜稽首，让于稷、契暨皋陶。"行礼时，施礼者屈膝跪地，左手按右手（掌心向内），拱手于地，头也缓缓至于地，头至地须停留一段时间，手在膝前，头在手后。《左传•僖公三十三年》记载："孟明稽首曰：'君之惠，不以累臣衅鼓，使归就戮于秦寡君之以为戮，死且不朽。'"在秦晋交兵时，秦将孟明战败被俘，晋襄公听信文嬴的话放他回国，虽然晋襄公是敌国的君王，孟明在谢罪时还是对他行稽首之大礼。后世，子拜父，拜天、拜神，新婚夫妇拜天地父母，拜祖拜庙，拜师，拜墓等，也都用此大礼。

后来有些文人向皇帝上书时首尾就会用"稽首"二字以示恭敬。

顿首

顿首，俗称叩头。行礼时，跪拜在地，然后引头至地，就立即举起。因为头触地的时间很短，只略作停顿，所以叫顿首。汉代郑玄注《周礼•春官宗伯》："顿首拜，头叩地也。"贾公彦疏曰："顿首者，为空首之时，引头至地，首顿地即举，故名顿首。"顿首是古代跪拜礼节中较轻的一种，通常用于下对上及平辈间的敬礼，如官僚间的拜迎、拜送，民间的拜贺、拜望、拜别等。

古人在写信时，往往会在信首或信尾的地方，写上"某某顿首再拜"。如西汉李陵《答苏武书》末尾称"李陵顿首"；王羲之写给住在山阴的朋友张侯的慰问信："羲之顿首。快雪时晴，佳想安善。未果为结，力不次。王羲之顿首。山阴张侯。"这是因为古代的顿首礼，庄重却不过于谦卑，所以后人给君王以外的人写信时，在首尾处就采用"顿首"二字以示礼貌。

民俗小百科

揖　礼

揖礼是我国古代的见面礼，大约起源于周代以前，其基本姿势为双手抱拳前举。到了姜太公辅佐武王革命成功，揖礼开始大行于天下。据《周礼》记载，根据双方的地位和关系，作揖有土揖、时揖、天揖、特揖、旅揖、旁三揖之分。土揖是拱手前伸而稍向下；时揖是拱手向前平伸；天揖是拱手前伸而稍上举；特揖是一个一个地作揖；旅揖是按等级分别作揖；旁三揖是对众人一次作揖三下。此外，还有长揖，即拱手高举，自上而下向人行礼。各种作揖方式都要举手。宋代陆游的《老学庵笔记》说："古所谓揖，但举手而已。"清代的阎若璩注释《论语•述而》说："古之揖，今之拱手。"

2．座次

在贵贱尊卑等级非常严格的古代，非常讲究座次的排定。那到底古人怎么排座次呢？不同的场合都有怎样的座次安排呢？

座次尊卑

南北：南北两个方向一般坐北为君、坐南为臣。在中国座次排序中北之至高无上的地位也一直都没有被动摇过。自古以来帝王的座位都是坐北朝南。

东西：顾炎武在《日知录》里说："古人之坐以东向为尊，故宗庙之祭，太祖之位东向。即交际之礼，亦宾东向而主人西向。"古人在座次上遵守"东向为尊，西向为卑"的基本原则。《史记•廉颇蔺相如列传》记载："（渑池会）既罢，归国，以相如功大，拜为上卿，位在廉颇之右。廉颇曰：'我为赵将，有攻城野战之大功，而蔺相如徒以口舌为劳，而位居我上，且相如素贱人，吾羞，不忍为之下。'"

左右：夏、商、西周、春秋时期，在不同的场合，左、右谁尊谁卑不尽相同。周朝规定，诸侯朝天子宴饮时，以左为尊；用兵打仗则右边为尊。到了战国时候，右似乎成了尊位，如《史记•廉颇蔺相如列传》中就有蔺相如当了上卿，"位在廉颇之右"，廉颇因此而很不服气的记载。秦、西汉时期沿袭了右尊左卑的规定。古代的世家大族有的被称为"右姓""右族"，以此象征其家族崇高的地位。但需要注意的是，乘车的时候，尊卑位次刚好相反，是左为尊，右为卑。东汉、魏、晋、南北朝，由于左右的位次排序有了新的变化，所以，官职也是以左为大。这种情况到元朝才发生了改变，又恢复了右尊的传统。直到明朝建立以后，再次恢复了以左为尊的位次规定，自此以后的五百多年均承袭这一规定，一直延续到今天。

酒席的座次

中国传统饮食礼仪中的基础仪程和中心环节，就是宴席上的座次之礼。这种礼俗经各朝各代继承与发展，一直沿袭至今。

古人席地而坐时，"上坐"，乃宴席的"尊位所在"，亦即"席端"。这种宴席上的"上坐"，因饮食基础器具、几案、餐桌椅形制的历史演变而有时代的不同。两汉以前，席南北向，以西方为上，即以面朝东坐为上。

隋唐以后，开始了由坐床向垂足高坐的起居方式的转变，出现了“八仙桌”。八仙桌有四边，每边可坐两人，最多可坐八人。宴客较多，可摆放多桌，以对门为上座，两边为偏座；年长者、主宾或地位高的人坐上座，男女主人或陪客者坐下座，其余客人按顺序坐偏座。邀请人可以指定客人的座位，以此可以暗示他人与自己的关系。

圆桌是应聚宴人多和席面大的要求而产生的。最初也让用惯了方桌的人们颇不顺应，正如袁枚《园几》诗所说：“让处不知谁首席，坐时只觉可添宾。”在圆桌盛行的今天，座次一般是依餐厅或室的方位与装饰设计风格而定，或取向门、朝阳，或依厅室设计装饰风格所体现出的重心与突出位置设首位。就一张圆桌来说，目前中餐的礼仪是：主人座于上方的正中，主宾在其右，副主宾居其左，其他与宴者依次按从右至左、从上向下排列。而现在隆重的大型宴会则往往在各餐台座位前预先摆放座位卡（席签），所发请柬上则标明与宴者的台号，这样不易出错，避免了坐错位置的尴尬。

民俗小百科

虚左以待

成语“虚左以待”源于《史记•魏公子列传》所记载信陵君“窃符救赵”一事。魏国信陵君魏无忌十分爱才好客，对天下能人贤士十分敬仰。家中养着两千个门下客。他听说夷门地方有一位隐士，名叫侯嬴，年纪已七十，信陵君想邀他到自己的门下来。有一天他大摆筵席，置酒宴客，等到客人们都坐下来之后，他把自己左边的座位空着（当时的座次以左为尊），驾了马车，亲自去迎接侯嬴，表达自己对侯嬴的尊敬之意。后来，这种空着左边的位置以待宾客的礼仪，便被称“虚左”。

3. 称谓

中国古代在称谓方面很讲究，谦称自己，敬称对方，为尊亲贤者讳，凡此种种，不一而足，充分体现了中国古代语言文明。

谦称

谦称是表示谦逊的自称。使用谦称词汇来称呼自己，实际表现了说话者的谦逊和修养，也是对对方的礼貌和尊敬。而出言不逊、大言不惭，则被视为无礼、轻浮、缺乏修养的举止。中国自古以来就有谦逊的良好风尚。在古代，君主自称“寡人”“不穀（gǔ）”“孤”“朕”；一般人自称“愚”“臣”“小人”“仆”“鄙人”“小可”“不才”等；女子自称“妾”“奴”；朋辈间，则称“愚兄”“劣弟”“小弟”等；老人自称“老朽”；对别人说自己的儿子，称“愚儿”“犬子”；说比自己小的亲属，称“舍弟”“舍侄”等；说自己的妻子，称“寒荆”“拙荆”“荆妻”“贱内”等；对别人说自己的长辈和兄长，称“家父”“家母”“家兄”等。说自己的姓称“贱姓”；住处称“敝乡”；年岁称“贱庚”；住宅称“寒舍”；自己的作品称“拙稿”；自己的观点称“拙见”“愚意”等，都是谦称。

自称其名，也是一种谦称。如《论语•季氏》：“丘也闻有国有家者，不患寡而患不均，不患贫而患不安。”其中，“丘”是孔子的名，这是孔子自己的一种谦称。

敬称

在谦称自己的同时，古人又以敬称来称呼对方。敬称词多带有敬重、敬仰、颂扬的感情色彩。在现在看来，虽然都不是代词，但敬称代替了第二人称，谦称代替了第一人称，在意思上相当于代词“您”或“我”。古代对君主称“王”“大王”“君”“上”“陛下”，对一般人称

“公”“卿”“子”“君”“先生”“足下”“夫子”“丈人”等，这些均与现代的“您”相仿。古代对有声望的人称“子”，如“孔子”“朱子”；君王称臣下，则用“卿”“爱卿”；对有知识有名望的人称“君”“先生”；对老人称“老丈”，相当于现在的“老人家”。与对方相关的事物也要用尊称，如问对方姓名、家住何处，要说“请问尊姓大名”“仙乡何处”；问年龄，要问“贵庚几何”；对方的住宅称“贵府”“府上”；对方的作品称“大作”；对方的观点称“高见”。

与关系密切的人交往，尊称更多，按对方年龄、辈分、性别不同，分别用“尊兄”“仁兄”“贤弟”“贤妹”“贤侄”“世叔”等称谓，或尊称“阁下”“足下”；称呼对方的亲属，也要加尊称，如称对方父母为“令尊”“令堂”，称对方妻子为“尊夫人”，有时候称“嫂夫人”，更有一些亲切感。

自称其名是谦称，称人之字却是一种敬称。如王安石《答司马谏议书》：“故今具道所以，冀君实或见恕也。”其中，“君实”是司马光的字，是王安石对司马光的一种敬称。

讳称

中国历代避讳各不相同，但总的原则是“为尊者讳，为亲者讳，为贤者讳”，即凡是尊者、亲者、贤者的名字，都要考虑避讳。尊者，主要指帝王（包括帝王的父、祖）及高官的名字；亲者，主要指直系亲属中的长辈，特别是父、祖的名字；贤者，主要指师长的名字。避讳的方式较多，主要的是“改字法”，就是用同音字、同义字、近音字、近义字来代替应避讳之字。例如，秦王嬴政统一天下之后，规定全国不得用“政”字及其同音字。正月或改称为“端月”，或改读“正”（zhèng）为“征”（zhēng），这种读正月之“正”音为“征”的习俗，一直保持了下来；唐朝李世民登基后，规定“民”改为“人”，柳宗元《捕蛇者说》“以俟夫观人风者得焉”，其中的“人风”就是“民风”。此外，古人的墓碑上经常撰写“先考某（姓）公讳某某（名）”，用一个“讳”字表示父亲的“名”也是避讳的做法。

同时，古人对“死”也有许多讳称。如天子、太后、公卿王侯之死称之为“薨”“崩”“百岁”“千秋”“晏驾”“山陵崩”等，父母之死称之为“见背”“孤露”“弃养”等，佛道徒之死称“涅槃”“圆寂”“坐化”“羽化”“仙游”“仙逝”等。“仙逝”现也用于称被人尊敬的人物的死；一般人的死称为“亡故”“长眠”“长逝”“过世”“谢世”“寿终”“殒命”“捐生”“就木”“溘逝”“老”“故”“逝”“终”等。这些讳称有的一直沿用至今。

日常称谓

先生：“先生”一词始见于春秋《论语•为政》：“有酒食‘先生’馔。”注解曰：“先生指父兄而言也。”战国时期“先生”泛指有德行有学问的长辈。用“先生”称呼老师，始见于《典礼》。唐、宋以来，多称道士、医生、占卦者、卖草药的、测字的为先生。清朝以后，“先生”这一称谓已少有人用，至辛亥革命之后，“先生”的称呼才又广为流传。

小姐：“小姐”最初是宋代王宫中对地位低下的宫婢、姬妾、艺人等的称谓。到了元代，“小姐”逐渐成为对大家贵族未婚女子的称谓，如《西厢记》中：“只生得个小姐，字莺莺。”至明、清两代，“小姐”一词确定为贵族大家未婚女子的尊称，并逐渐为民间所使用。

女士：“女士”始见于《诗经•大雅•既醉》：“厘尔女士。”此处的“女士”指有德行的女子，后来用来作为对妇女或未婚女子的敬称。

宗亲称谓

我国自古便非常重视宗亲关系，即以血缘为纽带的自然亲属关系。在复杂的宗亲关系中，称谓礼仪非常严谨。

关系	称呼	自称
曾祖父之父母	高祖父母	玄孙
曾祖父之伯叔父（母）	高伯叔祖（母）	玄侄孙
祖父之父母	曾祖父母	曾孙
父亲之伯叔父母	曾伯叔祖父（母）	曾侄孙
父亲之父母	祖父母	孙父亲之伯
叔父（母）	伯叔祖父（母）	侄孙父亲
父之兄弟	伯叔父	愚侄
父亲之嫂子弟媳	伯叔母	愚侄
父殁母改嫁之夫	继父	继男
父之继妻	继母	继男
同母异父之兄弟	外兄弟	外弟兄
同母异父之姐妹	外姐妹	外弟兄
同祖之叔伯	堂叔伯	堂侄
同祖之兄弟	堂兄弟（从兄弟）	堂弟兄(从弟兄)
同族之伯叔祖父（母）	族伯叔祖父（母）	族侄孙
族之兄弟	族兄弟	族弟兄
同宗之兄弟	宗兄弟	宗弟兄
叔伯之女	堂姐妹（从姐妹）	堂弟兄(从弟兄)
同父母之兄弟	胞兄弟	胞弟兄

关系	称呼	自称
母由别氏带来之兄弟	如兄弟	如弟兄
母由别氏带来之姐妹	如姐妹	如弟兄
兄弟之妻	兄嫂、弟媳	夫弟、夫兄
姊妹之夫	姐夫、妹夫	内弟、内兄
自己之妻子	爱妻	夫
自己之丈夫	良人、夫君	妻
祖父之姐妹	祖姑母	侄孙
祖父之表姐夫妹夫	祖姑父	内侄孙
祖父之兄弟	亲伯叔祖父	亲侄孙
祖父之兄弟之子	亲伯叔父	亲侄
祖母之父母	外曾祖父母	外曾孙
祖母之伯叔父	外曾伯叔祖父	外曾侄孙
祖母之兄弟	舅祖父	外甥孙
祖母之弟兄之妻	舅祖母	外甥孙
祖母之姐妹	祖姨母	姨甥孙
祖母之姐妹夫	祖姨丈	襟侄孙
祖母之表兄妹	表舅公或表舅祖	表外甥孙
祖母之姑母	外曾祖姑母	外甥侄孙
祖母兄弟之子	表伯叔	表侄
祖母兄弟之女	表姑	表侄
祖母之侄婿	表姑丈	表内侄
祖母侄儿之子	表兄弟	表弟兄
祖母兄弟之亲家	姻谊翁	姻谊晚生
祖母之继父母	外继曾祖父母	外继曾孙
祖母之伯叔母	外曾伯叔祖母	外曾侄孙
父亲之姐妹	姑母	侄
父亲之姐妹夫	姑父	内侄
父亲之表兄弟	表伯叔	表侄
父亲之表姐妹	表伯叔母	表侄
父亲表兄弟之子	表兄弟	表弟兄

关系	称呼	自称
母之祖父母	外曾祖父母	外曾孙
母之父母	外祖父母	外孙
母之堂兄、堂弟	从舅（堂舅）	外甥
母之叔伯父	外叔伯祖父	外侄孙
母之伯叔母	外伯叔祖母	外侄孙
母之兄弟	舅父	外甥
母之兄弟之妻	舅母	外甥
母之姐妹	姨母	姨侄
母之兄弟之子	表兄弟	表弟兄
母之姐妹夫	姨丈（姨父）	姨侄
母之舅母父	外祖舅母父	外甥孙
母之姑丈	外祖姑父	外甥侄孙
母之表舅	外表舅祖父	外表甥孙
母之表伯叔	外表伯叔祖父	外表孙
母之表兄弟	外表舅父	表外甥
母之表姐妹	外表姨母	表姨侄
祖母表姐妹夫	表姨丈（表姨父）	表姨侄
母姐妹之子	姨表兄弟	姨表弟兄
母姐妹之孙	姨表侄	姨表伯叔
母之姑母	外祖姑母	外侄孙
母之契父母	契外祖父母	契外孙
母相认之父母	如外祖父母	如外孙
妻之祖父母	太岳父母	孙婿
妻之伯祖父母	太岳伯父母	侄孙婿
妻之叔祖父母	太岳叔父母	侄孙婿
妻之父母	岳父母	子婿、女婿
妻之伯父母	岳伯父母	侄婿
妻族中伯叔	族岳伯叔	门婿
妻之叔父母	岳叔父母	侄婿
妻之兄弟	内兄弟	妹姐夫

关系	称呼	自称
妻之兄弟之妻	内兄嫂弟媳	妹姐夫
妻之兄弟之子	内侄	姑丈（姑父）
妻之姐妹	内姐妹	妹姐夫
妻之姐妹夫	襟兄弟	襟弟兄
妻之姑母丈	内姑母丈（父）	内侄婿
妻姐妹之子	襟侄	姨丈（父）
妻之继父母	继岳父母	继子婿
妻之堂兄弟	内堂兄弟（内从兄弟）	妹姐夫
妻之外祖父母	内外祖父母	外甥孙婿
妻之表兄弟	内表兄弟	表妹姐夫
妻之表姐妹	内表姐妹	表妹姐
妻之表姐妹夫	内表姐妹婿	内表妹姐夫
妻兄弟之子女	内侄儿女	姑丈（父）
妻兄弟之婿	内侄婿	内姑丈（父）
妻之契父母	内契父母	契女婿
妻相认之父母	内如岳父母	如婿
妻相认之姐妹	内如姐妹	如妹姐夫
妻姐妹之女	姨侄女	姨丈（父）
妻姐妹之婿	姨侄婿	内姨丈（父）
妻之姨父	内姨父（姨丈）	姨甥婿
妻之姨母	内姨母	姨甥婿
妻之契兄弟	内契兄弟	契妹姐夫

民俗小百科

建筑与敬称

陛下、阁下、殿下三个敬称的起源与中国建筑有关。陛，即台阶，但专指皇宫主殿前的台阶。“陛下”的原意是指站于台阶下，引申为借指自己地位卑下。古代在群臣向皇帝上言时，“不敢直斥，故呼‘在陛下者’而告之，因卑达尊之意也”（蔡邕《独断》）。后来专指帝王地位的高尊，因而成为对帝王的敬称。

阁是中国古代的一种传统建筑，常作为达官贵人的官邸或官署。这些权贵或长官手下的属官、属吏便以自己官位之卑，反过来敬称阁中之人为“阁下”。不过，“阁下”称谓的使用范围比较宽泛，也没有严格的限制。除称呼有社会地位的人士之外，为表示对对方的尊敬，古人也常使用这个敬称。

“殿下”所指的殿，原意指皇太子居住的东宫主殿。皇太子常在此殿接见臣僚，处理父皇交办的事务。由于该殿的规格形制在皇宫里仅次于皇帝的主殿，因此“殿下”便作为对皇太子的敬称。同时，也用于敬称皇室的其他成员，诸如亲王和其他皇子、公主等，现在中国也将外国的皇太子或王储以及其他皇室、王室成员敬称为“殿下”。

第六章 传统民间信仰

第一节

基础历法知识

祈求平安、健康、幸福，避免灾害、贫困和疾病是人的天性和本能。我国传统民俗运用智慧和经验，寻找、确定人世间种种活动的适宜时间、空间，其要领在于尽可能充分把握天时、地利、人和以及以上三者之间的和谐关系所造成的适时机遇，以满足人们的心理需要，增加人们的信心和决心。旧时，人们以干支历法为基础，根据阴阳五行、周易八卦等，选择适宜时间、空间，确定趋避的一种方法。

传统习俗中的许多学说和理论反映了我国唯物辩证哲学的起源和发展，但在民间应用过程中不乏非理性的成分，我们应以科学的眼光理解和研究它的历史源流和民俗内涵，取其精华，去其糟粕。

1. 阴阳五行

阴阳五行学说，是中国古代朴素的唯物论和自发的辩证法思想，它认为世界是物质的，物质世界在阴阳二气作用的推动下滋生、发展和变化，并认为木、火、土、金、水五种最基本的物质是构成世界不可缺少的元素，这五种物质相互滋生、相互制约，处于不断的运动变化之中。这种学说对后来古代唯物主义哲学有着深远的影响，如古代的占卜学、天文学、气象学、医学，都与阴阳五行学说有密切联系。

阴阳学说

阴阳的最初涵义是很朴素的，表示阳光的向背，向日为阳，背日为阴。随着对各种事物和现象的深入观察，古人把宇宙间的万物万象分为阴与阳两个大类，如寒暖、上下、左右、内外、男女、刚柔、动静等。

有人认为阴阳学说早在夏朝就已形成，因为据传夏朝的占卜书《连山》中就出现了阴爻和阳爻，但没有实物可考。春秋末期，老子把阴阳升华为哲学范畴，提出“万物负阴而抱阳”，自然界中的一切现象都存在着相互对立而又相互作用的关系，就用阴、阳这对范畴来解释自然界两种相互对立和相互消长的物质势力，并认为阴与阳的对立和消长是事物本身所固有的。“《易》以道阴阳”，《易经》以阴阳学说为核心，每一卦都是由阴爻和阳爻组成，阴极而生阳，阳极而生阴。阴阳学说认为自然界任何事物都包含阴和阳两个相互对立的方面，而对立的双方又是相互统一的；阴阳的对立统一运动，是自然界一切事物发生、发展、变化及消亡的根本原因。

五行学说

中国古代人民在长期的生活和生产实践中认识到木、火、土、金、水是必不可少的最基本物质，并由此引申认为世间一切事物都是由木、火、土、金、水这五种基本物质之间的运动变化生成的，这五种物质之间存在着既相互滋生又相互制约的关系，在不断的相生相克运动中维持着动态的平衡，这就是五行学说的基本含义。

《尚书·洪范》载：“五行：一曰水，二曰火，三曰木，四曰金，五曰土。水曰润下，火曰炎上，木曰曲直，金曰从革，土爰稼穑，润下作咸，炎上作苦，曲直作酸，从革作辛，稼穑作甘。”指出五行即水、火、木、土、金五种物质，并对它们的性质做了说明。“木曰曲直”，凡是具有生长、升发、条达舒畅等作用或性质的事物，均归属于木；“火曰炎上”，凡具有温热、升腾作用的事物，均归属于火；“土爰稼穑”，凡具有生化、承载、受纳作用的事物，均归属于土；“金曰从革”，凡具有清洁、肃降、收敛等作用的事物都归属于金；“水曰润下”，凡具有寒凉、滋润、向下运动的事物皆归属于水。

五行所属表

五　行	木	火	土	金	水
方　位	东	南	中	西	北
纳　音	角	徵	宫	商	羽
五　时	春	夏	长夏	秋	冬
五　形	长形	尖形	方形	圆形	曲形
颜　色	青	赤	黄	白	黑
五　味	酸	苦	甘	辛	咸
情　态	怒	喜	思	忧	恐
五　智	仁	礼	信	义	智
五　脏	肝	心	脾	肺	肾
五　腑	胆	小肠	胃	大肠	膀胱
五　官	目	舌	唇	鼻	耳
五　体	筋	脉	肉	皮毛	骨
五　气	风	暑	湿	燥	寒
五　化	生	长	化	收	藏
五　温	温	热	自　然	凉	寒
数　字	3，8	2，7	5，10	4，9	1，6

战国晚期产生了五行相克相生的思想，且已把相生相克的关系固定下来。相生就是生长、促进、帮助；相克就是克制、制约、互损。五行中的每一行都有生我、我生、克我、我克四方面的关系，保证了“制化”关系的平衡。由图可以看出五行中“顺次相生，隔一相克”的规律。

木能克土，土能生金，金又能克木，从而使木不亢不衰，故能滋养火，而使火能正常生化。

火能克金，金能生水，水又能克火，从而使火不亢不衰，故能滋养土，而使土能正常生化。

土能克水，水能生木，木又能克土，从而使土不亢不衰，故能滋养金，而使金能正常生化。

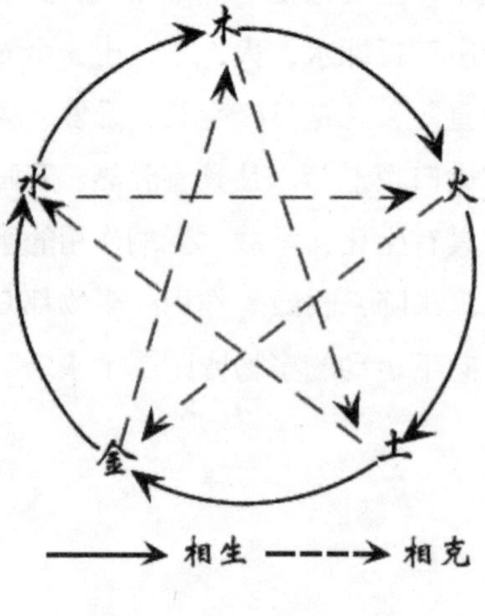

金能克木，木能生火，火又能克金，从而使金不亢不衰，故能滋养水，而使水能正常生化。

水能克火，火能生土，土又能克水，从而使水不亢不衰，故能滋养木，而使木能正常生化。

除了生克关系，五行之间还有相乘相侮的关系。相乘即乘虚侵袭，木乘土，土乘水，水乘火，火乘金，金乘木；相侮即恃强凌弱，木侮金，金侮火，火侮水，水侮土，土侮木。五行的相生相克、相乘相侮的关系可以解释事物之间的相互联系和相互作用。

古人认为，五行在十二个月中要经历十二个发展过程，叫做五行寄生十二宫，又称十二运。这十二宫分别为：长生、沐浴、冠带、临官、帝旺、衰、病、死、墓、绝、胎、养。

十二宫的含义古人的解释是：

长生　万物发生向荣，如人始生而向长也；

沐浴　又曰败，以万物始生，形体柔脆，易为所损，如人生后三日以沐浴之，几至困绝也；

冠带　万物渐荣秀，如人具衣冠也；

临官　万物既秀实，如人之临官也；

帝旺　万物成熟，如人之兴旺也；

衰　万物形衰，如人之气衰也；

病　万物病，如人之病也；

死　万物死，如人之死也；

墓　以万物成功而藏之库，如人之终而归墓也，归墓则又受气，胞胎而生；

绝　以万物在地中未有其象，如母腹空，未有物也；

胎　天地气交，氤氲造物，其物在地中萌芽，始有其气，如人受父母之气也；

养　万物在地中成形，如人在母腹成形也。

五行寄生十二宫反映了五行从强到弱再从弱到强的循环往复的过程，长生、帝旺的状态未必预示好的发展，死、绝未必就不好。古人常以胎、长生、帝旺、墓为四贵，死、绝、病、沐浴为四忌，其余为四平。

五行寄生十二宫

十二宫	甲木	丙火	戊土	庚金	壬水	乙木	丁火	己土	辛金	癸水
长生	亥	寅	寅	巳	申	午	酉	酉	子	卯
沐浴	子	卯	卯	午	酉	巳	申	申	亥	寅
冠带	丑	辰	辰	未	戌	辰	未	未	戌	丑
临官	寅	巳	巳	申	亥	卯	午	午	酉	子
帝旺	卯	午	午	酉	子	寅	巳	巳	申	亥
衰	辰	未	未	戌	丑	丑	辰	辰	未	戌
病	巳	申	申	亥	寅	子	卯	卯	午	酉
死	午	酉	酉	子	卯	亥	寅	寅	巳	申
墓	未	戌	戌	丑	辰	戌	丑	丑	辰	未
绝	申	亥	亥	寅	巳	酉	子	子	卯	午
胎	酉	子	子	卯	午	申	亥	亥	寅	巳
养	戌	丑	丑	辰	未	未	戌	戌	丑	辰

民俗小百科

五行的旺相休囚死

“旺”即旺盛，“相”即次旺，“休”即休然无事，“囚”即衰落，“死”即生气全无。这五个状态的关系是当令者旺，生我者相，我生者休，克我者囚，我克者死。五行的旺相休囚死与四时密切相关，就是在春夏秋冬每个季节里，五行分别处于旺相休囚死各状态。

春　令：木旺，火相，水休，金囚，土死。
夏　令：火旺，土相，木休，水囚，金死。
秋　令：金旺，水相，土休，火囚，木死。
冬　令：水旺，木相，金休，土囚，火死。
四季令：土旺，金相，火休，木囚，水死。

2. 天干地支

干支是我国古代最主要的纪年纪月纪日纪时方法，古人将干支与阴阳五行、四时方位等相配，这使干支之间有了相化、相合、相冲、相害、相刑等关系。

干支属性

天干地支与阴阳、五行、方位等有着密切的联系，通常是结合在一起，相互配合使用，因此被赋予了许多属性，列表如下。

天干属性

天干	甲	乙	丙	丁	戊	己	庚	辛	壬	癸
阴阳	阳	阴	阳	阴	阳	阴	阳	阴	阳	阴
五行	阳木	阴木	阳火	阴火	阳土	阴土	阳金	阴金	阳水	阴水
腑脏	肝	胆	小肠	心	胃	脾	大肠	肺	膀胱	肾
身体	头	颈肩	额头	齿舌	鼻面	肋腹	筋	胸	胫	足
五色	青色		红色		黄色		白色		黑色	
方位	东		南		中		西		北	
四季	春		夏				秋		冬	

地支属性

地支	子	丑	寅	卯	辰	巳	午	未	申	酉	戌	亥
阴阳	阳	阴	阳	阴	阳	阴	阳	阴	阳	阴	阳	阴
五行	阳水	阴土	阳木	阴木	阳土	阴火	阳火	阴土	阳金	阴金	阳土	阴水
方位	北		东	东		南	南		西	西		北
四季	冬		春			夏			秋			冬

除了和阴阳、五行之间的关系，干支内部关系也有许多种，如合化、冲害等。

相化

“相化”意思就是彼此化生，指十个天干两两相化，共有五种情况。化的前提是合，合才能化，所以化又被视为“合化”或“化气”。

天干相化				
甲己化土	乙庚化金	丙辛化水	丁壬化木	戊癸化火

六合与三合

“合”的意思是匹配，十二地支有六合与三合两种情况。十二地支阴阳两两相合，共六组，即“六合”。“三合”则是十二地支三个三个地合起来的意思，其中正合局第一位是五行的长生，第二位是五行的帝旺，第三位则是墓库，五行生、旺、墓俱全，故称为三合全局。

地支六合					
子丑合土	寅亥合木	卯戌合火	辰酉合金	巳申合水	午（太阳）与未（太阴）合土

地支三合				
申子辰合水	亥卯未合木	寅午戌合火	巳酉丑合金	辰戌丑未合土（即四库）

相冲

相冲实为对冲。在八卦图上可以看出，相冲的干支都是处在互对的位上。就五行来说，相冲的干支不是相克，就是相重；就阴阳而言，都是阴阳不能配合。例如，甲与庚相冲，甲为木在东，庚为金在西；午与子相冲，午为火在南，子为水在北。

天干相冲				
甲戊相冲 乙己相冲	丙庚相冲 丁辛相冲	戊壬相冲 己癸相冲	庚甲相冲 辛乙相冲	壬丙相冲 癸丁相冲

地支六冲		
子午相冲　卯酉相冲	寅申相冲　巳亥相冲	辰戌相冲　丑未相冲

相害

相害即相互损害，以五行生克为基础，比如子丑相合，但未冲丑，未妨害了子丑之合；未午相合，但子午相冲，子妨害了未午结合，所以子未相害。

地支相害		
子未相害　丑午相害	寅巳相害　辰卯相害	申亥相害　酉戌相害

相刑

相刑是指地支三刑，刑即杀，也是一种五行相克的形式。翼氏《风角》曰："金刚火强，各守其方，木落归根，水流趋末。"

地支相刑			
一刑：子刑卯，卯刑子，无礼之刑	二刑：寅刑巳，巳刑申，申刑寅，恃势之刑	三刑：丑刑未，未刑戌，戌刑丑，无恩之刑	辰午酉亥自相刑

民俗小百科

纳音

纳音就是把宫、商、角、徵、羽五音与十二律配合起来，其中一律合五音，总共六十纳音。后来纳音被与干支相配，传统历书中干支下所注五行其实就是纳音五行。古人编有六十甲子纳音歌诀，以便于记忆。

甲子乙丑海中金，丙寅丁卯炉中火，戊辰己巳大林木，庚午辛未路旁土，
壬申癸酉剑锋金，甲戌乙亥山头火，丙子丁丑涧下水，戊寅己卯城头土，
庚辰辛巳白腊金，壬午癸未杨柳木，甲申乙酉泉中水，丙戌丁亥屋上土，
戊子己丑霹雳火，庚寅辛卯松柏木，壬辰癸巳长流水，甲午乙未沙中金，
丙申丁酉山下火，戊戌己亥平地木，庚子辛丑壁上土，壬寅癸卯金箔金，
甲辰乙巳覆灯火，丙午丁未天河水，戊申己酉大驿土，庚戌辛亥钗钏金，
壬子癸丑桑柘木，甲寅乙卯大溪水，丙辰丁巳沙中土，戊午己未天上火，
庚申辛酉石榴木，壬戌癸亥大海水。

3. 周易八卦

《周易》

《易经》最早是我国古代的一部用来占筮（shì，音世）的书，学术界普遍认为其成书于西周前期，主要讲述了六十四卦卦辞和爻（yáo，音姚）辞，用于解卦，言语非常简洁。《易传》集合了儒家学派七部经典中深入地阐释《易经》卦辞和爻辞的传文，共十篇，称为“十翼”，包括《彖传》上下、《象传》上下、《系辞传》上下和《文言传》《说卦传》《序卦传》《杂卦传》。后世将《易经》和《易传》合称为《周易》。《周易》最晚在春秋时代已经出现了。

到了西汉，经学兴起，易学源远流长，儒家将《周易》与《诗》《书》《礼》《乐》《春秋》等奉为经典，称为“六经”，并形成了以研究《易经》为主的易学。人们对《周易》的研究至今已有两千余年，形成了许多流派，如象数学派、义理学派等，而《周易》中的辩证法思想在这个过程中逐渐升华成

一种朴素的哲学思想，在中国哲学史上占有重要地位。

◎ 八卦

《周易·系辞上》说：“易有太极，是生两仪。两仪生四象，四象生八卦。”太极象征混沌未分的世界，是万物产生、发展、变化的根源。宋代周敦颐《太极图说》谓：“太极动而生阳，动极而静，静而生阴，静极复动。一动一静，互为其根。分阴分阳，两仪立焉。”一阴一阳就是两仪。两仪又各生一阴一阳之象，便得四象，即少阳、老阳、少阴、老阴。四象再各自生阴生阳（一分为二），生出八卦，即乾、兑、离、震、巽、坎、艮、坤。《易经》中用阳爻（—）和阴爻（-- ）表示阴阳，八卦每卦由三爻构成。八卦两两相配，就得到六十四卦，每一卦也都有特定的名称。六十四卦每卦又有六爻，共384爻。

坤䷁	剥䷖	比䷇	观䷓	豫䷏	晋䷢	萃䷬	否䷋
谦䷎	艮䷳	蹇䷦	渐䷴	小过䷽	旅䷷	咸䷞	遁䷠
师䷆	蒙䷃	坎䷜	涣䷺	解䷧	未济䷿	困䷮	讼䷅
升䷭	蛊䷑	井䷯	巽䷸	恒䷟	鼎䷱	大过䷛	姤䷫
复䷗	颐䷚	屯䷂	益䷩	震䷲	噬嗑䷔	随䷐	无妄䷘
明夷䷣	贲䷕	既济䷾	家人䷤	丰䷶	离䷝	革䷰	同人䷌
临䷒	损䷨	节䷻	中孚䷼	归妹䷵	睽䷥	兑䷹	履䷉
泰䷊	大畜䷙	需䷄	小畜䷈	大壮䷡	大有䷍	夬䷪	乾䷀

◎ 河图和洛书

传说在伏羲时期，黄河中出现了一个怪物，它的出现使黄河边的田地逐渐荒芜。伏羲听说后，带着宝剑来到黄河边，他知道这个怪物就是龙马。龙马也知道伏羲乃是圣人，便立即认错，并托出一块玉版献给伏羲。玉版上刻画着河图，伏羲据此推演出了先天八卦。河南省洛阳市孟津县的龙马负图寺就是为感念、祭祀伏羲而建的，被视为中国易学文化的发源地。

相传，大禹时期，天下洪水泛滥。大禹在治水时，在洛河边发现一只磨盘大的神龟，龟背上刻有一些数点，组成了一幅图画。大禹得之，参悟其中道理，依此治水成功，划天下为九州，定九章大法治理社会，又依此作洪范九畴。因为白龟出自洛水，故该图称为洛书。后世周文王则根据洛书推演出了后天八卦。今河南洛阳洛宁县相传是“洛水出书”之处。

◆ 河图

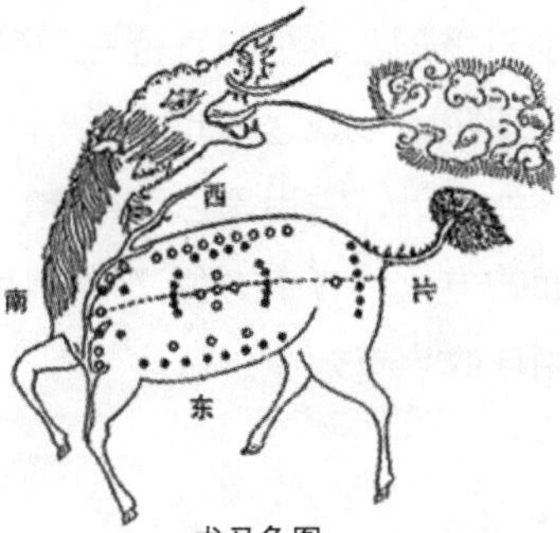

龙马负图

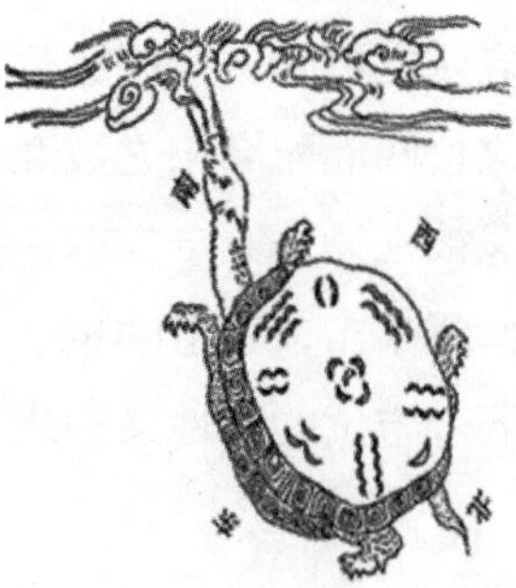

神龟背书

河图分五方（方位）：上南、下北、左东、右西、中（与现代地图方向相反），金、木、水、火、土分别居于西、东、北、南、中五方。河图中有黑白两种圆点组成的1～10十个数字，位置为“一与六共宗而居于北，二与七为朋居于南，三与八同道而居于东，四与九为友而居于西，五与十相守而居于中”。白点组成的为单数，属阳，代表天；黑点组成的为双数，属阴，代表地，单双数之和为55，55就代表“天地之数”，由它可以衍化出万物之数。

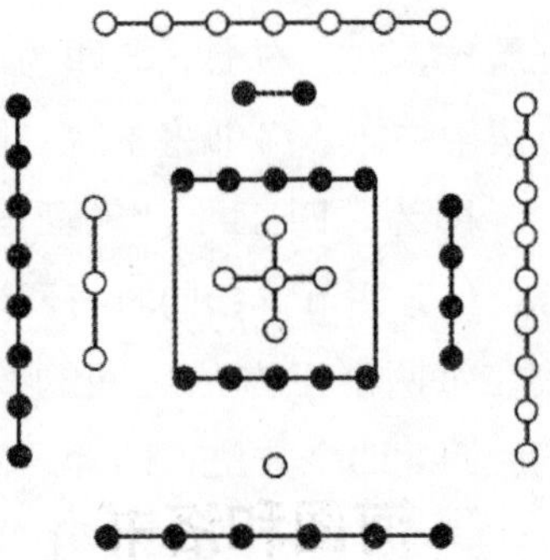

河图中东、西、南、北、中五方均有一奇、一偶两个数字，表明万物皆阴、阳而有生，或天生，地成之；或地生，天成之。因此河图有生数和成数之分，北方天一生水，地六成之；南方地二生火，天七成之；东方天三生成木，地八成之；西方地四生金，天九成之；中方天五生土，地十成之。

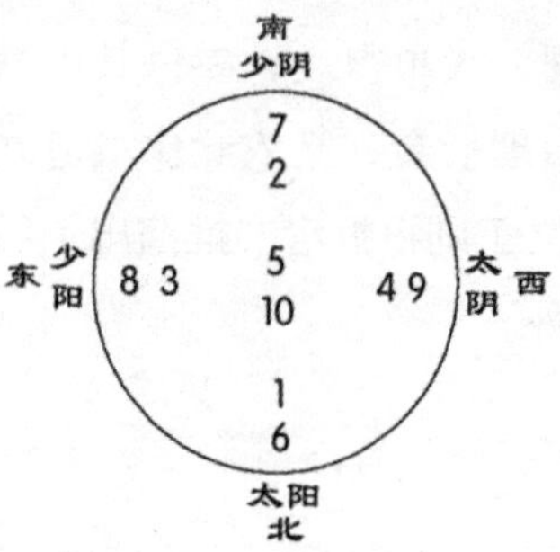

明张介宾在《类经图翼》中说："生数为主而居内，成数为配而居外，此则河图之定数也。若以阴阳之次第老少参之，则老阳位一而数九，少阴位二而数八，少阳位三而数七，老阴位四而数六。阳主进，故由少阳之七，逾八至九而其进已极，故曰老阳；阴主退，故由少阴之八，逾七至六而其退已极，故曰老阴。阳数长，故少阳之七长于六，老阳之九长于八；阴数消，故少阴之八消于九，老阴之六消于七。此阴阳老少，消长进退之理也。故河图以老阳之位一而配老阴之数六，少阴之位二而配少阳之数七，少阳之位三而配少阴之数八，老阴之位四而配老阳之数九，是又河图阴阳互藏之妙也。"

河图又被视为先天宇宙图，其奇特之处在于，它用黑白、数字、图案等简单元素来阐释宇宙，天上的星象对应地面的方位，各个方位又都由阴阳组成万物，而这五个方位的属性又构成了流转循环的生克效应。

◆ 洛书

洛书是在河图的基础上发展而来的,洛书的方位与河图一样，也是上南下北，左东右西。洛书中有黑白两种圆点组成的1～9九个数字。位置为"九宫之数，戴九履一，左三右七，二四为肩，六八为足，五居中央"。洛书将单数（阳数）放在正方位，即为"四正"，象征冬至、夏至、春分、秋分四节气；同时将双数（阴数）分别放在每两个正方位之间的东北、东南、西南、西北四个方位，即为"四隅"，象征立春、立夏、立秋、立冬四个节气。将这些符号组合起来即代表了一年时节的流转循环。

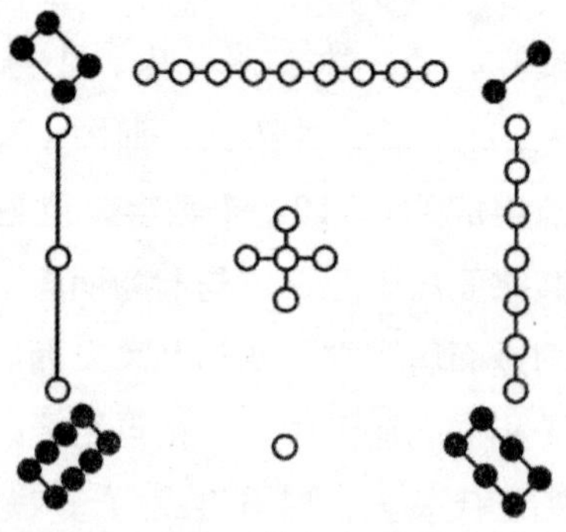

在洛书中，中5以下，即1，2，3，4，5皆为生数；中5以上，即9，8，7，6皆为成数。生数可合成成数，如1合5为6，2合5为7，3合5为8，4合5为9。另外，奇数合中5生偶数（合包括加或减），如7减5生2，9减5生4，3加5生8，1加5生6；偶数合中5则生奇数，如2加5生7，4加5生9，8减5生3，6减5生1。奇生偶，偶生奇，阴阳互为依据。洛书是奇偶数相间单列以相对，形成奇对奇，偶对偶，以中5为纲，10则默寓众数之中了。而河图则是奇偶数重叠而列以相对，如1、6对2、7，3、8对4、9。

东南4	南9	西南2
东3	中5	西7
东北8	北1	西北6

此外，这九个数字无论是横排相加，还是竖排相加，还是斜向相加，求得的和都是15。这种平衡象征着阴阳的运动转化会打破平衡，但最终又会回归到整体的平衡。

河洛与天文

虽然河图与洛书的由来有着神奇的传说，但古今易学研究者从未满足于此，一直在探索其真正的起源，以更深入地解读河图与洛书所蕴含的深意，在这一过程中，人们发现河图、洛书与天文历法有着紧密的联系。

上古，我国先民曾使用十月历，一年10个月，有阴月和阳月之分，每月36日，全年360天，每月又分3周，每周12天，全年30周。彝族至今还在使用这种十月历，以公、母（即阴阳）与五行（木、火、土、铜、水）相配，再配以十二生肖，形成了与六十干支相对应的完整的历法周期。很多人认为，河图可能就是十月历无字的表述。

而洛书则与北斗七星有紧密的联系。根据北斗七星的斗柄所指方位可推断四时八节的气象变化，为此古人在天球上找出八个方位上最明亮的星作为标志，便于配合斗柄辨方定位，这些星官的方位及数目与洛书的方位和数目相符。邹学熹在《中国医易学》中绘有一幅洛书九星图，其中，中宫是五帝座，正下方是北

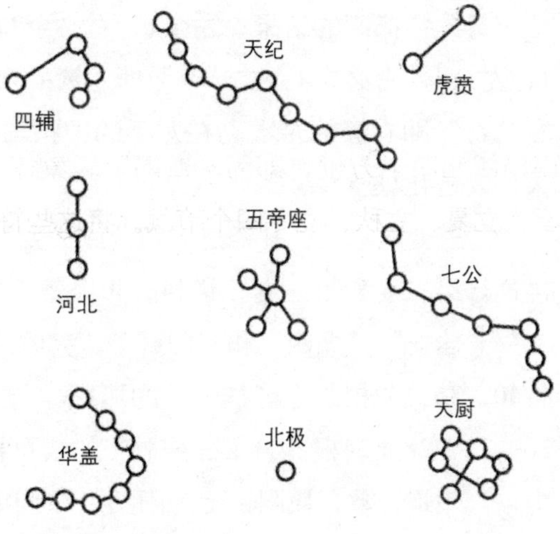

极一星居北，正南是天纪九星，正东是河北三星，正西是七公七星，东南是四辅四星，西南是虎贲二星，东北是华盖八星，西北是天厨六星。这一九宫天象体系与洛书的方位和数目是相吻合的。

起卦

使用《易经》要先起卦，再读卦、解卦。传统周易研究中有许多起卦方法。这里简要地介绍三种。

蓍草起卦

蓍（shī，音施）草起卦在《易传•系辞上》中就有记载："大衍之数五十，其用四十有九，分而为二以象两，挂一以象三，揲之以四以象四时，归奇于扐以象闰；五岁再闰，故再扐而后褂。干之策，二百一十有六；坤之策，百四十有四，凡三百有六十，当其之日。二篇之策，万有一千五百二十，当万物之数也。是故四营而成易，十有八变而成卦，八卦而小成，引而伸之，触类而长之，天下之能事毕矣。显道神德行，是故可与酬酢，可与佑神矣。"

蓍草起卦的口诀是：四营成一变，三变成一爻，十八变成一卦。

"四营成一变"，所谓"四营"就是"分二""挂一""揲（dié，音碟）四""归奇"四个步骤。取50根蓍草，除去1根不参与起卦，还剩余49根。手握49根蓍草，心想占筮的事，把49根蓍草随机分成左右两簇，即"分而为二以象两"。然后从左簇中取出1根蓍草，挂在左手的小指与无名指之间。这叫"卦一以象三"。"揲四"即将左右两簇蓍草分别以4根为一组来数。"归奇"：揲四的结果，左余1，右必余3；左余2，右必余2；左余3，右必余1；左余4，右必余4。左"奇"即左簇的余数勒在左手的中指与无名指之间，右"奇"即右簇的余数勒在左手的中指与食指之间，左右"奇"之和即总余数，或是4或是8。

"三变成一爻"，经过"四营成一变"的第一变之后剩下44或40根蓍草，再进行第二变和第三变。将44或40根蓍草加上"挂一"的那1根，又经过"分二""挂一""揲四"和"归奇"，完成第二变。剩下40，36或32根。第三变将40，36或32根加上"挂一"的那1根，再经过"四营"而完成第三变，剩下36，32，28或24根。将第三变剩下的蓍草根数除以4，其商为9，8，7或6。其中，7，9是奇数，属阳，定为阳爻。7为少阳，为不变爻；9为老阳，为变爻。

6，8是偶数，属阴，定为阴爻。8为少阴，为不变爻；6为老阴，为变爻。

“十八变成一卦”，每三变而画一爻，由下往上画，积十八变而画六爻以成一卦，即本卦。

今天人们常说的“变卦”，意思是突然改变原来的主张或已定的事情。其实这个词源于易经占筮中的“变爻”阴阳逆变而成新卦。通过蓍草起卦取得本卦后，爻逢筮数6，9为老阴或老阳，为变爻，老阴变为阳爻、老阳要变为阴爻，变后得到的即为变卦。例如，取得本卦为乾卦，初爻为变爻，变阳为阴，则变卦为姤卦。一般来说，解卦时主要还是看本卦，综合考虑变爻、变卦的影响和变化。

◆ 火珠林法

火珠林法起卦，是用手摇动铜钱取卦的方法。取三枚铜钱确定正反面合扣于双掌之中，意念集中，默念要占筮之事，在自己觉得可以时，轻掷于地，反复六次，摇出初爻至六爻。在记录时，三枚铜钱中有一个背为少阳；两个背为少阴；三个背为老阳；没有背，即三个都是正面，为老阴。

例如，起卦得到的结果是：

初爻——二正一反，少阳，记为——；

二爻——二反一正，少阴，记为－－；

三爻——三反，老阳，记为——；

四爻——二正一反，少阳，记为——；

五爻——三正，老阴，记为－－；

六爻——二反一正，少阴，记为－－。

则得到的本卦为丰卦 ䷶，三爻、五爻为变爻。

◆ 时间起卦

时间起卦主要是用梅花易数中年月日时起卦法。首先要选定农历时间，并将年月日时换算成相应的数字。年用其地支——子、丑、寅、卯、辰、巳、午、未、申、酉、戌、亥，分别对应1~12，年支为子则年数为1，为丑则年数为2，依次类推；农历为几月则月数就是几，如正月为1，五月为5；农历为几日则日数就是几，如初五为5，二十二日为22；时数用其时辰地支数分别对应1~12，如卯时为4，亥时为12。得到年、月、日、时数后，将年、月、日数相加作为上卦数，将年、月、日、时数相加作为下卦数，如果所得的各数之和大于8，则用其除以8，余数作为卦数（整除时卦数为8）。卦数由1~8分别对应乾、兑、离、震、巽、坎、艮、坤。上下卦相合则得到完整的卦象。此外，我们还要求动爻，如果年、月、日、时数之和为6，则动爻数为6，如果年、月、日、时数之和大于6，则用其除以6，余数则为动爻数。

例如，用2011年3月2日11点10分起卦，其对应农历日期为辛卯年正月二十八日午时，年数为4，月数为1，日数为28，时数为7。

上卦：4+1+28=33/8=4……1，即上卦数为1，即乾卦；

下卦：4+1+28+7=40/8=5，即下卦数为8，即坤卦；

动爻：4+1+28+7=40/6=6……4，即动爻数为4。

上乾、下坤，则完整的卦象为否卦（䷋）。

4.老黄历历项解读

太岁

我国古代天文学家将黄道分为十二次，岁星（木星）一年约行一次，因此根据岁星在十二次中的位置可以纪年，即岁星纪年法。但是，因为岁星的恒星周期并非12年整，而是11.86年，用其纪年并不准确，因此我国古代天文历法专家们便假设有一个与岁星运行方向相反，匀速运动的“反岁星”，每年正好行经一次，12年运行一周天，取代岁星纪年。这个假设的星体谓之太岁，又称太阴、岁阴。太岁与十二辰也是相对应的，但并不直接用十二辰表示，而是有自己的岁名。十二岁名与十二辰对应关系见下表。

十二岁名与十二辰

十二辰	丑	子	亥	戌	酉	申	未	午	巳	辰	卯	寅
十二岁名	赤奋若	困敦	大渊献	阉茂	作噩	涒滩	协洽	敦牂	大荒落	执徐	单阏	提提格

西汉年间，历法家们为了纪年的准确、便利，又以十干来配十二辰，也有十个名称，叫“岁阳”。岁阳与十干对应关系见下表。

岁阳与十干

十干	甲	乙	丙	丁	戊	己	庚	辛	壬	癸
岁阳	阏逢	旃蒙	柔兆	强圉	著雍	屠维	上章	重光	玄黓	昭阳

岁阳与岁阴（岁名）相配就组成了六十个年名，实际上就是干支相配的六十甲子，所以至今六十甲子纪年，就是六十甲子值年的太岁，并逐一命以姓名。如公元2023年是农历癸卯年，太岁就是癸卯，名皮时；2024年是农历甲辰年，太岁就是甲辰，名李成。六十甲子太岁姓名见本书第一章民俗小百科。

古人认为值年太岁掌管这一年人间的福祸，也掌管这一年出生的人的祸福，每年要祭拜值年太岁，祈求平安；若冲犯太岁，将招致灾祸。旧俗中每有建筑动土之事，必先探明太岁的方位以避之。

十二建星

十二建星，又称十二直或建除十二客，依次为建、除、满、平、定、执、破、危、成、收、开、闭，最初是用来纪月并判断月份的。关于它们的含义，清《协纪辨方书》解释说：

建者一月之生。故从建起义，而参伍于十二辰。古之所谓建除家言也。建次为除，除旧布新，一生二，二生三，三者数之极。故曰满，满则必溢矣。易曰：坎不盈，祇既平，故继满必以平。平则定，建前四位则三合，合亦定也，定则可执矣，故继之以执。执者，守其成也，物无成而不毁，故继之以破对七为冲，冲则破也，救破以危。在《易》己日乃革之己，十干之第六，破十二辰之第七，其义同也。是故救破以危。既破而心知危。《孟子》曰："危故达夫心。能危者，事乃成矣，不必待其成而后知为达也。"《淮南子》云前三后五，百事可举。平前三也，危后五也。继危者成，何以成？建三合备也，即成必收。自建至收而十，十极数也。数无终极之理，开之，开之云者，十即一也，一生二，二生三，由此一而三之则复为建矣。建固生于开者也，故开生气也。气始萌芽，不闭则所谓发天地之房，而物不能生，故受之以闭终焉。惟其能闭，故复能建，与易同也。

十二建星后来被用于纪日，但其值日仍与月建和日干支密切相关。正月节气后最初的寅日的十二建星为建，此后各日依次与除、满、平、定、执、破、危、成、收、开、闭相配，循环往复，遇二十四节气中的节气日则重复前一天的建星。

民间将十二建星视为十二位神祇，认为它们各主不同的人事。《考原》曰："按月建十二神除、危、定、执、成、开为吉，建、破、平、收、满、闭为凶。历书所谓：建满平收黑，除危定执黄，成开皆可用，闭破不相当者也。"这种说法是没有科学根据的。观其规律，不过是以两个字为一组，即建除、满平、定执、破危、成收、开闭，一"吉"一"凶"，来自较为随意的人为规定。

九星

九星又称九星术，也叫九宫算，它源于洛书，配以八卦，是奇门遁甲的重要内容之一。其以洛书九宫为基础将1～9依照洛书排成方阵，并给每个数字配以颜色。《通书》中说："东汉张衡变九章为九宫，从一白、二黑、三碧、四绿、五黄、六白、七赤、八白、九紫分三元、六甲、以数作方而一白居坎、二黑居坤、三碧居震、四绿居巽、五黄居中、六白居乾、七赤居兑、八白居艮、九紫居离、是为九宫。静则随方而定，动则依数而行。"

四绿	九紫	二黑
三碧	五黄	七赤
八白	一白	六白

这种以五黄居于中宫的九宫图，如果永久不变，就毫无意义了。九星的位置是不断变化的，它们逐次居中宫，把五黄的九宫图中各区域的数字各减去一，就可以得到四绿的九宫图，这样就可以顺次得到各星的九宫图。

四绿木星	九紫火星	二黑土星
三碧木星	五黄土星	七赤金星
八白土星	一白水星	六白金星

五黄入中宫

三碧木星	八白土星	一白水星
二黑土星	四绿木星	六白金星
七赤金星	九紫火星	五黄土星

四绿入中宫

二黑土星	七赤金星	九紫火星
一白水星	三碧木星	五黄土星
六白金星	八白土星	四绿木星

三碧入中宫

一白水星	六白金星	八白土星
九紫火星	二黑土星	四绿木星
五黄土星	七赤金星	三碧木星

二黑入中宫

九紫火星	五黄土星	七赤金星
八白土星	一白水星	三碧木星
四绿木星	六白金星	二黑土星

一白入中宫

八白土星	四绿木星	六白金星
七赤金星	九紫火星	二黑土星
三碧木星	五黄土星	一白水星

九紫入中宫

七赤 金星	三碧 木星	五黄 土星
六白 金星	八白 土星	一白 水星
二黑 土星	四绿 木星	九紫 火星

八白入中宫

六白 金星	二黑 土星	四绿 木星
五黄 土星	七赤 金星	九紫 火星
一白 水星	三碧 木星	八白 土星

七赤入中宫

五黄 土星	一白 水星	三碧 木星
四绿 木星	六白 金星	八白 土星
九紫 火星	二黑 土星	七赤 金星

六白入中宫

在老黄历中，年、月、日旁都配有九星，这种九星纪年、纪月、纪日的方法大约起于唐末，也是我国历法的一种独创。

九星配年 从甲子年开始，一百八十年为一个周期，首个六十年为上元，再六十年为中元，最后六十年为下元。上元甲子年配一白，此后九星依次逆行循环配年，乙丑年配九紫、丙寅年配八白……至癸亥年配五黄，上元六十年结束。中元甲子年入中宫的星不再为一白，而为四绿，其后九星依然逐年逆行。到了下元甲子年入中宫的星为七赤，其后九星依然逐年逆行。这一百八十年结束，回到上元甲子年时，又配以一白，如此循环往复。

三元九星配年

年干支							上元	中元	下元
甲子	癸酉	壬午	辛卯	庚子	己酉	戊午	一白	四绿	七赤
乙丑	甲戌	癸未	壬辰	辛丑	庚戌	己未	九紫	三碧	六白
丙寅	乙亥	甲申	癸巳	壬寅	辛亥	庚申	八白	二黑	五黄
丁卯	丙子	乙酉	甲午	癸卯	壬子	辛酉	七赤	一白	四绿
戊辰	丁丑	丙戌	乙未	甲辰	癸丑	壬戌	六白	九紫	三碧
己巳	戊寅	丁亥	丙申	乙巳	甲寅	癸亥	五黄	八白	二黑
庚午	己卯	戊子	丁酉	丙午	乙卯		四绿	七赤	一白
辛未	庚辰	己丑	戊戌	丁未	丙辰		三碧	六白	九紫
壬申	辛巳	庚寅	己亥	戊申	丁巳		二黑	五黄	八白

九星配年在奇门遁甲中称为“年奇门法式”，其口诀对九星配年也同样适用。

上元甲子起坎白，中元四绿下七赤，
飞白挨次入中宫，九星顺数年皆逆。

九星配年以六十年干支循环一轮为一元，那么，究竟以哪个甲子年为上元呢？目前可查的上元是从隋仁寿四年（公元604年）开始的，即隋代刘焯创制《皇极历》之年。从这年起推算，清同治三年（公元1864年）为上元甲子年，一白入中宫；1924年为中元甲子年，四绿入中宫；1984年为下元甲子年，金星入中宫。至2045年复为上元甲子年。

民间认为九星配年以一白、六白、八白、九紫为吉星，其中九紫最吉，三白次吉。每年九星九宫图中，一白、六白、八白、九紫所在的方位是当年的吉方。

九星配月 一年十二月，从子年正月配八白开始，以后逐月逆行，三年三十六个月为一循环。总结其中的规律，正月配八白的是子年、卯年、午年和酉年，正月配五黄的是丑年、辰年、未年和戌年，正月配二黑的是寅年、巳年、申年和亥年。在奇门遁甲中有口诀：

孟年正二黑，仲年正八白，

季年正五黄，星顺月皆逆。

其中，寅巳申亥为四孟，子卯午酉为四仲，丑辰未戌为四季。

九星配月

年支 月份	子午卯酉	辰戌丑未	寅申巳亥
正月	八白	五黄	二黑
二月	七赤	四绿	一白
三月	六白	三碧	九紫
四月	五黄	二黑	八白
五月	四绿	一白	七赤
六月	三碧	九紫	六白
七月	二黑	八白	五黄
八月	一白	七赤	四绿
九月	九紫	六白	三碧
十月	八白	五黄	二黑
十一	七赤	四绿	一白
十二	六白	三碧	九紫

为什么九星配月时子年正月要以八白土星起中宫呢？这是因为我国古代以夏历纪时，而夏历以建寅之月为岁首，这样，子月便是前一年的十一月。以前一年子月起一白，十二月起九紫，至子年正月则是八白起中宫。

九星配日 九星配日过程中，九星的运行方式在冬至与夏至是不同。靠近冬至的甲子日为阳始遁而阴始得势的日子，配以一白，此后逐日顺行，次日配二黑，再次日配三碧……这样180天，甲子日入中宫的星复为一白。靠近夏至的甲子日为阴始遁而阳始得势的日子，配以九紫，此后逐日逆行，次日配八白，再次日配七赤……《烟波钓叟赋》中将这一规律总结为“二至还乡一九宫”。

干支和九星的循环周期是180日或360日，一年是365日或366日，因而干支和九星的循环每年各提早五日或十日。所以靠近冬至的甲子日，究竟指哪一个甲子日呢？有四种可能：

①冬至前最靠近冬至的甲子日；

②冬至后最靠近冬至的甲子日；

③不管冬至前后，最靠近冬至的甲子日；

④冬至那天恰是甲子日。

实际上，九星配日因流派不同，其方法也有差异。

八门

老黄历中的每日八门方位也源自奇门遁甲，八门即休门、生门、伤门、杜门、景门、死门、惊门、开门。八门与九宫八卦相应，其方位为：休北景南，伤东惊西，东北为生，东南为杜，西南为死，西北为开。

在奇门遁甲中每日的八门是根据六十干支、九星布局以及节气而定的，涉及节气的阴遁、阳遁，干支的阴阳以及方位与八门的顺行和逆行，比较复杂。在民间每日八门方位逐渐简化为以奇门遁甲为基础，直接根据六十干支来判断布局。

六十干支八门方位

日干支	休门	生门	伤门	杜门	景门	死门	惊门	开门
甲子、乙丑、丙寅	北	东北	东	东南	南	西南	西	西北
丁卯、戊辰、己巳	西南	西	西北	北	东北	东	东南	南
庚午、辛未、壬申	东	东南	南	西南	西	西北	北	东北
癸酉、甲戌、乙亥	东南	南	西南	西	西北	北	东北	东
丙子、丁丑、戊寅	西北	北	东北	东	东南	南	西南	西
己卯、庚辰、辛巳	西	西北	北	东北	东	东南	南	西南
壬午、癸未、甲申	东北	东	东南	南	西南	西	西北	北
乙酉、丙戌、丁亥	南	西南	西	西北	北	东北	东	东南
戊子、己丑、庚寅	北	东北	东	东南	南	西南	西	西北
辛卯、壬辰、癸巳	西南	西	西北	北	东北	东	东南	南
甲午、乙未、丙申	东	东南	南	西南	西	西北	北	东北
丁酉、戊戌、己亥	东南	南	西南	西	西北	北	东北	东
庚子、辛丑、壬寅	西北	北	东北	东	东南	南	西南	西
癸卯、甲辰、乙巳	西	西北	北	东北	东	东南	南	西南
丙午、丁未、戊申	东北	东	东南	南	西南	西	西北	北
己酉、庚戌、辛亥	南	西南	西	西北	北	东北	东	东南
壬子、癸丑、甲寅	北	东北	东	东南	南	西南	西	西北
乙卯、丙辰、丁巳	西南	西	西北	北	东北	东	东南	南
戊午、己未、庚申	东	东南	南	西南	西	西北	北	东北
辛酉、壬戌、癸亥	东南	南	西南	西	西北	北	东北	东

民俗小百科

黄道吉日

黄道本来只是太阳运动的轨道，古人认为天为万物之主，黄乃中央之色，所以称其为“大黄道”，有十二位星神逐年、逐月、逐日轮值守护。这些星神也是有善有恶的。善的称“黄道”，恶的为“黑道”。它们的名称如下：

黄道六神：青龙、明堂、金匮、天德、玉堂、司命。

黑道六神：天刑、朱雀、白虎、天牢、元武、勾陈。

这黄黑二道便成为世人择日办事时最为注重的一个方面。那些被认为可能会给人带来大吉大利的日子，即被称为“黄道吉日”；被认为可能会给人招惹凶祸的日子，则被称为“黑道凶日”。

后来，有人又把十二直中的除、危、定、执、成、开称为黄道，把建、破、平、收、满、闭称为黑道。

第二节

民间习俗

1. 桃木辟邪的传说

影视剧、小说中道家方士们捉鬼擒妖用的都是桃木剑，桃木一直作为中国民间辟邪的重要法器、宝物出现，这其中有什么来由和故事呢？

桃木的渊源——神荼和郁垒

汉代王充在《论衡•订鬼》中引《山海经》："沧海之中，有度朔之山，上有大桃木，其屈蟠三千里，其枝间东北曰鬼门，万鬼所出入也。上有二神人，一曰神荼（tú，音徒，荼是一种苦荼），一曰郁垒。主阅领万鬼。恶害之鬼，执以苇索，而以食虎。于是黄帝乃作礼，以时驱之，立大桃人，门户画神荼、郁垒与虎，悬苇索以御凶魅。"大意是，海中有座"度朔之山"，山上有一棵大桃树，枝叶连绵覆盖三千里，鬼域的大门坐落在桃树的东北方向。万千鬼魂穿梭于此。门边站着两个神人，即神荼和郁垒兄弟，管理众鬼，如果鬼魂在夜里干了伤天害理、涂炭生灵的事，神荼、郁垒就会立即发现并将它捉住，用芒苇做的绳子捆起来，用其喂虎。黄帝敬之以礼，岁时祀奉，竖立桃木雕刻的人像，在门上画神荼、郁垒和老虎，并挂上芦苇绳以趋避鬼怪。

还有的说法是，神荼、郁垒折桃枝为武器，将为害的妖魔鬼怪打死，即使有侥幸逃走的鬼魂，他们

看见桃枝也不敢再为非作歹了。

桃木、神荼、郁垒后来逐渐发展成了桃符和门神。秦代以后，“鬼畏桃”的观念深入人心，从巫师方士到普通百姓，无不认为桃木是可以压服邪气、制服百鬼的仙木。

桃木的用法

瘟疫和疾病的发生，使古人心中产生极度恐慌，认为是神鬼在作怪，是一种看不到、摸不着的邪气，不祥的邪祟入侵人体。辟邪就是避免或驱除邪祟，降伏妖魔鬼怪使其不侵扰人体。桃茢就是桃杖与扫帚，用以辟邪除秽，在《周礼•夏官司马•戎右》中就有“赞牛耳，桃茢”的说法。陈澔《礼记集说》：“桃性辟恶，鬼神畏之……茢，苕帚也，所以除秽。”《左传》具体记载鲁襄公让巫师用桃茢在楚康王灵柩上祓除一番，而没有行给楚康王穿衣服的礼。唐韩愈《论佛骨表》也说：“古之诸侯，行吊于其国，尚令巫祝先以桃茢祓除不祥，然后进吊。”除了行吊之外，诸侯国歃血为盟的时候，也用到了桃茢。盟约的主持人割取牛的耳朵和牛血之后，把它们盛在器具中，先用桃茢在牲血上拂动几下。因为古人把血液看作不洁之物，有此仪式是为了驱除与血有关的晦气。

桃弧棘矢是桃木制的弓，棘枝做的箭，又称为“桃棘矢”“桃棘”，也是用来辟邪的。《左传•昭公四年》：“桃弧棘矢，以除其灾。”杜预解释说：“桃弓棘箭，所以禳除凶邪，将御至尊故。”《史记•楚世家》中提到，楚国先王熊绎特意把桃弧棘矢作为贡品，跋山涉水呈给周天子。《法苑珠林》中记载：“丘墓之精名曰狼鬼，善与人斗不休。为桃棘矢，羽以鸱羽，以射之，狼鬼化为飘风，脱履捉之，不能化也。”古人认为用桃弧棘矢射杀鬼魅，是一种十分管用的方法。

用桃木煮成桃木汤，向妖魔邪祟泼洒，也是古人常用的驱邪手法。《资治通鉴》说：“莽恶汉高庙神灵，遣虎贲武士入高庙，拔剑四面提击，斧坏户牖，桃汤、赭鞭鞭洒屋壁，令轻车校尉居其中。”王莽这样做恐怕是因为自己篡汉而心有余悸吧。《荆楚岁时记》里有正月初一饮桃汤以辟邪气的记载。此外，民间认为用桃汤沐浴身体，也可以解除鬼的纠缠。

总之，人们用桃木来驱邪辟祟，无不是期盼健康、平安。

民俗小百科

桃　人

桃人，也叫“桃梗”“桃偶”，是用桃树梗刻成的厌胜物（即辟邪物），状如人形，大小随意。夏历除夕或元旦时，人们将桃人立于门侧，以辟凶邪。《战国策•齐策三》记载，孟尝君打算入秦时，苏秦讲土偶和桃梗的寓言以劝止，其中提到土偶对桃梗说：“今子，东国之桃梗也，刻削子以为人，降雨下……则子漂漂者将何如耳。”可知战国时代已有削桃木为人的桃梗了。有些地区在建房造屋时，也有用桃人的习俗，方式是在门墙上或梁柱间开个小洞，放个小桃人进去，再封住，认为可辟凶鬼，保证宅院的安定、吉祥。

2. 民间咒语

旧时，小儿夜里啼哭不止，家人常常贴个“天黄地绿，小儿夜哭，君子念过，睡到日出”的咒符，让路人来念，这就是咒符的世俗化和民间化。咒是巫术中帮助法术施行的口诀，平时禁止使用，一旦使用，就拥有无限的神秘能力，可借助自然、神灵的力量来达到目的。

咒语的形成

咒的形成与语言的功效有关，人们用语言来招呼家禽牲畜，发现它们很听话，又用恐吓性的言辞震慑别人，发现对方很恐惧，诸如此类现象使人们联想到运用自己的语言、借助一些别的力量来控制和改变事物也是可行的。

先秦两汉时期，朝廷有专门操作咒语和巫术的人，即“祝”。《左传•襄公十七年》中说“宋国区区，而有诅有祝”，意思是宋国有专门的诅咒和告祝的巫官。

咒语的力量

《礼记•郊特牲》中提及岁末蜡祭，蜡辞为“土反其宅，水归其壑，昆虫毋作，草木归其泽。”意思是：土，回到你的地方去；水，回到你的沟里去；虫，不要吃我的庄稼；草木，回到你的河边去。这实际上是对自然的“咒语”，古人企图凭借语言指挥自然，使其服从自己的愿望。

道教的咒语也是企图凭借语言指挥自然。《太平经》卷五十《神祝文诀》说：“天上有常神圣要语，时下授人以言，用使神吏应气而往来也。人民得之，谓为‘神祝’也。”这是说，咒语是神灵秘密授予人的，包含着神吏的力量，如同供人与鬼联系的密码和暗号。《尚书•无逸》中说“厥口诅祝”，“诅祝”也就是“告神明令加殃咎”（唐孔颖达疏）之意。

旧时，民俗活动乃至日常生活都离不开咒语。例如，《玉匣记》记载：“小儿幼年，举步未稳，多好嬉戏，最易倾跌，或至肉破血流，无法止之。爰访有符咒止血者，极为神效，恳其传以济世。”咒曰：太阳出来一滴油，手执金鞭倒骑牛；三声喝令长流水，一指红门血不流。

符咒深入中国古代先民的生活，扮演着极为重要的角色，人们常常以此来驱除鬼魅邪祟，以期避难解危。

民俗小百科

符　箓

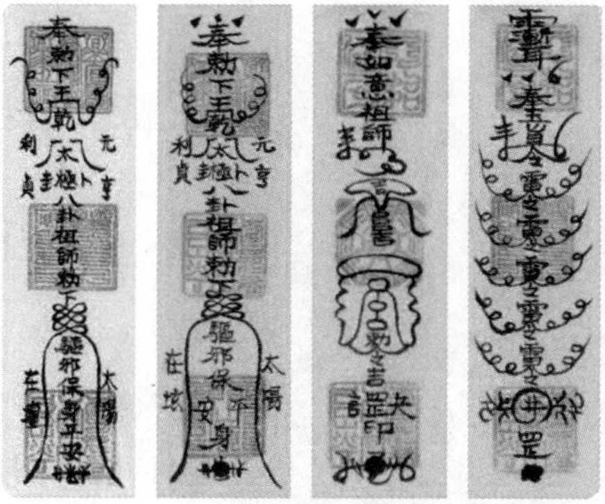

咒语的文字表现形式是符箓。符是一种奇特的图画，充当文字符号，代替语言的力量，作辟邪镇妖之用。蒙文通《道教史琐谈》：“符箓之事始于张道陵，符箓固非汉字也。”在中国古代，人们遇到恶鬼有镇邪驱邪辟邪符，建房有镇宅神符，遇火有止火符，遇水有止水符，生病有祛病符。民间认为，只要经由一定的宗教仪式，如祭祀、焚化、开光，符便具有了超自然的威力，通过它，就可与在现实中无法联系的神灵进行沟通，实现自己的愿望。

3. 求雨的习俗

人生四大喜事，第一件便是“久旱逢甘霖”，把雨水称为甘露，足见人们在久旱之时对上天行云布雨的渴望和期盼。求雨的习俗来自万物有灵论，也就是人们用某种类似于巫术的方法，来祈求上苍满足自己的愿望——下雨。

龙王的任务

龙王是中国神话传说中在水里统领水族的王，掌管兴云降雨等事，《华严经》称，诸位无量大龙王，“莫不勤力兴云布雨，令诸众生热恼消灭”。龙王治水是民间普遍的信仰。道教《太上洞渊神咒经》中的《龙王品》就称“国土炎旱，五谷不收，三三两两莫知何计时”，元始天尊乘五色云来临国土，与诸天龙王、仙童、玉女七千二百余人，宣扬正法，普救众生，大雨洪流，应时甘润。《龙王品》记载了五帝龙王“东方青帝青龙王，南方赤帝赤龙王，西方白帝白龙王，北方黑帝黑龙王，中央黄帝黄龙王”，以及大大小小数十位龙王。唐玄宗时，诏祠龙池，设坛官致祭，以祭雨师之仪祭龙王，天子也要向龙王下跪，并形成了一种典章仪式，历代沿袭。

旧时民间普遍认为，天旱是因为得罪了掌管云雨的龙王爷，为求龙王开恩、赐雨人间，需要举行一系列形式各异的祭祀、祈祷仪式来求雨。所以，旧时专门供奉龙王的庙宇几乎与城隍庙、土地庙同样普遍存在，香火兴旺。

求雨的各种方法

《西游记》第四十五回中说，唐僧师徒有一天来到了车迟国，这里有三个道士为非作歹，他们是虎、鹿、羊变化的。孙悟空为降妖除魔，便跟三个妖道斗法。第一关是孙悟空与虎力大仙比求雨。虎力大仙登上三丈多高的高台祈雨，说："这一上坛，只看我的令牌为号：一声令牌响风来，二声响云起，三声响雷闪齐鸣，四声响雨至，五声响云散雨收。"台上又是旗号，又是香炉，又是烛台的，还有雷神的金牌。底下有水缸，水上的杨柳枝托着雷霆都司的铁牌。左右五个大桩上写着五方蛮雷使者的名录。台后面的道士正在写作文书。大仙拿着宝剑，添香、念咒、烧符檄、打令牌，结果都没什么用，因为孙悟空早就上天和诸位神仙打好招呼了。这个故事描写的是道士的求雨方法。

而在山西晋中一带，习俗中有"七女祈雨法"。天旱时，由村里挑选出七个聪明伶俐、品性兼优、家门兴旺的年轻少女进行求雨。具体办法是：先把这七个少女家中所用的蜡烛搓配在一起，再把搓配的蜡和七家的炉灰用水调成稀泥，抹在村中一块光亮的方块石头上，上面放一盛满清水的大罐。之后，七个少女扶着罐子的边沿，一边转圈行走，一边念着类似咒语的求雨辞："石头姑姑起，上天把雨去。三天下，唱灯艺，五天下，莲花大供。"村里所有人盼雨、求雨的愿望都经由这七个少女向龙神、上苍转达。

汪曾祺《求雨》一文中写到昆明地区的求雨方法，即让孩子求雨，人们认为天会疼惜孩子，会因孩子的哀求而心软。十几个十岁左右的小孩组成"一个枯瘦、褴褛、有些污脏的，然而却是神圣的队伍"，他们"头上戴着柳条编成的帽圈，敲着不成节拍的、单调的小锣小鼓：冬冬当，冬冬当"，然后歌唱起来："小小儿童哭哀哀，撒下秧苗不得栽。巴望老天下大雨，乌风暴雨一起来。"

人们为求风调雨顺，采用各种办法求助于神灵，有用牲畜祭献的；有用人祈祷的；商代已有专职负责舞蹈的人员“多老”，在干旱时集体跳舞求雨；有抬着神像游行展示；有扎草龙、泥龙挥舞的；有用打、烧等方式惩罚旱魃的；有在大门垂柳插枝的；还有捕捉蛇、鱼、蛙等戏水动物作祈雨生物供奉的。

究其原因，中国古代以农业生产为主，雨水就是农作物的命脉，直接影响到收成的好坏，关系着农民的收成与国家的昌盛。人们靠天吃饭，因此格外注重风调雨顺之事。

民俗小百科

请龙求雨

旧时，浙江一带遇旱灾，有请龙求雨的习俗。人们在夜间到龙王庙里，用麻袋套住神像，抬到当地庙内供奉，称“偷龙王”。数日后仍不雨，则把神像置于烈日下，让龙王尝一尝烈日暴晒之苦，又恐晒坏神像，为它戴笠帽、披蓑衣，称“晒龙王”。再不雨，则组织长长的请龙队伍前往“龙潭”请龙求雨，吹奏乐器，念伴敲打祈念。人们在“龙潭”边，双手合十跪地，念伴诵“龙王经”，请龙显身。一见水上有浮游动物，环潭侍立的数名青年立即将“龙王”网住，放入圣瓶，随后长者许愿。迎回的“龙王”被供祭在庙内神案上，每日上香祭供三次，谓之“侍雨”。适降甘霖，则视为灵验，开演“谢龙戏”、行纸会，最后送“龙王”回龙潭。

第三节

神祇传说

1. 观音

观音，又称观世音、观自在，是中国民间佛教中的头号尊神，老百姓称她为大慈大悲救苦救难观世音菩萨。《妙法莲华经•观世音菩萨普门品》中说："观世音菩萨以何因缘名'观世音'？佛告无尽意菩萨，善男子，若有无量百千万亿众生受诸苦恼，闻是观世音菩萨，一心称名，观世音菩萨即时观其音声，皆得解脱。"《正法华经•光世音普门品》也有记载："若有众生，遭亿百千垓困厄患难苦毒无量，适闻光世音菩萨名者，辄得解脱无有众恼。"可见，观世音这个名号实际蕴含了菩萨大悲济世的思想和功德。

观音信仰的由来

观音信仰源自于佛教，是印度佛教北传至中国后，经三国、两晋、十六

国、南北朝时期对观音信仰经典的译介，才使其在中国民间广泛流传。三国吴五凤二年（公元255年）由西域高僧支疆梁接翻译的《法华三昧经》（六卷），是中国最早出现的观音信仰经典译经之一。后秦弘始八年（公元406年）由高僧鸠摩罗什翻译的《妙法莲华经•观世音菩萨普门品》一直是中国民间观音信仰最重要的佛经。唐代僧人道宣《释迦方志》卷下说："自晋、宋、梁、陈、魏、燕、秦、赵，国分十六，时经四百，观音、地藏、弥勒、弥陀，称名念诵，获其将救者，不可胜计。"说明魏晋南北朝时期已在民间盛行阿弥陀佛、弥勒佛、地藏菩萨、观音菩萨信仰。

宋、元、明、清时代，观音信仰的世俗化氛围愈加浓烈，并深入到民俗文化中。甚至把原本属于印度佛教的观音改为中国本土的观音，衍生出妙庄王之第三女妙善公主为观音化身的传说故事，树碑立传。唐宋以后，民间口口相传的各种观音故事遍及中国城乡。

随着观音信仰的广泛传播，各地纷纷建立观音庙、观音殿、观音阁，以观音命名的山、洞、土、树、米、茶等也数不胜数。同时，民间又依据中国化的观音菩萨传记（特别是妙善公主事迹），衍化出每年农历二月十九为观音菩萨诞辰日，六月十九为观音菩萨成道日，九月十九为观音菩萨涅槃日，并成为民俗活动中纪念观音菩萨的节日，一直延续至今，其隆重和热闹，远非一般民俗节庆可比拟。

观音形象

观世音的形象在中国民间经历了长期的演变。元代以前，由印度等地传入的观世音菩萨像皆为男性形象。据《悲华经》讲，观音是古印度删提岚国转轮圣王无诤念的长子，名叫不眴。他和弟弟尼摩一起，随同父亲转轮王同归佛门修行。他的行动比思想还快，他对佛说："我愿世人在遇到危难困苦时，口里念诵我的名字，好让我听见看到。这样我便可以去解救他们。"于是，佛就给他起了个名号，叫做观世音，意思是不仅能听见，而且还能看到世人的呼救之音。从敦煌石窟中的北魏、唐朝的观世音造像可以看出观音最早为男性形象，其明显的标志就是唇上的一撇小胡子。唐宋时期观世音的形象逐渐向女性转变。

元代初年，大画家赵孟頫的夫人管道升最早画了一幅女性的水墨观音像，因为她慈悲若女子，并撰写了《观音成道记》一书，妙善公主成观音的传说便源于此。

依据不同地域和不同民族的习俗及民众的愿望，观音菩萨显灵及化现、救助有所不同，主要有33种造型：杨柳观音、龙头观音、持经观音、圆光观音、游戏观音、白衣观音、莲卧观音、泷见观音、施药观音、鱼篮观音、德王观音、水月观音、一叶观音、青颈观音、威德观音、延命观音、众宝观音、岩户观音、能静观音、阿耨观音、阿么提观音、叶衣观音、琉璃观音、多罗尊观音、蛤蜊观音、六时观音、普慈观音、马郎妇观音、合掌观音、一如观音、不二观音、持莲观音、洒水观音。此外，还有民间常说的“千手观音”“送子观音”。

民俗小百科

观音与普陀山

浙江普陀山是中国最著名的观音道场，位于舟山群岛之南的海岛上，其名源于梵文potala。相传唐代大中年间（公元847—859年）有一印度僧人来此，自焚十指，发菩提心，亲睹观音菩萨现身说法，并授以七色宝石，遂传此山为观音菩萨应化圣地。后又传说五代后梁贞明二年(公元916年)日本僧人慧锷曾于山西五台山请得一尊观音菩萨像，欲护持圣像乘船返国供养，当船行至舟山群岛时，忽遇飓风骇浪，船止于普陀潮音洞而不能前行。于是，只好在该地建寺供养，取名为“不肯去观音院”。自此以后，山上寺院渐增，香客如织。南宋嘉定七年(公元1214年)，朝廷又规定此山主供观音菩萨，遂成为观音道场。因普陀山东南海面上有一小岛叫“洛迦山”，故合称为“普陀洛迦山”。此山与山西五台山、四川峨眉山、安徽九华山并称为中国佛教四大名山。至清末，全山已形成3大寺、88禅院、128茅篷，僧众数千。

2. 财神

财神不知起于何年何代，所祭祀的神明也因时因地而有所不同。一般认为财神有“正财神”赵公明、“文财神”范蠡、“武财神”关羽、“偏财神”五路神、利市仙官、“准财神”刘海蟾等。不管祭拜哪路财神，为的都是求个大吉大利。

正财神赵公明

最为人们熟知的财神，就是“正财神”赵公明了。《三教搜神大全》卷三记载：“赵元帅，姓赵讳公明，钟南山人也。自秦时避世山中，精修至道。”功成之后，玉皇授封他正一玄坛元帅之称，简称“赵玄坛”，并成为掌赏罚诉讼、驱病禳灾之神。有冤抑难伸，他会主持公道；人们买卖求财，他可以使之获利，因此逐渐被民间视为财神来供奉。其像黑面浓须，怒睁圆眼，头戴铁冠，一手执钢鞭，一手捧元宝，身跨黑虎，故又称“黑虎玄坛”。

文财神范蠡

“文财神”范蠡是春秋战国时期的政治家、谋略家，也是一位生财有道的大商家。范蠡辅佐越王勾践打败吴国后便辞官隐退，来到齐国的海边耕种土地，勤奋治产不久，就积累家产数十万金。齐王听说了他的贤能，请为其相。但范蠡没有接受，而是将钱财尽分给了乡邻百姓，离开齐都，悄悄来到陶地。范蠡认为，陶地处天下之中，为交易的必要通道，可以在此致富，因此在陶地居住下来，自称陶朱公。范蠡父子靠种地、养牲畜，做生意又积累了数万家财，成为陶地的大富翁，后又分财给百姓。范蠡一生艰苦创业，善于经营，善于理财，积金数万，又能广散钱财于天下，因此人们拜其为财神。

武财神关羽

“武财神”为关羽关云长。建安五年（公元200年），曹操出兵大败刘备，并擒住了关羽。曹操看中关羽为人忠义，拜为偏将军。后曹操察觉关羽无久留之意，便用大量金银珠宝、高官、美女来收买，但关羽丝毫不为钱财名利所动。当关羽得知刘备在袁绍处，立即封金挂印，过五关斩六将去寻刘备。关羽讲信用、重义气，故为后世商家所崇祀，以其为守护神，被视为招财进宝的财神爷。中国各地关帝庙众多，清乾隆时期仅北京就有二百多座。

五路财神

明朝以来，江南形成祭祀五路财神的习惯，五路财神即偏财神。“五路”即五显：显聪、显明、显正、显直、显德，由此可以看出古代商人对商业道德十分重视。也有说，“五路”是指东西南北中五个方位，意味着处处有生财之道。还有的地方称赵公明、招财、招宝、利市、纳珍为五路财神。

迎财神

清人顾铁卿《清嘉录》引用蔡云的一首竹枝词，描绘苏州人正月初五迎财神的情形：“五日财源五日求，一年心愿一时酬；提防别处迎神早，隔夜匆匆抱路头。”“抱路头”，就是迎财神。据说，财神性懒而散淡，一年仅有一次走下玄坛，即正月初五。他不定去往哪一家，所以大家“金锣爆竹，牲醴毕陈，以争先为利市，必早起迎之”，祈求财神保佑自己一年财运亨通。

现在，每逢新年，许多人家仍然祭拜财神像，张贴财神年画，希望财神保佑，以求大吉大利。这种真切祈望已成为人们普遍的民俗心理。

民俗小百科

刘海戏金蟾

刘海戏金蟾出现在大量的民间年画和剪纸中。刘海手舞足蹈、喜笑颜开，头发蓬松、额前垂发，手舞钱串，戏逗一只三足大金蟾，充满了喜庆、吉祥的气氛。《太平御览》引《玄中记》云："蟾蜍头生角，得而食之，寿千岁，又能食山精。"传说中，蟾蜍是能避五病、镇凶邪、助长生、主富贵的吉祥物，是有灵气的神物。刘海用计谋收服了金蟾，得道成仙。后来，他走到哪里，就把金蟾吐出的金钱撒到哪里，救济了很多穷苦之人，得到金钱可以致富，刘海也被认为是财神了。

3. 灶王

"搬家先搬灶"，可见灶在百姓生活中的重要意义。家庭的"香火"不能断，这火就是灶火。灶王也称灶君，古来传说不同，却是民间祭祀中必不可少的一位神仙。

灶王的由来

"灶王"传说的起源非常早，商朝就已开始被民间供奉，先秦时期灶神被列为主要的五祀之一，和门神、井神、厕神和中溜神五位神灵共同负责一家人的平安。《风俗通义》说："颛顼氏有子曰黎，为祝融，祀以为灶神。"两汉时期，也有说火神炎帝神农氏，死后成为灶神的。唐代李贤注引《杂五行书》称："灶神名禅，字子郭，衣黄衣，披发，从灶中出。"

关于灶神，民间有一则故事。传说，灶神本姓张，名万仓，娶妻郭丁香。万仓出外经商，音信杳然，生活重担都落到了丁香身上。丁香拼命干活养家，谁知，万仓返家时却将王海棠带了回来，休了她。丁香只好坐着老牛车离开，老牛漫无目的地往前走，在山中一间茅屋前停了下来，这就是她的归宿。茅屋里的砍柴青年收留了丁香，她就与青年成了婚，后来他们二人勤劳致富。再说那海棠好吃懒做，不久耗尽家产，她也离家走了，家中又遭火灾，万仓眼睛被熏瞎，沦为乞丐。腊月二十三这天，万仓讨饭到一富人家，得到一碗热汤面，从面里吃出了当年结婚时前妻的簪子和荷叶首饰。他知道这家女主人是被自己休掉的妻子，于是羞愧难当，一头钻进灶塘里憋死了。万仓死后，玉皇大帝因他心有悔意，又是自己张姓本家，就封他做了灶王。人们看不起张万仓，每到腊月二十三，就煮一锅烂面条给他上供，这就是民谣“灶王爷，本姓张，一年一碗烂面汤”的来历。

灶王的职责

早在春秋时期，就流传着“与其媚于奥，宁媚于灶”的俗谚，《论语•八佾》说：“不然，获罪于天，无所祷也。”意思是，如果不讨好灶王，自己的罪过就会由他告知天帝，天帝听信灶王，人们再祷告也没有用了。《东厨司命灯仪》中说灶神“虽善善恶恶，均在修为；然是是非非，必恭记录”，也就是说，灶王爷不仅仅是司饮食之神，更是督察人间善恶的司命之神。

清代《敬灶全书》说灶君：“受一家香火，保一家康泰。察一家善恶，奏一家功过。……每逢庚申日，上奏玉帝。善恶簿呈殿，终月则算。功多者，三年之后，天必降之福寿；过多者，三年之后，天必降之灾殃。”

因此人们要祭祀灶王，就像清代彭蕴章《幽州风土吟•焚灶祃》中说的那样："焚灶祃（mà，音骂，古代在军队驻扎的地方举行的祭礼），送紫官，辛甘臭辣君莫言，但言小人尘生釜，突无烟，上乞天公怜。天公怜，锡纯嘏，番熊豢豹充庖厨，黑豆年年饲君马。"

人们把灶王龛设在灶房的北面或东面，中间供上灶王的神像；没有灶王龛的人家，直接在墙上贴神像。神像上书"人间监察神""一家之主"等字，两旁贴上"上天言好事，下界保平安"的对联。传统习俗中，人们不仅对灶王恭敬，在灶前也有禁忌，如不能把刀斧放在灶上，不能在灶前乱讲话、发牢骚，不能在灶内燃烧污脏之物等。

民俗小百科

灶王奶奶

灶王奶奶可能来源于灶神是男是女的分歧。有人认为灶神为老妇，或为美女。西晋司马彪注《庄子》时说："灶神，著赤衣，状如美女。"现在民间供奉的灶君，是一对老夫妇并坐，即灶君和灶君夫人的画像。民间传说，灶王奶奶是玉皇大帝的小女儿，嫁给了民间烧火的穷人，丈夫被封为灶王，自己就是灶王奶奶了。

4. 雷神

在神话传说中，雷神是掌管雷的神明，民间俗称"雷公"，能辨人间善恶，代天执法，为打击犯罪、惩奸罚恶之神，常与司掌闪电之神即"电母"一起被民间崇拜。

雷神崇拜

雷神信仰起源于中国古代先民对于雷电的自然崇拜。在远古时代，气候变化异常，晴朗的天空会突然乌云密布，雷声隆隆，电光闪闪，雷电有时会击毁树木，击丧人畜，人们认为天上有神在发怒，进而产生恐惧之感，对其加以膜拜。雷神的形象也从单纯的自然神逐渐转变成具有复杂社会职能的神了。

关于雷神，早在春秋战国时期就有记载。屈原《远游》中有“左雨师使径待兮，右雷公而为卫。”《离骚》亦云：“鸾皇为余先戒兮，雷师告余以未具。吾令凤鸟飞腾兮，继之以日夜。”

《山海经•海内东经》中描绘的雷神形象为：“雷泽中有雷神，龙身而人头，鼓其腹。在吴西。”《山海经•大荒东经》则说雷神：“状如牛，苍身而无角，一足……其声如雷。”两者皆为半人半兽形。东汉王充《论衡•雷虚篇》所记雷神形象有了变化，曰：“图画之工，图雷之状，累累如连鼓之形。又图一人，若力士之容，谓之雷公，使之左手引连鼓，右手推之，若击之状。”此时的雷神基本上已是拟人化了。

民间流传着许多关于雷神的故事。《搜神记》说：“旧记云：陈太建初，（雷州）民陈氏者，因猎获一卵，围及尺余，携归家。忽一日，霹雳而开，生一子，有文在手，曰‘雷州’。后养成，名文玉，乡俗呼为雷种。后为本州刺史，殁而有灵，乡人庙祀之。阴雨则有电光吼声自庙而出。宋元累封王爵，庙号‘显震’，德佑中，更名‘威化’。”

清朝《广东新语》描述雷王庙大殿：雷神端冕而绯，左右列侍天将，堂殿两侧又有雷神十二躯，以应十二方位，及雷公、电母、风伯、雨师像。庙中还有一个侍从捧着一圆形的卵，暗示雷神诞辰的典故。

雷公电母

电母，是神话传说中雷公的妻子，主要掌管闪电。关于她，民间也有许多传说。

雷公电母之职，原来是管理雷电，后来雷公被民间赋予辨人间善恶，代天执法，击杀有罪之人，主持正义的职责。不过，刚开始时雷公并不十分审慎，甚至错击了一个很有孝心的寡妇。相传，这个寡妇总是很尽心地侍奉着与她相依为命的瞎眼婆婆。有一年，碰到大旱，田里的稻子全部枯死。为了让婆婆吃仅有的白饭，她三餐都喝汤，或吃菜根、菜渣等。有一天，婆婆无意间发现实情，十分心疼，不忍心媳妇挨饿受苦，与媳妇抢喝菜根汤，二人却不小心把汤泼到窗外。雷公刚好看到，以为这是一个不肖媳妇，于是就把她劈死了。玉皇大帝知道事情的来龙去脉后，命令雷公娶此女为妻，并封她为闪电娘娘，让她协助雷公，在雷公打雷之前，会发出闪电，照明是非，让雷公明辨善恶，避免冤屈。

另有一种说法是，雷公视力不好，难以辨别黑白，所以在他打雷之时，要靠他的夫人“电母”，先用镜子探照世间，明辨善恶以后再打雷，以免误伤好人。

雷公电母信仰在民间流传甚广，唐代崔致远就有文句称“使电母雷公，凿外域朝天之路”，宋代苏轼亦有诗曰“麾驾雷公诃电母”，均反映了人们“善有善报，恶有恶报”的美好愿望。不过，科学昌明的今天，我们都知道雷电是无知无识的自然现象，由于不注意雷电的防护知识而受到伤害的人们，我们应予同情，切不可再给他们加上“恶有恶报”的精神枷锁。

民俗小百科

风伯雨师

风伯是传说中掌管风的神。《周礼•春官宗伯》中有：“以槱燎祀司中、司命、风师、雨师。”郑玄注：“风师，箕也；雨师，毕也。”意思是说，风伯即二十八宿中的箕星，雨师即毕星，“月离于箕，风扬沙，故知风师其也”；而“月离于毕，俾滂沱矣。是雨师毕也”。

风伯还被认为是飞廉，即传说中的一种怪兽，鹿身，头如雀，有角，蛇尾豹纹。唐宋以后，风神逐渐人格化，有风母、风伯等说法，以风伯之说流行较广，其形象为一白须老翁，左手持轮，右手执扇。

屈原《天问》中有“蓱号起雨”。汉代王逸注：“蓱，蓱翳，雨师名也。”《搜神记》称“赤松子者，神农时雨师也”，《三教源流搜神大全》以神鸟为雨师，称“雨师者，商羊是也。商羊，神鸟，一足，能大能小，吸则溟渤可枯，雨师之神也”。唐宋以后，龙王崇拜逐渐取代了雨师的位置。

5. 多种多样的门神

门神是神话传说中守卫门户的神灵，旧时人们习惯将其神像贴于门上，用以驱邪避鬼，保家卫宅，是民间最受人们欢迎的保护神之一。由于各个地方风俗习惯不一样，民间流传的门神也多种多样，除了神荼和郁垒二位最常见的门神外，还有钟馗、秦琼和尉迟恭等。

神荼和郁垒

神荼和郁垒是最早的门神，在汉代民间颇为流行。传说，神荼和郁垒是远古时期黄帝派来统领游荡人间群鬼的两位神将，二人均拿着苇索，看守那些不祥之鬼，一旦捉住便杀之。关于他们的故事在前文“桃木辟邪”部分已有阐述。至于二神的形象，《三教源流搜神大全》中有一幅画，画中即有二神的肖像。二神位于桃树下，袒胸露乳，黑髯虬须，眉发耸亙，头生两角，手执桃木剑与苇索，一副凶神恶煞的样子，难怪鬼见了都害怕。

早期，除夕人们用桃木削制神荼和郁垒像，悬挂苇索，并画只老虎贴在门上。现在民间常是将二神画像张贴于门上，或用桃木雕刻二神像，并用朱砂笔在桃木板上写上二神尊名，挂在门上，用来驱鬼辟邪。

门神钟馗

门神钟馗出现在唐代，据传钟馗不但捉鬼，而且吃鬼，所以人们常在除夕之夜或端午节将钟馗图像贴在门上，用来驱邪辟鬼。

宋朝沈括《补笔谈》卷三、明代陈耀文《天中记》卷四以及明代学者编修的《历代神仙通鉴》卷一四等皆记载，钟馗原来是陕西终南山人，少时即才华出众，唐武德（618—627年）中赴长安参加武举考试，仅因为相貌丑陋而没有中举，于是恼羞成怒，撞死在殿阶上，唐高祖听说后特别赐给红官袍予以安葬。后来唐玄宗偶患脾病，太医们束手无策，宫廷上上下下都很着急。一天晚上唐玄宗睡着后，忽然梦见一小鬼偷窃宫中财物沿着殿墙边逃跑，唐玄宗急忙喊叫捉拿，只见一位相貌魁梧的大丈夫跑上殿来，捉住小鬼，刳目而吃之。玄宗问他是什么人时，他回答说是“武举不中进士钟馗”。唐玄宗醒来后，第二天病就好了，于是请来画匠吴道子将钟馗的像画了下来，所画之人豹头虬髯，

目如环，鼻如钩，耳如钟，头戴乌纱帽，脚着黑朝鞋，身穿大红袍，右手执剑，左手捉鬼，怒目而视，一副威风凛凛、正气凛然的模样，与玄宗梦中所见一模一样，玄宗大悦，将画像挂于宫门之上，作为门神。后来，民间纷纷效仿。清富察敦崇《燕京岁时记》称："每至端阳，市肆间用尺幅黄纸，盖以朱印，或绘画天师钟馗之像，或绘画五毒符咒之形，悬而售之。都人士争相购买，粘之中门，以避祟恶。"

秦叔宝和尉迟恭

秦叔宝、尉迟恭（敬德）是唐代的大将军，大约元代以后，才祀之为门神。据明《正统道藏》中的《搜神记》及《历代神仙通鉴》等记载，唐太宗身体不太好，寝宫门外有恶鬼魑魅号叫，六院三宫，夜无宁日。唐太宗深受困扰，将此事告诉君臣。大将秦叔宝说："臣平生杀人如摧枯，积尸如聚蚁，何惧小鬼乎！愿同敬德戎装以伺。"唐太宗同意，夜晚让二人立于宫门两侧，一夜果然平安无事。后来唐太宗觉得整夜让二人守于宫门，实在辛苦，于是命画工画二人像，全装怒发，手执玉斧，腰带鞭练弓箭，一如平时，悬挂在两扇宫门上，从此邪祟得以平息。后来此俗逐渐在民间盛行。《清嘉录•门神》中记载："夜分易门神。俗画秦叔宝、尉迟敬德之像，彩印于纸，小户贴之。"此俗至今仍广为流传，反映了人们祈求平安、谨盼避祸的心理。

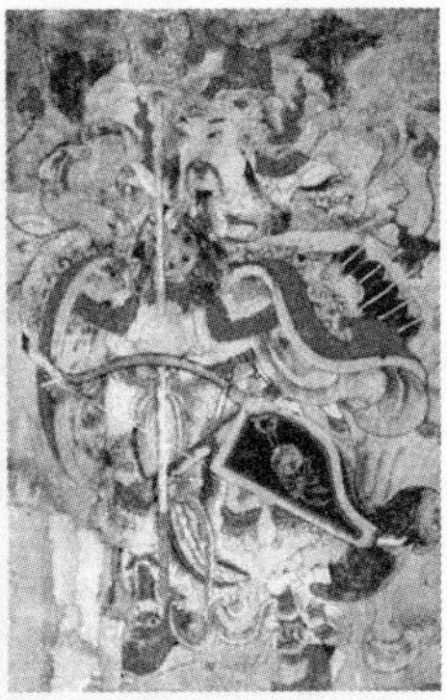

除以上几个有较大影响的主要门神外，各地还有许多不同的门神人物。例如，苏州地区曾以温将军、岳元帅为门神，河南供奉的门神为三国时期蜀国的赵云和马超，河北供奉的门神是马超、马岱，冀西北则供奉唐朝的薛仁贵和盖苏，陕西供奉孙膑和庞涓，有的地区还将哼哈二将视为门神。

民俗小百科

门神的分类

民间有的地方将门神分为三类，即文门神、武门神、祈福门神。文门神即画一些身着朝服的文官；武门神即武官形象，如秦琼、尉迟恭等；祈福门神即为福、禄、寿三星，此外还有刘海戏金蟾、招财童子等。这些门神虽出现的时间、区域等背景不尽相同，但至今仍经常可看到他们的神像被贴在百姓家的大门上，寄意镇守宅邸。

6．城隍神

在过去，中国各地，上至京都，下至府县，都建有城隍庙供奉城隍神，那么，城隍神是个什么神呢？民间又有怎样的祭祀传统呢？

城隍神的由来

城隍神是守护城池之神。城隍本指护城河，《说文解字》称：“隍，城池也。有水曰池，无水曰隍。”班固的《两都赋序》：“京师修宫室，浚城隍。”首次将“城隍”两字连用。据《周礼》记载，在周代的腊祭八神之中就有水（即隍）、庸（即城），对城隍神的供奉大概就是由此衍化而来的。最早见于记载的城隍庙是公元239年孙权在安徽芜湖建立的。城隍神得到广泛的信奉，是在南北朝时期。

在唐朝，人们就已经把城隍视为阴间的地方长官了。唐朝佛教盛行，人们相信，人死了以后就成为鬼魂。鬼魂生活的阴间和人间一样，也有各级衙门和官吏管着。而城隍神就是管理全体鬼魂的阴间长官。这样，城隍在人们心目中的威信就高多了，而且城隍庙的修建也就从南方逐步扩展到北方。

宋以后，许多地方形成了以奉祀过世英雄，或有功于地方民众的名臣为城隍，并建庙祭礼，希望他们的英灵能像生前那样保护当地的人民，打击邪恶势力。例如，北京的城隍是文天祥、杨椒山，上海的城隍是汉代大将霍光，会稽的城隍是庞玉，南宁、桂林的城隍为苏缄，等等。

明代以后，朱元璋给城隍封官晋爵，京都的城隍封为承天鉴国司民升福明灵王，府为鉴察司民城隍威灵公，州为鉴察司民城隍灵佑侯，县为鉴察司民城隍显佑伯，官值四品，高出七品知县。如果县令遇棘手之案还来县城隍庙上香叩拜，希望城隍给其指点迷津。

祭祀城隍传统

祭祀城隍神的例规形成于南北朝时，唐宋时城隍神信仰盛行。自宋代起，对城隍的祭祀已列入国家祀典，每年清明、七月半、十月初一都是官方祭期。每逢这三大节日，城隍庙中一尊木雕的城隍菩萨就乘坐八抬大轿，顶着罗伞，在仪仗和銮驾的簇拥下四处“巡游”，一方面体察民情，一方面接受百姓的供奉。

由于城隍除了保护神的身份外，还是阴间的地方长官，管理冥界事务是他最重要的职能，所以城隍神要在这三大节日里分别“收鬼”“访鬼”和“放鬼”。清明谓“收鬼”。清明之后，农忙在即，城隍神要收缉游魂野鬼，保证开春之后，地方太平。七月半是盂兰盆会，是民间最重要的“鬼节”，此时，城隍神要“访鬼”，接受冤魂屈鬼的“申诉”，查处冤假错案，以免冤魂屈鬼作祟闹事。十月初一称十月醮，设祭恤醮，赈济慰抚平时无人祭祀的野鬼。同时晓示神威，既慰抚又威慑，恩威并重以达到太平无事的目的。除了这一年三次规定的祭祀与出巡，城隍神平时还有求雨、祈晴、除灾等“特巡”任务。

现在，城隍神、城隍祭祀已成为传统历史文化的一部分，民间对城隍神的信仰与祭祀更大意义上演变为一份平安的期待和祝福。

民俗小百科

城隍庙

城隍是自然神，凡有城池者，就建有城隍庙。特别是到了一千多年前的唐朝，由于商业日渐发达，城市越来越多而且规模越来越大，各地的城隍庙也就不断增多了。明太祖朱元璋更是下诏要求各地均建城隍庙，他说：“朕立城隍神，使人知畏，人有所畏则不敢妄为。”

城隍庙为城隍之“公堂”，神龛内端坐城隍，旁立掌簿判官和勾魂鬼卒，堂下分列赏善、罚恶判官与守护武士像，神龛匾书“护庫佑民”，左右陈列四品显佑伯仪仗一套，以及“回避”“肃静”牌，阴森恐怖，庄严肃穆。此外，城隍庙里挂有“纲纪严明”“浩然正气”等匾额，还有“善恶到头终有报，是非结底自分明”等楹联，还有石碑、石刻等，这些文物古迹是城隍文化的重要组成部分。

每逢元宵、城隍寿诞以及清明节、七月十五日、十月十五日等时节，城隍庙都要举行庙会活动。那时，庙内外人山人海，热闹非凡。城内万民空巷，郊区的农家打扮一新，结伴纷纭而至。老百姓也都假神之名义乘机放松快乐一把，把“神节”变成了“民节”。

7. 土地神

旧时，在中国大地上，几乎到处可见石砌的、木建的各式各样的土地庙，里面供奉着土地神，香火旺盛。土地神，又称“土地公公”“土地公”“土地爷”，神位格最低，是个小神，掌管一小块地方，如一区、一里、一村、一邻之杂事。

土地神的由来

土地神崇拜源自中国古代对土地的崇拜。以前为天子诸侯所祭拜的“社稷”，“社”就是土神，“稷”就是谷神。《春秋公羊传》

之注曰："社者，土地之主也。"汉代应劭《风俗通义•祀典》引《孝经》曰："社者，土地之主，土地广博，不可遍敬，故封土以为社而祀之，报功也。"在古籍记载中，对土地神的称谓有"后土""土正""社神""社公""土地""土伯"。据《礼记•祭法》载，那时祭祀土地神已有等级之分，"王为群姓立社，曰大社。王自为立社，曰王社。诸侯为百姓立社，曰国社。诸侯自为立社，曰侯社。大夫以下成群立社，曰置社"。汉武帝时将"后土皇地祇"奉为总司土地的最高神，各地仍祀本处土地神。

传说最早被人格化的土地神是汉代蒋子文。东晋的《搜神记》卷五称广陵人蒋子文因追贼而死，东吴孙权掌权后，蒋子文显灵于道说："我当为此土地神，以福尔下民。"此后，各地土地神渐自为当地有功者死后担任。清代赵翼《陔余丛考》卷三五称沈约为湖州乌镇昔静寺土地神，岳飞为临安太岳土地神。现在民间供奉的土地神大多是一位白色须发、福态吉祥的老人形象，一般穿着是普通便服，面庞圆而丰盈，露出慈祥的笑容，深得民众喜爱。

土地神祭祀

《诗经》中早有关于土地神祭祀的记载。《礼记•郊特牲》说："社所以神地之道也。地载万物，天垂象。取财于地，取法于天，是以尊天而亲地也。"而土地神崇奉之盛，是由明代开始的。明代的土地庙特别多，这与朱元璋有关系。《琅琊漫抄》记载，朱元璋"生于盱眙县灵迹乡土地庙"。因而小小的土地庙，在明代备受崇敬。一般重要的祭祀日是农历二月二日即土地神生日。这一天家家户户都要宰鸡杀鸭、虔诚祭拜，土地庙多要演戏，以祝"福德正神"（即土地神）千秋，民间称之为春祭。到了农历八月十五日要庆祝土地神升天，这叫"秋祭"，以感谢土地公一年来的福佑。《诸罗县志》记载："中秋祀当境土神，与二月二日同；访秋报也。四境歌吹相闻，为之社戏。"《台湾府志》也说："中秋，祀当境土神。盖古者祭祀之礼，与二月二日同；春祈而秋报也。"

随着时代的改变，人们对土地公祭拜的信念渐渐转移。在民间，土地公也被视为财神与福神，因为民间相信“有土斯有财”，故此土地公就被商家奉为守护神。在闽南和台湾地区，每年二月初二商家都要为土地公举行盛大祭典祈求财利，这叫做“做牙”，十二月十六日是一年最后的“做牙”，所以称为“尾牙”。

除了以上祭日外，因为土地公掌管与人民生计息息相关的土地，而成为一方人家的保护神，所以，土地神也是民间祭拜最勤的神仙。

民俗小百科

土地婆

祭祀土地神时，有时会有土地婆陪祀，有时则只有土地神自己而已。关于土地婆，民间流传着这样一个故事：玉皇大帝委派土地神下凡时，问他有什么抱负，土地神希望世上的人个个都变得有钱，人人过得快乐。土地婆却反对，她认为世间的人应该有富有贫，才能分工合作，发挥各自的社会功能。土地神认为如果那样的话，贫穷的人就太可怜了，土地婆却反驳说：“如果大家都变有钱人，以后我们女儿出嫁，谁来帮忙抬轿子呢？”土地神只好打消这个原可“皆大欢喜”的念头，世间才有悬殊的贫富差别。

8．妈祖

妈祖，又称天妃、天后、天上圣母、娘妈，是海上的保护神，是沿海渔民和船民信仰的神。妈祖崇拜至今已有一千多年的历史，遍及中国、日本和东南亚各国，后又远渡到欧洲及美洲，可以说，有华人居住的地方都有妈祖庙、天后宫。

妈祖的由来

据学者考证，妈祖确有其人。妈祖，俗名林默娘，福建莆田湄洲人，生于北宋建隆元年（公元960年）三月二十三日。传说她幼时即能预知祸福，后得传玄机妙法，能乘席渡海，平波息浪，专救危船难民。宋雍熙四年（公元987年）九月九日，林默娘在福建湄洲岛去世，渔民们称她羽化升天，供奉她为“天上飞仙海上神”，又在湄洲岛修建了第一座妈祖庙。渔民出海前都要来此庙烧香敬神，祈佑平安。自宋徽宗于宣和五年（公元1123年）下诏赐妈祖庙号“顺济”开始，宋、元、明、清几朝帝王对妈祖及其庙宇多有赐封，且呈累进叠加之势，诸如“天妃”“天后”等，直至清嘉庆七年（公元1802年）敕封其为“天上圣母无极元君”，地位之高几乎达到无以复加的程度，可见妈祖受重视之极。

妈祖崇拜

妈祖崇拜实际起于民间，官方的封赠提高了她的地位，而民间仍然以自己的理解和情感去崇拜她。

海神妈祖主司海上救难，有时现身搭救，有时送灯导航，深得渔民的敬仰，因此中国沿海地区、客家聚居的闽西南、粤东、粤北以及台湾等地，均普遍崇奉妈祖。台湾百姓家常在神龛中挂“家常五神”，妈祖画像位居其中。平日里人们把妈祖神像供奉在家里或船上，随时烧香求愿，或求佑护渔民与行船，或祈风调雨顺、生意兴隆、事业发达，或祷亲人团圆、阖家平安、子嗣兴旺、吉祥如意。在妇女心目中，妈祖更是一位多功能的女神。她不仅能解除人间的诸多疾苦灾难，甚至有像观音菩萨那样的“司孕嗣”功能。至今，湄州岛妇女还梳有一种状如船帆的发髻，俗称“莲髻”，便是对妈祖崇拜的一种表征。而一旦到了元宵节及妈祖

诞辰或“升天”纪念日，崇祀妈祖的活动更是盛大隆重。

由于妈祖崇拜，在民间形成了许多相关习俗，主要有以下一些。

妈祖舞：也称“摆棕轿”，指每当重大节日或妈祖生日时，人们抬妈祖像出游的习俗。出游时，由九个小孩执九支小旗，十八个大人抬着九把棕轿，随着特有的锣鼓声，小孩在前面舞，大人在后面舞。到了预定的场地，便围着火堆舞摆，一般一次持续两个多小时。

妈祖灯笼：每当妈祖诞辰和重大节庆，在各妈祖庙里，都要悬挂一种特别的大型妈祖灯笼，上面书写“天上圣母”和“妈祖庙”字样；抬妈祖出游时，由专人扛着大灯笼一起游行。

出海船上挂草席：据说妈祖以前就是这么做的，渔民们竞相仿效，现在的渔民大多以三角旗代替。

禁捕杀：每年农历三月二十三日即妈祖诞辰前后数日，禁止渔民下海捕鱼或垂钓，来纪念妈祖诞辰。现在保留此习俗多为了让海中鱼类安全产卵，繁殖后代。

九重米粿：九重米粿是将米浆分九次下料，蒸九次成熟，为福州、莆田一带节日应景食品。莆田人在农历九月初九日必蒸九重米粿，目的在于纪念妈祖升天。

民俗小百科

湄洲祖庙

湄洲妈祖祖庙，尊称湄洲祖庙，是宋雍熙四年（987年），妈祖升天后，人们为纪念她，在湄洲岛修建的，为最早的妈祖庙，是全世界妈祖信众心中的圣地。元朝，湄洲祖庙得到进一步的扩建。当时诗人洪希文在《题圣墩妃宫》一诗中描写了湄洲祖庙的景象：“粉墙丹住辉掩映，华表茸突过飞峦。”明朝，湄洲祖庙又得到进一步扩展。郑和下西洋时，因妈祖庇佑有功，朝廷遣官对该庙进行了进一步修葺。明宣德六年（1431年），郑和最后一次下西洋之前，亲自与地方官员备办木石，再次修整湄洲祖庙。到清乾隆以后，湄洲祖庙已成为颇具规模的雄伟建筑群，有99间斋房，号称“海上龙宫”。可惜，湄洲祖庙原有的金碧辉煌的建筑群后来陆续遭到破坏，只剩下林默娘的父母祠，规模较小。20世纪80年代以来，有关部门对湄洲祖庙进行了大量的复原修建工作，并且兴建了妈祖新殿，新殿宏伟壮观，被世人誉为“海上布达拉宫”。

附录

2023—2040年老黄历

公元 2023 年　　农历癸卯(兔)年(闰二月)

正月小

孟春 之月　虎月　甲寅　心宿

赤碧黄
白白白
黑绿紫

天道行南，日躔在亥宫，宜用甲丙庚壬时

十四日**立春** 10:43　初一日**朔** 4:52

廿九日**雨水** 6:35　十六日**望** 2:28

农历	初一	初二	初三	初四	初五	初六	初七	初八	初九	初十	十一	十二	十三	十四	十五	十六	十七	十八	十九	二十	廿一	廿二	廿三	廿四	廿五	廿六	廿七	廿八	廿九	三十
阳历	22	23	24	25	26	27	28	29	30	31	2月	2	3	4	5	6	7	8	9	10	11	12	13	14	15	16	17	18	19	
星期	日	一	二	三	四	五	六	日	一	二	三	四	五	六	日	一	二	三	四	五	六	日	一	二	三	四	五	六	日	
干支	庚辰	辛巳	壬午	癸未	甲申	乙酉	丙戌	丁亥	戊子	己丑	庚寅	辛卯	壬辰	癸巳	甲午	乙未	丙申	丁酉	戊戌	己亥	庚子	辛丑	壬寅	癸卯	甲辰	乙巳	丙午	丁未	戊申	
28宿	虚	危	室	壁	奎	娄	胃	昴	毕	觜	参	井	鬼	柳	星	张	翼	轸	角	亢	氐	房	心	尾	箕	斗	牛	女	虚	
	平	定	执	破	危	成	收	开	闭	建	除	满	平	平	定	执	破	危	成	收	开	闭	建	除	满	平	定	执	破	
五行	金	金	木	木	水	水	土	土	火	火	木	木	水	水	金	金	火	火	木	木	土	土	金	金	火	火	水	水	土	
节元					大寒中9					大寒下6					立春上8					立春中5					立春下2					
黄道黑道	白虎	玉堂	天牢	元武	司命	勾陈	青龙	明堂	天刑	朱雀	金匮	天德	白虎	天德	白虎	玉堂	天牢	元武	司命	勾陈	青龙	明堂	天刑	朱雀	金匮	天德	白虎	玉堂	天牢	
八卦	坎	艮	坤	乾	兑	离	震	巽	坎	艮	坤	乾	兑	离	震	巽	坎	艮	坤	乾	兑	离	震	巽	坎	艮	坤	乾	兑	
方位	西北正东	西南正东	正南正南	东南正南	东北东南	西北东南	西南正西	正南正西	东南正北	东北正北	西北正东	西南正东	正南正南	东南正南	东北东南	西北东南	西南正西	正南正西	东南正北	东北正北	西北正东	西南正东	正南正南	东南正南	东北东南	西北东南	西南正西	正南正西	东南正北	
五脏	肺	肺	肝	肝	肾	肾	脾	脾	心	心	肝	肝	肾	肾	肺	肺	心	心	肝	肝	脾	脾	肺	肺	心	心	肾	肾	脾	
子时时辰	丙子	戊子	庚子	壬子	甲子	丙子	戊子	庚子	壬子	甲子	丙子	戊子	庚子	壬子	甲子	丙子	戊子	庚子	壬子	甲子	丙子	戊子	庚子	壬子	甲子	丙子	戊子	庚子	壬子	
农事节令	春节，寅时朔，一龙治水	财神节，二日得辛			破五节	五九，六姑看蚕	三人七饼	上弦	农暴	十牛耕地，土神诞			绝日，农暴	巳时立春	元宵节，六九	丑时望			农暴				下弦	七九，情人节	填仓节				卯时雨水，农暴	

公元2023年　农历癸卯(兔)年(闰二月)

二月大

仲春　之月　兔月　乙卯　尾宿

白黑绿
黄赤紫
白碧白

天道行西南,日躔在戌宫,宜用艮巽坤乾时

十五日**惊蛰**4:37　初一日**朔**15:06

三十日**春分**5:25　十六日**望**20:40

农历	初一	初二	初三	初四	初五	初六	初七	初八	初九	初十	十一	十二	十三	十四	十五	十六	十七	十八	十九	二十	廿一	廿二	廿三	廿四	廿五	廿六	廿七	廿八	廿九	三十
阳历	20	21	22	23	24	25	26	27	28	3月	2	3	4	5	6	7	8	9	10	11	12	13	14	15	16	17	18	19	20	21
星期	一	二	三	四	五	六	日	一	二	三	四	五	六	日	一	二	三	四	五	六	日	一	二	三	四	五	六	日	一	二
干支	己酉	庚戌	辛亥	壬子	癸丑	甲寅	乙卯	丙辰	丁巳	戊午	己未	庚申	辛酉	壬戌	癸亥	甲子	乙丑	丙寅	丁卯	戊辰	己巳	庚午	辛未	壬申	癸酉	甲戌	乙亥	丙子	丁丑	戊寅
28宿	危危	室成	壁收	奎开	娄闭	胃建	昴除	毕满	觜平	参定	井执	鬼破	柳危	星成	张成	翼收	轸开	角闭	亢建	氐除	房满	心平	尾定	箕执	斗破	牛危	女成	虚收	危开	室闭
五行	土	金	金	木	木	水	水	土	土	火	火	木	木	水	水	金	金	火	火	木	木	土	土	金	金	火	火	水	水	土
节元	雨水上9					雨水中6					雨水下3					惊蛰上1					惊蛰中7					惊蛰下4				
黄道黑道	元武	司命	勾陈	青龙	明堂	天刑	朱雀	金匮	天德	白虎	玉堂	天牢	元武	司命	元武	司命	勾陈	青龙	明堂	天刑	朱雀	金匮	天德	白虎	玉堂	天牢	元武	司命	勾陈	青龙
八卦	艮	坤	乾	兑	离	震	巽	坎	艮	坤	乾	兑	离	震	巽	坎	艮	坤	乾	兑	离	震	巽	坎	艮	坤	乾	兑	离	震
方位	东北正北	西北正东	西南正东	正南正南	东南正南	东北东南	西北东南	西南正西	正南正西	东南正北	东北正北	西北正东	西南正东	正南正南	东南正南	东北东南	西北东南	西南正西	正南正西	东南正北	东北正北	西北正东	西南正东	正南正南	东南正南	东北东南	西北东南	西南正西	正南正西	东南正北
五脏	脾	肺	肺	肝	肝	肾	肾	脾	脾	心	心	肝	肝	肾	肾	肺	肺	心	心	肝	肝	脾	脾	肺	肺	心	心	肾	肾	脾
子时时辰	甲子	丙子	戊子	庚子	壬子	甲子	丙子	戊子	庚子	壬子	甲子	丙子	戊子	庚子	壬子	甲子	丙子	戊子	庚子	壬子	甲子	丙子	戊子	庚子	壬子	甲子	丙子	戊子	庚子	壬子
农事节令	申时朔,中和节	龙头节,农暴	农暴	八九			春斫暴	上弦,农暴	农暴	上戊	乌龟暴		九九,农暴		寅时惊蛰,花朝节	戌时望	妇女节		农暴		植树节			下弦,消费者权益日				农暴	离日,农暴	卯时春分,世界森林日

公元 2023 年　农历癸卯(兔)年(闰二月)

闰二月小

仲春之月　兔月　乙卯　尾宿

白	黑	绿
黄	赤	紫
白	碧	白

天道行西南，日躔在戌宫，宜用艮巽坤乾时

十五日清明 9:14　初一日朔 1:23　十六日望 12:34

农历	初初初初初初初初初初十十十十十十十十十二廿廿廿廿廿廿廿廿廿三 一二三四五六七八九十一二三四五六七八九十一二三四五六七八九十
阳历	22 23 24 25 26 27 28 29 30 31 4月 2 3 4 5 6 7 8 9 10 11 12 13 14 15 16 17 18 19
星期	三四五六日一二三四五六日一二三四五六日一二三四五六日一二三
干支	己庚辛壬癸甲乙丙丁戊己庚辛壬癸甲乙丙丁戊己庚辛壬癸甲乙丙丁 卯辰巳午未申酉戌亥子丑寅卯辰巳午未申酉戌亥子丑寅卯辰巳午未
28宿	壁奎娄胃昴毕觜参井鬼柳星张翼轸角亢氐房心尾箕斗牛女虚危室壁 建除满平定执破危成收开闭建除除满平定执破危成收开闭建除满平
五行	土金金木木水水土土火火木木水水金金火火木木土土金金火火水水
节元	春分上 3　春分中 9　春分下 6　清明上 4　清明中 1　清明下 7
黄道黑道	明天朱金天白玉天元司勾青明天明天朱金天白玉天元司勾青明天朱 堂刑雀匮德虎堂牢武命陈龙堂刑堂刑雀匮德虎堂牢武命陈龙堂刑雀
八卦	艮坤乾兑离震巽坎艮坤乾兑离震巽坎艮坤乾兑离震巽坎艮坤乾兑离
方位	东西西正东东西西正东东西西正东东西西正东东西西正东东西西正 北北南南南北北南南南北北南南南北北南南南北北南南南北北南南 正正正正正东东正正正正正正正正东东正正正正正正正正东东正正 北东东南南南南西西北北东东南南南南西西北北东东南南南南西西
五脏	脾肺肺肝肝肾肾脾脾心心肝肝肾肾肺肺心心肝肝脾脾肺肺心心肾肾
子时时辰	甲丙戊庚壬甲丙戊庚壬甲丙戊庚壬甲丙戊庚壬甲丙戊庚壬甲丙戊庚 子子子子子子子子子子子子子子子子子子子子子子子子子子子子子
农事节令	丑时朔，世界水日　世界气象日　世界防治结核病日　上弦　巳时清明　午时望　下弦

公元 2023 年　农历癸卯(兔)年(闰二月)

三月小

季春之月　龙月　丙辰　箕宿

黄	白	碧
绿	白	白
紫	黑	赤

天道行北，日躔在酉宫，宜用癸乙丁辛时

初一日**谷雨** 16:14　初一日**朔** 12:11

十七日**立夏** 2:19　十七日**望** 1:33

农历	初一	初二	初三	初四	初五	初六	初七	初八	初九	初十	十一	十二	十三	十四	十五	十六	十七	十八	十九	二十	廿一	廿二	廿三	廿四	廿五	廿六	廿七	廿八	廿九	三十
阳历	20	21	22	23	24	25	26	27	28	29	30	5月	2	3	4	5	6	7	8	9	10	11	12	13	14	15	16	17	18	
星期	四	五	六	日	一	二	三	四	五	六	日	一	二	三	四	五	六	日	一	二	三	四	五	六	日	一	二	三	四	
干支	戊申	己酉	庚戌	辛亥	壬子	癸丑	甲寅	乙卯	丙辰	丁巳	戊午	己未	庚申	辛酉	壬戌	癸亥	甲子	乙丑	丙寅	丁卯	戊辰	己巳	庚午	辛未	壬申	癸酉	甲戌	乙亥	丙子	
28宿	奎定	娄执	胃破	昴危	毕成	觜收	参开	井闭	鬼建	柳除	星满	张平	翼定	轸执	角破	亢危	氐危	房成	心收	尾开	箕闭	斗建	牛除	女满	虚平	危定	室执	壁破	奎危	
五行	土	土	金	金	木	木	水	水	土	土	火	火	木	木	水	水	金	金	火	火	木	木	土	土	金	金	火	火	水	
节元		谷雨上5					谷雨中2					谷雨下8					立夏上4					立夏中1					立夏下7			
黄道黑道	金匮	天德	白虎	玉堂	天牢	元武	司命	勾陈	青龙	明堂	天刑	朱雀	金匮	天德	白虎	玉堂	白虎	玉堂	天牢	元武	司命	勾陈	青龙	明堂	天刑	朱雀	金匮	天德	白虎	
八卦	坤	乾	兑	离	震	巽	坎	艮	坤	乾	兑	离	震	巽	坎	艮	坤	乾	兑	离	震	巽	坎	艮	坤	乾	兑	离	震	
方位	东南正北	东北正北	西北正东	西南正东	正南正南	东南正南	东北东南	西北东南	西南正西	正南正西	东南正北	东北正北	西北正东	西南正东	正南正南	东南正南	东北东南	西北东南	西南正西	正南正西	东南正北	东北正北	西北正东	西南正东	正南正南	东南正南	东北东南	西北东南	西南正西	
五脏	脾	脾	肺	肺	肝	肝	肾	肾	脾	脾	心	心	肝	肝	肾	肾	肺	肺	心	心	肝	肝	脾	脾	肺	肺	心	心	肾	
子时时辰	壬子	甲子	丙子	戊子	庚子	壬子	甲子	丙子	戊子	庚子	壬子	甲子	丙子	戊子	庚子	壬子	甲子	丙子	戊子	庚子	壬子	甲子	丙子	戊子	庚子	壬子	甲子	丙子	戊子	
农事节令	午时朔，申时谷雨		世界地球日，桃花暴				农暴		上弦			劳动节			青年节，农暴		丑时望，丑时立夏						护士节，防灾减灾日		母亲节，猴子暴	农暴，国际家庭日				

四月大

孟夏之月　蛇月　丁巳　斗宿

绿	紫	黑
碧	黄	赤
白	白	白

天道行西，日躔在申宫，宜用甲丙庚壬时

初三日小满 15:10　初一日朔 23:52

十九日芒种 6:19　十七日望 11:40

农历	阳历	星期	干支	28宿		五行	节元	黄道黑道	八卦	方位	五脏	子时时辰	农事节令
初一	19	五	丁丑	娄	成	水		玉堂	乾	正南正西	肾	庚子	夜子朔，农暴
初二	20	六	戊寅	胃	收	土		天牢	兑	东南正北	脾	壬子	
初三	21	日	己卯	昴	开	土	小满上5	元武	离	东北正北	脾	甲子	申时小满
初四	22	一	庚辰	毕	闭	金		司命	震	西北正东	肺	丙子	
初五	23	二	辛巳	觜	建	金		勾陈	巽	西南正东	肺	戊子	
初六	24	三	壬午	参	除	木		青龙	坎	正南正南	肝	庚子	
初七	25	四	癸未	井	满	木		明堂	艮	东南正南	肝	壬子	
初八	26	五	甲申	鬼	平	水	小满中2	天刑	坤	东北东南	肾	甲子	老虎暴
初九	27	六	乙酉	柳	定	水		朱雀	乾	西北东南	肾	丙子	上弦
初十	28	日	丙戌	星	执	土		金匮	兑	西南正西	脾	戊子	
十一	29	一	丁亥	张	破	土		天德	离	正南正西	脾	庚子	
十二	30	二	戊子	翼	危	火		白虎	震	东南正北	心	壬子	
十三	31	三	己丑	轸	成	火	小满下8	玉堂	巽	东北正北	心	甲子	世界无烟日
十四	6月	四	庚寅	角	收	木		天牢	坎	西北正东	肝	丙子	儿童节
十五	2	五	辛卯	亢	开	木		元武	艮	西南正东	肝	戊子	农暴
十六	3	六	壬辰	氐	闭	水		司命	坤	正南正南	肾	庚子	
十七	4	日	癸巳	房	建	水		勾陈	乾	东南正南	肾	壬子	午时望
十八	5	一	甲午	心	除	金	芒种上6	青龙	兑	东北东南	肺	甲子	世界环境日
十九	6	二	乙未	尾	除	金		勾陈	离	西北东南	肺	丙子	卯时芒种
二十	7	三	丙申	箕	满	火		青龙	震	西南正西	心	戊子	入梅
廿一	8	四	丁酉	斗	平	火		明堂	巽	正南正西	心	庚子	
廿二	9	五	戊戌	牛	定	木		天刑	坎	东南正北	肝	壬子	
廿三	10	六	己亥	女	执	木	芒种中3	朱雀	艮	东北正北	肝	甲子	
廿四	11	日	庚子	虚	破	土		金匮	坤	西北正东	脾	丙子	下弦
廿五	12	一	辛丑	危	危	土		天德	乾	西南正东	脾	戊子	农暴
廿六	13	二	壬寅	室	成	金		白虎	兑	正南正南	肺	庚子	
廿七	14	三	癸卯	壁	收	金		玉堂	离	东南正南	肺	壬子	
廿八	15	四	甲辰	奎	开	火	芒种下9	天牢	震	东北东南	心	甲子	
廿九	16	五	乙巳	娄	闭	火		元武	巽	西北东南	心	丙子	
三十	17	六	丙午	胃	建	水		司命	坎	西南正西	肾	戊子	

公元2023年　　农历癸卯(兔)年(闰二月)

五月大

仲夏 之月　马月　戊午　牛宿

碧白白
黑绿白
赤紫黄

天道行西北，日躔在未宫，宜用艮巽坤乾时

初四日**夏至** 22:58　初一日**朔** 12:35

二十日**小暑** 16:31　十六日**望** 19:37

农历	初一	初二	初三	初四	初五	初六	初七	初八	初九	初十	十一	十二	十三	十四	十五	十六	十七	十八	十九	二十	廿一	廿二	廿三	廿四	廿五	廿六	廿七	廿八	廿九	三十
阳历	18	19	20	21	22	23	24	25	26	27	28	29	30	7月	2	3	4	5	6	7	8	9	10	11	12	13	14	15	16	17
星期	日	一	二	三	四	五	六	日	一	二	三	四	五	六	日	一	二	三	四	五	六	日	一	二	三	四	五	六	日	一
干支	丁未	戊申	己酉	庚戌	辛亥	壬子	癸丑	甲寅	乙卯	丙辰	丁巳	戊午	己未	庚申	辛酉	壬戌	癸亥	甲子	乙丑	丙寅	丁卯	戊辰	己巳	庚午	辛未	壬申	癸酉	甲戌	乙亥	丙子
28宿	昴除	毕满	觜平	参定	井执	鬼破	柳危	星成	张收	翼开	轸闭	角建	亢除	氐满	房平	心定	尾执	箕破	斗危	牛危	女成	虚收	危开	室闭	壁建	奎除	娄满	胃平	昴定	毕执
五行	水	土	土	金	金	木	木	水	水	土	土	火	火	木	木	水	水	金	金	火	火	木	木	土	土	金	金	火	火	水
节元			夏至上9					夏至中3					夏至下6					小暑上8					小暑中2					小暑下5		
黄道黑道	勾陈	青龙	明堂	天刑	朱雀	金匮	天德	白虎	玉堂	天牢	元武	司命	勾陈	青龙	明堂	天刑	朱雀	金匮	天德	金匮	天德	白虎	玉堂	天牢	元武	司命	勾陈	青龙	明堂	天刑
八卦	兑	离	震	巽	坎	艮	坤	乾	兑	离	震	巽	坎	艮	坤	乾	兑	离	震	巽	坎	艮	坤	乾	兑	离	震	巽	坎	艮
方位	正南正西	东南正北	东北正北	西北正东	西南正东	正南正南	东南正南	东北东南	西北东南	西南正西	正南正西	东南正北	东北正北	西北正东	西南正东	正南正南	东南正南	东北东南	西北东南	西南正西	正南正西	东南正北	东北正北	西北正东	西南正东	正南正南	东南正南	东北东南	西北东南	西南正西
五脏	肾	脾	脾	肺	肺	肝	肝	肾	肾	脾	脾	心	心	肝	肝	肾	肾	肺	肺	心	心	肝	肝	脾	脾	肺	肺	心	心	肾
子时时辰	庚子	壬子	甲子	丙子	戊子	庚子	壬子	甲子	丙子	戊子	庚子	壬子	甲子	丙子	戊子	庚子	壬子	甲子	丙子	戊子	庚子	壬子	甲子	丙子	戊子	庚子	壬子	甲子	丙子	戊子
农事节令	午时朔，父亲节		离日	亥时夏至	端午节，端阳暴		头莳	全国土地日，上弦	中莳，国际禁毒日		末莳		磨刀暴	建党节，香港回归日	农暴	戌时望				申时小暑，分龙日，农暴	龙母暴		下弦	头伏，世界人口日	出梅					

公元 2023 年　　农历癸卯(兔)年(闰二月)

六月小 季夏之月　羊月　己未　女宿	黑赤紫 白碧黄 白白绿
天道行东，日躔在午宫，宜用癸乙丁辛时	
初六日**大暑** 9:51　初一日**朔** 2:30	
廿二日**立秋** 2:23　十六日**望** 2:30	

农历	初初初初初初初初初初十十十十十十十十十二廿廿廿廿廿廿廿廿廿三 一二三四五六七八九十一二三四五六七八九十一二三四五六七八九十
阳历	18 19 20 21 22 23 24 25 26 27 28 29 30 31 8月 2 3 4 5 6 7 8 9 10 11 12 13 14 15
星期	二三四五六日一二三四五六日一二三四五六日一二三四五六日一二
干支	丁戊己庚辛壬癸甲乙丙丁戊己庚辛壬癸甲乙丙丁戊己庚辛壬癸甲乙 丑寅卯辰巳午未申酉戌亥子丑寅卯辰巳午未申酉戌亥子丑寅卯辰巳
28宿	觜参井鬼柳星张翼轸角亢氐房心尾箕斗牛女虚危室壁奎娄胃昴毕觜 破危成收开闭建除满平定执破危成收开闭建除满满平定执破危成收
五行	水土土金金木木水水土土火火木木水水金金火火木木土土金金火火
节元	大暑上7　大暑中1　大暑下4　立秋上2　立秋中5　立秋下8
黄道黑道	朱金天白玉天元司勾青明天朱金天白玉天元司勾司勾青明天朱金天 雀匮德虎堂牢武命陈龙堂刑雀匮德虎堂牢武命陈命陈龙堂刑雀匮德
八卦	离震巽坎艮坤乾兑离震巽坎艮坤乾兑离震巽坎艮坤乾兑离震巽坎艮
方位	正东东西西正东东西西正东东西西正东东西西正东东西西正东东西 南南北北南南南北北南南南北北南南南北北南南南北北南南南北北 正正正正正正正东东正正正正正正正正东东正正正正正正正正东东 西北北东东南南南南西西北北东东南南南南西西北北东东南南南南
五脏	肾脾脾肺肺肝肝肾肾脾脾心心肝肝肾肾肺肺心心肝肝脾脾肺肺心心
子时时辰	庚壬甲丙戊庚壬甲丙戊庚壬甲丙戊庚壬甲丙戊庚壬甲丙戊庚壬甲丙 子子子子子子子子子子子子子子子子子子子子子子子子子子子子子
农事节令	丑时朔　二伏，荷花节　巳时大暑，天贶节，农暴　上弦　农暴　建军节　丑时望　农暴　农暴　绝日　丑时立秋　下弦　三伏　农暴

七月大

孟秋 之月 猴月 庚申 虚宿

白白白
紫黑绿
黄赤碧

天道行北，日躔在巳宫，宜用甲丙庚壬时

初八日**处暑** 17:02　初一日**朔** 17:36

廿四日**白露** 5:27　十六日**望** 9:35

农历	初一	初二	初三	初四	初五	初六	初七	初八	初九	初十	十一	十二	十三	十四	十五
阳历	16	17	18	19	20	21	22	23	24	25	26	27	28	29	30
星期	三	四	五	六	日	一	二	三	四	五	六	日	一	二	三
干支	丙午	丁未	戊申	己酉	庚戌	辛亥	壬子	癸丑	甲寅	乙卯	丙辰	丁巳	戊午	己未	庚申
28宿	参开	井闭	鬼建	柳除	星满	张平	翼定	轸执	角破	亢危	氐成	房收	心开	尾闭	箕建
五行	水	水	土	土	金	金	木	木	水	水	土	土	火	火	木
节元				处暑上1					处暑中4					处暑下7	
黄道黑道	白虎	玉堂	天牢	元武	司命	勾陈	青龙	明堂	天刑	朱雀	金匮	天德	白虎	玉堂	天牢
八卦	震	巽	坎	艮	坤	乾	兑	离	震	巽	坎	艮	坤	乾	兑
方位	西南正西	正南正西	东南正北	东北正北	西北正东	西南正东	正南正南	东南正南	东北东南	西北东南	西南正西	正南正西	东南正北	东北正北	西北正东
五脏	肾	肾	脾	脾	肺	肺	肝	肝	肾	肾	脾	脾	心	心	肝
子时时辰	戊子	庚子	壬子	甲子	丙子	戊子	庚子	壬子	甲子	丙子	戊子	庚子	壬子	甲子	丙子
农事节令	酉时朔						乞巧节，七夕，农暴	上弦，酉时处暑							中元节

农历	十六	十七	十八	十九	二十	廿一	廿二	廿三	廿四	廿五	廿六	廿七	廿八	廿九	三十
阳历	31	9月	2	3	4	5	6	7	8	9	10	11	12	13	14
星期	四	五	六	日	一	二	三	四	五	六	日	一	二	三	四
干支	辛酉	壬戌	癸亥	甲子	乙丑	丙寅	丁卯	戊辰	己巳	庚午	辛未	壬申	癸酉	甲戌	乙亥
28宿	斗除	牛满	女平	虚定	危执	室破	壁危	奎成	娄成	胃收	昴开	毕闭	觜建	参除	井满
五行	木	水	水	金	金	火	火	木	木	土	土	金	金	火	火
节元				白露上9					白露中3				白露下6		
黄道黑道	元武	司命	勾陈	青龙	明堂	天刑	朱雀	金匮	朱雀	金匮	天德	白虎	玉堂	天牢	元武
八卦	离	震	巽	坎	艮	坤	乾	兑	离	震	巽	坎	艮	坤	乾
方位	西南正东	正南正南	东南正南	东北东南	西北东南	西南正西	正南正西	东南正北	东北正北	西北正东	西南正东	正南正南	东南正南	东北东南	西北东南
五脏	肝	肾	肾	肺	肺	心	心	肝	肝	脾	脾	肺	肺	心	心
子时时辰	戊子	庚子	壬子	甲子	丙子	戊子	庚子	壬子	甲子	丙子	戊子	庚子	壬子	甲子	丙子
农事节令	巳时望	农暴							下弦，卯时白露		教师节		农暴		

公元2023年 农历癸卯(兔)年(闰二月)

八月大

仲秋 之月 鸡月 辛酉 危宿

紫黄赤
白白碧
绿白黑

天道行东北,日躔在辰宫,宜用艮巽坤乾时

初九日**秋分**14:50 初一日**朔** 9:38

廿四日**寒露**21:16 十五日**望**17:56

农历	初一	初二	初三	初四	初五	初六	初七	初八	初九	初十	十一	十二	十三	十四	十五	十六	十七	十八	十九	二十	廿一	廿二	廿三	廿四	廿五	廿六	廿七	廿八	廿九	三十
阳历	15	16	17	18	19	20	21	22	23	24	25	26	27	28	29	30	10月	2	3	4	5	6	7	8	9	10	11	12	13	14
星期	五	六	日	一	二	三	四	五	六	日	一	二	三	四	五	六	日	一	二	三	四	五	六	日	一	二	三	四	五	六
干支	丙子	丁丑	戊寅	己卯	庚辰	辛巳	壬午	癸未	甲申	乙酉	丙戌	丁亥	戊子	己丑	庚寅	辛卯	壬辰	癸巳	甲午	乙未	丙申	丁酉	戊戌	己亥	庚子	辛丑	壬寅	癸卯	甲辰	乙巳
28宿	鬼 平	柳 定	星 执	张 破	翼 危	轸 成	角 收	亢 开	氐 闭	房 建	心 除	尾 满	箕 平	斗 定	牛 执	女 破	虚 危	危 成	室 收	壁 开	奎 闭	娄 建	胃 除	昴 除	毕 满	觜 平	参 定	井 执	鬼 破	柳 危
五行	水	水	土	土	金	金	木	木	水	水	土	土	火	火	木	木	水	水	金	金	火	火	木	木	土	土	金	金	火	火
节元				秋分上7					秋分中1					秋分下4					寒露上6					寒露中9					寒露下3	
黄道黑道	司命	勾陈	青龙	明堂	天刑	朱雀	金匮	天德	白虎	玉堂	天牢	元武	司命	勾陈	青龙	明堂	天刑	朱雀	金匮	天德	白虎	玉堂	天牢	玉堂	天牢	元武	司命	勾陈	青龙	明堂
八卦	巽	坎	艮	坤	乾	兑	离	震	巽	坎	艮	坤	乾	兑	离	震	巽	坎	艮	坤	乾	兑	离	震	巽	坎	艮	坤	乾	兑
方位	西南 正西	正南 正西	东南 正北	东北 正北	西北 正东	西南 正东	正南 正南	东南 正南	东北 东南	西北 东南	西南 正西	正南 正西	东南 正北	东北 正北	西北 正东	西南 正东	正南 正南	东南 正南	东北 东南	西北 东南	西南 正西	正南 正西	东南 正北	东北 正北	西北 正东	西南 正东	正南 正南	东南 正南	东北 东南	西北 东南
五脏	肾	肾	脾	脾	肺	肺	肝	肝	肾	肾	脾	脾	心	心	肝	肝	肾	肾	肺	肺	心	心	肝	肝	脾	脾	肺	肺	心	心
子时时辰	戊子	庚子	壬子	甲子	丙子	戊子	庚子	壬子	甲子	丙子	戊子	庚子	壬子	甲子	丙子	戊子	庚子	壬子	甲子	丙子	戊子	庚子	壬子	甲子	丙子	戊子	庚子	壬子	甲子	丙子
农事节令	戊时朔	全国科普日	秋社,上戊,农暴					上弦,离日	未时秋分					孔子诞辰	中秋节,酉时望		国庆节				农暴		下弦,农暴	亥时寒露					国际减灾日	

公元2023年　　农历癸卯(兔)年(闰二月)

九月小

季秋之月　狗月　壬戌　室宿

白绿白
赤紫黑
碧黄白

天道行南，日躔在卯宫，宜用癸乙丁辛时

初十日**霜降**0:21　初一日**朔**　1:54

廿五日**立冬**0:36　十五日**望**　4:23

农历	初初初初初初初初初初十十十十十十十十十二廿廿廿廿廿廿廿廿廿三 一二三四五六七八九十一二三四五六七八九十一二三四五六七八九十
阳历	15 16 17 18 19 20 21 22 23 24 25 26 27 28 29 30 31 11月 2 3 4 5 6 7 8 9 10 11 12
星期	日一二三四五六日一二三四五六日一二三四五六日一二三四五六日
干支	丙丁戊己庚辛壬癸甲乙丙丁戊己庚辛壬癸甲乙丙丁戊己庚辛壬癸甲 午未申酉戌亥子丑寅卯辰巳午未申酉戌亥子丑寅卯辰巳午未申酉戌
28宿	星张翼轸角亢氐房心尾箕斗牛女虚危室壁奎娄胃昴毕觜参井鬼柳星 成收开闭建除满平定执破危成收开闭建除满平定执破危危成收开闭
五行	水水土土金金木木水水土土火火木木水水金金火火木木土土金金火
节元	霜降上5　霜降中8　霜降下2　立冬上6　立冬中9　立冬下3
黄道黑道	天朱金天白玉天元司勾青明天朱金天白玉天元司勾青明青明天朱金 刑雀匮德虎堂牢武命陈龙堂刑雀匮德虎堂牢武命陈龙堂龙堂刑雀匮
八卦	坎艮坤乾兑离震巽坎艮坤乾兑离震巽坎艮坤乾兑离震巽坎艮坤乾兑
方位	西正东东西西正东东西西正东东西西正东东西西正东东西西正东东 南南南北北南南南北北南南南北北南南南北北南南南北北南南南北 正正正正正正正正东东正正正正正正正正东东正正正正正正正正东 西西北北东东南南南南西西北北东东南南南南西西北北东东南南南
五脏	肾肾脾脾肺肺肝肝肾肾脾脾心心肝肝肾肾肺肺心心肝肝脾脾肺肺心
子时时辰	戊庚壬甲丙戊庚壬甲丙戊庚壬甲丙戊庚壬甲丙戊庚壬甲丙戊庚壬甲 子子子子子子子子子子子子子子子子子子子子子子子子子子子子子
农事节令	丑时朔　世界粮食日　国际消除贫困日　上弦　重阳节，农暴　子时霜降　寅时朔　世界勤俭日　万圣节　农暴　下弦　绝日　子时立冬　冷风信

公元2023年　农历癸卯(兔)年(闰二月)

十月大

孟冬之月　猪月　癸亥　壁宿

赤	碧	黄
白	白	白
黑	绿	紫

天道行东，日躔在寅宫，宜用甲丙庚壬时

初十日**小雪** 22:03　初一日**朔** 17:26

廿五日**大雪** 17:33　十五日**望** 17:15

农历	初一	初二	初三	初四	初五	初六	初七	初八	初九	初十	十一	十二	十三	十四	十五	十六	十七	十八	十九	二十	廿一	廿二	廿三	廿四	廿五	廿六	廿七	廿八	廿九	三十
阳历	13	14	15	16	17	18	19	20	21	22	23	24	25	26	27	28	29	30	12月	2	3	4	5	6	7	8	9	10	11	12
星期	一	二	三	四	五	六	日	一	二	三	四	五	六	日	一	二	三	四	五	六	日	一	二	三	四	五	六	日	一	二
干支	乙亥	丙子	丁丑	戊寅	己卯	庚辰	辛巳	壬午	癸未	甲申	乙酉	丙戌	丁亥	戊子	己丑	庚寅	辛卯	壬辰	癸巳	甲午	乙未	丙申	丁酉	戊戌	己亥	庚子	辛丑	壬寅	癸卯	甲辰
28宿	张建	翼除	轸满	角平	亢定	氐执	房破	心危	尾成	箕收	斗开	牛闭	女建	虚除	危满	室平	壁定	奎执	娄破	胃危	昴成	毕收	觜开	参闭	井闭	鬼建	柳除	星满	张平	翼定
五行	火	水	水	土	土	金	金	木	木	水	水	土	土	火	火	木	木	水	水	金	金	火	火	木	木	土	土	金	金	火
节元					小雪上5					小雪中8					小雪下2					大雪上4					大雪中7					大雪下1
黄道黑道	天德	白虎	玉堂	天牢	元武	司命	勾陈	青龙	明堂	天刑	朱雀	金匮	天德	白虎	玉堂	天牢	元武	司命	勾陈	青龙	明堂	天刑	朱雀	金匮	朱雀	金匮	天德	白虎	玉堂	天牢
八卦	艮	坤	乾	兑	离	震	巽	坎	艮	坤	乾	兑	离	震	巽	坎	艮	坤	乾	兑	离	震	巽	坎	艮	坤	乾	兑	离	震
方位	西北东南	西南正西	正南正西	东南正北	东北正北	西北正东	西南正东	正南正南	东南正南	东北东南	西北东南	西南正西	正南正西	东南正北	东北正北	西北正东	西南正东	正南正南	东南正南	东北东南	西北东南	西南正西	正南正西	东南正北	东北正北	西北正东	西南正东	正南正南	东南正南	东北东南
五脏	心	肾	肾	脾	脾	肺	肺	肝	肝	肾	肾	脾	脾	心	心	肝	肝	肾	肾	肺	肺	心	心	肝	肝	脾	脾	肺	肺	心
子时时辰	丙子	戊子	庚子	壬子	甲子	丙子	戊子	庚子	壬子	甲子	丙子	戊子	庚子	壬子	甲子	丙子	戊子	庚子	壬子	甲子	丙子	戊子	庚子	壬子	甲子	丙子	戊子	庚子	壬子	甲子
农事节令	酉时朔，祭祖节				国际大学生节			上弦		亥时小雪，农暴	感恩节				下元节，酉时望				世界艾滋病日	农暴			下弦，农暴		酉时大雪					

公元 2023 年　　农历癸卯(兔)年(闰二月)

十一月小

仲冬之月　鼠月　甲子　奎宿

白	黑	绿
黄	赤	紫
白	碧	白

天道行东南，日躔在丑宫，宜用艮巽坤乾时

初十日**冬至** 11:28　初一日**朔** 7:31

廿五日**小寒** 4:50　十五日**望** 8:32

农历	初一 初二 初三 初四 初五 初六 初七 初八 初九 初十 十一 十二 十三 十四 十五 十六 十七 十八 十九 二十 廿一 廿二 廿三 廿四 廿五 廿六 廿七 廿八 廿九 三十
阳历	13 14 15 16 17 18 19 20 21 22 23 24 25 26 27 28 29 30 31 1月 2 3 4 5 6 7 8 9 10
星期	三四五六日一二三四五六日一二三四五六日一二三四五六日一二三
干支	乙巳 丙午 丁未 戊申 己酉 庚戌 辛亥 壬子 癸丑 甲寅 乙卯 丙辰 丁巳 戊午 己未 庚申 辛酉 壬戌 癸亥 甲子 乙丑 丙寅 丁卯 戊辰 己巳 庚午 辛未 壬申 癸酉
28宿	轸执 角破 亢危 氐成 房收 心开 尾闭 箕建 斗除 牛满 女平 虚定 危执 室破 壁危 奎成 娄收 胃开 昴闭 毕建 觜除 参满 井平 鬼定 柳定 星执 张破 翼危 轸成
五行	火水水土土金金木木水水土土火火木木水水金金火火木木土土金金
节元	冬至上1　冬至中7　冬至下4　小寒上2　小寒中8
黄道黑道	元武 司命 勾陈 青龙 明堂 天刑 朱雀 金匮 天德 白虎 玉堂 天牢 元武 司命 勾陈 青龙 明堂 天刑 朱雀 金匮 天德 白虎 玉堂 天牢 玉堂 天牢 元武 司命 勾陈
八卦	坤乾兑离震巽坎艮坤乾兑离震巽坎艮坤乾兑离震巽坎艮坤乾兑离震
方位	西北东南 西南正西 正南正西 东南正北 东北正北 西北正东 西南正东 正南正南 东南正南 东北东南 西北东南 西南正西 正南正西 东南正北 东北正北 西北正东 西南正东 正南正南 东南东南 东北东南 西北正南 西南正西 正南正西 东南正北 东北正北 西北正东 西南正东 正南正南 东南正南
五脏	心肾肾脾脾肺肺肝肝肾肾脾脾心心肝肝肾肾肺肺心心肝肝脾脾肺肺
子时时辰	丙子 戊子 庚子 壬子 甲子 丙子 戊子 庚子 壬子 甲子 丙子 戊子 庚子 壬子 甲子 丙子 戊子 庚子 壬子 甲子 丙子 戊子 庚子 壬子 甲子 丙子 戊子 庚子 壬子
农事节令	辰时朔　农暴　上弦，澳门回归日　离日　午时冬至，一九　圣诞节　辰时望　二九　元旦　下弦　寅时小寒　农暴　三九

公元 2023 年　　农历癸卯(兔)年(闰二月)

十二月大

季冬 之月　牛月　乙丑　娄宿

黄白碧
绿白白
紫黑赤

天道行西，日躔在子宫，宜用癸乙丁辛时

初十日**大寒** 22:08　初一日**朔** 19:56

廿五日**立春** 16:27　十六日**望** 1:53

农历	初一	初二	初三	初四	初五	初六	初七	初八	初九	初十	十一	十二	十三	十四	十五	十六	十七	十八	十九	二十	廿一	廿二	廿三	廿四	廿五	廿六	廿七	廿八	廿九	三十
阳历	11	12	13	14	15	16	17	18	19	20	21	22	23	24	25	26	27	28	29	30	31	2月	2	3	4	5	6	7	8	9
星期	四	五	六	日	一	二	三	四	五	六	日	一	二	三	四	五	六	日	一	二	三	四	五	六	日	一	二	三	四	五
干支	甲戌	乙亥	丙子	丁丑	戊寅	己卯	庚辰	辛巳	壬午	癸未	甲申	乙酉	丙戌	丁亥	戊子	己丑	庚寅	辛卯	壬辰	癸巳	甲午	乙未	丙申	丁酉	戊戌	己亥	庚子	辛丑	壬寅	癸卯
28宿	角收	亢开	氐闭	房建	心除	尾满	箕平	斗定	牛执	女破	虚危	危成	室收	壁开	奎闭	娄建	胃除	昴满	毕平	觜定	参执	井破	鬼危	柳成	星成	张收	翼开	轸闭	角建	亢除
五行	火	火	水	水	土	土	金	金	木	木	水	水	土	土	火	火	木	木	水	水	金	金	火	火	木	木	土	土	金	金
节元	小寒下5					大寒上3					大寒中9					大寒下6					立春上8					立春中5				
黄道黑道	青龙	明堂	天刑	朱雀	金匮	天德	白虎	玉堂	天牢	元武	司命	勾陈	青龙	明堂	天刑	朱雀	金匮	天德	白虎	玉堂	天牢	元武	司命	勾陈	司命	勾陈	青龙	明堂	天刑	朱雀
八卦	乾	兑	离	震	巽	坎	艮	坤	乾	兑	离	震	巽	坎	艮	坤	乾	兑	离	震	巽	坎	艮	坤	乾	兑	离	震	巽	坎
方位	东北东南	西北东南	西南正西	正南正西	东南正北	东北正北	西北正东	西南正东	正南正南	东南正南	东北东南	西北东南	西南正西	正南正西	东南正北	东北正北	西北正东	西南正东	正南正南	东南正南	东北东南	西北东南	西南正西	正南正西	东南正北	东北正北	西北正东	西南正东	正南正南	东南正南
五脏	心	心	肾	肾	脾	脾	肺	肺	肝	肝	肾	肾	脾	脾	心	心	肝	肝	肾	肾	肺	肺	心	心	肝	肝	脾	脾	肺	肺
子时时辰	甲子	丙子	戊子	庚子	壬子	甲子	丙子	戊子	庚子	壬子	甲子	丙子	戊子	庚子	壬子	甲子	丙子	戊子	庚子	壬子	甲子	丙子	戊子	庚子	壬子	甲子	丙子	戊子	庚子	壬子
农事节令	戌时朔							上弦，四九，腊八节，农暴		亥时大寒				农暴		丑时望	五九						下弦	扫尘节，小年，绝日	申时立春	六九	农暴			除夕

公元 2024 年　　农历甲辰(龙)年

正月小

孟春之月　虎月　丙寅　胃宿

绿紫黑
碧黄赤
白白白

天道行南，日躔在亥宫，宜用甲丙庚壬时

初十日**雨水** 12:13　初一日**朔** 6:58

廿五日**惊蛰** 10:23　十五日**望** 20:29

农历	初一	初二	初三	初四	初五	初六	初七	初八	初九	初十	十一	十二	十三	十四	十五	十六	十七	十八	十九	二十	廿一	廿二	廿三	廿四	廿五	廿六	廿七	廿八	廿九	三十
阳历	10	11	12	13	14	15	16	17	18	19	20	21	22	23	24	25	26	27	28	29	3月	2	3	4	5	6	7	8	9	
星期	六	日	一	二	三	四	五	六	日	一	二	三	四	五	六	日	一	二	三	四	五	六	日	一	二	三	四	五	六	
干支	甲辰	乙巳	丙午	丁未	戊申	己酉	庚戌	辛亥	壬子	癸丑	甲寅	乙卯	丙辰	丁巳	戊午	己未	庚申	辛酉	壬戌	癸亥	甲子	乙丑	丙寅	丁卯	戊辰	己巳	庚午	辛未	壬申	
28宿	氐满	房平	心定	尾执	箕破	斗危	牛成	女收	虚开	危闭	室建	壁除	奎满	娄平	胃定	昴执	毕破	觜危	参成	井收	鬼开	柳闭	星建	张除	翼除	轸满	角平	亢定	氐执	
五行	火	火	水	水	土	土	金	金	木	木	水	水	土	土	火	火	木	木	水	水	金	金	火	火	木	木	土	土	金	
节元	立春下2					雨水上9					雨水中6					雨水下3					惊蛰上1					惊蛰中7				
黄道黑道	金匮	天德	白虎	玉堂	天牢	元武	司命	勾陈	青龙	明堂	天刑	朱雀	金匮	天德	白虎	玉堂	天牢	元武	司命	勾陈	青龙	明堂	天刑	朱雀	天刑	朱雀	金匮	天德	白虎	
八卦	艮	坤	乾	兑	离	震	巽	坎	艮	坤	乾	兑	离	震	巽	坎	艮	坤	乾	兑	离	震	巽	坎	艮	坤	乾	兑	离	
方位	东北东南	西北东南	西南正西	正南正西	东南正北	东北正北	西北正东	西南正东	正南正南	东南正南	东北东南	西北东南	西南正西	正南正西	东南正北	东北正北	西北正东	西南正东	正南正南	东南正南	东北东南	西北东南	西南正西	正南正西	东南正北	东北正北	西北正东	西南正东	正南正南	
五脏	心	心	肾	肾	脾	脾	肺	肺	肝	肝	肾	肾	脾	脾	心	心	肝	肝	肾	肾	肺	肺	心	心	肝	肝	脾	脾	肺	
子时时辰	甲子	丙子	戊子	庚子	壬子	甲子	丙子	戊子	庚子	壬子	甲子	丙子	戊子	庚子	壬子	甲子	丙子	戊子	庚子	壬子	甲子	丙子	戊子	庚子	壬子	甲子	丙子	戊子	庚子	
农事节令	春节，一龙治水，卯时朔	财神节			七九，破五节，情人节	六姑看蚕		八日得辛，上弦	九人三饼，农暴	十牛耕地，午时雨水			农暴	八九	戌时望，元宵节						农暴		九九，下弦		巳时惊蛰，填仓节			妇女节	农暴	

公元 2024 年　　　　农历甲辰(龙)年

二 月 大

仲春之月　兔月　丁卯　昴宿

碧	白	白
黑	绿	白
赤	紫	黄

天道行西南，日躔在戌宫，宜用艮巽坤乾时

十一日**春分** 11:07　初一日**朔** 17:00

廿六日**清明** 15:03　十六日**望** 14:59

农历	初一	初二	初三	初四	初五	初六	初七	初八	初九	初十	十一	十二	十三	十四	十五	十六	十七	十八	十九	二十	廿一	廿二	廿三	廿四	廿五	廿六	廿七	廿八	廿九	三十
阳历	10	11	12	13	14	15	16	17	18	19	20	21	22	23	24	25	26	27	28	29	30	31	4月	2	3	4	5	6	7	8
星期	日	一	二	三	四	五	六	日	一	二	三	四	五	六	日	一	二	三	四	五	六	日	一	二	三	四	五	六	日	一
干支	癸酉	甲戌	乙亥	丙子	丁丑	戊寅	己卯	庚辰	辛巳	壬午	癸未	甲申	乙酉	丙戌	丁亥	戊子	己丑	庚寅	辛卯	壬辰	癸巳	甲午	乙未	丙申	丁酉	戊戌	己亥	庚子	辛丑	壬寅
28宿	房	心	尾	箕	斗	牛	女	虚	危	室	壁	奎	娄	胃	昴	毕	觜	参	井	鬼	柳	星	张	翼	轸	角	亢	氐	房	心
	破	危	成	收	开	闭	建	除	满	平	定	执	破	危	成	收	开	闭	建	除	满	平	定	执	破	破	危	成	收	开
五行	金	火	火	水	水	土	土	金	金	木	木	水	水	土	土	火	火	木	木	水	水	金	金	火	火	木	木	土	土	金
节元		惊蛰下4					春分上3					春分中9					春分下6					清明上4					清明中1			
黄道黑道	玉堂	天牢	元武	司命	勾陈	青龙	明堂	天刑	朱雀	金匮	天德	白虎	玉堂	天牢	元武	司命	勾陈	青龙	明堂	天刑	朱雀	金匮	天德	白虎	玉堂	白虎	玉堂	天牢	元武	司命
八卦	坤	乾	兑	离	震	巽	坎	艮	坤	乾	兑	离	震	巽	坎	艮	坤	乾	兑	离	震	巽	坎	艮	坤	乾	兑	离	震	巽
方位	东南正南	东北东南	西北东南	西南正西	正南正西	东南正北	东北正北	西北正东	西南正东	正南正南	东南正南	东北东南	西北东南	西南正西	正南正西	东南正北	东北正北	西北正东	西南正东	正南正南	东南正南	东北东南	西北东南	西南正西	正南正西	东南正北	东北正北	西北正东	西南正东	正南正南
五脏	肺	心	心	肾	肾	脾	脾	肺	肺	肝	肝	肾	肾	脾	脾	心	心	肝	肝	肾	肾	肺	肺	心	心	肝	肝	脾	脾	肺
子时时辰	壬子	甲子	丙子	戊子	庚子	壬子	甲子	丙子	戊子	庚子	壬子	甲子	丙子	戊子	庚子	壬子	甲子	丙子	戊子	庚子	壬子	甲子	丙子	戊子	庚子	壬子	甲子	丙子	戊子	庚子
农事节令	酉时朔，中和节	龙头节，农暴	农暴			春社，上戊，消费者权益日	春祈暴	上弦，农暴	农暴	离日	午时春分，乌龟暴	世界森林日	农暴，世界水日	世界气象日	花朝节，世界防治结核病日	未时望			农暴				下弦			申时清明		农暴	农暴	

公元2024年　　农历甲辰(龙)年

三月小

季春之月　龙月　戊辰　毕宿

黑赤紫
白碧黄
白白绿

天道行北，日躔在酉宫，宜用癸乙丁辛时

十一日**谷雨** 22:01　初一日**朔** 2:20

廿七日**立夏** 8:11　十六日**望** 7:48

农历	初一	初二	初三	初四	初五	初六	初七	初八	初九	初十	十一	十二	十三	十四	十五	十六	十七	十八	十九	二十	廿一	廿二	廿三	廿四	廿五	廿六	廿七	廿八	廿九	三十
阳历	9	10	11	12	13	14	15	16	17	18	19	20	21	22	23	24	25	26	27	28	29	30	5月	2	3	4	5	6	7	
星期	二	三	四	五	六	日	一	二	三	四	五	六	日	一	二	三	四	五	六	日	一	二	三	四	五	六	日	一	二	
干支	癸卯	甲辰	乙巳	丙午	丁未	戊申	己酉	庚戌	辛亥	壬子	癸丑	甲寅	乙卯	丙辰	丁巳	戊午	己未	庚申	辛酉	壬戌	癸亥	甲子	乙丑	丙寅	丁卯	戊辰	己巳	庚午	辛未	
28宿	尾 闭	箕 建	斗 除	牛 满	女 平	虚 定	危 执	室 破	壁 危	奎 成	娄 收	胃 开	昴 闭	毕 建	觜 除	参 满	井 平	鬼 定	柳 执	星 破	张 危	翼 成	轸 收	角 开	亢 闭	氐 建	房 建	心 除	尾 满	
五行	金	火	火	水	水	土	土	金	金	木	木	水	水	土	土	火	火	木	木	水	水	金	金	火	火	木	木	土	土	
节元		清明下7					谷雨上5					谷雨中2					谷雨下8					立夏上4					立夏中1			
黄道黑道	勾陈	青龙	明堂	天刑	朱雀	金匮	天德	白虎	玉堂	天牢	元武	司命	勾陈	青龙	明堂	天刑	朱雀	金匮	天德	白虎	玉堂	天牢	元武	司命	勾陈	青龙	勾陈	青龙	明堂	
八卦	乾	兑	离	震	巽	坎	艮	坤	乾	兑	离	震	巽	坎	艮	坤	乾	兑	离	震	巽	坎	艮	坤	乾	兑	离	震	巽	
方位	东南 正南	东北 东南	西北 东南	西南 正西	正南 正西	东南 正北	东北 正北	西北 正东	西南 正东	正南 正南	东南 正南	东北 东南	西北 东南	西南 正西	正南 正西	东南 正北	东北 正北	西北 正东	西南 正东	正南 正南	东南 正南	东北 东南	西北 东南	西南 正西	正南 正西	东南 正北	东北 正北	西北 正东	西南 正东	
五脏	肺	心	心	肾	肾	脾	脾	肺	肺	肝	肝	肾	肾	脾	脾	心	心	肝	肝	肾	肾	肺	肺	心	心	肝	肝	脾	脾	
子时时辰	壬子	甲子	丙子	戊子	庚子	壬子	甲子	丙子	戊子	庚子	壬子	甲子	丙子	戊子	庚子	壬子	甲子	丙子	戊子	庚子	壬子	甲子	丙子	戊子	庚子	壬子	甲子	丙子	戊子	
农事节令	丑时朔		桃花暴，上巳				农暴	上弦			亥时谷雨			世界地球日	农暴	辰时望							下弦，天石暴，劳动节		猴子暴	农暴，青年节	辰时立夏			

公元 2024 年　　农历甲辰(龙)年

四月小

孟夏 之月　蛇月　己巳　觜宿

白白白
紫黑绿
黄赤碧

天道行西，日躔在申宫，宜用甲丙庚壬时

十三日**小满** 21:00　初一日**朔** 11:21

廿九日**芒种** 12:11　十六日**望** 21:52

农历	初一	初二	初三	初四	初五	初六	初七	初八	初九	初十	十一	十二	十三	十四	十五	十六	十七	十八	十九	二十	廿一	廿二	廿三	廿四	廿五	廿六	廿七	廿八	廿九	三十
阳历	8	9	10	11	12	13	14	15	16	17	18	19	20	21	22	23	24	25	26	27	28	29	30	31	6月	2	3	4	5	
星期	三	四	五	六	日	一	二	三	四	五	六	日	一	二	三	四	五	六	日	一	二	三	四	五	六	日	一	二	三	
干支	壬申	癸酉	甲戌	乙亥	丙子	丁丑	戊寅	己卯	庚辰	辛巳	壬午	癸未	甲申	乙酉	丙戌	丁亥	戊子	己丑	庚寅	辛卯	壬辰	癸巳	甲午	乙未	丙申	丁酉	戊戌	己亥	庚子	
28宿	箕	斗	牛	女	虚	危	室	壁	奎	娄	胃	昴	毕	觜	参	井	鬼	柳	星	张	翼	轸	角	亢	氐	房	心	尾	箕	
	平	定	执	破	危	成	收	开	闭	建	除	满	平	定	执	破	危	成	收	开	闭	建	除	满	平	定	执	破	破	
五行	金	金	火	火	水	水	土	土	金	金	木	木	水	水	土	土	火	火	木	木	水	水	金	金	火	火	木	木	土	
节元			立夏下7					小满上5					小满中2					小满下8					芒种上6					芒种中3		
黄道黑道	天刑	朱雀	金匮	天德	白虎	玉堂	天牢	元武	司命	勾陈	青龙	明堂	天刑	朱雀	金匮	天德	白虎	玉堂	天牢	元武	司命	勾陈	青龙	明堂	天刑	朱雀	金匮	天德	金匮	
八卦	兑	离	震	巽	坎	艮	坤	乾	兑	离	震	巽	坎	艮	坤	乾	兑	离	震	巽	坎	艮	坤	乾	兑	离	震	巽	坎	
方位	正南	东南	东北	西北	西南	正南	东南	东北	西北	西南	正南	东南	东北	西北	西南	正南	东南	东北	西北	西南	正南	东南	东北	西北	西南	正南	东南	东北	西北	
	正南	正南	东南	东南	正西	正西	正北	正北	正东	正东	正南	正南	东南	东南	正西	正西	正北	正北	正东	正东	正南	正南	东南	东南	正西	正西	正北	正北	正东	
五脏	肺	肺	心	心	肾	肾	脾	脾	肺	肺	肝	肝	肾	肾	脾	脾	心	心	肝	肝	肾	肾	肺	肺	心	心	肝	肝	脾	
子时时辰	庚子	壬子	甲子	丙子	戊子	庚子	壬子	甲子	丙子	戊子	庚子	壬子	甲子	丙子	戊子	庚子	壬子	甲子	丙子	戊子	庚子	壬子	甲子	丙子	戊子	庚子	壬子	甲子	丙子	
农事节令	午时朔，农暴				护士节，防灾减灾日			老虎暴，国际家庭日	上弦				亥时小满		农暴	亥时望							下弦	世界无烟日	农暴，儿童节				午时芒种，世界环境日	

公元2024年　　农历甲辰(龙)年

五月大

仲夏之月　马月　庚午　参宿

紫	黄	赤
白	白	碧
绿	白	黑

天道行西北，日躔在未宫，宜用艮巽坤乾时

十六日夏至 4:52　　初一日朔 20:37　　十七日望 9:07

农历	初一	初二	初三	初四	初五	初六	初七	初八	初九	初十	十一	十二	十三	十四	十五	十六	十七	十八	十九	二十	廿一	廿二	廿三	廿四	廿五	廿六	廿七	廿八	廿九	三十
阳历	6	7	8	9	10	11	12	13	14	15	16	17	18	19	20	21	22	23	24	25	26	27	28	29	30	7月	2	3	4	5
星期	四	五	六	日	一	二	三	四	五	六	日	一	二	三	四	五	六	日	一	二	三	四	五	六	日	一	二	三	四	五
干支	辛丑	壬寅	癸卯	甲辰	乙巳	丙午	丁未	戊申	己酉	庚戌	辛亥	壬子	癸丑	甲寅	乙卯	丙辰	丁巳	戊午	己未	庚申	辛酉	壬戌	癸亥	甲子	乙丑	丙寅	丁卯	戊辰	己巳	庚午
28宿	斗危	牛成	女收	虚开	危闭	室建	壁除	奎满	娄平	胃定	昴执	毕破	觜危	参成	井收	鬼开	柳闭	星建	张除	翼满	轸平	角定	亢执	氐破	房危	心成	尾收	箕开	斗闭	牛建
五行	土	金	金	火	火	水	水	土	土	金	金	木	木	水	水	土	土	火	火	木	木	水	水	金	金	火	火	木	木	土
节元				芒种下9					夏至上9					夏至中3					夏至下6					小暑上8					小暑中2	
黄道黑道	天德	白虎	玉堂	天牢	元武	司命	勾陈	青龙	明堂	天刑	朱雀	金匮	天德	白虎	玉堂	天牢	元武	司命	勾陈	青龙	明堂	天刑	朱雀	金匮	天德	白虎	玉堂	天牢	元武	司命
八卦	离	震	巽	坎	艮	坤	乾	兑	离	震	巽	坎	艮	坤	乾	兑	离	震	巽	坎	艮	坤	乾	兑	离	震	巽	坎	艮	坤
方位	西南正东	正南正南	东南正南	东北东南	西北东南	西南正西	正南正西	东南正北	东北正北	西北正东	西南正东	正南正南	东南正南	东北东南	西北东南	西南正西	正南正西	东南正北	东北正北	西北正东	西南正东	正南正南	东南正南	东北东南	西北东南	西南正西	正南正西	东南正北	东北正北	西北正东
五脏	脾	肺	肺	心	心	肾	肾	脾	脾	肺	肺	肝	肝	肾	肾	脾	脾	心	心	肝	肝	肾	肾	肺	肺	心	心	肝	肝	脾
子时时辰	戊子	庚子	壬子	甲子	丙子	戊子	庚子	壬子	甲子	丙子	戊子	庚子	壬子	甲子	丙子	戊子	庚子	壬子	甲子	丙子	戊子	庚子	壬子	甲子	丙子	戊子	庚子	壬子	甲子	丙子
农事节令	戊时朔				端午节，端阳暴	入梅			上弦		父亲节		磨刀暴		农暴，离日	寅时夏至	巳时望		头莳	分龙，农暴，全国土地日	龙母暴，中莳，国际禁毒日		末莳	下弦		建党节，香港回归日				

公元 2024 年　　农历甲辰(龙)年

六月小

季夏　之月　羊月　辛未　井宿

白绿白
赤紫黑
碧黄白

天道行东，日躔在午宫，宜用癸乙丁辛时

初一日**小暑** 22:21　初一日**朔** 6:56
十七日**大暑** 15:45　十六日**望** 18:16

农历	初一	初二	初三	初四	初五	初六	初七	初八	初九	初十	十一	十二	十三	十四	十五
阳历	6	7	8	9	10	11	12	13	14	15	16	17	18	19	20
星期	六	日	一	二	三	四	五	六	日	一	二	三	四	五	六
干支	辛未	壬申	癸酉	甲戌	乙亥	丙子	丁丑	戊寅	己卯	庚辰	辛巳	壬午	癸未	甲申	乙酉
28宿	女	虚	危	室	壁	奎	娄	胃	昴	毕	觜	参	井	鬼	柳
	建	除	满	平	定	执	破	危	成	收	开	闭	建	除	满
五行	土	金	金	火	火	水	水	土	土	金	金	木	木	水	水
节元				小暑下5					大暑上7					大暑中1	
黄道黑道	元武	司命	勾陈	青龙	明堂	天刑	朱雀	金匮	天德	白虎	玉堂	天牢	元武	司命	勾陈
八卦	震	巽	坎	艮	坤	乾	兑	离	震	巽	坎	艮	坤	乾	兑
方位	西南正东	正南正南	东南正南	东北东南	西北东南	西南正西	正南正西	东南正北	东北正北	西北正东	西南正东	正南正南	东南正南	东北东南	西北东南
五脏	脾	肺	肺	心	心	肾	肾	脾	脾	肺	肺	肝	肝	肾	肾
子时时辰	戊子	庚子	壬子	甲子	丙子	戊子	庚子	壬子	甲子	丙子	戊子	庚子	壬子	甲子	丙子
农事节令	出梅，亥时小暑，卯时朔			荷花节		天贶节，农暴，世界人口日		上弦		头伏		农暴			

农历	十六	十七	十八	十九	二十	廿一	廿二	廿三	廿四	廿五	廿六	廿七	廿八	廿九	三十
阳历	21	22	23	24	25	26	27	28	29	30	31	8月	2	3	
星期	日	一	二	三	四	五	六	日	一	二	三	四	五	六	
干支	丙戌	丁亥	戊子	己丑	庚寅	辛卯	壬辰	癸巳	甲午	乙未	丙申	丁酉	戊戌	己亥	
28宿	星	张	翼	轸	角	亢	氐	房	心	尾	箕	斗	牛	女	
	平	定	执	破	危	成	收	开	闭	建	除	满	平	定	
五行	土	土	火	火	木	木	水	水	金	金	火	火	木	木	
节元				大暑下4					立秋上2					立秋中5	
黄道黑道	青龙	明堂	天刑	朱雀	金匮	天德	白虎	玉堂	天牢	元武	司命	勾陈	青龙	明堂	
八卦	离	震	巽	坎	艮	坤	乾	兑	离	震	巽	坎	艮	坤	
方位	西南正西	正南正西	东南正北	东北正北	西北正东	西南正东	正南正南	东南正南	东北东南	西北东南	西南正西	正南正西	东南正北	东北正北	
五脏	脾	脾	心	心	肝	肝	肾	肾	肺	肺	心	心	肝	肝	
子时时辰	戊子	庚子	壬子	甲子	丙子	戊子	庚子	壬子	甲子	丙子	戊子	庚子	壬子	甲子	
农事节令	酉时望	申时大暑		农暴	二伏，农暴			下弦				建军节		农暴	

七月大

孟秋之月　猴月　壬申　鬼宿

赤	碧	黄
白	白	白
黑	绿	紫

天道行北，日躔在巳宫，宜用甲丙庚壬时

初四日**立秋** 8:10　初一日**朔** 19:12

十九日**处暑** 22:56　十七日**望** 2:25

农历	初一	初二	初三	初四	初五	初六	初七	初八	初九	初十	十一	十二	十三	十四	十五	十六	十七	十八	十九	二十	廿一	廿二	廿三	廿四	廿五	廿六	廿七	廿八	廿九	三十
阳历	4	5	6	7	8	9	10	11	12	13	14	15	16	17	18	19	20	21	22	23	24	25	26	27	28	29	30	31	9月	2
星期	日	一	二	三	四	五	六	日	一	二	三	四	五	六	日	一	二	三	四	五	六	日	一	二	三	四	五	六	日	一
干支	庚子	辛丑	壬寅	癸卯	甲辰	乙巳	丙午	丁未	戊申	己酉	庚戌	辛亥	壬子	癸丑	甲寅	乙卯	丙辰	丁巳	戊午	己未	庚申	辛酉	壬戌	癸亥	甲子	乙丑	丙寅	丁卯	戊辰	己巳
28宿	虚	危	室	壁	奎	娄	胃	昴	毕	觜	参	井	鬼	柳	星	张	翼	轸	角	亢	氐	房	心	尾	箕	斗	牛	女	虚	危
	执	破	危	危	成	收	开	闭	建	除	满	平	定	执	破	危	成	收	开	闭	建	除	满	平	定	执	破	危	成	收
五行	土	土	金	金	火	火	水	水	土	土	金	金	木	木	水	水	土	土	火	火	木	木	水	水	金	金	火	火	木	木
节元					立秋下8					处暑上1					处暑中4					处暑下7					白露上9					白露中3
黄道黑道	天刑	朱雀	金匮	朱雀	金匮	天德	白虎	玉堂	天牢	元武	司命	勾陈	青龙	明堂	天刑	朱雀	金匮	天德	白虎	玉堂	天牢	元武	司命	勾陈	青龙	明堂	天刑	朱雀	金匮	天德
八卦	巽	坎	艮	坤	乾	兑	离	震	巽	坎	艮	坤	乾	兑	离	震	巽	坎	艮	坤	乾	兑	离	震	巽	坎	艮	坤	乾	兑
方位	西	西	正	东	东	西	西	正	东	东	西	西	正	东	东	西	西	正	东	东	西	西	正	东	东	西	西	正	东	东
	北	南	南	南	北	北	南	南	南	北	北	南	南	南	北	北	南	南	南	北	北	南	南	南	北	北	南	南	南	北
	正	正	正	正	东	东	正	正	正	正	正	正	正	正	东	东	正	正	正	正	正	正	正	正	东	东	正	正	正	正
	东	东	南	南	南	南	西	西	北	北	东	东	南	南	南	南	西	西	北	北	东	东	南	南	南	南	西	西	北	北
五脏	脾	脾	肺	肺	心	心	肾	肾	脾	脾	肺	肺	肝	肝	肾	肾	脾	脾	心	心	肝	肝	肾	肾	肺	肺	心	心	肝	肝
子时时辰	丙子	戊子	庚子	壬子	甲子	丙子	戊子	庚子	壬子	甲子	丙子	戊子	庚子	壬子	甲子	丙子	戊子	庚子	壬子	甲子	丙子	戊子	庚子	壬子	甲子	丙子	戊子	庚子	壬子	甲子
农事节令	戌时朔		绝日	辰时立秋			乞巧节，七夕，农暴		上弦		三伏				中元节		丑时望，农暴		亥时处暑					下弦				农暴		

公元 2024 年　　农历甲辰(龙)年

八月大

仲秋之月　鸡月　癸酉　柳宿

白黑绿
黄赤紫
白碧白

天道行东北，日躔在辰宫，宜用艮巽坤乾时

初五日**白露** 11:12　初一日**朔** 9:54

二十日**秋分** 20:45　十六日**望** 10:34

农历	初一	初二	初三	初四	初五	初六	初七	初八	初九	初十	十一	十二	十三	十四	十五	十六	十七	十八	十九	二十	廿一	廿二	廿三	廿四	廿五	廿六	廿七	廿八	廿九	三十
阳历	3	4	5	6	7	8	9	10	11	12	13	14	15	16	17	18	19	20	21	22	23	24	25	26	27	28	29	30	10月	2
星期	二	三	四	五	六	日	一	二	三	四	五	六	日	一	二	三	四	五	六	日	一	二	三	四	五	六	日	一	二	三
干支	庚午	辛未	壬申	癸酉	甲戌	乙亥	丙子	丁丑	戊寅	己卯	庚辰	辛巳	壬午	癸未	甲申	乙酉	丙戌	丁亥	戊子	己丑	庚寅	辛卯	壬辰	癸巳	甲午	乙未	丙申	丁酉	戊戌	己亥
28宿	室	壁	奎	娄	胃	昴	毕	觜	参	井	鬼	柳	星	张	翼	轸	角	亢	氐	房	心	尾	箕	斗	牛	女	虚	危	室	壁
	开	闭	建	除	除	满	平	定	执	破	危	成	收	开	闭	建	除	满	平	定	执	破	危	成	收	开	闭	建	除	满
五行	土	土	金	金	火	火	水	水	土	土	金	金	木	木	水	水	土	土	火	火	木	木	水	水	金	金	火	火	木	木
节元					白露下6					秋分上7					秋分中1					秋分下4					寒露上6					寒露中9
黄道黑道	白虎	玉堂	天牢	元武	天牢	元武	司命	勾陈	青龙	明堂	天刑	朱雀	金匮	天德	白虎	玉堂	天牢	元武	司命	勾陈	青龙	明堂	天刑	朱雀	金匮	天德	白虎	玉堂	天牢	元武
八卦	坎	艮	坤	乾	兑	离	震	巽	坎	艮	坤	乾	兑	离	震	巽	坎	艮	坤	乾	兑	离	震	巽	坎	艮	坤	乾	兑	离
方位	西北 正东	西南 正东	正南 正南	东南 正南	东北 东南	西北 东南	西南 正西	正南 正西	东南 正北	东北 正北	西北 正东	西南 正东	正南 正南	东南 正南	东北 东南	西北 东南	西南 正西	正南 正西	东南 正北	东北 正北	西北 正东	西南 正东	正南 正南	东南 正南	东北 东南	西北 东南	西南 正西	正南 正西	东南 正北	东北 正北
五脏	脾	脾	肺	肺	心	心	肾	肾	脾	脾	肺	肺	肝	肝	肾	肾	脾	脾	心	心	肝	肝	肾	肾	肺	肺	心	心	肝	肝
子时时辰	丙子	戊子	庚子	壬子	甲子	丙子	戊子	庚子	壬子	甲子	丙子	戊子	庚子	壬子	甲子	丙子	戊子	庚子	壬子	甲子	丙子	戊子	庚子	壬子	甲子	丙子	戊子	庚子	壬子	甲子
农事节令	巳时朔		农暴		午时白露			上弦，教师节	上戊						中秋节	巳时望			全国科普日，离日，秋社	戌时秋分	农暴		农暴	下弦		孔子诞辰			国庆节	

公元 2024 年　　农历甲辰(龙)年

九月小 季之秋月　狗月　甲戌　星宿	黄白碧 绿白白 紫黑赤

天道行南，日躔在卯宫，宜用癸乙丁辛时

初六日**寒露** 3:01　初一日**朔** 2:48

廿一日**霜降** 6:15　十五日**望** 19:25

农历	初初初初初初初初初初十十十十十十十十十二廿廿廿廿廿廿廿廿廿三 一二三四五六七八九十一二三四五六七八九十一二三四五六七八九十
阳历	3 4 5 6 7 8 9 10 11 12 13 14 15 16 17 18 19 20 21 22 23 24 25 26 27 28 29 30 31
星期	四五六日一二三四五六日一二三四五六日一二三四五六日一二三四
干支	庚辛壬癸甲乙丙丁戊己庚辛壬癸甲乙丙丁戊己庚辛壬癸甲乙丙丁戊 子丑寅卯辰巳午未申酉戌亥子丑寅卯辰巳午未申酉戌亥子丑寅卯辰
28宿	奎娄胃昴毕觜参井鬼柳星张翼轸角亢氐房心尾箕斗牛女虚危室壁奎 平定执破危危成收开闭建除满平定执破危成收开闭建除满平定执破
五行	土土金金火火水水土土金金木木水水土土火火木木水水金金火火木
节元	寒露下3　霜降上5　霜降中8　霜降下2　立冬上6
黄道黑道	司勾青明天明天朱金天白玉天元司勾青明天朱金天白玉天元司勾青 命陈龙堂刑堂刑雀匮德虎堂牢武命陈龙堂刑雀匮德虎堂牢武命陈龙
八卦	艮坤乾兑离震巽坎艮坤乾兑离震巽坎艮坤乾兑离震巽坎艮坤乾兑离
方位	西西正东东西西正东东西西正东东西西正东东西西正东东西西正东 北南南南北北南南南北北南南南北北南南南北北南南南北北南南南 正正正正东东正正正正正正正正东东正正正正正正正正东东正正正 东东南南南南西西北北东东南南南南西西北北东东南南南南西西北
五脏	脾脾肺肺心心肾肾脾脾肺肺肝肝肾肾脾脾心心肝肝肾肾肺肺心心肝
子时时辰	丙戊庚壬甲丙戊庚壬甲丙戊庚壬甲丙戊庚壬甲丙戊庚壬甲丙戊庚壬 子子子子子子子子子子子子子子子子子子子子子子子子子子子子子
农事节令	丑时朔　寅时寒露　上弦　重阳节，农暴　国际减灾日　世界粮食日　戌时望，国际消除贫困日　农暴　卯时霜降　联合国日　下弦　杨公忌　冷风信　世界勤俭日

公元 2024 年　　农历甲辰(龙)年

十月大

孟冬 之月 猪月 乙亥 张宿

绿紫黑
碧黄赤
白白白

天道行东，日躔在寅宫，宜用甲丙庚壬时

初七日**立冬** 6:20　　初一日**朔** 20:46

廿四日**小雪** 3:57　　十六日**望** 5:27

农历	初一	初二	初三	初四	初五	初六	初七	初八	初九	初十	十一	十二	十三	十四	十五	十六	十七	十八	十九	二十	廿一	廿二	廿三	廿四	廿五	廿六	廿七	廿八	廿九	三十
阳历	11月	2	3	4	5	6	7	8	9	10	11	12	13	14	15	16	17	18	19	20	21	22	23	24	25	26	27	28	29	30
星期	五	六	日	一	二	三	四	五	六	日	一	二	三	四	五	六	日	一	二	三	四	五	六	日	一	二	三	四	五	六
干支	己巳	庚午	辛未	壬申	癸酉	甲戌	乙亥	丙子	丁丑	戊寅	己卯	庚辰	辛巳	壬午	癸未	甲申	乙酉	丙戌	丁亥	戊子	己丑	庚寅	辛卯	壬辰	癸巳	甲午	乙未	丙申	丁酉	戊戌
28宿	娄	胃	昴	毕	觜	参	井	鬼	柳	星	张	翼	轸	角	亢	氐	房	心	尾	箕	斗	牛	女	虚	危	室	壁	奎	娄	胃
	危	成	收	开	闭	建	建	除	满	平	定	执	破	危	成	收	开	闭	建	除	满	平	定	执	破	危	成	收	开	闭
五行	木	土	土	金	金	火	火	水	水	土	土	金	金	木	木	水	水	土	土	火	火	木	木	水	水	金	金	火	火	木
节元	立冬中9					立冬下3					小雪上5					小雪中8					小雪下2					大雪上4				
黄道黑道	明堂	天刑	朱雀	金匮	天德	白虎	天德	白虎	玉堂	天牢	元武	司命	勾陈	青龙	明堂	天刑	朱雀	金匮	天德	白虎	玉堂	天牢	元武	司命	勾陈	青龙	明堂	天刑	朱雀	金匮
八卦	坤	乾	兑	离	震	巽	坎	艮	坤	乾	兑	离	震	巽	坎	艮	坤	乾	兑	离	震	巽	坎	艮	坤	乾	兑	离	震	巽
方位	东北	西北	西南	正南	东南	东北	西北	西南	正南	东南	东北	西北	西南	正南	东南	东北	西北	西南	正南	东南	东北	西北	西南	正南	东南	东北	西北	西南	正南	东南
	正北	正东	正东	正南	正南	东南	东南	正西	正西	正北	正北	正东	正东	正南	正南	东南	东南	正西	正西	正北	正北	正东	正东	正南	正南	东南	东南	正西	正西	正北
五脏	肝	脾	脾	肺	肺	心	心	肾	肾	脾	脾	肺	肺	肝	肝	肾	肾	脾	脾	心	心	肝	肝	肾	肾	肺	肺	心	心	肝
子时时辰	甲子	丙子	戊子	庚子	壬子	甲子	丙子	戊子	庚子	壬子	甲子	丙子	戊子	庚子	壬子	甲子	丙子	戊子	庚子	壬子	甲子	丙子	戊子	庚子	壬子	甲子	丙子	戊子	庚子	壬子
农事节令	戌时朔，万圣节					绝日	卯时立冬	上弦		农暴					下元节	卯时望	国际大学生节			农暴		寅时小雪	农暴	下弦				感恩节		

公元2024年　　农历甲辰(龙)年

十一月大　仲冬之月　鼠月　丙子　翼宿

碧白白
黑绿白
赤紫黄

天道行东南，日躔在丑宫，宜用艮巽坤乾时

初六日**大雪** 23:17　初一日**朔** 14:21

廿一日**冬至** 17:21　十五日**望** 17:01

农历	初一	初二	初三	初四	初五	初六	初七	初八	初九	初十	十一	十二	十三	十四	十五	十六	十七	十八	十九	二十	廿一	廿二	廿三	廿四	廿五	廿六	廿七	廿八	廿九	三十
阳历	12月	2	3	4	5	6	7	8	9	10	11	12	13	14	15	16	17	18	19	20	21	22	23	24	25	26	27	28	29	30
星期	日	一	二	三	四	五	六	日	一	二	三	四	五	六	日	一	二	三	四	五	六	日	一	二	三	四	五	六	日	一
干支	己亥	庚子	辛丑	壬寅	癸卯	甲辰	乙巳	丙午	丁未	戊申	己酉	庚戌	辛亥	壬子	癸丑	甲寅	乙卯	丙辰	丁巳	戊午	己未	庚申	辛酉	壬戌	癸亥	甲子	乙丑	丙寅	丁卯	戊辰
28宿	昴建	毕除	觜满	参平	井定	鬼定	柳执	星破	张危	翼成	轸收	角开	亢闭	氐建	房除	心满	尾平	箕定	斗执	牛破	女危	虚成	危收	室开	壁闭	奎建	娄除	胃满	昴平	毕定
五行	木	土	土	金	金	火	火	水	水	土	土	金	金	木	木	水	水	土	土	火	火	木	木	水	水	金	金	火	火	木
节元	大雪中7					大雪下1					闰大雪上4					闰大雪中7					闰大雪下1					冬至上1				
黄道黑道	天德	白虎	玉堂	天牢	元武	天牢	元武	司命	勾陈	青龙	明堂	天刑	朱雀	金匮	天德	白虎	玉堂	天牢	元武	司命	勾陈	青龙	明堂	天刑	朱雀	金匮	天德	白虎	玉堂	天牢
八卦	乾	兑	离	震	巽	坎	艮	坤	乾	兑	离	震	巽	坎	艮	坤	乾	兑	离	震	巽	坎	艮	坤	乾	兑	离	震	巽	坎
方位	东北正北	西北正东	西南正东	正南正南	东南正南	东北东南	西北东南	西南正西	正南正西	东南正北	东北正北	西北正东	西南正东	正南正南	东南正南	东北东南	西北东南	西南正西	正南正西	东南正北	东北正北	西北正东	西南正东	正南正南	东南正南	东北东南	西北东南	西南正西	正南正西	东南正北
五脏	肝	脾	脾	肺	肺	心	心	肾	肾	脾	脾	肺	肺	肝	肝	肾	肾	脾	脾	心	心	肝	肝	肾	肾	肺	肺	心	心	肝
子时时辰	甲子	丙子	戊子	庚子	壬子	甲子	丙子	戊子	庚子	壬子	甲子	丙子	戊子	庚子	壬子	甲子	丙子	戊子	庚子	壬子	甲子	丙子	戊子	庚子	壬子	甲子	丙子	戊子	庚子	壬子
农事节令	未时朔，世界艾滋病日		农暴			夜子大雪		上弦							酉时望					澳门回归日	酉时冬至，一九		下弦		圣诞节		农暴			二九

公元2024年　　农历甲辰(龙)年

十二月小 季冬 之月 牛月 丁丑 轸宿	黑赤紫 白碧黄 白白绿
天道行西，日躔在子宫，宜用癸乙丁辛时	初六日**小寒** 10:33　初一日**朔** 6:26 廿一日**大寒** 4:01　十五日**望** 6:26
农历	初初初初初初初初初初十十十十十十十十十二廿廿廿廿廿廿廿廿廿三 一二三四五六七八九十一二三四五六七八九十一二三四五六七八九十
阳历	31 1月 2 3 4 5 6 7 8 9 10 11 12 13 14 15 16 17 18 19 20 21 22 23 24 25 26 27 28
星期	二三四五六日一二三四五六日一二三四五六日一二三四五六日一二
干支	己庚辛壬癸甲乙丙丁戊己庚辛壬癸甲乙丙丁戊己庚辛壬癸甲乙丙丁 巳午未申酉戌亥子丑寅卯辰巳午未申酉戌亥子丑寅卯辰巳午未申酉
28宿	觜参井鬼柳星张翼轸角亢氐房心尾箕斗牛女虚危室壁奎娄胃昴毕觜 执破危成收收开闭建除满平定执破危成收开闭建除满平定执破危成
五行	木土土金金火火水水土土金金木木水水土土火火木木水水金金火火
节元	冬至中7　冬至下4　小寒上2　小寒中8　小寒下5　大寒上3
黄道黑道	元司勾青明青明天朱金天白玉天元司勾青明天朱金天白玉天元司勾 武命陈龙堂龙堂刑雀匮德虎堂牢武命陈龙堂刑雀匮德虎堂牢武命陈
八卦	兑离震巽坎艮坤乾兑离震巽坎艮坤乾兑离震巽坎艮坤乾兑离震巽坎
方位	东西西正东东西西正东东西西正东东西西正东东西西正东东西西正 北北南南南北北南南南北北南南南北北南南南北北南南南北北南南 正正正正正东东正正正正正正正正东东正正正正正正正东东正正 北东东南南南南西西北北东东南南南南西西北北东东南南南南西西
五脏	肝脾脾肺肺心心肾肾脾脾肺肺肝肝肾肾脾脾心心肝肝肾肾肺肺心心
子时时辰	甲丙戊庚壬甲丙戊庚壬甲丙戊庚壬甲丙戊庚壬甲丙戊庚壬甲丙戊庚 子子子子子子子子子子子子子子子子子子子子子子子子子子子子子
农事节令	元旦，卯时朔　巳时小寒　三九　上弦，腊八节，农暴　卯时望　农暴　四九　寅时大寒　小年，扫尘节　下弦　五九，农暴　除夕

公元2025年　农历乙巳(蛇)年(闰六月)

正月大

孟春之月　虎月　戊寅　角宿

白	白	白
紫	黑	绿
黄	赤	碧

天道行南，日躔在亥宫，宜用甲丙庚壬时

初六日**立春** 22:11　初一日**朔** 20:35

廿一日**雨水** 18:07　十五日**望** 21:53

农历	初一	初二	初三	初四	初五	初六	初七	初八	初九	初十	十一	十二	十三	十四	十五
阳历	29	30	31	2月	2	3	4	5	6	7	8	9	10	11	12
星期	三	四	五	六	日	一	二	三	四	五	六	日	一	二	三
干支	戊戌	己亥	庚子	辛丑	壬寅	癸卯	甲辰	乙巳	丙午	丁未	戊申	己酉	庚戌	辛亥	壬子
28宿	参	井	鬼	柳	星	张	翼	轸	角	亢	氐	房	心	尾	箕
	收	开	闭	建	除	除	满	平	定	执	破	危	成	收	开
五行	木	木	土	土	金	金	火	火	水	水	土	土	金	金	木
节元		大寒中9					大寒下6					立春上8			
黄道黑道	青龙	明堂	天刑	朱雀	金匮	朱雀	金匮	天德	白虎	玉堂	天牢	元武	司命	勾陈	青龙
八卦	坤	乾	兑	离	震	巽	坎	艮	坤	乾	兑	离	震	巽	坎
方位	东南正北	东北正北	西北正东	西南正东	正南正南	东南正南	东北东南	西北东南	西南正西	正南正西	东南正北	东北正北	西北正东	西南正东	正南正南
五脏	肝	肝	脾	脾	肺	肺	心	心	肾	肾	脾	脾	肺	肺	肝
子时时辰	壬子	甲子	丙子	戊子	庚子	壬子	甲子	丙子	戊子	庚子	壬子	甲子	丙子	戊子	庚子
农事节令	春节，戌时朔	财神节		四牛耕地，四日得辛	破五节，绝日	亥时立春	七龙治水，六九	上弦	五人九饼，农暴	土神诞		十二姑看蚕	农暴		元宵节，亥时望

农历	十六	十七	十八	十九	二十	廿一	廿二	廿三	廿四	廿五	廿六	廿七	廿八	廿九	三十
阳历	13	14	15	16	17	18	19	20	21	22	23	24	25	26	27
星期	四	五	六	日	一	二	三	四	五	六	日	一	二	三	四
干支	癸丑	甲寅	乙卯	丙辰	丁巳	戊午	己未	庚申	辛酉	壬戌	癸亥	甲子	乙丑	丙寅	丁卯
28宿	斗	牛	女	虚	危	室	壁	奎	娄	胃	昴	毕	觜	参	井
	闭	建	除	满	平	定	执	破	危	成	收	开	闭	建	除
五行	木	水	水	土	土	火	火	木	木	水	水	金	金	火	火
节元		立春中5					立春下2					雨水上9			
黄道黑道	明堂	天刑	朱雀	金匮	天德	白虎	玉堂	天牢	元武	司命	勾陈	青龙	明堂	天刑	朱雀
八卦	艮	坤	乾	兑	离	震	巽	坎	艮	坤	乾	兑	离	震	巽
方位	东南正南	东北东南	西北东南	西南正西	正南正西	东南正北	东北正北	西北正东	西南正东	正南正南	东南正南	东北东南	西北东南	西南正西	正南正西
五脏	肝	肾	肾	脾	脾	心	心	肝	肝	肾	肾	肺	肺	心	心
子时时辰	壬子	甲子	丙子	戊子	庚子	壬子	甲子	丙子	戊子	庚子	壬子	甲子	丙子	戊子	庚子
农事节令	七九	情人节		农暴		酉时雨水		下弦		填仓节，八九				农暴	

二月小

仲春之月　兔月　己卯　亢宿

紫黄赤
白白碧
绿白黑

天道行西南，日躔在戌宫，宜用艮巽坤乾时

初六日**惊蛰** 16:08　初一日**朔** 8:44

廿一日**春分** 17:02　十五日**望** 14:55

农历	初初初初初初初初初初十十十十十十十十十二廿廿廿廿廿廿廿廿廿三 一二三四五六七八九十一二三四五六七八九十一二三四五六七八九十
阳历	28 3月 2 3 4 5 6 7 8 9 10 11 12 13 14 15 16 17 18 19 20 21 22 23 24 25 26 27 28
星期	五六日一二三四五六日一二三四五六日一二三四五六日一二三四五
干支	戊己庚辛壬癸甲乙丙丁戊己庚辛壬癸甲乙丙丁戊己庚辛壬癸甲乙丙 辰巳午未申酉戌亥子丑寅卯辰巳午未申酉戌亥子丑寅卯辰巳午未申
28宿	鬼柳星张翼轸角亢氐房心尾箕斗牛女虚危室壁奎娄胃昴毕觜参井鬼 满平定执破破危成收开闭建除满平定执破危成收开闭建除满平定执
五行	木木土土金金火火水水土土金金木木水水土土火火木木水水金金火
节元	雨水中 6　雨水下 3　惊蛰上 1　惊蛰中 7　惊蛰下 4　春分上 3
黄道黑道	金天白玉天玉天元司勾青明天朱金天白玉天元司勾青明天朱金天白 匮德虎堂牢堂牢武命陈龙堂刑雀匮德虎堂牢武命陈龙堂刑雀匮德虎
八卦	乾兑离震巽坎艮坤乾兑离震巽坎艮坤乾兑离震巽坎艮坤乾兑离震巽
方位	东东西西正东东西西正东东西西正东东西西正东东西西正东东西西 南北北南南南北北南南南北北南南南北北南南南北北南南南北北南 正正正正正正东东正正正正正正正正东东正正正正正正正正东东正 北北东东南南南南西西北北东东南南南南西西北北东东南南南南西
五脏	肝肝脾脾肺肺心心肾肾脾脾肺肺肝肝肾肾脾脾心心肝肝肾肾肺肺心
子时时辰	壬甲丙戊庚壬甲丙戊庚壬甲丙戊庚壬甲丙戊庚壬甲丙戊庚壬甲丙戊 子子子子子子子子子子子子子子子子子子子子子子子子子子子子子
农事节令	辰时朔，中和节，上戊　龙头节，农暴　农暴　九九　申时惊蛰　春砺暴　上弦，农暴　农暴，妇女节　乌龟暴　农暴，植树节　未时望，花朝节　消费者权益日　农暴　离日　酉时春分，春社　世界森林日　下弦，世界水日　世界气象日　世界防治结核病日　农暴　农暴

公元 2025 年　　农历乙巳(蛇)年(闰六月)

三月大

季春之月　龙月　庚辰　氐宿

白绿白
赤紫黑
碧黄白

天道行北，日躔在酉宫，宜用癸乙丁辛时

初七日**清明** 20:49　初一日**朔** 18:58

廿三日**谷雨** 3:57　十六日**望** 8:22

农历	初一	初二	初三	初四	初五	初六	初七	初八	初九	初十	十一	十二	十三	十四	十五	十六	十七	十八	十九	二十	廿一	廿二	廿三	廿四	廿五	廿六	廿七	廿八	廿九	三十
阳历	29	30	31	4月	2	3	4	5	6	7	8	9	10	11	12	13	14	15	16	17	18	19	20	21	22	23	24	25	26	27
星期	六	日	一	二	三	四	五	六	日	一	二	三	四	五	六	日	一	二	三	四	五	六	日	一	二	三	四	五	六	日
干支	丁酉	戊戌	己亥	庚子	辛丑	壬寅	癸卯	甲辰	乙巳	丙午	丁未	戊申	己酉	庚戌	辛亥	壬子	癸丑	甲寅	乙卯	丙辰	丁巳	戊午	己未	庚申	辛酉	壬戌	癸亥	甲子	乙丑	丙寅
28宿	柳	星	张	翼	轸	角	亢	氐	房	心	尾	箕	斗	牛	女	虚	危	室	壁	奎	娄	胃	昴	毕	觜	参	井	鬼	柳	星
	破	危	成	收	开	闭	闭	建	除	满	平	定	执	破	危	成	收	开	闭	建	除	满	平	定	执	破	危	成	收	开
五行	火	木	木	土	土	金	金	火	火	水	水	土	土	金	金	木	木	水	水	土	土	火	火	木	木	水	水	金	金	火
节元			春分中9					春分下6					清明上4					清明中1					清明下7					谷雨上5		
黄道黑道	玉堂	天牢	元武	司命	勾陈	青龙	勾陈	青龙	明堂	天刑	朱雀	金匮	天德	白虎	玉堂	天牢	元武	司命	勾陈	青龙	明堂	天刑	朱雀	金匮	天德	白虎	玉堂	天牢	元武	司命
八卦	兑	离	震	巽	坎	艮	坤	乾	兑	离	震	巽	坎	艮	坤	乾	兑	离	震	巽	坎	艮	坤	乾	兑	离	震	巽	坎	艮
方位	正南正西	东南正北	东北正北	西北正东	西南正东	正南正南	东南正南	东北东南	西北东南	西南正西	正南正西	东南正北	东北正北	西北正东	西南正东	正南正南	东南正南	东北东南	西北东南	西南正西	正南正西	东南正北	东北正北	西北正东	西南正东	正南正南	东南正南	东北东南	西北东南	西南正西
五脏	心	肝	肝	脾	脾	肺	肺	心	心	肾	肾	脾	脾	肺	肺	肝	肝	肾	肾	脾	脾	心	心	肝	肝	肾	肾	肺	肺	心
子时时辰	庚子	壬子	甲子	丙子	戊子	庚子	壬子	甲子	丙子	戊子	庚子	壬子	甲子	丙子	戊子	庚子	壬子	甲子	丙子	戊子	庚子	壬子	甲子	丙子	戊子	庚子	壬子	甲子	丙子	戊子
农事节令	酉时朔		桃花暴				戌时清明，农暴		上弦						农暴	辰时望							下弦，寅时谷雨，天石暴		农暴 猴子暴，世界地球日					

公元 2025 年　　农历乙巳(蛇)年(闰六月)

四月小

孟夏之月　蛇月　辛巳　房宿

赤碧黄
白白白
黑绿紫

天道行西，日躔在申宫，宜用甲丙庚壬时

初八日**立夏** 13:58　初一日**朔** 3:31

廿四日**小满** 2:56　十六日**望** 0:56

农历	初一	初二	初三	初四	初五	初六	初七	初八	初九	初十	十一	十二	十三	十四	十五	十六	十七	十八	十九	二十	廿一	廿二	廿三	廿四	廿五	廿六	廿七	廿八	廿九	三十
阳历	28	29	30	5月	2	3	4	5	6	7	8	9	10	11	12	13	14	15	16	17	18	19	20	21	22	23	24	25	26	
星期	一	二	三	四	五	六	日	一	二	三	四	五	六	日	一	二	三	四	五	六	日	一	二	三	四	五	六	日	一	
干支	丁卯	戊辰	己巳	庚午	辛未	壬申	癸酉	甲戌	乙亥	丙子	丁丑	戊寅	己卯	庚辰	辛巳	壬午	癸未	甲申	乙酉	丙戌	丁亥	戊子	己丑	庚寅	辛卯	壬辰	癸巳	甲午	乙未	
28宿	张	翼	轸	角	亢	氐	房	心	尾	箕	斗	牛	女	虚	危	室	壁	奎	娄	胃	昴	毕	觜	参	井	鬼	柳	星	张	
	闭	建	除	满	平	定	执	执	破	危	成	收	开	闭	建	除	满	平	定	执	破	危	成	收	开	闭	建	除	满	
五行	火	木	木	土	土	金	金	火	火	水	水	土	土	金	金	木	木	水	水	土	土	火	火	木	木	水	水	金	金	
节元			谷雨中2					谷雨下8					立夏上4					立夏中1					立夏下7					小满上5		
黄道黑道	勾陈	青龙	明堂	天刑	朱雀	金匮	天德	金匮	天德	白虎	玉堂	天牢	元武	司命	勾陈	青龙	明堂	天刑	朱雀	金匮	天德	白虎	玉堂	天牢	元武	司命	勾陈	青龙	明堂	
八卦	离	震	巽	坎	艮	坤	乾	兑	离	震	巽	坎	艮	坤	乾	兑	离	震	巽	坎	艮	坤	乾	兑	离	震	巽	坎	艮	
方位	正南正西	东南正北	东北正北	西北正东	西南正东	正南正南	东南正南	东北东南	西北东南	西南正西	正南正西	东南正北	东北正北	西北正东	西南正东	正南正南	东南正南	东北东南	西北东南	西南正西	正南正西	东南正北	东北正北	西北正东	西南正东	正南正南	东南正南	东北东南	西北东南	
五脏	心	肝	肝	脾	脾	肺	肺	心	心	肾	肾	脾	脾	肺	肺	肝	肝	肾	肾	脾	脾	心	心	肝	肝	肾	肾	肺	肺	
子时时辰	庚子	壬子	甲子	丙子	戊子	庚子	壬子	甲子	丙子	戊子	庚子	壬子	甲子	丙子	戊子	庚子	壬子	甲子	丙子	戊子	庚子	壬子	甲子	丙子	戊子	庚子	壬子	甲子	丙子	
农事节令	寅时朔，农暴			劳动节			青年节，绝日	未时立夏，老虎暴	上弦					母亲节	护士节，防灾减灾日	子时望		国际家庭日					下弦	丑时小满	农暴					

公元 2025 年　　农历乙巳(蛇)年(闰六月)

五月小

仲夏　之月　马月　壬午　心宿

白黑绿
黄赤紫
白碧白

天道行西北，日躔在未宫，宜用艮巽坤乾时

初十日**芒种** 17:58　初一日**朔** 11:01

廿六日**夏至** 10:43　十六日**望** 15:43

农历	初一	初二	初三	初四	初五	初六	初七	初八	初九	初十	十一	十二	十三	十四	十五	十六	十七	十八	十九	二十	廿一	廿二	廿三	廿四	廿五	廿六	廿七	廿八	廿九	三十
阳历	27	28	29	30	31	6月	2	3	4	5	6	7	8	9	10	11	12	13	14	15	16	17	18	19	20	21	22	23	24	
星期	二	三	四	五	六	日	一	二	三	四	五	六	日	一	二	三	四	五	六	日	一	二	三	四	五	六	日	一	二	
干支	丙申	丁酉	戊戌	己亥	庚子	辛丑	壬寅	癸卯	甲辰	乙巳	丙午	丁未	戊申	己酉	庚戌	辛亥	壬子	癸丑	甲寅	乙卯	丙辰	丁巳	戊午	己未	庚申	辛酉	壬戌	癸亥	甲子	
28宿	翼	轸	角	亢	氐	房	心	尾	箕	斗	牛	女	虚	危	室	壁	奎	娄	胃	昴	毕	觜	参	井	鬼	柳	星	张	翼	
	平	定	执	破	危	成	收	开	闭	闭	建	除	满	平	定	执	破	危	成	收	开	闭	建	除	满	平	定	执	破	
五行	火	火	木	木	土	土	金	金	火	火	水	水	土	土	金	金	木	木	水	水	土	土	火	火	木	木	水	水	金	
节元				小满中2					小满下8					芒种上6					芒种中3					芒种下9					夏至上9	
黄道黑道	天刑	朱雀	金匮	天德	白虎	玉堂	天牢	元武	司命	元武	司命	勾陈	青龙	明堂	天刑	朱雀	金匮	天德	白虎	玉堂	天牢	元武	司命	勾陈	青龙	明堂	天刑	朱雀	金匮	
八卦	震	巽	坎	艮	坤	乾	兑	离	震	巽	坎	艮	坤	乾	兑	离	震	巽	坎	艮	坤	乾	兑	离	震	巽	坎	艮	坤	
方位	西南正西	正南正西	东南正北	东北正北	西北正东	西南正东	正南正南	东南正南	东北东南	西北东南	西南正西	正南正西	东南正北	东北正北	西北正东	西南正东	正南正南	东南正南	东北东南	西北东南	西南正西	正南正西	东南正北	东北正北	西北正东	西南正东	正南正南	东南正南	东北东南	
五脏	心	心	肝	肝	脾	脾	肺	肺	心	心	肾	肾	脾	脾	肺	肺	肝	肝	肾	肾	脾	脾	心	心	肝	肝	肾	肾	肺	
子时时辰	戊子	庚子	壬子	甲子	丙子	戊子	庚子	壬子	甲子	丙子	戊子	庚子	壬子	甲子	丙子	戊子	庚子	壬子	甲子	丙子	戊子	庚子	壬子	甲子	丙子	戊子	庚子	壬子	甲子	
农事节令	午时朔				端午节，世界无烟日	儿童节			上弦	酉时芒种，世界环境日	入梅		磨刀暴		农暴	申时望				农暴，分龙，父亲节	龙母暴		下弦		离日	巳时夏至			头莳	

公元 2025 年　农历乙巳(蛇)年(闰六月)

六月大

季夏 之月 羊月 癸未 尾宿

黄白碧
绿白白
紫黑赤

天道行东，日躔在午宫，宜用癸乙丁辛时

十三日**小暑** 4:06　初一日**朔** 18:31

廿八日**大暑** 21:30　十七日**望** 4:36

农历	初一	初二	初三	初四	初五	初六	初七	初八	初九	初十	十一	十二	十三	十四	十五	十六	十七	十八	十九	二十	廿一	廿二	廿三	廿四	廿五	廿六	廿七	廿八	廿九	三十
阳历	25	26	27	28	29	30	7月	2	3	4	5	6	7	8	9	10	11	12	13	14	15	16	17	18	19	20	21	22	23	24
星期	三	四	五	六	日	一	二	三	四	五	六	日	一	二	三	四	五	六	日	一	二	三	四	五	六	日	一	二	三	四
干支	乙丑	丙寅	丁卯	戊辰	己巳	庚午	辛未	壬申	癸酉	甲戌	乙亥	丙子	丁丑	戊寅	己卯	庚辰	辛巳	壬午	癸未	甲申	乙酉	丙戌	丁亥	戊子	己丑	庚寅	辛卯	壬辰	癸巳	甲午
28宿	轸危	角成	亢收	氐开	房闭	心建	尾除	箕满	斗平	牛定	女执	虚破	危破	室危	壁成	奎收	娄开	胃闭	昴建	毕除	觜满	参平	井定	鬼执	柳破	星危	张成	翼收	轸开	角闭
五行	金	火	火	木	木	土	土	金	金	火	火	水	水	土	土	金	金	木	木	水	水	土	土	火	火	木	木	水	水	金
节元					夏至中3					夏至下6					小暑上8					小暑中2					小暑下5					大暑上7
黄道黑道	天德	白虎	玉堂	天牢	元武	司命	勾陈	青龙	明堂	天刑	朱雀	金匮	朱雀	金匮	天德	白虎	玉堂	天牢	元武	司命	勾陈	青龙	明堂	天刑	朱雀	金匮	天德	白虎	玉堂	天牢
八卦	巽	坎	艮	坤	乾	兑	离	震	巽	坎	艮	坤	乾	兑	离	震	巽	坎	艮	坤	乾	兑	离	震	巽	坎	艮	坤	乾	兑
方位	西北东南	西南正西	正南正西	东南正北	东北正北	西北正东	西南正东	正南正南	东南正南	东北东南	西北东南	西南正西	正南正西	东南正北	东北正北	西北正东	西南正东	正南正南	东南正南	东北东南	西北东南	西南正西	正南正西	东南正北	东北正北	西北正东	西南正东	正南正南	东南正南	东北东南
五脏	肺	心	心	肝	肝	脾	脾	肺	肺	心	心	肾	肾	脾	脾	肺	肺	肝	肝	肾	肾	脾	脾	心	心	肝	肝	肾	肾	肺
子时时辰	丙子	戊子	庚子	壬子	甲子	丙子	戊子	庚子	壬子	甲子	丙子	戊子	庚子	壬子	甲子	丙子	戊子	庚子	壬子	甲子	丙子	戊子	庚子	壬子	甲子	丙子	戊子	庚子	壬子	甲子
农事节令	酉时朔，全国土地日	国际禁毒日，中莳		荷花节，末莳		天贶节，农暴	建军节，香港回归日		上弦			农暴	寅时小暑				寅时望，世界人口日		出梅，农暴	农暴				下弦		头伏		亥时大暑	农暴	

公元 2025 年　　农历乙巳(蛇)年(闰六月)

闰六月小

季夏之月　羊月　癸未　尾宿

黄白碧
绿白白
紫黑赤

天道行东,日躔在午宫,宜用癸乙丁辛时

初一日朔 3:10

十四日立秋 13:52

十六日望 15:54

农历	初一	初二	初三	初四	初五	初六	初七	初八	初九	初十	十一	十二	十三	十四	十五	十六	十七	十八	十九	二十	廿一	廿二	廿三	廿四	廿五	廿六	廿七	廿八	廿九	三十
阳历	25	26	27	28	29	30	31	8月	2	3	4	5	6	7	8	9	10	11	12	13	14	15	16	17	18	19	20	21	22	
星期	五	六	日	一	二	三	四	五	六	日	一	二	三	四	五	六	日	一	二	三	四	五	六	日	一	二	三	四	五	
干支	乙未	丙申	丁酉	戊戌	己亥	庚子	辛丑	壬寅	癸卯	甲辰	乙巳	丙午	丁未	戊申	己酉	庚戌	辛亥	壬子	癸丑	甲寅	乙卯	丙辰	丁巳	戊午	己未	庚申	辛酉	壬戌	癸亥	
28宿	亢建	氐除	房满	心平	尾定	箕执	斗破	牛危	女成	虚收	危开	室闭	壁建	奎建	娄除	胃满	昴平	毕定	觜执	参破	井危	鬼成	柳收	星开	张闭	翼建	轸除	角满	亢平	
五行	金	火	火	木	木	土	土	金	金	火	火	水	水	土	土	金	金	木	木	水	水	土	土	火	火	木	木	水	水	
节元					大暑中1					大暑下4					立秋上2					立秋中5					立秋下8					
黄道黑道	元武	司命	勾陈	青龙	明堂	天刑	朱雀	金匮	天德	白虎	玉堂	天牢	元武	天牢	元武	司命	勾陈	青龙	明堂	天刑	朱雀	金匮	天德	白虎	玉堂	天牢	元武	司命	勾陈	
八卦	巽	坎	艮	坤	乾	兑	离	震	巽	坎	艮	坤	乾	兑	离	震	巽	坎	艮	坤	乾	兑	离	震	巽	坎	艮	坤	乾	
方位	西北东南	西南正西	正南正西	东南正北	东北正北	西北正东	西南正东	正南正南	东南正南	东北东南	西北东南	西南正西	正南正西	东南正北	东北正北	西北正东	西南正东	正南正南	东南正南	东北东南	西北东南	西南正西	正南正西	东南正北	东北正北	西北正东	西南正东	正南正南	东南正南	
五脏	肺	心	心	肝	肝	脾	脾	肺	肺	心	心	肾	肾	脾	脾	肺	肺	肝	肝	肾	肾	脾	脾	心	心	肝	肝	肾	肾	
子时时辰	丙子	戊子	庚子	壬子	甲子	丙子	戊子	庚子	壬子	甲子	丙子	戊子	庚子	壬子	甲子	丙子	戊子	庚子	壬子	甲子	丙子	戊子	庚子	壬子	甲子	丙子	戊子	庚子	壬子	
农事节令	寅时朔					二伏		上弦,建军节					绝日	未时立秋		三伏,申时望							下弦							

公元2025年　农历乙巳(蛇)年(闰六月)

七月大

孟秋之月　猴月　甲申　箕宿

绿紫黑
碧黄赤
白白白

天道行北,日躔在巳宫,宜用甲丙庚壬时

初一日**处暑** 4:35　初一日**朔** 14:05

十六日**白露** 16:53　十七日**望** 2:07

农历	阳历	星期	干支	28宿	五行	节元	黄道黑道	八卦	方位	五脏	子时时辰	农事节令
初一	23	六	甲子	氐定	金	处暑上1	青龙	坎	东北东南	肺	甲子	寅时处暑
初二	24	日	乙丑	房执	金		明堂	艮	西北东南	肺	丙子	
初三	25	一	丙寅	心破	火		天刑	坤	西南正西	心	戊子	
初四	26	二	丁卯	尾危	火		朱雀	乾	正南正西	心	庚子	
初五	27	三	戊辰	箕成	木		金匮	兑	东南正北	肝	壬子	
初六	28	四	己巳	斗收	木	处暑中4	天德	离	东北正北	肝	甲子	
初七	29	五	庚午	牛开	土		白虎	震	西北正东	脾	丙子	七夕,乞巧节,农暴
初八	30	六	辛未	女闭	土		玉堂	巽	西南正东	脾	戊子	上弦
初九	31	日	壬申	虚建	金		天牢	坎	正南正南	肺	庚子	
初十	9月	一	癸酉	危除	金		元武	艮	东南正南	肺	壬子	
十一	2	二	甲戌	室满	火	处暑下7	司命	坤	东北东南	心	甲子	
十二	3	三	乙亥	壁平	火		勾陈	乾	西北东南	心	丙子	
十三	4	四	丙子	奎定	水		青龙	兑	西南正西	肾	戊子	
十四	5	五	丁丑	娄执	水		明堂	离	正南正西	肾	庚子	
十五	6	六	戊寅	胃破	土		天刑	震	东南正北	脾	壬子	中元节
十六	7	日	己卯	昴破	土	白露上9	明堂	巽	东北正北	脾	甲子	申时白露
十七	8	一	庚辰	毕危	金		天刑	坎	西北正东	肺	丙子	丑时望,农暴
十八	9	二	辛巳	觜成	金		朱雀	艮	西南正东	肺	戊子	
十九	10	三	壬午	参收	木		金匮	坤	正南正南	肝	庚子	教师节
二十	11	四	癸未	井开	木		天德	乾	东南正南	肝	壬子	
廿一	12	五	甲申	鬼闭	水	白露中3	白虎	兑	东北东南	肾	甲子	
廿二	13	六	乙酉	柳建	水		玉堂	离	西北东南	肾	丙子	
廿三	14	日	丙戌	星除	土		天牢	震	西南正西	脾	戊子	
廿四	15	一	丁亥	张满	土		元武	巽	正南正西	脾	庚子	下弦
廿五	16	二	戊子	翼平	火		司命	坎	东南正北	心	壬子	秋社
廿六	17	三	己丑	轸定	火	白露下6	勾陈	艮	东北正北	心	甲子	
廿七	18	四	庚寅	角执	木		青龙	坤	西北正东	肝	丙子	
廿八	19	五	辛卯	亢破	木		明堂	乾	西南正东	肝	戊子	农暴
廿九	20	六	壬辰	氐危	水		天刑	兑	正南正南	肾	庚子	全国科普日
三十	21	日	癸巳	房成	水		朱雀	离	东南正南	肾	壬子	

公元2025年　农历乙巳(蛇)年(闰六月)

八月小

仲秋 之月 鸡月 乙酉 斗宿

碧 白 白
黑 绿 白
赤 紫 黄

天道行东北,日躔在辰宫,宜用艮巽坤乾时

初二日**秋分** 2:20　初一日**朔** 3:53

十七日**寒露** 8:42　十六日**望** 11:46

农历	初一	初二	初三	初四	初五	初六	初七	初八	初九	初十	十一	十二	十三	十四	十五	十六	十七	十八	十九	二十	廿一	廿二	廿三	廿四	廿五	廿六	廿七	廿八	廿九	三十
阳历	22	23	24	25	26	27	28	29	30	10月	2	3	4	5	6	7	8	9	10	11	12	13	14	15	16	17	18	19	20
星期	一	二	三	四	五	六	日	一	二	三	四	五	六	日	一	二	三	四	五	六	日	一	二	三	四	五	六	日	一
干支	甲午	乙未	丙申	丁酉	戊戌	己亥	庚子	辛丑	壬寅	癸卯	甲辰	乙巳	丙午	丁未	戊申	己酉	庚戌	辛亥	壬子	癸丑	甲寅	乙卯	丙辰	丁巳	戊午	己未	庚申	辛酉	壬戌
28宿	心收	尾开	箕闭	斗建	牛除	女满	虚平	危定	室执	壁破	奎危	娄成	胃收	昴开	毕闭	觜建	参建	井除	鬼满	柳平	星定	张执	翼破	轸危	角成	亢收	氐开	房闭	心建
五行	金	金	火	火	木	木	土	土	金	金	火	火	水	水	土	土	金	金	木	木	水	水	土	土	火	火	木	木	水
节元	秋分上7					秋分中1					秋分下4						寒露上6					寒露中9					寒露下3		
黄道黑道	金匮	天德	白虎	玉堂	天牢	元武	司命	勾陈	青龙	明堂	天刑	朱雀	金匮	天德	白虎	玉堂	白虎	玉堂	天牢	元武	司命	勾陈	青龙	明堂	天刑	朱雀	金匮	天德	白虎
八卦	艮	坤	乾	兑	离	震	巽	坎	艮	坤	乾	兑	离	震	巽	坎	艮	坤	乾	兑	离	震	巽	坎	艮	坤	乾	兑	离
方位	东北东南	西北东南	西南正西	正南正西	东南正北	东北正北	西北正东	西南正东	正南正南	东南正南	东北东南	西北东南	西南正西	正南正西	东南正北	东北正北	西北正东	西南正东	正南正南	东南正南	东北东南	西北东南	西南正西	正南正西	东南正北	东北正北	西北正东	西南正东	正南正南
五脏	肺	肺	心	心	肝	肝	脾	脾	肺	肺	心	心	肾	肾	脾	脾	肺	肺	肝	肝	肾	肾	脾	脾	心	心	肝	肝	肾
子时时辰	甲子	丙子	戊子	庚子	壬子	甲子	丙子	戊子	庚子	壬子	甲子	丙子	戊子	庚子	壬子	甲子	丙子	戊子	庚子	壬子	甲子	丙子	戊子	庚子	壬子	甲子	丙子	戊子	庚子
农事节令	寅时朔,离日	丑时秋分	农暴		上戊		孔子诞辰	上弦		国庆节					中秋节	午时望	辰时寒露				农暴	国际减灾日	农暴	下弦	世界粮食日	国际消除贫困日			

公元 2025 年　农历乙巳(蛇)年(闰六月)

九月大

季秋之月　狗月　丙戌　牛宿

黑赤紫
白碧黄
白白绿

天道行南，日躔在卯宫，宜用癸乙丁辛时

初三日**霜降** 11:52　初一日**朔** 20:23

十八日**立冬** 12:05　十六日**望** 21:18

农历	初一	初二	初三	初四	初五	初六	初七	初八	初九	初十	十一	十二	十三	十四	十五	十六	十七	十八	十九	二十	廿一	廿二	廿三	廿四	廿五	廿六	廿七	廿八	廿九	三十
阳历	21	22	23	24	25	26	27	28	29	30	31	11月	2	3	4	5	6	7	8	9	10	11	12	13	14	15	16	17	18	19
星期	二	三	四	五	六	日	一	二	三	四	五	六	日	一	二	三	四	五	六	日	一	二	三	四	五	六	日	一	二	三
干支	癸亥	甲子	乙丑	丙寅	丁卯	戊辰	己巳	庚午	辛未	壬申	癸酉	甲戌	乙亥	丙子	丁丑	戊寅	己卯	庚辰	辛巳	壬午	癸未	甲申	乙酉	丙戌	丁亥	戊子	己丑	庚寅	辛卯	壬辰
28宿	尾	箕	斗	牛	女	虚	危	室	壁	奎	娄	胃	昴	毕	觜	参	井	鬼	柳	星	张	翼	轸	角	亢	氐	房	心	尾	箕
	除	满	平	定	执	破	危	成	收	开	闭	建	除	满	平	定	执	执	破	危	成	收	开	闭	建	除	满	平	定	执
五行	水	金	金	火	火	木	木	土	土	金	金	火	火	水	水	土	土	金	金	木	木	水	水	土	土	火	火	木	木	水
节元		霜降上5					霜降中8					霜降下2					立冬上6					立冬中9					立冬下3			
黄道黑道	玉堂	天牢	元武	司命	勾陈	青龙	明堂	天刑	朱雀	金匮	天德	白虎	玉堂	天牢	元武	司命	勾陈	司命	勾陈	青龙	明堂	天刑	朱雀	金匮	天德	白虎	玉堂	天牢	元武	司命
八卦	坤	乾	兑	离	震	巽	坎	艮	坤	乾	兑	离	震	巽	坎	艮	坤	乾	兑	离	震	巽	坎	艮	坤	乾	兑	离	震	巽
方位	东南正南	东北东南	西北东南	西南正西	正南正西	东南正北	东北正北	西北正东	西南正东	正南正南	东南正南	东北东南	西北东南	西南正西	正南正西	东南正北	东北正北	西北正东	西南正东	正南正南	东南正南	东北东南	西北东南	西南正西	正南正西	东南正北	东北正北	西北正东	西南正东	正南正南
五脏	肾	肺	肺	心	心	肝	肝	脾	脾	肺	肺	心	心	肾	肾	脾	脾	肺	肺	肝	肝	肾	肾	脾	脾	心	心	肝	肝	肾
子时时辰	壬子	甲子	丙子	戊子	庚子	壬子	甲子	丙子	戊子	庚子	壬子	甲子	丙子	戊子	庚子	壬子	甲子	丙子	戊子	庚子	壬子	甲子	丙子	戊子	庚子	壬子	甲子	丙子	戊子	庚子
农事节令	戌时朔		午时霜降					上弦	重阳节，农暴		世界勤俭日	万圣节				亥时望	绝日	午时立冬	农暴				下弦				冷风信	国际大学生节		

公元 2025 年　　农历乙巳(蛇)年(闰六月)

十月大

孟冬之月　猪月　丁亥　女宿

白白白
紫黑绿
黄赤碧

天道行东，日躔在寅宫，宜用甲丙庚壬时

初三日**小雪** 9:36　初一日**朔** 14:46
十八日**大雪** 5:05　十六日**望** 7:13

农历	初一	初二	初三	初四	初五	初六	初七	初八	初九	初十	十一	十二	十三	十四	十五	十六	十七	十八	十九	二十	廿一	廿二	廿三	廿四	廿五	廿六	廿七	廿八	廿九	三十
阳历	20	21	22	23	24	25	26	27	28	29	30	12月	2	3	4	5	6	7	8	9	10	11	12	13	14	15	16	17	18	19
星期	四	五	六	日	一	二	三	四	五	六	日	一	二	三	四	五	六	日	一	二	三	四	五	六	日	一	二	三	四	五
干支	癸巳	甲午	乙未	丙申	丁酉	戊戌	己亥	庚子	辛丑	壬寅	癸卯	甲辰	乙巳	丙午	丁未	戊申	己酉	庚戌	辛亥	壬子	癸丑	甲寅	乙卯	丙辰	丁巳	戊午	己未	庚申	辛酉	壬戌
28宿	斗破	牛危	女成	虚收	危开	室闭	壁建	奎除	娄满	胃平	昴定	毕执	觜破	参危	井成	鬼收	柳开	星开	张闭	翼建	轸除	角满	亢平	氐定	房执	心破	尾危	箕成	斗收	牛开
五行	水	金	金	火	火	木	木	土	土	金	金	火	火	水	水	土	土	金	金	木	木	水	水	土	土	火	火	木	木	水
节元		小雪上5					小雪中8					小雪下2					大雪上4					大雪中7					大雪下1			
黄道黑道	勾陈	青龙	明堂	天刑	朱雀	金匮	天德	白虎	玉堂	天牢	元武	司命	勾陈	青龙	明堂	天刑	朱雀	天刑	朱雀	金匮	天德	白虎	玉堂	天牢	元武	司命	勾陈	青龙	明堂	天刑
八卦	乾	兑	离	震	巽	坎	艮	坤	乾	兑	离	震	巽	坎	艮	坤	乾	兑	离	震	巽	坎	艮	坤	乾	兑	离	震	巽	坎
方位	东南正南	东北东南	西北东南	西南正西	正南正西	东南正北	东北正北	西北正东	西南正东	正南正南	东南正南	东北东南	西北东南	西南正西	正南正西	东南正北	东北正北	西北正东	西南正东	正南正南	东南正南	东北东南	西北东南	西南正西	正南正西	东南正北	东北正北	西北正东	西南正东	正南正南
五脏	肾	肺	肺	心	心	肝	肝	脾	脾	肺	肺	心	心	肾	肾	脾	脾	肺	肺	肝	肝	肾	肾	脾	脾	心	心	肝	肝	肾
子时时辰	壬子	甲子	丙子	戊子	庚子	壬子	甲子	丙子	戊子	庚子	壬子	甲子	丙子	戊子	庚子	壬子	甲子	丙子	戊子	庚子	壬子	甲子	丙子	戊子	庚子	壬子	甲子	丙子	戊子	庚子
农事节令	未时朔		巳时小雪					感恩节，上弦		农暴		世界艾滋病日			下元节	辰时望				农暴			农暴	下弦						

公元2025年　农历乙巳(蛇)年(闰六月)

十一月大

仲冬之月　鼠月　戊子　虚宿

紫黄赤
白白碧
绿白黑

天道行东南，日躔在丑宫，宜用艮巽坤乾时

初二日**冬至** 23:03　初一日**朔** 9:43

十七日**小寒** 16:23　十五日**望** 18:02

农历	初一	初二	初三	初四	初五	初六	初七	初八	初九	初十	十一	十二	十三	十四	十五
阳历	20	21	22	23	24	25	26	27	28	29	30	31	1月	2	3
星期	六	日	一	二	三	四	五	六	日	一	二	三	四	五	六
干支	癸亥	甲子	乙丑	丙寅	丁卯	戊辰	己巳	庚午	辛未	壬申	癸酉	甲戌	乙亥	丙子	丁丑
28宿	女闭	虚建	危除	室满	壁平	奎定	娄执	胃破	昴危	毕成	觜收	参开	井闭	鬼建	柳除
五行	水	金	金	火	火	木	木	土	土	金	金	火	火	水	水
节元		冬至上1					冬至中7					冬至下4			
黄道黑道	朱雀	金匮	天德	白虎	玉堂	天牢	元武	司命	勾陈	青龙	明堂	天刑	朱雀	金匮	天德
八卦	兑	离	震	巽	坎	艮	坤	乾	兑	离	震	巽	坎	艮	坤
方位	东南正南	东北东南	西北东南	西南正西	正南正西	东南正北	东北正北	西北正东	西南正东	正南正南	东南正南	东北东南	西北东南	西南正西	正南正西
五脏	肾	肺	肺	心	心	肝	肝	脾	脾	肺	肺	心	心	肾	肾
子时时辰	壬子	甲子	丙子	戊子	庚子	壬子	甲子	丙子	戊子	庚子	壬子	甲子	丙子	戊子	庚子
农事节令	巳时朔，离日，澳门回归日	夜子冬至，一九	农暴			圣诞节		上弦			二九		元旦		酉时望

农历	十六	十七	十八	十九	二十	廿一	廿二	廿三	廿四	廿五	廿六	廿七	廿八	廿九	三十
阳历	4	5	6	7	8	9	10	11	12	13	14	15	16	17	18
星期	日	一	二	三	四	五	六	日	一	二	三	四	五	六	日
干支	戊寅	己卯	庚辰	辛巳	壬午	癸未	甲申	乙酉	丙戌	丁亥	戊子	己丑	庚寅	辛卯	壬辰
28宿	星满	张满	翼平	轸定	角执	亢破	氐危	房成	心收	尾开	箕闭	斗建	牛除	女满	虚平
五行	土	土	金	金	木	木	水	水	土	土	火	火	木	木	水
节元		小寒上2					小寒中8					小寒下5			
黄道黑道	白虎	天德	白虎	玉堂	天牢	元武	司命	勾陈	青龙	明堂	天刑	朱雀	金匮	天德	白虎
八卦	乾	兑	离	震	巽	坎	艮	坤	乾	兑	离	震	巽	坎	艮
方位	东南正北	东北正北	西北正东	西南正东	正南正南	东南正南	东北东南	西北东南	西南正西	正南正西	东南正北	东北正北	西北正东	西南正东	正南正南
五脏	脾	脾	肺	肺	肝	肝	肾	肾	脾	脾	心	心	肝	肝	肾
子时时辰	壬子	甲子	丙子	戊子	庚子	壬子	甲子	丙子	戊子	庚子	壬子	甲子	丙子	戊子	庚子
农事节令		申时小寒			三九			下弦				农暴		四九	

公元 2025 年　　农历乙巳(蛇)年(闰六月)

十二月小 季冬之月　牛月　己丑　危宿 白绿白 赤紫黑 碧黄白	天道行西，日躔在子宫，宜用癸乙丁辛时 初二日**大寒** 9:45　初一日**朔** 3:51 十七日**立春** 4:02　十五日**望** 6:09
农历	初初初初初初初初初初十十十十十十十十十二廿廿廿廿廿廿廿廿廿三 一二三四五六七八九十一二三四五六七八九十一二三四五六七八九十
阳历	19 20 21 22 23 24 25 26 27 28 29 30 31 2月 2 3 4 5 6 7 8 9 10 11 12 13 14 15 16
星期	一二三四五六日一二三四五六日一二三四五六日一二三四五六日一
干支	癸甲乙丙丁戊己庚辛壬癸甲乙丙丁戊己庚辛壬癸甲乙丙丁戊己庚辛 巳午未申酉戌亥子丑寅卯辰巳午未申酉戌亥子丑寅卯辰巳午未申酉
28宿	危室壁奎娄胃昴毕觜参井鬼柳星张翼轸角亢氐房心尾箕斗牛女虚危 定执破危成收开闭建除满平定执破危危成收开闭建除满平定执破危
五行	水金金火火木木土土金金火火水水土土金金木木水水土土火火木木
节元	大寒上3　大寒中9　大寒下6　立春上8　立春中5　立春下2
黄道黑道	玉天元司勾青明天朱金天白玉天元司元司勾青明天朱金天白玉天元 堂牢武命陈龙堂刑雀匮德虎堂牢武命武命陈龙堂刑雀匮德虎堂牢武
八卦	离震巽坎艮坤乾兑离震巽坎艮坤乾兑离震巽坎艮坤乾兑离震巽坎艮
方位	东东西西正东东西西正东东西西正东东西西正东东西西正东东西西 南北北南南南北北南南南北北南南南北北南南南北北南南南北北南 正东东正正正正正正正正东东正正正正正正正正东东正正正正正正 南南南西西北北东东南南南南西西北北东东南南南南西西北北东东
五脏	肾肺肺心心肝肝脾脾肺肺心心肾肾脾脾肺肺肝肝肾肾脾脾心心肝肝
子时时辰	壬甲丙戊庚壬甲丙戊庚壬甲丙戊庚壬甲丙戊庚壬甲丙戊庚壬甲丙戊 子子子子子子子子子子子子子子子子子子子子子子子子子子子子子
农事节令	寅时朔　巳时大寒　腊八节，五九，上弦，农暴　农暴　卯时望　绝日　寅时立春　下弦　扫尘节，小年　七九　情人节，农暴　除夕

公元2026年　　农历丙午(马)年

正月大

孟春 之月　虎月　庚寅　室宿

赤碧黄
白白白
黑绿紫

天道行南，日躔在亥宫，宜用甲丙庚壬时

初二日**雨水** 23:52　初一日**朔** 20:01

十七日**惊蛰** 21:59　十五日**望** 19:37

农历	初一	初二	初三	初四	初五	初六	初七	初八	初九	初十
阳历	17	18	19	20	21	22	23	24	25	26
星期	二	三	四	五	六	日	一	二	三	四
干支	壬戌	癸亥	甲子	乙丑	丙寅	丁卯	戊辰	己巳	庚午	辛未
28宿	室成	壁收	奎开	娄闭	胃建	昴除	毕满	觜平	参定	井执
五行	水	水	金	金	火	火	木	木	土	土
节元			雨水上9					雨水中6		
黄道黑道	司命	勾陈	青龙	明堂	天刑	朱雀	金匮	天德	白虎	玉堂
八卦	乾	兑	离	震	巽	坎	艮	坤	乾	兑
方位	正南 正南	东南 正南	东北 东南	西北 东南	西南 正西	正南 正西	东南 正北	东北 正北	西北 正东	西南 正东
五脏	肾	肾	肺	肺	心	心	肝	肝	脾	脾
子时时辰	庚子	壬子	甲子	丙子	戊子	庚子	壬子	甲子	丙子	戊子
农事节令	春节，戊时朔	夜子雨水，财神节		四牛耕地	一人五饼，破五节		七龙治水	上弦	农暴	十日得辛，土神诞

农历	十一	十二	十三	十四	十五	十六	十七	十八	十九	二十
阳历	27	28	3月	2	3	4	5	6	7	8
星期	五	六	日	一	二	三	四	五	六	日
干支	壬申	癸酉	甲戌	乙亥	丙子	丁丑	戊寅	己卯	庚辰	辛巳
28宿	鬼破	柳危	星成	张收	翼开	轸闭	角闭	亢建	氐除	房满
五行	金	金	火	火	水	水	土	土	金	金
节元			雨水下3					惊蛰上1		
黄道黑道	天牢	元武	司命	勾陈	青龙	明堂	青龙	明堂	天刑	朱雀
八卦	离	震	巽	坎	艮	坤	乾	兑	离	震
方位	正南 正南	东南 正南	东北 东南	西北 东南	西南 正西	正南 正西	东南 正北	东北 正北	西北 正东	西南 正东
五脏	肺	肺	心	心	肾	肾	脾	脾	肺	肺
子时时辰	庚子	壬子	甲子	丙子	戊子	庚子	壬子	甲子	丙子	戊子
农事节令		农暴，十二姑看蚕			戊时望，元宵节，九九		亥时惊蛰		农暴	妇女节

农历	廿一	廿二	廿三	廿四	廿五	廿六	廿七	廿八	廿九	三十
阳历	9	10	11	12	13	14	15	16	17	18
星期	一	二	三	四	五	六	日	一	二	三
干支	壬午	癸未	甲申	乙酉	丙戌	丁亥	戊子	己丑	庚寅	辛卯
28宿	心平	尾定	箕执	斗破	牛危	女成	虚收	危开	室闭	壁建
五行	木	木	水	水	土	土	火	火	木	木
节元			惊蛰中7					惊蛰下4		
黄道黑道	金匮	天德	白虎	玉堂	天牢	元武	司命	勾陈	青龙	明堂
八卦	巽	坎	艮	坤	乾	兑	离	震	巽	坎
方位	正南 正南	东南 正南	东北 东南	西北 东南	西南 正西	正南 正西	东南 正北	东北 正北	西北 正东	西南 正东
五脏	肝	肝	肾	肾	脾	脾	心	心	肝	肝
子时时辰	庚子	壬子	甲子	丙子	戊子	庚子	壬子	甲子	丙子	戊子
农事节令			下弦	植树节	填仓节		消费者权益日		农暴	

公元 2026 年　　农历丙午(马)年

二月小

仲春之月　兔月　辛卯　壁宿

白	黑	绿
黄	赤	紫
白	碧	白

天道行西南，日躔在戌宫，宜用艮巽坤乾时

初二日**春分** 22:46　初一日**朔** 9:23

十八日**清明** 2:40　十五日**望** 10:12

农历	初一	初二	初三	初四	初五	初六	初七	初八	初九	初十	十一	十二	十三	十四	十五	十六	十七	十八	十九	二十	廿一	廿二	廿三	廿四	廿五	廿六	廿七	廿八	廿九	三十
阳历	19	20	21	22	23	24	25	26	27	28	29	30	31	4月	2	3	4	5	6	7	8	9	10	11	12	13	14	15	16	
星期	四	五	六	日	一	二	三	四	五	六	日	一	二	三	四	五	六	日	一	二	三	四	五	六	日	一	二	三	四	
干支	壬辰	癸巳	甲午	乙未	丙申	丁酉	戊戌	己亥	庚子	辛丑	壬寅	癸卯	甲辰	乙巳	丙午	丁未	戊申	己酉	庚戌	辛亥	壬子	癸丑	甲寅	乙卯	丙辰	丁巳	戊午	己未	庚申	
28宿	奎除	娄满	胃平	昴定	毕执	觜破	参危	井成	鬼收	柳开	星闭	张建	翼除	轸满	角平	亢定	氐执	房执	心破	尾危	箕成	斗收	牛开	女闭	虚建	危除	室满	壁平	奎定	
五行	水	水	金	金	火	火	木	木	土	土	金	金	火	火	水	水	土	土	金	金	木	木	水	水	土	土	火	火	木	
节元			春分上3					春分中9					春分下6					清明上4					清明中1					清明下7		
黄道黑道	天刑	朱雀	金匮	天德	白虎	玉堂	天牢	元武	司命	勾陈	青龙	明堂	天刑	朱雀	金匮	天德	白虎	天德	白虎	玉堂	天牢	元武	司命	勾陈	青龙	明堂	天刑	朱雀	金匮	
八卦	兑	离	震	巽	坎	艮	坤	乾	兑	离	震	巽	坎	艮	坤	乾	兑	离	震	巽	坎	艮	坤	乾	兑	离	震	巽	坎	
方位	正南 正南	东南 正南	东北 东南	西北 东南	西南 正西	正南 正西	东南 正北	东北 正北	西北 正东	西南 正东	正南 正南	东南 正南	东北 东南	西北 东南	西南 正西	正南 正西	东南 正北	东北 正北	西北 正东	西南 正东	正南 正南	东南 正南	东北 东南	西北 东南	西南 正西	正南 正西	东南 正北	东北 正北	西北 正东	
五脏	肾	肾	肺	肺	心	心	肝	肝	脾	脾	肺	肺	心	心	肾	肾	脾	脾	肺	肺	肝	肝	肾	肾	脾	脾	心	心	肝	
子时时辰	庚子	壬子	甲子	丙子	戊子	庚子	壬子	甲子	丙子	戊子	庚子	壬子	甲子	丙子	戊子	庚子	壬子	甲子	丙子	戊子	庚子	壬子	甲子	丙子	戊子	庚子	壬子	甲子	丙子	
农事节令	巳时朔，离日，中和节	亥时春分，龙头节，农暴	农暴，世界森林日	世界水日	世界气象日	世界防治结核病日	春社，上戊，春斫暴	上弦，农暴	农暴		乌龟暴		农暴		巳时望，花朝节			丑时清明	农暴				下弦					农暴	农暴	

三月大

季春之月　龙月　壬辰　奎宿

黄	白	碧
绿	白	白
紫	黑	赤

天道行北，日躔在酉宫，宜用癸乙丁辛时

初四日**谷雨** 9:40　初一日**朔** 19:52
十九日**立夏** 19:50　十六日**望** 1:22

农历	初一	初二	初三	初四	初五	初六	初七	初八	初九	初十	十一	十二	十三	十四	十五	十六	十七	十八	十九	二十	廿一	廿二	廿三	廿四	廿五	廿六	廿七	廿八	廿九	三十
阳历	17	18	19	20	21	22	23	24	25	26	27	28	29	30	5月	2	3	4	5	6	7	8	9	10	11	12	13	14	15	16
星期	五	六	日	一	二	三	四	五	六	日	一	二	三	四	五	六	日	一	二	三	四	五	六	日	一	二	三	四	五	六
干支	辛酉	壬戌	癸亥	甲子	乙丑	丙寅	丁卯	戊辰	己巳	庚午	辛未	壬申	癸酉	甲戌	乙亥	丙子	丁丑	戊寅	己卯	庚辰	辛巳	壬午	癸未	甲申	乙酉	丙戌	丁亥	戊子	己丑	庚寅
28宿	娄执	胃破	昴危	毕成	觜收	参开	井闭	鬼建	柳除	星满	张平	翼定	轸执	角破	亢危	氐成	房收	心开	尾开	箕闭	斗建	牛除	女满	虚平	危定	室执	壁破	奎危	娄成	胃收
五行	木	水	水	金	金	火	火	木	木	土	土	金	金	火	火	水	水	土	土	金	金	木	木	水	水	土	土	火	火	木
节元				谷雨上5					谷雨中2					谷雨下8					立夏上4					立夏中1					立夏下7	
黄道黑道	天德	白虎	玉堂	天牢	元武	司命	勾陈	青龙	明堂	天刑	朱雀	金匮	天德	白虎	玉堂	天牢	元武	司命	元武	司命	勾陈	青龙	明堂	天刑	朱雀	金匮	天德	白虎	玉堂	天牢
八卦	离	震	巽	坎	艮	坤	乾	兑	离	震	巽	坎	艮	坤	乾	兑	离	震	巽	坎	艮	坤	乾	兑	离	震	巽	坎	艮	坤
方位	西南正东	正南正南	东南正南	东北东南	西北东南	西南正西	正南正西	东南正北	东北正北	西北正东	西南正东	正南正南	东南正南	东北东南	西北东南	西南正西	正南正西	东南正北	东北正北	西北正东	西南正东	正南正南	东南正南	东北东南	西北东南	西南正西	正南正西	东南正北	东北正北	西北正东
五脏	肝	肾	肾	肺	肺	心	心	肝	肝	脾	脾	肺	肺	心	心	肾	肾	脾	脾	肺	肺	肝	肝	肾	肾	脾	脾	心	心	肝
子时时辰	戊子	庚子	壬子	甲子	丙子	戊子	庚子	壬子	甲子	丙子	戊子	庚子	壬子	甲子	丙子	戊子	庚子	壬子	甲子	丙子	戊子	庚子	壬子	甲子	丙子	戊子	庚子	壬子	甲子	丙子
农事节令	戌时朔		上巳，桃花暴	巳时谷雨		世界地球日	农暴	上弦							农暴，劳动节	丑时望		绝日，青年节	戌时立夏				下弦，天石暴	母亲节	猴子暴	护士节，防灾减灾日			国际家庭日	

公元 2026 年　　农历丙午(马)年

四月小

孟夏之月　蛇月　癸巳　娄宿

绿紫黑
碧黄赤
白白白

天道行西，日躔在申宫，宜用甲丙庚壬时

初五日**小满** 8:38　初一日**朔** 4:01
二十日**芒种** 23:50　十五日**望** 16:45

农历	初初初初初初初初初初十十十十十十十十十二廿廿廿廿廿廿廿廿廿三 一二三四五六七八九十一二三四五六七八九十一二三四五六七八九十
阳历	17 18 19 20 21 22 23 24 25 26 27 28 29 30 31 6月 2 3 4 5 6 7 8 9 10 11 12 13 14
星期	日一二三四五六日一二三四五六日一二三四五六日一二三四五六日
干支	辛壬癸甲乙丙丁戊己庚辛壬癸甲乙丙丁戊己庚辛壬癸甲乙丙丁戊己 卯辰巳午未申酉戌亥子丑寅卯辰巳午未申酉戌亥子丑寅卯辰巳午未
28宿	昴毕觜参井鬼柳星张翼轸角亢氐房心尾箕斗牛女虚危室壁奎娄胃昴 开闭建除满平定执破危成收开闭建除满平定定执破危成收开闭建除
五行	木水水金金火火木木土土金金火火水水土土金金木木水水土土火火
节元	小满上5　小满中2　小满下8　芒种上6　芒种中3　芒种下9
黄道黑道	元司勾青明天朱金天白玉天元司勾青明天朱天朱金天白玉天元司勾 武命陈龙堂刑雀匮德虎堂牢武命陈龙堂刑雀刑雀匮德虎堂牢武命陈
八卦	震巽坎艮坤乾兑离震巽坎艮坤乾兑离震巽坎艮坤乾兑离震巽坎艮坤
方位	西正东东西西正东东西西正东东西西正东东西西正东东西西正东东 南南南北北南南南北北南南南北北南南南北北南南南北北南南南北 正正正东东正正正正正正正正东东正正正正正正正正东东正正正正 东南南南南西西北北东东南南南南西西北北东东南南南南西西北北
五脏	肝肾肾肺肺心心肝肝脾脾肺肺心心肾肾脾脾肺肺肝肝肾肾脾脾心心
子时时辰	戊庚壬甲丙戊庚壬甲丙戊庚壬甲丙戊庚壬甲丙戊庚壬甲丙戊庚壬甲 子子子子子子子子子子子子子子子子子子子子子子子子子子子子子
农事节令	寅时朔，农暴　辰时小满　上弦，老虎暴　申时望，农暴，世界无烟日　儿童节　夜子芒种，世界环境日　下弦　农暴　入梅

五月小 仲夏之月　马月　甲午　胃宿	碧白白 黑绿白 赤紫黄
天道行西北，日躔在未宫，宜用艮巽坤乾时	初七日**夏至** 16:26　初一日**朔** 10:53 廿三日**小暑** 9:58　十六日**望** 7:56

农历	初初初初初初初初初初十十十十十十十十十二廿廿廿廿廿廿廿廿廿三 一二三四五六七八九十一二三四五六七八九十一二三四五六七八九十
阳历	15 16 17 18 19 20 21 22 23 24 25 26 27 28 29 30 7月 2 3 4 5 6 7 8 9 10 11 12 13
星期	一二三四五六日一二三四五六日一二三四五六日一二三四五六日一
干支	庚辛壬癸甲乙丙丁戊己庚辛壬癸甲乙丙丁戊己庚辛壬癸甲乙丙丁戊 申酉戌亥子丑寅卯辰巳午未申酉戌亥子丑寅卯辰巳午未申酉戌亥子
28宿	毕觜参井鬼柳星张翼轸角亢氐房心尾箕斗牛女虚危室壁奎娄胃昴毕 满平定执破危成收开闭建除满平定执破危成收开闭闭建除满平定执
五行	木木水水金金火火木木土土金金火火水水土土金金木木水水土土火
节元	夏至上9（初五）；夏至中3（初十）；夏至下6（十五）；小暑上8（二十）；小暑中2（廿五）
黄道黑道	青明天朱金天白玉天元司勾青明天朱金天白玉天元天元司勾青明天 龙堂刑雀匮德虎堂牢武命陈龙堂刑雀匮德虎堂牢武牢武命陈龙堂刑
八卦	巽坎艮坤乾兑离震巽坎艮坤乾兑离震巽坎艮坤乾兑离震巽坎艮坤乾
方位	西西正东东西西正东东西西正东东西西正东东西西正东东西西正东 北南南南北北南南南北北南南南北北南南南北北南南南北北南南南 正正正正东东正正正正正正正正东东正正正正正正正正东东正正正 东东南南南南西西北北东东南南南南西西北北东东南南南南西西北
五脏	肝肝肾肾肺肺心心肝肝脾脾肺肺心心肾肾脾脾肺肺肝肝肾肾脾脾心
子时时辰	丙戊庚壬甲丙戊庚壬甲丙戊庚壬甲丙戊庚壬甲丙戊庚壬甲丙戊庚壬 子子子子子子子子子子子子子子子子子子子子子子子子子子子子子
农事节令	巳时朔；端午节，端阳暴；离日；申时夏至，父亲节；上弦；头莳；全国土地日；国际禁毒日，中莳；磨刀暴；末莳；农暴；辰时望；建党节，香港回归日；农暴，分龙；龙母暴；巳时小暑；下弦，出梅

公元 2026 年　　　　农历丙午(马)年

六月大

季夏之月　羊月　乙未　昴宿

黑	赤	紫
白	碧	黄
白	白	绿

天道行东，日躔在午宫，宜用癸乙丁辛时

初十日**大暑** 3:14　初一日**朔** 17:43

廿五日**立秋** 19:44　十六日**望** 22:34

农历	初一	初二	初三	初四	初五	初六	初七	初八	初九	初十	十一	十二	十三	十四	十五	十六	十七	十八	十九	二十	廿一	廿二	廿三	廿四	廿五	廿六	廿七	廿八	廿九	三十
阳历	14	15	16	17	18	19	20	21	22	23	24	25	26	27	28	29	30	31	8月	2	3	4	5	6	7	8	9	10	11	12
星期	二	三	四	五	六	日	一	二	三	四	五	六	日	一	二	三	四	五	六	日	一	二	三	四	五	六	日	一	二	三
干支	己丑	庚寅	辛卯	壬辰	癸巳	甲午	乙未	丙申	丁酉	戊戌	己亥	庚子	辛丑	壬寅	癸卯	甲辰	乙巳	丙午	丁未	戊申	己酉	庚戌	辛亥	壬子	癸丑	甲寅	乙卯	丙辰	丁巳	戊午
28宿	觜	参	井	鬼	柳	星	张	翼	轸	角	亢	氐	房	心	尾	箕	斗	牛	女	虚	危	室	壁	奎	娄	胃	昴	毕	觜	参
	破	危	成	收	开	闭	建	除	满	平	定	执	破	危	成	收	开	闭	建	除	满	平	定	执	执	破	危	成	收	开
五行	火	木	木	水	水	金	金	火	火	木	木	土	土	金	金	火	火	水	水	土	土	金	金	木	木	水	水	土	土	火
节元	小暑下5					大暑上7					大暑中1					大暑下4					立秋上2					立秋中5				
黄道黑道	朱雀	金匮	天德	白虎	玉堂	天牢	元武	司命	勾陈	青龙	明堂	天刑	朱雀	金匮	天德	白虎	玉堂	天牢	元武	司命	勾陈	青龙	明堂	天刑	明堂	天刑	朱雀	金匮	天德	白虎
八卦	坎	艮	坤	乾	兑	离	震	巽	坎	艮	坤	乾	兑	离	震	巽	坎	艮	坤	乾	兑	离	震	巽	坎	艮	坤	乾	兑	离
方位	东北 正北	西北 正东	西南 正东	正南 正南	东南 正南	东北 东南	西北 东南	西南 正西	正南 正西	东南 正北	东北 正北	西北 正东	西南 正东	正南 正南	东南 正南	东北 东南	西北 东南	西南 正西	正南 正西	东南 正北	东北 正北	西北 正东	西南 正东	正南 正南	东南 正南	东北 东南	西北 东南	西南 正西	正南 正西	东南 正北
五脏	心	肝	肝	肾	肾	肺	肺	心	心	肝	肝	脾	脾	肺	肺	心	心	肾	肾	脾	脾	肺	肺	肝	肝	肾	肾	脾	脾	心
子时时辰	甲子	丙子	戊子	庚子	壬子	甲子	丙子	戊子	庚子	壬子	甲子	丙子	戊子	庚子	壬子	甲子	丙子	戊子	庚子	壬子	甲子	丙子	戊子	庚子	壬子	甲子	丙子	戊子	庚子	壬子
农事节令	酉时朔	头伏		荷花节		天贶节，农暴			上弦	寅时大暑		二伏，农暴				亥时望			农暴，建军节	农暴				下弦	戌时立秋				农暴	

七月小

孟秋之月　猴月　丙申　毕宿

白白白
紫黑绿
黄赤碧

天道行北，日躔在巳宫，宜用甲丙庚壬时

十一日**处暑** 10:20　初一日**朔** 1:35

廿六日**白露** 22:42　十六日**望** 12:17

农历	初一	初二	初三	初四	初五	初六	初七	初八	初九	初十	十一	十二	十三	十四	十五	十六	十七	十八	十九	二十	廿一	廿二	廿三	廿四	廿五	廿六	廿七	廿八	廿九	三十
阳历	13	14	15	16	17	18	19	20	21	22	23	24	25	26	27	28	29	30	31	9月	2	3	4	5	6	7	8	9	10	
星期	四	五	六	日	一	二	三	四	五	六	日	一	二	三	四	五	六	日	一	二	三	四	五	六	日	一	二	三	四	
干支	己未	庚申	辛酉	壬戌	癸亥	甲子	乙丑	丙寅	丁卯	戊辰	己巳	庚午	辛未	壬申	癸酉	甲戌	乙亥	丙子	丁丑	戊寅	己卯	庚辰	辛巳	壬午	癸未	甲申	乙酉	丙戌	丁亥	
28宿	井闭	鬼建	柳除	星满	张平	翼定	轸执	角破	亢危	氐成	房收	心开	尾闭	箕建	斗除	牛满	女平	虚定	危执	室破	壁危	奎成	娄收	胃开	昴闭	毕闭	觜建	参除	井满	
五行	火	木	木	水	水	金	金	火	火	木	木	土	土	金	金	火	火	水	水	土	土	金	金	木	木	水	水	土	土	
节元	立秋下8					处暑上1					处暑中4					处暑下7					白露上9					白露中3				
黄道黑道	玉堂	天牢	元武	司命	勾陈	青龙	明堂	天刑	朱雀	金匮	天德	白虎	玉堂	天牢	元武	司命	勾陈	青龙	明堂	天刑	朱雀	金匮	天德	白虎	玉堂	白虎	玉堂	天牢	元武	
八卦	艮	坤	乾	兑	离	震	巽	坎	艮	坤	乾	兑	离	震	巽	坎	艮	坤	乾	兑	离	震	巽	坎	艮	坤	乾	兑	离	
方位	东北正北	西北正东	西南正东	正南正南	东南正南	东北东南	西北东南	西南正西	正南正西	东南正北	东北正北	西北正东	西南正东	正南正南	东南正南	东北东南	西北东南	西南正西	正南正西	东南正北	东北正北	西北正东	西南正东	正南正南	东南正南	东北东南	西北东南	西南正西	正南正西	
五脏	心	肝	肝	肾	肾	肺	肺	心	心	肝	肝	脾	脾	肺	肺	心	心	肾	肾	脾	脾	肺	肺	肝	肝	肾	肾	脾	脾	
子时时辰	甲子	丙子	戊子	庚子	壬子	甲子	丙子	戊子	庚子	壬子	甲子	丙子	戊子	庚子	壬子	甲子	丙子	戊子	庚子	壬子	甲子	丙子	戊子	庚子	壬子	甲子	丙子	戊子	庚子	
农事节令	丑时朔	三伏					七夕，乞巧节，农暴	上弦			巳时处暑				中元节	午时望	农暴						下弦			亥时白露		农暴	教师节	

八月小	紫黄赤 白白碧 绿白黑	天道行东北，日躔在辰宫，宜用艮巽坤乾时
仲秋之月　鸡月　丁酉　觜宿		十三日秋分 8:06　初一日朔 11:25 廿八日寒露 14:30　十七日望 0:47

农历	初初初初初初初初初初十十十十十十十十十二廿廿廿廿廿廿廿廿廿三 一二三四五六七八九十一二三四五六七八九十一二三四五六七八九十
阳历	11 12 13 14 15 16 17 18 19 20 21 22 23 24 25 26 27 28 29 30 10月 2 3 4 5 6 7 8 9
星期	五六日一二三四五六日一二三四五六日一二三四五六日一二三四五
干支	戊己庚辛壬癸甲乙丙丁戊己庚辛壬癸甲乙丙丁戊己庚辛壬癸甲乙丙 子丑寅卯辰巳午未申酉戌亥子丑寅卯辰巳午未申酉戌亥子丑寅卯辰
28宿	鬼柳星张翼轸角亢氐房心尾箕斗牛女虚危室壁奎娄胃昴毕觜参井鬼 平定执破危成收开闭建除满平定执破危成收开闭建除满平定执执破
五行	火火木木水水金金火火木木土土金金火火水水土土金金木木水水土
节元	白露下6　秋分上7　秋分中1　秋分下4　寒露上6　寒露中9
黄道黑道	司勾青明天朱金天白玉天元司勾青明天朱金天白玉天元司勾青勾青 命陈龙堂刑雀匮德虎堂牢武命陈龙堂刑雀匮德虎堂牢武命陈龙陈龙
八卦	坤乾兑离震巽坎艮坤乾兑离震巽坎艮坤乾兑离震巽坎艮坤乾兑离震
方位	东东西西正东东西西正东东西西正东东西西正东东西西正东东西西 南北北南南南北北南南南北北南南南北北南南南北北南南南北北南 正正正正正正东东正正正正正正正正东东正正正正正正正正东东正 北北东东南南南南西西北北东东南南南南西西北北东东南南南南西
五脏	心心肝肝肾肾肺肺心心肝肝脾脾肺肺心心肾肾脾脾肺肺肝肝肾肾脾
子时时辰	壬甲丙戊庚壬甲丙戊庚壬甲丙戊庚壬甲丙戊庚壬甲丙戊庚壬甲丙戊 子子子子子子子子子子子子子子子子子子子子子子子子子子子子子
农事节令	午时朔，上戊　农暴　上弦，全国科普日　秋社　离日　辰时秋分　中秋节　子时望　孔子诞辰　国庆节，农暴　农暴　下弦　未时寒露

九月大	季秋之月 狗月 戊戌 参宿	白绿白 赤紫黑 碧黄白	天道行南，日躔在卯宫，宜用癸乙丁辛时 十四日霜降 17:39　初一日朔 23:49 廿九日立冬 17:53　十七日望 12:11

农历	初一	初二	初三	初四	初五	初六	初七	初八	初九	初十	十一	十二	十三	十四	十五	十六	十七	十八	十九	二十	廿一	廿二	廿三	廿四	廿五	廿六	廿七	廿八	廿九	三十
阳历	10	11	12	13	14	15	16	17	18	19	20	21	22	23	24	25	26	27	28	29	30	31	11月	2	3	4	5	6	7	8
星期	六	日	一	二	三	四	五	六	日	一	二	三	四	五	六	日	一	二	三	四	五	六	日	一	二	三	四	五	六	日
干支	丁巳	戊午	己未	庚申	辛酉	壬戌	癸亥	甲子	乙丑	丙寅	丁卯	戊辰	己巳	庚午	辛未	壬申	癸酉	甲戌	乙亥	丙子	丁丑	戊寅	己卯	庚辰	辛巳	壬午	癸未	甲申	乙酉	丙戌
28宿	柳危	星成	张收	翼开	轸闭	角建	亢除	氐满	房平	心定	尾执	箕破	斗危	牛成	女收	虚开	危闭	室建	壁除	奎满	娄平	胃定	昴执	毕破	觜危	参成	井收	鬼开	柳开	星闭
五行	土	火	火	木	木	水	水	金	金	火	火	木	木	土	土	金	金	火	火	水	水	土	土	金	金	木	木	水	水	土
节元			寒露下3					霜降上5					霜降中8					霜降下2					立冬上6					立冬中9		
黄道黑道	明堂	天刑	朱雀	金匮	天德	白虎	玉堂	天牢	元武	司命	勾陈	青龙	明堂	天刑	朱雀	金匮	天德	白虎	玉堂	天牢	元武	司命	勾陈	青龙	明堂	天刑	朱雀	金匮	朱雀	金匮
八卦	乾	兑	离	震	巽	坎	艮	坤	乾	兑	离	震	巽	坎	艮	坤	乾	兑	离	震	巽	坎	艮	坤	乾	兑	离	震	巽	坎
方位	正南正西	东南正北	东北正北	西北正东	西南正东	正南正南	东南正南	东北东南	西北东南	西南正西	正南正西	东南正北	东北正北	西北正东	西南正东	正南正南	东南正南	东北东南	西北东南	西南正西	正南正西	东南正北	东北正北	西北正东	西南正东	正南正南	东南正南	东北东南	西北东南	西南正西
五脏	脾	心	心	肝	肝	肾	肾	肺	肺	心	心	肝	肝	脾	脾	肺	肺	心	心	肾	肾	脾	脾	肺	肺	肝	肝	肾	肾	脾
子时时辰	庚子	壬子	甲子	丙子	戊子	庚子	壬子	甲子	丙子	戊子	庚子	壬子	甲子	丙子	戊子	庚子	壬子	甲子	丙子	戊子	庚子	壬子	甲子	丙子	戊子	庚子	壬子	甲子	丙子	戊子
农事节令	夜子朔			国际减灾日			世界粮食日	国际消除贫困日	上弦，重阳节，农暴					酉时霜降	联合国日		午时望		农暴			世界勤俭日	万圣节	下弦			冷风信	绝日	酉时立冬	

公元 2026 年　　农历丙午(马)年

十月大

孟冬之月　猪月　己亥　井宿

赤碧	碧白	黄白
白白	白白	白白

赤碧黄
白白白
黑绿紫

天道行东，日躔在寅宫，宜用甲丙庚壬时

十四日**小雪** 15:24　初一日**朔** 15:00

廿九日**大雪** 10:53　十六日**望** 22:52

农历	阳历	星期	干支	28宿	建除	五行	节元	黄道黑道	八卦	方位	五脏	子时时辰	农事节令
初一	9	一	丁亥	张	建	土		天德	兑	正南 正西	脾	庚子	申时朔
初二	10	二	戊子	翼	除	火		白虎	离	东南 正北	心	壬子	
初三	11	三	己丑	轸	满	火	立冬下3	玉堂	震	东北 正北	心	甲子	
初四	12	四	庚寅	角	平	木		天牢	巽	西北 正东	肝	丙子	
初五	13	五	辛卯	亢	定	木		元武	坎	西南 正东	肝	戊子	
初六	14	六	壬辰	氐	执	水		司命	艮	正南 正南	肾	庚子	
初七	15	日	癸巳	房	破	水		勾陈	坤	东南 正南	肾	壬子	
初八	16	一	甲午	心	危	金	小雪上5	青龙	乾	东北 东南	肺	甲子	
初九	17	二	乙未	尾	成	金		明堂	兑	西北 东南	肺	丙子	上弦，国际大学生节
初十	18	三	丙申	箕	收	火		天刑	离	西南 正西	心	戊子	农暴
十一	19	四	丁酉	斗	开	火		朱雀	震	正南 正西	心	庚子	
十二	20	五	戊戌	牛	闭	木		金匮	巽	东南 正北	肝	壬子	
十三	21	六	己亥	女	建	木	小雪中8	天德	坎	东北 正北	肝	甲子	
十四	22	日	庚子	虚	除	土		白虎	艮	西北 正东	脾	丙子	申时小雪
十五	23	一	辛丑	危	满	土		玉堂	坤	西南 正东	脾	戊子	下元节
十六	24	二	壬寅	室	平	金		天牢	乾	正南 正南	肺	庚子	亥时望
十七	25	三	癸卯	壁	定	金		元武	兑	东南 正南	肺	壬子	
十八	26	四	甲辰	奎	执	火	小雪下2	司命	离	东北 东南	心	甲子	感恩节
十九	27	五	乙巳	娄	破	火		勾陈	震	西北 东南	心	丙子	
二十	28	六	丙午	胃	危	水		青龙	巽	西南 正西	肾	戊子	农暴
廿一	29	日	丁未	昴	成	水		明堂	坎	正南 正西	肾	庚子	
廿二	30	一	戊申	毕	收	土		天刑	艮	东南 正北	脾	壬子	
廿三	12月	二	己酉	觜	开	土	大雪上4	朱雀	坤	东北 正北	脾	甲子	农暴，世界艾滋病日
廿四	2	三	庚戌	参	闭	金		金匮	乾	西北 正东	肺	丙子	下弦
廿五	3	四	辛亥	井	建	金		天德	兑	西南 正东	肺	戊子	
廿六	4	五	壬子	鬼	除	木		白虎	离	正南 正南	肝	庚子	
廿七	5	六	癸丑	柳	满	木		玉堂	震	东南 正南	肝	壬子	
廿八	6	日	甲寅	星	平	水	大雪中7	天牢	巽	东北 东南	肾	甲子	
廿九	7	一	乙卯	张	平	水		玉堂	坎	西北 东南	肾	丙子	巳时大雪
三十	8	二	丙辰	翼	定	土		天牢	艮	西南 正西	脾	戊子	

公元2026年　　农历丙午(马)年

十一月大

仲冬之月　鼠月　庚子　鬼宿

白	黑	绿
黄	赤	紫
白	碧	白

天道行东南，日躔在丑宫，宜用艮巽坤乾时

十四日**冬至** 4:51　初一日**朔** 8:51

廿八日**小寒** 22:10　十六日**望** 9:27

农历	初一	初二	初三	初四	初五	初六	初七	初八	初九	初十	十一	十二	十三	十四	十五	十六	十七	十八	十九	二十	廿一	廿二	廿三	廿四	廿五	廿六	廿七	廿八	廿九	三十
阳历	9	10	11	12	13	14	15	16	17	18	19	20	21	22	23	24	25	26	27	28	29	30	31	1月	2	3	4	5	6	7
星期	三	四	五	六	日	一	二	三	四	五	六	日	一	二	三	四	五	六	日	一	二	三	四	五	六	日	一	二	三	四
干支	丁巳	戊午	己未	庚申	辛酉	壬戌	癸亥	甲子	乙丑	丙寅	丁卯	戊辰	己巳	庚午	辛未	壬申	癸酉	甲戌	乙亥	丙子	丁丑	戊寅	己卯	庚辰	辛巳	壬午	癸未	甲申	乙酉	丙戌
28宿	轸	角	亢	氐	房	心	尾	箕	斗	牛	女	虚	危	室	壁	奎	娄	胃	昴	毕	觜	参	井	鬼	柳	星	张	翼	轸	角
	执	破	危	成	收	开	闭	建	除	满	平	定	执	破	危	成	收	开	闭	建	除	满	平	定	执	破	危	危	成	收
五行	土	火	火	木	木	水	水	金	金	火	火	木	木	土	土	金	金	火	火	水	水	土	土	金	金	木	木	水	水	土
节元			大雪下1					冬至上1					冬至中7					冬至下4					小寒上2					小寒中8		
黄道黑道	元武	司命	勾陈	青龙	明堂	天刑	朱雀	金匮	天德	白虎	玉堂	天牢	元武	司命	勾陈	青龙	明堂	天刑	朱雀	金匮	天德	白虎	玉堂	天牢	元武	司命	勾陈	司命	勾陈	青龙
八卦	离	震	巽	坎	艮	坤	乾	兑	离	震	巽	坎	艮	坤	乾	兑	离	震	巽	坎	艮	坤	乾	兑	离	震	巽	坎	艮	坤
方位	正南正西	东南正北	东北正北	西北正东	西南正东	正南正南	东南正南	东北东南	西北东南	西南正西	正南正西	东南正北	东北正北	西北正东	西南正东	正南正南	东南正南	东北东南	西北东南	西南正西	正南正西	东南正北	东北正北	西北正东	西南正东	正南正南	东南正南	东北东南	西北东南	西南正西
五脏	脾	心	心	肝	肝	肾	肾	肺	肺	心	心	肝	肝	脾	脾	肺	肺	心	心	肾	肾	脾	脾	肺	肺	肝	肝	肾	肾	脾
子时时辰	庚子	壬子	甲子	丙子	戊子	庚子	壬子	甲子	丙子	戊子	庚子	壬子	甲子	丙子	戊子	庚子	壬子	甲子	丙子	戊子	庚子	壬子	甲子	丙子	戊子	庚子	壬子	甲子	丙子	戊子
农事节令	辰时朔		农暴					上弦				澳门回归日		寅时冬至，一九		巳时望	圣诞节						二九	下弦，元旦			农暴	亥时小寒		

公元2026年　　农历丙午(马)年

十二月小 季冬之月　牛月　辛丑　柳宿	黄白碧 绿白白 紫黑赤 天道行西，日躔在子宫，宜用癸乙丁辛时 十三日**大寒** 15:30　初一日**朔** 4:24 廿八日**立春** 9:47　十五日**望** 20:17
农历	初初初初初初初初初初十十十十十十十十十二廿廿廿廿廿廿廿廿廿三 一二三四五六七八九十一二三四五六七八九十一二三四五六七八九十
阳历	8 9 10 11 12 13 14 15 16 17 18 19 20 21 22 23 24 25 26 27 28 29 30 31 2月 2 3 4 5
星期	五六日一二三四五六日一二三四五六日一二三四五六日一二三四五
干支	丁戊己庚辛壬癸甲乙丙丁戊己庚辛壬癸甲乙丙丁戊己庚辛壬癸甲乙 亥子丑寅卯辰巳午未申酉戌亥子丑寅卯辰巳午未申酉戌亥子丑寅卯
28宿	亢氐房心尾箕斗牛女虚危室壁奎娄胃昴毕觜参井鬼柳星张翼轸角亢 开闭建除满平定执破危成收开闭建除满平定执破危成收开闭建建除
五行	土火火木木水水金金火火木木土土金金火火水水土土金金木木水水
节元	小寒下5　大寒上3　大寒中9　大寒下6　立春上8　立春中5
黄道黑道	明天朱金天白玉天元司勾青明天朱金天白玉天元司勾青明天朱天朱 堂刑雀匮德虎堂牢武命陈龙堂刑雀匮德虎堂牢武命陈龙堂刑雀刑雀
八卦	震巽坎艮坤乾兑离震巽坎艮坤乾兑离震巽坎艮坤乾兑离震巽坎艮坤
方位	正东东西西正东东西西正东东西西正东东西西正东东西西正东东西 南南北北南南南北北南南南北北南南南北北南南南北北南南南北北 正正正正正正正东东正正正正正正正正东东正正正正正正正正东东 西北北东东南南南南西西北北东东南南南南西西北北东东南南南南
五脏	脾心心肝肝肾肾肺肺心心肝肝脾脾肺肺心心肾肾脾脾肺肺肝肝肾肾
子时时辰	庚壬甲丙戊庚壬甲丙戊庚壬甲丙戊庚壬甲丙戊庚壬甲丙戊庚壬甲丙 子子子子子子子子子子子子子子子子子子子子子子子子子子子子子
农事节令	寅时朔　三九　上弦，腊八节，农暴　四九　申时大寒　农暴　戌时望　五九　下弦　扫尘节，小年　农暴，绝日　巳时立春　除夕，六九

公元 2027 年　　　　农历丁未(羊)年

正月大

孟春之月　虎月　壬寅　星宿

绿	紫	黑
碧	黄	赤
白	白	白

天道行南，日躔在亥宫，宜用甲丙庚壬时

十四日**雨水** 5:34　初一日**朔** 0:55

廿九日**惊蛰** 3:40　十六日**望** 7:23

农历	初一	初二	初三	初四	初五	初六	初七	初八	初九	初十	十一	十二	十三	十四	十五
阳历	6	7	8	9	10	11	12	13	14	15	16	17	18	19	20
星期	六	日	一	二	三	四	五	六	日	一	二	三	四	五	六
干支	丙辰	丁巳	戊午	己未	庚申	辛酉	壬戌	癸亥	甲子	乙丑	丙寅	丁卯	戊辰	己巳	庚午
28宿	氐满	房平	心定	尾执	箕破	斗危	牛成	女收	虚开	危闭	室建	壁除	奎满	娄平	胃定
五行	土	土	火	火	木	木	水	水	金	金	火	火	木	木	土
节元				立春下2					雨水上9					雨水中6	
黄道黑道	金匮	天德	白虎	玉堂	天牢	元武	司命	勾陈	青龙	明堂	天刑	朱雀	金匮	天德	白虎
八卦	兑	离	震	巽	坎	艮	坤	乾	兑	离	震	巽	坎	艮	坤
方位	西南 正西	正南 正西	东南 正北	东北 正北	西北 正东	西南 正东	正南 正南	东南 正南	东北 东南	西北 东南	西南 正西	正南 正西	东南 正北	东北 正北	西北 正东
五脏	脾	脾	心	心	肝	肝	肾	肾	肺	肺	心	心	肝	肝	脾
子时时辰	戊子	庚子	壬子	甲子	丙子	戊子	庚子	壬子	甲子	丙子	戊子	庚子	壬子	甲子	丙子
农事节令	春节，子时朔，一龙治水	财神节			破五节	六日得辛，六姑看蚕	七人一饼	上弦	农暴，七九，情人节	十牛耕地，土神诞			农暴	卯时雨水	元宵节

农历	十六	十七	十八	十九	二十	廿一	廿二	廿三	廿四	廿五	廿六	廿七	廿八	廿九	三十
阳历	21	22	23	24	25	26	27	28	3月	2	3	4	5	6	7
星期	日	一	二	三	四	五	六	日	一	二	三	四	五	六	日
干支	辛未	壬申	癸酉	甲戌	乙亥	丙子	丁丑	戊寅	己卯	庚辰	辛巳	壬午	癸未	甲申	乙酉
28宿	昴执	毕破	觜危	参成	井收	鬼开	柳闭	星建	张除	翼满	轸平	角定	亢执	氐执	房破
五行	土	金	金	火	火	水	水	土	土	金	金	木	木	水	水
节元				雨水下3					惊蛰上1					惊蛰中7	
黄道黑道	玉堂	天牢	元武	司命	勾陈	青龙	明堂	天刑	朱雀	金匮	天德	白虎	玉堂	白虎	玉堂
八卦	乾	兑	离	震	巽	坎	艮	坤	乾	兑	离	震	巽	坎	艮
方位	西南 正东	正南 正南	东南 正南	东北 东南	西北 东南	西南 正西	正南 正西	东南 正北	东北 正北	西北 正东	西南 正东	正南 正南	东南 正南	东北 东南	西北 东南
五脏	脾	肺	肺	心	心	肾	肾	脾	脾	肺	肺	肝	肝	肾	肾
子时时辰	戊子	庚子	壬子	甲子	丙子	戊子	庚子	壬子	甲子	丙子	戊子	庚子	壬子	甲子	丙子
农事节令	卯时望		八九	农暴				下弦		填仓节		九九		寅时惊蛰，农暴	

公元 2027 年　　农历丁未(羊)年

二月大

仲春 之月　兔月　癸卯　张宿

碧 白 白
黑 绿 白
赤 紫 黄

天道行西南,日躔在戌宫,宜用艮巽坤乾时

十四日**春分** 4:25　初一日**朔** 17:28
廿九日**清明** 8:18　十五日**望** 18:42

农历	初一	初二	初三	初四	初五	初六	初七	初八	初九	初十	十一	十二	十三	十四	十五	十六	十七	十八	十九	二十	廿一	廿二	廿三	廿四	廿五	廿六	廿七	廿八	廿九	三十
阳历	8	9	10	11	12	13	14	15	16	17	18	19	20	21	22	23	24	25	26	27	28	29	30	31	4月	2	3	4	5	6
星期	一	二	三	四	五	六	日	一	二	三	四	五	六	日	一	二	三	四	五	六	日	一	二	三	四	五	六	日	一	二
干支	丙戌	丁亥	戊子	己丑	庚寅	辛卯	壬辰	癸巳	甲午	乙未	丙申	丁酉	戊戌	己亥	庚子	辛丑	壬寅	癸卯	甲辰	乙巳	丙午	丁未	戊申	己酉	庚戌	辛亥	壬子	癸丑	甲寅	乙卯
28宿	心	尾	箕	斗	牛	女	虚	危	室	壁	奎	娄	胃	昴	毕	觜	参	井	鬼	柳	星	张	翼	轸	角	亢	氐	房	心	尾
	危	成	收	开	闭	建	除	满	平	定	执	破	危	成	收	开	闭	建	除	满	平	定	执	破	危	成	收	开	开	闭
五行	土	土	火	火	木	木	水	水	金	金	火	火	木	木	土	土	金	金	火	火	水	水	土	土	金	金	木	木	水	水
节元			惊蛰下4					春分上3					春分中9					春分下6					清明上4					清明中1		
黄道黑道	天牢	元武	司命	勾陈	青龙	明堂	天刑	朱雀	金匮	天德	白虎	玉堂	天牢	元武	司命	勾陈	青龙	明堂	天刑	朱雀	金匮	天德	白虎	玉堂	天牢	元武	司命	勾陈	司命	勾陈
八卦	离	震	巽	坎	艮	坤	乾	兑	离	震	巽	坎	艮	坤	乾	兑	离	震	巽	坎	艮	坤	乾	兑	离	震	巽	坎	艮	坤
方位	西南正西	正南正西	东南正北	东北正北	西北正东	西南正东	正南正南	东南正南	东北东南	西北东南	西南正西	正南正西	东南正北	东北正北	西北正东	西南正东	正南正南	东南正南	东北东南	西北东南	西南正西	正南正西	东南正北	东北正北	西北正东	西南正东	正南正南	东南正南	东北东南	西北东南
五脏	脾	脾	心	心	肝	肝	肾	肾	肺	肺	心	心	肝	肝	脾	脾	肺	肺	心	心	肾	肾	脾	脾	肺	肺	肝	肝	肾	肾
子时时辰	戊子	庚子	壬子	甲子	丙子	戊子	庚子	壬子	甲子	丙子	戊子	庚子	壬子	甲子	丙子	戊子	庚子	壬子	甲子	丙子	戊子	庚子	壬子	甲子	丙子	戊子	庚子	壬子	甲子	丙子
农事节令	酉时朔,妇女节,中和节	龙头节,农暴	农暴,上戊				春斫暴	上弦,农暴,消费者权益日	农暴		乌龟暴		离日,春社,农暴	寅时春分,世界森林日	酉时望,花朝节,世界水日	世界气象日	世界防治结核病日		农暴				下弦					农暴	辰时清明,农暴	

公元 2027 年　　农历丁未(羊)年

三月小

季春之月　龙月　甲辰　翼宿

黑赤紫
白碧黄
白白绿

天道行北，日躔在酉宫，宜用癸乙丁辛时

十四日谷雨 15:18　　初一日朔 7:50　　十五日望 6:26

农历	初初初初初初初初初初十十十十十十十十十二廿廿廿廿廿廿廿廿廿三 一二三四五六七八九十一二三四五六七八九十一二三四五六七八九十
阳历	7 8 9 10 11 12 13 14 15 16 17 18 19 20 21 22 23 24 25 26 27 28 29 30 5月 2 3 4 5
星期	三四五六日一二三四五六日一二三四五六日一二三四五六日一二三
干支	丙丁戊己庚辛壬癸甲乙丙丁戊己庚辛壬癸甲乙丙丁戊己庚辛壬癸甲 辰巳午未申酉戌亥子丑寅卯辰巳午未申酉戌亥子丑寅卯辰巳午未申
28宿	箕斗牛女虚危室壁奎娄胃昴毕觜参井鬼柳星张翼轸角亢氐房心尾箕 建除满平定执破危成收开闭建除满平定执破危成收开闭建除满平定
五行	土土火火木木水水金金火火木木土土金金火火水水土土金金木木水
节元	清明下7　谷雨上5　谷雨中2　谷雨下8　立夏上4　立夏中1
黄道黑道	青明天朱金天白玉天元司勾青明天朱金天白玉天元司勾青明天朱金 龙堂刑雀匮德虎堂牢武命陈龙堂刑雀匮德虎堂牢武命陈龙堂刑雀匮
八卦	震巽坎艮坤乾兑离震巽坎艮坤乾兑离震巽坎艮坤乾兑离震巽坎艮坤
方位	西正东东西西正东东西西正东东西西正东东西西正东东西西正东东 南南南北北南南南北北南南南北北南南南北北南南南北北南南南北 正正正正正正正正东东正正正正正正正正东东正正正正正正正正东 西西北北东东南南南南西西北北东东南南南南西西北北东东南南南
五脏	脾脾心心肝肝肾肾肺肺心心肝肝脾脾肺肺心心肾肾脾脾肺肺肝肝肾
子时时辰	戊庚壬甲丙戊庚壬甲丙戊庚壬甲丙戊庚壬甲丙戊庚壬甲丙戊庚壬甲 子子子子子子子子子子子子子子子子子子子子子子子子子子子子子
农事节令	辰时朔　上巳，桃花暴　农暴　上弦　申时谷雨　卯时望，农暴　世界地球日　下弦，天石暴　猴子暴，劳动节　农暴　东帝暴，青年节　绝日

四月大

孟夏之月　蛇月　乙巳　轸宿

白白白
紫黑绿
黄赤碧

天道行西，日躔在申宫，宜用甲丙庚壬时

初一日**立夏** 1:25　初一日**朔** 18:57

十六日**小满** 14:19　十五日**望** 18:58

农历	初一	初二	初三	初四	初五	初六	初七	初八	初九	初十	十一	十二	十三	十四	十五	十六	十七	十八	十九	二十	廿一	廿二	廿三	廿四	廿五	廿六	廿七	廿八	廿九	三十
阳历	6	7	8	9	10	11	12	13	14	15	16	17	18	19	20	21	22	23	24	25	26	27	28	29	30	31	6月	2	3	4
星期	四	五	六	日	一	二	三	四	五	六	日	一	二	三	四	五	六	日	一	二	三	四	五	六	日	一	二	三	四	五
干支	乙酉	丙戌	丁亥	戊子	己丑	庚寅	辛卯	壬辰	癸巳	甲午	乙未	丙申	丁酉	戊戌	己亥	庚子	辛丑	壬寅	癸卯	甲辰	乙巳	丙午	丁未	戊申	己酉	庚戌	辛亥	壬子	癸丑	甲寅
28宿	斗	牛	女	虚	危	室	壁	奎	娄	胃	昴	毕	觜	参	井	鬼	柳	星	张	翼	轸	角	亢	氐	房	心	尾	箕	斗	牛
	定	执	破	危	成	收	开	闭	建	除	满	平	定	执	破	危	成	收	开	闭	建	除	满	平	定	执	破	危	成	收
五行	水	土	土	火	火	木	木	水	水	金	金	火	火	木	木	土	土	金	金	火	火	水	水	土	土	金	金	木	木	水
节元					立夏下7					小满上5					小满中2					小满下8					芒种上6					芒种中3
黄道黑道	朱雀	金匮	天德	白虎	玉堂	天牢	元武	司命	勾陈	青龙	明堂	天刑	朱雀	金匮	天德	白虎	玉堂	天牢	元武	司命	勾陈	青龙	明堂	天刑	朱雀	金匮	天德	白虎	玉堂	天牢
八卦	巽	坎	艮	坤	乾	兑	离	震	巽	坎	艮	坤	乾	兑	离	震	巽	坎	艮	坤	乾	兑	离	震	巽	坎	艮	坤	乾	兑
方位	西北东南	西南正西	正南正西	东南正北	东北正北	西北正东	西南正东	正南正南	东南正南	东北东南	西北东南	西南正西	正南正西	东南正北	东北正北	西北正东	西南正东	正南正南	东南正南	东北东南	西北东南	西南正西	正南正西	东南正北	东北正北	西北正东	西南正东	正南正南	东南正南	东北东南
五脏	肾	脾	脾	心	心	肝	肝	肾	肾	肺	肺	心	心	肝	肝	脾	脾	肺	肺	心	心	肾	肾	脾	脾	肺	肺	肝	肝	肾
子时时辰	丙子	戊子	庚子	壬子	甲子	丙子	戊子	庚子	壬子	甲子	丙子	戊子	庚子	壬子	甲子	丙子	戊子	庚子	壬子	甲子	丙子	戊子	庚子	壬子	甲子	丙子	戊子	庚子	壬子	甲子
农事节令	酉时朔，丑时立夏，农暴			母亲节			护士节，防灾减灾日	上弦，老虎暴		国际家庭日					酉时望，农暴	未时小满							下弦		农暴	世界无烟日	儿童节			

公元 2027 年　　农历丁未(羊)年

五月小

仲夏之月　马月　丙午　角宿

紫黄赤
白白碧
绿白黑

天道行西北，日躔在未宫，宜用艮巽坤乾时

初二日**芒种**　5:26　　初一日**朔**　3:39

十七日**夏至** 22:11　　十五日**望**　8:43

农历	初初初初初初初初初初十十十十十十十十十二廿廿廿廿廿廿廿廿廿三 一二三四五六七八九十一二三四五六七八九十一二三四五六七八九十
阳历	5 6 7 8 9 10 11 12 13 14 15 16 17 18 19 20 21 22 23 24 25 26 27 28 29 30 7月 2 3
星期	六日一二三四五六日一二三四五六日一二三四五六日一二三四五六
干支	乙丙丁戊己庚辛壬癸甲乙丙丁戊己庚辛壬癸甲乙丙丁戊己庚辛壬癸 卯辰巳午未申酉戌亥子丑寅卯辰巳午未申酉戌亥子丑寅卯辰巳午未
28宿	女虚危室壁奎娄胃昴毕觜参井鬼柳星张翼轸角亢氐房心尾箕斗牛女 开开闭建除满平定执破危成收开闭建除满平定执破危成收开闭建除
五行	水土土火火木木水水金金火火木木土土金金火火水水土土金金木木
节元	芒种下9（初五）　夏至上9（初十）　夏至中3（十五）　夏至下6（二十）　小暑上8（廿五）
黄道黑道	元天元司勾青明天朱金天白玉天元司勾青明天朱金天白玉天元司勾 武牢武命陈龙堂刑雀匮德虎堂牢武命陈龙堂刑雀匮德虎堂牢武命陈
八卦	坎艮坤乾兑离震巽坎艮坤乾兑离震巽坎艮坤乾兑离震巽坎艮坤乾兑
方位	西西正东东西西正东东西西正东东西西正东东西西正东东西西正东 北南南南北北南南南北北南南南北北南南南北北南南南北北南南南 东正正正正正正正正东东正正正正正正正正东东正正正正正正正正 南西西北北东东南南南南西西北北东东南南南南西西北北东东南南
五脏	肾脾脾心心肝肝肾肾肺肺心心肝肝脾脾肺肺心心肾肾脾脾肺肺肝肝
子时时辰	丙戊庚壬甲丙戊庚壬甲丙戊庚壬甲丙戊庚壬甲丙戊庚壬甲丙戊庚壬 子子子子子子子子子子子子子子子子子子子子子子子子子子子子子
农事节令	寅时朔，世界环境日（初一）　卯时芒种，入梅（初二）　端午节，端阳暴（初五）　上弦（初八）　磨刀暴（十三）　辰时望，农暴（十五）　父亲节（十六）　亥时夏至（十七）　分龙，农暴，头莳（二十）　龙母暴，全国土地日（廿一）　中莳，国际禁毒日（廿二）　下弦（廿三）　末莳（廿四）　建党节，香港回归日（廿七）

公元 2027 年　　农历丁未(羊)年

六月小 季夏之月　羊月　丁未　亢宿	白绿白 赤紫黑 碧黄白

天道行东，日躔在午宫，宜用癸乙丁辛时

初四日**小暑** 15:38　初一日**朔** 11:01

二十日**大暑** 9:05　十五日**望** 23:44

农历	初初初初初初初初初初十十十十十十十十十二廿廿廿廿廿廿廿廿廿三 一二三四五六七八九十一二三四五六七八九十一二三四五六七八九十
阳历	4 5 6 7 8 9 10 11 12 13 14 15 16 17 18 19 20 21 22 23 24 25 26 27 28 29 30 31 8月
星期	日一二三四五六日一二三四五六日一二三四五六日一二三四五六日
干支	甲乙丙丁戊己庚辛壬癸甲乙丙丁戊己庚辛壬癸甲乙丙丁戊己庚辛壬 申酉戌亥子丑寅卯辰巳午未申酉戌亥子丑寅卯辰巳午未申酉戌亥子
28宿	虚危室壁奎娄胃昴毕觜参井鬼柳星张翼轸角亢氐房心尾箕斗牛女虚 满平定定执破危成收开闭建除满平定执破危成收开闭建除满平定执
五行	水水土土火火木木水水金金火火木木土土金金火火水水土土金金木
节元	小暑中2　小暑下5　大暑上7　大暑中1　大暑下4　立秋上2
黄道黑道	青明天明天朱金天白玉天元司勾青明天朱金天白玉天元司勾青明天 龙堂刑堂刑雀匮德虎堂牢武命陈龙堂刑雀匮德虎堂牢武命陈龙堂刑
八卦	艮坤乾兑离震巽坎艮坤乾兑离震巽坎艮坤乾兑离震巽坎艮坤乾兑离
方位	东西西正东东西西正东东西西正东东西西正东东西西正东东西西正 北北南南南北北南南南北北南南南北北南南南北北南南南北北南南 东东正正正正正正正正东东正正正正正正正正东东正正正正正正正 南南西西北北东东南南南南西西北北东东南南南南西西北北东东南
五脏	肾肾脾脾心心肝肝肾肾肺肺心心肝肝脾脾肺肺心心肾肾脾脾肺肺肝
子时时辰	甲丙戊庚壬甲丙戊庚壬甲丙戊庚壬甲丙戊庚壬甲丙戊庚壬甲丙戊庚 子子子子子子子子子子子子子子子子子子子子子子子子子子子子子
农事节令	午时朔　荷花节，申时小暑　天贶节，农暴　上弦，世界人口日　农暴，出梅　夜子望　头伏　农暴　农暴，巳时大暑　下弦　二伏　建军节，农暴

公元2027年　　农历丁未(羊)年

七月大

孟秋之月　猴月　戊申　氐宿

赤碧黄
白白白
黑绿紫

天道行北，日躔在巳宫，宜用甲丙庚壬时

初七日**立秋** 1:27　初一日**朔** 18:04

廿二日**处暑** 16:15　十六日**望** 15:27

农历	阳历	星期	干支	28宿		五行	节元	黄道黑道	八卦	方位	五脏	子时时辰	农事节令
初一	2	一	癸丑	危	破	木		朱雀	坤	东南正南	肝	壬子	酉时朔
初二	3	二	甲寅	室	危	水	立秋中5	金匮	乾	东北东南	肾	甲子	
初三	4	三	乙卯	壁	成	水		天德	兑	西北东南	肾	丙子	
初四	5	四	丙辰	奎	收	土		白虎	离	西南正西	脾	戊子	
初五	6	五	丁巳	娄	开	土		玉堂	震	正南正西	脾	庚子	
初六	7	六	戊午	胃	闭	火		天牢	巽	东南正北	心	壬子	
初七	8	日	己未	昴	闭	火	立秋下8	玉堂	坎	东北正北	心	甲子	丑时立秋，七夕，乞巧节，农暴
初八	9	一	庚申	毕	建	木		天牢	艮	西北正东	肝	丙子	三伏
初九	10	二	辛酉	觜	除	木		元武	坤	西南正东	肝	戊子	上弦
初十	11	三	壬戌	参	满	水		司命	乾	正南正南	肾	庚子	
十一	12	四	癸亥	井	平	水		勾陈	兑	东南正南	肾	壬子	
十二	13	五	甲子	鬼	定	金	处暑上1	青龙	离	东北东南	肺	甲子	
十三	14	六	乙丑	柳	执	金		明堂	震	西北东南	肺	丙子	
十四	15	日	丙寅	星	破	火		天刑	巽	西南正西	心	戊子	
十五	16	一	丁卯	张	危	火		朱雀	坎	正南正西	心	庚子	中元节
十六	17	二	戊辰	翼	成	木		金匮	艮	东南正北	肝	壬子	申时望
十七	18	三	己巳	轸	收	木	处暑中4	天德	坤	东北正北	肝	甲子	农暴
十八	19	四	庚午	角	开	土		白虎	乾	西北正东	脾	丙子	
十九	20	五	辛未	亢	闭	土		玉堂	兑	西南正东	脾	戊子	
二十	21	六	壬申	氐	建	金		天牢	离	正南正南	肺	庚子	
廿一	22	日	癸酉	房	除	金		元武	震	东南正南	肺	壬子	
廿二	23	一	甲戌	心	满	火	处暑下7	司命	巽	东北东南	心	甲子	申时处暑
廿三	24	二	乙亥	尾	平	火		勾陈	坎	西北东南	心	丙子	
廿四	25	三	丙子	箕	定	水		青龙	艮	西南正西	肾	戊子	下弦
廿五	26	四	丁丑	斗	执	水		明堂	坤	正南正西	肾	庚子	
廿六	27	五	戊寅	牛	破	土		天刑	乾	东南正北	脾	壬子	
廿七	28	六	己卯	女	危	土	白露上9	朱雀	兑	东北正北	脾	甲子	
廿八	29	日	庚辰	虚	成	金		金匮	离	西北正东	肺	丙子	农暴
廿九	30	一	辛巳	危	收	金		天德	震	西南正东	肺	戊子	
三十	31	二	壬午	室	开	木		白虎	巽	正南正南	肝	庚子	

八月小

仲秋 之月 鸡月 己酉 房宿

白黑绿
黄赤紫
白碧白

天道行东北，日躔在辰宫，宜用艮巽坤乾时

初八日**白露** 4:29　初一日**朔** 1:40
廿三日**秋分** 14:02　十六日**望** 7:03

农历	初初初初初初初初初初十十十十十十十十十二廿廿廿廿廿廿廿廿廿三 一二三四五六七八九十一二三四五六七八九十一二三四五六七八九十
阳历	9月 2 3 4 5 6 7 8 9 10 11 12 13 14 15 16 17 18 19 20 21 22 23 24 25 26 27 28 29
星期	三四五六日一二三四五六日一二三四五六日一二三四五六日一二三
干支	癸甲乙丙丁戊己庚辛壬癸甲乙丙丁戊己庚辛壬癸甲乙丙丁戊己庚辛 未申酉戌亥子丑寅卯辰巳午未申酉戌亥子丑寅卯辰巳午未申酉戌亥
28宿	壁奎娄胃昴毕觜参井鬼柳星张翼轸角亢氐房心尾箕斗牛女虚危室壁 闭建除满平定执执破危成收开闭建除满平定执破危成收开闭建除满
五行	木水水土土火火木木水水金金火火木木土土金金火火水水土土金金
节元	白露中3　白露下6　秋分上7　秋分中1　秋分下4　寒露上6
黄道黑道	玉天元司勾青明青明天朱金天白玉天元司勾青明天朱金天白玉天元 堂牢武命陈龙堂龙堂刑雀匮德虎堂牢武命陈龙堂刑雀匮德虎堂牢武
八卦	乾兑离震巽坎艮坤乾兑离震巽坎艮坤乾兑离震巽坎艮坤乾兑离震巽
方位	东东西西正东东西西正东东西西正东东西西正东东西西正东东西西 南北北南南南北北南南南北北南南南北北南南南北北南南南北北南 正东东正正正正正正正正东东正正正正正正正正东东正正正正正正 南南南西西北北东东南南南南西西北北东东南南南南西西北北东东
五脏	肝肾肾脾脾心心肝肝肾肾肺肺心心肝肝脾脾肺肺心心肾肾脾脾肺肺
子时时辰	壬甲丙戊庚壬甲丙戊庚壬甲丙戊庚壬甲丙戊庚壬甲丙戊庚壬甲丙戊 子子子子子子子子子子子子子子子子子子子子子子子子子子子子子
农事节令	丑时朔　农暴　上戊　寅时白露　上弦　教师节　中秋节　辰时望　全国科普日　农暴　离日　未时秋分，农暴　下弦　秋社　孔子诞辰

九月小

季秋之月　狗月　庚戌　心宿

黄	白	碧
绿	白	白
紫	黑	赤

天道行南，日躔在卯宫，宜用癸乙丁辛时

初九日**寒露** 20:18　初一日**朔** 10:35

廿四日**霜降** 23:33　十六日**望** 21:46

农历	初初初初初初初初初初十十十十十十十十十二廿廿廿廿廿廿廿廿廿三 一二三四五六七八九十一二三四五六七八九十一二三四五六七八九十
阳历	30 10月 2 3 4 5 6 7 8 9 10 11 12 13 14 15 16 17 18 19 20 21 22 23 24 25 26 27 28
星期	四五六日一二三四五六日一二三四五六日一二三四五六日一二三四
干支	壬癸甲乙丙丁戊己庚辛壬癸甲乙丙丁戊己庚辛壬癸甲乙丙丁戊己庚 子丑寅卯辰巳午未申酉戌亥子丑寅卯辰巳午未申酉戌亥子丑寅卯辰
28宿	奎娄胃昴毕觜参井鬼柳星张翼轸角亢氐房心尾箕斗牛女虚危室壁奎 平定执破危成收开开闭建除满平定执破危成收开闭建除满平定执破
五行	木木水水土土火火木木水水金金火火木木土土金金火火水水土土金
节元	寒露中9　寒露下3　霜降上5　霜降中8　霜降下2　立冬上6
黄道黑道	司勾青明天朱金天金天白玉天元司勾青明天朱金天白玉天元司勾青 命陈龙堂刑雀匮德匮德虎堂牢武命陈龙堂刑雀匮德虎堂牢武命陈龙
八卦	兑离震巽坎艮坤乾兑离震巽坎艮坤乾兑离震巽坎艮坤乾兑离震巽坎
方位	正东东西西正东东西西正东东西西正东东西西正东东西西正东东西 南南北北南南南北北南南南北北南南南北北南南南北北南南南北北 正正东东正正正正正正正正东东正正正正正正正正东东正正正正正 南南南南西西北北东东南南南南西西北北东东南南南南西西北北东
五脏	肝肝肾肾脾脾心心肝肝肾肾肺肺心心肝肝脾脾肺肺心心肾肾脾脾肺
子时时辰	庚壬甲丙戊庚壬甲丙戊庚壬甲丙戊庚壬甲丙戊庚壬甲丙戊庚壬甲丙 子子子子子子子子子子子子子子子子子子子子子子子子子子子子子
农事节令	巳时朔　国庆节　上弦　戌时寒露，重阳节，农暴　国际减灾日　亥时望　世界粮食日　国际消除贫困日　农暴　下弦　夜子霜降　联合国日　冷风信

十月大	绿紫黑 碧黄赤 白白白	天道行东，日躔在寅宫，宜用甲丙庚壬时
孟冬之月　猪月　辛亥　尾宿		初十日立冬 23:39　初一日朔 21:35 廿五日小雪 21:17　十七日望 11:25

农历	初一	初二	初三	初四	初五	初六	初七	初八	初九	初十	十一	十二	十三	十四	十五
阳历	29	30	31	11月	2	3	4	5	6	7	8	9	10	11	12
星期	五	六	日	一	二	三	四	五	六	日	一	二	三	四	五
干支	辛巳	壬午	癸未	甲申	乙酉	丙戌	丁亥	戊子	己丑	庚寅	辛卯	壬辰	癸巳	甲午	乙未
28宿	娄危	胃成	昴收	毕开	觜闭	参建	井除	鬼满	柳平	星平	张定	翼执	轸破	角危	亢成
五行	金	木	木	水	水	土	土	火	火	木	木	水	水	金	金
节元				立冬中9					立冬下3					小雪上5	
黄道黑道	明堂	天刑	朱雀	金匮	天德	白虎	玉堂	天牢	元武	天牢	元武	司命	勾陈	青龙	明堂
八卦	离	震	巽	坎	艮	坤	乾	兑	离	震	巽	坎	艮	坤	乾
方位	西南正东	正南正南	东南正南	东北东南	西北东南	西南正西	正南正西	东南正北	东北正北	西北正东	西南正东	正南正南	东南正南	东北东南	西北东南
五脏	肺	肝	肝	肾	肾	脾	脾	心	心	肝	肝	肾	肾	肺	肺
子时时辰	戊子	庚子	壬子	甲子	丙子	戊子	庚子	壬子	甲子	丙子	戊子	庚子	壬子	甲子	丙子
农事节令	亥时朔		世界勤俭日	万圣节					上弦，绝日	夜子立冬，农暴					下元节

农历	十六	十七	十八	十九	二十	廿一	廿二	廿三	廿四	廿五	廿六	廿七	廿八	廿九	三十
阳历	13	14	15	16	17	18	19	20	21	22	23	24	25	26	27
星期	六	日	一	二	三	四	五	六	日	一	二	三	四	五	六
干支	丙申	丁酉	戊戌	己亥	庚子	辛丑	壬寅	癸卯	甲辰	乙巳	丙午	丁未	戊申	己酉	庚戌
28宿	氐收	房开	心闭	尾建	箕除	斗满	牛平	女定	虚执	危破	室危	壁成	奎收	娄开	胃闭
五行	火	火	木	木	土	土	金	金	火	火	水	水	土	土	金
节元				小雪中8					小雪下2					大雪上4	
黄道黑道	天刑	朱雀	金匮	天德	白虎	玉堂	天牢	元武	司命	勾陈	青龙	明堂	天刑	朱雀	金匮
八卦	兑	离	震	巽	坎	艮	坤	乾	兑	离	震	巽	坎	艮	坤
方位	西南正西	正南正西	东南正北	东北正北	西北正东	西南正东	正南正南	东南正南	东北东南	西北东南	西南正西	正南正西	东南正北	东北正北	西北正东
五脏	心	心	肝	肝	脾	脾	肺	肺	心	心	肾	肾	脾	脾	肺
子时时辰	戊子	庚子	壬子	甲子	丙子	戊子	庚子	壬子	甲子	丙子	戊子	庚子	壬子	甲子	丙子
农事节令		午时望			农暴，国际大学生节			农暴	下弦	亥时小雪			感恩节		

十一月大

仲冬之月　鼠月　壬子　箕宿

碧白白
黑绿白
赤紫黄

天道行东南，日躔在丑宫，宜用艮巽坤乾时

初十日**大雪** 16:38　初一日**朔** 11:23
廿五日**冬至** 10:43　十七日**望** 0:08

农历	初一	初二	初三	初四	初五	初六	初七	初八	初九	初十	十一	十二	十三	十四	十五	十六	十七	十八	十九	二十	廿一	廿二	廿三	廿四	廿五	廿六	廿七	廿八	廿九	三十
阳历	28	29	30	12月	2	3	4	5	6	7	8	9	10	11	12	13	14	15	16	17	18	19	20	21	22	23	24	25	26	27
星期	日	一	二	三	四	五	六	日	一	二	三	四	五	六	日	一	二	三	四	五	六	日	一	二	三	四	五	六	日	一
干支	辛亥	壬子	癸丑	甲寅	乙卯	丙辰	丁巳	戊午	己未	庚申	辛酉	壬戌	癸亥	甲子	乙丑	丙寅	丁卯	戊辰	己巳	庚午	辛未	壬申	癸酉	甲戌	乙亥	丙子	丁丑	戊寅	己卯	庚辰
28宿	昴建	毕除	觜满	参平	井定	鬼执	柳破	星危	张成	翼成	轸收	角开	亢闭	氐建	房除	心满	尾平	箕定	斗执	牛破	女危	虚成	危收	室开	壁闭	奎建	娄除	胃满	昴平	毕定
五行	金	木	木	水	水	土	土	火	火	木	木	水	水	金	金	火	火	木	木	土	土	金	金	火	火	水	水	土	土	金
节元				大雪中7					大雪下1					闰大雪上4					闰大雪中7					闰大雪下1					冬至上1	
黄道黑道	天德	白虎	玉堂	天牢	元武	司命	勾陈	青龙	明堂	青龙	明堂	天刑	朱雀	金匮	天德	白虎	玉堂	天牢	元武	司命	勾陈	青龙	明堂	天刑	朱雀	金匮	天德	白虎	玉堂	天牢
八卦	震	巽	坎	艮	坤	乾	兑	离	震	巽	坎	艮	坤	乾	兑	离	震	巽	坎	艮	坤	乾	兑	离	震	巽	坎	艮	坤	乾
方位	西南正东	正南正南	东南正南	东北东南	西北东南	西南正西	正南正西	东南正北	东北正北	西北正东	西南正东	正南正南	东南正南	东北东南	西北东南	西南正西	正南正西	东南正北	东北正北	西北正东	西南正东	正南正南	东南东南	东北东南	西北正南	西南正西	正南正西	东南正北	东北正北	西北正东
五脏	肺	肝	肝	肾	肾	脾	脾	心	心	肝	肝	肾	肾	肺	肺	心	心	肝	肝	脾	脾	肺	肺	心	心	肾	肾	脾	脾	肺
子时时辰	戊子	庚子	壬子	甲子	丙子	戊子	庚子	壬子	甲子	丙子	戊子	庚子	壬子	甲子	丙子	戊子	庚子	壬子	甲子	丙子	戊子	庚子	壬子	甲子	丙子	戊子	庚子	壬子	甲子	丙子
农事节令	午时朔		农暴	世界艾滋病日					上弦	申时大雪							农暴，子时望						澳门回归日	下弦	巳时冬至，一九			圣诞节		

公元 2027 年　　　　农历丁未(羊)年

十二月小 季冬之月　牛月　癸丑　斗宿 黑赤紫 白碧黄 白白绿	天道行西，日躔在子宫，宜用癸乙丁辛时 初十日**小寒** 3:55　初一日**朔** 4:11 廿四日**大寒** 21:22　十六日**望** 12:02
农历	初初初初初初初初初初十十十十十十十十十二廿廿廿廿廿廿廿廿廿三 一二三四五六七八九十一二三四五六七八九十一二三四五六七八九十
阳历	28 29 30 31 1月 2 3 4 5 6 7 8 9 10 11 12 13 14 15 16 17 18 19 20 21 22 23 24 25
星期	二三四五六日一二三四五六日一二三四五六日一二三四五六日一二
干支	辛壬癸甲乙丙丁戊己庚辛壬癸甲乙丙丁戊己庚辛壬癸甲乙丙丁戊己 巳午未申酉戌亥子丑寅卯辰巳午未申酉戌亥子丑寅卯辰巳午未申酉
28宿	觜参井鬼柳星张翼轸角亢氐房心尾箕斗牛女虚危室壁奎娄胃昴毕觜 执破危成收开闭建除除满平定执破危成收开闭建除满平定执破危成
五行	金木木水水土土火火木木水水金金火火木木土土金金火火水水土土
节元	冬至中7　冬至下4　小寒上2　小寒中8　小寒下5　大寒上3
黄道 黑道	元司勾青明天朱金天金天白玉天元司勾青明天朱金天白玉天元司勾 武命陈龙堂刑雀匮德匮德虎堂牢武命陈龙堂刑雀匮德虎堂牢武命陈
八卦	巽坎艮坤乾兑离震巽坎艮坤乾兑离震巽坎艮坤乾兑离震巽坎艮坤乾
方位	西正东东西西正东东西西正东东西西正东东西西正东东西西正东东 南南南北北南南南北北南南南北北南南南北北南南南北北南南南北 正正正东东正正正正正正正正东东正正正正正正正正东东正正正正 东南南南南西西北北东东南南南南西西北北东东南南南南西西北北
五脏	肺肝肝肾肾脾脾心心肝肝肾肾肺肺心心肝肝脾脾肺肺心心肾肾脾脾
子时 时辰	戊庚壬甲丙戊庚壬甲丙戊庚壬甲丙戊庚壬甲丙戊庚壬甲丙戊庚壬甲 子子子子子子子子子子子子子子子子子子子子子子子子子子子子子
农事节令	寅时朔　二九　元旦　腊八节，上弦，农暴　寅时小寒　三九　农暴　午时望　四九　下弦　扫尘节，小年，亥时大寒　农暴　除夕

公元 2028 年　农历戊申(猴)年(闰五月)

正月大

孟春之月　虎月　甲寅　牛宿

白白白
紫黑绿
黄赤碧

天道行南，日躔在亥宫，宜用甲丙庚壬时

初十日**立春** 15:32　初一日**朔** 23:12

廿五日**雨水** 11:26　十六日**望** 23:03

农历	初一	初二	初三	初四	初五	初六	初七	初八	初九	初十
阳历	26	27	28	29	30	31	2月	2	3	4
星期	三	四	五	六	日	一	二	三	四	五
干支	庚戌	辛亥	壬子	癸丑	甲寅	乙卯	丙辰	丁巳	戊午	己未
28宿	参收	井开	鬼闭	柳建	星除	张满	翼平	轸定	角执	亢执
五行	金	金	木	木	水	水	土	土	火	火
节元					大寒中9					大寒下6
黄道黑道	青龙	明堂	天刑	朱雀	金匮	天德	白虎	玉堂	天牢	玉堂
八卦	离	震	巽	坎	艮	坤	乾	兑	离	震
方位	西北正东	西南正东	正南正南	东南正南	东北东南	西北东南	西南正西	正南正西	东南正北	东北正北
五脏	肺	肺	肝	肝	肾	肾	脾	脾	心	心
子时时辰	丙子	戊子	庚子	壬子	甲子	丙子	戊子	庚子	壬子	甲子
农事节令	春节，夜子朔	财神节，五九，二日得辛	三人七饼	四牛耕地	破五节		七龙治水	上弦	绝日，农暴	申时立春，土神诞

农历	十一	十二	十三	十四	十五	十六	十七	十八	十九	二十
阳历	5	6	7	8	9	10	11	12	13	14
星期	六	日	一	二	三	四	五	六	日	一
干支	庚申	辛酉	壬戌	癸亥	甲子	乙丑	丙寅	丁卯	戊辰	己巳
28宿	氐破	房危	心成	尾收	箕开	斗闭	牛建	女除	虚满	危平
五行	木	木	水	水	金	金	火	火	木	木
节元					立春上8					立春中5
黄道黑道	天牢	元武	司命	勾陈	青龙	明堂	天刑	朱雀	金匮	天德
八卦	巽	坎	艮	坤	乾	兑	离	震	巽	坎
方位	西北正东	西南正东	正南正南	东南正南	东北东南	西北东南	西南正西	正南正西	东南正北	东北正北
五脏	肝	肝	肾	肾	肺	肺	心	心	肝	肝
子时时辰	丙子	戊子	庚子	壬子	甲子	丙子	戊子	庚子	壬子	甲子
农事节令	六九	十二姑看蚕	农暴		元宵节	夜子望			农暴	七九，情人节

农历	廿一	廿二	廿三	廿四	廿五	廿六	廿七	廿八	廿九	三十
阳历	15	16	17	18	19	20	21	22	23	24
星期	二	三	四	五	六	日	一	二	三	四
干支	庚午	辛未	壬申	癸酉	甲戌	乙亥	丙子	丁丑	戊寅	己卯
28宿	室定	壁执	奎破	娄危	胃成	昴收	毕开	觜闭	参建	井除
五行	土	土	金	金	火	火	水	水	土	土
节元					立春下2					雨水上9
黄道黑道	白虎	玉堂	天牢	元武	司命	勾陈	青龙	明堂	天刑	朱雀
八卦	艮	坤	乾	兑	离	震	巽	坎	艮	坤
方位	西北正东	西南正东	正南正南	东南正南	东北东南	西北东南	西南正西	正南正西	东南正北	东北正北
五脏	脾	脾	肺	肺	心	心	肾	肾	脾	脾
子时时辰	丙子	戊子	庚子	壬子	甲子	丙子	戊子	庚子	壬子	甲子
农事节令			下弦		填仓节，午时雨水				八九，农暴	

公元 2028 年　　农历戊申(猴)年(闰五月)

二月大

仲春　之月　兔月　乙卯　女宿

紫黄赤
白白碧
绿白黑

天道行西南，日躔在戌宫，宜用艮巽坤乾时

初十日**惊蛰** 9:25　初一日**朔** 18:36

廿五日**春分** 10:18　十六日**望** 9:05

农历	阳历	星期	干支	28宿	建除	五行	节元	黄道黑道	八卦	方位	五脏	子时时辰	农事节令
初一	25	五	庚辰	鬼	满	金		金匮	震	西北正东	肺	丙子	酉时朔，中和节
初二	26	六	辛巳	柳	平	金		天德	巽	西南正东	肺	戊子	龙头节，农暴
初三	27	日	壬午	星	定	木		白虎	坎	正南正南	肝	庚子	农暴
初四	28	一	癸未	张	执	木		玉堂	艮	东南正南	肝	壬子	
初五	29	二	甲申	翼	破	水	雨水中6	天牢	坤	东北东南	肾	甲子	
初六	3月 1	三	乙酉	轸	危	水		元武	乾	西北东南	肾	丙子	
初七	2	四	丙戌	角	成	土		司命	兑	西南正西	脾	戊子	春斫暴
初八	3	五	丁亥	亢	收	土		勾陈	离	正南正西	脾	庚子	九九，上弦，农暴
初九	4	六	戊子	氐	开	火		青龙	震	东南正北	心	壬子	上戊，农暴
初十	5	日	己丑	房	开	火	雨水下3	勾陈	巽	东北正北	心	甲子	巳时惊蛰
十一	6	一	庚寅	心	闭	木		青龙	坎	西北正东	肝	丙子	乌龟暴
十二	7	二	辛卯	尾	建	木		明堂	艮	西南正东	肝	戊子	
十三	8	三	壬辰	箕	除	水		天刑	坤	正南正南	肾	庚子	妇女节，农暴
十四	9	四	癸巳	斗	满	水		朱雀	乾	东南正南	肾	壬子	
十五	10	五	甲午	牛	平	金	惊蛰上1	金匮	兑	东北东南	肺	甲子	花朝节
十六	11	六	乙未	女	定	金		天德	离	西北东南	肺	丙子	巳时望
十七	12	日	丙申	虚	执	火		白虎	震	西南正西	心	戊子	
十八	13	一	丁酉	危	破	火		玉堂	巽	正南正西	心	庚子	
十九	14	二	戊戌	室	危	木		天牢	坎	东南正北	肝	壬子	农暴
二十	15	三	己亥	壁	成	木	惊蛰中7	元武	艮	东北正北	肝	甲子	消费者权益日
廿一	16	四	庚子	奎	收	土		司命	坤	西北正东	脾	丙子	
廿二	17	五	辛丑	娄	开	土		勾陈	乾	西南正东	脾	戊子	
廿三	18	六	壬寅	胃	闭	金		青龙	兑	正南正南	肺	庚子	
廿四	19	日	癸卯	昴	建	金		明堂	离	东南正南	肺	壬子	下弦，离日
廿五	20	一	甲辰	毕	除	火	惊蛰下4	天刑	震	东北东南	心	甲子	巳时春分
廿六	21	二	乙巳	觜	满	火		朱雀	巽	西北东南	心	丙子	世界森林日
廿七	22	三	丙午	参	平	水		金匮	坎	西南正西	肾	戊子	世界水日
廿八	23	四	丁未	井	定	水		天德	艮	正南正西	肾	庚子	农暴，世界气象日
廿九	24	五	戊申	鬼	执	土		白虎	坤	东南正北	脾	壬子	春社，农暴，世界防治结核病日
三十	25	六	己酉	柳	破	土	春分上3	玉堂	乾	东北正北	脾	甲子	

公元 2028 年　　农历戊申(猴)年(闰五月)

三月大

季春之月　龙月　丙辰　虚宿

白	绿	白
赤	紫	黑
碧	黄	白

天道行北，日躔在酉宫，宜用癸乙丁辛时

初十日**清明** 14:04　初一日**朔** 12:31

廿五日**谷雨** 21:10　十五日**望** 18:25

农历	初一	初二	初三	初四	初五	初六	初七	初八	初九	初十	十一	十二	十三	十四	十五	十六	十七	十八	十九	二十	廿一	廿二	廿三	廿四	廿五	廿六	廿七	廿八	廿九	三十
阳历	26	27	28	29	30	31	4月	2	3	4	5	6	7	8	9	10	11	12	13	14	15	16	17	18	19	20	21	22	23	24
星期	日	一	二	三	四	五	六	日	一	二	三	四	五	六	日	一	二	三	四	五	六	日	一	二	三	四	五	六	日	一
干支	庚戌	辛亥	壬子	癸丑	甲寅	乙卯	丙辰	丁巳	戊午	己未	庚申	辛酉	壬戌	癸亥	甲子	乙丑	丙寅	丁卯	戊辰	己巳	庚午	辛未	壬申	癸酉	甲戌	乙亥	丙子	丁丑	戊寅	己卯
28宿	星危	张成	翼收	轸开	角闭	亢建	氐除	房满	心平	尾平	箕定	斗执	牛破	女危	虚成	危收	室开	壁闭	奎建	娄除	胃满	昴平	毕定	觜执	参破	井危	鬼成	柳收	星开	张闭
五行	金	金	木	木	水	水	土	土	火	火	木	木	水	水	金	金	火	火	木	木	土	土	金	金	火	火	水	水	土	土
节元					春分中9					春分下6					清明上4					清明中1					清明下7					谷雨上5
黄道黑道	天牢	元武	司命	勾陈	青龙	明堂	天刑	朱雀	金匮	朱雀	金匮	天德	白虎	玉堂	天牢	元武	司命	勾陈	青龙	明堂	天刑	朱雀	金匮	天德	白虎	玉堂	天牢	元武	司命	勾陈
八卦	巽	坎	艮	坤	乾	兑	离	震	巽	坎	艮	坤	乾	兑	离	震	巽	坎	艮	坤	乾	兑	离	震	巽	坎	艮	坤	乾	兑
方位	西北正东	西南正东	正南正南	东南正南	东北东南	西北东南	西南正西	正南正西	东南正北	东北正北	西北正东	西南正东	正南正南	东南正南	东北东南	西北东南	西南正西	正南正西	东南正北	东北正北	西北正东	西南正东	正南正南	东南正南	东北东南	西北东南	西南正西	正南正西	东南正北	东北正北
五脏	肺	肺	肝	肝	肾	肾	脾	脾	心	心	肝	肝	肾	肾	肺	肺	心	心	肝	肝	脾	脾	肺	肺	心	心	肾	肾	脾	脾
子时时辰	丙子	戊子	庚子	壬子	甲子	丙子	戊子	庚子	壬子	甲子	丙子	戊子	庚子	壬子	甲子	丙子	戊子	庚子	壬子	甲子	丙子	戊子	庚子	壬子	甲子	丙子	戊子	庚子	壬子	甲子
农事节令	午时朔		上巳，桃花暴				农暴，愚人节	上弦		未时清明					酉时望，农暴								下弦，天石暴		亥时谷雨，猴子暴	农暴		东帝暴，世界地球日		

公元2028年　　农历戊申(猴)年(闰五月)

四月小

孟夏之月　蛇月　丁巳　危宿

赤碧黄
白白白
黑绿紫

天道行西,日躔在申宫,宜用甲丙庚壬时

十一日**立夏** 7:13　初一日**朔** 3:46

廿六日**小满** 20:10　十五日**望** 3:48

农历	初一	初二	初三	初四	初五	初六	初七	初八	初九	初十	十一	十二	十三	十四	十五	十六	十七	十八	十九	二十	廿一	廿二	廿三	廿四	廿五	廿六	廿七	廿八	廿九	三十
阳历	25	26	27	28	29	30	5月	2	3	4	5	6	7	8	9	10	11	12	13	14	15	16	17	18	19	20	21	22	23	
星期	二	三	四	五	六	日	一	二	三	四	五	六	日	一	二	三	四	五	六	日	一	二	三	四	五	六	日	一	二	
干支	庚辰	辛巳	壬午	癸未	甲申	乙酉	丙戌	丁亥	戊子	己丑	庚寅	辛卯	壬辰	癸巳	甲午	乙未	丙申	丁酉	戊戌	己亥	庚子	辛丑	壬寅	癸卯	甲辰	乙巳	丙午	丁未	戊申	
28宿	翼建	轸除	角满	亢平	氐定	房执	心破	尾危	箕成	斗收	牛收	女开	虚闭	危建	室除	壁满	奎平	娄定	胃执	昴破	毕危	觜成	参收	井开	鬼闭	柳建	星除	张满	翼平	
五行	金	金	木	木	水	水	土	土	火	火	木	木	水	水	金	金	火	火	木	木	土	土	金	金	火	火	水	水	土	
节元					谷雨中2					谷雨下6					立夏上4					立夏中1					立夏下7					
黄道黑道	青龙	明堂	天刑	朱雀	金匮	天德	白虎	玉堂	天牢	元武	天牢	元武	司命	勾陈	青龙	明堂	天刑	朱雀	金匮	天德	白虎	玉堂	天牢	元武	司命	勾陈	青龙	明堂	天刑	
八卦	坎	艮	坤	乾	兑	离	震	巽	坎	艮	坤	乾	兑	离	震	巽	坎	艮	坤	乾	兑	离	震	巽	坎	艮	坤	乾	兑	
方位	西北正东	西南正东	正南正南	东南正南	东北东南	西北东南	西南正西	正南正西	东南正北	东北正北	西北正东	西南正东	正南正南	东南正南	东北东南	西北东南	西南正西	正南正西	东南正北	东北正北	西北正东	西南正东	正南正南	东南正南	东北东南	西北东南	西南正西	正南正西	东南正北	
五脏	肺	肺	肝	肝	肾	肾	脾	脾	心	心	肝	肝	肾	肾	肺	肺	心	心	肝	肝	脾	脾	肺	肺	心	心	肾	肾	脾	
子时时辰	丙子	戊子	庚子	壬子	甲子	丙子	戊子	庚子	壬子	甲子	丙子	戊子	庚子	壬子	甲子	丙子	戊子	庚子	壬子	甲子	丙子	戊子	庚子	壬子	甲子	丙子	戊子	庚子	壬子	
农事节令	寅时朔,农暴						劳动节	上弦,老虎暴		青年节,绝日	辰时立夏				寅时望,农暴			护士节,防灾减灾日		母亲节	国际家庭日		下弦		农暴	戌时小满				

公元2028年　　农历戊申(猴)年(闰五月)

五月大

仲夏之月　马月　戊午　室宿

白黑绿
黄赤紫
白碧白

天道行西北，日躔在未宫，宜用艮巽坤乾时

十三日**芒种** 11:17　初一日**朔** 16:15

廿九日**夏至** 4:02　十五日**望** 14:08

农历	初一	初二	初三	初四	初五	初六	初七	初八	初九	初十	十一	十二	十三	十四	十五
阳历	24	25	26	27	28	29	30	31	6月	2	3	4	5	6	7
星期	三	四	五	六	日	一	二	三	四	五	六	日	一	二	三
干支	己酉	庚戌	辛亥	壬子	癸丑	甲寅	乙卯	丙辰	丁巳	戊午	己未	庚申	辛酉	壬戌	癸亥
28宿	轸定	角执	亢破	氐危	房成	心收	尾开	箕闭	斗建	牛除	女满	虚平	危平	室定	壁执
五行	土	金	金	木	木	水	水	土	土	火	火	木	木	水	水
节元	小满上5					小满中2					小满下8				
黄道黑道	朱雀	金匮	天德	白虎	玉堂	天牢	元武	司命	勾陈	青龙	明堂	天刑	明堂	天刑	朱雀
八卦	艮	坤	乾	兑	离	震	巽	坎	艮	坤	乾	兑	离	震	巽
方位	东北正北	西北正东	西南正东	正南正南	东南正南	东北东南	西北东南	西南正西	正南正西	东南正北	东北正北	西北正东	西南正东	正南正南	东南正南
五脏	脾	肺	肺	肝	肝	肾	肾	脾	脾	心	心	肝	肝	肾	肾
子时时辰	甲子	丙子	戊子	庚子	壬子	甲子	丙子	戊子	庚子	壬子	甲子	丙子	戊子	庚子	壬子
农事节令	申时朔				端午节，端阳暴			上弦，世界无烟日	儿童节				午时芒种，世界环境日，磨刀暴		未时望，农暴

农历	十六	十七	十八	十九	二十	廿一	廿二	廿三	廿四	廿五	廿六	廿七	廿八	廿九	三十
阳历	8	9	10	11	12	13	14	15	16	17	18	19	20	21	22
星期	四	五	六	日	一	二	三	四	五	六	日	一	二	三	四
干支	甲子	乙丑	丙寅	丁卯	戊辰	己巳	庚午	辛未	壬申	癸酉	甲戌	乙亥	丙子	丁丑	戊寅
28宿	奎破	娄危	胃成	昴收	毕开	觜闭	参建	井除	鬼满	柳平	星定	张执	翼破	轸危	角成
五行	金	金	火	火	木	木	土	土	金	金	火	火	水	水	土
节元	芒种上6					芒种中3					芒种下9				
黄道黑道	金匮	天德	白虎	玉堂	天牢	元武	司命	勾陈	青龙	明堂	天刑	朱雀	金匮	天德	白虎
八卦	坎	艮	坤	乾	兑	离	震	巽	坎	艮	坤	乾	兑	离	震
方位	东北东南	西北东南	西南正西	正南正西	东南正北	东北正北	西北正东	西南正东	正南正南	东南正南	东北东南	西北东南	西南正西	正南正西	东南正北
五脏	肺	肺	心	心	肝	肝	脾	脾	肺	肺	心	心	肾	肾	脾
子时时辰	甲子	丙子	戊子	庚子	壬子	甲子	丙子	戊子	庚子	壬子	甲子	丙子	戊子	庚子	壬子
农事节令			入梅		农暴，分龙	龙母暴		下弦			父亲节		离日	寅时夏至	

公元 2028 年　农历戊申(猴)年(闰五月)

闰五月小

仲夏之月　马月　戊午　室宿

白	黑	绿
黄	赤	紫
白	碧	白

天道行西北，日躔在未宫，宜用艮巽坤乾时

十四日**小暑** 21:31

初一日**朔** 2:27

十五日**望** 2:10

农历	初初初初初初初初初初十十十十十十十十十二廿廿廿廿廿廿廿廿廿三 一二三四五六七八九十一二三四五六七八九十一二三四五六七八九十
阳历	23 24 25 26 27 28 29 30 7月 2 3 4 5 6 7 8 9 10 11 12 13 14 15 16 17 18 19 20 21
星期	五六日一二三四五六日一二三四五六日一二三四五六日一二三四五
干支	己庚辛壬癸甲乙丙丁戊己庚辛壬癸甲乙丙丁戊己庚辛壬癸甲乙丙丁 卯辰巳午未申酉戌亥子丑寅卯辰巳午未申酉戌亥子丑寅卯辰巳午未
28宿	亢氐房心尾箕斗牛女虚危室壁奎娄胃昴毕觜参井鬼柳星张翼轸角亢 收开闭建除满平定执破危成收收开闭建除满平定执破危成收开闭建
五行	土金金木木水水土土火火木木水水金金火火木木土土金金火火水水
节元	夏至上6（23日）　夏至中3（28日）　夏至下6（7月3日）　小暑上8（8日）　小暑中2（13日）　小暑下5（18日）
黄道黑道	玉天元司勾青明天朱金天白玉白玉天元司勾青明天朱金天白玉天元 堂牢武命陈龙堂刑雀匮德虎堂虎堂牢武命陈龙堂刑雀匮德虎堂牢武
八卦	艮坤乾兑离震巽坎艮坤乾兑离震巽坎艮坤乾兑离震巽坎艮坤乾兑离
方位	东西西正东东西西正东东西西正东东西西正东东西西正东东西西正 北北南南南北北南南南北北南南南北北南南南北北南南南北北南南 正正正正正东东正正正正正正正正东东正正正正正正正正东东正正 北东东南南南南西西北北东东南南南南西西北北东东南南南南西西
五脏	脾肺肺肝肝肾肾脾脾心心肝肝肾肾肺肺心心肝肝脾脾肺肺心心肾肾
子时时辰	甲丙戊庚壬甲丙戊庚壬甲丙戊庚壬甲丙戊庚壬甲丙戊庚壬甲丙戊庚 子子子子子子子子子子子子子子子子子子子子子子子子子子子子子
农事节令	丑时朔（23日）　头莳（24日）　全国土地日（25日）　中莳，国际禁毒日（26日）　末莳（28日）　上弦（30日）　建党节，香港回归日（7月1日）　亥时小暑（6日）　丑时望（7日）　出梅（9日）　世界人口日（11日）　头伏（14日）　下弦（15日）

公元 2028 年　农历戊申(猴)年(闰五月)

六月小　季夏之月　羊月　己未　壁宿

黄白碧
绿白白
紫黑赤

天道行东,日躔在午宫,宜用癸乙丁辛时

初一日**大暑** 14:55　初一日**朔** 11:01

十七日**立秋** 7:22　十五日**望** 16:10

农历	阳历	星期	干支	28宿		五行	节元	黄道黑道	八卦	方位	五脏	子时时辰	农事节令
初一	22	六	戊申	氐	除	土		司命	坤	东南正北	脾	壬子	午时朔,未时大暑
初二	23	日	己酉	房	满	土	大暑上7	勾陈	乾	东北正北	脾	甲子	
初三	24	一	庚戌	心	平	金		青龙	兑	西北正东	肺	丙子	二伏
初四	25	二	辛亥	尾	定	金		明堂	离	西南正东	肺	戊子	荷花节
初五	26	三	壬子	箕	执	木		天刑	震	正南正南	肝	庚子	
初六	27	四	癸丑	斗	破	木		朱雀	巽	东南正南	肝	壬子	天贶节,姑姑节,农暴
初七	28	五	甲寅	牛	危	水	大暑中1	金匮	坎	东北东南	肾	甲子	
初八	29	六	乙卯	女	成	水		天德	艮	西北东南	肾	丙子	上弦
初九	30	日	丙辰	虚	收	土		白虎	坤	西南正西	脾	戊子	
初十	31	一	丁巳	危	开	土		玉堂	乾	正南正西	脾	庚子	
十一	8月	二	戊午	室	闭	火		天牢	兑	东南正北	心	壬子	建军节
十二	2	三	己未	壁	建	火	大暑下4	元武	离	东北正北	心	甲子	农暴
十三	3	四	庚申	奎	除	木		司命	震	西北正东	肝	丙子	
十四	4	五	辛酉	娄	满	木		勾陈	巽	西南正东	肝	戊子	
十五	5	六	壬戌	胃	平	水		青龙	坎	正南正南	肾	庚子	申时望
十六	6	日	癸亥	昴	定	水		明堂	艮	东南正南	肾	壬子	绝日
十七	7	一	甲子	毕	定	金	立秋上2	青龙	坤	东北东南	肺	甲子	辰时立秋
十八	8	二	乙丑	觜	执	金		明堂	乾	西北东南	肺	丙子	
十九	9	三	丙寅	参	破	火		天刑	兑	西南正西	心	戊子	农暴
二十	10	四	丁卯	井	危	火		朱雀	离	正南正西	心	庚子	农暴
廿一	11	五	戊辰	鬼	成	木		金匮	震	东南正北	肝	壬子	
廿二	12	六	己巳	柳	收	木	立秋中5	天德	巽	东北正北	肝	甲子	
廿三	13	日	庚午	星	开	土		白虎	坎	西北正东	脾	丙子	下弦,三伏
廿四	14	一	辛未	张	闭	土		玉堂	艮	西南正东	脾	戊子	
廿五	15	二	壬申	翼	建	金		天牢	坤	正南正南	肺	庚子	
廿六	16	三	癸酉	轸	除	金		元武	乾	东南正南	肺	壬子	
廿七	17	四	甲戌	角	满	火	立秋下8	司命	兑	东北东南	心	甲子	
廿八	18	五	乙亥	亢	平	火		勾陈	离	西北东南	心	丙子	
廿九	19	六	丙子	氐	定	水		青龙	震	西南正西	肾	戊子	农暴
三十													

公元2028年　农历戊申(猴)年(闰五月)

七月大

孟秋之月　猴月　庚申　奎宿

绿	紫	黑
碧	黄	赤
白	白	白

天道行北,日躔在巳宫,宜用甲丙庚壬时

初三日**处暑** 22:02　初一日**朔** 18:44

十九日**白露** 10:23　十六日**望** 7:47

农历	初一	初二	初三	初四	初五	初六	初七	初八	初九	初十	十一	十二	十三	十四	十五	十六	十七	十八	十九	二十	廿一	廿二	廿三	廿四	廿五	廿六	廿七	廿八	廿九	三十
阳历	20	21	22	23	24	25	26	27	28	29	30	31	9月	2	3	4	5	6	7	8	9	10	11	12	13	14	15	16	17	18
星期	日	一	二	三	四	五	六	日	一	二	三	四	五	六	日	一	二	三	四	五	六	日	一	二	三	四	五	六	日	一
干支	丁丑	戊寅	己卯	庚辰	辛巳	壬午	癸未	甲申	乙酉	丙戌	丁亥	戊子	己丑	庚寅	辛卯	壬辰	癸巳	甲午	乙未	丙申	丁酉	戊戌	己亥	庚子	辛丑	壬寅	癸卯	甲辰	乙巳	丙午
28宿	房执	心破	尾危	箕成	斗收	牛开	女闭	虚建	危除	室满	壁平	奎定	娄执	胃破	昴危	毕成	觜收	参开	井开	鬼闭	柳建	星除	张满	翼平	轸定	角执	亢破	氐危	房成	心收
五行	水	土	土	金	金	木	木	水	水	土	土	火	火	木	木	水	水	金	金	火	火	木	木	土	土	金	金	火	火	水
节元			处暑上1					处暑中4					处暑下7					白露上9					白露中3					白露下6		
黄道黑道	明堂	天刑	朱雀	金匮	天德	白虎	玉堂	天牢	元武	司命	勾陈	青龙	明堂	天刑	朱雀	金匮	天德	白虎	天德	白虎	玉堂	天牢	元武	司命	勾陈	青龙	明堂	天刑	朱雀	金匮
八卦	乾	兑	离	震	巽	坎	艮	坤	乾	兑	离	震	巽	坎	艮	坤	乾	兑	离	震	巽	坎	艮	坤	乾	兑	离	震	巽	坎
方位	正南正西	东南正北	东北正北	西北正东	西南正东	正南正南	东南正南	东北东南	西北东南	西南正西	正南正西	东南正北	东北正北	西北正东	西南正东	正南正南	东南正南	东北东南	西北东南	西南正西	正南正西	东南正北	东北正北	西北正东	西南正东	正南正南	东南正南	东北东南	西北东南	西南正西
五脏	肾	脾	脾	肺	肺	肝	肝	肾	肾	脾	脾	心	心	肝	肝	肾	肾	肺	肺	心	心	肝	肝	脾	脾	肺	肺	心	心	肾
子时时辰	庚子	壬子	甲子	丙子	戊子	庚子	壬子	甲子	丙子	戊子	庚子	壬子	甲子	丙子	戊子	庚子	壬子	甲子	丙子	戊子	庚子	壬子	甲子	丙子	戊子	庚子	壬子	甲子	丙子	戊子
农事节令	酉时朔		亥时处暑				七夕,乞巧节,农暴	上弦							中元节	辰时望	农暴		巳时白露			教师节	下弦					农暴,全国科普日		

公元 2028 年　　农历戊申(猴)年(闰五月)

八月小 仲秋 之月 鸡月 辛酉 娄宿	碧 白 白 黑 绿 白 赤 紫 黄
天道行东北，日躔在辰宫，宜用艮巽坤乾时	
初四日**秋分** 19:46　初一日**朔** 2:23	
二十日**寒露** 2:09　十六日**望** 0:24	

农历	初初初初初初初初初初十十十十十十十十十二廿廿廿廿廿廿廿廿廿三 一二三四五六七八九十一二三四五六七八九十一二三四五六七八九十
阳历	19 20 21 22 23 24 25 26 27 28 29 30 10月 2 3 4 5 6 7 8 9 10 11 12 13 14 15 16 17
星期	二三四五六日一二三四五六日一二三四五六日一二三四五六日一二
干支	丁戊己庚辛壬癸甲乙丙丁戊己庚辛壬癸甲乙丙丁戊己庚辛壬癸甲乙 未申酉戌亥子丑寅卯辰巳午未申酉戌亥子丑寅卯辰巳午未申酉戌亥
28宿	尾箕斗牛女虚危室壁奎娄胃昴毕觜参井鬼柳星张翼轸角亢氐房心尾 开闭建除满平定执破危成收开闭建除满平定定执破危成收开闭建除
五行	水土土金金木木水水土土火火木木水水金金火火木木土土金金火火
节元	秋分上7　秋分中1　秋分下4　寒露上6　寒露中9　寒露下3
黄道黑道	天白玉天元司勾青明天朱金天白玉天元司勾司勾青明天朱金天白玉 德虎堂牢武命陈龙堂刑雀匮德虎堂牢武命陈命陈龙堂刑雀匮德虎堂
八卦	兑离震巽坎艮坤乾兑离震巽坎艮坤乾兑离震巽坎艮坤乾兑离震巽坎
方位	正东东西西正东东西西正东东西西正东东西西正东东西西正东东西 南南北北南南南北北南南南北北南南南北北南南南北北南南南北北 正正正正正正正东东正正正正正正正正东东正正正正正正正正东东 西北北东东南南南南西西北北东东南南南南西西北北东东南南南南
五脏	肾脾脾肺肺肝肝肾肾脾脾心心肝肝肾肾肺肺心心肝肝脾脾肺肺心心
子时时辰	庚壬甲丙戊庚壬甲丙戊庚壬甲丙戊庚壬甲丙戊庚壬甲丙戊庚壬甲丙 子子子子子子子子子子子子子子子子子子子子子子子子子子子子子
农事节令	丑时朔　秋社，上戊　离日，农暴　戌时秋分　上弦　孔子诞辰　国庆节　中秋节　子时望　丑时寒露　农暴　下弦，农暴　国际减灾日　世界粮食日　国际消除贫困日

公元 2028 年　　农历戊申(猴)年(闰五月)

九月小

季秋 之月　狗月　壬戌　胃宿

黑赤紫
白碧黄
白白绿

天道行南，日躔在卯宫，宜用癸乙丁辛时

初六日**霜降** 5:14　初一日**朔** 10:55

廿一日**立冬** 5:28　十六日**望** 17:16

农历	初一	初二	初三	初四	初五	初六	初七	初八	初九	初十	十一	十二	十三	十四	十五	十六	十七	十八	十九	二十	廿一	廿二	廿三	廿四	廿五	廿六	廿七	廿八	廿九	三十
阳历	18	19	20	21	22	23	24	25	26	27	28	29	30	31	11月	2	3	4	5	6	7	8	9	10	11	12	13	14	15	
星期	三	四	五	六	日	一	二	三	四	五	六	日	一	二	三	四	五	六	日	一	二	三	四	五	六	日	一	二	三	
干支	丙子	丁丑	戊寅	己卯	庚辰	辛巳	壬午	癸未	甲申	乙酉	丙戌	丁亥	戊子	己丑	庚寅	辛卯	壬辰	癸巳	甲午	乙未	丙申	丁酉	戊戌	己亥	庚子	辛丑	壬寅	癸卯	甲辰	
28宿	箕满	斗平	牛定	女执	虚破	危危	室成	壁收	奎开	娄闭	胃建	昴除	毕满	觜平	参定	井执	鬼破	柳危	星成	张收	翼收	轸开	角闭	亢建	氐除	房满	心平	尾定	箕执	
五行	水	水	土	土	金	金	木	木	水	水	土	土	火	火	木	木	水	水	金	金	火	火	木	木	土	土	金	金	火	
节元				霜降上 5					霜降中 8					霜降下 2					立冬上 6					立冬中 9					立冬下 3	
黄道黑道	天牢	元武	司命	勾陈	青龙	明堂	天刑	朱雀	金匮	天德	白虎	玉堂	天牢	元武	司命	勾陈	青龙	明堂	天刑	朱雀	天刑	朱雀	金匮	天德	白虎	玉堂	天牢	元武	司命	
八卦	离	震	巽	坎	艮	坤	乾	兑	离	震	巽	坎	艮	坤	乾	兑	离	震	巽	坎	艮	坤	乾	兑	离	震	巽	坎	艮	
方位	西南正西	正南正西	东南正北	东北正北	西北正东	西南正东	正南正南	东南正南	东北东南	西北东南	西南正西	正南正西	东南正北	东北正北	西北正东	西南正东	正南正南	东南正南	东北东南	西北东南	西南正西	正南正西	东南正北	东北正北	西北正东	西南正东	正南正南	东南正南	东北东南	
五脏	肾	肾	脾	脾	肺	肺	肝	肝	肾	肾	脾	脾	心	心	肝	肝	肾	肾	肺	肺	心	心	肝	肝	脾	脾	肺	肺	心	
子时时辰	戊子	庚子	壬子	甲子	丙子	戊子	庚子	壬子	甲子	丙子	戊子	庚子	壬子	甲子	丙子	戊子	庚子	壬子	甲子	丙子	戊子	庚子	壬子	甲子	丙子	戊子	庚子	壬子	甲子	
农事节令	巳时朔					卯时霜降	联合国日	上弦	重阳节，农暴					世界勤俭日	万圣节	酉时望			农暴	绝日	卯时立冬			下弦			冷风信			

公元2028年　　农历戊申(猴)年(闰五月)

十月大

孟冬之月　猪月　癸亥　昴宿

白紫黄　白黑赤　白绿碧

天道行东，日躔在寅宫，宜用甲丙庚壬时

初七日**小雪** 2:55　初一日**朔** 21:16

廿一日**大雪** 22:25　十七日**望** 9:39

农历	初一	初二	初三	初四	初五	初六	初七	初八	初九	初十
阳历	16	17	18	19	20	21	22	23	24	25
星期	四	五	六	日	一	二	三	四	五	六
干支	乙巳	丙午	丁未	戊申	己酉	庚戌	辛亥	壬子	癸丑	甲寅
28宿	斗	牛	女	虚	危	室	壁	奎	娄	胃
	破	危	成	收	开	闭	建	除	满	平
五行	火	水	水	土	土	金	金	木	木	水
节元					小雪上5					小雪中8
黄道黑道	勾陈	青龙	明堂	天刑	朱雀	金匮	天德	白虎	玉堂	天牢
八卦	震	巽	坎	艮	坤	乾	兑	离	震	巽
方位	西北东南	西南正西	正南正西	东南正北	东北正北	西北正东	西南正东	正南正南	东南正南	东北东南
五脏	心	肾	肾	脾	脾	肺	肺	肝	肝	肾
子时时辰	丙子	戊子	庚子	壬子	甲子	丙子	戊子	庚子	壬子	甲子
农事节令	亥时朔	国际大学生节					丑时小雪		上弦	农暴

农历	十一	十二	十三	十四	十五	十六	十七	十八	十九	二十
阳历	26	27	28	29	30	12月	2	3	4	5
星期	日	一	二	三	四	五	六	日	一	二
干支	乙卯	丙辰	丁巳	戊午	己未	庚申	辛酉	壬戌	癸亥	甲子
28宿	昴	毕	觜	参	井	鬼	柳	星	张	翼
	定	执	破	危	成	收	开	闭	建	除
五行	水	土	土	火	火	木	木	水	水	金
节元					小雪下2					大雪上4
黄道黑道	元武	司命	勾陈	青龙	明堂	天刑	朱雀	金匮	天德	白虎
八卦	坎	艮	坤	乾	兑	离	震	巽	坎	艮
方位	西北东南	西南正西	正南正西	东南正北	东北正北	西北正东	西南正东	正南正南	东南正南	东北东南
五脏	肾	脾	脾	心	心	肝	肝	肾	肾	肺
子时时辰	丙子	戊子	庚子	壬子	甲子	丙子	戊子	庚子	壬子	甲子
农事节令	感恩节				下元节	世界艾滋病日	巳时望			农暴

农历	廿一	廿二	廿三	廿四	廿五	廿六	廿七	廿八	廿九	三十
阳历	6	7	8	9	10	11	12	13	14	15
星期	三	四	五	六	日	一	二	三	四	五
干支	乙丑	丙寅	丁卯	戊辰	己巳	庚午	辛未	壬申	癸酉	甲戌
28宿	轸	角	亢	氐	房	心	尾	箕	斗	牛
	除	满	平	定	执	破	危	成	收	开
五行	金	火	火	木	木	土	土	金	金	火
节元					大雪中7					大雪下1
黄道黑道	天德	白虎	玉堂	天牢	元武	司命	勾陈	青龙	明堂	天刑
八卦	坤	乾	兑	离	震	巽	坎	艮	坤	乾
方位	西北东南	西南正西	正南正西	东南正北	东北正北	西北正东	西南正东	正南正南	东南正南	东北东南
五脏	肺	心	心	肝	肝	脾	脾	肺	肺	心
子时时辰	丙子	戊子	庚子	壬子	甲子	丙子	戊子	庚子	壬子	甲子
农事节令	亥时大雪		农暴	下弦						

公元 2028 年　　农历戊申(猴)年(闰五月)

十一月大

仲冬之月　鼠月　甲子　毕宿

紫	黄	赤
白	白	碧
绿	白	黑

天道行东南，日躔在丑宫，宜用艮巽坤乾时

初六日**冬至** 16:20　初一日**朔** 10:05

廿一日**小寒** 9:43　十七日**望** 0:47

农历	初一	初二	初三	初四	初五	初六	初七	初八	初九	初十	十一	十二	十三	十四	十五
阳历	16	17	18	19	20	21	22	23	24	25	26	27	28	29	30
星期	六	日	一	二	三	四	五	六	日	一	二	三	四	五	六
干支	乙亥	丙子	丁丑	戊寅	己卯	庚辰	辛巳	壬午	癸未	甲申	乙酉	丙戌	丁亥	戊子	己丑
28宿	女 闭	虚 建	危 除	室 满	壁 平	奎 定	娄 执	胃 破	昴 危	毕 成	觜 收	参 开	井 闭	鬼 建	柳 除
五行	火	水	水	土	土	金	金	木	木	水	水	土	土	火	火
节元					冬至上1					冬至中7					冬至下4
黄道黑道	朱雀	金匮	天德	白虎	玉堂	天牢	元武	司命	勾陈	青龙	明堂	天刑	朱雀	金匮	天德
八卦	巽	坎	艮	坤	乾	兑	离	震	巽	坎	艮	坤	乾	兑	离
方位	西北 东南	西南 正西	正南 正西	东南 正北	东北 正北	西北 正东	西南 正东	正南 正南	东南 正南	东北 东南	西北 东南	西南 正西	正南 正西	东南 正北	东北 正北
五脏	心	肾	肾	脾	脾	肺	肺	肝	肝	肾	肾	脾	脾	心	心
子时时辰	丙子	戊子	庚子	壬子	甲子	丙子	戊子	庚子	壬子	甲子	丙子	戊子	庚子	壬子	甲子
农事节令	巳时朔		农暴		澳门回归日	申时冬至，一九			上弦	圣诞节					二九

农历	十六	十七	十八	十九	二十	廿一	廿二	廿三	廿四	廿五	廿六	廿七	廿八	廿九	三十
阳历	31	1月	2	3	4	5	6	7	8	9	10	11	12	13	14
星期	日	一	二	三	四	五	六	日	一	二	三	四	五	六	日
干支	庚寅	辛卯	壬辰	癸巳	甲午	乙未	丙申	丁酉	戊戌	己亥	庚子	辛丑	壬寅	癸卯	甲辰
28宿	星 满	张 平	翼 定	轸 执	角 破	亢 破	氐 危	房 成	心 收	尾 开	箕 闭	斗 建	牛 除	女 满	虚 平
五行	木	木	水	水	金	金	火	火	木	木	土	土	金	金	火
节元					小寒上2					小寒中8					小寒下5
黄道黑道	白虎	玉堂	天牢	元武	司命	元武	司命	勾陈	青龙	明堂	天刑	朱雀	金匮	天德	白虎
八卦	震	巽	坎	艮	坤	乾	兑	离	震	巽	坎	艮	坤	乾	兑
方位	西北 东南	西南 正西	正南 正西	东南 正北	东北 正北	西北 正东	西南 正东	正南 正南	东南 正南	东北 东南	西北 东南	西南 正西	正南 正西	东南 正北	东北 正北
五脏	肝	肝	肾	肾	肺	肺	心	心	肝	肝	脾	脾	肺	肺	心
子时时辰	丙子	戊子	庚子	壬子	甲子	丙子	戊子	庚子	壬子	甲子	丙子	戊子	庚子	壬子	甲子
农事节令		子时望，元旦				巳时小寒			下弦，三九			农暴			

公元2028年　　农历戊申(猴)年(闰五月)

十二月小

季冬　之月　牛月　乙丑　觜宿

白绿白
赤紫黑
碧黄白

天道行西，日躔在子宫，宜用癸乙丁辛时

初六日**大寒** 3:02　初一日**朔** 1:23

二十日**立春** 21:21　十六日**望** 14:02

农历	初初初初初初初初初初十十十十十十十十十二廿廿廿廿廿廿廿廿三 一二三四五六七八九十一二三四五六七八九十一二三四五六七八九十
阳历	15 16 17 18 19 20 21 22 23 24 25 26 27 28 29 30 31 2月 2 3 4 5 6 7 8 9 10 11 12
星期	一二三四五六日一二三四五六日一二三四五六日一二三四五六日一
干支	乙丙丁戊己庚辛壬癸甲乙丙丁戊己庚辛壬癸甲乙丙丁戊己庚辛壬癸 巳午未申酉戌亥子丑寅卯辰巳午未申酉戌亥子丑寅卯辰巳午未申酉
28宿	危室壁奎娄胃昴毕觜参井鬼柳星张翼轸角亢氐房心尾箕斗牛女虚危 定执破危成收开闭建除满平定执破危成收开开闭建除满平定执破危
五行	火水水土土金金木木水水土土火火木木水水金金火火木木土土金金
节元	大寒上3　大寒中9　大寒下6　立春上8　立春中5
黄道黑道	玉天元司勾青明天朱金天白玉天元司勾青明青明天朱金天白玉天元 堂牢武命陈龙堂刑雀匮德虎堂牢武命陈龙堂龙堂刑雀匮德虎堂牢武
八卦	坎艮坤乾兑离震巽坎艮坤乾兑离震巽坎艮坤乾兑离震巽坎艮坤乾兑
方位	西西正东东西西正东东西西正东东西西正东东西西正东东西西正东 北南南南北北南南南北北南南南北北南南南北北南南南北北南南南 东正正正正正正正正东东正正正正正正正正东东正正正正正正正正 南西西北北东东南南南南西西北北东东南南南南西西北北东东南南
五脏	心肾肾脾脾肺肺肝肝肾肾脾脾心心肝肝肾肾肺肺心心肝肝脾脾肺肺
子时时辰	丙戊庚壬甲丙戊庚壬甲丙戊庚壬甲丙戊庚壬甲丙戊庚壬甲丙戊庚壬 子子子子子子子子子子子子子子子子子子子子子子子子子子子子子
农事节令	丑时朔　寅时大寒　腊八节，农暴　上弦　农暴　未时望　绝日　亥时立春　下弦　扫尘节，小年　农暴　除夕

公元2029年　农历己酉(鸡)年

正月大

孟春之月　虎月　丙寅　参宿

赤	碧	黄
白	白	白
黑	绿	紫

天道行南，日躔在亥宫，宜用甲丙庚壬时

初六日**雨水** 17:08　初一日**朔** 18:31

廿一日**惊蛰** 15:18　十七日**望** 1:09

农历	初一	初二	初三	初四	初五	初六	初七	初八	初九	初十	十一	十二	十三	十四	十五	十六	十七	十八	十九	二十	廿一	廿二	廿三	廿四	廿五	廿六	廿七	廿八	廿九	三十
阳历	13	14	15	16	17	18	19	20	21	22	23	24	25	26	27	28	3月	2	3	4	5	6	7	8	9	10	11	12	13	14
星期	二	三	四	五	六	日	一	二	三	四	五	六	日	一	二	三	四	五	六	日	一	二	三	四	五	六	日	一	二	三
干支	甲戌	乙亥	丙子	丁丑	戊寅	己卯	庚辰	辛巳	壬午	癸未	甲申	乙酉	丙戌	丁亥	戊子	己丑	庚寅	辛卯	壬辰	癸巳	甲午	乙未	丙申	丁酉	戊戌	己亥	庚子	辛丑	壬寅	癸卯
28宿	室	壁	奎	娄	胃	昴	毕	觜	参	井	鬼	柳	星	张	翼	轸	角	亢	氐	房	心	尾	箕	斗	牛	女	虚	危	室	壁
	成	收	开	闭	建	除	满	平	定	执	破	危	成	收	开	闭	建	除	满	平	平	定	执	破	危	成	收	开	闭	建
五行	火	火	水	水	土	土	金	金	木	木	水	水	土	土	火	火	木	木	水	水	金	金	火	火	木	木	土	土	金	金
节元	立春下2					雨水上9					雨水中6					雨水下3					惊蛰上1					惊蛰中7				
黄道黑道	司命	勾陈	青龙	明堂	天刑	朱雀	金匮	天德	白虎	玉堂	天牢	元武	司命	勾陈	青龙	明堂	天刑	朱雀	金匮	天德	金匮	天德	白虎	玉堂	天牢	元武	司命	勾陈	青龙	明堂
八卦	震	巽	坎	艮	坤	乾	兑	离	震	巽	坎	艮	坤	乾	兑	离	震	巽	坎	艮	坤	乾	兑	离	震	巽	坎	艮	坤	乾
方位	东北东南	西北东南	西南正西	正南正西	东南正北	东北正北	西北正东	西南正东	正南正南	东南正南	东北东南	西北东南	西南正西	正南正西	东南正北	东北正北	西北正东	西南正东	正南正南	东南正南	东北东南	西北东南	西南正西	正南正西	东南正北	东北正北	西北正东	西南正东	正南正南	东南正南
五脏	心	心	肾	肾	脾	脾	肺	肺	肝	肝	肾	肾	脾	脾	心	心	肝	肝	肾	肾	肺	肺	心	心	肝	肝	脾	脾	肺	肺
子时时辰	甲子	丙子	戊子	庚子	壬子	甲子	丙子	戊子	庚子	壬子	甲子	丙子	戊子	庚子	壬子	甲子	丙子	戊子	庚子	壬子	甲子	丙子	戊子	庚子	壬子	甲子	丙子	戊子	庚子	壬子
农事节令	春节，酉时朔，七九	财神节，情人节		四牛耕地	破五节	酉时雨水	七龙治水	八日得辛	上弦，农暴，九人三饼	八九，土神诞		十二姑看蚕	农暴		元宵节		丑时望		农暴，九九		申时惊蛰			下弦，妇女节	填仓节			植树节	农暴	

二 月 大

仲春之月　兔月　丁卯　井宿

白	黑	绿
黄	赤	紫
白	碧	白

天道行西南,日躔在戌宫,宜用艮巽坤乾时

初六日**春分** 16:02　初一日**朔** 12:18

廿一日**清明** 19:59　十六日**望** 10:25

农历	初一	初二	初三	初四	初五	初六	初七	初八	初九	初十	十一	十二	十三	十四	十五
阳历	15	16	17	18	19	20	21	22	23	24	25	26	27	28	29
星期	四	五	六	日	一	二	三	四	五	六	日	一	二	三	四
干支	甲辰	乙巳	丙午	丁未	戊申	己酉	庚戌	辛亥	壬子	癸丑	甲寅	乙卯	丙辰	丁巳	戊午
28宿	奎	娄	胃	昴	毕	觜	参	井	鬼	柳	星	张	翼	轸	角
	除	满	平	定	执	破	危	成	收	开	闭	建	除	满	平
五行	火	火	水	水	土	土	金	金	木	木	水	水	土	土	火
节元	惊蛰下4					春分上3					春分中9				
黄道黑道	天刑	朱雀	金匮	天德	白虎	玉堂	天牢	元武	司命	勾陈	青龙	明堂	天刑	朱雀	金匮
八卦	巽	坎	艮	坤	乾	兑	离	震	巽	坎	艮	坤	乾	兑	离
方位	东北东南	西北东南	西南正西	正南正西	东南正北	东北正北	西北正东	西南正东	正南正南	东南正南	东北东南	西北东南	西南正西	正南正西	东南正北
五脏	心	心	肾	肾	脾	脾	肺	肺	肝	肝	肾	肾	脾	脾	心
子时时辰	甲子	丙子	戊子	庚子	壬子	甲子	丙子	戊子	庚子	壬子	甲子	丙子	戊子	庚子	壬子
农事节令	午时朔,中和节	龙头节,农暴	农暴		离日,春社,上戊	申时春分	世界森林日,春斫暴	世界水日,农暴	上弦,世界气象日,农暴	世界防治结核病日	乌龟暴		农暴		花朝节

农历	十六	十七	十八	十九	二十	廿一	廿二	廿三	廿四	廿五	廿六	廿七	廿八	廿九	三十
阳历	30	31	4月	2	3	4	5	6	7	8	9	10	11	12	13
星期	五	六	日	一	二	三	四	五	六	日	一	二	三	四	五
干支	己未	庚申	辛酉	壬戌	癸亥	甲子	乙丑	丙寅	丁卯	戊辰	己巳	庚午	辛未	壬申	癸酉
28宿	亢	氏	房	心	尾	箕	斗	牛	女	虚	危	室	壁	奎	娄
	定	执	破	危	成	成	收	开	闭	建	除	满	平	定	执
五行	火	木	木	水	水	金	金	火	火	木	木	土	土	金	金
节元	春分下6					清明上4					清明中1				
黄道黑道	天德	白虎	玉堂	天牢	元武	天牢	元武	司命	勾陈	青龙	明堂	天刑	朱雀	金匮	天德
八卦	震	巽	坎	艮	坤	乾	兑	离	震	巽	坎	艮	坤	乾	兑
方位	东北正北	西北正东	西南正东	正南正南	东南正南	东北东南	西北东南	西南正西	正南正西	东南正北	东北正北	西北正东	西南正东	正南正南	东南正南
五脏	心	肝	肝	肾	肾	肺	肺	心	心	肝	肝	脾	脾	肺	肺
子时时辰	甲子	丙子	戊子	庚子	壬子	甲子	丙子	戊子	庚子	壬子	甲子	丙子	戊子	庚子	壬子
农事节令	巳时望			农暴		戌时清明		下弦					农暴	农暴	

公元 2029 年　　农历己酉(鸡)年

三月小 季春之月 龙月 戊辰 鬼宿 黄白碧 绿白白 紫黑赤	天道行北，日躔在酉宫，宜用癸乙丁辛时 初七日**谷雨** 2:56　初一日**朔** 5:39 廿二日**立夏** 13:08　十五日**望** 18:36
农历	初初初初初初初初初初十十十十十十十十十二廿廿廿廿廿廿廿廿廿三 一二三四五六七八九十一二三四五六七八九十一二三四五六七八九十
阳历	14 15 16 17 18 19 20 21 22 23 24 25 26 27 28 29 30 5月 2 3 4 5 6 7 8 9 10 11 12
星期	六日一二三四五六日一二三四五六日一二三四五六日一二三四五六
干支	甲乙丙丁戊己庚辛壬癸甲乙丙丁戊己庚辛壬癸甲乙丙丁戊己庚辛壬 戌亥子丑寅卯辰巳午未申酉戌亥子丑寅卯辰巳午未申酉戌亥子丑寅
28宿	胃昴毕觜参井鬼柳星张翼轸角亢氐房心尾箕斗牛女虚危室壁奎娄胃 破危成收开闭建除满平定执破危成收开闭建除满满平定执破危成收
五行	火火水水土土金金木木水水土土火火木木水水金金火火木木土土金
节元	清明下7　谷雨上5　谷雨中2　谷雨下8　立夏上4　立夏中1
黄道黑道	白玉天元司勾青明天朱金天白玉天元司勾青明天明天朱金天白玉天 虎堂牢武命陈龙堂刑雀匮德虎堂牢武命陈龙堂刑堂刑雀匮德虎堂牢
八卦	坎艮坤乾兑离震巽坎艮坤乾兑离震巽坎艮坤乾兑离震巽坎艮坤乾兑
方位	东西西正东东西西正东东西西正东东西西正东东西西正东东西西正 北北南南南北北南南南北北南南南北北南南南北北南南南北北南南 东东正正正正正正正正东东正正正正正正正正东东正正正正正正正 南南西西北北东东南南南南西西北北东东南南南南西西北北东东南
五脏	心心肾肾脾脾肺肺肝肝肾肾脾脾心心肝肝肾肾肺肺心心肝肝脾脾肺
子时时辰	甲丙戊庚壬甲丙戊庚壬甲丙戊庚壬甲丙戊庚壬甲丙戊庚壬甲丙戊庚 子子子子子子子子子子子子子子子子子子子子子子子子子子子子子
农事节令	卯时朔　上巳，桃花暴　丑时谷雨，农暴　上弦　世界地球日　酉时望，农暴　劳动节　青年节，绝日　未时立夏　下弦，天石暴　猴子暴　农暴　东帝暴　护士节，防灾减灾日

附录　2023—2040年老黄历

公元 2029 年　　农历己酉(鸡)年

四月大

孟夏之月　蛇月　己巳　柳宿

绿紫黑
碧黄赤
白白白

天道行西，日躔在申宫，宜用甲丙庚壬时

初九日**小满** 1:56　初一日**朔** 21:42

廿四日**芒种** 17:11　十六日**望** 2:37

农历	初一	初二	初三	初四	初五	初六	初七	初八	初九	初十	十一	十二	十三	十四	十五
阳历	13	14	15	16	17	18	19	20	21	22	23	24	25	26	27
星期	日	一	二	三	四	五	六	日	一	二	三	四	五	六	日
干支	癸卯	甲辰	乙巳	丙午	丁未	戊申	己酉	庚戌	辛亥	壬子	癸丑	甲寅	乙卯	丙辰	丁巳
28宿	昴	毕	觜	参	井	鬼	柳	星	张	翼	轸	角	亢	氐	房
	开	闭	建	除	满	平	定	执	破	危	成	收	开	闭	建
五行	金	火	火	水	水	土	土	金	金	木	木	水	水	土	土
节元		立夏下7					小满上5					小满中2			
黄道黑道	元武	司命	勾陈	青龙	明堂	天刑	朱雀	金匮	天德	白虎	玉堂	天牢	元武	司命	勾陈
八卦	艮	坤	乾	兑	离	震	巽	坎	艮	坤	乾	兑	离	震	巽
方位	东南正南	东北东南	西北东南	西南正西	正南正西	东南正北	东北正北	西北正东	西南正东	正南正南	东南正南	东北东南	西北东南	西南正西	正南正西
五脏	肺	心	心	肾	肾	脾	脾	肺	肺	肝	肝	肾	肾	脾	脾
子时时辰	壬子	甲子	丙子	戊子	庚子	壬子	甲子	丙子	戊子	庚子	壬子	甲子	丙子	戊子	庚子
农事节令	母亲节，亥时朔，农暴		国际家庭日					老虎暴	上弦，丑时小满						农暴

农历	十六	十七	十八	十九	二十	廿一	廿二	廿三	廿四	廿五	廿六	廿七	廿八	廿九	三十
阳历	28	29	30	31	6月	2	3	4	5	6	7	8	9	10	11
星期	一	二	三	四	五	六	日	一	二	三	四	五	六	日	一
干支	戊午	己未	庚申	辛酉	壬戌	癸亥	甲子	乙丑	丙寅	丁卯	戊辰	己巳	庚午	辛未	壬申
28宿	心	尾	箕	斗	牛	女	虚	危	室	壁	奎	娄	胃	昴	毕
	除	满	平	定	执	破	危	成	成	收	开	闭	建	除	满
五行	火	火	木	木	水	水	金	金	火	火	木	木	土	土	金
节元		小满下8					芒种上6					芒种中3			
黄道黑道	青龙	明堂	天刑	朱雀	金匮	天德	白虎	玉堂	白虎	玉堂	天牢	元武	司命	勾陈	青龙
八卦	坎	艮	坤	乾	兑	离	震	巽	坎	艮	坤	乾	兑	离	震
方位	东南正北	东北正北	西北正东	西南正东	正南正南	东南正南	东北东南	西北东南	西南正西	正南正西	东南正北	东北正北	西北正东	西南正东	正南正南
五脏	心	心	肝	肝	肾	肾	肺	肺	心	心	肝	肝	脾	脾	肺
子时时辰	壬子	甲子	丙子	戊子	庚子	壬子	甲子	丙子	戊子	庚子	壬子	甲子	丙子	戊子	庚子
农事节令	丑时望			世界无烟日	儿童节				下弦，酉时芒种，世界环境日	农暴					

公元 2029 年　　农历己酉(鸡)年

五月小

仲夏之月　马月　庚午　星宿

碧	白	白
黑	绿	白
赤	紫	黄

天道行西北，日躔在未宫，宜用艮巽坤乾时

初十日**夏至** 9:49　初一日**朔** 11:50

廿六日**小暑** 3:23　十五日**望** 11:22

农历	初一	初二	初三	初四	初五	初六	初七	初八	初九	初十	十一	十二	十三	十四	十五	十六	十七	十八	十九	二十	廿一	廿二	廿三	廿四	廿五	廿六	廿七	廿八	廿九	三十
阳历	12	13	14	15	16	17	18	19	20	21	22	23	24	25	26	27	28	29	30	7月	2	3	4	5	6	7	8	9	10	
星期	二	三	四	五	六	日	一	二	三	四	五	六	日	一	二	三	四	五	六	日	一	二	三	四	五	六	日	一	二	
干支	癸酉	甲戌	乙亥	丙子	丁丑	戊寅	己卯	庚辰	辛巳	壬午	癸未	甲申	乙酉	丙戌	丁亥	戊子	己丑	庚寅	辛卯	壬辰	癸巳	甲午	乙未	丙申	丁酉	戊戌	己亥	庚子	辛丑	
28宿	觜	参	井	鬼	柳	星	张	翼	轸	角	亢	氐	房	心	尾	箕	斗	牛	女	虚	危	室	壁	奎	娄	胃	昴	毕	觜	
	平	定	执	破	危	成	收	开	闭	建	除	满	平	定	执	破	危	成	收	开	闭	建	除	满	平	平	定	执	破	
五行	金	火	火	水	水	土	土	金	金	木	木	水	水	土	土	火	火	木	木	水	水	金	金	火	火	木	木	土	土	
节元		芒种下9					夏至上9					夏至中3					夏至下6					小暑上8					小暑中2			
黄道黑道	明堂	天刑	朱雀	金匮	天德	白虎	玉堂	天牢	元武	司命	勾陈	青龙	明堂	天刑	朱雀	金匮	天德	白虎	玉堂	天牢	元武	司命	勾陈	青龙	明堂	青龙	明堂	天刑	朱雀	
八卦	坤	乾	兑	离	震	巽	坎	艮	坤	乾	兑	离	震	巽	坎	艮	坤	乾	兑	离	震	巽	坎	艮	坤	乾	兑	离	震	
方位	东南正南	东北东南	西北东南	西南正西	正南正西	东南正北	东北正北	西北正东	西南正东	正南正南	东南正南	东北东南	西北东南	西南正西	正南正西	东南正北	东北正北	西北正东	西南正东	正南正南	东南正南	东北东南	西北东南	西南正西	正南正西	东南正北	东北正北	西北正东	西南正东	
五脏	肺	心	心	肾	肾	脾	脾	肺	肺	肝	肝	肾	肾	脾	脾	心	心	肝	肝	肾	肾	肺	肺	心	心	肝	肝	脾	脾	
子时时辰	壬子	甲子	丙子	戊子	庚子	壬子	甲子	丙子	戊子	庚子	壬子	甲子	丙子	戊子	庚子	壬子	甲子	丙子	戊子	庚子	壬子	甲子	丙子	戊子	庚子	壬子	甲子	丙子	戊子	
农事节令	午时朔			入梅	端午节，端阳暴	父亲节		上弦	离日	巳时夏至			磨刀暴，头莳	全国土地日	午时望，农暴，国际禁毒日		末莳			建党节，香港回归日	龙母暴		下弦			寅时小暑				

公元 2029 年　　农历己酉(鸡)年

六月大

季夏之月　羊月　辛未　张宿

黑	赤	紫
白	碧	黄
白	白	绿

天道行东，日躔在午宫，宜用癸乙丁辛时

十二日**大暑** 20:43　初一日**朔** 23:51

廿八日**立秋** 13:12　十五日**望** 21:35

农历	初一	初二	初三	初四	初五	初六	初七	初八	初九	初十	十一	十二	十三	十四	十五	十六	十七	十八	十九	二十	廿一	廿二	廿三	廿四	廿五	廿六	廿七	廿八	廿九	三十
阳历	11	12	13	14	15	16	17	18	19	20	21	22	23	24	25	26	27	28	29	30	31	8月	2	3	4	5	6	7	8	9
星期	三	四	五	六	日	一	二	三	四	五	六	日	一	二	三	四	五	六	日	一	二	三	四	五	六	日	一	二	三	四
干支	壬寅	癸卯	甲辰	乙巳	丙午	丁未	戊申	己酉	庚戌	辛亥	壬子	癸丑	甲寅	乙卯	丙辰	丁巳	戊午	己未	庚申	辛酉	壬戌	癸亥	甲子	乙丑	丙寅	丁卯	戊辰	己巳	庚午	辛未
28宿	参	井	鬼	柳	星	张	翼	轸	角	亢	氐	房	心	尾	箕	斗	牛	女	虚	危	室	壁	奎	娄	胃	昴	毕	觜	参	井
	危	成	收	开	闭	建	除	满	平	定	执	破	危	成	收	开	闭	建	除	满	平	定	执	破	危	成	收	收	开	闭
五行	金	金	火	火	水	水	土	土	金	金	木	木	水	水	土	土	火	火	木	木	水	水	金	金	火	火	木	木	土	土
节元			小暑下5					大暑上7					大暑中1					大暑下4					立秋上2					立秋中5		
黄道黑道	金匮	天德	白虎	玉堂	天牢	元武	司命	勾陈	青龙	明堂	天刑	朱雀	金匮	天德	白虎	玉堂	天牢	元武	司命	勾陈	青龙	明堂	天刑	朱雀	金匮	天德	白虎	天德	白虎	玉堂
八卦	乾	兑	离	震	巽	坎	艮	坤	乾	兑	离	震	巽	坎	艮	坤	乾	兑	离	震	巽	坎	艮	坤	乾	兑	离	震	巽	坎
方位	正南 正南	东南 正南	东北 东南	西北 东南	西南 正西	正南 正西	东南 正北	东北 正北	西北 正东	西南 正东	正南 正南	东南 正南	东北 东南	西北 东南	西南 正西	正南 正西	东南 正北	东北 正北	西北 正东	西南 正东	正南 正南	东南 正南	东北 东南	西北 东南	西南 正西	正南 正西	东南 正北	东北 正北	西北 正东	西南 正东
五脏	肺	肺	心	心	肾	肾	脾	脾	肺	肺	肝	肝	肾	肾	脾	脾	心	心	肝	肝	肾	肾	肺	肺	心	心	肝	肝	脾	脾
子时时辰	庚子	壬子	甲子	丙子	戊子	庚子	壬子	甲子	丙子	戊子	庚子	壬子	甲子	丙子	戊子	庚子	壬子	甲子	丙子	戊子	庚子	壬子	甲子	丙子	戊子	庚子	壬子	甲子	丙子	戊子
农事节令	夜子朔，世界人口日			荷花节		天贶节，农暴，出梅		上弦	头伏			戊时大暑，农暴			亥时望				农暴，二伏	农暴		建军节	下弦				绝日	未时立秋	农暴，三伏	

公元 2029 年　　　　农历己酉(鸡)年

七月小	白白白 紫黑绿 黄赤碧	天道行北，日躔在巳宫，宜用甲丙庚壬时 十四日**处暑** 3:52　初一日**朔** 9:55 廿九日**白露** 16:12　十五日**望** 9:51
孟秋 之月 猴月 壬申 翼宿		

农历	初初初初初初初初初初十十十十十十十十十二廿廿廿廿廿廿廿廿廿三 一二三四五六七八九十一二三四五六七八九十一二三四五六七八九十
阳历	10 11 12 13 14 15 16 17 18 19 20 21 22 23 24 25 26 27 28 29 30 31 9月 2 3 4 5 6 7
星期	五六日一二三四五六日一二三四五六日一二三四五六日一二三四五
干支	壬癸甲乙丙丁戊己庚辛壬癸甲乙丙丁戊己庚辛壬癸甲乙丙丁戊己庚 申酉戌亥子丑寅卯辰巳午未申酉戌亥子丑寅卯辰巳午未申酉戌亥子
28宿	鬼柳星张翼轸角亢氐房心尾箕斗牛女虚危室壁奎娄胃昴毕觜参井鬼 建除满平定执破危成收开闭建除满平定执破危成收开闭建除满平平
五行	金金火火水水土土金金木木水水土土火火木木水水金金火火木木土
节元	立秋下8（初三）　处暑上1（初八）　处暑中4（十三）　处暑下7（十八）　白露上9（廿三）　白露中3（廿八）
黄道黑道	天元司勾青明天朱金天白玉天元司勾青明天朱金天白玉天元司勾司 牢武命陈龙堂刑雀匮德虎堂牢武命陈龙堂刑雀匮德虎堂牢武命陈命
八卦	兑离震巽坎艮坤乾兑离震巽坎艮坤乾兑离震巽坎艮坤乾兑离震巽坎
方位	正东东西西正东东西西正东东西西正东东西西正东东西西正东东西 南南北北南南南北北南南南北北南南南北北南南南北北南南南北北 正正东东正正正正正正正正东东正正正正正正正正东东正正正正正 南南南南西西北北东东南南南南西西北北东东南南南南西西北北东
五脏	肺肺心心肾肾脾脾肺肺肝肝肾肾脾脾心心肝肝肾肾肺肺心心肝肝脾
子时时辰	庚壬甲丙戊庚壬甲丙戊庚壬甲丙戊庚壬甲丙戊庚壬甲丙戊庚壬甲丙 子子子子子子子子子子子子子子子子子子子子子子子子子子子子子
农事节令	巳时朔（初一）　七夕，乞巧节，农暴（初七）　上弦（初八）　寅时处暑（十四）　巳时望，中元节（十五）　农暴（十七）　下弦（廿三）　农暴（廿八）　申时白露（廿九）

公元 2029 年　　农历己酉(鸡)年

八月大

仲秋之月　鸡月　癸酉　轸宿

紫黄赤
白白碧
绿白黑

天道行东北，日躔在辰宫，宜用艮巽坤乾时

十六日**秋分**　1:39

初一日**朔** 18:44

十六日**望**　0:28

农历	初一	初二	初三	初四	初五	初六	初七	初八	初九	初十	十一	十二	十三	十四	十五	十六	十七	十八	十九	二十	廿一	廿二	廿三	廿四	廿五	廿六	廿七	廿八	廿九	三十
阳历	8	9	10	11	12	13	14	15	16	17	18	19	20	21	22	23	24	25	26	27	28	29	30	10月	2	3	4	5	6	7
星期	六	日	一	二	三	四	五	六	日	一	二	三	四	五	六	日	一	二	三	四	五	六	日	一	二	三	四	五	六	日
干支	辛丑	壬寅	癸卯	甲辰	乙巳	丙午	丁未	戊申	己酉	庚戌	辛亥	壬子	癸丑	甲寅	乙卯	丙辰	丁巳	戊午	己未	庚申	辛酉	壬戌	癸亥	甲子	乙丑	丙寅	丁卯	戊辰	己巳	庚午
28宿	柳定	星执	张破	翼危	轸成	角收	亢开	氐闭	房建	心除	尾满	箕平	斗定	牛执	女破	虚危	危成	室收	壁开	奎闭	娄建	胃除	昴满	毕平	觜定	参执	井破	鬼危	柳成	星收
五行	土	金	金	火	火	水	水	土	土	金	金	木	木	水	水	土	土	火	火	木	木	水	水	金	金	火	火	木	木	土
节元				白露下6					秋分上7					秋分中1					秋分下4					寒露上6					寒露中9	
黄道黑道	勾陈	青龙	明堂	天刑	朱雀	金匮	天德	白虎	玉堂	天牢	元武	司命	勾陈	青龙	明堂	天刑	朱雀	金匮	天德	白虎	玉堂	天牢	元武	司命	勾陈	青龙	明堂	天刑	朱雀	金匮
八卦	离	震	巽	坎	艮	坤	乾	兑	离	震	巽	坎	艮	坤	乾	兑	离	震	巽	坎	艮	坤	乾	兑	离	震	巽	坎	艮	坤
方位	西南正东	正南正南	东南正南	东北东南	西北东南	西南正西	正南正西	东南正北	东北正北	西北正东	西南正东	正南正南	东南正南	东北东南	西北东南	西南正西	正南正西	东南正北	东北正北	西北正东	西南正东	正南正南	东南正南	东北东南	西北东南	西南正西	正南正西	东南正北	东北正北	西北正东
五脏	脾	肺	肺	心	心	肾	肾	脾	脾	肺	肺	肝	肝	肾	肾	脾	脾	心	心	肝	肝	肾	肾	肺	肺	心	心	肝	肝	脾
子时时辰	戊子	庚子	壬子	甲子	丙子	戊子	庚子	壬子	甲子	丙子	戊子	庚子	壬子	甲子	丙子	戊子	庚子	壬子	甲子	丙子	戊子	庚子	壬子	甲子	丙子	戊子	庚子	壬子	甲子	丙子
农事节令	酉时朔		农暴，教师节					上弦，全国科普日，上戊							中秋节	子时望，丑时秋分		秋社			农暴，孔子诞辰		农暴	国庆节，下弦						

公元 2029 年　　农历己酉(鸡)年

九月小

季秋之月　狗月　甲戌　角宿

白绿白
赤紫黑
碧黄白

天道行南，日躔在卯宫，宜用癸乙丁辛时

初一日**寒露** 7:58　初一日**朔** 3:14
十六日**霜降** 11:08　十五日**望** 17:26

农历：初一 初二 初三 初四 初五 初六 初七 初八 初九 初十 十一 十二 十三 十四 十五 十六 十七 十八 十九 二十 廿一 廿二 廿三 廿四 廿五 廿六 廿七 廿八 廿九 三十

阳历	8	9	10	11	12	13	14	15	16	17	18	19	20	21	22	23	24	25	26	27	28	29	30	31	11月	2	3	4	5
星期	一	二	三	四	五	六	日	一	二	三	四	五	六	日	一	二	三	四	五	六	日	一	二	三	四	五	六	日	一
干支	辛未	壬申	癸酉	甲戌	乙亥	丙子	丁丑	戊寅	己卯	庚辰	辛巳	壬午	癸未	甲申	乙酉	丙戌	丁亥	戊子	己丑	庚寅	辛卯	壬辰	癸巳	甲午	乙未	丙申	丁酉	戊戌	己亥
28宿	张收	翼开	轸闭	角建	亢除	氐满	房平	心定	尾执	箕破	斗危	牛成	女收	虚开	危闭	室建	壁除	奎满	娄平	胃定	昴执	毕破	觜危	参成	井收	鬼开	柳闭	星建	张除
五行	土	金	金	火	火	水	水	土	土	金	金	木	木	水	水	土	土	火	火	木	木	水	水	金	金	火	火	木	木
节元				寒露下3					霜降上5					霜降中8					霜降下2					立冬上6					立冬中9
黄道黑道	朱雀	金匮	天德	白虎	玉堂	天牢	元武	司命	勾陈	青龙	明堂	天刑	朱雀	金匮	天德	白虎	玉堂	天牢	元武	司命	勾陈	青龙	明堂	天刑	朱雀	金匮	天德	白虎	玉堂
八卦	震	巽	坎	艮	坤	乾	兑	离	震	巽	坎	艮	坤	乾	兑	离	震	巽	坎	艮	坤	乾	兑	离	震	巽	坎	艮	坤
方位	西南正东	正南正南	东南正南	东北东南	西北东南	西南正西	正南正西	东南正北	东北正北	西北正东	西南正东	正南正南	东南正南	东北东南	西北东南	西南正西	正南正西	东南正北	东北正北	西北正东	西南正东	正南正南	东南正南	东北东南	西北东南	西南正西	正南正西	东南正北	东北正北
五脏	脾	肺	肺	心	心	肾	肾	脾	脾	肺	肺	肝	肝	肾	肾	脾	脾	心	心	肝	肝	肾	肾	肺	肺	心	心	肝	肝
子时时辰	戊子	庚子	壬子	甲子	丙子	戊子	庚子	壬子	甲子	丙子	戊子	庚子	壬子	甲子	丙子	戊子	庚子	壬子	甲子	丙子	戊子	庚子	壬子	甲子	丙子	戊子	庚子	壬子	甲子
农事节令	寅时朔，辰时寒露					国际减灾日		上弦	重阳节，农暴，世界粮食日	国际消除贫困日					酉时望	午时霜降	联合国日		农暴				下弦	世界勤俭日	万圣节		冷风信		

公元 2029 年　　农历己酉(鸡)年

十月小

孟冬　之月　猪月　乙亥　亢宿

赤碧黄
白白白
黑绿紫

天道行东，日躔在寅宫，宜用甲丙庚壬时

初二日**立冬** 11:17　初一日**朔** 12:23

十七日**小雪** 8:50　十六日**望** 12:02

农历	初一	初二	初三	初四	初五	初六	初七	初八	初九	初十	十一	十二	十三	十四	十五	十六	十七	十八	十九	二十	廿一	廿二	廿三	廿四	廿五	廿六	廿七	廿八	廿九	三十
阳历	6	7	8	9	10	11	12	13	14	15	16	17	18	19	20	21	22	23	24	25	26	27	28	29	30	12月	2	3	4	
星期	二	三	四	五	六	日	一	二	三	四	五	六	日	一	二	三	四	五	六	日	一	二	三	四	五	六	日	一	二	
干支	庚子	辛丑	壬寅	癸卯	甲辰	乙巳	丙午	丁未	戊申	己酉	庚戌	辛亥	壬子	癸丑	甲寅	乙卯	丙辰	丁巳	戊午	己未	庚申	辛酉	壬戌	癸亥	甲子	乙丑	丙寅	丁卯	戊辰	
28宿	翼	轸	角	亢	氐	房	心	尾	箕	斗	牛	女	虚	危	室	壁	奎	娄	胃	昴	毕	觜	参	井	鬼	柳	星	张	翼	
	满	满	平	定	执	破	危	成	收	开	闭	建	除	满	平	定	执	破	危	成	收	开	闭	建	除	满	平	定	执	
五行	土	土	金	金	火	火	水	水	土	土	金	金	木	木	水	水	土	土	火	火	木	木	水	水	金	金	火	火	木	
节元					立冬下3					小雪上5					小雪中8					小雪下2					大雪上4					
黄道黑道	天牢	玉堂	天牢	元武	司命	勾陈	青龙	明堂	天刑	朱雀	金匮	天德	白虎	玉堂	天牢	元武	司命	勾陈	青龙	明堂	天刑	朱雀	金匮	天德	白虎	玉堂	天牢	元武	司命	
八卦	巽	坎	艮	坤	乾	兑	离	震	巽	坎	艮	坤	乾	兑	离	震	巽	坎	艮	坤	乾	兑	离	震	巽	坎	艮	坤	乾	
方位	西北正东	西南正东	正南正南	东南正南	东北东南	西北东南	西南正西	正南正西	东南正北	东北正北	西北正东	西南正东	正南正南	东南正南	东北东南	西北东南	西南正西	正南正西	东南正北	东北正北	西北正东	西南正东	正南正南	东南正南	东北东南	西北东南	西南正西	正南正西	东南正北	
五脏	脾	脾	肺	肺	心	心	肾	肾	脾	脾	肺	肺	肝	肝	肾	肾	脾	脾	心	心	肝	肝	肾	肾	肺	肺	心	心	肝	
子时时辰	丙子	戊子	庚子	壬子	甲子	丙子	戊子	庚子	壬子	甲子	丙子	戊子	庚子	壬子	甲子	丙子	戊子	庚子	壬子	甲子	丙子	戊子	庚子	壬子	甲子	丙子	戊子	庚子	壬子	
农事节令	午时朔，绝日	午时立冬							上弦	农暴		国际大学生节			下元节	午时望	感恩节，辰时小雪			农暴			下弦，农暴			世界艾滋病日				

公元 2029 年　　农历己酉(鸡)年

十一月大

仲冬之月　鼠月　丙子　氐宿

白黑绿
黄赤紫
白碧白

天道行东南，日躔在丑宫，宜用艮巽坤乾时

初三日**大雪** 4:15　初一日**朔** 22:50

十七日**冬至** 22:15　十七日**望** 6:45

农历	初一	初二	初三	初四	初五	初六	初七	初八	初九	初十	十一	十二	十三	十四	十五	十六	十七	十八	十九	二十	廿一	廿二	廿三	廿四	廿五	廿六	廿七	廿八	廿九	三十
阳历	5	6	7	8	9	10	11	12	13	14	15	16	17	18	19	20	21	22	23	24	25	26	27	28	29	30	31	1月	2	3
星期	三	四	五	六	日	一	二	三	四	五	六	日	一	二	三	四	五	六	日	一	二	三	四	五	六	日	一	二	三	四
干支	己巳	庚午	辛未	壬申	癸酉	甲戌	乙亥	丙子	丁丑	戊寅	己卯	庚辰	辛巳	壬午	癸未	甲申	乙酉	丙戌	丁亥	戊子	己丑	庚寅	辛卯	壬辰	癸巳	甲午	乙未	丙申	丁酉	戊戌
28宿	轸破	角危	亢危	氐成	房收	心开	尾闭	箕建	斗除	牛满	女平	虚定	危执	室破	壁危	奎成	娄收	胃开	昴闭	毕建	觜除	参满	井平	鬼定	柳执	星破	张危	翼成	轸收	角开
五行	木	土	土	金	金	火	火	水	水	土	土	金	金	木	木	水	水	土	土	火	火	木	木	水	水	金	金	火	火	木
节元	大雪中7					大雪下1					冬至上1					冬至中7					冬至下4					小寒上2				
黄道黑道	勾陈	青龙	勾陈	青龙	明堂	天刑	朱雀	金匮	天德	白虎	玉堂	天牢	元武	司命	勾陈	青龙	明堂	天刑	朱雀	金匮	天德	白虎	玉堂	天牢	元武	司命	勾陈	青龙	明堂	天刑
八卦	坎	艮	坤	乾	兑	离	震	巽	坎	艮	坤	乾	兑	离	震	巽	坎	艮	坤	乾	兑	离	震	巽	坎	艮	坤	乾	兑	离
方位	东北正北	西北正东	西南正东	正南正南	东南正南	东北东南	西北东南	西南正西	正南正西	东南正北	东北正北	西北正东	西南正东	正南正南	东南正南	东北东南	西北东南	西南正西	正南正西	东南正北	东北正北	西北正东	西南正东	正南正南	东南正南	东北东南	西北东南	西南正西	正南正西	东南正北
五脏	肝	脾	脾	肺	肺	心	心	肾	肾	脾	脾	肺	肺	肝	肝	肾	肾	脾	脾	心	心	肝	肝	肾	肾	肺	肺	心	心	肝
子时时辰	甲子	丙子	戊子	庚子	壬子	甲子	丙子	戊子	庚子	壬子	甲子	丙子	戊子	庚子	壬子	甲子	丙子	戊子	庚子	壬子	甲子	丙子	戊子	庚子	壬子	甲子	丙子	戊子	庚子	壬子
农事节令	亥时朔		农暴，寅时大雪						上弦							澳门回归日	卯时望，亥时冬至，一九				圣诞节			下弦		二九	农暴	元旦		

十二月大

季春之月　牛月　丁丑　房宿

黄白碧
绿白白
紫黑赤

天道行西，日躔在子宫，宜用癸乙丁辛时

初二日**小寒** 15:13　初一日**朔** 10:48

十七日**大寒** 8:55　十六日**望** 23:53

农历	初一	初二	初三	初四	初五	初六	初七	初八	初九	初十	十一	十二	十三	十四	十五	十六	十七	十八	十九	二十	廿一	廿二	廿三	廿四	廿五	廿六	廿七	廿八	廿九	三十
阳历	4	5	6	7	8	9	10	11	12	13	14	15	16	17	18	19	20	21	22	23	24	25	26	27	28	29	30	31	2月	2
星期	五	六	日	一	二	三	四	五	六	日	一	二	三	四	五	六	日	一	二	三	四	五	六	日	一	二	三	四	五	六
干支	己亥	庚子	辛丑	壬寅	癸卯	甲辰	乙巳	丙午	丁未	戊申	己酉	庚戌	辛亥	壬子	癸丑	甲寅	乙卯	丙辰	丁巳	戊午	己未	庚申	辛酉	壬戌	癸亥	甲子	乙丑	丙寅	丁卯	戊辰
28宿	亢闭	氐闭	房建	心除	尾满	箕平	斗定	牛执	女破	虚危	危成	室收	壁开	奎闭	娄建	胃除	昴满	毕平	觜定	参执	井破	鬼危	柳成	星收	张开	翼闭	轸建	角除	亢满	氐平
五行	木	土	土	金	金	火	火	水	水	土	土	金	金	木	木	水	水	土	土	火	火	木	木	水	水	金	金	火	火	木
节元	小寒中8					小寒下5					大寒上3					大寒中9					大寒下6					立春上8				
黄道黑道	朱雀	天刑	朱雀	金匮	天德	白虎	玉堂	天牢	元武	司命	勾陈	青龙	明堂	天刑	朱雀	金匮	天德	白虎	玉堂	天牢	元武	司命	勾陈	青龙	明堂	天刑	朱雀	金匮	天德	白虎
八卦	艮	坤	乾	兑	离	震	巽	坎	艮	坤	乾	兑	离	震	巽	坎	艮	坤	乾	兑	离	震	巽	坎	艮	坤	乾	兑	离	震
方位	东北正北	西北正东	西南正东	正南正南	东南正南	东北东南	西北东南	西南正西	正南正西	东南正北	东北正北	西北正东	西南正东	正南正南	东南正南	东北东南	西北东南	西南正西	正南正西	东南正北	东北正北	西北正东	西南正东	正南正南	东南正南	东北东南	西北东南	西南正西	正南正西	东南正北
五脏	肝	脾	脾	肺	肺	心	心	肾	肾	脾	脾	肺	肺	肝	肝	肾	肾	脾	脾	心	心	肝	肝	肾	肾	肺	肺	心	心	肝
子时时辰	甲子	丙子	戊子	庚子	壬子	甲子	丙子	戊子	庚子	壬子	甲子	丙子	戊子	庚子	壬子	甲子	丙子	戊子	庚子	壬子	甲子	丙子	戊子	庚子	壬子	甲子	丙子	戊子	庚子	壬子
农事节令	巳时朔	申时小寒			三九			腊八节，农暴	上弦					四九，农暴		夜子望	辰时大寒						五九	扫尘节，小年，下弦			农暴			除夕

公元 2030 年　　农历庚戌(狗)年

正月小　　孟春之月　虎月　戊寅　心宿

绿　紫　黑
碧　黄　赤
白　白　白

天道行南，日躔在亥宫，宜用甲丙庚壬时

初二日**立春** 3:09　初一日**朔** 0:06

十六日**雨水** 23:00　十六日**望** 14:18

农历	初一 初二 初三 初四 初五 初六 初七 初八 初九 初十 十一 十二 十三 十四 十五 十六 十七 十八 十九 二十 廿一 廿二 廿三 廿四 廿五 廿六 廿七 廿八 廿九 三十
阳历	3 4 5 6 7 8 9 10 11 12 13 14 15 16 17 18 19 20 21 22 23 24 25 26 27 28 3月 2 3
星期	日一二三四五六日一二三四五六日一二三四五六日一二三四五六日
干支	己巳 庚午 辛未 壬申 癸酉 甲戌 乙亥 丙子 丁丑 戊寅 己卯 庚辰 辛巳 壬午 癸未 甲申 乙酉 丙戌 丁亥 戊子 己丑 庚寅 辛卯 壬辰 癸巳 甲午 乙未 丙申 丁酉
28宿	房定 心定 尾执 箕破 斗危 牛成 女收 虚开 危闭 室建 壁除 奎满 娄平 胃定 昴执 毕破 觜危 参成 井收 鬼开 柳闭 星建 张除 翼满 轸平 角定 亢执 氐破 房危
五行	木土土金金火火水水土土金金木木水水土土火火木木水水金金火火
节元	立春中5　立春下2　雨水上9　雨水中6　雨水下3　惊蛰上1
黄道黑道	玉堂 白虎 玉堂 天牢 元武 司命 勾陈 青龙 明堂 天刑 朱雀 金匮 天德 白虎 玉堂 天牢 元武 司命 勾陈 青龙 明堂 天刑 朱雀 金匮 天德 白虎 玉堂 天牢 元武
八卦	巽坎艮坤乾兑离震巽坎艮坤乾兑离震巽坎艮坤乾兑离震巽坎艮坤乾
方位	东北正北 西北正东 西南正东 正南正南 东南正南 东北正南 西北东西 西南东西 正南正北 东南正北 东北正东 西北正东 西南正南 正南正南 东南正南 东北东南 西北东西 西南正西 正南正北 东南正北 东北正东 西北正东 西南正南 正南正南 东南正南 东北东南 西北东西 西南正西 正南正西
五脏	肝脾脾肺肺心心肾肾脾脾肺肺肝肝肾肾脾脾心心肝肝肾肾肺肺心心
子时时辰	甲子 丙子 戊子 庚子 壬子 甲子 丙子 戊子 庚子 壬子 甲子 丙子 戊子 庚子 壬子 甲子 丙子 戊子 庚子 壬子 甲子 丙子 戊子 庚子 壬子 甲子 丙子 戊子 庚子
农事节令	春节，子时朔，绝日　财神节，寅时立春，六九　三日得辛　破五节，五姑看蚕　四人八饼，上弦　九牛耕地，农暴　土神诞　十二龙治水，情人节　农暴，七九　元宵节　未时望，夜子雨水　农暴　八九　下弦　填仓节　农暴，九九

公元 2030 年　　农历庚戌(狗)年

二月大

仲春之月　兔月　己卯　尾宿

碧白白
黑绿白
赤紫黄

天道行西南，日躔在戌宫，宜用艮巽坤乾时

初二日**惊蛰** 21:03　初一日**朔** 14:33

十七日**春分** 21:52　十七日**望** 1:55

农历	初一	初二	初三	初四	初五	初六	初七	初八	初九	初十	十一	十二	十三	十四	十五
阳历	4	5	6	7	8	9	10	11	12	13	14	15	16	17	18
星期	一	二	三	四	五	六	日	一	二	三	四	五	六	日	一
干支	戊戌	己亥	庚子	辛丑	壬寅	癸卯	甲辰	乙巳	丙午	丁未	戊申	己酉	庚戌	辛亥	壬子
28宿	心成	尾成	箕收	斗开	牛闭	女建	虚除	危满	室平	壁定	奎执	娄破	胃危	昴成	毕收
五行	木	木	土	土	金	金	火	火	水	水	土	土	金	金	木
节元		惊蛰中7					惊蛰下4					春分上3			
黄道黑道	司命	元武	司命	勾陈	青龙	明堂	天刑	朱雀	金匮	天德	白虎	玉堂	天牢	元武	司命
八卦	坎	艮	坤	乾	兑	离	震	巽	坎	艮	坤	乾	兑	离	震
方位	东南正北	东北正北	西北正东	西南正东	正南正南	东南正南	东北东南	西北东南	西南正西	正南正西	东南正北	东北正北	西北正东	西南正东	正南正南
五脏	肝	肝	脾	脾	肺	肺	心	心	肾	肾	脾	脾	肺	肺	肝
子时时辰	壬子	甲子	丙子	戊子	庚子	壬子	甲子	丙子	戊子	庚子	壬子	甲子	丙子	戊子	庚子
农事节令	中和节，未时朔，上戊	龙头节，亥时惊蛰，农暴	农暴		妇女节		春砍暴	农暴	植树节，上弦，农暴		乌龟暴	消费者权益日	农暴		花朝节

农历	十六	十七	十八	十九	二十	廿一	廿二	廿三	廿四	廿五	廿六	廿七	廿八	廿九	三十
阳历	19	20	21	22	23	24	25	26	27	28	29	30	31	4月	2
星期	二	三	四	五	六	日	一	二	三	四	五	六	日	一	二
干支	癸丑	甲寅	乙卯	丙辰	丁巳	戊午	己未	庚申	辛酉	壬戌	癸亥	甲子	乙丑	丙寅	丁卯
28宿	觜开	参闭	井建	鬼除	柳满	星平	张定	翼执	轸破	角危	亢成	氐收	房开	心闭	尾建
五行	木	水	水	土	土	火	火	木	木	水	水	金	金	火	火
节元		春分中9					春分下6					清明上4			
黄道黑道	勾陈	青龙	明堂	天刑	朱雀	金匮	天德	白虎	玉堂	天牢	元武	司命	勾陈	青龙	明堂
八卦	巽	坎	艮	坤	乾	兑	离	震	巽	坎	艮	坤	乾	兑	离
方位	东南正南	东北东南	西北东南	西南正西	正南正西	东南正北	东北正北	西北正东	西南正东	正南正南	东南正南	东北东南	西北东南	西南正西	正南正西
五脏	肝	肾	肾	脾	脾	心	心	肝	肝	肾	肾	肺	肺	心	心
子时时辰	壬子	甲子	丙子	戊子	庚子	壬子	甲子	丙子	戊子	庚子	壬子	甲子	丙子	戊子	庚子
农事节令	离日	丑时望，亥时春分	世界森林日	农暴，世界水日	世界气象日	春社，世界防治结核病日			下弦				农暴	农暴	

三月小

季春之月　龙月　庚辰　箕宿

黑	赤	紫
白	碧	黄
白	白	绿

天道行北，日躔在酉宫，宜用癸乙丁辛时

初三日**清明** 1:42　初一日**朔** 6:01

十八日**谷雨** 8:44　十六日**望** 11:19

农历	初初初初初初初初初初十十十十十十十十十二廿廿廿廿廿廿廿廿廿三 一二三四五六七八九十一二三四五六七八九十一二三四五六七八九十
阳历	3 4 5 6 7 8 9 10 11 12 13 14 15 16 17 18 19 20 21 22 23 24 25 26 27 28 29 30 5月
星期	三四五六日一二三四五六日一二三四五六日一二三四五六日一二三
干支	戊己庚辛壬癸甲乙丙丁戊己庚辛壬癸甲乙丙丁戊己庚辛壬癸甲乙丙 辰巳午未申酉戌亥子丑寅卯辰巳午未申酉戌亥子丑寅卯辰巳午未申
28宿	箕斗牛女虚危室壁奎娄胃昴毕觜参井鬼柳星张翼轸角亢氐房心尾箕 除满满平定执破危成收开闭建除满平定执破危成收开闭建除满平定
五行	木木土土金金火火水水土土金金木木水水土土火火木木水水金金火
节元	清明中1　清明下7　谷雨上5　谷雨中2　谷雨下8　立夏上4
黄道黑道	天朱天朱金天白玉天元司勾青明天朱金天白玉天元司勾青明天朱金 刑雀刑雀匮德虎堂牢武命陈龙堂刑雀匮德虎堂牢武命陈龙堂刑雀匮
八卦	艮坤乾兑离震巽坎艮坤乾兑离震巽坎艮坤乾兑离震巽坎艮坤乾兑离
方位	东东西西正东东西西正东东西西正东东西西正东东西西正东东西西 南北北南南南北北南南南北北南南南北北南南南北北南南南北北南 正正正正正正东东正正正正正正正正东东正正正正正正正正东东正 北北东东南南南南西西北北东东南南南南西西北北东东南南南南西
五脏	肝肝脾脾肺肺心心肾肾脾脾肺肺肝肝肾肾脾脾心心肝肝肾肾肺肺心
子时时辰	壬甲丙戊庚壬甲丙戊庚壬甲丙戊庚壬甲丙戊庚壬甲丙戊庚壬甲丙戊 子子子子子子子子子子子子子子子子子子子子子子子子子子子子子
农事节令	卯时朔 / 上巳，桃花暴，丑时清明 / 农暴 / 上弦 / 农暴 / 午时望 / 辰时谷雨 / 世界地球日 / 下弦，天石暴 / 猴子暴 / 农暴 / 东帝暴 / 劳动节

四月大

孟夏　之月　蛇月　辛巳　斗宿

白	白	白
紫	黑	绿
黄	赤	碧

天道行西，日躔在申宫，宜用甲丙庚壬时

初四日**立夏** 18:46　初一日**朔** 22:11

二十日**小满** 7:42　十六日**望** 19:18

农历	初一	初二	初三	初四	初五	初六	初七	初八	初九	初十	十一	十二	十三	十四	十五	十六	十七	十八	十九	二十	廿一	廿二	廿三	廿四	廿五	廿六	廿七	廿八	廿九	三十
阳历	2	3	4	5	6	7	8	9	10	11	12	13	14	15	16	17	18	19	20	21	22	23	24	25	26	27	28	29	30	31
星期	四	五	六	日	一	二	三	四	五	六	日	一	二	三	四	五	六	日	一	二	三	四	五	六	日	一	二	三	四	五
干支	丁酉	戊戌	己亥	庚子	辛丑	壬寅	癸卯	甲辰	乙巳	丙午	丁未	戊申	己酉	庚戌	辛亥	壬子	癸丑	甲寅	乙卯	丙辰	丁巳	戊午	己未	庚申	辛酉	壬戌	癸亥	甲子	乙丑	丙寅
28宿	斗执	牛破	女危	虚危	危成	室收	壁开	奎闭	娄建	胃除	昴满	毕平	觜定	参执	井破	鬼危	柳成	星收	张开	翼闭	轸建	角除	亢满	氐平	房定	心执	尾破	箕危	斗成	牛收
五行	火	木	木	土	土	金	金	火	火	水	水	土	土	金	金	木	木	水	水	土	土	火	火	木	木	水	水	金	金	火
节元			立夏中1					立夏下7					小满上5					小满中2					小满下8					芒种上6		
黄道黑道	天德	白虎	玉堂	白虎	玉堂	天牢	元武	司命	勾陈	青龙	明堂	天刑	朱雀	金匮	天德	白虎	玉堂	天牢	元武	司命	勾陈	青龙	明堂	天刑	朱雀	金匮	天德	白虎	玉堂	天牢
八卦	坤	乾	兑	离	震	巽	坎	艮	坤	乾	兑	离	震	巽	坎	艮	坤	乾	兑	离	震	巽	坎	艮	坤	乾	兑	离	震	巽
方位	正南正西	东南正北	东北正北	西北正东	西南正东	正南正南	东南正南	东北东南	西北东南	西南正西	正南正西	东南正北	东北正北	西北正东	西南正东	正南正南	东南正南	东北东南	西北东南	西南正西	正南正西	东南正北	东北正北	西北正东	西南正东	正南正南	东南正南	东北东南	西北东南	西南正西
五脏	心	肝	肝	脾	脾	肺	肺	心	心	肾	肾	脾	脾	肺	肺	肝	肝	肾	肾	脾	脾	心	心	肝	肝	肾	肾	肺	肺	心
子时时辰	庚子	壬子	甲子	丙子	戊子	庚子	壬子	甲子	丙子	戊子	庚子	壬子	甲子	丙子	戊子	庚子	壬子	甲子	丙子	戊子	庚子	壬子	甲子	丙子	戊子	庚子	壬子	甲子	丙子	戊子
农事节令	亥时朔，农暴		青年节，绝日	酉时立夏			老虎暴	上弦			母亲节，护士节，防灾减灾日			国际家庭日	农暴	戌时望				辰时小满				下弦	农暴					世界无烟日

公元2030年　　农历庚戌(狗)年

五月大　仲夏之月　马月　壬午　牛宿

紫	黄	赤
白	白	碧
绿	白	黑

天道行西北，日躔在未宫，宜用艮巽坤乾时

初五日**芒种** 22:45　初一日**朔** 14:20

廿一日**夏至** 15:32　十六日**望** 2:39

农历	阳历	星期	干支	28宿	五行	节元	黄道黑道	八卦	方位	五脏	子时时辰	农事节令
初一	6月	六	丁卯	女开	火		元武	乾	正南正西	心	庚子	儿童节，未时朔
初二	2	日	戊辰	虚闭	木		司命	兑	东南正北	肝	壬子	
初三	3	一	己巳	危建	木	芒种中3	勾陈	离	东北正北	肝	甲子	
初四	4	二	庚午	室除	土		青龙	震	西北正东	脾	丙子	
初五	5	三	辛未	壁除	土		勾陈	巽	西南正东	脾	戊子	亥时芒种，端午节，世界环境日
初六	6	四	壬申	奎满	金		青龙	坎	正南正南	肺	庚子	
初七	7	五	癸酉	娄平	金		明堂	艮	东南正南	肺	壬子	
初八	8	六	甲戌	胃定	火	芒种下9	天刑	坤	东北东南	心	甲子	
初九	9	日	乙亥	昴执	火		朱雀	乾	西北东南	心	丙子	上弦
初十	10	一	丙子	毕破	水		金匮	兑	西南正西	肾	戊子	入梅
十一	11	二	丁丑	觜危	水		天德	离	正南正西	肾	庚子	
十二	12	三	戊寅	参成	土		白虎	震	东南正北	脾	壬子	
十三	13	四	己卯	井收	土	夏至上9	玉堂	巽	东北正北	脾	甲子	磨刀暴
十四	14	五	庚辰	鬼开	金		天牢	坎	西北正东	肺	丙子	
十五	15	六	辛巳	柳闭	金		元武	艮	西南正东	肺	戊子	农暴
十六	16	日	壬午	星建	木		司命	坤	正南正南	肝	庚子	父亲节，丑时望
十七	17	一	癸未	张除	木		勾陈	乾	东南正南	肝	壬子	
十八	18	二	甲申	翼满	水	夏至中3	青龙	兑	东北东南	肾	甲子	
十九	19	三	乙酉	轸平	水		明堂	离	西北东南	肾	丙子	
二十	20	四	丙戌	角定	土		天刑	震	西南正西	脾	戊子	离日，农暴，分龙
廿一	21	五	丁亥	亢执	土		朱雀	巽	正南正西	脾	庚子	申时夏至，龙母暴
廿二	22	六	戊子	氐破	火		金匮	坎	东南正北	心	壬子	
廿三	23	日	己丑	房危	火	夏至下6	天德	艮	东北正北	心	甲子	下弦
廿四	24	一	庚寅	心成	木		白虎	坤	西北正东	肝	丙子	头莳
廿五	25	二	辛卯	尾收	木		玉堂	乾	西南正东	肝	戊子	全国土地日
廿六	26	三	壬辰	箕开	水		天牢	兑	正南正南	肾	庚子	中莳，国际禁毒日
廿七	27	四	癸巳	斗闭	水		元武	离	东南正南	肾	壬子	
廿八	28	五	甲午	牛建	金	小暑上8	司命	震	东北东南	肺	甲子	末莳
廿九	29	六	乙未	女除	金		勾陈	巽	西北东南	肺	丙子	
三十	30	日	丙申	虚满	火		青龙	坎	西南正西	心	戊子	

公元 2030 年　　　　农历庚戌(狗)年

六月小

季夏之月　羊月　癸未　女宿

白	绿	白
赤	紫	黑
碧	黄	白

天道行东，日躔在午宫，宜用癸乙丁辛时

初七日**小暑** 8:56　　初一日**朔** 5:33

廿三日**大暑** 2:26　　十五日**望** 10:11

农历	初一 初二 初三 初四 初五 初六 初七 初八 初九 初十 十一 十二 十三 十四 十五 十六 十七 十八 十九 二十 廿一 廿二 廿三 廿四 廿五 廿六 廿七 廿八 廿九 三十
阳历	7月 2 3 4 5 6 7 8 9 10 11 12 13 14 15 16 17 18 19 20 21 22 23 24 25 26 27 28 29
星期	一二三四五六日一二三四五六日一二三四五六日一二三四五六日一
干支	丁酉 戊戌 己亥 庚子 辛丑 壬寅 癸卯 甲辰 乙巳 丙午 丁未 戊申 己酉 庚戌 辛亥 壬子 癸丑 甲寅 乙卯 丙辰 丁巳 戊午 己未 庚申 辛酉 壬戌 癸亥 甲子 乙丑
28宿	危室壁奎娄胃昴毕觜参井鬼柳星张翼轸角亢氐房心尾箕斗牛女虚危
	平定执破危成成收开闭建除满平定执破危成收开闭建除满平定执破
五行	火木木土土金金火火水水土土金金木木水水土土火火木木水水金金
节元	小暑中2　小暑下5　大暑上7　大暑中1　大暑下4　立秋上2
黄道黑道	明堂 天刑 朱雀 金匮 天德 白虎 天德 白虎 玉堂 天牢 元武 司命 勾陈 青龙 明堂 天刑 朱雀 金匮 天德 白虎 玉堂 天牢 元武 司命 勾陈 青龙 明堂 天刑 朱雀
八卦	兑离震巽坎艮坤乾兑离震巽坎艮坤乾兑离震巽坎艮坤乾兑离震巽坎
方位	正南正西 东南正北 东北正北 西北正东 西南正东 正南正南 东南东南 东北东南 西北正南 西南正西 正南正西 东南正北 东北正北 西北正东 西南正东 正南正南 东南东南 东北东南 西北正南 西南正西 正南正西 东南正北 东北正北 西北正东 西南正东 正南正南 东南正南 东北东南 西北东南
五脏	心肝肝脾脾肺肺心心肾肾脾脾肺肺肝肝肾肾脾脾心心肝肝肾肾肺肺
子时时辰	庚子 壬子 甲子 丙子 戊子 庚子 壬子 甲子 丙子 戊子 庚子 壬子 甲子 丙子 戊子 庚子 壬子 甲子 丙子 戊子 庚子 壬子 甲子 丙子 戊子 庚子 壬子 甲子 丙子
农事节令	初一：建党节，香港回归日，卯时朔；初四：荷花节；初六：天贶节，农暴；初七：辰时小暑；初八：上弦；十一：出梅，世界人口日；十二：农暴；十四：头伏；十五：巳时望；十八：农暴；十九：农暴；廿三：下弦，丑时大暑；廿四：二伏；廿九：农暴

公元 2030 年　　　　农历庚戌(狗)年

七月大

孟秋之月　猴月　甲申　虚宿

赤	碧	黄
白	白	白
黑	绿	紫

天道行北，日躔在巳宫，宜用甲丙庚壬时

初九日**立秋** 18:48　初一日**朔** 19:10

廿五日**处暑** 9:37　十五日**望** 18:43

农历	初一	初二	初三	初四	初五	初六	初七	初八	初九	初十	十一	十二	十三	十四	十五
阳历	30	31	8月	2	3	4	5	6	7	8	9	10	11	12	13
星期	二	三	四	五	六	日	一	二	三	四	五	六	日	一	二
干支	丙寅	丁卯	戊辰	己巳	庚午	辛未	壬申	癸酉	甲戌	乙亥	丙子	丁丑	戊寅	己卯	庚辰
28宿	室	壁	奎	娄	胃	昴	毕	觜	参	井	鬼	柳	星	张	翼
	危	成	收	开	闭	建	除	满	满	平	定	执	破	危	成
五行	火	火	木	木	土	土	金	金	火	火	水	水	土	土	金
节元				立秋中5					立秋下8					处暑上1	
黄道黑道	金匮	天德	白虎	玉堂	天牢	元武	司命	勾陈	司命	勾陈	青龙	明堂	天刑	朱雀	金匮
八卦	离	震	巽	坎	艮	坤	乾	兑	离	震	巽	坎	艮	坤	乾
方位	西南正西	正南正西	东南正北	东北正北	西北正东	西南正东	正南正南	东南正南	东北东南	西北东南	西南正西	正南正西	东南正北	东北正北	西北正东
五脏	心	心	肝	肝	脾	脾	肺	肺	心	心	肾	肾	脾	脾	肺
子时时辰	戊子	庚子	壬子	甲子	丙子	戊子	庚子	壬子	甲子	丙子	戊子	庚子	壬子	甲子	丙子
农事节令	戊时朔		建军节				七夕，乞巧节，农暴	上弦，绝日	酉时立秋						酉时望，中元节，三伏

农历	十六	十七	十八	十九	二十	廿一	廿二	廿三	廿四	廿五	廿六	廿七	廿八	廿九	三十
阳历	14	15	16	17	18	19	20	21	22	23	24	25	26	27	28
星期	三	四	五	六	日	一	二	三	四	五	六	日	一	二	三
干支	辛巳	壬午	癸未	甲申	乙酉	丙戌	丁亥	戊子	己丑	庚寅	辛卯	壬辰	癸巳	甲午	乙未
28宿	轸	角	亢	氐	房	心	尾	箕	斗	牛	女	虚	危	室	壁
	收	开	闭	建	除	满	平	定	执	破	危	成	收	开	闭
五行	金	木	木	水	水	土	土	火	火	木	木	水	水	金	金
节元				处暑中4					处暑下7					白露上9	
黄道黑道	天德	白虎	玉堂	天牢	元武	司命	勾陈	青龙	明堂	天刑	朱雀	金匮	天德	白虎	玉堂
八卦	兑	离	震	巽	坎	艮	坤	乾	兑	离	震	巽	坎	艮	坤
方位	西南正东	正南正南	东南正南	东北东南	西北东南	西南正西	正南正西	东南正北	东北正北	西北正东	西南正东	正南正南	东南正南	东北东南	西北东南
五脏	肺	肝	肝	肾	肾	脾	脾	心	心	肝	肝	肾	肾	肺	肺
子时时辰	戊子	庚子	壬子	甲子	丙子	戊子	庚子	壬子	甲子	丙子	戊子	庚子	壬子	甲子	丙子
农事节令		农暴						下弦		巳时处暑			农暴		

八月小

仲秋　之月　鸡月　乙酉　危宿

白	黑	绿
黄	赤	紫
白	碧	白

天道行东北，日躔在辰宫，宜用艮巽坤乾时

初十日**白露** 21:54　初一日**朔** 7:06

廿六日**秋分** 7:28　十五日**望** 5:17

农历	初一	初二	初三	初四	初五	初六	初七	初八	初九	初十	十一	十二	十三	十四	十五	十六	十七	十八	十九	二十	廿一	廿二	廿三	廿四	廿五	廿六	廿七	廿八	廿九	三十
阳历	29	30	31	9月	2	3	4	5	6	7	8	9	10	11	12	13	14	15	16	17	18	19	20	21	22	23	24	25	26	
星期	四	五	六	日	一	二	三	四	五	六	日	一	二	三	四	五	六	日	一	二	三	四	五	六	日	一	二	三	四	
干支	丙申	丁酉	戊戌	己亥	庚子	辛丑	壬寅	癸卯	甲辰	乙巳	丙午	丁未	戊申	己酉	庚戌	辛亥	壬子	癸丑	甲寅	乙卯	丙辰	丁巳	戊午	己未	庚申	辛酉	壬戌	癸亥	甲子	
28宿	奎	娄	胃	昴	毕	觜	参	井	鬼	柳	星	张	翼	轸	角	亢	氐	房	心	尾	箕	斗	牛	女	虚	危	室	壁	奎	
	建	除	满	平	定	执	破	危	成	成	收	开	闭	建	除	满	平	定	执	破	危	成	收	开	闭	建	除	满	平	
五行	火	火	木	木	土	土	金	金	火	火	水	水	土	土	金	金	木	木	水	水	土	土	火	火	木	木	水	水	金	
节元				白露中3					白露下6					秋分上7					秋分中1					秋分下4					寒露上6	
黄道黑道	天牢	元武	司命	勾陈	青龙	明堂	天刑	朱雀	金匮	朱雀	金匮	天德	白虎	玉堂	天牢	元武	司命	勾陈	青龙	明堂	天刑	朱雀	金匮	天德	白虎	玉堂	天牢	元武	司命	
八卦	震	巽	坎	艮	坤	乾	兑	离	震	巽	坎	艮	坤	乾	兑	离	震	巽	坎	艮	坤	乾	兑	离	震	巽	坎	艮	坤	
方位	西南正西	正南正西	东南正北	东北正北	西北正东	西南正东	正南正南	东南正南	东北东南	西北东南	西南正西	正南正西	东南正北	东北正北	西北正东	西南正东	正南正南	东南正南	东北东南	西北东南	西南正西	正南正西	东南正北	东北正北	西北正东	西南正东	正南正南	东南正南	东北东南	
五脏	心	心	肝	肝	脾	脾	肺	肺	心	心	肾	肾	脾	脾	肺	肺	肝	肝	肾	肾	脾	脾	心	心	肝	肝	肾	肾	肺	
子时时辰	戊子	庚子	壬子	甲子	丙子	戊子	庚子	壬子	甲子	丙子	戊子	庚子	壬子	甲子	丙子	戊子	庚子	壬子	甲子	丙子	戊子	庚子	壬子	甲子	丙子	戊子	庚子	壬子	甲子	
农事节令	辰时朔		上戊，农暴					上弦		亥时白露			教师节		卯时望，中秋节						农暴		下弦，秋社，农暴	全国科普日		辰时秋分				

公元 2030 年　　农历庚戌(狗)年

九月大

季秋之月　狗月　丙戌　室宿

黄白碧
绿白白
紫黑赤

天道行南，日躔在卯宫，宜用癸乙丁辛时

十二日**寒露** 13:46　初一日**朔** 17:54

廿七日**霜降** 17:01　十五日**望** 18:45

农历	初一	初二	初三	初四	初五	初六	初七	初八	初九	初十	十一	十二	十三	十四	十五
阳历	27	28	29	30	10月	2	3	4	5	6	7	8	9	10	11
星期	五	六	日	一	二	三	四	五	六	日	一	二	三	四	五
干支	乙丑	丙寅	丁卯	戊辰	己巳	庚午	辛未	壬申	癸酉	甲戌	乙亥	丙子	丁丑	戊寅	己卯
28宿	娄	胃	昴	毕	觜	参	井	鬼	柳	星	张	翼	轸	角	亢
	定	执	破	危	成	收	开	闭	建	除	满	满	平	定	执
五行	金	火	火	木	木	土	土	金	金	火	火	水	水	土	土
节元					寒露中9					寒露下3					霜降上5
黄道黑道	勾陈	青龙	明堂	天刑	朱雀	金匮	天德	白虎	玉堂	天牢	元武	天牢	元武	司命	勾陈
八卦	巽	坎	艮	坤	乾	兑	离	震	巽	坎	艮	坤	乾	兑	离
方位	西北东南	西南正西	正南正西	东南正北	东北正北	西北正东	西南正东	正南正南	东南正南	东北东南	西北东南	西南正西	正南正西	东南正北	东北正北
五脏	肺	心	心	肝	肝	脾	脾	肺	肺	心	心	肾	肾	脾	脾
子时时辰	丙子	戊子	庚子	壬子	甲子	丙子	戊子	庚子	壬子	甲子	丙子	戊子	庚子	壬子	甲子
农事节令	酉时朔	孔子诞辰			国庆节			上弦	重阳节，农暴			未时寒露			酉时望

农历	十六	十七	十八	十九	二十	廿一	廿二	廿三	廿四	廿五	廿六	廿七	廿八	廿九	三十
阳历	12	13	14	15	16	17	18	19	20	21	22	23	24	25	26
星期	六	日	一	二	三	四	五	六	日	一	二	三	四	五	六
干支	庚辰	辛巳	壬午	癸未	甲申	乙酉	丙戌	丁亥	戊子	己丑	庚寅	辛卯	壬辰	癸巳	甲午
28宿	氐	房	心	尾	箕	斗	牛	女	虚	危	室	壁	奎	娄	胃
	破	危	成	收	开	闭	建	除	满	平	定	执	破	危	成
五行	金	金	木	木	水	水	土	土	火	火	木	木	水	水	金
节元					霜降中8					霜降下2					立冬上6
黄道黑道	青龙	明堂	天刑	朱雀	金匮	天德	白虎	玉堂	天牢	元武	司命	勾陈	青龙	明堂	天刑
八卦	震	巽	坎	艮	坤	乾	兑	离	震	巽	坎	艮	坤	乾	兑
方位	西北东东	西南正东	正南正南	东南正南	东北东南	西北东南	西南正西	正南正西	东南正北	东北正北	西北正东	西南正东	正南正南	东南正南	东北东南
五脏	肺	肺	肝	肝	肾	肾	脾	脾	心	心	肝	肝	肾	肾	肺
子时时辰	丙子	戊子	庚子	壬子	甲子	丙子	戊子	庚子	壬子	甲子	丙子	戊子	庚子	壬子	甲子
农事节令		国际减灾日		农暴	世界粮食日	国际消除贫困日		下弦				酉时霜降，冷风信	联合国日		

十月小

孟冬之月　猪月　丁亥　壁宿

绿	紫	黑
碧	黄	赤
白	白	白

天道行东，日躔在寅宫，宜用甲丙庚壬时

十二日**立冬** 17:09　初一日**朔** 4:16

廿七日**小雪** 14:45　十五日**望** 11:29

农历	初一	初二	初三	初四	初五	初六	初七	初八	初九	初十	十一	十二	十三	十四	十五	十六	十七	十八	十九	二十	廿一	廿二	廿三	廿四	廿五	廿六	廿七	廿八	廿九	三十
阳历	27	28	29	30	31	11月	2	3	4	5	6	7	8	9	10	11	12	13	14	15	16	17	18	19	20	21	22	23	24	
星期	日	一	二	三	四	五	六	日	一	二	三	四	五	六	日	一	二	三	四	五	六	日	一	二	三	四	五	六	日	
干支	乙未	丙申	丁酉	戊戌	己亥	庚子	辛丑	壬寅	癸卯	甲辰	乙巳	丙午	丁未	戊申	己酉	庚戌	辛亥	壬子	癸丑	甲寅	乙卯	丙辰	丁巳	戊午	己未	庚申	辛酉	壬戌	癸亥	
28宿	昴收	毕开	觜闭	参建	井除	鬼满	柳平	星定	张执	翼破	轸危	角危	亢成	氐收	房开	心闭	尾建	箕除	斗满	牛平	女定	虚执	危破	室危	壁成	奎收	娄开	胃闭	昴建	
五行	金	火	火	木	木	土	土	金	金	火	火	水	水	土	土	金	金	木	木	水	水	土	土	火	火	木	木	水	水	
节元					立冬中9					立冬下3					小雪上5					小雪中8					小雪下2					
黄道黑道	朱雀	金匮	天德	白虎	玉堂	天牢	元武	司命	勾陈	青龙	明堂	青龙	明堂	天刑	朱雀	金匮	天德	白虎	玉堂	天牢	元武	司命	勾陈	青龙	明堂	天刑	朱雀	金匮	天德	
八卦	坎	艮	坤	乾	兑	离	震	巽	坎	艮	坤	乾	兑	离	震	巽	坎	艮	坤	乾	兑	离	震	巽	坎	艮	坤	乾	兑	
方位	西北东南	西南正西	正南正西	东南正北	东北正北	西北正东	西南正东	正南正南	东南正南	东北东南	西北东南	西南正西	正南正西	东南正北	东北正北	西北正东	西南正东	正南正南	东南正南	东北东南	西北东南	西南正西	正南正西	东南正北	东北正北	西北正东	西南正东	正南正南	东南正南	
五脏	肺	心	心	肝	肝	脾	脾	肺	肺	心	心	肾	肾	脾	脾	肺	肺	肝	肝	肾	肾	脾	脾	心	心	肝	肝	肾	肾	
子时时辰	丙子	戊子	庚子	壬子	甲子	丙子	戊子	庚子	壬子	甲子	丙子	戊子	庚子	壬子	甲子	丙子	戊子	庚子	壬子	甲子	丙子	戊子	庚子	壬子	甲子	丙子	戊子	庚子	壬子	
农事节令	寅时朔				世界勤俭日	万圣节		上弦		农暴	绝日	酉时立冬			午时望，下元节					农暴		国际大学生节	下弦，农暴，杨公忌				未时小雪			

十一月大

仲冬之月　鼠月　戊子　奎宿

碧白白
黑绿白
赤紫黄

天道行东南，日躔在丑宫，宜用艮巽坤乾时

十三日**大雪** 10:08　初一日**朔** 14:45

廿八日**冬至** 4:10　十六日**望** 6:40

农历	初一	初二	初三	初四	初五	初六	初七	初八	初九	初十	十一	十二	十三	十四	十五	十六	十七	十八	十九	二十	廿一	廿二	廿三	廿四	廿五	廿六	廿七	廿八	廿九	三十
阳历	25	26	27	28	29	30	12月	2	3	4	5	6	7	8	9	10	11	12	13	14	15	16	17	18	19	20	21	22	23	24
星期	一	二	三	四	五	六	日	一	二	三	四	五	六	日	一	二	三	四	五	六	日	一	二	三	四	五	六	日	一	二
干支	甲子	乙丑	丙寅	丁卯	戊辰	己巳	庚午	辛未	壬申	癸酉	甲戌	乙亥	丙子	丁丑	戊寅	己卯	庚辰	辛巳	壬午	癸未	甲申	乙酉	丙戌	丁亥	戊子	己丑	庚寅	辛卯	壬辰	癸巳
28宿	毕除	觜满	参平	井定	鬼执	柳破	星危	张成	翼收	轸开	角闭	亢建	氐建	房除	心满	尾平	箕定	斗执	牛破	女危	虚成	危收	室开	壁闭	奎建	娄除	胃满	昴平	毕定	觜执
五行	金	金	火	火	木	木	土	土	金	金	火	火	水	水	土	土	金	金	木	木	水	水	土	土	火	火	木	木	水	水
节元	大雪上4					大雪中7					大雪下1					闰大雪上4					闰大雪中7					闰大雪下1				
黄道黑道	白虎	玉堂	天牢	元武	司命	勾陈	青龙	明堂	天刑	朱雀	金匮	天德	金匮	天德	白虎	玉堂	天牢	元武	司命	勾陈	青龙	明堂	天刑	朱雀	金匮	天德	白虎	玉堂	天牢	元武
八卦	艮	坤	乾	兑	离	震	巽	坎	艮	坤	乾	兑	离	震	巽	坎	艮	坤	乾	兑	离	震	巽	坎	艮	坤	乾	兑	离	震
方位	东北东南	西北东南	西南正西	正南正西	东南正北	东北正北	西北正东	西南正东	正南正南	东南正南	东北东南	西北东南	西南正西	正南正西	东南正北	东北正北	西北正东	西南正东	正南正南	东南正南	东北东南	西北东南	西南正西	正南正西	东南正北	东北正北	西北正东	西南正东	正南正南	东南正南
五脏	肺	肺	心	心	肝	肝	脾	脾	肺	肺	心	心	肾	肾	脾	脾	肺	肺	肝	肝	肾	肾	脾	脾	心	心	肝	肝	肾	肾
子时时辰	甲子	丙子	戊子	庚子	壬子	甲子	丙子	戊子	庚子	壬子	甲子	丙子	戊子	庚子	壬子	甲子	丙子	戊子	庚子	壬子	甲子	丙子	戊子	庚子	壬子	甲子	丙子	戊子	庚子	壬子
农事节令	未时朔		农暴				世界艾滋病日		上弦				巳时大雪			卯时望							下弦			澳门回归日	离日，农暴	寅时冬至，一九		

公元 2030 年　　农历庚戌(狗)年

十二月小

季冬之月　牛月　己丑　娄宿

黑	赤	紫
白	碧	黄
白	白	绿

天道行西，日躔在子宫，宜用癸乙丁辛时

十二日**小寒** 21:24　初一日**朔** 1:31

廿七日**大寒** 14:48　十六日**望** 2:24

农历	初初初初初初初初初初十十十十十十十十十二廿廿廿廿廿廿廿廿廿三 一二三四五六七八九十一二三四五六七八九十一二三四五六七八九十
阳历	25 26 27 28 29 30 31 1月 2 3 4 5 6 7 8 9 10 11 12 13 14 15 16 17 18 19 20 21 22
星期	三四五六日一二三四五六日一二三四五六日一二三四五六日一二三
干支	甲乙丙丁戊己庚辛壬癸甲乙丙丁戊己庚辛壬癸甲乙丙丁戊己庚辛壬 午未申酉戌亥子丑寅卯辰巳午未申酉戌亥子丑寅卯辰巳午未申酉戌
28宿	参井鬼柳星张翼轸角亢氐房心尾箕斗牛女虚危室壁奎娄胃昴毕觜参 破危成收开闭建除满平定定执破危成收开闭建除满平定执破危成收
五行	金金火火木木土土金金火火水水土土金金木木水水土土火火木木水
节元	冬至上1　冬至中7　冬至下4　小寒上2　小寒中8　小寒下5
黄道黑道	司勾青明天朱金天白玉天玉天元司勾青明天朱金天白玉天元司勾青 命陈龙堂刑雀匮德虎堂牢堂牢武命陈龙堂刑雀匮德虎堂牢武命陈龙
八卦	坤乾兑离震巽坎艮坤乾兑离震巽坎艮坤乾兑离震巽坎艮坤乾兑离震
方位	东西西正东东西西正东东西西正东东西西正东东西西正东东西西正 北北南南南北北南南南北北南南南北北南南南北北南南南北北南南 东东正正正正正正正正东东正正正正正正正正东东正正正正正正正 南南西西北北东东南南南南西西北北东东南南南南西西北北东东南
五脏	肺肺心心肝肝脾脾肺肺心心肾肾脾脾肺肺肝肝肾肾脾脾心心肝肝肾
子时时辰	甲丙戊庚壬甲丙戊庚壬甲丙戊庚壬甲丙戊庚壬甲丙戊庚壬甲丙戊庚 子子子子子子子子子子子子子子子子子子子子子子子子子子子子子
农事节令	圣诞节，丑时朔　二九　元旦，上弦，腊八节，农暴　亥时小寒　农暴　丑时望　下弦　扫尘节，小年　未时大寒，农暴　除夕

公元 2031 年　　农历辛亥(猪)年(闰三月)

正月小　孟春之月　虎月　庚寅　胃宿

白 白 白
紫 黑 绿
黄 赤 碧

天道行南,日躔在亥宫,宜用甲丙庚壬时

十三日立春 8:59　初一日朔 12:30

廿八日雨水 4:51　十六日望 20:45

农历	初初初初初初初初初初十十十十十十十十十二廿廿廿廿廿廿廿廿廿三 一二三四五六七八九十一二三四五六七八九十一二三四五六七八九十
阳历	23 24 25 26 27 28 29 30 31 2月 2 3 4 5 6 7 8 9 10 11 12 13 14 15 16 17 18 19 20
星期	四五六日一二三四五六日一二三四五六日一二三四五六日一二三四
干支	癸甲乙丙丁戊己庚辛壬癸甲乙丙丁戊己庚辛壬癸甲乙丙丁戊己庚辛 亥子丑寅卯辰巳午未申酉戌亥子丑寅卯辰巳午未申酉戌亥子丑寅卯
28宿	井鬼柳星张翼轸角亢氐房心尾箕斗牛女虚危室壁奎娄胃昴毕觜参井 开闭建除满平定执破危成收收开闭建除满平定执破危成收开闭建除
五行	水金金火火木木土土金金火火水水土土金金木木水水土土火火木木
节元	大寒上3　大寒中9　大寒下6　立春上8　立春中5　立春下2
黄道黑道	明天朱金天白玉天元司勾青勾青明天朱金天白玉天元司勾青明天朱 堂刑雀匮德虎堂牢武命陈龙陈龙堂刑雀匮德虎堂牢武命陈龙堂刑雀
八卦	坎艮坤乾兑离震巽坎艮坤乾兑离震巽坎艮坤乾兑离震巽坎艮坤乾兑
方位	东东西西正东东西西正东东西西正东东西西正东东西西正东东西西 南北北南南南北北南南南北北南南南北北南南南北北南南南北北南 正东东正正正正正正正正东东正正正正正正正正东东正正正正正正 南南南西西北北东东南南南南西西北北东东南南南南西西北北东东
五脏	肾肺肺心心肝肝脾脾肺肺心心肾肾脾脾肺肺肝肝肾肾脾脾心心肝肝
子时时辰	壬甲丙戊庚壬甲丙戊庚壬甲丙戊庚壬甲丙戊庚壬甲丙戊庚壬甲丙戊 子子子子子子子子子子子子子子子子子子子子子子子子子子子子子
农事节令	春节,午时朔　财神节　三牛耕地　破五节,五九　六龙治水　上弦　农暴,九日得辛　十人四饼,土神诞　十一姑看蚕　绝日　辰时立春　六九　元宵节　戌时望　农暴　七九,下弦,情人节　填仓节　寅时雨水　农暴

公元 2031 年　　农历辛亥(猪)年(闰三月)

二月大

仲春 之月　兔月　辛卯　昴宿

紫	黄	赤
白	白	碧
绿	白	黑

天道行西南，日躔在戌宫，宜用艮巽坤乾时

十四日**惊蛰** 2:51　初一日**朔** 23:47

廿九日**春分** 3:41　十七日**望** 12:29

农历	初一	初二	初三	初四	初五	初六	初七	初八	初九	初十	十一	十二	十三	十四	十五	十六	十七	十八	十九	二十	廿一	廿二	廿三	廿四	廿五	廿六	廿七	廿八	廿九	三十
阳历	21	22	23	24	25	26	27	28	3月	2	3	4	5	6	7	8	9	10	11	12	13	14	15	16	17	18	19	20	21	22
星期	五	六	日	一	二	三	四	五	六	日	一	二	三	四	五	六	日	一	二	三	四	五	六	日	一	二	三	四	五	六
干支	壬辰	癸巳	甲午	乙未	丙申	丁酉	戊戌	己亥	庚子	辛丑	壬寅	癸卯	甲辰	乙巳	丙午	丁未	戊申	己酉	庚戌	辛亥	壬子	癸丑	甲寅	乙卯	丙辰	丁巳	戊午	己未	庚申	辛酉
28宿	鬼满	柳平	星定	张执	翼破	轸危	角成	亢收	氐开	房闭	心建	尾除	箕满	斗满	牛平	女定	虚执	危破	室危	壁成	奎收	娄开	胃闭	昴建	毕除	觜满	参平	井定	鬼执	柳破
五行	水	水	金	金	火	火	木	木	土	土	金	金	火	火	水	水	土	土	金	金	木	木	水	水	土	土	火	火	木	木
节元			雨水上9					雨水中6					雨水下3					惊蛰上1					惊蛰中7					惊蛰下4		
黄道黑道	金匮	天德	白虎	玉堂	天牢	元武	司命	勾陈	青龙	明堂	天刑	朱雀	金匮	朱雀	金匮	天德	白虎	玉堂	天牢	元武	司命	勾陈	青龙	明堂	天刑	朱雀	金匮	天德	白虎	玉堂
八卦	艮	坤	乾	兑	离	震	巽	坎	艮	坤	乾	兑	离	震	巽	坎	艮	坤	乾	兑	离	震	巽	坎	艮	坤	乾	兑	离	震
方位	正南正南	东南正南	东北东南	西北东南	西南正西	正南正西	东南正北	东北正北	西北正东	西南正东	正南正南	东南正南	东北东南	西北东南	西南正西	正南正西	东南正北	东北正北	西北正东	西南正东	正南正南	东南正南	东北东南	西北东南	西南正西	正南正西	东南正北	东北正北	西北正东	西南正东
五脏	肾	肾	肺	肺	心	心	肝	肝	脾	脾	肺	肺	心	心	肾	肾	脾	脾	肺	肺	肝	肝	肾	肾	脾	脾	心	心	肝	肝
子时时辰	庚子	壬子	甲子	丙子	戊子	庚子	壬子	甲子	丙子	戊子	庚子	壬子	甲子	丙子	戊子	庚子	壬子	甲子	丙子	戊子	庚子	壬子	甲子	丙子	戊子	庚子	壬子	甲子	丙子	戊子
农事节令	夜子朔，中和节	龙头节，农暴	八九，农暴				上戊，春祈暴	农暴	上弦，农暴		乌龟暴	九九	农暴	丑时惊蛰	花朝节	妇女节	午时望		农暴	植树节			消费者权益日	下弦			春社	农暴，离日	寅时春分，农暴，世界森林日	世界水日

公元2031年　农历辛亥(猪)年(闰三月)

三月大

季春之月　龙月　壬辰　毕宿

白绿白
赤紫黑
碧黄白

天道行北，日躔在酉宫，宜用癸乙丁辛时

十四日**清明** 7:29　初一日**朔** 11:48

廿九日**谷雨** 14:31　十七日**望** 1:20

农历	初一	初二	初三	初四	初五	初六	初七	初八	初九	初十
阳历	23	24	25	26	27	28	29	30	31	4月
星期	日	一	二	三	四	五	六	日	一	二
干支	壬戌	癸亥	甲子	乙丑	丙寅	丁卯	戊辰	己巳	庚午	辛未
28宿	星危	张成	翼收	轸开	角闭	亢建	氐除	房满	心平	尾定
五行	水	水	金	金	火	火	木	木	土	土
节元			春分上3					春分中9		
黄道黑道	天牢	元武	司命	勾陈	青龙	明堂	天刑	朱雀	金匮	天德
八卦	坤	乾	兑	离	震	巽	坎	艮	坤	乾
方位	正南正南	东南正南	东北东南	西北东南	西南正西	正南正西	东南正北	东北正北	西北正东	西南正东
五脏	肾	肾	肺	肺	心	心	肝	肝	脾	脾
子时时辰	庚子	壬子	甲子	丙子	戊子	庚子	壬子	甲子	丙子	戊子
农事节令	午时朔，世界气象日	世界防治结核病日	上巳，桃花暴				农暴		上弦	愚人节

农历	十一	十二	十三	十四	十五	十六	十七	十八	十九	二十
阳历	2	3	4	5	6	7	8	9	10	11
星期	三	四	五	六	日	一	二	三	四	五
干支	壬申	癸酉	甲戌	乙亥	丙子	丁丑	戊寅	己卯	庚辰	辛巳
28宿	箕执	斗破	牛危	女危	虚成	危收	室开	壁闭	奎建	娄除
五行	金	金	火	火	水	水	土	土	金	金
节元			春分下6					清明上4		
黄道黑道	白虎	玉堂	天牢	玉堂	天牢	元武	司命	勾陈	青龙	明堂
八卦	兑	离	震	巽	坎	艮	坤	乾	兑	离
方位	正南正南	东南正南	东北东南	西北东南	西南正西	正南正西	东南正北	东北正北	西北正东	西南正东
五脏	肺	肺	心	心	肾	肾	脾	脾	肺	肺
子时时辰	庚子	壬子	甲子	丙子	戊子	庚子	壬子	甲子	丙子	戊子
农事节令				辰时清明	农暴		丑时望			

农历	廿一	廿二	廿三	廿四	廿五	廿六	廿七	廿八	廿九	三十
阳历	12	13	14	15	16	17	18	19	20	21
星期	六	日	一	二	三	四	五	六	日	一
干支	壬午	癸未	甲申	乙酉	丙戌	丁亥	戊子	己丑	庚寅	辛卯
28宿	胃满	昴平	毕定	觜执	参破	井危	鬼成	柳收	星开	张闭
五行	木	木	水	水	土	土	火	火	木	木
节元			清明中1					清明下7		
黄道黑道	天刑	朱雀	金匮	天德	白虎	玉堂	天牢	元武	司命	勾陈
八卦	震	巽	坎	艮	坤	乾	兑	离	震	巽
方位	正南正南	东南正南	东北东南	西北东南	西南正西	正南正西	东南正北	东北正北	西北正东	西南正东
五脏	肝	肝	肾	肾	脾	脾	心	心	肝	肝
子时时辰	庚子	壬子	甲子	丙子	戊子	庚子	壬子	甲子	丙子	戊子
农事节令			天石暴	下弦	猴子暴	农暴		东帝暴	未时谷雨	

公元 2031 年　　农历辛亥(猪)年(闰三月)

闰三月小	白绿白 赤紫黑 碧黄白	天道行北，日躔在酉宫，宜用癸乙丁辛时
季春之月　龙月　壬辰　毕宿		十五日立夏 0:35　初一日朔 0:56　十六日望 11:39

农历	初一 初二 初三 初四 初五 初六 初七 初八 初九 初十 十一 十二 十三 十四 十五 十六 十七 十八 十九 二十 廿一 廿二 廿三 廿四 廿五 廿六 廿七 廿八 廿九 三十
阳历	22 23 24 25 26 27 28 29 30 5月 2 3 4 5 6 7 8 9 10 11 12 13 14 15 16 17 18 19 20
星期	二三四五六日一二三四五六日一二三四五六日一二三四五六日一二
干支	壬辰 癸巳 甲午 乙未 丙申 丁酉 戊戌 己亥 庚子 辛丑 壬寅 癸卯 甲辰 乙巳 丙午 丁未 戊申 己酉 庚戌 辛亥 壬子 癸丑 甲寅 乙卯 丙辰 丁巳 戊午 己未 庚申
28宿	翼轸角亢氐房心尾箕斗牛女虚危室壁奎娄胃昴毕觜参井鬼柳星张翼 建除满平定执破危成收开闭建除除满平定执破危成收开闭建除满平
五行	水水金金火火木木土土金金火火水水土土金金木木水水土土火火木
节元	谷雨上5　谷雨中2　谷雨下8　立夏上4　立夏中1　立夏下7
黄道黑道	青龙 明堂 天刑 朱雀 金匮 天德 白虎 玉堂 天牢 元武 司命 勾陈 青龙 明堂 青龙 明堂 天刑 朱雀 金匮 天德 白虎 玉堂 天牢 元武 司命 勾陈 青龙 明堂 天刑
八卦	坤乾兑离震巽坎艮坤乾兑离震巽坎艮坤乾兑离震巽坎艮坤乾兑离震
方位	正南正南 东南正南 东北东南 西北东南 西南正西 正南正西 东南正北 东北正北 西北正东 西南正东 正南正南 东南正南 东北东南 西北东南 西南正西 正南正西 东南正北 东北正北 西北正东 西南正东 正南正南 东南正南 东北东南 西北东南 西南正西 正南正西 东南正北 东北正北 西北正东
五脏	肾肾肺肺心心肝肝脾脾肺肺心心肾肾脾脾肺肺肝肝肾肾脾脾心心肝
子时时辰	庚子 壬子 甲子 丙子 戊子 庚子 壬子 甲子 丙子 戊子 庚子 壬子 甲子 丙子 戊子 庚子 壬子 甲子 丙子 戊子 庚子 壬子 甲子 丙子 戊子 庚子 壬子 甲子 丙子
农事节令	子时朔，世界地球日　上弦　劳动节　青年节　绝日　子时立夏　午时望　母亲节　护士节，防灾减灾日　下弦　国际家庭日

公元 2031 年　　农历辛亥(猪)年(闰三月)

四月大

孟夏之月　蛇月　癸巳　觜宿

赤 碧 黄
白 白 白
黑 绿 紫

天道行西，日躔在申宫，宜用甲丙庚壬时

初一日**小满** 13:28　初一日**朔** 15:16

十七日**芒种** 4:36　十六日**望** 19:57

农历	初一	初二	初三	初四	初五	初六	初七	初八	初九	初十	十一	十二	十三	十四	十五	十六	十七	十八	十九	二十	廿一	廿二	廿三	廿四	廿五	廿六	廿七	廿八	廿九	三十
阳历	21	22	23	24	25	26	27	28	29	30	31	6月	2	3	4	5	6	7	8	9	10	11	12	13	14	15	16	17	18	19
星期	三	四	五	六	日	一	二	三	四	五	六	日	一	二	三	四	五	六	日	一	二	三	四	五	六	日	一	二	三	四
干支	辛酉	壬戌	癸亥	甲子	乙丑	丙寅	丁卯	戊辰	己巳	庚午	辛未	壬申	癸酉	甲戌	乙亥	丙子	丁丑	戊寅	己卯	庚辰	辛巳	壬午	癸未	甲申	乙酉	丙戌	丁亥	戊子	己丑	庚寅
28宿	轸定	角执	亢破	氐危	房成	心收	尾开	箕闭	斗建	牛除	女满	虚平	危定	室执	壁破	奎危	娄危	胃成	昴收	毕开	觜闭	参建	井除	鬼满	柳平	星定	张执	翼破	轸危	角成
五行	木	水	水	金	金	火	火	木	木	土	土	金	金	火	火	水	水	土	土	金	金	木	木	水	水	土	土	火	火	木
节元				小满上5					小满中2					小满下8					芒种上6					芒种中3					芒种下9	
黄道黑道	朱雀	金匮	天德	白虎	玉堂	天牢	元武	司命	勾陈	青龙	明堂	天刑	朱雀	金匮	天德	白虎	天德	白虎	玉堂	天牢	元武	司命	勾陈	青龙	明堂	天刑	朱雀	金匮	天德	白虎
八卦	乾	兑	离	震	巽	坎	艮	坤	乾	兑	离	震	巽	坎	艮	坤	乾	兑	离	震	巽	坎	艮	坤	乾	兑	离	震	巽	坎
方位	西南正东	正南正南	东南正南	东北东南	西北东南	西南正西	正南正西	东南正北	东北正北	西北正东	西南正东	正南正南	东南正南	东北东南	西北东南	西南正西	正南正西	东南正北	东北正北	西北正东	西南正东	正南正南	东南正南	东北东南	西北东南	西南正西	正南正西	东南正北	东北正北	西北正东
五脏	肝	肾	肾	肺	肺	心	心	肝	肝	脾	脾	肺	肺	心	心	肾	肾	脾	脾	肺	肺	肝	肝	肾	肾	脾	脾	心	心	肝
子时时辰	戊子	庚子	壬子	甲子	丙子	戊子	庚子	壬子	甲子	丙子	戊子	庚子	壬子	甲子	丙子	戊子	庚子	壬子	甲子	丙子	戊子	庚子	壬子	甲子	丙子	戊子	庚子	壬子	甲子	丙子
农事节令	申时朔，未时小满，农暴							老虎暴	上弦		世界无烟日	儿童节			农暴	戌时望，世界环境日	寅时芒种						下弦		农暴	父亲节，入梅		防治荒漠化和干旱日		

公元 2031 年　　农历辛亥(猪)年(闰三月)

五月小

仲夏 之月　马月　甲午　参宿

白黑绿
黄赤紫
白碧白

天道行西北，日躔在未宫，宜用艮巽坤乾时

初二日**夏至** 21:17　初一日**朔** 6:24

十八日**小暑** 14:49　十六日**望** 3:00

农历	初初初初初初初初初初十十十十十十十十十二廿廿廿廿廿廿廿廿廿三 一二三四五六七八九十一二三四五六七八九十一二三四五六七八九十
阳历	20 21 22 23 24 25 26 27 28 29 30 7月 2 3 4 5 6 7 8 9 10 11 12 13 14 15 16 17 18
星期	五六日一二三四五六日一二三四五六日一二三四五六日一二三四五
干支	辛壬癸甲乙丙丁戊己庚辛壬癸甲乙丙丁戊己庚辛壬癸甲乙丙丁戊己 卯辰巳午未申酉戌亥子丑寅卯辰巳午未申酉戌亥子丑寅卯辰巳午未
28宿	亢氐房心尾箕斗牛女虚危室壁奎娄胃昴毕觜参井鬼柳星张翼轸角亢 收开闭建除满平定执破危成收开闭建除除满平定执破危成收开闭建
五行	木水水金金火火木木土土金金火火水水土土金金木木水水土土火火
节元	夏至上9　夏至中3　夏至下6　小暑上8　小暑中2　小暑下5
黄道黑道	玉天元司勾青明天朱金天白玉天元司勾司勾青明天朱金天白玉天元 堂牢武命陈龙堂刑雀匮德虎堂牢武命陈命陈龙堂刑雀匮德虎堂牢武
八卦	兑离震巽坎艮坤乾兑离震巽坎艮坤乾兑离震巽坎艮坤乾兑离震巽坎
方位	西正东东西西正东东西西正东东西西正东东西西正东东西西正东东 南南南北北南南南北北南南南北北南南南北北南南南北北南南南北 正正正东东正正正正正正正正东东正正正正正正正正东东正正正正 东南南南南西西北北东东南南南南西西北北东东南南南南西西北北
五脏	肝肾肾肺肺心心肝肝脾脾肺肺心心肾肾脾脾肺肺肝肝肾肾脾脾心心
子时时辰	戊庚壬甲丙戊庚壬甲丙戊庚壬甲丙戊庚壬甲丙戊庚壬甲丙戊庚壬甲 子子子子子子子子子子子子子子子子子子子子子子子子子子子子子
农事节令	卯时朔，离日　亥时夏至　端午节，端阳暴，头莳　全国土地日　中莳，国际禁毒日　上弦　末莳　建党节，香港回归日　磨刀暴　农暴　寅时望　未时小暑　农暴，分龙　龙母暴　世界人口日　下弦　出梅

公元 2031 年　　农历辛亥(猪)年(闰三月)

六月大

季夏之月　羊月　乙未　井宿

黄	白	碧
绿	白	白
紫	黑	赤

天道行东，日躔在午宫，宜用癸乙丁辛时

初五日**大暑** 8:11　初一日**朔** 21:39

廿一日**立秋** 0:44　十五日**望** 9:45

农历	初一	初二	初三	初四	初五	初六	初七	初八	初九	初十	十一	十二	十三	十四	十五	十六	十七	十八	十九	二十	廿一	廿二	廿三	廿四	廿五	廿六	廿七	廿八	廿九	三十
阳历	19	20	21	22	23	24	25	26	27	28	29	30	31	8月	2	3	4	5	6	7	8	9	10	11	12	13	14	15	16	17
星期	六	日	一	二	三	四	五	六	日	一	二	三	四	五	六	日	一	二	三	四	五	六	日	一	二	三	四	五	六	日
干支	庚申	辛酉	壬戌	癸亥	甲子	乙丑	丙寅	丁卯	戊辰	己巳	庚午	辛未	壬申	癸酉	甲戌	乙亥	丙子	丁丑	戊寅	己卯	庚辰	辛巳	壬午	癸未	甲申	乙酉	丙戌	丁亥	戊子	己丑
28宿	氐除	房满	心平	尾定	箕执	斗破	牛危	女成	虚收	危开	室闭	壁建	奎除	娄满	胃平	昴定	毕执	觜破	参危	井成	鬼成	柳收	星开	张闭	翼建	轸除	角满	亢平	氐定	房执
五行	木	木	水	水	金	金	火	火	木	木	土	土	金	金	火	火	水	水	土	土	金	金	木	木	水	水	土	土	火	火
节元					大暑上7					大暑中1					大暑下4					立秋上2					立秋中5					立秋下8
黄道黑道	司命	勾陈	青龙	明堂	天刑	朱雀	金匮	天德	白虎	玉堂	天牢	元武	司命	勾陈	青龙	明堂	天刑	朱雀	金匮	天德	金匮	天德	白虎	玉堂	天牢	元武	司命	勾陈	青龙	明堂
八卦	离	震	巽	坎	艮	坤	乾	兑	离	震	巽	坎	艮	坤	乾	兑	离	震	巽	坎	艮	坤	乾	兑	离	震	巽	坎	艮	坤
方位	西北 正东	西南 正东	正南 正南	东南 正南	东北 东南	西北 东南	西南 正西	正南 正西	东南 正北	东北 正北	西北 正东	西南 正东	正南 正南	东南 正南	东北 东南	西北 东南	西南 正西	正南 正西	东南 正北	东北 正北	西北 正东	西南 正东	正南 正南	东南 正南	东北 东南	西北 东南	西南 正西	正南 正西	东南 正北	东北 正北
五脏	肝	肝	肾	肾	肺	肺	心	心	肝	肝	脾	脾	肺	肺	心	心	肾	肾	脾	脾	肺	肺	肝	肝	肾	肾	脾	脾	心	心
子时时辰	丙子	戊子	庚子	壬子	甲子	丙子	戊子	庚子	壬子	甲子	丙子	戊子	庚子	壬子	甲子	丙子	戊子	庚子	壬子	甲子	丙子	戊子	庚子	壬子	甲子	丙子	戊子	庚子	壬子	甲子
农事节令	亥时朔，头伏			荷花节	辰时大暑	天贶节，农暴			上弦		二伏	农暴		建军节		巳时望			农暴	绝日，农暴	子时立秋，三伏			下弦					农暴	

附录

2023—2040年老黄历

公元 2031 年　　农历辛亥(猪)年(闰三月)

七 月 大

孟秋 之月 猴月 丙申 鬼宿

绿	紫	黑
碧	黄	赤
白	白	白

天道行北，日躔在巳宫，宜用甲丙庚壬时

初六日**处暑** 15:24　初一日**朔** 12:31

廿二日**白露** 3:51　十五日**望** 17:20

农历	阳历	星期	干支	28宿		五行	节元	黄道黑道	八卦	方位	五脏	子时时辰	农事节令
初一	18	一	庚寅	心	破	木		天刑	震	西北正东	肝	丙子	午时朔
初二	19	二	辛卯	尾	危	木		朱雀	巽	西南正东	肝	戊子	
初三	20	三	壬辰	箕	成	水		金匮	坎	正南正南	肾	庚子	
初四	21	四	癸巳	斗	收	水		天德	艮	东南正南	肾	壬子	
初五	22	五	甲午	牛	开	金	处暑上 1	白虎	坤	东北东南	肺	甲子	
初六	23	六	乙未	女	闭	金		玉堂	乾	西北东南	肺	丙子	申时处暑
初七	24	日	丙申	虚	建	火		天牢	兑	西南正西	心	戊子	七夕，乞巧节，农暴
初八	25	一	丁酉	危	除	火		元武	离	正南正西	心	庚子	上弦
初九	26	二	戊戌	室	满	木		司命	震	东南正北	肝	壬子	
初十	27	三	己亥	壁	平	木	处暑中 4	勾陈	巽	东北正北	肝	甲子	
十一	28	四	庚子	奎	定	土		青龙	坎	西北正东	脾	丙子	
十二	29	五	辛丑	娄	执	土		明堂	艮	西南正东	脾	戊子	
十三	30	六	壬寅	胃	破	金		天刑	坤	正南正南	肺	庚子	
十四	31	日	癸卯	昴	危	金		朱雀	乾	东南正南	肺	壬子	
十五	9月	一	甲辰	毕	成	火	处暑下 7	金匮	兑	东北东南	心	甲子	酉时望，中元节
十六	2	二	乙巳	觜	收	火		天德	离	西北东南	心	丙子	
十七	3	三	丙午	参	开	水		白虎	震	西南正西	肾	戊子	农暴
十八	4	四	丁未	井	闭	水		玉堂	巽	正南正西	肾	庚子	王母诞
十九	5	五	戊申	鬼	建	土		天牢	坎	东南正北	脾	壬子	
二十	6	六	己酉	柳	除	土	白露上 9	元武	艮	东北正北	脾	甲子	
廿一	7	日	庚戌	星	满	金		司命	坤	西北正东	肺	丙子	
廿二	8	一	辛亥	张	满	金		元武	乾	西南正东	肺	戊子	寅时白露
廿三	9	二	壬子	翼	平	木		司命	兑	正南正南	肝	庚子	下弦
廿四	10	三	癸丑	轸	定	木		勾陈	离	东南正南	肝	壬子	教师节
廿五	11	四	甲寅	角	执	水	白露中 3	青龙	震	东北东南	肾	甲子	
廿六	12	五	乙卯	亢	破	水		明堂	巽	西北东南	肾	丙子	
廿七	13	六	丙辰	氐	危	土		天刑	坎	西南正西	脾	戊子	
廿八	14	日	丁巳	房	成	土		朱雀	艮	正南正西	脾	庚子	农暴
廿九	15	一	戊午	心	收	火		金匮	坤	东南正北	心	壬子	
三十	16	二	己未	尾	开	火	白露下 6	天德	乾	东北正北	心	甲子	

公元 2031 年　农历辛亥(猪)年(闰三月)

八月小

仲秋之月　鸡月　丁酉　柳宿

碧	白	白
黑	绿	白
赤	紫	黄

天道行东北,日躔在辰宫,宜用艮巽坤乾时

初七日**秋分** 13:16　初一日**朔** 2:46

廿二日**寒露** 19:44　十五日**望** 2:57

农历	初一	初二	初三	初四	初五	初六	初七	初八	初九	初十
阳历	17	18	19	20	21	22	23	24	25	26
星期	三	四	五	六	日	一	二	三	四	五
干支	庚申	辛酉	壬戌	癸亥	甲子	乙丑	丙寅	丁卯	戊辰	己巳
28宿	箕闭	斗建	牛除	女满	虚平	危定	室执	壁破	奎危	娄成
五行	木	木	水	水	金	金	火	火	木	木
节元					秋分上7					秋分中1
黄道黑道	白虎	玉堂	天牢	元武	司命	勾陈	青龙	明堂	天刑	朱雀
八卦	巽	坎	艮	坤	乾	兑	离	震	巽	坎
方位	西北正东	西南正东	正南正南	东南正南	东北东南	西北东南	西南正西	正南正西	东南正北	东北正北
五脏	肝	肝	肾	肾	肺	肺	心	心	肝	肝
子时时辰	丙子	戊子	庚子	壬子	甲子	丙子	戊子	庚子	壬子	甲子
农事节令	丑时朔		农暴	全国科普日		离日	未时秋分	上弦,联合国日	秋社,上戊	

农历	十一	十二	十三	十四	十五	十六	十七	十八	十九	二十
阳历	27	28	29	30	10月	2	3	4	5	6
星期	六	日	一	二	三	四	五	六	日	一
干支	庚午	辛未	壬申	癸酉	甲戌	乙亥	丙子	丁丑	戊寅	己卯
28宿	胃收	昴开	毕闭	觜建	参除	井满	鬼平	柳定	星执	张破
五行	土	土	金	金	火	火	水	水	土	土
节元					秋分下4					寒露上6
黄道黑道	金匮	天德	白虎	玉堂	天牢	元武	司命	勾陈	青龙	明堂
八卦	艮	坤	乾	兑	离	震	巽	坎	艮	坤
方位	西北正东	西南正东	正南正南	东南正南	东北东南	西北东南	西南正西	正南正西	东南正北	东北正北
五脏	脾	脾	肺	肺	心	心	肾	肾	脾	脾
子时时辰	丙子	戊子	庚子	壬子	甲子	丙子	戊子	庚子	壬子	甲子
农事节令		孔子诞辰			国庆节,中秋节,丑时望					

农历	廿一	廿二	廿三	廿四	廿五	廿六	廿七	廿八	廿九	三十
阳历	7	8	9	10	11	12	13	14	15	
星期	二	三	四	五	六	日	一	二	三	
干支	庚辰	辛巳	壬午	癸未	甲申	乙酉	丙戌	丁亥	戊子	
28宿	翼危	轸危	角成	亢收	氐开	房闭	心建	尾除	箕满	
五行	金	金	木	木	水	水	土	土	火	
节元					寒露中9					
黄道黑道	天刑	明堂	天刑	朱雀	金匮	天德	白虎	玉堂	天牢	
八卦	乾	兑	离	震	巽	坎	艮	坤	乾	
方位	西北正东	西南正东	正南正南	东南正南	东北东南	西北东南	西南正西	正南正西	东南正北	
五脏	肺	肺	肝	肝	肾	肾	脾	脾	心	
子时时辰	丙子	戊子	庚子	壬子	甲子	丙子	戊子	庚子	壬子	
农事节令	农暴	戊时寒露	下弦,农暴				国际减灾日			

公元 2031 年　　农历辛亥(猪)年(闰三月)

九月大

季秋 之月　狗月　戊戌　星宿

黑赤紫
白碧黄
白白绿

天道行南,日躔在卯宫,宜用癸乙丁辛时

初八日**霜降** 22:50　初一日**朔** 16:20

廿三日**立冬** 23:06　十五日**望** 15:32

农历	初一	初二	初三	初四	初五	初六	初七	初八	初九	初十	十一	十二	十三	十四	十五	十六	十七	十八	十九	二十	廿一	廿二	廿三	廿四	廿五	廿六	廿七	廿八	廿九	三十
阳历	16	17	18	19	20	21	22	23	24	25	26	27	28	29	30	31	11月	2	3	4	5	6	7	8	9	10	11	12	13	14
星期	四	五	六	日	一	二	三	四	五	六	日	一	二	三	四	五	六	日	一	二	三	四	五	六	日	一	二	三	四	五
干支	己丑	庚寅	辛卯	壬辰	癸巳	甲午	乙未	丙申	丁酉	戊戌	己亥	庚子	辛丑	壬寅	癸卯	甲辰	乙巳	丙午	丁未	戊申	己酉	庚戌	辛亥	壬子	癸丑	甲寅	乙卯	丙辰	丁巳	戊午
28宿	斗平	牛定	女执	虚破	危危	室成	壁收	奎开	娄闭	胃建	昴除	毕满	觜平	参定	井执	鬼破	柳危	星成	张收	翼开	轸闭	角建	亢建	氐除	房满	心平	尾定	箕执	斗破	牛危
五行	火	木	木	水	水	金	金	火	火	木	木	土	土	金	金	火	火	水	水	土	土	金	金	木	木	水	水	土	土	火
节元	寒露下3					霜降上5					霜降中8					霜降下2					立冬上6					立冬中9				
黄道黑道	元武	司命	勾陈	青龙	明堂	天刑	朱雀	金匮	天德	白虎	玉堂	天牢	元武	司命	勾陈	青龙	明堂	天刑	朱雀	金匮	天德	白虎	天德	白虎	玉堂	天牢	元武	司命	勾陈	青龙
八卦	坎	艮	坤	乾	兑	离	震	巽	坎	艮	坤	乾	兑	离	震	巽	坎	艮	坤	乾	兑	离	震	巽	坎	艮	坤	乾	兑	离
方位	东北正北	西北正东	西南正东	正南正南	东南正南	东北东南	西北东南	西南正西	正南正西	东南正北	东北正北	西北正东	西南正东	正南正南	东南正南	东北东南	西北东南	西南正西	正南正西	东南正北	东北正北	西北正东	西南正东	正南正南	东南正南	东北东南	西北东南	西南正西	正南正西	东南正北
五脏	心	肝	肝	肾	肾	肺	肺	心	心	肝	肝	脾	脾	肺	肺	心	心	肾	肾	脾	脾	肺	肺	肝	肝	肾	肾	脾	脾	心
子时时辰	甲子	丙子	戊子	庚子	壬子	甲子	丙子	戊子	庚子	壬子	甲子	丙子	戊子	庚子	壬子	甲子	丙子	戊子	庚子	壬子	甲子	丙子	戊子	庚子	壬子	甲子	丙子	戊子	庚子	壬子
农事节令	中时朔,世界粮食日	国际消除贫困日						上弦,亥时霜降	重阳节,农暴,联合国日						中时朔	世界勤俭日	万圣节		农暴			绝日	下弦,夜子立冬				冷风信			

公元 2031 年　　农历辛亥(猪)年(闰三月)

十月小

孟冬之月　猪月　己亥　张宿

白白白
紫黑绿
黄赤碧

天道行东，日躔在寅宫，宜用甲丙庚壬时

初八日**小雪** 20:33　初一日**朔** 5:09

廿三日**大雪** 16:04　十五日**望** 7:17

农历	初一	初二	初三	初四	初五	初六	初七	初八	初九	初十	十一	十二	十三	十四	十五	十六	十七	十八	十九	二十	廿一	廿二	廿三	廿四	廿五	廿六	廿七	廿八	廿九	三十
阳历	15	16	17	18	19	20	21	22	23	24	25	26	27	28	29	30	12月	2	3	4	5	6	7	8	9	10	11	12	13	
星期	六	日	一	二	三	四	五	六	日	一	二	三	四	五	六	日	一	二	三	四	五	六	日	一	二	三	四	五	六	
干支	己未	庚申	辛酉	壬戌	癸亥	甲子	乙丑	丙寅	丁卯	戊辰	己巳	庚午	辛未	壬申	癸酉	甲戌	乙亥	丙子	丁丑	戊寅	己卯	庚辰	辛巳	壬午	癸未	甲申	乙酉	丙戌	丁亥	
28宿	女成	虚收	危开	室闭	壁建	奎除	娄满	胃平	昴定	毕执	觜破	参危	井成	鬼收	柳开	星闭	张建	翼除	轸满	角平	亢定	氐执	房执	心破	尾危	箕成	斗收	牛开	女闭	
五行	火	木	木	水	水	金	金	火	火	木	木	土	土	金	金	火	火	水	水	土	土	金	金	木	木	水	水	土	土	
节元	立冬下3					小雪上5					小雪中8					小雪下2					大雪上4					大雪中7				
黄道黑道	明堂	天刑	朱雀	金匮	天德	白虎	玉堂	天牢	元武	司命	勾陈	青龙	明堂	天刑	朱雀	金匮	天德	白虎	玉堂	天牢	元武	司命	元武	司命	勾陈	青龙	明堂	天刑	朱雀	
八卦	艮	坤	乾	兑	离	震	巽	坎	艮	坤	乾	兑	离	震	巽	坎	艮	坤	乾	兑	离	震	巽	坎	艮	坤	乾	兑	离	
方位	东北正北	西北正东	西南正东	正南正南	东南正南	东北东南	西北东南	西南正西	正南正西	东南正北	东北正北	西北正东	西南正东	正南正南	东南正南	东北东南	西北东南	西南正西	正南正西	东南正北	东北正北	西北正东	西南正东	正南正南	东南正南	东北东南	西北东南	西南正西	正南正西	
五脏	心	肝	肝	肾	肾	肺	肺	心	心	肝	肝	脾	脾	肺	肺	心	心	肾	肾	脾	脾	肺	肺	肝	肝	肾	肾	脾	脾	
子时时辰	甲子	丙子	戊子	庚子	壬子	甲子	丙子	戊子	庚子	壬子	甲子	丙子	戊子	庚子	壬子	甲子	丙子	戊子	庚子	壬子	甲子	丙子	戊子	庚子	壬子	甲子	丙子	戊子	庚子	
农事节令	卯时朔		国际大学生节					上弦，戌时小雪		农暴			感恩节		辰时望，下元节		世界艾滋病日			农暴			下弦，申时大雪，农暴							

公元2031年　农历辛亥(猪)年(闰三月)

十一月大

仲冬之月　鼠月　庚子　翼宿

紫	黄	赤
白	白	碧
绿	白	黑

天道行东南，日躔在丑宫，宜用艮巽坤乾时

初九日**冬至** 9:56　初一日**朔** 17:04

廿四日**小寒** 3:17　十六日**望** 1:32

农历	初一	初二	初三	初四	初五	初六	初七	初八	初九	初十
阳历	14	15	16	17	18	19	20	21	22	23
星期	日	一	二	三	四	五	六	日	一	二
干支	戊子	己丑	庚寅	辛卯	壬辰	癸巳	甲午	乙未	丙申	丁酉
28宿	虚建	危除	室满	壁平	奎定	娄执	胃破	昴危	毕成	觜收
五行	火	火	木	木	水	水	金	金	火	火
节元		大雪下1					冬至上1			
黄道黑道	金匮	天德	白虎	玉堂	天牢	元武	司命	勾陈	青龙	明堂
八卦	坤	乾	兑	离	震	巽	坎	艮	坤	乾
方位	东南正北	东北正北	西北正东	西南正东	正南正南	东南正南	东北东南	西北东南	西南正西	正南正西
五脏	心	心	肝	肝	肾	肾	肺	肺	心	心
子时时辰	壬子	甲子	丙子	戊子	庚子	壬子	甲子	丙子	戊子	庚子
农事节令	酉时朔		农暴				澳门回归日	离日	上弦，巳时冬至，一九	

农历	十一	十二	十三	十四	十五	十六	十七	十八	十九	二十
阳历	24	25	26	27	28	29	30	31	1月	2
星期	三	四	五	六	日	一	二	三	四	五
干支	戊戌	己亥	庚子	辛丑	壬寅	癸卯	甲辰	乙巳	丙午	丁未
28宿	参开	井闭	鬼建	柳除	星满	张平	翼定	轸执	角破	亢危
五行	木	木	土	土	金	金	火	火	水	水
节元		冬至中7					冬至下4			
黄道黑道	天刑	朱雀	金匮	天德	白虎	玉堂	天牢	元武	司命	勾陈
八卦	兑	离	震	巽	坎	艮	坤	乾	兑	离
方位	东南正北	东北正北	西北正东	西南正东	正南正南	东南正南	东北东南	西北东南	西南正西	正南正西
五脏	肝	肝	脾	脾	肺	肺	心	心	肾	肾
子时时辰	壬子	甲子	丙子	戊子	庚子	壬子	甲子	丙子	戊子	庚子
农事节令		圣诞节				丑时望		二九		

农历	廿一	廿二	廿三	廿四	廿五	廿六	廿七	廿八	廿九	三十
阳历	3	4	5	6	7	8	9	10	11	12
星期	六	日	一	二	三	四	五	六	日	一
干支	戊申	己酉	庚戌	辛亥	壬子	癸丑	甲寅	乙卯	丙辰	丁巳
28宿	氐成	房收	心开	尾开	箕闭	斗建	牛除	女满	虚平	危定
五行	土	土	金	金	木	木	水	水	土	土
节元		小寒上2					小寒中8			
黄道黑道	青龙	明堂	天刑	明堂	天刑	朱雀	金匮	天德	白虎	玉堂
八卦	震	巽	坎	艮	坤	乾	兑	离	震	巽
方位	东南正北	东北正北	西北正东	西南正东	正南正南	东南正南	东北东南	西北东南	西南正西	正南正西
五脏	脾	脾	肺	肺	肝	肝	肾	肾	脾	脾
子时时辰	壬子	甲子	丙子	戊子	庚子	壬子	甲子	丙子	戊子	庚子
农事节令				下弦，寅时小寒			三九，农暴			

公元 2031 年　　农历辛亥(猪)年(闰三月)

十二月小 季冬之月 牛月 辛丑 轸宿	白绿白 赤紫黑 碧黄白
天道行西,日躔在子宫,宜用癸乙丁辛时	初八日**大寒** 20:32　初一日**朔** 4:05 廿三日**立春** 14:49　十五日**望** 20:50

农历	初初初初初初初初初初十十十十十十十十十二廿廿廿廿廿廿廿廿廿三 一二三四五六七八九十一二三四五六七八九十一二三四五六七八九十
阳历	13 14 15 16 17 18 19 20 21 22 23 24 25 26 27 28 29 30 31 2月 2 3 4 5 6 7 8 9 10
星期	二三四五六日一二三四五六日一二三四五六日一二三四五六日一二
干支	戊己庚辛壬癸甲乙丙丁戊己庚辛壬癸甲乙丙丁戊己庚辛壬癸甲乙丙 午未申酉戌亥子丑寅卯辰巳午未申酉戌亥子丑寅卯辰巳午未申酉戌
28宿	室壁奎娄胃昴毕觜参井鬼柳星张翼轸角亢氐房心尾箕斗牛女虚危室 执破危成收开闭建除满平定执破危成收开闭建除满满平定执破危成
五行	火火木木水水金金火火木木土土金金火火水水土土金金木木水水土
节元	小寒下5　大寒上3　大寒中9　大寒下6　立春上8　立春中5
黄道黑道	天元司勾青明天朱金天白玉天元司勾青明天朱金天金天白玉天元司 牢武命陈龙堂刑雀匮德虎堂牢武命陈龙堂刑雀匮德匮德虎堂牢武命
八卦	乾兑离震巽坎艮坤乾兑离震巽坎艮坤乾兑离震巽坎艮坤乾兑离震巽
方位	东东西西正东东西西正东东西西正东东西西正东东西西正东东西西 南北北南南南北北南南南北北南南南北北南南南北北南南南北北南 正正正正正正东东正正正正正正正正东东正正正正正正正正东东正 北北东东南南南南西西北北东东南南南南西西北北东东南南南南西
五脏	心心肝肝肾肾肺肺心心肝肝脾脾肺肺心心肾肾脾脾肺肺肝肝肾肾脾
子时时辰	壬甲丙戊庚壬甲丙戊庚壬甲丙戊庚壬甲丙戊庚壬甲丙戊庚壬甲丙戊 子子子子子子子子子子子子子子子子子子子子子子子子子子子子子
农事节令	寅时朔　四九　腊八节,上弦,戌时大寒,农暴　农暴　戌时望,五九　绝日　下弦,未时立春　扫尘节,小年　农暴　除夕

公元2032年 农历壬子(鼠)年

正月大

孟春 之月 虎月 壬寅 角宿

赤 碧 黄
白 白 白
黑 绿 紫

天道行南，日躔在亥宫，宜用甲丙庚壬时

初九日**雨水** 10:33　初一日**朔** 14:23

廿四日**惊蛰** 8:41　十六日**望** 15:41

农历	初一	初二	初三	初四	初五	初六	初七	初八	初九	初十	十一	十二	十三	十四	十五	十六	十七	十八	十九	二十	廿一	廿二	廿三	廿四	廿五	廿六	廿七	廿八	廿九	三十
阳历	11	12	13	14	15	16	17	18	19	20	21	22	23	24	25	26	27	28	29	3月	2	3	4	5	6	7	8	9	10	11
星期	三	四	五	六	日	一	二	三	四	五	六	日	一	二	三	四	五	六	日	一	二	三	四	五	六	日	一	二	三	四
干支	丁亥	戊子	己丑	庚寅	辛卯	壬辰	癸巳	甲午	乙未	丙申	丁酉	戊戌	己亥	庚子	辛丑	壬寅	癸卯	甲辰	乙巳	丙午	丁未	戊申	己酉	庚戌	辛亥	壬子	癸丑	甲寅	乙卯	丙辰
28宿	壁收	奎开	娄闭	胃建	昴除	毕满	觜平	参定	井执	鬼破	柳危	星成	张收	翼开	轸闭	角建	亢除	氐满	房平	心定	尾执	箕破	斗危	牛危	女成	虚收	危开	室闭	壁建	奎除
五行	土	火	火	木	木	水	水	金	金	火	火	木	木	土	土	金	金	火	火	水	水	土	土	金	金	木	木	水	水	土
节元			立春下2					雨水上9					雨水中6					雨水下3					惊蛰上1					惊蛰中7		
黄道黑道	勾陈	青龙	明堂	天刑	朱雀	金匮	天德	白虎	玉堂	天牢	元武	司命	勾陈	青龙	明堂	天刑	朱雀	金匮	天德	白虎	玉堂	天牢	元武	天牢	元武	司命	勾陈	青龙	明堂	天刑
八卦	离	震	巽	坎	艮	坤	乾	兑	离	震	巽	坎	艮	坤	乾	兑	离	震	巽	坎	艮	坤	乾	兑	离	震	巽	坎	艮	坤
方位	正南 正西	东南 正北	东北 正北	西北 正东	西南 正东	正南 正南	东南 正南	东北 东南	西北 东南	西南 正西	正南 正西	东南 正北	东北 正北	西北 正东	西南 正东	正南 正南	东南 正南	东北 东南	西北 东南	西南 正西	正南 正西	东南 正北	东北 正北	西北 正东	西南 正东	正南 正南	东南 正南	东北 东南	西北 东南	西南 正西
五脏	脾	心	心	肝	肝	肾	肾	肺	肺	心	心	肝	肝	脾	脾	肺	肺	心	心	肾	肾	脾	脾	肺	肺	肝	肝	肾	肾	脾
子时时辰	庚子	壬子	甲子	丙子	戊子	庚子	壬子	甲子	丙子	戊子	庚子	壬子	甲子	丙子	戊子	庚子	壬子	甲子	丙子	戊子	庚子	壬子	甲子	丙子	戊子	庚子	壬子	甲子	丙子	戊子
农事节令	春节，未时朔	财神节	三牛耕地	情人节，七九	破五节，五日得辛	六龙治水		上弦	农暴，巳时雨水	土神诞，六人十饼	十一姑看蚕		农暴，八九		元宵节	申时望			农暴			九九	下弦	辰时惊蛰	填仓节		妇女节		农暴	

二月小

仲春之月　兔月　癸卯　亢宿

白	黑	绿
黄	赤	紫
白	碧	白

天道行西南，日躔在戌宫，宜用艮巽坤乾时

初九日**春分** 9:22　初一日**朔** 0:23

廿四日**清明** 13:18　十六日**望** 8:45

农历	初初初初初初初初初初十十十十十十十十十二廿廿廿廿廿廿廿廿廿三 一二三四五六七八九十一二三四五六七八九十一二三四五六七八九十
阳历	12 13 14 15 16 17 18 19 20 21 22 23 24 25 26 27 28 29 30 31 4月 2 3 4 5 6 7 8 9
星期	五六日一二三四五六日一二三四五六日一二三四五六日一二三四五
干支	丁戊己庚辛壬癸甲乙丙丁戊己庚辛壬癸甲乙丙丁戊己庚辛壬癸甲乙 巳午未申酉戌亥子丑寅卯辰巳午未申酉戌亥子丑寅卯辰巳午未申酉
28宿	娄胃昴毕觜参井鬼柳星张翼轸角亢氐房心尾箕斗牛女虚危室壁奎娄 满平定执破危成收开闭建除满平定执破危成收开闭建建除满平定执
五行	土火火木木水水金金火火木木土土金金火火水水土土金金木木水水
节元	惊蛰下 4　春分上 3　春分中 9　春分下 6　清明上 4　清明中 1
黄道黑道	朱金天白玉天元司勾青明天朱金天白玉天元司勾青明青明天朱金天 雀匮德虎堂牢武命陈龙堂刑雀匮德虎堂牢武命陈龙堂龙堂刑雀匮德
八卦	震巽坎艮坤乾兑离震巽坎艮坤乾兑离震巽坎艮坤乾兑离震巽坎艮坤
方位	正东东西西正东东西西正东东西西正东东西西正东东西西正东东西 南南北北南南南北北南南南北北南南南北北南南南北北南南南北北 正正正正正正正东东正正正正正正正正东东正正正正正正正正东东 西北北东东南南南南西西北北东东南南南南西西北北东东南南南南
五脏	脾心心肝肝肾肾肺肺心心肝肝脾脾肺肺心心肾肾脾脾肺肺肝肝肾肾
子时时辰	庚壬甲丙戊庚壬甲丙戊庚壬甲丙戊庚壬甲丙戊庚壬甲丙戊庚壬甲丙 子子子子子子子子子子子子子子子子子子子子子子子子子子子子子
农事节令	子时朔，中和节　上戊，农暴，龙头节　农暴　消费者权益日　春斫暴　上弦，离日，农暴　巳时春分，农暴　世界森林日　乌龟暴，世界水日　春社，世界气象日　农暴，世界防治结核病日　花朝节　辰时望　农暴　下弦　未时清明　农暴　农暴

公元 2032 年　　农历壬子(鼠)年

三月小

季春之月　龙月　甲辰　氐宿

黄白碧
绿白白
紫黑赤

天道行北，日躔在酉宫，宜用癸乙丁辛时

初十日**谷雨** 20:14　初一日**朔** 10:38

廿六日**立夏** 6:26　十六日**望** 23:08

农历	初初初初初初初初初初十十十十十十十十十二廿廿廿廿廿廿廿廿廿三 一二三四五六七八九十一二三四五六七八九十一二三四五六七八九十
阳历	10 11 12 13 14 15 16 17 18 19 20 21 22 23 24 25 26 27 28 29 30 5月 2 3 4 5 6 7 8
星期	六日一二三四五六日一二三四五六日一二三四五六日一二三四五六
干支	丙丁戊己庚辛壬癸甲乙丙丁戊己庚辛壬癸甲乙丙丁戊己庚辛壬癸甲 戌亥子丑寅卯辰巳午未申酉戌亥子丑寅卯辰巳午未申酉戌亥子丑寅
28宿	胃昴毕觜参井鬼柳星张翼轸角亢氐房心尾箕斗牛女虚危室壁奎娄胃 破危成收开闭建除满平定执破危成收开闭建除满平定执破破危成收
五行	土土火火木木水水金金火火木木土土金金火火水水土土金金木木水
节元	清明下7　谷雨上5　谷雨中2　谷雨下8　立夏上4　立夏中1
黄道黑道	白玉天元司勾青明天朱金天白玉天元司勾青明天朱金天白天白玉天 虎堂牢武命陈龙堂刑雀匮德虎堂牢武命陈龙堂刑雀匮德虎德虎堂牢
八卦	巽坎艮坤乾兑离震巽坎艮坤乾兑离震巽坎艮坤乾兑离震巽坎艮坤乾
方位	西正东东西西正东东西西正东东西西正东东西西正东东西西正东东 南南南北北南南南北北南南南北北南南南北北南南南北北南南南北 正正正正正正正正东东正正正正正正正正东东正正正正正正正正东 西西北北东东南南南南西西北北东东南南南南西西北北东东南南南
五脏	脾脾心心肝肝肾肾肺肺心心肝肝脾脾肺肺心心肾肾脾脾肺肺肝肝肾
子时时辰	戊庚壬甲丙戊庚壬甲丙戊庚壬甲丙戊庚壬甲丙戊庚壬甲丙戊庚壬甲 子子子子子子子子子子子子子子子子子子子子子子子子子子子子子
农事节令	巳时朔　上巳，桃花暴　上弦 农暴　戊时谷雨　世界地球日　夜子望 农暴　下弦，天石暴 劳动节　卯时立夏，农暴 绝日，猴子暴，青年节　东帝暴

公元 2032 年　　农历壬子(鼠)年

四月大

孟夏之月　蛇月　乙巳　房宿

绿	紫	黑
碧	黄	赤
白	白	白

天道行西，日躔在申宫，宜用甲丙庚壬时

十二日**小满** 19:15　初一日**朔** 21:34

廿八日**芒种** 10:28　十七日**望** 10:36

农历	初一	初二	初三	初四	初五	初六	初七	初八	初九	初十	十一	十二	十三	十四	十五
阳历	9	10	11	12	13	14	15	16	17	18	19	20	21	22	23
星期	日	一	二	三	四	五	六	日	一	二	三	四	五	六	日
干支	乙卯	丙辰	丁巳	戊午	己未	庚申	辛酉	壬戌	癸亥	甲子	乙丑	丙寅	丁卯	戊辰	己巳
28宿	昴开	毕闭	觜建	参除	井满	鬼平	柳定	星执	张破	翼危	轸成	角收	亢开	氐闭	房建
五行	水	土	土	火	火	木	木	水	水	金	金	火	火	木	木
节元					立夏下7					小满上5					小满中2
黄道黑道	元武	司命	勾陈	青龙	明堂	天刑	朱雀	金匮	天德	白虎	玉堂	天牢	元武	司命	勾陈
八卦	坎	艮	坤	乾	兑	离	震	巽	坎	艮	坤	乾	兑	离	震
方位	西北东南	西南正西	正南正西	东南正北	东北正北	西北正东	西南正东	正南正南	东南正南	东北东南	西北东南	西南正西	正南正西	东南正北	东北正北
五脏	肾	脾	脾	心	心	肝	肝	肾	肾	肺	肺	心	心	肝	肝
子时时辰	丙子	戊子	庚子	壬子	甲子	丙子	戊子	庚子	壬子	甲子	丙子	戊子	庚子	壬子	甲子
农事节令	亥时朔，农暴，母亲节			护士节，防灾减灾日			国际家庭日	老虎暴	上弦			戌时小满			农暴

农历	十六	十七	十八	十九	二十	廿一	廿二	廿三	廿四	廿五	廿六	廿七	廿八	廿九	三十
阳历	24	25	26	27	28	29	30	31	6月	2	3	4	5	6	7
星期	一	二	三	四	五	六	日	一	二	三	四	五	六	日	一
干支	庚午	辛未	壬申	癸酉	甲戌	乙亥	丙子	丁丑	戊寅	己卯	庚辰	辛巳	壬午	癸未	甲申
28宿	心除	尾满	箕平	斗定	牛执	女破	虚危	危成	室收	壁开	奎闭	娄建	胃建	昴除	毕满
五行	土	土	金	金	火	火	水	水	土	土	金	金	木	木	水
节元					小满下8					芒种上6					芒种中3
黄道黑道	青龙	明堂	天刑	朱雀	金匮	天德	白虎	玉堂	天牢	元武	司命	勾陈	司命	勾陈	青龙
八卦	巽	坎	艮	坤	乾	兑	离	震	巽	坎	艮	坤	乾	兑	离
方位	西北正东	西南正东	正南正南	东南正南	东北东南	西北东南	西南正西	正南正西	东南正北	东北正北	西北正东	西南正东	正南正南	东南正南	东北东南
五脏	脾	脾	肺	肺	心	心	肾	肾	脾	脾	肺	肺	肝	肝	肾
子时时辰	丙子	戊子	庚子	壬子	甲子	丙子	戊子	庚子	壬子	甲子	丙子	戊子	庚子	壬子	甲子
农事节令		巳时望						世界无烟日	下弦，儿童节	农暴			巳时芒种，世界环境日		

公元 2032 年　　　　农历壬子(鼠)年

五月小

仲夏之月　马月　丙午　心宿

碧	白	白
黑	绿	白
赤	紫	黄

天道行西北，日躔在未宫，宜用艮巽坤乾时

十四日**夏至** 3:09　初一日**朔** 9:31

廿九日**小暑** 20:42　十六日**望** 19:31

农历	初一 初二 初三 初四 初五 初六 初七 初八 初九 初十 十一 十二 十三 十四 十五 十六 十七 十八 十九 二十 廿一 廿二 廿三 廿四 廿五 廿六 廿七 廿八 廿九 三十
阳历	8 9 10 11 12 13 14 15 16 17 18 19 20 21 22 23 24 25 26 27 28 29 30 7月 2 3 4 5 6
星期	二三四五六日一二三四五六日一二三四五六日一二三四五六日一二
干支	乙酉 丙戌 丁亥 戊子 己丑 庚寅 辛卯 壬辰 癸巳 甲午 乙未 丙申 丁酉 戊戌 己亥 庚子 辛丑 壬寅 癸卯 甲辰 乙巳 丙午 丁未 戊申 己酉 庚戌 辛亥 壬子 癸丑
28宿	觜平 参定 井执 鬼破 柳危 星成 张收 翼开 轸闭 角建 亢除 氐满 房平 心定 尾执 箕破 斗危 牛成 女收 虚开 危闭 室建 壁除 奎满 娄平 胃定 昴执 毕破 觜破
五行	水土土火火木木水水金金火火木木土土金金火火水水土土金金木木
节元	芒种下9　夏至上6　夏至中3　夏至下6　小暑上8
黄道黑道	明堂 天刑 朱雀 金匮 天德 白虎 玉堂 天牢 元武 司命 勾陈 青龙 明堂 天刑 朱雀 金匮 天德 白虎 玉堂 天牢 元武 司命 勾陈 青龙 明堂 天刑 朱雀 金匮 朱雀
八卦	艮坤乾兑离震巽坎艮坤乾兑离震巽坎艮坤乾兑离震巽坎艮坤乾兑离
方位	西北东南 西南正西 正南正西 东南正北 东北正北 西北正东 西南正东 正南正南 东南正南 东北东南 东北东南 西南正西 西南正西 正南正北 东北正北 西北正东 西南正东 正南正南 东南正南 东北东南 东北东南 西南正西 西南正西 正南正北 东北正北 西北正东 西南正东 正南正南 东南正南
五脏	肾脾脾心心肝肝肾肾肺肺心心肝肝脾脾肺肺心心肾肾脾脾肺肺肝肝
子时时辰	丙子 戊子 庚子 壬子 甲子 丙子 戊子 庚子 壬子 甲子 丙子 戊子 庚子 壬子 甲子 丙子 戊子 庚子 壬子 甲子 丙子 戊子 庚子 壬子 甲子 丙子 戊子 庚子 壬子
农事节令	巳时朔；入梅；端午节，端阳暴；防治荒漠化和干旱日；父亲节；寅时夏至；农暴；戌时望；头莳；全国土地日；中莳，国际禁毒日；分龙，农暴；末莳，龙母暴；建党节，香港回归日；戌时小暑

公元 2032 年　　农历壬子(鼠)年

六月大　　季夏之月　羊月　丁未　尾宿

黑赤紫
白碧黄
白白绿

天道行东，日躔在午宫，宜用癸乙丁辛时

十六日**大暑** 14:06　　初一日**朔** 22:41　　十七日**望** 2:50

农历	初一	初二	初三	初四	初五	初六	初七	初八	初九	初十	十一	十二	十三	十四	十五	十六	十七	十八	十九	二十	廿一	廿二	廿三	廿四	廿五	廿六	廿七	廿八	廿九	三十
阳历	7	8	9	10	11	12	13	14	15	16	17	18	19	20	21	22	23	24	25	26	27	28	29	30	31	8月	2	3	4	5
星期	三	四	五	六	日	一	二	三	四	五	六	日	一	二	三	四	五	六	日	一	二	三	四	五	六	日	一	二	三	四
干支	甲寅	乙卯	丙辰	丁巳	戊午	己未	庚申	辛酉	壬戌	癸亥	甲子	乙丑	丙寅	丁卯	戊辰	己巳	庚午	辛未	壬申	癸酉	甲戌	乙亥	丙子	丁丑	戊寅	己卯	庚辰	辛巳	壬午	癸未
28宿	参	井	鬼	柳	星	张	翼	轸	角	亢	氐	房	心	尾	箕	斗	牛	女	虚	危	室	壁	奎	娄	胃	昴	毕	觜	参	井
	危	成	收	开	闭	建	除	满	平	定	执	破	危	成	收	开	闭	建	除	满	平	定	执	破	危	成	收	开	闭	建
五行	水	水	土	土	火	火	木	木	水	水	金	金	火	火	木	木	土	土	金	金	火	火	水	水	土	土	金	金	木	木
节元	小暑中2					小暑下5					大暑上7					大暑中1					大暑下4					立秋上2				
黄道黑道	金匮	天德	白虎	玉堂	天牢	元武	司命	勾陈	青龙	明堂	天刑	朱雀	金匮	天德	白虎	玉堂	天牢	元武	司命	勾陈	青龙	明堂	天刑	朱雀	金匮	天德	白虎	玉堂	天牢	元武
八卦	坤	乾	兑	离	震	巽	坎	艮	坤	乾	兑	离	震	巽	坎	艮	坤	乾	兑	离	震	巽	坎	艮	坤	乾	兑	离	震	巽
方位	东北东南	西北东南	西南正西	正南正西	东南正北	东北正北	西北正东	西南正东	正南正南	东南正南	东北东南	西北东南	西南正西	正南正西	东南正北	东北正北	西北正东	西南正东	正南正南	东南正南	东北东南	西北东南	西南正西	正南正西	东南正北	东北正北	西北正东	西南正东	正南正南	东南正南
五脏	肾	肾	脾	脾	心	心	肝	肝	肾	肾	肺	肺	心	心	肝	肝	脾	脾	肺	肺	心	心	肾	肾	脾	脾	肺	肺	肝	肝
子时时辰	甲子	丙子	戊子	庚子	壬子	甲子	丙子	戊子	庚子	壬子	甲子	丙子	戊子	庚子	壬子	甲子	丙子	戊子	庚子	壬子	甲子	丙子	戊子	庚子	壬子	甲子	丙子	戊子	庚子	壬子
农事节令	亥时朔			荷花节	世界人口日	天贶节，农暴，出梅	头伏		上弦			农暴				未时大暑	丑时望，二伏		农暴	农暴				下弦		建军节			农暴	

七月大

孟秋 之月 猴月 戊申 箕宿

白	白	白
紫	黑	绿
黄	赤	碧

天道行北，日躔在巳宫，宜用甲丙庚壬时

初二日**立秋** 6:34　初一日**朔** 13:10

十七日**处暑** 21:19　十六日**望** 9:46

农历	初一	初二	初三	初四	初五	初六	初七	初八	初九	初十	十一	十二	十三	十四	十五	十六	十七	十八	十九	二十	廿一	廿二	廿三	廿四	廿五	廿六	廿七	廿八	廿九	三十
阳历	6	7	8	9	10	11	12	13	14	15	16	17	18	19	20	21	22	23	24	25	26	27	28	29	30	31	9月	2	3	4
星期	五	六	日	一	二	三	四	五	六	日	一	二	三	四	五	六	日	一	二	三	四	五	六	日	一	二	三	四	五	六
干支	甲申	乙酉	丙戌	丁亥	戊子	己丑	庚寅	辛卯	壬辰	癸巳	甲午	乙未	丙申	丁酉	戊戌	己亥	庚子	辛丑	壬寅	癸卯	甲辰	乙巳	丙午	丁未	戊申	己酉	庚戌	辛亥	壬子	癸丑
28宿	鬼	柳	星	张	翼	轸	角	亢	氐	房	心	尾	箕	斗	牛	女	虚	危	室	壁	奎	娄	胃	昴	毕	觜	参	井	鬼	柳
	除	除	满	平	定	执	破	危	成	收	开	闭	建	除	满	平	定	执	破	危	成	收	开	闭	建	除	满	平	定	执
五行	水	水	土	土	火	火	木	木	水	水	金	金	火	火	木	木	土	土	金	金	火	火	水	水	土	土	金	金	木	木
节元	立秋中5					立秋下8					处暑上1					处暑中4					处暑下7					白露上9				
黄道黑道	司命	元武	司命	勾陈	青龙	明堂	天刑	朱雀	金匮	天德	白虎	玉堂	天牢	元武	司命	勾陈	青龙	明堂	天刑	朱雀	金匮	天德	白虎	玉堂	天牢	元武	司命	勾陈	青龙	明堂
八卦	乾	兑	离	震	巽	坎	艮	坤	乾	兑	离	震	巽	坎	艮	坤	乾	兑	离	震	巽	坎	艮	坤	乾	兑	离	震	巽	坎
方位	东北东南	西北东南	西南正西	正南正西	东南正北	东北正北	西北正东	西南正东	正南正南	东南正南	东北东南	西北东南	西南正西	正南正西	东南正北	东北正北	西北正东	西南正东	正南正南	东南正南	东北东南	西北东南	西南正西	正南正西	东南正北	东北正北	西北正东	西南正东	正南正南	东南正南
五脏	肾	肾	脾	脾	心	心	肝	肝	肾	肾	肺	肺	心	心	肝	肝	脾	脾	肺	肺	心	心	肾	肾	脾	脾	肺	肺	肝	肝
子时时辰	甲子	丙子	戊子	庚子	壬子	甲子	丙子	戊子	庚子	壬子	甲子	丙子	戊子	庚子	壬子	甲子	丙子	戊子	庚子	壬子	甲子	丙子	戊子	庚子	壬子	甲子	丙子	戊子	庚子	壬子
农事节令	未时朔，绝日	卯时立秋					三伏，七夕，乞巧节，农暴	上弦							中元节	巳时望	亥时处暑，农暴							下弦				农暴		

公元 2032 年　　农历壬子(鼠)年

八月小

仲秋　之月　鸡月　己酉　斗宿

紫黄赤
白白碧
绿白黑

天道行东北，日躔在辰宫，宜用艮巽坤乾时

初三日**白露** 9:39　初一日**朔** 4:56

十八日**秋分** 19:12　十五日**望** 17:29

农历	初初初初初初初初初初十十十十十十十十十二廿廿廿廿廿廿廿廿廿三 一二三四五六七八九十一二三四五六七八九十一二三四五六七八九十
阳历	5 6 7 8 9 10 11 12 13 14 15 16 17 18 19 20 21 22 23 24 25 26 27 28 29 30 10月 2 3
星期	日一二三四五六日一二三四五六日一二三四五六日一二三四五六日
干支	甲乙丙丁戊己庚辛壬癸甲乙丙丁戊己庚辛壬癸甲乙丙丁戊己庚辛壬 寅卯辰巳午未申酉戌亥子丑寅卯辰巳午未申酉戌亥子丑寅卯辰巳午
28宿	星张翼轸角亢氐房心尾箕斗牛女虚危室壁奎娄胃昴毕觜参井鬼柳星 破危危成收开闭建除满平定执破危成收开闭建除满平定执破危成收
五行	水水土土火火木木水水金金火火木木土土金金火火水水土土金金木
节元	白露中3　白露下6　秋分上7　秋分中1　秋分下4　寒露上6
黄道黑道	天朱天朱金天白玉天元司勾青明天朱金天白玉天元司勾青明天朱金 刑雀刑雀匮德虎堂牢武命陈龙堂刑雀匮德虎堂牢武命陈龙堂刑雀匮
八卦	兑离震巽坎艮坤乾兑离震巽坎艮坤乾兑离震巽坎艮坤乾兑离震巽坎
方位	东西西正东东西西正东东西西正东东西西正东东西西正东东西西正 北北南南南北北南南南北北南南南北北南南南北北南南南北北南南 东东正正正正正正正正东东正正正正正正正正东东正正正正正正正 南南西西北北东东南南南南西西北北东东南南南南西西北北东东南
五脏	肾肾脾脾心心肝肝肾肾肺肺心心肝肝脾脾肺肺心心肾肾脾脾肺肺肝
子时时辰	甲丙戊庚壬甲丙戊庚壬甲丙戊庚壬甲丙戊庚壬甲丙戊庚壬甲丙戊庚 子子子子子子子子子子子子子子子子子子子子子子子子子子子子子
农事节令	寅时朔　巳时白露，农暴　教师节 上戊　中秋节，秋社，酉时望 全国科普日　戊时秋分 离日　农暴　孔子诞辰 农暴　国庆节

公元 2032 年　　农历壬子(鼠)年

九月大　　季秋之月　狗月　庚戌　牛宿

白	绿	白
赤	紫	黑
碧	黄	白

天道行南，日躔在卯宫，宜用癸乙丁辛时

初五日**寒露** 1:31　初一日**朔** 21:26

二十日**霜降** 4:47　十六日**望** 2:57

农历	初一	初二	初三	初四	初五	初六	初七	初八	初九	初十
阳历	4	5	6	7	8	9	10	11	12	13
星期	一	二	三	四	五	六	日	一	二	三
干支	癸未	甲申	乙酉	丙戌	丁亥	戊子	己丑	庚寅	辛卯	壬辰
28宿	张	翼	轸	角	亢	氐	房	心	尾	箕
	开	闭	建	除	除	满	平	定	执	破
五行	木	水	水	土	土	火	火	木	木	水
节元		寒露中9					寒露下3			
黄道黑道	天德	白虎	玉堂	天牢	玉堂	天牢	元武	司命	勾陈	青龙
八卦	离	震	巽	坎	艮	坤	乾	兑	离	震
方位	东南正南	东北东南	西北东南	西南正西	正南正西	东南正北	东北正北	西北正东	西南正东	正南正南
五脏	肝	肾	肾	脾	脾	心	心	肝	肝	肾
子时时辰	壬子	甲子	丙子	戊子	庚子	壬子	甲子	丙子	戊子	庚子
农事节令	亥时朔				丑时寒露			上弦	重阳节，农暴	国际减灾日

农历	十一	十二	十三	十四	十五	十六	十七	十八	十九	二十
阳历	14	15	16	17	18	19	20	21	22	23
星期	四	五	六	日	一	二	三	四	五	六
干支	癸巳	甲午	乙未	丙申	丁酉	戊戌	己亥	庚子	辛丑	壬寅
28宿	斗	牛	女	虚	危	室	壁	奎	娄	胃
	危	成	收	开	闭	建	除	满	平	定
五行	水	金	金	火	火	木	木	土	土	金
节元		霜降上5					霜降中8			
黄道黑道	明堂	天刑	朱雀	金匮	天德	白虎	玉堂	天牢	元武	司命
八卦	巽	坎	艮	坤	乾	兑	离	震	巽	坎
方位	东南正南	东北东南	西北东南	西南正西	正南正西	东南正北	东北正北	西北正东	西南正东	正南正南
五脏	肾	肺	肺	心	心	肝	肝	脾	脾	肺
子时时辰	壬子	甲子	丙子	戊子	庚子	壬子	甲子	丙子	戊子	庚子
农事节令			世界粮食日	国际消除贫困日		丑时望			农暴	寅时霜降

农历	廿一	廿二	廿三	廿四	廿五	廿六	廿七	廿八	廿九	三十
阳历	24	25	26	27	28	29	30	31	11月	2
星期	日	一	二	三	四	五	六	日	一	二
干支	癸卯	甲辰	乙巳	丙午	丁未	戊申	己酉	庚戌	辛亥	壬子
28宿	昴	毕	觜	参	井	鬼	柳	星	张	翼
	执	破	危	成	收	开	闭	建	除	满
五行	金	火	火	水	水	土	土	金	金	木
节元		霜降下2					立冬上6			
黄道黑道	勾陈	青龙	明堂	天刑	朱雀	金匮	天德	白虎	玉堂	天牢
八卦	艮	坤	乾	兑	离	震	巽	坎	艮	坤
方位	东南正南	东北东南	西北东南	西南正西	正南正西	东南正北	东北正北	西北正东	西南正东	正南正南
五脏	肺	心	心	肾	肾	脾	脾	肺	肺	肝
子时时辰	壬子	甲子	丙子	戊子	庚子	壬子	甲子	丙子	戊子	庚子
农事节令	联合国日		下弦				冷风信	世界勤俭日	万圣节	

公元 2032 年　　　　农历壬子(鼠)年

十月大

孟冬之月　猪月　辛亥　女宿

赤碧黄
白白白
黑绿紫

天道行东,日躔在寅宫,宜用甲丙庚壬时

初五日**立冬** 4:55　初一日**朔** 13:44

二十日**小雪** 2:32　十五日**望** 14:41

农历	初一	初二	初三	初四	初五	初六	初七	初八	初九	初十	十一	十二	十三	十四	十五	十六	十七	十八	十九	二十	廿一	廿二	廿三	廿四	廿五	廿六	廿七	廿八	廿九	三十
阳历	3	4	5	6	7	8	9	10	11	12	13	14	15	16	17	18	19	20	21	22	23	24	25	26	27	28	29	30	12月	2
星期	三	四	五	六	日	一	二	三	四	五	六	日	一	二	三	四	五	六	日	一	二	三	四	五	六	日	一	二	三	四
干支	癸丑	甲寅	乙卯	丙辰	丁巳	戊午	己未	庚申	辛酉	壬戌	癸亥	甲子	乙丑	丙寅	丁卯	戊辰	己巳	庚午	辛未	壬申	癸酉	甲戌	乙亥	丙子	丁丑	戊寅	己卯	庚辰	辛巳	壬午
28宿	轸平	角定	亢执	氐破	房破	心危	尾成	箕收	斗开	牛闭	女建	虚除	危满	室平	壁定	奎执	娄破	胃危	昴成	毕收	觜开	参闭	井建	鬼除	柳满	星平	张定	翼执	轸破	角危
五行	木	水	水	土	土	火	火	木	木	水	水	金	金	火	火	木	木	土	土	金	金	火	火	水	水	土	土	金	金	木
节元		立冬中9					立冬下3					小雪上5					小雪中8					小雪下2					大雪上4			
黄道黑道	元武	司命	勾陈	青龙	勾陈	青龙	明堂	天刑	朱雀	金匮	天德	白虎	玉堂	天牢	元武	司命	勾陈	青龙	明堂	天刑	朱雀	金匮	天德	白虎	玉堂	天牢	元武	司命	勾陈	青龙
八卦	震	巽	坎	艮	坤	乾	兑	离	震	巽	坎	艮	坤	乾	兑	离	震	巽	坎	艮	坤	乾	兑	离	震	巽	坎	艮	坤	乾
方位	东南正南	东北东南	西北东南	西南正西	正南正西	东南正北	东北正北	西北正东	西南正东	正南正南	东南正南	东北东南	西北东南	西南正西	正南正西	东南正北	东北正北	西北正东	西南正东	正南正南	东南正南	东北东南	西北东南	西南正西	正南正西	东南正北	东北正北	西北正东	西南正东	正南正南
五脏	肝	肾	肾	脾	脾	心	心	肝	肝	肾	肾	肺	肺	心	心	肝	肝	脾	脾	肺	肺	心	心	肾	肾	脾	脾	肺	肺	肝
子时时辰	壬子	甲子	丙子	戊子	庚子	壬子	甲子	丙子	戊子	庚子	壬子	甲子	丙子	戊子	庚子	壬子	甲子	丙子	戊子	庚子	壬子	甲子	丙子	戊子	庚子	壬子	甲子	丙子	戊子	庚子
农事节令	未时朔			绝日	寅时立冬		上弦			农暴					下元节,国际大学生节,未时望					丑时小雪,农暴			农暴,下弦,感恩节						世界艾滋病日	

十一月小

仲冬 之月　鼠月　壬子　虚宿

白黑绿
黄赤紫
白碧白

天道行东南，日躔在丑宫，宜用艮巽坤乾时

初四日**大雪** 21:54　初一日**朔** 4:52
十九日**冬至** 15:57　十五日**望** 4:48

农历	初一	初二	初三	初四	初五	初六	初七	初八	初九	初十	十一	十二	十三	十四	十五	十六	十七	十八	十九	二十	廿一	廿二	廿三	廿四	廿五	廿六	廿七	廿八	廿九	三十
阳历	3	4	5	6	7	8	9	10	11	12	13	14	15	16	17	18	19	20	21	22	23	24	25	26	27	28	29	30	31	
星期	五	六	日	一	二	三	四	五	六	日	一	二	三	四	五	六	日	一	二	三	四	五	六	日	一	二	三	四	五	
干支	癸未	甲申	乙酉	丙戌	丁亥	戊子	己丑	庚寅	辛卯	壬辰	癸巳	甲午	乙未	丙申	丁酉	戊戌	己亥	庚子	辛丑	壬寅	癸卯	甲辰	乙巳	丙午	丁未	戊申	己酉	庚戌	辛亥	
28宿	亢成	氐收	房开	心开	尾闭	箕建	斗除	牛满	女平	虚定	危执	室破	壁危	奎成	娄收	胃开	昴闭	毕建	觜除	参满	井平	鬼定	柳执	星破	张危	翼成	轸收	角开	亢闭	
五行	木	水	水	土	土	火	火	木	木	水	水	金	金	火	火	木	木	土	土	金	金	火	火	水	水	土	土	金	金	
节元		大雪中7					大雪下1					冬至上1					冬至中7					冬至下4					小寒上2			
黄道黑道	明堂	天刑	朱雀	天刑	朱雀	金匮	天德	白虎	玉堂	天牢	元武	司命	勾陈	青龙	明堂	天刑	朱雀	金匮	天德	白虎	玉堂	天牢	元武	司命	勾陈	青龙	明堂	天刑	朱雀	
八卦	巽	坎	艮	坤	乾	兑	离	震	巽	坎	艮	坤	乾	兑	离	震	巽	坎	艮	坤	乾	兑	离	震	巽	坎	艮	坤	乾	
方位	东南正南	东北东南	西北东南	西南正西	正南正西	东南正北	东北正北	西北正东	西南正东	正南正南	东南正南	东北东南	西北东南	西南正西	正南正西	东南正北	东北正北	西北正东	西南正东	正南正南	东南正南	东北东南	西北东南	西南正西	正南正西	东南正北	东北正北	西北正东	西南正东	
五脏	肝	肾	肾	脾	脾	心	心	肝	肝	肾	肾	肺	肺	心	心	肝	肝	脾	脾	肺	肺	心	心	肾	肾	脾	脾	肺	肺	
子时时辰	壬子	甲子	丙子	戊子	庚子	壬子	甲子	丙子	戊子	庚子	壬子	甲子	丙子	戊子	庚子	壬子	甲子	丙子	戊子	庚子	壬子	甲子	丙子	戊子	庚子	壬子	甲子	丙子	戊子	
农事节令	寅时朔		农暴	亥时大雪			上弦								寅时望			澳门回归日	申时冬至，一九				下弦，圣诞节				农暴	二九		

十二月大

季冬 之月 牛月 癸丑 危宿

黄白碧
绿白白
紫黑赤

天道行西，日躔在子宫，宜用癸乙丁辛时

初五日**小寒** 9:09 初一日**朔** 18:16

二十日**大寒** 2:34 十五日**望** 21:06

农历	初 一	初 二	初 三	初 四	初 五	初 六	初 七	初 八	初 九	初 十	十 一	十 二	十 三	十 四	十 五	十 六	十 七	十 八	十 九	二 十	廿 一	廿 二	廿 三	廿 四	廿 五	廿 六	廿 七	廿 八	廿 九	三 十
阳历	1 月	2	3	4	5	6	7	8	9	10	11	12	13	14	15	16	17	18	19	20	21	22	23	24	25	26	27	28	29	30
星期	六	日	一	二	三	四	五	六	日	一	二	三	四	五	六	日	一	二	三	四	五	六	日	一	二	三	四	五	六	日
干支	壬 子	癸 丑	甲 寅	乙 卯	丙 辰	丁 巳	戊 午	己 未	庚 申	辛 酉	壬 戌	癸 亥	甲 子	乙 丑	丙 寅	丁 卯	戊 辰	己 巳	庚 午	辛 未	壬 申	癸 酉	甲 戌	乙 亥	丙 子	丁 丑	戊 寅	己 卯	庚 辰	辛 巳
28宿	氐 建	房 除	心 满	尾 平	箕 平	斗 定	牛 执	女 破	虚 危	危 成	室 收	壁 开	奎 闭	娄 建	胃 除	昴 满	毕 平	觜 定	参 执	井 破	鬼 危	柳 成	星 收	张 开	翼 闭	轸 建	角 除	亢 满	氐 平	房 定
五行	木	木	水	水	土	土	火	火	木	木	水	水	金	金	火	火	木	木	土	土	金	金	火	火	水	水	土	土	金	金
节元			小 寒 中 8					小 寒 下 5					大 寒 上 3					大 寒 中 9					大 寒 下 6					立 春 上 8			
黄道 黑道	金 匮	天 德	白 虎	玉 堂	白 虎	玉 堂	天 牢	元 武	司 命	勾 陈	青 龙	明 堂	天 刑	朱 雀	金 匮	天 德	白 虎	玉 堂	天 牢	元 武	司 命	勾 陈	青 龙	明 堂	天 刑	朱 雀	金 匮	天 德	白 虎	玉 堂
八卦	坎	艮	坤	乾	兑	离	震	巽	坎	艮	坤	乾	兑	离	震	巽	坎	艮	坤	乾	兑	离	震	巽	坎	艮	坤	乾	兑	离
方位	正 南 正 南	东 南 正 南	东 北 东 南	西 北 东 南	西 南 正 西	正 南 正 西	东 南 正 北	东 北 正 北	西 北 正 东	西 南 正 东	正 南 正 南	东 南 正 南	东 北 东 南	西 北 东 南	西 南 正 西	正 南 正 西	东 南 正 北	东 北 正 北	西 北 正 东	西 南 正 东	正 南 正 南	东 南 正 南	东 北 东 南	西 北 东 南	西 南 正 西	正 南 正 西	东 南 正 北	东 北 正 北	西 北 正 东	西 南 正 东
五脏	肝	肝	肾	肾	脾	脾	心	心	肝	肝	肾	肾	肺	肺	心	心	肝	肝	脾	脾	肺	肺	心	心	肾	肾	脾	脾	肺	肺
子时 时辰	庚 子	壬 子	甲 子	丙 子	戊 子	庚 子	壬 子	甲 子	丙 子	戊 子	庚 子	壬 子	甲 子	丙 子	戊 子	庚 子	壬 子	甲 子	丙 子	戊 子	庚 子	壬 子	甲 子	丙 子	戊 子	庚 子	壬 子	甲 子	丙 子	戊 子
农事节令	酉时朔，元旦				巳时小寒		上弦	腊八节，农暴，三九						农暴	亥时望		四九			丑时大寒			下弦	小年，扫尘节		五九	农暴			除夕

公元 2033 年　农历癸丑(牛)年(闰十一月)

正月小

孟春之月　虎月　甲寅　室宿

绿	紫	黑
碧	黄	赤
白	白	白

天道行南，日躔在亥宫，宜用甲丙庚壬时

初四日**立春** 20:43　初一日**朔** 5:58

十九日**雨水** 16:35　十五日**望** 15:02

农历	初一	初二	初三	初四	初五	初六	初七	初八	初九	初十	十一	十二	十三	十四	十五
阳历	31	2月	2	3	4	5	6	7	8	9	10	11	12	13	14
星期	一	二	三	四	五	六	日	一	二	三	四	五	六	日	一
干支	壬午	癸未	甲申	乙酉	丙戌	丁亥	戊子	己丑	庚寅	辛卯	壬辰	癸巳	甲午	乙未	丙申
28宿	心	尾	箕	斗	牛	女	虚	危	室	壁	奎	娄	胃	昴	毕
	执	破	危	危	成	收	开	闭	建	除	满	平	定	执	破
五行	木	木	水	水	土	土	火	火	木	木	水	水	金	金	火
节元			立春中5					立春下2					雨水上9		
黄道黑道	天牢	元武	司命	元武	司命	勾陈	青龙	明堂	天刑	朱雀	金匮	天德	白虎	玉堂	天牢
八卦	震	巽	坎	艮	坤	乾	兑	离	震	巽	坎	艮	坤	乾	兑
方位	正南正南	东南正南	东北东南	西北东南	西南正西	正南正西	东南正北	东北正北	西北正东	西南正东	正南正南	东南正南	东北东南	西北东南	西南正西
五脏	肝	肝	肾	肾	脾	脾	心	心	肝	肝	肾	肾	肺	肺	心
子时时辰	庚子	壬子	甲子	丙子	戊子	庚子	壬子	甲子	丙子	戊子	庚子	壬子	甲子	丙子	戊子
农事节令	春节，卯时朔	财神节	绝日	戌时立春，四姑看蚕	一人五饼，破五节，六九		上弦	八牛耕地	农暴	十日得辛，土神诞	十一龙治水		农暴	七九	申时望，元宵节，情人节

农历	十六	十七	十八	十九	二十	廿一	廿二	廿三	廿四	廿五	廿六	廿七	廿八	廿九	三十
阳历	15	16	17	18	19	20	21	22	23	24	25	26	27	28	
星期	二	三	四	五	六	日	一	二	三	四	五	六	日	一	
干支	丁酉	戊戌	己亥	庚子	辛丑	壬寅	癸卯	甲辰	乙巳	丙午	丁未	戊申	己酉	庚戌	
28宿	觜	参	井	鬼	柳	星	张	翼	轸	角	亢	氐	房	心	
	危	成	收	开	闭	建	除	满	平	定	执	破	危	成	
五行	火	木	木	土	土	金	金	火	火	水	水	土	土	金	
节元			雨水中6					雨水下3					惊蛰上1		
黄道黑道	元武	司命	勾陈	青龙	明堂	天刑	朱雀	金匮	天德	白虎	玉堂	天牢	元武	司命	
八卦	离	震	巽	坎	艮	坤	乾	兑	离	震	巽	坎	艮	坤	
方位	正南正西	东南正北	东北正北	西北正东	西南正东	正南正南	东南正南	东北东南	西北东南	西南正西	正南正西	东南正北	东北正北	西北正东	
五脏	心	肝	肝	脾	脾	肺	肺	心	心	肾	肾	脾	脾	肺	
子时时辰	庚子	壬子	甲子	丙子	戊子	庚子	壬子	甲子	丙子	戊子	庚子	壬子	甲子	丙子	
农事节令				申时雨水，农暴				下弦，八九		填仓节				农暴	

公元2033年 农历癸丑(牛)年(闰十一月)

二月大

仲春之月 兔月 乙卯 壁宿

碧白白
黑绿白
赤紫黄

天道行西南，日躔在戌宫，宜用艮巽坤乾时

初五日**惊蛰** 14:33 初一日**朔** 16:22

二十日**春分** 15:23 十六日**望** 9:36

农历	阳历	星期	干支	28宿		五行	节元	黄道黑道	八卦	方位	五脏	子时时辰	农事节令
初一	3月1	二	辛亥	尾	收	金		勾陈	巽	西南正东	肺	戊子	申时朔，中和节
初二	2	三	壬子	箕	开	木		青龙	坎	正南正南	肝	庚子	龙头节，农暴
初三	3	四	癸丑	斗	闭	木		明堂	艮	东南正南	肝	壬子	九九，农暴
初四	4	五	甲寅	牛	建	水	惊蛰中 7	天刑	坤	东北东南	肾	甲子	
初五	5	六	乙卯	女	建	水		明堂	乾	西北东南	肾	丙子	未时惊蛰
初六	6	日	丙辰	虚	除	土		天刑	兑	西南正西	脾	戊子	
初七	7	一	丁巳	危	满	土		朱雀	离	正南正西	脾	庚子	春祈暴
初八	8	二	戊午	室	平	火		金匮	震	东南正北	心	壬子	上弦，上戊，农暴，妇女节
初九	9	三	己未	壁	定	火	惊蛰下 4	天德	巽	东北正北	心	甲子	农暴
初十	10	四	庚申	奎	执	木		白虎	坎	西北正东	肝	丙子	
十一	11	五	辛酉	娄	破	木		玉堂	艮	西南正东	肝	戊子	乌龟暴
十二	12	六	壬戌	胃	危	水		天牢	坤	正南正南	肾	庚子	
十三	13	日	癸亥	昴	成	水		元武	乾	东南正南	肾	壬子	农暴
十四	14	一	甲子	毕	收	金	春分上 3	司命	兑	东北东南	肺	甲子	
十五	15	二	乙丑	觜	开	金		勾陈	离	西北东南	肺	丙子	花朝节，消费者权益日
十六	16	三	丙寅	参	闭	火		青龙	震	西南正西	心	戊子	巳时望
十七	17	四	丁卯	井	建	火		明堂	巽	正南正西	心	庚子	
十八	18	五	戊辰	鬼	除	木		天刑	坎	东南正北	肝	壬子	春社
十九	19	六	己巳	柳	满	木	春分中 9	朱雀	艮	东北正北	肝	甲子	离日，农暴
二十	20	日	庚午	星	平	土		金匮	坤	西北正东	脾	丙子	申时春分
廿一	21	一	辛未	张	定	土		天德	乾	西南正东	脾	戊子	世界森林日
廿二	22	二	壬申	翼	执	金		白虎	兑	正南正南	肺	庚子	世界水日
廿三	23	三	癸酉	轸	破	金		玉堂	离	东南正南	肺	壬子	下弦，世界气象日
廿四	24	四	甲戌	角	危	火	春分下 6	天牢	震	东北东南	心	甲子	世界防治结核病日
廿五	25	五	乙亥	亢	成	火		元武	巽	西北东南	心	丙子	
廿六	26	六	丙子	氐	收	水		司命	坎	西南正西	肾	戊子	
廿七	27	日	丁丑	房	开	水		勾陈	艮	正南正西	肾	庚子	
廿八	28	一	戊寅	心	闭	土		青龙	坤	东南正北	脾	壬子	农暴
廿九	29	二	己卯	尾	建	土	清明上 4	明堂	乾	东北正北	脾	甲子	农暴
三十	30	三	庚辰	箕	除	金		天刑	兑	西北正东	肺	丙子	

公元 2033 年　农历癸丑(牛)年(闰十一月)

三月小

季春之月　龙月　丙辰　奎宿

黑赤紫
白碧黄
白白绿

天道行北,日躔在酉宫,宜用癸乙丁辛时

初五日**清明** 19:08　初一日**朔** 1:50
廿一日**谷雨** 2:13　十六日**望** 3:16

农历	初一	初二	初三	初四	初五	初六	初七	初八	初九	初十	十一	十二	十三	十四	十五	十六	十七	十八	十九	二十	廿一	廿二	廿三	廿四	廿五	廿六	廿七	廿八	廿九	三十
阳历	31	4月	2	3	4	5	6	7	8	9	10	11	12	13	14	15	16	17	18	19	20	21	22	23	24	25	26	27	28	
星期	四	五	六	日	一	二	三	四	五	六	日	一	二	三	四	五	六	日	一	二	三	四	五	六	日	一	二	三	四	
干支	辛巳	壬午	癸未	甲申	乙酉	丙戌	丁亥	戊子	己丑	庚寅	辛卯	壬辰	癸巳	甲午	乙未	丙申	丁酉	戊戌	己亥	庚子	辛丑	壬寅	癸卯	甲辰	乙巳	丙午	丁未	戊申	己酉	
28宿	斗满	牛平	女定	虚执	危执	室破	壁危	奎成	娄收	胃开	昴闭	毕建	觜除	参满	井平	鬼定	柳执	星破	张危	翼成	轸收	角开	亢闭	氐建	房除	心满	尾平	箕定	斗执	
五行	金	木	木	水	水	土	土	火	火	木	木	水	水	金	金	火	火	木	木	土	土	金	金	火	火	水	水	土	土	
节元				清明中1					清明下7					谷雨上5					谷雨中2					谷雨下8					立夏上4	
黄道黑道	朱雀	金匮	天德	白虎	天德	白虎	玉堂	天牢	元武	司命	勾陈	青龙	明堂	天刑	朱雀	金匮	天德	白虎	玉堂	天牢	元武	司命	勾陈	青龙	明堂	天刑	朱雀	金匮	天德	
八卦	坎	艮	坤	乾	兑	离	震	巽	坎	艮	坤	乾	兑	离	震	巽	坎	艮	坤	乾	兑	离	震	巽	坎	艮	坤	乾	兑	
方位	西南正东	正南正南	东南正南	东北东南	西北东南	西南正西	正南正西	东南正北	东北正北	西北正东	西南正东	正南正南	东南正南	东北东南	西北东南	西南正西	正南正西	东南正北	东北正北	西北正东	西南正东	正南正南	东南正南	东北东南	西北东南	西南正西	正南正西	东南正北	东北正北	
五脏	肺	肝	肝	肾	肾	脾	脾	心	心	肝	肝	肾	肾	肺	肺	心	心	肝	肝	脾	脾	肺	肺	心	心	肾	肾	脾	脾	
子时时辰	戊子	庚子	壬子	甲子	丙子	戊子	庚子	壬子	甲子	丙子	戊子	庚子	壬子	甲子	丙子	戊子	庚子	壬子	甲子	丙子	戊子	庚子	壬子	甲子	丙子	戊子	庚子	壬子	甲子	
农事节令	丑时朔		上巳,桃花暴		戌时清明		农暴	上弦							农暴	寅时望					丑时谷雨		下弦,天石暴,世界地球日		猴子暴	农暴		东帝暴		

公元 2033 年　农历癸丑(牛)年(闰十一月)

四月小

孟夏之月　蛇月　丁巳　娄宿

白	白	白
紫	黑	绿
黄	赤	碧

天道行西，日躔在申宫，宜用甲丙庚壬时

初七日**立夏** 12:14　初一日**朔** 10:44

廿三日**小满** 1:11　十六日**望** 18:41

农历	阳历	星期	干支	28宿	建除	五行	节元	黄道黑道	八卦	方位	五脏	子时时辰	农事节令
初一	29	五	庚戌	牛	破	金		白虎	艮	西北 正东	肺	丙子	巳时朔，农暴
初二	30	六	辛亥	女	危	金		玉堂	坤	西南 正东	肺	戊子	
初三	5月	日	壬子	虚	成	木		天牢	乾	正南 正南	肝	庚子	劳动节
初四	2	一	癸丑	危	收	木		元武	兑	东南 正南	肝	壬子	
初五	3	二	甲寅	室	开	水	立夏中 1	司命	离	东北 东南	肾	甲子	
初六	4	三	乙卯	壁	闭	水		勾陈	震	西北 东南	肾	丙子	绝日，青年节
初七	5	四	丙辰	奎	闭	土		司命	巽	西南 正西	脾	戊子	午时立夏
初八	6	五	丁巳	娄	建	土		勾陈	坎	正南 正西	脾	庚子	上弦，老虎暴
初九	7	六	戊午	胃	除	火		青龙	艮	东南 正北	心	壬子	
初十	8	日	己未	昴	满	火	立夏下 7	明堂	坤	东北 正北	心	甲子	母亲节
十一	9	一	庚申	毕	平	木		天刑	乾	西北 正东	肝	丙子	
十二	10	二	辛酉	觜	定	木		朱雀	兑	西南 正东	肝	戊子	
十三	11	三	壬戌	参	执	水		金匮	离	正南 正南	肾	庚子	
十四	12	四	癸亥	井	破	水		天德	震	东南 正南	肾	壬子	护士节，防灾减灾日
十五	13	五	甲子	鬼	危	金	小满上 5	白虎	巽	东北 东南	肺	甲子	农暴
十六	14	六	乙丑	柳	成	金		玉堂	坎	西北 东南	肺	丙子	酉时望
十七	15	日	丙寅	星	收	火		天牢	艮	西南 正西	心	戊子	国际家庭日
十八	16	一	丁卯	张	开	火		元武	坤	正南 正西	心	庚子	
十九	17	二	戊辰	翼	闭	木		司命	乾	东南 正北	肝	壬子	
二十	18	三	己巳	轸	建	木	小满中 2	勾陈	兑	东北 正北	肝	甲子	
廿一	19	四	庚午	角	除	土		青龙	离	西北 正东	脾	丙子	
廿二	20	五	辛未	亢	满	土		明堂	震	西南 正东	脾	戊子	
廿三	21	六	壬申	氐	平	金		天刑	巽	正南 正南	肺	庚子	下弦，丑时小满
廿四	22	日	癸酉	房	定	金		朱雀	坎	东南 正南	肺	壬子	
廿五	23	一	甲戌	心	执	火	小满下 8	金匮	艮	东北 东南	心	甲子	农暴
廿六	24	二	乙亥	尾	破	火		天德	坤	西北 东南	心	丙子	
廿七	25	三	丙子	箕	危	水		白虎	乾	西南 正西	肾	戊子	
廿八	26	四	丁丑	斗	成	水		玉堂	兑	正南 正西	肾	庚子	
廿九	27	五	戊寅	牛	收	土		天牢	离	东南 正北	脾	壬子	
三十													

公元 2033 年　农历癸丑(牛)年(闰十一月)

五月大

仲夏之月　马月　戊午　胃宿

紫	黄	赤
白	白	碧
绿	白	黑

天道行西北，日躔在未宫，宜用艮巽坤乾时

初九日**芒种** 16:14　初一日**朔** 19:35

廿五日**夏至** 9:01　十七日**望** 7:18

农历	阳历	星期	干支	28宿	建除	五行	节元	黄道黑道	八卦	方位	五脏	子时时辰	农事节令
初一	28	六	己卯	女	开	土	芒种上6	元武	坤	东北正北	脾	甲子	戌子朔
初二	29	日	庚辰	虚	闭	金		司命	乾	西北正东	肺	丙子	
初三	30	一	辛巳	危	建	金		勾陈	兑	西南正东	肺	戊子	
初四	31	二	壬午	室	除	木		青龙	离	正南正南	肝	庚子	世界无烟日
初五	6月	三	癸未	壁	满	木		明堂	震	东南正南	肝	壬子	端午节，儿童节
初六	2	四	甲申	奎	平	水	芒种中3	天刑	巽	东北东南	肾	甲子	
初七	3	五	乙酉	娄	定	水		朱雀	坎	西北东南	肾	丙子	
初八	4	六	丙戌	胃	执	土		金匮	艮	西南正西	脾	戊子	
初九	5	日	丁亥	昴	执	土		朱雀	坤	正南正西	脾	庚子	上弦，申时芒种，世界环境日
初十	6	一	戊子	毕	破	火		金匮	乾	东南正北	心	壬子	
十一	7	二	己丑	觜	危	火	芒种下9	天德	兑	东北正北	心	甲子	
十二	8	三	庚寅	参	成	木		白虎	离	西北正东	肝	丙子	
十三	9	四	辛卯	井	收	木		玉堂	震	西南正东	肝	戊子	磨刀暴
十四	10	五	壬辰	鬼	开	水		天牢	巽	正南正南	肾	庚子	
十五	11	六	癸巳	柳	闭	水		元武	坎	东南正南	肾	壬子	农暴
十六	12	日	甲午	星	建	金	闰芒种上6	司命	艮	东北东南	肺	甲子	
十七	13	一	乙未	张	除	金		勾陈	坤	西北东南	肺	丙子	辰时望
十八	14	二	丙申	翼	满	火		青龙	乾	西南正西	心	戊子	入梅
十九	15	三	丁酉	轸	平	火		明堂	兑	正南正西	心	庚子	
二十	16	四	戊戌	角	定	木		天刑	离	东南正北	肝	壬子	分龙，农暴
廿一	17	五	己亥	亢	执	木	闰芒种中3	朱雀	震	东北正北	肝	甲子	龙母暴，防治荒漠化和干旱日
廿二	18	六	庚子	氐	破	土		金匮	巽	西北正东	脾	丙子	
廿三	19	日	辛丑	房	危	土		天德	坎	西南正东	脾	戊子	父亲节
廿四	20	一	壬寅	心	成	金		白虎	艮	正南正南	肺	庚子	下弦，离日
廿五	21	二	癸卯	尾	收	金		玉堂	坤	东南正南	肺	壬子	巳时夏至
廿六	22	三	甲辰	箕	开	火	闰芒种下9	天牢	乾	东北东南	心	甲子	
廿七	23	四	乙巳	斗	闭	火		元武	兑	西北东南	心	丙子	
廿八	24	五	丙午	牛	建	水		司命	离	西南正西	肾	戊子	头莳
廿九	25	六	丁未	女	除	水		勾陈	震	正南正西	肾	庚子	全国土地日
三十	26	日	戊申	虚	满	土		青龙	巽	东南正北	脾	壬子	中莳，国际禁毒日

公元2033年 农历癸丑(牛)年(闰十一月)

六月小

季夏 之月 羊月 己未 昴宿

白 绿 白
赤 紫 黑
碧 黄 白

天道行东，日躔在午宫，宜用癸乙丁辛时

十一日**小暑** 2:25　初一日**朔** 5:06

廿六日**大暑** 19:53　十六日**望** 17:27

农历	初一	初二	初三	初四	初五	初六	初七	初八	初九	初十	十一	十二	十三	十四	十五	十六	十七	十八	十九	二十	廿一	廿二	廿三	廿四	廿五	廿六	廿七	廿八	廿九	三十
阳历	27	28	29	30	7月	2	3	4	5	6	7	8	9	10	11	12	13	14	15	16	17	18	19	20	21	22	23	24	25	
星期	一	二	三	四	五	六	日	一	二	三	四	五	六	日	一	二	三	四	五	六	日	一	二	三	四	五	六	日	一	
干支	己酉	庚戌	辛亥	壬子	癸丑	甲寅	乙卯	丙辰	丁巳	戊午	己未	庚申	辛酉	壬戌	癸亥	甲子	乙丑	丙寅	丁卯	戊辰	己巳	庚午	辛未	壬申	癸酉	甲戌	乙亥	丙子	丁丑	
28宿	危	室	壁	奎	娄	胃	昴	毕	觜	参	井	鬼	柳	星	张	翼	轸	角	亢	氐	房	心	尾	箕	斗	牛	女	虚	危	
	平	定	执	破	危	成	收	开	闭	建	建	除	满	平	定	执	破	危	成	收	开	闭	建	除	满	平	定	执	破	
五行	土	金	金	木	木	水	水	土	土	火	火	木	木	水	水	金	金	火	火	木	木	土	土	金	金	火	火	水	水	
节元	夏至上9					夏至中3					夏至下6					小暑上8					小暑中2					小暑下5				
黄道黑道	明堂	天刑	朱雀	金匮	天德	白虎	玉堂	天牢	元武	司命	元武	司命	勾陈	青龙	明堂	天刑	朱雀	金匮	天德	白虎	玉堂	天牢	元武	司命	勾陈	青龙	明堂	天刑	朱雀	
八卦	乾	兑	离	震	巽	坎	艮	坤	乾	兑	离	震	巽	坎	艮	坤	乾	兑	离	震	巽	坎	艮	坤	乾	兑	离	震	巽	
方位	东北 正北	西北 正东	西南 正东	正南 正南	东南 正南	东北 东南	西北 东南	西南 正西	正南 正西	东南 正北	东北 正北	西北 正东	西南 正东	正南 正南	东南 正南	东北 东南	西北 东南	西南 正西	正南 正西	东南 正北	东北 正北	西北 正东	西南 正东	正南 正南	东南 正南	东北 东南	西北 东南	西南 正西	正南 正西	
五脏	脾	肺	肺	肝	肝	肾	肾	脾	脾	心	心	肝	肝	肾	肾	肺	肺	心	心	肝	肝	脾	脾	肺	肺	心	心	肾	肾	
子时时辰	甲子	丙子	戊子	庚子	壬子	甲子	丙子	戊子	庚子	壬子	甲子	丙子	戊子	庚子	壬子	甲子	丙子	戊子	庚子	壬子	甲子	丙子	戊子	庚子	壬子	甲子	丙子	戊子	庚子	
农事节令	卯时朔	末莳		荷花节	建党节，香港回归日	天贶节，农暴		上弦			丑时小暑，出梅	农暴			世界人口日	酉时望			农暴	农暴		头伏	下弦			戌时大暑			农暴	

公元 2033 年　农历癸丑(牛)年(闰十一月)

七月大

孟秋 之月 猴月 庚申 毕宿

赤碧黄
白白白
黑绿紫

天道行北,日躔在巳宫,宜用甲丙庚壬时

十三日**立秋** 12:16　初一日**朔** 16:11

廿九日**处暑** 3:02　十七日**望** 2:06

农历	初一	初二	初三	初四	初五	初六	初七	初八	初九	初十	十一	十二	十三	十四	十五	十六	十七	十八	十九	二十	廿一	廿二	廿三	廿四	廿五	廿六	廿七	廿八	廿九	三十
阳历	26	27	28	29	30	31	8月	2	3	4	5	6	7	8	9	10	11	12	13	14	15	16	17	18	19	20	21	22	23	24
星期	二	三	四	五	六	日	一	二	三	四	五	六	日	一	二	三	四	五	六	日	一	二	三	四	五	六	日	一	二	三
干支	戊寅	己卯	庚辰	辛巳	壬午	癸未	甲申	乙酉	丙戌	丁亥	戊子	己丑	庚寅	辛卯	壬辰	癸巳	甲午	乙未	丙申	丁酉	戊戌	己亥	庚子	辛丑	壬寅	癸卯	甲辰	乙巳	丙午	丁未
28宿	室危	壁成	奎收	娄开	胃闭	昴建	毕除	觜满	参平	井定	鬼执	柳破	星破	张危	翼成	轸收	角开	亢闭	氐建	房除	心满	尾平	箕定	斗执	牛破	女危	虚成	危收	室开	壁闭
五行	土	土	金	金	木	木	水	水	土	土	火	火	木	木	水	水	金	金	火	火	木	木	土	土	金	金	火	火	水	水
节元		大暑上7					大暑中1					大暑下4					立秋上2					立秋中5					立秋下8			
黄道黑道	金匮	天德	白虎	玉堂	天牢	元武	司命	勾陈	青龙	明堂	天刑	朱雀	天刑	朱雀	金匮	天德	白虎	玉堂	天牢	元武	司命	勾陈	青龙	明堂	天刑	朱雀	金匮	天德	白虎	玉堂
八卦	兑	离	震	巽	坎	艮	坤	乾	兑	离	震	巽	坎	艮	坤	乾	兑	离	震	巽	坎	艮	坤	乾	兑	离	震	巽	坎	艮
方位	东南正北	东北正北	西北正东	西南正东	正南正南	东南正南	东北东南	西北东南	西南正西	正南正西	东南正北	东北正北	西北正东	西南正东	正南正南	东南正南	东北东南	西北东南	西南正西	正南正西	东南正北	东北正北	西北正东	西南正东	正南正南	东南正南	东北东南	西北东南	西南正西	正南正西
五脏	脾	脾	肺	肺	肝	肝	肾	肾	脾	脾	心	心	肝	肝	肾	肾	肺	肺	心	心	肝	肝	脾	脾	肺	肺	心	心	肾	肾
子时时辰	壬子	甲子	丙子	戊子	庚子	壬子	甲子	丙子	戊子	庚子	壬子	甲子	丙子	戊子	庚子	壬子	甲子	丙子	戊子	庚子	壬子	甲子	丙子	戊子	庚子	壬子	甲子	丙子	戊子	庚子
农事节令	申时朔						建军节,乞巧节,农暴	上弦				绝日	午时立秋,三伏,农暴		中元节		丑时望,农暴							下弦				农暴	寅时处暑	

公元2033年　农历癸丑(牛)年(闰十一月)

八月小

仲秋 之月 鸡月 辛酉 觜宿

白黑绿
黄赤紫
白碧白

天道行东北，日躔在辰宫，宜用艮巽坤乾时

十四日白露 15:21

初一日朔 5:38

十六日望 10:19

农历	初初初初初初初初初初十十十十十十十十十二廿廿廿廿廿廿廿廿廿三 一二三四五六七八九十一二三四五六七八九十一二三四五六七八九十
阳历	25 26 27 28 29 30 31 9月 2 3 4 5 6 7 8 9 10 11 12 13 14 15 16 17 18 19 20 21 22
星期	四五六日一二三四五六日一二三四五六日一二三四五六日一二三四
干支	戊己庚辛壬癸甲乙丙丁戊己庚辛壬癸甲乙丙丁戊己庚辛壬癸甲乙丙 申酉戌亥子丑寅卯辰巳午未申酉戌亥子丑寅卯辰巳午未申酉戌亥子
28宿	奎娄胃昴毕觜参井鬼柳星张翼轸角亢氐房心尾箕斗牛女虚危室壁奎 建除满平定执破危成收开闭建建除满平定执破危成收开闭建除满平
五行	土土金金木木水水土土火火木木水水金金火火木木土土金金火火水
节元	处暑上1　处暑中4　处暑下7　白露上9　白露中3　白露下6
黄道黑道	天元司勾青明天朱金天白玉天玉天元司勾青明天朱金天白玉天元司 牢武命陈龙堂刑雀匮德虎堂牢堂牢武命陈龙堂刑雀匮德虎堂牢武命
八卦	离震巽坎艮坤乾兑离震巽坎艮坤乾兑离震巽坎艮坤乾兑离震巽坎艮
方位	东东西西正东东西西正东东西西正东东西西正东东西西正东东西西 南北北南南南北北南南南北北南南南北北南南南北北南南南北北南 正正正正正正东东正正正正正正正正东东正正正正正正正正东东正 北北东东南南南南西西北北东东南南南南西西北北东东南南南南西
五脏	脾脾肺肺肝肝肾肾脾脾心心肝肝肾肾肺肺心心肝肝脾脾肺肺心心肾
子时时辰	壬甲丙戊庚壬甲丙戊庚壬甲丙戊庚壬甲丙戊庚壬甲丙戊庚壬甲丙戊 子子子子子子子子子子子子子子子子子子子子子子子子子子子子子
农事节令	卯时朔，上戊　农暴　上弦　申时白露　中秋节　巳时望　教师节　农暴　下弦，农暴　全国科普日　离日

公元2033年　农历癸丑(牛)年(闰十一月)

九月大

季秋　之月　狗月　壬戌　参宿

黄白碧
绿白白
紫黑赤

天道行南，日躔在卯宫，宜用癸乙丁辛时

初一日**秋分** 0:52　初一日**朔** 21:38

十六日**寒露** 7:14　十六日**望** 18:56

农历	初一	初二	初三	初四	初五	初六	初七	初八	初九	初十
阳历	23	24	25	26	27	28	29	30	10月	2
星期	五	六	日	一	二	三	四	五	六	日
干支	丁丑	戊寅	己卯	庚辰	辛巳	壬午	癸未	甲申	乙酉	丙戌
28宿	娄定	胃执	昴破	毕危	觜成	参收	井开	鬼闭	柳建	星除
五行	水	土	土	金	金	木	木	水	水	土
节元			秋分上7					秋分中1		
黄道黑道	勾陈	青龙	明堂	天刑	朱雀	金匮	天德	白虎	玉堂	天牢
八卦	震	巽	坎	艮	坤	乾	兑	离	震	巽
方位	正南正西	东南正北	东北正北	西北正东	西南正东	正南正南	东南正南	东北东南	西北东南	西南正西
五脏	肾	脾	脾	肺	肺	肝	肝	肾	肾	脾
子时时辰	庚子	壬子	甲子	丙子	戊子	庚子	壬子	甲子	丙子	戊子
农事节令	子时秋分，亥时朔					孔子诞辰		上弦	国庆节，重阳节，农暴	

农历	十一	十二	十三	十四	十五	十六	十七	十八	十九	二十
阳历	3	4	5	6	7	8	9	10	11	12
星期	一	二	三	四	五	六	日	一	二	三
干支	丁亥	戊子	己丑	庚寅	辛卯	壬辰	癸巳	甲午	乙未	丙申
28宿	张满	翼平	轸定	角执	亢破	氐破	房危	心成	尾收	箕开
五行	土	火	火	木	木	水	水	金	金	火
节元			秋分下4					寒露上6		
黄道黑道	元武	司命	勾陈	青龙	明堂	青龙	明堂	天刑	朱雀	金匮
八卦	坎	艮	坤	乾	兑	离	震	巽	坎	艮
方位	正南正西	东南正北	东北正北	西北正东	西南正东	正南正南	东南正南	东北东南	西北东南	西南正西
五脏	脾	心	心	肝	肝	肾	肾	肺	肺	心
子时时辰	庚子	壬子	甲子	丙子	戊子	庚子	壬子	甲子	丙子	戊子
农事节令						辰时寒露，酉时望			农暴	

农历	廿一	廿二	廿三	廿四	廿五	廿六	廿七	廿八	廿九	三十
阳历	13	14	15	16	17	18	19	20	21	22
星期	四	五	六	日	一	二	三	四	五	六
干支	丁酉	戊戌	己亥	庚子	辛丑	壬寅	癸卯	甲辰	乙巳	丙午
28宿	斗闭	牛建	女除	虚满	危平	室定	壁执	奎破	娄危	胃成
五行	火	木	木	土	土	金	金	火	火	水
节元			寒露中9					寒露下3		
黄道黑道	天德	白虎	玉堂	天牢	元武	司命	勾陈	青龙	明堂	天刑
八卦	坤	乾	兑	离	震	巽	坎	艮	坤	乾
方位	正南正西	东南正北	东北正北	西北正东	西南正东	正南正南	东南正南	东北东南	西北东南	西南正西
五脏	心	肝	肝	脾	脾	肺	肺	心	心	肾
子时时辰	庚子	壬子	甲子	丙子	戊子	庚子	壬子	甲子	丙子	戊子
农事节令	国际减灾日		下弦	世界粮食日	国际消除贫困日		冷风信			

公元2033年　农历癸丑(牛)年(闰十一月)

十月大

孟冬之月　猪月　癸亥　井宿

绿	紫	黑
碧	黄	赤
白	白	白

天道行东，日躔在寅宫，宜用甲丙庚壬时

初一日**霜降** 10:28　初一日**朔** 15:27

十六日**立冬** 10:41　十六日**望** 4:30

农历	初一	初二	初三	初四	初五	初六	初七	初八	初九	初十	十一	十二	十三	十四	十五
阳历	23	24	25	26	27	28	29	30	31	11月	2	3	4	5	6
星期	日	一	二	三	四	五	六	日	一	二	三	四	五	六	日
干支	丁未	戊申	己酉	庚戌	辛亥	壬子	癸丑	甲寅	乙卯	丙辰	丁巳	戊午	己未	庚申	辛酉
28宿	昴	毕	觜	参	井	鬼	柳	星	张	翼	轸	角	亢	氐	房
	收	开	闭	建	除	满	平	定	执	破	危	成	收	开	闭
五行	水	土	土	金	金	木	木	水	水	土	土	火	火	木	木
节元			霜降上5					霜降中8					霜降下2		
黄道黑道	朱雀	金匮	天德	白虎	玉堂	天牢	元武	司命	勾陈	青龙	明堂	天刑	朱雀	金匮	天德
八卦	巽	坎	艮	坤	乾	兑	离	震	巽	坎	艮	坤	乾	兑	离
方位	正南 正西	东南 正北	东北 正北	西北 正东	西南 正东	正南 正南	东南 正南	东北 东南	西北 东南	西南 正西	正南 正西	东南 正北	东北 正北	西北 正东	西南 正东
五脏	肾	脾	脾	肺	肺	肝	肝	肾	肾	脾	脾	心	心	肝	肝
子时时辰	庚子	壬子	甲子	丙子	戊子	庚子	壬子	甲子	丙子	戊子	庚子	壬子	甲子	丙子	戊子
农事节令	巳时霜降，申时朔	联合国日						上弦	世界勤俭日	农暴，万圣节					绝日，下元节

农历	十六	十七	十八	十九	二十	廿一	廿二	廿三	廿四	廿五	廿六	廿七	廿八	廿九	三十
阳历	7	8	9	10	11	12	13	14	15	16	17	18	19	20	21
星期	一	二	三	四	五	六	日	一	二	三	四	五	六	日	一
干支	壬戌	癸亥	甲子	乙丑	丙寅	丁卯	戊辰	己巳	庚午	辛未	壬申	癸酉	甲戌	乙亥	丙子
28宿	心	尾	箕	斗	牛	女	虚	危	室	壁	奎	娄	胃	昴	毕
	闭	建	除	满	平	定	执	破	危	成	收	开	闭	建	除
五行	水	水	金	金	火	火	木	木	土	土	金	金	火	火	水
节元			立冬上6					立冬中9					立冬下3		
黄道黑道	金匮	天德	白虎	玉堂	天牢	元武	司命	勾陈	青龙	明堂	天刑	朱雀	金匮	天德	白虎
八卦	震	巽	坎	艮	坤	乾	兑	离	震	巽	坎	艮	坤	乾	兑
方位	正南 正南	东南 正南	东北 东南	西北 东南	西南 正西	正南 正西	东南 正北	东北 正北	西北 正东	西南 正东	正南 正南	东南 正南	东北 东南	西北 东南	西南 正西
五脏	肾	肾	肺	肺	心	心	肝	肝	脾	脾	肺	肺	心	心	肾
子时时辰	庚子	壬子	甲子	丙子	戊子	庚子	壬子	甲子	丙子	戊子	庚子	壬子	甲子	丙子	戊子
农事节令	巳时立冬，寅时望				农暴			下弦，农暴			国际大学生节				

公元 2033 年　农历癸丑(牛)年(闰十一月)

十一月大

仲冬 之月　鼠月　甲子　鬼宿

碧白白
黑绿白
赤紫黄

天道行东南,日躔在丑宫,宜用艮巽坤乾时

初一日**小雪** 8:16　初一日**朔** 9:38
十六日**大雪** 3:45
三十日**冬至** 21:46　十五日**望** 15:21

农历	初一	初二	初三	初四	初五	初六	初七	初八	初九	初十	十一	十二	十三	十四	十五
阳历	22	23	24	25	26	27	28	29	30	12月	2	3	4	5	6
星期	二	三	四	五	六	日	一	二	三	四	五	六	日	一	二
干支	丁丑	戊寅	己卯	庚辰	辛巳	壬午	癸未	甲申	乙酉	丙戌	丁亥	戊子	己丑	庚寅	辛卯
28宿	觜满	参平	井定	鬼执	柳破	星危	张成	翼收	轸开	角闭	亢建	氐除	房满	心平	尾定
五行	水	土	土	金	金	木	木	水	水	土	土	火	火	木	木
节元			小雪上5					小雪中8					小雪下2		
黄道黑道	玉堂	天牢	元武	司命	勾陈	青龙	明堂	天刑	朱雀	金匮	天德	白虎	玉堂	天牢	元武
八卦	坎	艮	坤	乾	兑	离	震	巽	坎	艮	坤	乾	兑	离	震
方位	正南正西	东南正北	东北正北	西北正东	西南正东	正南正南	东南正南	东北东南	西北东南	西南正西	正南正西	东南正北	东北正北	西北正东	西南正东
五脏	肾	脾	脾	肺	肺	肝	肝	肾	肾	脾	脾	心	心	肝	肝
子时时辰	庚子	壬子	甲子	丙子	戊子	庚子	壬子	甲子	丙子	戊子	庚子	壬子	甲子	丙子	戊子
农事节令	辰时小雪,巳时朔		农暴					上弦		世界艾滋病日					申时望

农历	十六	十七	十八	十九	二十	廿一	廿二	廿三	廿四	廿五	廿六	廿七	廿八	廿九	三十
阳历	7	8	9	10	11	12	13	14	15	16	17	18	19	20	21
星期	三	四	五	六	日	一	二	三	四	五	六	日	一	二	三
干支	壬辰	癸巳	甲午	乙未	丙申	丁酉	戊戌	己亥	庚子	辛丑	壬寅	癸卯	甲辰	乙巳	丙午
28宿	箕定	斗执	牛破	女危	虚成	危收	室开	壁闭	奎建	娄除	胃满	昴平	毕定	觜执	参破
五行	水	水	金	金	火	火	木	木	土	土	金	金	火	火	水
节元			大雪上4					大雪中7					大雪下1		
黄道黑道	天牢	元武	司命	勾陈	青龙	明堂	天刑	朱雀	金匮	天德	白虎	玉堂	天牢	元武	司命
八卦	巽	坎	艮	坤	乾	兑	离	震	巽	坎	艮	坤	乾	兑	离
方位	正南正南	东南正南	东北东南	西北东南	西南正西	正南正西	东南正北	东北正北	西北正东	西南正东	正南正南	东南正南	东北东南	西北东南	西南正西
五脏	肾	肾	肺	肺	心	心	肝	肝	脾	脾	肺	肺	心	心	肾
子时时辰	庚子	壬子	甲子	丙子	戊子	庚子	壬子	甲子	丙子	戊子	庚子	壬子	甲子	丙子	戊子
农事节令	寅时大雪							下弦				农暴		澳门回归日	亥时冬至,一九

公元 2033 年　农历癸丑(牛)年(闰十一月)

闰十一月小

仲冬之月　鼠月　甲子　鬼宿

碧	白	白
黑	绿	白
赤	紫	黄

天道行东南，日躔在丑宫，宜用艮巽坤乾时

十五日**小寒** 15:04

初一日**朔** 2:46

十五日**望** 3:46

农历	初初初初初初初初初初十十十十十十十十十二廿廿廿廿廿廿廿廿廿三 一二三四五六七八九十一二三四五六七八九十一二三四五六七八九十
阳历	22 23 24 25 26 27 28 29 30 31 1月 2 3 4 5 6 7 8 9 10 11 12 13 14 15 16 17 18 19
星期	四五六日一二三四五六日一二三四五六日一二三四五六日一二三四
干支	丁戊己庚辛壬癸甲乙丙丁戊己庚辛壬癸甲乙丙丁戊己庚辛壬癸甲乙 未申酉戌亥子丑寅卯辰巳午未申酉戌亥子丑寅卯辰巳午未申酉戌亥
28宿	井鬼柳星张翼轸角亢氐房心尾箕斗牛女虚危室壁奎娄胃昴毕觜参井 危成收开闭建除满平定执破危成成收开闭建除满平定执破危成收开
五行	水土土金金木木水水土土火火木木水水金金火火木木土土金金火火
节元	冬至上 1　冬至中 7　冬至下 4　小寒上 2　小寒中 8　小寒下 5
黄道黑道	勾青明天朱金天白玉天元司勾青勾青明天朱金天白玉天元司勾青明 陈龙堂刑雀匮德虎堂牢武命陈龙陈龙堂刑雀匮德虎堂牢武命陈龙堂
八卦	坎艮坤乾兑离震巽坎艮坤乾兑离震巽坎艮坤乾兑离震巽坎艮坤乾兑
方位	正东东西西正东东西西正东东西西正东东西西正东东西西正东东西 南南北北南南南北北南南南北北南南南北北南南南北北南南南北北 正正正正正正正东东正正正正正正正正东东正正正正正正正正东东 西北北东东南南南南西西北北东东南南南南西西北北东东南南南南
五脏	肾脾脾肺肺肝肝肾肾脾脾心心肝肝肾肾肺肺心心肝肝脾脾肺肺心心
子时时辰	庚壬甲丙戊庚壬甲丙戊庚壬甲丙戊庚壬甲丙戊庚壬甲丙戊庚壬甲丙 子子子子子子子子子子子子子子子子子子子子子子子子子子子子子
农事节令	丑时朔　圣诞节　上弦　二九　元旦　寅时望，申时小寒　三九　下弦　四九

公元 2033 年　农历癸丑(牛)年(闰十一月)

十二月大　季冬之月　牛月　乙丑　柳宿

黑赤紫
白碧黄
白白绿

天道行西，日躔在子宫，宜用癸乙丁辛时

初一日**大寒** 8:27　初一日**朔** 18:01
十六日**立春** 2:41
三十日**雨水** 22:30　十五日**望** 18:04

农历	初一	初二	初三	初四	初五	初六	初七	初八	初九	初十	十一	十二	十三	十四	十五	十六	十七	十八	十九	二十	廿一	廿二	廿三	廿四	廿五	廿六	廿七	廿八	廿九	三十
阳历	20	21	22	23	24	25	26	27	28	29	30	31	2月	2	3	4	5	6	7	8	9	10	11	12	13	14	15	16	17	18
星期	五	六	日	一	二	三	四	五	六	日	一	二	三	四	五	六	日	一	二	三	四	五	六	日	一	二	三	四	五	六
干支	丙子	丁丑	戊寅	己卯	庚辰	辛巳	壬午	癸未	甲申	乙酉	丙戌	丁亥	戊子	己丑	庚寅	辛卯	壬辰	癸巳	甲午	乙未	丙申	丁酉	戊戌	己亥	庚子	辛丑	壬寅	癸卯	甲辰	乙巳
28宿	鬼闭	柳建	星除	张满	翼平	轸定	角执	亢破	氐危	房成	心收	尾开	箕闭	斗建	牛除	女除	虚满	危平	室定	壁执	奎破	娄危	胃成	昴收	毕开	觜闭	参建	井除	鬼满	柳平
五行	水	水	土	土	金	金	木	木	水	水	土	土	火	火	木	木	水	水	金	金	火	火	木	木	土	土	金	金	火	火
节元				大寒上3					大寒中9					大寒下6					立春上8					立春中5					立春下2	
黄道黑道	天刑	朱雀	金匮	天德	白虎	玉堂	天牢	元武	司命	勾陈	青龙	明堂	天刑	朱雀	金匮	朱雀	金匮	天德	白虎	玉堂	天牢	元武	司命	勾陈	青龙	明堂	天刑	朱雀	金匮	天德
八卦	艮	坤	乾	兑	离	震	巽	坎	艮	坤	乾	兑	离	震	巽	坎	艮	坤	乾	兑	离	震	巽	坎	艮	坤	乾	兑	离	震
方位	西南正西	正南正西	东南正北	东北正北	西北正东	西南正东	正南正南	东南正南	东北东南	西北东南	西南正西	正南正西	东南正北	东北正北	西北正东	西南正东	正南正南	东南正南	东北东南	西北东南	西南正西	正南正西	东南正北	东北正北	西北正东	西南正东	正南正南	东南正南	东北东南	西北东南
五脏	肾	肾	脾	脾	肺	肺	肝	肝	肾	肾	脾	脾	心	心	肝	肝	肾	肾	肺	肺	心	心	肝	肝	脾	脾	肺	肺	心	心
子时时辰	戊子	庚子	壬子	甲子	丙子	戊子	庚子	壬子	甲子	丙子	戊子	庚子	壬子	甲子	丙子	戊子	庚子	壬子	甲子	丙子	戊子	庚子	壬子	甲子	丙子	戊子	庚子	壬子	甲子	丙子
农事节令	辰时大寒，酉时朔						上弦，五九	腊八节，农暴						农暴	酉时望，绝日	丑时立春，六九							下弦	小年，扫尘节	七九	情人节	农暴			亥时雨水，除夕

公元2034年　　农历甲寅(虎)年

正月小

孟春之月　虎月　丙寅　星宿

白白白
紫黑绿
黄赤碧

天道行南，日躔在亥宫，宜用甲丙庚壬时

初一日**朔** 7:09

十五日**惊蛰** 20:33

十五日**望** 10:09

农历	初一	初二	初三	初四	初五	初六	初七	初八	初九	初十	十一	十二	十三	十四	十五	十六	十七	十八	十九	二十	廿一	廿二	廿三	廿四	廿五	廿六	廿七	廿八	廿九	三十
阳历	19	20	21	22	23	24	25	26	27	28	3月	2	3	4	5	6	7	8	9	10	11	12	13	14	15	16	17	18	19	
星期	日	一	二	三	四	五	六	日	一	二	三	四	五	六	日	一	二	三	四	五	六	日	一	二	三	四	五	六	日	
干支	丙午	丁未	戊申	己酉	庚戌	辛亥	壬子	癸丑	甲寅	乙卯	丙辰	丁巳	戊午	己未	庚申	辛酉	壬戌	癸亥	甲子	乙丑	丙寅	丁卯	戊辰	己巳	庚午	辛未	壬申	癸酉	甲戌	
28宿	星定	张执	翼破	轸危	角成	亢收	氐开	房闭	心建	尾除	箕满	斗平	牛定	女执	虚执	危破	室危	壁成	奎收	娄开	胃闭	昴建	毕除	觜满	参平	井定	鬼执	柳破	星危	
五行	水	水	土	土	金	金	木	木	水	水	土	土	火	火	木	木	水	水	金	金	火	火	木	木	土	土	金	金	火	
节元				雨水上9					雨水中6					雨水下3					惊蛰上1					惊蛰中7					惊蛰下4	
黄道黑道	白虎	玉堂	天牢	元武	司命	勾陈	青龙	明堂	天刑	朱雀	金匮	天德	白虎	玉堂	白虎	玉堂	天牢	元武	司命	勾陈	青龙	明堂	天刑	朱雀	金匮	天德	白虎	玉堂	天牢	
八卦	巽	坎	艮	坤	乾	兑	离	震	巽	坎	艮	坤	乾	兑	离	震	巽	坎	艮	坤	乾	兑	离	震	巽	坎	艮	坤	乾	
方位	西南正西	正南正西	东南正北	东北正北	西北正东	西南正东	正南正南	东南正南	东北东南	西北东南	西南正西	正南正西	东南正北	东北正北	西北正东	西南正东	正南正南	东南正南	东北东南	西北东南	西南正西	正南正西	东南正北	东北正北	西北正东	西南正东	正南正南	东南正南	东北东南	
五脏	肾	肾	脾	脾	肺	肺	肝	肝	肾	肾	脾	脾	心	心	肝	肝	肾	肾	肺	肺	心	心	肝	肝	脾	脾	肺	肺	心	
子时时辰	戊子	庚子	壬子	甲子	丙子	戊子	庚子	壬子	甲子	丙子	戊子	庚子	壬子	甲子	丙子	戊子	庚子	壬子	甲子	丙子	戊子	庚子	壬子	甲子	丙子	戊子	庚子	壬子	甲子	
农事节令	春节，辰时朔	财神节		八九	破五节	六日得辛	上弦，七人一饼	八牛耕地	农暴	土神诞	十一龙治水		农暴，九九		元宵节，巳时望，戌时惊蛰			妇女节	农暴			植树节		下弦	填仓节，消费者权益日				农暴，离日	

公元2034年　　农历甲寅(虎)年

二月大

仲春之月　兔月　丁卯　张宿

紫	黄	赤
白	白	碧
绿	白	黑

天道行西南，日躔在戌宫，宜用艮巽坤乾时

初一日**春分** 21:18　初一日**朔** 18:14

十七日**清明** 1:07　十六日**望** 3:18

农历	初一	初二	初三	初四	初五	初六	初七	初八	初九	初十	十一	十二	十三	十四	十五	十六	十七	十八	十九	二十	廿一	廿二	廿三	廿四	廿五	廿六	廿七	廿八	廿九	三十
阳历	20	21	22	23	24	25	26	27	28	29	30	31	4月	2	3	4	5	6	7	8	9	10	11	12	13	14	15	16	17	18
星期	一	二	三	四	五	六	日	一	二	三	四	五	六	日	一	二	三	四	五	六	日	一	二	三	四	五	六	日	一	二
干支	乙亥	丙子	丁丑	戊寅	己卯	庚辰	辛巳	壬午	癸未	甲申	乙酉	丙戌	丁亥	戊子	己丑	庚寅	辛卯	壬辰	癸巳	甲午	乙未	丙申	丁酉	戊戌	己亥	庚子	辛丑	壬寅	癸卯	甲辰
28宿	张成	翼收	轸开	角闭	亢建	氐除	房满	心平	尾定	箕执	斗破	牛危	女成	虚收	危开	室闭	壁闭	奎建	娄除	胃满	昴平	毕定	觜执	参破	井危	鬼成	柳收	星开	张闭	翼建
五行	火	水	水	土	土	金	金	木	木	水	水	土	土	火	火	木	木	水	水	金	金	火	火	木	木	土	土	金	金	火
节元					春分上3					春分中9					春分下6					清明上4					清明中1					清明下7
黄道黑道	元武	司命	勾陈	青龙	明堂	天刑	朱雀	金匮	天德	白虎	玉堂	天牢	元武	司命	勾陈	青龙	勾陈	青龙	明堂	天刑	朱雀	金匮	天德	白虎	玉堂	天牢	元武	司命	勾陈	青龙
八卦	坎	艮	坤	乾	兑	离	震	巽	坎	艮	坤	乾	兑	离	震	巽	坎	艮	坤	乾	兑	离	震	巽	坎	艮	坤	乾	兑	离
方位	西北东南	西南正西	正南正西	东南正北	东北正北	西北正东	西南正东	正南正南	东南正南	东北东南	西北东南	西南正西	正南正西	东南正北	东北正北	西北正东	西南正东	正南正南	东南正南	东北东南	西北东南	西南正西	正南正西	东南正北	东北正北	西北正东	西南正东	正南正南	东南正南	东北东南
五脏	心	肾	肾	脾	脾	肺	肺	肝	肝	肾	肾	脾	脾	心	心	肝	肝	肾	肾	肺	肺	心	心	肝	肝	脾	脾	肺	肺	心
子时时辰	丙子	戊子	庚子	壬子	甲子	丙子	戊子	庚子	壬子	甲子	丙子	戊子	庚子	壬子	甲子	丙子	戊子	庚子	壬子	甲子	丙子	戊子	庚子	壬子	甲子	丙子	戊子	庚子	壬子	甲子
农事节令	酉时朔，中和节，亥时春分	世界森林日，龙头节	世界水日	世界气象日，上戊，春社	世界防治结核病日		春砑暴	上弦，农暴	农暴		乌龟暴		农暴		花朝节	寅时望	丑时清明		农暴					下弦				农暴	农暴	

公元 2034 年　　农历甲寅(虎)年

三 月 小

季春之月　龙月　戊辰　翼宿

白 绿 白
赤 紫 黑
碧 黄 白

天道行北，日躔在酉宫，宜用癸乙丁辛时

初二日**谷雨** 8:04　初一日**朔** 3:25

十七日**立夏** 18:10　十五日**望** 20:14

农历	初一	初二	初三	初四	初五	初六	初七	初八	初九	初十	十一	十二	十三	十四	十五	十六	十七	十八	十九	二十	廿一	廿二	廿三	廿四	廿五	廿六	廿七	廿八	廿九	三十
阳历	19	20	21	22	23	24	25	26	27	28	29	30	5月	2	3	4	5	6	7	8	9	10	11	12	13	14	15	16	17	
星期	三	四	五	六	日	一	二	三	四	五	六	日	一	二	三	四	五	六	日	一	二	三	四	五	六	日	一	二	三	
干支	乙巳	丙午	丁未	戊申	己酉	庚戌	辛亥	壬子	癸丑	甲寅	乙卯	丙辰	丁巳	戊午	己未	庚申	辛酉	壬戌	癸亥	甲子	乙丑	丙寅	丁卯	戊辰	己巳	庚午	辛未	壬申	癸酉	
28宿	轸除	角满	亢平	氐定	房执	心破	尾危	箕成	斗收	牛开	女闭	虚建	危除	室满	壁平	奎定	娄定	胃执	昴破	毕危	觜成	参收	井开	鬼闭	柳建	星除	张满	翼平	轸定	
五行	火	水	水	土	土	金	金	木	木	水	水	土	土	火	火	木	木	水	水	金	金	火	火	木	木	土	土	金	金	
节元					谷雨上5					谷雨中2					谷雨下8					立夏上4					立夏中1					
黄道黑道	明堂	天刑	朱雀	金匮	天德	白虎	玉堂	天牢	元武	司命	勾陈	青龙	明堂	天刑	朱雀	金匮	朱雀	金匮	天德	白虎	玉堂	天牢	元武	司命	勾陈	青龙	明堂	天刑	朱雀	
八卦	艮	坤	乾	兑	离	震	巽	坎	艮	坤	乾	兑	离	震	巽	坎	艮	坤	乾	兑	离	震	巽	坎	艮	坤	乾	兑	离	
方位	西北东南	西南正西	正南正西	东南正北	东北正北	西北正东	西南正东	正南正南	东南正南	东北东南	西北东南	西南正西	正南正西	东南正北	东北正北	西北正东	西南正东	正南正南	东南正南	东北东南	西北东南	西南正西	正南正西	东南正北	东北正北	西北正东	西南正东	正南正南	东南正南	
五脏	心	肾	肾	脾	脾	肺	肺	肝	肝	肾	肾	脾	脾	心	心	肝	肝	肾	肾	肺	肺	心	心	肝	肝	脾	脾	肺	肺	
子时时辰	丙子	戊子	庚子	壬子	甲子	丙子	戊子	庚子	壬子	甲子	丙子	戊子	庚子	壬子	甲子	丙子	戊子	庚子	壬子	甲子	丙子	戊子	庚子	壬子	甲子	丙子	戊子	庚子	壬子	
农事节令	寅时朔	辰时谷雨	上巳，桃花暴				农暴	上弦					劳动节		戌时望，农暴	青年节	酉时立夏						下弦，天石暴	护士节，防灾减灾日	猴子暴	母亲节，农暴	国际家庭日			

公元 2034 年　　农历甲寅(虎)年

四月小

孟夏之月　蛇月　己巳　轸宿

赤碧黄
白白白
黑绿紫

天道行西，日躔在申宫，宜用甲丙庚壬时

初四日**小满** 6:57　初一日**朔** 11:11

十九日**芒种** 22:07　十六日**望** 11:53

农历	初一	初二	初三	初四	初五	初六	初七	初八	初九	初十	十一	十二	十三	十四	十五	十六	十七	十八	十九	二十	廿一	廿二	廿三	廿四	廿五	廿六	廿七	廿八	廿九	三十
阳历	18	19	20	21	22	23	24	25	26	27	28	29	30	31	6月	2	3	4	5	6	7	8	9	10	11	12	13	14	15	
星期	四	五	六	日	一	二	三	四	五	六	日	一	二	三	四	五	六	日	一	二	三	四	五	六	日	一	二	三	四	
干支	甲戌	乙亥	丙子	丁丑	戊寅	己卯	庚辰	辛巳	壬午	癸未	甲申	乙酉	丙戌	丁亥	戊子	己丑	庚寅	辛卯	壬辰	癸巳	甲午	乙未	丙申	丁酉	戊戌	己亥	庚子	辛丑	壬寅	
28宿	角执	亢破	氐危	房成	心收	尾开	箕闭	斗建	牛除	女满	虚平	危定	室执	壁破	奎危	娄成	胃收	昴开	毕开	觜闭	参建	井除	鬼满	柳平	星定	张执	翼破	轸危	角成	
五行	火	火	水	水	土	土	金	金	木	木	水	水	土	土	火	火	木	木	水	水	金	金	火	火	木	木	土	土	金	
节元	立夏下7					小满上5					小满中2					小满下8					芒种上6					芒种中3				
黄道黑道	金匮	天德	白虎	玉堂	天牢	元武	司命	勾陈	青龙	明堂	天刑	朱雀	金匮	天德	白虎	玉堂	天牢	元武	天牢	元武	司命	勾陈	青龙	明堂	天刑	朱雀	金匮	天德	白虎	
八卦	坤	乾	兑	离	震	巽	坎	艮	坤	乾	兑	离	震	巽	坎	艮	坤	乾	兑	离	震	巽	坎	艮	坤	乾	兑	离	震	
方位	东北东南	西北东南	西南正西	正南正西	东南正北	东北正北	西北正东	西南正东	正南正南	东南正南	东北东南	西北东南	西南正西	正南正西	东南正北	东北正北	西北正东	西南正东	正南正南	东南正南	东北东南	西北东南	西南正西	正南正西	东南正北	东北正北	西北正东	西南正东	正南正南	
五脏	心	心	肾	肾	脾	脾	肺	肺	肝	肝	肾	肾	脾	脾	心	心	肝	肝	肾	肾	肺	肺	心	心	肝	肝	脾	脾	肺	
子时时辰	甲子	丙子	戊子	庚子	壬子	甲子	丙子	戊子	庚子	壬子	甲子	丙子	戊子	庚子	壬子	甲子	丙子	戊子	庚子	壬子	甲子	丙子	戊子	庚子	壬子	甲子	丙子	戊子	庚子	
农事节令	午时朔，农暴			卯时小满				老虎暴	上弦					世界无烟日	儿童节，农暴	午时望			亥时芒种，世界环境日				下弦，入梅		农暴					

公元 2034 年　　农历甲寅(虎)年

五月大

仲夏　之月　马月　庚午　角宿

白黑绿
黄赤紫
白碧白

天道行西北，日躔在未宫，宜用艮巽坤乾时

初六日**夏至** 14:45　初一日**朔** 18:25

廿二日**小暑** 8:18　十七日**望** 1:43

农历	初一	初二	初三	初四	初五	初六	初七	初八	初九	初十	十一	十二	十三	十四	十五	十六	十七	十八	十九	二十	廿一	廿二	廿三	廿四	廿五	廿六	廿七	廿八	廿九	三十
阳历	16	17	18	19	20	21	22	23	24	25	26	27	28	29	30	7月	2	3	4	5	6	7	8	9	10	11	12	13	14	15
星期	五	六	日	一	二	三	四	五	六	日	一	二	三	四	五	六	日	一	二	三	四	五	六	日	一	二	三	四	五	六
干支	癸卯	甲辰	乙巳	丙午	丁未	戊申	己酉	庚戌	辛亥	壬子	癸丑	甲寅	乙卯	丙辰	丁巳	戊午	己未	庚申	辛酉	壬戌	癸亥	甲子	乙丑	丙寅	丁卯	戊辰	己巳	庚午	辛未	壬申
28宿	亢收	氐开	房闭	心建	尾除	箕满	斗平	牛定	女执	虚破	危危	室成	壁收	奎开	娄闭	胃建	昴除	毕满	觜平	参定	井执	鬼执	柳破	星危	张成	翼收	轸开	角闭	亢建	氐除
五行	金	火	火	水	水	土	土	金	金	木	木	水	水	土	土	火	火	木	木	水	水	金	金	火	火	木	木	土	土	金
节元		芒种下9					夏至上9					夏至中3					夏至下6					小暑上8					小暑中2			
黄道黑道	玉堂	天牢	元武	司命	勾陈	青龙	明堂	天刑	朱雀	金匮	天德	白虎	玉堂	天牢	元武	司命	勾陈	青龙	明堂	天刑	朱雀	天刑	朱雀	金匮	天德	白虎	玉堂	天牢	元武	司命
八卦	乾	兑	离	震	巽	坎	艮	坤	乾	兑	离	震	巽	坎	艮	坤	乾	兑	离	震	巽	坎	艮	坤	乾	兑	离	震	巽	坎
方位	东南正南	东北东南	西北东南	西南正西	正南正西	东南正北	东北正北	西北正东	西南正东	正南正南	东南正南	东北东南	西北东南	西南正西	正南正西	东南正北	东北正北	西北正东	西南正东	正南正南	东南正南	东北东南	西北东南	西南正西	正南正西	东南正北	东北正北	西北正东	西南正东	正南正南
五脏	肺	心	心	肾	肾	脾	脾	肺	肺	肝	肝	肾	肾	脾	脾	心	心	肝	肝	肾	肾	肺	肺	心	心	肝	肝	脾	脾	肺
子时时辰	壬子	甲子	丙子	戊子	庚子	壬子	甲子	丙子	戊子	庚子	壬子	甲子	丙子	戊子	庚子	壬子	甲子	丙子	戊子	庚子	壬子	甲子	丙子	戊子	庚子	壬子	甲子	丙子	戊子	庚子
农事节令	酉时朔	防治荒漠化和干旱日	父亲节		离日，端午节	未时夏至			上弦，头莳	全国土地日	中莳，国际禁毒日		末莳，磨刀暴		农暴	建党节，香港回归日	丑时望			分龙，农暴	龙母暴	辰时小暑		下弦		世界人口日		头伏	出梅	

六月小

季夏之月　羊月　辛未　亢宿

黄	白	碧
绿	白	白
紫	黑	赤

天道行东，日躔在午宫，宜用癸乙丁辛时

初八日**大暑** 1:37　初一日**朔** 2:14

廿三日**立秋** 18:10　十六日**望** 13:53

农历	初初初初初初初初初初十十十十十十十十十二廿廿廿廿廿廿廿廿廿三 一二三四五六七八九十一二三四五六七八九十一二三四五六七八九十
阳历	16 17 18 19 20 21 22 23 24 25 26 27 28 29 30 31 8月 2 3 4 5 6 7 8 9 10 11 12 13
星期	日一二三四五六日一二三四五六日一二三四五六日一二三四五六日
干支	癸甲乙丙丁戊己庚辛壬癸甲乙丙丁戊己庚辛壬癸甲乙丙丁戊己庚辛 酉戌亥子丑寅卯辰巳午未申酉戌亥子丑寅卯辰巳午未申酉戌亥子丑
28宿	房心尾箕斗牛女虚危室壁奎娄胃昴毕觜参井鬼柳星张翼轸角亢氐房 满平定执破危成收开闭建除满平定执破危成收开闭闭建除满平定执
五行	金火火水水土土金金木木水水土土火火木木水水金金火火木木土土
节元	小暑下5　大暑上7　大暑中1　大暑下4　立秋上2　立秋中5
黄道黑道	勾青明天朱金天白玉天元司勾青明天朱金天白玉天玉天元司勾青明 陈龙堂刑雀匮德虎堂牢武命陈龙堂刑雀匮德虎堂牢堂牢武命陈龙堂
八卦	兑离震巽坎艮坤乾兑离震巽坎艮坤乾兑离震巽坎艮坤乾兑离震巽坎
方位	东东西西正东东西西正东东西西正东东西西正东东西西正东东西西 南北北南南南北北南南南北北南南南北北南南南北北南南南北北南 正东东正正正正正正正正东东正正正正正正正正东东正正正正正正 南南南西西北北东东南南南南西西北北东东南南南南西西北北东东
五脏	肺心心肾肾脾脾肺肺肝肝肾肾脾脾心心肝肝肾肾肺肺心心肝肝脾脾
子时时辰	壬甲丙戊庚壬甲丙戊庚壬甲丙戊庚壬甲丙戊庚壬甲丙戊庚壬甲丙戊 子子子子子子子子子子子子子子子子子子子子子子子子子子子子子
农事节令	丑时朔　荷花节　天贶节，农暴　丑时大暑，上弦，二伏　农暴　未时望　建军节　农暴　农暴　绝日　酉时立秋，下弦　三伏　农暴

公元 2034 年　　农历甲寅(虎)年

七月大

孟秋之月　猴月　壬申　氐宿

绿紫黑
碧黄赤
白白白

天道行北，日躔在巳宫，宜用甲丙庚壬时

初十日**处暑** 8:48　初一日**朔** 11:52

廿五日**白露** 21:15　十七日**望** 0:48

农历	初一	初二	初三	初四	初五	初六	初七	初八	初九	初十	十一	十二	十三	十四	十五	十六	十七	十八	十九	二十	廿一	廿二	廿三	廿四	廿五	廿六	廿七	廿八	廿九	三十
阳历	14	15	16	17	18	19	20	21	22	23	24	25	26	27	28	29	30	31	9月	2	3	4	5	6	7	8	9	10	11	12
星期	一	二	三	四	五	六	日	一	二	三	四	五	六	日	一	二	三	四	五	六	日	一	二	三	四	五	六	日	一	二
干支	壬寅	癸卯	甲辰	乙巳	丙午	丁未	戊申	己酉	庚戌	辛亥	壬子	癸丑	甲寅	乙卯	丙辰	丁巳	戊午	己未	庚申	辛酉	壬戌	癸亥	甲子	乙丑	丙寅	丁卯	戊辰	己巳	庚午	辛未
28宿	心破	尾危	箕成	斗收	牛开	女闭	虚建	危除	室满	壁平	奎定	娄执	胃破	昴危	毕成	觜收	参开	井闭	鬼建	柳除	星满	张平	翼定	轸执	角执	亢破	氐危	房成	心收	尾开
五行	金	金	火	火	水	水	土	土	金	金	木	木	水	水	土	土	火	火	木	木	水	水	金	金	火	火	木	木	土	土
节元			立秋下8					处暑上1					处暑中4					处暑下7					白露上9					白露中3		
黄道黑道	天刑	朱雀	金匮	天德	白虎	玉堂	天牢	元武	司命	勾陈	青龙	明堂	天刑	朱雀	金匮	天德	白虎	玉堂	天牢	元武	司命	勾陈	青龙	明堂	青龙	明堂	天刑	朱雀	金匮	天德
八卦	离	震	巽	坎	艮	坤	乾	兑	离	震	巽	坎	艮	坤	乾	兑	离	震	巽	坎	艮	坤	乾	兑	离	震	巽	坎	艮	坤
方位	正南 正南	东南 正南	东北 东南	西北 东南	西南 正西	正南 正西	东南 正北	东北 正北	西北 正东	西南 正东	正南 正南	东南 正南	东北 东南	西北 东南	西南 正西	正南 正西	东南 正北	东北 正北	西北 正东	西南 正东	正南 正南	东南 正南	东北 东南	西北 东南	西南 正西	正南 正西	东南 正北	东北 正北	西北 正东	西南 正东
五脏	肺	肺	心	心	肾	肾	脾	脾	肺	肺	肝	肝	肾	肾	脾	脾	心	心	肝	肝	肾	肾	肺	肺	心	心	肝	肝	脾	脾
子时时辰	庚子	壬子	甲子	丙子	戊子	庚子	壬子	甲子	丙子	戊子	庚子	壬子	甲子	丙子	戊子	庚子	壬子	甲子	丙子	戊子	庚子	壬子	甲子	丙子	戊子	庚子	壬子	甲子	丙子	戊子
农事节令	午时朔						乞巧节	上弦		辰时处暑					中元节		子时望，农暴						下弦		亥时白露			教师节		

公元 2034 年　　农历甲寅(虎)年

八月小

仲秋之月　鸡月　癸酉　房宿

碧	白	白
黑	绿	白
赤	紫	黄

天道行东北，日躔在辰宫，宜用艮巽坤乾时

十一日**秋分** 6:40　初一日**朔** 0:12

廿六日**寒露** 13:08　十六日**望** 10:55

农历	初初初初初初初初初初十十十十十十十十十二廿廿廿廿廿廿廿廿廿三 一二三四五六七八九十一二三四五六七八九十一二三四五六七八九十
阳历	13 14 15 16 17 18 19 20 21 22 23 24 25 26 27 28 29 30 10月 2 3 4 5 6 7 8 9 10 11
星期	三四五六日一二三四五六日一二三四五六日一二三四五六日一二三
干支	壬癸甲乙丙丁戊己庚辛壬癸甲乙丙丁戊己庚辛壬癸甲乙丙丁戊己庚 申酉戌亥子丑寅卯辰巳午未申酉戌亥子丑寅卯辰巳午未申酉戌亥子
28宿	箕斗牛女虚危室壁奎娄胃昴毕觜参井鬼柳星张翼轸角亢氐房心尾箕 闭建除满平定执破危成收开闭建除满平定执破危成收开闭闭建除满
五行	金金火火水水土土金金木木水水土土火火木木水水金金火火木木土
节元	白露下6　秋分上7　秋分中1　秋分下4　寒露上6　寒露中9
黄道黑道	白玉天元司勾青明天朱金天白玉天元司勾青明天朱金天白天白玉天 虎堂牢武命陈龙堂刑雀匮德虎堂牢武命陈龙堂刑雀匮德虎德虎堂牢
八卦	震巽坎艮坤乾兑离震巽坎艮坤乾兑离震巽坎艮坤乾兑离震巽坎艮坤
方位	正东东西西正东东西西正东东西西正东东西西正东东西西正东东西 南南北北南南南北北南南南北北南南南北北南南南北北南南南北北 正正东东正正正正正正正正东东正正正正正正正正东东正正正正正 南南南南西西北北东东南南南南西西北北东东南南南南西西北北东
五脏	肺肺心心肾肾脾脾肺肺肝肝肾肾脾脾心心肝肝肾肾肺肺心心肝肝脾
子时时辰	庚壬甲丙戊庚壬甲丙戊庚壬甲丙戊庚壬甲丙戊庚壬甲丙戊庚壬甲丙 子子子子子子子子子子子子子子子子子子子子子子子子子子子子子
农事节令	子时朔　农暴　全国科普日　秋社，上戊　上弦　离日　卯时秋分　中秋节　巳时望，孔子诞辰　国庆节　农暴　农暴，下弦　未时寒露

公元 2034 年　　农历甲寅(虎)年

九月大

季秋　之月　狗月　甲戌　心宿

黑赤紫
白碧黄
白白绿

天道行南，日躔在卯宫，宜用癸乙丁辛时

十二日**霜降** 16:17　初一日**朔** 15:31

廿七日**立冬** 16:35　十六日**望** 20:41

农历	初一	初二	初三	初四	初五	初六	初七	初八	初九	初十	十一	十二	十三	十四	十五	十六	十七	十八	十九	二十	廿一	廿二	廿三	廿四	廿五	廿六	廿七	廿八	廿九	三十
阳历	12	13	14	15	16	17	18	19	20	21	22	23	24	25	26	27	28	29	30	31	11月	2	3	4	5	6	7	8	9	10
星期	四	五	六	日	一	二	三	四	五	六	日	一	二	三	四	五	六	日	一	二	三	四	五	六	日	一	二	三	四	五
干支	辛丑	壬寅	癸卯	甲辰	乙巳	丙午	丁未	戊申	己酉	庚戌	辛亥	壬子	癸丑	甲寅	乙卯	丙辰	丁巳	戊午	己未	庚申	辛酉	壬戌	癸亥	甲子	乙丑	丙寅	丁卯	戊辰	己巳	庚午
28宿	斗平	牛定	女执	虚破	危危	室成	壁收	奎开	娄闭	胃建	昴除	毕满	觜平	参定	井执	鬼破	柳危	星成	张收	翼开	轸闭	角建	亢除	氐满	房平	心定	尾定	箕执	斗破	牛危
五行	土	金	金	火	火	水	水	土	土	金	金	木	木	水	水	土	土	火	火	木	木	水	水	金	金	火	火	木	木	土
节元				寒露下3					霜降上5					霜降中8					霜降下2					立冬上6					立冬中9	
黄道黑道	元武	司命	勾陈	青龙	明堂	天刑	朱雀	金匮	天德	白虎	玉堂	天牢	元武	司命	勾陈	青龙	明堂	天刑	朱雀	金匮	天德	白虎	玉堂	天牢	元武	司命	元武	司命	勾陈	青龙
八卦	巽	坎	艮	坤	乾	兑	离	震	巽	坎	艮	坤	乾	兑	离	震	巽	坎	艮	坤	乾	兑	离	震	巽	坎	艮	坤	乾	兑
方位	西南正东	正南正南	东南正南	东北东南	西北东南	西南正西	正南正西	东南正北	东北正北	西北正东	西南正东	正南正南	东南正南	东北东南	西北东南	西南正西	正南正西	东南正北	东北正北	西北正东	西南正东	正南正南	东南正南	东北东南	西北东南	西南正西	正南正西	东南正北	东北正北	西北正东
五脏	脾	肺	肺	心	心	肾	肾	脾	脾	肺	肺	肝	肝	肾	肾	脾	脾	心	心	肝	肝	肾	肾	肺	肺	心	心	肝	肝	脾
子时时辰	戊子	庚子	壬子	甲子	丙子	戊子	庚子	壬子	甲子	丙子	戊子	庚子	壬子	甲子	丙子	戊子	庚子	壬子	甲子	丙子	戊子	庚子	壬子	甲子	丙子	戊子	庚子	壬子	甲子	丙子
农事节令	申时朔	国际减灾日			世界粮食日	世界消除贫困日		上弦	重阳节，农暴			申时霜降	联合国日			戌时望			农暴	世界勤俭日	万圣节			下弦		绝日	申时立冬，冷风信			

十月大

孟冬之月　猪月　乙亥　尾宿

白	白	白
紫	黑	绿
黄	赤	碧

天道行东，日躔在寅宫，宜用甲丙庚壬时

十二日**小雪** 14:06　初一日**朔** 9:15

廿七日**大雪** 9:38　十六日**望** 6:31

农历	阳历	星期	干支	28宿		五行	节元	黄道黑道	八卦	方位	五脏	子时时辰	农事节令
初一	11	六	辛未	女	成	土		明堂	坎	西南正东	脾	戊子	巳时朔
初二	12	日	壬申	虚	收	金		天刑	艮	正南正南	肺	庚子	
初三	13	一	癸酉	危	开	金		朱雀	坤	东南正南	肺	壬子	
初四	14	二	甲戌	室	闭	火	立冬下3	金匮	乾	东北东南	心	甲子	
初五	15	三	乙亥	壁	建	火		天德	兑	西北东南	心	丙子	
初六	16	四	丙子	奎	除	水		白虎	离	西南正西	肾	戊子	
初七	17	五	丁丑	娄	满	水		玉堂	震	正南正西	肾	庚子	国际大学生节
初八	18	六	戊寅	胃	平	土		天牢	巽	东南正北	脾	壬子	上弦
初九	19	日	己卯	昴	定	土	小雪上5	元武	坎	东北正北	脾	甲子	
初十	20	一	庚辰	毕	执	金		司命	艮	西北正东	肺	丙子	农暴
十一	21	二	辛巳	觜	破	金		勾陈	坤	西南正东	肺	戊子	
十二	22	三	壬午	参	危	木		青龙	乾	正南正南	肝	庚子	未时小雪
十三	23	四	癸未	井	成	木		明堂	兑	东南正南	肝	壬子	感恩节
十四	24	五	甲申	鬼	收	水	小雪中8	天刑	离	东北东南	肾	甲子	
十五	25	六	乙酉	柳	开	水		朱雀	震	西北东南	肾	丙子	下元节
十六	26	日	丙戌	星	闭	土		金匮	巽	西南正西	脾	戊子	卯时望
十七	27	一	丁亥	张	建	土		天德	坎	正南正西	脾	庚子	
十八	28	二	戊子	翼	除	火		白虎	艮	东南正北	心	壬子	
十九	29	三	己丑	轸	满	火	小雪下2	玉堂	坤	东北正北	心	甲子	
二十	30	四	庚寅	角	平	木		天牢	乾	西北正东	肝	丙子	农暴
廿一	12月	五	辛卯	亢	定	木		元武	兑	西南正东	肝	戊子	世界艾滋病日
廿二	2	六	壬辰	氐	执	水		司命	离	正南正南	肾	庚子	
廿三	3	日	癸巳	房	破	水		勾陈	震	东南正南	肾	壬子	农暴
廿四	4	一	甲午	心	危	金	大雪上4	青龙	巽	东北东南	肺	甲子	下弦
廿五	5	二	乙未	尾	成	金		明堂	坎	西北东南	肺	丙子	
廿六	6	三	丙申	箕	收	火		天刑	艮	西南正西	心	戊子	
廿七	7	四	丁酉	斗	收	火		明堂	坤	正南正西	心	庚子	巳时大雪
廿八	8	五	戊戌	牛	开	木		天刑	乾	东南正北	肝	壬子	
廿九	9	六	己亥	女	闭	木	大雪中7	朱雀	兑	东北正北	肝	甲子	
三十	10	日	庚子	虚	建	土		金匮	离	西北正东	脾	丙子	

公元 2034 年　　农历甲寅(虎)年

十一月小

仲冬之月　鼠月　丙子　箕宿

紫黄赤
白白碧
绿白黑

天道行东南，日躔在丑宫，宜用艮巽坤乾时

十二日**冬至** 3:35　初一日**朔** 4:14
廿六日**小寒** 20:57　十五日**望** 16:54

农历	初初初初初初初初初初十十十十十十十十十二廿廿廿廿廿廿廿廿廿三 一二三四五六七八九十一二三四五六七八九十一二三四五六七八九十
阳历	11 12 13 14 15 16 17 18 19 20 21 22 23 24 25 26 27 28 29 30 31 1月 2 3 4 5 6 7 8
星期	一二三四五六日一二三四五六日一二三四五六日一二三四五六日一
干支	辛壬癸甲乙丙丁戊己庚辛壬癸甲乙丙丁戊己庚辛壬癸甲乙丙丁戊己 丑寅卯辰巳午未申酉戌亥子丑寅卯辰巳午未申酉戌亥子丑寅卯辰巳
28宿	危室壁奎娄胃昴毕觜参井鬼柳星张翼轸角亢氐房心尾箕斗牛女虚危 除满平定执破危成收开闭建除满平定执破危成收开闭建除除满平定
五行	土金金火火水水土土金金木木水水土土火火木木水水金金火火木木
节元	大雪下1　冬至上1　冬至中7　冬至下4　小寒上2　小寒中8
黄道黑道	天白玉天元司勾青明天朱金天白玉天元司勾青明天朱金天金天白玉 德虎堂牢武命陈龙堂刑雀匮德虎堂牢武命陈龙堂刑雀匮德匮德虎堂
八卦	艮坤乾兑离震巽坎艮坤乾兑离震巽坎艮坤乾兑离震巽坎艮坤乾兑离
方位	西正东东西西正东东西西正东东西西正东东西西正东东西西正东东 南南南北北南南南北北南南南北北南南南北北南南南北北南南南北 正正正东东正正正正正正正正东东正正正正正正正正东东正正正正 东南南南南西西北北东东南南南南西西北北东东南南南南西西北北
五脏	脾肺肺心心肾肾脾脾肺肺肝肝肾肾脾脾心心肝肝肾肾肺肺心心肝肝
子时时辰	戊庚壬甲丙戊庚壬甲丙戊庚壬甲丙戊庚壬甲丙戊庚壬甲丙戊庚壬甲 子子子子子子子子子子子子子子子子子子子子子子子子子子子子子
农事节令	寅时朔　农暴　上弦　澳门回归日　离日　寅时冬至，一九　申时望，圣诞节　二九　元旦　下弦　戊时小寒　农暴

十二月大

季冬之月　牛月　丁丑　斗宿

白绿白
赤紫黑
碧黄白

天道行西，日躔在子宫，宜用癸乙丁辛时

十二日**大寒** 14:15　初一日**朔** 23:02

廿七日**立春** 8:33　十六日**望** 4:16

农历	初一	初二	初三	初四	初五	初六	初七	初八	初九	初十	十一	十二	十三	十四	十五	十六	十七	十八	十九	二十	廿一	廿二	廿三	廿四	廿五	廿六	廿七	廿八	廿九	三十
阳历	9	10	11	12	13	14	15	16	17	18	19	20	21	22	23	24	25	26	27	28	29	30	31	2月	2	3	4	5	6	7
星期	二	三	四	五	六	日	一	二	三	四	五	六	日	一	二	三	四	五	六	日	一	二	三	四	五	六	日	一	二	三
干支	庚午	辛未	壬申	癸酉	甲戌	乙亥	丙子	丁丑	戊寅	己卯	庚辰	辛巳	壬午	癸未	甲申	乙酉	丙戌	丁亥	戊子	己丑	庚寅	辛卯	壬辰	癸巳	甲午	乙未	丙申	丁酉	戊戌	己亥
28宿	室执	壁破	奎危	娄成	胃收	昴开	毕闭	觜建	参除	井满	鬼平	柳定	星执	张破	翼危	轸成	角收	亢开	氐闭	房建	心除	尾满	箕平	斗定	牛执	女破	虚破	危危	室成	壁收
五行	土	土	金	金	火	火	水	水	土	土	金	金	木	木	水	水	土	土	火	火	木	木	水	水	金	金	火	火	木	木
节元					小寒下5					大寒上3					大寒中9					大寒下6					立春上8					立春中5
黄道黑道	天牢	元武	司命	勾陈	青龙	明堂	天刑	朱雀	金匮	天德	白虎	玉堂	天牢	元武	司命	勾陈	青龙	明堂	天刑	朱雀	金匮	天德	白虎	玉堂	天牢	元武	天牢	元武	司命	勾陈
八卦	坤	乾	兑	离	震	巽	坎	艮	坤	乾	兑	离	震	巽	坎	艮	坤	乾	兑	离	震	巽	坎	艮	坤	乾	兑	离	震	巽
方位	西北正东	西南正东	正南正南	东南正南	东北东南	西北东南	西南正西	正南正西	东南正北	东北正北	西北正东	西南正东	正南正南	东南正南	东北东南	西北东南	西南正西	正南正西	东南正北	东北正北	西北正东	西南正东	正南正南	东南正南	东北东南	西北东南	西南正西	正南正西	东南正北	东北正北
五脏	脾	脾	肺	肺	心	心	肾	肾	脾	脾	肺	肺	肝	肝	肾	肾	脾	脾	心	心	肝	肝	肾	肾	肺	肺	心	心	肝	肝
子时时辰	丙子	戊子	庚子	壬子	甲子	丙子	戊子	庚子	壬子	甲子	丙子	戊子	庚子	壬子	甲子	丙子	戊子	庚子	壬子	甲子	丙子	戊子	庚子	壬子	甲子	丙子	戊子	庚子	壬子	甲子
农事节令	夜子朔，三九							腊八节，农暴	上弦	四九		未时大寒		农暴		寅时望			五九					下弦，扫尘节，小年		绝日	辰时立春，农暴	六九		除夕

公元2035年　　农历乙卯(兔)年

正月大

孟春之月　虎月　戊寅　牛宿

赤碧黄
白白白
黑绿紫

天道行南，日躔在亥宫，宜用甲丙庚壬时

十二日**雨水** 4:17　初一日**朔** 16:21

廿七日**惊蛰** 2:23　十五日**望** 16:53

农历	初一	初二	初三	初四	初五	初六	初七	初八	初九	初十	十一	十二	十三	十四	十五
阳历	8	9	10	11	12	13	14	15	16	17	18	19	20	21	22
星期	四	五	六	日	一	二	三	四	五	六	日	一	二	三	四
干支	庚子	辛丑	壬寅	癸卯	甲辰	乙巳	丙午	丁未	戊申	己酉	庚戌	辛亥	壬子	癸丑	甲寅
28宿	奎开	娄闭	胃建	昴除	毕满	觜平	参定	井执	鬼破	柳危	星成	张收	翼开	轸闭	角建
五行	土	土	金	金	火	火	水	水	土	土	金	金	木	木	水
节元					立春下2					雨水上9					雨水中6
黄道黑道	青龙	明堂	天刑	朱雀	金匮	天德	白虎	玉堂	天牢	元武	司命	勾陈	青龙	明堂	天刑
八卦	坎	艮	坤	乾	兑	离	震	巽	坎	艮	坤	乾	兑	离	震
方位	西北正东	西南正东	正南正南	东南正南	东北东南	西北东南	西南正西	正南正西	东南正北	东北正北	西北正东	西南正东	正南正南	东南正南	东北东南
五脏	脾	脾	肺	肺	心	心	肾	肾	脾	脾	肺	肺	肝	肝	肾
子时时辰	丙子	戊子	庚子	壬子	甲子	丙子	戊子	庚子	壬子	甲子	丙子	戊子	庚子	壬子	甲子
农事节令	春节,中时朔	财神节,二牛耕地,二日得辛	三人七饼		破五节,五龙治水		七九,情人节	上弦	农暴	土神诞,十姑看蚕		寅时雨水	农暴		申时望,元宵节

农历	十六	十七	十八	十九	二十	廿一	廿二	廿三	廿四	廿五	廿六	廿七	廿八	廿九	三十
阳历	23	24	25	26	27	28	3月	2	3	4	5	6	7	8	9
星期	五	六	日	一	二	三	四	五	六	日	一	二	三	四	五
干支	乙卯	丙辰	丁巳	戊午	己未	庚申	辛酉	壬戌	癸亥	甲子	乙丑	丙寅	丁卯	戊辰	己巳
28宿	亢除	氐满	房平	心定	尾执	箕破	斗危	牛成	女收	虚开	危闭	室闭	壁建	奎除	娄满
五行	水	土	土	火	火	木	木	水	水	金	金	火	火	木	木
节元					雨水下3					惊蛰上1					惊蛰中7
黄道黑道	朱雀	金匮	天德	白虎	玉堂	天牢	元武	司命	勾陈	青龙	明堂	青龙	明堂	天刑	朱雀
八卦	巽	坎	艮	坤	乾	兑	离	震	巽	坎	艮	坤	乾	兑	离
方位	西北东南	西南正西	正南正西	东南正北	东北正北	西北正东	西南正东	正南正南	东南正南	东北东南	西北东南	西南正西	正南正西	东南正北	东北正北
五脏	肾	脾	脾	心	心	肝	肝	肾	肾	肺	肺	心	心	肝	肝
子时时辰	丙子	戊子	庚子	壬子	甲子	丙子	戊子	庚子	壬子	甲子	丙子	戊子	庚子	壬子	甲子
农事节令	八九			农暴				下弦		填仓节,九九		丑时惊蛰		农暴,妇女节	

公元2035年　　农历乙卯(兔)年

二月小

仲春　之月　兔月　己卯　女宿

白	黑	绿
黄	赤	紫
白	碧	白

天道行西南，日躔在戌宫，宜用艮巽坤乾时

十二日**春分** 3:04　初一日**朔** 7:08

廿七日**清明** 6:55　十五日**望** 6:41

农历	阳历	星期	干支	28宿	建除	五行	节元	黄道黑道	八卦	方位	五脏	子时时辰	农事节令
初一	10	六	庚午	胃	平	土		金匮	艮	西北正东	脾	丙子	辰时朔，中和节
初二	11	日	辛未	昴	定	土		天德	坤	西南正东	脾	戊子	龙头节，农暴
初三	12	一	壬申	毕	执	金		白虎	乾	正南正南	肺	庚子	农暴，植树节
初四	13	二	癸酉	觜	破	金		玉堂	兑	东南正南	肺	壬子	
初五	14	三	甲戌	参	危	火	惊蛰下4	天牢	离	东北东南	心	甲子	
初六	15	四	乙亥	井	成	火		元武	震	西北东南	心	丙子	消费者权益日
初七	16	五	丙子	鬼	收	水		司命	巽	西南正西	肾	戊子	春斫暴
初八	17	六	丁丑	柳	开	水		勾陈	坎	正南正西	肾	庚子	上弦，农暴
初九	18	日	戊寅	星	闭	土		青龙	艮	东南正北	脾	壬子	农暴，春社，上戊
初十	19	一	己卯	张	建	土	春分上3	明堂	坤	东北正北	脾	甲子	
十一	20	二	庚辰	翼	除	金		天刑	乾	西北正东	肺	丙子	乌龟暴，离日
十二	21	三	辛巳	轸	满	金		朱雀	兑	西南正东	肺	戊子	寅时春分，世界森林日
十三	22	四	壬午	角	平	木		金匮	离	正南正南	肝	庚子	农暴，世界水日
十四	23	五	癸未	亢	定	木		天德	震	东南正南	肝	壬子	世界气象日
十五	24	六	甲申	氐	执	水	春分中9	白虎	巽	东北东南	肾	甲子	卯时望，花朝节，防治结核病日
十六	25	日	乙酉	房	破	水		玉堂	坎	西北东南	肾	丙子	
十七	26	一	丙戌	心	危	土		天牢	艮	西南正西	脾	戊子	
十八	27	二	丁亥	尾	成	土		元武	坤	正南正西	脾	庚子	
十九	28	三	戊子	箕	收	火		司命	乾	东南正北	心	壬子	农暴
二十	29	四	己丑	斗	开	火	春分下6	勾陈	兑	东北正北	心	甲子	
廿一	30	五	庚寅	牛	闭	木		青龙	离	西北正东	肝	丙子	
廿二	31	六	辛卯	女	建	木		明堂	震	西南正东	肝	戊子	下弦
廿三	4月	日	壬辰	虚	除	水		天刑	巽	正南正南	肾	庚子	
廿四	2	一	癸巳	危	满	水		朱雀	坎	东南正南	肾	壬子	
廿五	3	二	甲午	室	平	金	清明上4	金匮	艮	东北东南	肺	甲子	
廿六	4	三	乙未	壁	定	金		天德	坤	西北东南	肺	丙子	
廿七	5	四	丙申	奎	定	火		金匮	乾	西南正西	心	戊子	卯时清明
廿八	6	五	丁酉	娄	执	火		天德	兑	正南正西	心	庚子	农暴
廿九	7	六	戊戌	胃	破	木		白虎	离	东南正北	肝	壬子	农暴
三十													

公元 2035 年　　　　农历乙卯(兔)年

三月大

季春之月　龙月　庚辰　虚宿

黄	白	碧
绿	白	白
紫	黑	赤

天道行北，日躔在酉宫，宜用癸乙丁辛时

十三日**谷雨** 13:50　初一日**朔** 18:56

廿八日**立夏** 23:55　十五日**望** 21:19

农历	初一	初二	初三	初四	初五	初六	初七	初八	初九	初十	十一	十二	十三	十四	十五	十六	十七	十八	十九	二十	廿一	廿二	廿三	廿四	廿五	廿六	廿七	廿八	廿九	三十
阳历	8	9	10	11	12	13	14	15	16	17	18	19	20	21	22	23	24	25	26	27	28	29	30	5月	2	3	4	5	6	7
星期	日	一	二	三	四	五	六	日	一	二	三	四	五	六	日	一	二	三	四	五	六	日	一	二	三	四	五	六	日	一
干支	己亥	庚子	辛丑	壬寅	癸卯	甲辰	乙巳	丙午	丁未	戊申	己酉	庚戌	辛亥	壬子	癸丑	甲寅	乙卯	丙辰	丁巳	戊午	己未	庚申	辛酉	壬戌	癸亥	甲子	乙丑	丙寅	丁卯	戊辰
28宿	昴 危	毕 成	觜 收	参 开	井 闭	鬼 建	柳 除	星 满	张 平	翼 定	轸 执	角 破	亢 危	氐 成	房 收	心 开	尾 闭	箕 建	斗 除	牛 满	女 平	虚 定	危 执	室 破	壁 危	奎 成	娄 收	胃 收	昴 开	毕 闭
五行	木	土	土	金	金	火	火	水	水	土	土	金	金	木	木	水	水	土	土	火	火	木	木	水	水	金	金	火	火	木
节元	清明中1					清明下7					谷雨上5					谷雨中2					谷雨下8					立夏上4				
黄道黑道	玉堂	天牢	元武	司命	勾陈	青龙	明堂	天刑	朱雀	金匮	天德	白虎	玉堂	天牢	元武	司命	勾陈	青龙	明堂	天刑	朱雀	金匮	天德	白虎	玉堂	天牢	元武	天牢	元武	司命
八卦	坤	乾	兑	离	震	巽	坎	艮	坤	乾	兑	离	震	巽	坎	艮	坤	乾	兑	离	震	巽	坎	艮	坤	乾	兑	离	震	巽
方位	东北 正北	西北 正东	西南 正东	正南 正南	东南 正南	东北 东南	西北 东南	西南 正西	正南 正西	东南 正北	东北 正北	西北 正东	西南 正东	正南 正南	东南 正南	东北 东南	西北 东南	西南 正西	正南 正西	东南 正北	东北 正北	西北 正东	西南 正东	正南 正南	东南 正南	东北 东南	西北 东南	西南 正西	正南 正西	东南 正北
五脏	肝	脾	脾	肺	肺	心	心	肾	肾	脾	脾	肺	肺	肝	肝	肾	肾	脾	脾	心	心	肝	肝	肾	肾	肺	肺	心	心	肝
子时时辰	甲子	丙子	戊子	庚子	壬子	甲子	丙子	戊子	庚子	壬子	甲子	丙子	戊子	庚子	壬子	甲子	丙子	戊子	庚子	壬子	甲子	丙子	戊子	庚子	壬子	甲子	丙子	戊子	庚子	壬子
农事节令	酉时朔		上巳，桃花暴				农暴	上弦					未时谷雨		亥时望，农暴，世界地球日								下弦，天石暴	劳动节	猴子暴	农暴	青年节	夜子立夏		

四月小	绿碧白 紫黄白 黑赤白	天道行西，日躔在申宫，宜用甲丙庚壬时
孟夏之月　蛇月　辛巳　危宿		十四日**小满** 12:44　初一日**朔** 4:02　十五日**望** 12:24

农历	初一 初二 初三 初四 初五 初六 初七 初八 初九 初十 十一 十二 十三 十四 十五 十六 十七 十八 十九 二十 廿一 廿二 廿三 廿四 廿五 廿六 廿七 廿八 廿九 三十
阳历	8 9 10 11 12 13 14 15 16 17 18 19 20 21 22 23 24 25 26 27 28 29 30 31 6月 2 3 4 5
星期	二三四五六日一二三四五六日一二三四五六日一二三四五六日一二
干支	己巳 庚午 辛未 壬申 癸酉 甲戌 乙亥 丙子 丁丑 戊寅 己卯 庚辰 辛巳 壬午 癸未 甲申 乙酉 丙戌 丁亥 戊子 己丑 庚寅 辛卯 壬辰 癸巳 甲午 乙未 丙申 丁酉
28宿	觜参井鬼柳星张翼轸角亢氐房心尾箕斗牛女虚危室壁奎娄胃昴毕觜 建除满平定执破危成收开闭建除满平定执破危成收开闭建除满平定
五行	木土土金金火火水水土土金金木木水水土土火火木木水水金金火火
节元	立夏中1　立夏下7　小满上5　小满中2　小满下8　芒种上6
黄道黑道	勾陈 青龙 明堂 天刑 朱雀 金匮 天德 白虎 玉堂 天牢 元武 司命 勾陈 青龙 明堂 天刑 朱雀 金匮 天德 白虎 玉堂 天牢 元武 司命 勾陈 青龙 明堂 天刑 朱雀
八卦	乾兑离震巽坎艮坤乾兑离震巽坎艮坤乾兑离震巽坎艮坤乾兑离震巽
方位	东西西正东东西西正东东西西正东东西西正东东西西正东东西西正 北北南南南北北南南南北北南南南北北南南南北北南南南北北南南 正正正正正东东正正正正正正正正东东正正正正正正正正东东正正 北东东南南南南西西北北东东南南南南西西北北东东南南南南西西
五脏	肝脾脾肺肺心心肾肾脾脾肺肺肝肝肾肾脾脾心心肝肝肾肾肺肺心心
子时时辰	甲子 丙子 戊子 庚子 壬子 甲子 丙子 戊子 庚子 壬子 甲子 丙子 戊子 庚子 壬子 甲子 丙子 戊子 庚子 壬子 甲子 丙子 戊子 庚子 壬子 甲子 丙子 戊子 庚子
农事节令	寅时朔，农暴　护士节，防灾减灾日　母亲节　国际家庭日，上弦　午时小满　午时望，农暴　下弦　世界无烟日　儿童节，农暴　世界环境日

五月小

仲夏之月　马月　壬午　室宿

碧白白
黑绿白
赤紫黄

天道行西北，日躔在未宫，宜用艮巽坤乾时

初一日**芒种** 3:51　初一日**朔** 11:19

十六日**夏至** 20:33　十六日**望** 3:36

农历	初初初初初初初初初初十十十十十十十十十二廿廿廿廿廿廿廿廿廿三 一二三四五六七八九十一二三四五六七八九十一二三四五六七八九十
阳历	6 7 8 9 10 11 12 13 14 15 16 17 18 19 20 21 22 23 24 25 26 27 28 29 30 7月 2 3 4
星期	三四五六日一二三四五六日一二三四五六日一二三四五六日一二三
干支	戊己庚辛壬癸甲乙丙丁戊己庚辛壬癸甲乙丙丁戊己庚辛壬癸甲乙丙 戌亥子丑寅卯辰巳午未申酉戌亥子丑寅卯辰巳午未申酉戌亥子丑寅
28宿	参井鬼柳星张翼轸角亢氐房心尾箕斗牛女虚危室壁奎娄胃昴毕觜参 定执破危成收开闭建除满平定执破危成收开闭建除满平定执破危成
五行	木木土土金金火火水水土土金金木木水水土土火火木木水水金金火
节元	芒种中3　芒种下9　夏至上9　夏至中3　夏至下6　小暑上8
黄道黑道	天朱金天白玉天元司勾青明天朱金天白玉天元司勾青明天朱金天白 刑雀匮德虎堂牢武命陈龙堂刑雀匮德虎堂牢武命陈龙堂刑雀匮德虎
八卦	兑离震巽坎艮坤乾兑离震巽坎艮坤乾兑离震巽坎艮坤乾兑离震巽坎
方位	东东西西正东东西西正东东西西正东东西西正东东西西正东东西西 南北北南南南北北南南南北北南南南北北南南南北北南南南北北南 正正正正正正东东正正正正正正正正东东正正正正正正正正东东正 北北东东南南南南西西北北东东南南南南西西北北东东南南南南西
五脏	肝肝脾脾肺肺心心肾肾脾脾肺肺肝肝肾肾脾脾心心肝肝肾肾肺肺心
子时时辰	壬甲丙戊庚壬甲丙戊庚壬甲丙戊庚壬甲丙戊庚壬甲丙戊庚壬甲丙戊 子子子子子子子子子子子子子子子子子子子子子子子子子子子子子
农事节令	寅时芒种，午时朔　端午节，端阳暴　入梅 上弦　磨刀暴 父亲节，防治荒漠化和干旱日　戌时夏至，寅时望 离日，农暴　龙母暴，中莳，国际禁毒日 农暴，分龙，全国土地日 头莳　下弦，末莳　建党节，香港回归日

六月大

季夏　之月　羊月　癸未　壁宿

黑	赤	紫
白	碧	黄
白	白	绿

天道行东，日躔在午宫，宜用癸乙丁辛时

初三日**小暑** 14:02　初一日**朔** 17:58

十九日**大暑** 7:29　十六日**望** 18:35

农历	初一	初二	初三	初四	初五	初六	初七	初八	初九	初十	十一	十二	十三	十四	十五
阳历	5	6	7	8	9	10	11	12	13	14	15	16	17	18	19
星期	四	五	六	日	一	二	三	四	五	六	日	一	二	三	四
干支	丁卯	戊辰	己巳	庚午	辛未	壬申	癸酉	甲戌	乙亥	丙子	丁丑	戊寅	己卯	庚辰	辛巳
28宿	井 收	鬼 开	柳 开	星 闭	张 建	翼 除	轸 满	角 平	亢 定	氐 执	房 破	心 危	尾 成	箕 收	斗 开
五行	火	木	木	土	土	金	金	火	火	水	水	土	土	金	金
节元			小暑中2					小暑下5					大暑上7		
黄道黑道	玉堂	天牢	玉堂	天牢	元武	司命	勾陈	青龙	明堂	天刑	朱雀	金匮	天德	白虎	玉堂
八卦	离	震	巽	坎	艮	坤	乾	兑	离	震	巽	坎	艮	坤	乾
方位	正南 正西	东南 正北	东北 正北	西北 正东	西南 正东	正南 正南	东南 正南	东北 东南	西北 东南	西南 正西	正南 正西	东南 正北	东北 正北	西北 正东	西南 正东
五脏	心	肝	肝	脾	脾	肺	肺	心	心	肾	肾	脾	脾	肺	肺
子时时辰	庚子	壬子	甲子	丙子	戊子	庚子	壬子	甲子	丙子	戊子	庚子	壬子	甲子	丙子	戊子
农事节令	酉时朔		未时小暑	荷花节	出梅	天贶节，农暴	世界人口日		上弦			农暴		头伏	

农历	十六	十七	十八	十九	二十	廿一	廿二	廿三	廿四	廿五	廿六	廿七	廿八	廿九	三十
阳历	20	21	22	23	24	25	26	27	28	29	30	31	8月	2	3
星期	五	六	日	一	二	三	四	五	六	日	一	二	三	四	五
干支	壬午	癸未	甲申	乙酉	丙戌	丁亥	戊子	己丑	庚寅	辛卯	壬辰	癸巳	甲午	乙未	丙申
28宿	牛 闭	女 建	虚 除	危 满	室 平	壁 定	奎 执	娄 破	胃 危	昴 成	毕 收	觜 开	参 闭	井 建	鬼 除
五行	木	木	水	水	土	土	火	火	木	木	水	水	金	金	火
节元			大暑中1					大暑下4					立秋上2		
黄道黑道	天牢	元武	司命	勾陈	青龙	明堂	天刑	朱雀	金匮	天德	白虎	玉堂	天牢	元武	司命
八卦	兑	离	震	巽	坎	艮	坤	乾	兑	离	震	巽	坎	艮	坤
方位	正南 正南	东南 正南	东北 东南	西北 东南	西南 正西	正南 正西	东南 正北	东北 正北	西北 正东	西南 正东	正南 正南	东南 正南	东北 东南	西北 东南	西南 正西
五脏	肝	肝	肾	肾	脾	脾	心	心	肝	肝	肾	肾	肺	肺	心
子时时辰	庚子	壬子	甲子	丙子	戊子	庚子	壬子	甲子	丙子	戊子	庚子	壬子	甲子	丙子	戊子
农事节令	酉时望			辰时大暑，农暴	农暴				下弦，二伏				建军节	农暴	

公元2035年　　农历乙卯(兔)年

七月小 孟秋 之月 猴月 甲申 奎宿	白白白 / 紫黑绿 / 黄赤碧
天道行北，日躔在巳宫，宜用甲丙庚壬时	初四日**立秋** 23:55　初一日**朔** 1:10 二十日**处暑** 14:45　十六日**望** 8:59

农历	初一 初二 初三 初四 初五 初六 初七 初八 初九 初十 十一 十二 十三 十四 十五 十六 十七 十八 十九 二十 廿一 廿二 廿三 廿四 廿五 廿六 廿七 廿八 廿九 三十
阳历	4 5 6 7 8 9 10 11 12 13 14 15 16 17 18 19 20 21 22 23 24 25 26 27 28 29 30 31 9月
星期	六日一二三四五六日一二三四五六日一二三四五六日一二三四五六
干支	丁酉 戊戌 己亥 庚子 辛丑 壬寅 癸卯 甲辰 乙巳 丙午 丁未 戊申 己酉 庚戌 辛亥 壬子 癸丑 甲寅 乙卯 丙辰 丁巳 戊午 己未 庚申 辛酉 壬戌 癸亥 甲子 乙丑
28宿	柳星张翼轸角亢氐房心尾箕斗牛女虚危室壁奎娄胃昴毕觜参井鬼柳
	满平定定执破危成收开闭建除满平定执破危成收开闭建除满平定执
五行	火木木土土金金火火水水土土金金木木水水土土火火木木水水金金
节元	立秋中5　立秋下8　处暑上1　处暑中4　处暑下7　白露上9
黄道黑道	勾陈 青龙 明堂 青龙 明堂 天刑 朱雀 金匮 天德 白虎 玉堂 天牢 元武 司命 勾陈 青龙 明堂 天刑 朱雀 金匮 天德 白虎 玉堂 天牢 元武 司命 勾陈 青龙 明堂
八卦	震巽坎艮坤乾兑离震巽坎艮坤乾兑离震巽坎艮坤乾兑离震巽坎艮坤
方位	正西 东北 东北 西东 西东 正南 东南 东南 西南 西西 正西 东北 东北 西东 西东 正南 东南 东南 西南 西西 正西 东北 东北 西东 西东 正南 东南 东南 西南
五脏	心肝肝脾脾肺肺心心肾肾脾脾肺肺肝肝肾肾脾脾心心肝肝肾肾肺肺
子时时辰	庚子 壬子 甲子 丙子 戊子 庚子 壬子 甲子 丙子 戊子 庚子 壬子 甲子 丙子 戊子 庚子 壬子 甲子 丙子 戊子 庚子 壬子 甲子 丙子 戊子 庚子 壬子 甲子 丙子
农事节令	丑时朔　绝日　夜子立秋，三伏　七夕，乞巧节，农暴　上弦　中元节　辰时望　农暴　未时处暑　下弦　农暴

公元2035年　　　　农历乙卯(兔)年

八月小

仲秋　之月　鸡月　乙酉　娄宿

紫	黄	赤
白	白	碧
绿	白	黑

天道行东北，日躔在辰宫，宜用艮巽坤乾时

初七日**白露** 3:03　初一日**朔** 9:58

廿二日**秋分** 12:40　十六日**望** 22:22

农历	初初初初初初初初初初十十十十十十十十十二廿廿廿廿廿廿廿廿廿三 一二三四五六七八九十一二三四五六七八九十一二三四五六七八九十
阳历	2 3 4 5 6 7 8 9 10 11 12 13 14 15 16 17 18 19 20 21 22 23 24 25 26 27 28 29 30
星期	日一二三四五六日一二三四五六日一二三四五六日一二三四五六日
干支	丙丁戊己庚辛壬癸甲乙丙丁戊己庚辛壬癸甲乙丙丁戊己庚辛壬癸甲 寅卯辰巳午未申酉戌亥子丑寅卯辰巳午未申酉戌亥子丑寅卯辰巳午
28宿	星张翼轸角亢氐房心尾箕斗牛女虚危室壁奎娄胃昴毕觜参井鬼柳星 破危成收开闭闭建除满平定执破危成收开闭建除满平定执破危成收
五行	火火木木土土金金火火水水土土金金木木水水土土火火木木水水金
节元	白露中3　白露下6　秋分上7　秋分中1　秋分下4　寒露上6
黄道黑道	天朱金天白玉白玉天元司勾青明天朱金天白玉天元司勾青明天朱金 刑雀匮德虎堂虎堂牢武命陈龙堂刑雀匮德虎堂牢武命陈龙堂刑雀匮
八卦	巽坎艮坤乾兑离震巽坎艮坤乾兑离震巽坎艮坤乾兑离震巽坎艮坤乾
方位	西正东东西西正东东西西正东东西西正东东西西正东东西西正东东 南南南北北南南南北北南南南北北南南南北北南南南北北南南南北 正正正正正正正正东东正正正正正正正正东东正正正正正正正正东 西西北北东东南南南南西西北北东东南南南南西西北北东东南南南
五脏	心心肝肝脾脾肺肺心心肾肾脾脾肺肺肝肝肾肾脾脾心心肝肝肾肾肺
子时时辰	戊庚壬甲丙戊庚壬甲丙戊庚壬甲丙戊庚壬甲丙戊庚壬甲丙戊庚壬甲 子子子子子子子子子子子子子子子子子子子子子子子子子子子子子
农事节令	巳时朔　上戊　寅时白露　上弦　重阳节，农暴，教师节　全国科普日　中秋节　亥时望　农暴　离日　午时秋分　下弦，秋社　孔子诞辰

公元2035年　　农历乙卯(兔)年

九月大

季秋之月　狗月　丙戌　胃宿

白绿白
赤紫黑
碧黄白

天道行南，日躔在卯宫，宜用癸乙丁辛时

初八日寒露 18:58　初一日朔 21:06

廿三日霜降 22:17　十七日望 10:34

农历	初一	初二	初三	初四	初五	初六	初七	初八	初九	初十	十一	十二	十三	十四	十五	十六	十七	十八	十九	二十	廿一	廿二	廿三	廿四	廿五	廿六	廿七	廿八	廿九	三十
阳历	10月	2	3	4	5	6	7	8	9	10	11	12	13	14	15	16	17	18	19	20	21	22	23	24	25	26	27	28	29	30
星期	一	二	三	四	五	六	日	一	二	三	四	五	六	日	一	二	三	四	五	六	日	一	二	三	四	五	六	日	一	二
干支	乙未	丙申	丁酉	戊戌	己亥	庚子	辛丑	壬寅	癸卯	甲辰	乙巳	丙午	丁未	戊申	己酉	庚戌	辛亥	壬子	癸丑	甲寅	乙卯	丙辰	丁巳	戊午	己未	庚申	辛酉	壬戌	癸亥	甲子
28宿	张开	翼闭	轸建	角除	亢满	氐平	房定	心定	尾执	箕破	斗危	牛成	女收	虚开	危闭	室建	壁除	奎满	娄平	胃定	昴执	毕破	觜危	参成	井收	鬼开	柳闭	星建	张除	翼满
五行	金	火	火	木	木	土	土	金	金	火	火	水	水	土	土	金	金	木	木	水	水	土	土	火	火	木	木	水	水	金
节元					寒露中9					寒露下3					霜降上5					霜降中8					霜降下2					立冬上6
黄道黑道	天德	白虎	玉堂	天牢	元武	司命	勾陈	司命	勾陈	青龙	明堂	天刑	朱雀	金匮	天德	白虎	玉堂	天牢	元武	司命	勾陈	青龙	明堂	天刑	朱雀	金匮	天德	白虎	玉堂	天牢
八卦	坎	艮	坤	乾	兑	离	震	巽	坎	艮	坤	乾	兑	离	震	巽	坎	艮	坤	乾	兑	离	震	巽	坎	艮	坤	乾	兑	离
方位	西北东南	西南正西	正南正西	东南正北	东北正北	西北正东	西南正东	正南正南	东南正南	东北东南	西北东南	西南正西	正南正西	东南正北	东北正北	西北正东	西南正东	正南正南	东南正南	东北东南	西北东南	西南正西	正南正西	东南正北	东北正北	西北正东	西南正东	正南正南	东南正南	东北东南
五脏	肺	心	心	肝	肝	脾	脾	肺	肺	心	心	肾	肾	脾	脾	肺	肺	肝	肝	肾	肾	脾	脾	心	心	肝	肝	肾	肾	肺
子时时辰	丙子	戊子	庚子	壬子	甲子	丙子	戊子	庚子	壬子	甲子	丙子	戊子	庚子	壬子	甲子	丙子	戊子	庚子	壬子	甲子	丙子	戊子	庚子	壬子	甲子	丙子	戊子	庚子	壬子	甲子
农事节令	国庆节，亥时朔							酉时寒露	重阳节，上弦，农暴				国际减灾日			世界粮食日	巳时望，国际消除贫困日		农暴				亥时霜降	下弦，联合国日				冷风信		

公元 2035 年　　农历乙卯(兔)年

十月大　孟冬之月　猪月　丁亥　昴宿

赤	碧	黄
白	白	白
黑	绿	紫

天道行东，日躔在寅宫，宜用甲丙庚壬时

初八日**立冬** 22:15　初一日**朔** 10:57

廿三日**小雪** 20:04　十六日**望** 21:48

农历	初一	初二	初三	初四	初五	初六	初七	初八	初九	初十
阳历	31	11月	2	3	4	5	6	7	8	9
星期	三	四	五	六	日	一	二	三	四	五
干支	乙丑	丙寅	丁卯	戊辰	己巳	庚午	辛未	壬申	癸酉	甲戌
28宿	轸平	角定	亢执	氐破	房危	心成	尾收	箕收	斗开	牛闭
五行	金	火	火	木	木	土	土	金	金	火
节元					立冬中9					立冬下3
黄道黑道	元武	司命	勾陈	青龙	明堂	天刑	朱雀	天刑	朱雀	金匮
八卦	艮	坤	乾	兑	离	震	巽	坎	艮	坤
方位	西北东南	西南正西	正南正西	东南正北	东北正北	西北正东	西南正东	正南正南	东南正南	东北东南
五脏	肺	心	心	肝	肝	脾	脾	肺	肺	心
子时时辰	丙子	戊子	庚子	壬子	甲子	丙子	戊子	庚子	壬子	甲子
农事节令	巳时朔，世界勤俭日	万圣节					绝日	亥时立冬，上弦		农暴

农历	十一	十二	十三	十四	十五	十六	十七	十八	十九	二十
阳历	10	11	12	13	14	15	16	17	18	19
星期	六	日	一	二	三	四	五	六	日	一
干支	乙亥	丙子	丁丑	戊寅	己卯	庚辰	辛巳	壬午	癸未	甲申
28宿	女建	虚除	危满	室平	壁定	奎执	娄破	胃危	昴成	毕收
五行	火	水	水	土	土	金	金	木	木	水
节元					小雪上5					小雪中8
黄道黑道	天德	白虎	玉堂	天牢	元武	司命	勾陈	青龙	明堂	天刑
八卦	乾	兑	离	震	巽	坎	艮	坤	乾	兑
方位	西北东南	西南正西	正南正西	东南正北	东北正北	西北正东	西南正东	正南正南	东南正南	东北东南
五脏	心	肾	肾	脾	脾	肺	肺	肝	肝	肾
子时时辰	丙子	戊子	庚子	壬子	甲子	丙子	戊子	庚子	壬子	甲子
农事节令					下元节	亥时望		国际大学生节		农暴

农历	廿一	廿二	廿三	廿四	廿五	廿六	廿七	廿八	廿九	三十
阳历	20	21	22	23	24	25	26	27	28	29
星期	二	三	四	五	六	日	一	二	三	四
干支	乙酉	丙戌	丁亥	戊子	己丑	庚寅	辛卯	壬辰	癸巳	甲午
28宿	觜开	参闭	井建	鬼除	柳满	星平	张定	翼执	轸破	角危
五行	水	土	土	火	火	木	木	水	水	金
节元					小雪下2					大雪上4
黄道黑道	朱雀	金匮	天德	白虎	玉堂	天牢	元武	司命	勾陈	青龙
八卦	离	震	巽	坎	艮	坤	乾	兑	离	震
方位	西北东南	西南正西	正南正西	东南正北	东北正北	西北正东	西南正东	正南正南	东南正南	东北东南
五脏	肾	脾	脾	心	心	肝	肝	肾	肾	肺
子时时辰	丙子	戊子	庚子	壬子	甲子	丙子	戊子	庚子	壬子	甲子
农事节令			戌时小雪，农暴，感恩节	下弦						

公元 2035 年　　农历乙卯(兔)年

十一月小 仲冬之月　鼠月　戊子　毕宿	白黑绿 黄赤紫 白碧白
天道行东南，日躔在丑宫，宜用艮巽坤乾时	初八日大雪 15:26　初一日朔 3:36 廿三日冬至 9:31　十六日望 8:32
农历	初初初初初初初初初初十十十十十十十十十二廿廿廿廿廿廿廿廿廿三 一二三四五六七八九十一二三四五六七八九十一二三四五六七八九十
阳历	30 12月 2 3 4 5 6 7 8 9 10 11 12 13 14 15 16 17 18 19 20 21 22 23 24 25 26 27 28
星期	五六日一二三四五六日一二三四五六日一二三四五六日一二三四五
干支	乙丙丁戊己庚辛壬癸甲乙丙丁戊己庚辛壬癸甲乙丙丁戊己庚辛壬癸 未申酉戌亥子丑寅卯辰巳午未申酉戌亥子丑寅卯辰巳午未申酉戌亥
28宿	亢氐房心尾箕斗牛女虚危室壁奎娄胃昴毕觜参井鬼柳星张翼轸角亢 成收开闭建除满满平定执破危成收开闭建除满平定执破危成收开闭
五行	金火火木木土土金金火火水水土土金金木木水水土土火火木木水水
节元	大雪中7　大雪下1　冬至上1　冬至中7　冬至下4
黄道黑道	明天朱金天白玉白玉天元司勾青明天朱金天白玉天元司勾青明天朱 堂刑雀匮德虎堂虎堂牢武命陈龙堂刑雀匮德虎堂牢武命陈龙堂刑雀
八卦	坤乾兑离震巽坎艮坤乾兑离震巽坎艮坤乾兑离震巽坎艮坤乾兑离震
方位	西西正东东西西正东东西西正东东西西正东东西西正东东西西正东 北南南南北北南南南北北南南南北北南南南北北南南南北北南南南 东正正正正正正正正东东正正正正正正正正东东正正正正正正正正 南西西北北东东南南南南西西北北东东南南南南西西北北东东南南
五脏	肺心心肝肝脾脾肺肺心心肾肾脾脾肺肺肝肝肾肾脾脾心心肝肝肾肾
子时时辰	丙戊庚壬甲丙戊庚壬甲丙戊庚壬甲丙戊庚壬甲丙戊庚壬甲丙戊庚壬 子子子子子子子子子子子子子子子子子子子子子子子子子子子子子
农事节令	寅时朔　世界艾滋病日　农暴　申时大雪，上弦　辰时望　澳门回归日　下弦，离日　巳时冬至，一九　圣诞节　农暴

公元2035年　　农历乙卯(兔)年

十二月大　季冬之月　牛月　己丑　觜宿

黄 白 碧
绿 白 白
紫 黑 赤

天道行西，日躔在子宫，宜用癸乙丁辛时

初九日**小寒** 2:44　初一日**朔** 22:30
廿三日**大寒** 20:11　十六日**望** 19:15

农历	阳历	星期	干支	28宿		五行	节元	黄道黑道	八卦	方位	五脏	子时时辰	农事节令
初一	29	六	甲子	氐	建	金	小寒上2	金匮	乾	东北东南	肺	甲子	亥时朔
初二	30	日	乙丑	房	除	金		天德	兑	西北东南	肺	丙子	
初三	31	一	丙寅	心	满	火		白虎	离	西南正西	心	戊子	二九
初四	1月	二	丁卯	尾	平	火		玉堂	震	正南正西	心	庚子	元旦
初五	2	三	戊辰	箕	定	木		天牢	巽	东南正北	肝	壬子	
初六	3	四	己巳	斗	执	木	小寒中8	元武	坎	东北正北	肝	甲子	
初七	4	五	庚午	牛	破	土		司命	艮	西北正东	脾	丙子	
初八	5	六	辛未	女	危	土		勾陈	坤	西南正东	脾	戊子	腊八节，农暴，上弦
初九	6	日	壬申	虚	危	金		司命	乾	正南正南	肺	庚子	丑时小寒
初十	7	一	癸酉	危	成	金		勾陈	兑	东南正南	肺	壬子	
十一	8	二	甲戌	室	收	火	小寒下5	青龙	离	东北东南	心	甲子	
十二	9	三	乙亥	壁	开	火		明堂	震	西北东南	心	丙子	三九
十三	10	四	丙子	奎	闭	水		天刑	巽	西南正西	肾	戊子	
十四	11	五	丁丑	娄	建	水		朱雀	坎	正南正西	肾	庚子	农暴
十五	12	六	戊寅	胃	除	土		金匮	艮	东南正北	脾	壬子	
十六	13	日	己卯	昴	满	土	大寒上3	天德	坤	东北正北	脾	甲子	戌时望
十七	14	一	庚辰	毕	平	金		白虎	乾	西北正东	肺	丙子	
十八	15	二	辛巳	觜	定	金		玉堂	兑	西南正东	肺	戊子	
十九	16	三	壬午	参	执	木		天牢	离	正南正南	肝	庚子	
二十	17	四	癸未	井	破	木		元武	震	东南正南	肝	壬子	
廿一	18	五	甲申	鬼	危	水	大寒中9	司命	巽	东北东南	肾	甲子	四九
廿二	19	六	乙酉	柳	成	水		勾陈	坎	西北东南	肾	丙子	
廿三	20	日	丙戌	星	收	土		青龙	艮	西南正西	脾	戊子	戌时大寒，下弦
廿四	21	一	丁亥	张	开	土		明堂	坤	正南正西	脾	庚子	扫尘节，小年
廿五	22	二	戊子	翼	闭	火		天刑	乾	东南正北	心	壬子	
廿六	23	三	己丑	轸	建	火	大寒下6	朱雀	兑	东北正北	心	甲子	
廿七	24	四	庚寅	角	除	木		金匮	离	西北正东	肝	丙子	农暴
廿八	25	五	辛卯	亢	满	木		天德	震	西南正东	肝	戊子	
廿九	26	六	壬辰	氐	平	水		白虎	巽	正南正南	肾	庚子	
三十	27	日	癸巳	房	定	水		玉堂	坎	东南正南	肾	壬子	除夕，五九

公元 2036 年　农历丙辰(龙)年(闰六月)

正月大

孟春之月　虎月　庚寅　参宿

绿紫黑
碧黄赤
白白白

天道行南,日躔在亥宫,宜用甲丙庚壬时

初八日**立春** 14:20　初一日**朔** 18:16

廿三日**雨水** 10:14　十六日**望** 6:08

农历	初一	初二	初三	初四	初五	初六	初七	初八	初九	初十	十一	十二	十三	十四	十五	十六	十七	十八	十九	二十	廿一	廿二	廿三	廿四	廿五	廿六	廿七	廿八	廿九	三十
阳历	28	29	30	31	2月	2	3	4	5	6	7	8	9	10	11	12	13	14	15	16	17	18	19	20	21	22	23	24	25	26
星期	一	二	三	四	五	六	日	一	二	三	四	五	六	日	一	二	三	四	五	六	日	一	二	三	四	五	六	日	一	二
干支	甲午	乙未	丙申	丁酉	戊戌	己亥	庚子	辛丑	壬寅	癸卯	甲辰	乙巳	丙午	丁未	戊申	己酉	庚戌	辛亥	壬子	癸丑	甲寅	乙卯	丙辰	丁巳	戊午	己未	庚申	辛酉	壬戌	癸亥
28宿	心执	尾破	箕危	斗成	牛收	女开	虚闭	危闭	室建	壁除	奎满	娄平	胃定	昴执	毕破	觜危	参成	井收	鬼开	柳闭	星建	张除	翼满	轸平	角定	亢执	氐破	房危	心成	尾收
五行	金	金	火	火	木	木	土	土	金	金	火	火	水	水	土	土	金	金	木	木	水	水	土	土	火	火	木	木	水	水
节元	立春上8					立春中5					立春下2					雨水上9					雨水中6					雨水下3				
黄道黑道	天牢	元武	司命	勾陈	青龙	明堂	天刑	明堂	天刑	朱雀	金匮	天德	白虎	玉堂	天牢	元武	司命	勾陈	青龙	明堂	天刑	朱雀	金匮	天德	白虎	玉堂	天牢	元武	司命	勾陈
八卦	艮	坤	乾	兑	离	震	巽	坎	艮	坤	乾	兑	离	震	巽	坎	艮	坤	乾	兑	离	震	巽	坎	艮	坤	乾	兑	离	震
方位	东北 东南	西北 东南	西南 正西	正南 正西	东南 正北	东北 正北	西北 正东	西南 正东	正南 正南	东南 正南	东北 东南	西北 东南	西南 正西	正南 正西	东南 正北	东北 正北	西北 正东	西南 正东	正南 正南	东南 正南	东北 东南	西北 东南	西南 正西	正南 正西	东南 正北	东北 正北	西北 正东	西南 正东	正南 正南	东南 正南
五脏	肺	肺	心	心	肝	肝	脾	脾	肺	肺	心	心	肾	肾	脾	脾	肺	肺	肝	肝	肾	肾	脾	脾	心	心	肝	肝	肾	肾
子时时辰	甲子	丙子	戊子	庚子	壬子	甲子	丙子	戊子	庚子	壬子	甲子	丙子	戊子	庚子	壬子	甲子	丙子	戊子	庚子	壬子	甲子	丙子	戊子	庚子	壬子	甲子	丙子	戊子	庚子	壬子
农事节令	春节,酉时朔	财神节	九人三饼	四姑看蚕	破五节		人胜节,绝日	未时立春,上弦,八牛耕地	六九,农暴,昨日八日得辛	土神诞	十一龙治水		农暴		元宵节	卯时望		七九,情人节	农暴				巳时雨水,下弦		填仓节		八九		送穷节,农暴	

附录

公元2036年　农历丙辰(龙)年(闰六月)

二月大

仲春之月　兔月　辛卯　井宿

碧	白	白
黑	绿	白
赤	紫	黄

天道行西南，日躔在戌宫，宜用艮巽坤乾时

初八日**惊蛰**8:12　初一日**朔**12:58

廿三日**春分**9:03　十五日**望**17:08

农历	初一	初二	初三	初四	初五	初六	初七	初八	初九	初十	十一	十二	十三	十四	十五	十六	十七	十八	十九	二十	廿一	廿二	廿三	廿四	廿五	廿六	廿七	廿八	廿九	三十
阳历	27	28	29	3月	2	3	4	5	6	7	8	9	10	11	12	13	14	15	16	17	18	19	20	21	22	23	24	25	26	27
星期	三	四	五	六	日	一	二	三	四	五	六	日	一	二	三	四	五	六	日	一	二	三	四	五	六	日	一	二	三	四
干支	甲子	乙丑	丙寅	丁卯	戊辰	己巳	庚午	辛未	壬申	癸酉	甲戌	乙亥	丙子	丁丑	戊寅	己卯	庚辰	辛巳	壬午	癸未	甲申	乙酉	丙戌	丁亥	戊子	己丑	庚寅	辛卯	壬辰	癸巳
28宿	箕开	斗闭	牛建	女除	虚满	危平	室定	壁定	奎执	娄破	胃危	昴成	毕收	觜开	参闭	井建	鬼除	柳满	星平	张定	翼执	轸破	角危	亢成	氐收	房开	心闭	尾建	箕除	斗满
五行	金	金	火	火	木	木	土	土	金	金	火	火	水	水	土	土	金	金	木	木	水	水	土	土	火	火	木	木	水	水
节元	惊蛰上1					惊蛰中7					惊蛰下4					春分上3					春分中9					春分下6				
黄道黑道	青龙	明堂	天刑	朱雀	金匮	天德	白虎	天德	白虎	玉堂	天牢	元武	司命	勾陈	青龙	明堂	天刑	朱雀	金匮	天德	白虎	玉堂	天牢	元武	司命	勾陈	青龙	明堂	天刑	朱雀
八卦	坤	乾	兑	离	震	巽	坎	艮	坤	乾	兑	离	震	巽	坎	艮	坤	乾	兑	离	震	巽	坎	艮	坤	乾	兑	离	震	巽
方位	东北东南	西北东南	西南正西	正南正西	东南正北	东北正北	西北正东	西南正东	正南正南	东南正南	东北东南	西北东南	西南正西	正南正西	东南正北	东北正北	西北正东	西南正东	正南正南	东南正南	东北东南	西北东南	西南正西	正南正西	东南正北	东北正北	西北正东	西南正东	正南正南	东南正南
五脏	肺	肺	心	心	肝	肝	脾	脾	肺	肺	心	心	肾	肾	脾	脾	肺	肺	肝	肝	肾	肾	脾	脾	心	心	肝	肝	肾	肾
子时时辰	甲子	丙子	戊子	庚子	壬子	甲子	丙子	戊子	庚子	壬子	甲子	丙子	戊子	庚子	壬子	甲子	丙子	戊子	庚子	壬子	甲子	丙子	戊子	庚子	壬子	甲子	丙子	戊子	庚子	壬子
农事节令	中和节，午时朔	龙头节，闰女节，农暴	农暴		上戊	九九	春斫暴	辰时惊蛰，上弦，农暴	农暴		乌龟暴，妇女节		农暴		花朝节，酉时望				农暴			离日	巳时春分，下弦	世界森林日	春社，世界水日	世界气象日	世界防治结核病日	农暴	农暴	

公元 2036 年　　农历丙辰(龙)年(闰六月)

三月小

季春之月　龙月　壬辰　鬼宿

黑赤紫
白碧黄
白白绿

天道行北，日躔在酉宫，宜用癸乙丁辛时

初八日**清明** 12:46　初一日**朔** 4:56

廿三日**谷雨** 19:50　十五日**望** 4:21

	1	2	3	4	5	6	7	8	9	10	11	12	13	14	15	16	17	18	19	20	21	22	23	24	25	26	27	28	29
农历	初一	初二	初三	初四	初五	初六	初七	初八	初九	初十	十一	十二	十三	十四	十五	十六	十七	十八	十九	二十	廿一	廿二	廿三	廿四	廿五	廿六	廿七	廿八	廿九	三十
阳历	28	29	30	31	4月	2	3	4	5	6	7	8	9	10	11	12	13	14	15	16	17	18	19	20	21	22	23	24	25
星期	五	六	日	一	二	三	四	五	六	日	一	二	三	四	五	六	日	一	二	三	四	五	六	日	一	二	三	四	五
干支	甲午	乙未	丙申	丁酉	戊戌	己亥	庚子	辛丑	壬寅	癸卯	甲辰	乙巳	丙午	丁未	戊申	己酉	庚戌	辛亥	壬子	癸丑	甲寅	乙卯	丙辰	丁巳	戊午	己未	庚申	辛酉	壬戌
28宿	牛平	女定	虚执	危破	室危	壁成	奎收	娄收	胃开	昴闭	毕建	觜除	参满	井平	鬼定	柳执	星破	张危	翼成	轸收	角开	亢闭	氐建	房除	心满	尾平	箕定	斗执	牛破
五行	金	金	火	火	木	木	土	土	金	金	火	火	水	水	土	土	金	金	木	木	水	水	土	土	火	火	木	木	水
节元	清明上4					清明中1					清明下7					谷雨上5					谷雨中2					谷雨下6			
黄道黑道	金匮	天德	白虎	玉堂	天牢	元武	司命	元武	司命	勾陈	青龙	明堂	天刑	朱雀	金匮	天德	白虎	玉堂	天牢	元武	司命	勾陈	青龙	明堂	天刑	朱雀	金匮	天德	白虎
八卦	乾	兑	离	震	巽	坎	艮	坤	乾	兑	离	震	巽	坎	艮	坤	乾	兑	离	震	巽	坎	艮	坤	乾	兑	离	震	巽
方位	东北东南	西北东南	西南正西	正南正西	东南正北	东北正北	西北正东	西南正东	正南正南	东南正南	东北东南	西北东南	西南正西	正南正西	东南正北	东北正北	西北正东	西南正东	正南正南	东南正南	东北东南	西北东南	西南正西	正南正西	东南正北	东北正北	西北正东	西南正东	正南正南
五脏	肺	肺	心	心	肝	肝	脾	脾	肺	肺	心	心	肾	肾	脾	脾	肺	肺	肝	肝	肾	肾	脾	脾	心	心	肝	肝	肾
子时时辰	甲子	丙子	戊子	庚子	壬子	甲子	丙子	戊子	庚子	壬子	甲子	丙子	戊子	庚子	壬子	甲子	丙子	戊子	庚子	壬子	甲子	丙子	戊子	庚子	壬子	甲子	丙子	戊子	庚子
农事节令	寅时朔		上巳，桃花暴				寒食节，农暴	午时清明，上弦							寅时望，农暴							下弦	戌时谷雨，天石暴		猴子暴	农暴，世界地球日		东帝暴	

公元2036年　　农历丙辰(龙)年(闰六月)

四月大

孟夏之月　蛇月　癸巳　柳宿

白白白
紫黑绿
黄赤碧

天道行西，日躔在申宫，宜用甲丙庚壬时

初十日**立夏** 5:49　初一日**朔** 17:32

廿五日**小满** 18:45　十五日**望** 16:08

农历	初一	初二	初三	初四	初五	初六	初七	初八	初九	初十	十一	十二	十三	十四	十五	十六	十七	十八	十九	二十	廿一	廿二	廿三	廿四	廿五	廿六	廿七	廿八	廿九	三十
阳历	26	27	28	29	30	5月	2	3	4	5	6	7	8	9	10	11	12	13	14	15	16	17	18	19	20	21	22	23	24	25
星期	六	日	一	二	三	四	五	六	日	一	二	三	四	五	六	日	一	二	三	四	五	六	日	一	二	三	四	五	六	日
干支	癸亥	甲子	乙丑	丙寅	丁卯	戊辰	己巳	庚午	辛未	壬申	癸酉	甲戌	乙亥	丙子	丁丑	戊寅	己卯	庚辰	辛巳	壬午	癸未	甲申	乙酉	丙戌	丁亥	戊子	己丑	庚寅	辛卯	壬辰
28宿	女	虚	危	室	壁	奎	娄	胃	昴	毕	觜	参	井	鬼	柳	星	张	翼	轸	角	亢	氐	房	心	尾	箕	斗	牛	女	虚
	危	成	收	开	闭	建	除	满	平	平	定	执	破	危	成	收	开	闭	建	除	满	平	定	执	破	危	成	收	开	闭
五行	水	金	金	火	火	木	木	土	土	金	金	火	火	水	水	土	土	金	金	木	木	水	水	土	土	火	火	木	木	水
节元		立夏上4					立夏中1					立夏下7					小满上5					小满中2					小满下8			
黄道黑道	玉堂	天牢	元武	司命	勾陈	青龙	明堂	天刑	朱雀	天刑	朱雀	金匮	天德	白虎	玉堂	天牢	元武	司命	勾陈	青龙	明堂	天刑	朱雀	金匮	天德	白虎	玉堂	天牢	元武	司命
八卦	兑	离	震	巽	坎	艮	坤	乾	兑	离	震	巽	坎	艮	坤	乾	兑	离	震	巽	坎	艮	坤	乾	兑	离	震	巽	坎	艮
方位	东南 正南	东北 东南	西北 东南	西南 正西	正南 正西	东南 正北	东北 正北	西北 正东	西南 正东	正南 正南	东南 正南	东北 东南	西北 东南	西南 正西	正南 正西	东南 正北	东北 正北	西北 正东	西南 正东	正南 正南	东南 正南	东北 东南	西北 东南	西南 正西	正南 正西	东南 正北	东北 正北	西北 正东	西南 正东	正南 正南
五脏	肾	肺	肺	心	心	肝	肝	脾	脾	肺	肺	心	心	肾	肾	脾	脾	肺	肺	肝	肝	肾	肾	脾	脾	心	心	肝	肝	肾
子时时辰	壬子	甲子	丙子	戊子	庚子	壬子	甲子	丙子	戊子	庚子	壬子	甲子	丙子	戊子	庚子	壬子	甲子	丙子	戊子	庚子	壬子	甲子	丙子	戊子	庚子	壬子	甲子	丙子	戊子	庚子
农事节令	酉时朔，农暴					劳动节		上弦，老虎暴	青年节，绝日	卯时立夏					申时望，农暴	母亲节	护士节，防灾减灾日			国际家庭日			下弦		酉时小满，农暴					

公元 2036 年　　农历丙辰(龙)年(闰六月)

五 月 小

仲夏之月　马月　甲午　星宿

紫 黄 赤
白 白 碧
绿 白 黑

天道行西北，日躔在未宫，宜用艮巽坤乾时

十一日**芒种** 9:47　初一日**朔** 3:16
廿七日**夏至** 2:32　十五日**望** 5:01

农历	初初初初初初初初初初十十十十十十十十十二廿廿廿廿廿廿廿廿廿三 一二三四五六七八九十一二三四五六七八九十一二三四五六七八九十
阳历	26 27 28 29 30 31 6月 2 3 4 5 6 7 8 9 10 11 12 13 14 15 16 17 18 19 20 21 22 23
星期	一二三四五六日一二三四五六日一二三四五六日一二三四五六日一
干支	癸甲乙丙丁戊己庚辛壬癸甲乙丙丁戊己庚辛壬癸甲乙丙丁戊己庚辛 巳午未申酉戌亥子丑寅卯辰巳午未申酉戌亥子丑寅卯辰巳午未申酉
28宿	危室壁奎娄胃昴毕觜参井鬼柳星张翼轸角亢氐房心尾箕斗牛女虚危 建除满平定执破危成收收开闭建除满平定执破危成收开闭建除满平
五行	水金金火火木木土土金金火火水水土土金金木木水水土土火火木木
节元	芒种上6　芒种中3　芒种下9　闰芒种上6　闰芒种中3　闰芒种下9
黄道黑道	勾青明天朱金天白玉天玉天元司勾青明天朱金天白玉天元司勾青明 陈龙堂刑雀匮德虎堂牢堂牢武命陈龙堂刑雀匮德虎堂牢武命陈龙堂
八卦	离震巽坎艮坤乾兑离震巽坎艮坤乾兑离震巽坎艮坤乾兑离震巽坎艮
方位	东东西西正东东西西正东东西西正东东西西正东东西西正东东西西 南北北南南南北北南南南北北南南南北北南南南北北南南南北北南 正东东正正正正正正正正东东正正正正正正正正东东正正正正正正 南南南西西北北东东南南南南西西北北东东南南南南西西北北东东
五脏	肾肺肺心心肝肝脾脾肺肺心心肾肾脾脾肺肺肝肝肾肾脾脾心心肝肝
子时时辰	壬甲丙戊庚壬甲丙戊庚壬甲丙戊庚壬甲丙戊庚壬甲丙戊庚壬甲丙戊 子子子子子子子子子子子子子子子子子子子子子子子子子子子子子
农事节令	寅时朔　端午节，端阳暴　世界无烟日　儿童节　上弦　巳时芒种，世界环境日　磨刀暴　入梅　卯时望，农暴　农暴，分龙　龙母暴，父亲节　防治荒漠化和干旱日，下弦　离日　丑时夏至

公元2036年　农历丙辰(龙)年(闰六月)

六月小 季夏之月　羊月　乙未　张宿	白绿白 赤紫黑 碧黄白
天道行东，日躔在午宫，宜用癸乙丁辛时	十三日**小暑** 19:57　初一日**朔** 11:08 廿九日**大暑** 13:23　十五日**望** 19:18

农历	初一 初二 初三 初四 初五 初六 初七 初八 初九 初十 十一 十二 十三 十四 十五 十六 十七 十八 十九 二十 廿一 廿二 廿三 廿四 廿五 廿六 廿七 廿八 廿九 三十
阳历	24 25 26 27 28 29 30 7月 2 3 4 5 6 7 8 9 10 11 12 13 14 15 16 17 18 19 20 21 22
星期	二三四五六日一二三四五六日一二三四五六日一二三四五六日一二
干支	壬戌 癸亥 甲子 乙丑 丙寅 丁卯 戊辰 己巳 庚午 辛未 壬申 癸酉 甲戌 乙亥 丙子 丁丑 戊寅 己卯 庚辰 辛巳 壬午 癸未 甲申 乙酉 丙戌 丁亥 戊子 己丑 庚寅
28宿	室定 壁执 奎破 娄危 胃成 昴收 毕开 觜闭 参建 井除 鬼满 柳平 星平 张定 翼执 轸破 角危 亢成 氐收 房开 心闭 尾建 箕除 斗满 牛平 女定 虚执 危破 室危
五行	水水金金火火木木土土金金火火水水土土金金木木水水土土火火木
节元	夏至上9　夏至中3　夏至下6　小暑上8　小暑中2　小暑下5
黄道黑道	天刑 朱雀 金匮 天德 白虎 玉堂 天牢 元武 司命 勾陈 青龙 明堂 青龙 明堂 天刑 朱雀 金匮 天德 白虎 玉堂 天牢 元武 司命 勾陈 青龙 明堂 天刑 朱雀 金匮
八卦	震巽坎艮坤乾兑离震巽坎艮坤乾兑离震巽坎艮坤乾兑离震巽坎艮坤
方位	正南正南 东南正南 东北东南 西北东南 西南正西 正南正西 东南正北 东北正北 西北正东 西南正东 正南正南 东南正南 东北东南 西北东南 西南正西 正南正西 东南正北 东北正北 西北正东 西南正东 正南正南 东南正南 东北东南 西北东南 西南正西 正南正西 东南正北 东北正北 西北正东
五脏	肾肾肺肺心心肝肝脾脾肺肺心心肾肾脾脾肺肺肝肝肾肾脾脾心心肝
子时时辰	庚子 壬子 甲子 丙子 戊子 庚子 壬子 甲子 丙子 戊子 庚子 壬子 甲子 丙子 戊子 庚子 壬子 甲子 丙子 戊子 庚子 壬子 甲子 丙子 戊子 庚子 壬子 甲子 丙子
农事节令	头莳，午时朔 中莳，国际禁毒日 荷花节 末莳 天贶节，姑姑节，农暴 建党节，香港回归日，农暴 农暴 戊时小暑 戊时望 世界人口日 头伏，农暴 农暴 出梅 下弦 未时大暑，二伏，农暴

公元 2036 年　　农历丙辰(龙)年(闰六月)

闰六月大

季夏　之月　羊月　乙未　张宿

白 绿 白
赤 紫 黑
碧 黄 白

天道行东，日躔在午宫，宜用癸乙丁辛时

十六日立秋 5:49　　初一日朔 18:16　　十六日望 10:47

农历	初一	初二	初三	初四	初五	初六	初七	初八	初九	初十	十一	十二	十三	十四	十五	十六	十七	十八	十九	二十	廿一	廿二	廿三	廿四	廿五	廿六	廿七	廿八	廿九	三十
阳历	23	24	25	26	27	28	29	30	31	8月	2	3	4	5	6	7	8	9	10	11	12	13	14	15	16	17	18	19	20	21
星期	三	四	五	六	日	一	二	三	四	五	六	日	一	二	三	四	五	六	日	一	二	三	四	五	六	日	一	二	三	四
干支	辛卯	壬辰	癸巳	甲午	乙未	丙申	丁酉	戊戌	己亥	庚子	辛丑	壬寅	癸卯	甲辰	乙巳	丙午	丁未	戊申	己酉	庚戌	辛亥	壬子	癸丑	甲寅	乙卯	丙辰	丁巳	戊午	己未	庚申
28宿	壁 成	奎 收	娄 开	胃 闭	昴 建	毕 除	觜 满	参 平	井 定	鬼 执	柳 破	星 危	张 成	翼 收	轸 开	角 开	亢 闭	氐 建	房 除	心 满	尾 平	箕 定	斗 执	牛 破	女 危	虚 成	危 收	室 开	壁 闭	奎 建
五行	木	水	水	金	金	火	火	木	木	土	土	金	金	火	火	水	水	土	土	金	金	木	木	水	水	土	土	火	火	木
节元				大暑上7					大暑中1					大暑下4					立秋上2					立秋中5					立秋下8	
黄道黑道	天德	白虎	玉堂	天牢	元武	司命	勾陈	青龙	明堂	天刑	朱雀	金匮	天德	白虎	玉堂	白虎	玉堂	天牢	元武	司命	勾陈	青龙	明堂	天刑	朱雀	金匮	天德	白虎	玉堂	天牢
八卦	震	巽	坎	艮	坤	乾	兑	离	震	巽	坎	艮	坤	乾	兑	离	震	巽	坎	艮	坤	乾	兑	离	震	巽	坎	艮	坤	乾
方位	西南 正东	正南 正南	东南 正南	东北 东南	西北 东南	西南 正西	正南 正西	东南 正北	东北 正北	西北 正东	西南 正东	正南 正南	东南 正南	东北 东南	西北 东南	西南 正西	正南 正西	东南 正北	东北 正北	西北 正东	西南 正东	正南 正南	东南 正南	东北 东南	西北 东南	西南 正西	正南 正西	东南 正北	东北 正北	西北 正东
五脏	肝	肾	肾	肺	肺	心	心	肝	肝	脾	脾	肺	肺	心	心	肾	肾	脾	脾	肺	肺	肝	肝	肾	肾	脾	脾	心	心	肝
子时时辰	戊子	庚子	壬子	甲子	丙子	戊子	庚子	壬子	甲子	丙子	戊子	庚子	壬子	甲子	丙子	戊子	庚子	壬子	甲子	丙子	戊子	庚子	壬子	甲子	丙子	戊子	庚子	壬子	甲子	丙子
农事节令	酉时朔							上弦		建军节					绝日	卯时立秋，巳时望				三伏			下弦							

公元2036年　　农历丙辰(龙)年(闰六月)

七月小

孟秋之月　猴月　丙申　翼宿

赤	碧	黄
白	白	白
黑	绿	紫

天道行北，日躔在巳宫，宜用甲丙庚壬时

初一日**处暑** 20:33　初一日**朔** 1:34

十七日**白露** 8:56　十六日**望** 2:44

农历	初初初初初初初初初初十十十十十十十十十二廿廿廿廿廿廿廿廿廿三 一二三四五六七八九十一二三四五六七八九十一二三四五六七八九十
阳历	22 23 24 25 26 27 28 29 30 31 9月 2 3 4 5 6 7 8 9 10 11 12 13 14 15 16 17 18 19
星期	五六日一二三四五六日一二三四五六日一二三四五六日一二三四五
干支	辛壬癸甲乙丙丁戊己庚辛壬癸甲乙丙丁戊己庚辛壬癸甲乙丙丁戊己 酉戌亥子丑寅卯辰巳午未申酉戌亥子丑寅卯辰巳午未申酉戌亥子丑
28宿	娄胃昴毕觜参井鬼柳星张翼轸角亢氐房心尾箕斗牛女虚危室壁奎娄 除满平定执破危成收开闭建除满平定定执破危成收开闭建除满平定
五行	木水水金金火火木木土土金金火火水水土土金金木木水水土土火火
节元	处暑上1　处暑中4　处暑下7　白露上9　白露中3　白露下6
黄道黑道	元司勾青明天朱金天白玉天元司勾青勾青明天朱金天白玉天元司勾 武命陈龙堂刑雀匮德虎堂牢武命陈龙陈龙堂刑雀匮德虎堂牢武命陈
八卦	巽坎艮坤乾兑离震巽坎艮坤乾兑离震巽坎艮坤乾兑离震巽坎艮坤乾
方位	西正东东西西正东东西西正东东西西正东东西西正东东西西正东东 南南南北北南南南北北南南南北北南南南北北南南南北北南南南北 正正正东东正正正正正正正正东东正正正正正正正正东东正正正正 东南南南南西西北北东东南南南南西西北北东东南南南南西西北北
五脏	肝肾肾肺肺心心肝肝脾脾肺肺心心肾肾脾脾肺肺肝肝肾肾脾脾心心
子时时辰	戊庚壬甲丙戊庚壬甲丙戊庚壬甲丙戊庚壬甲丙戊庚壬甲丙戊庚壬甲 子子子子子子子子子子子子子子子子子子子子子子子子子子子子子
农事节令	戌时处暑，丑时朔　七夕，乞巧节，农暴　上弦　中元节　丑时望　辰时白露，农暴　教师节　下弦　秋社，农暴

公元 2036 年　农历丙辰(龙)年(闰六月)

八月小

仲秋之月　鸡月　丁酉　轸宿

白黑绿
黄赤紫
白碧白

天道行东北,日躔在辰宫,宜用艮巽坤乾时

初三日**秋分** 18:24　初一日**朔** 9:50

十九日**寒露** 0:50　十六日**望** 18:14

农历	初一	初二	初三	初四	初五	初六	初七	初八	初九	初十	十一	十二	十三	十四	十五	十六	十七	十八	十九	二十	廿一	廿二	廿三	廿四	廿五	廿六	廿七	廿八	廿九	三十
阳历	20	21	22	23	24	25	26	27	28	29	30	10月	2	3	4	5	6	7	8	9	10	11	12	13	14	15	16	17	18	
星期	六	日	一	二	三	四	五	六	日	一	二	三	四	五	六	日	一	二	三	四	五	六	日	一	二	三	四	五	六	
干支	庚寅	辛卯	壬辰	癸巳	甲午	乙未	丙申	丁酉	戊戌	己亥	庚子	辛丑	壬寅	癸卯	甲辰	乙巳	丙午	丁未	戊申	己酉	庚戌	辛亥	壬子	癸丑	甲寅	乙卯	丙辰	丁巳	戊午	
28宿	胃	昴	毕	觜	参	井	鬼	柳	星	张	翼	轸	角	亢	氐	房	心	尾	箕	斗	牛	女	虚	危	室	壁	奎	娄	胃	
	执	破	危	成	收	开	闭	建	除	满	平	定	执	破	危	成	收	开	开	闭	建	除	满	平	定	执	破	危	成	
五行	木	木	水	水	金	金	火	火	木	木	土	土	金	金	火	火	水	水	土	土	金	金	木	木	水	水	土	土	火	
节元					秋分上7					秋分中1					秋分下4					寒露上6					寒露中9					
黄道黑道	青龙	明堂	天刑	朱雀	金匮	天德	白虎	玉堂	天牢	元武	司命	勾陈	青龙	明堂	天刑	朱雀	金匮	天德	金匮	天德	白虎	玉堂	天牢	元武	司命	勾陈	青龙	明堂	天刑	
八卦	坎	艮	坤	乾	兑	离	震	巽	坎	艮	坤	乾	兑	离	震	巽	坎	艮	坤	乾	兑	离	震	巽	坎	艮	坤	乾	兑	
方位	西北正东	西南正东	正南正南	东南正南	东北东南	西北东南	西南正西	正南正西	东南正北	东北正北	西北正东	西南正东	正南正南	东南正南	东北东南	西北东南	西南正西	正南正西	东南正北	东北正北	西北正东	西南正东	正南正南	东南正南	东北东南	西北东南	西南正西	正南正西	东南正北	
五脏	肝	肝	肾	肾	肺	肺	心	心	肝	肝	脾	脾	肺	肺	心	心	肾	肾	脾	脾	肺	肺	肝	肝	肾	肾	脾	脾	心	
子时时辰	丙子	戊子	庚子	壬子	甲子	丙子	戊子	庚子	壬子	甲子	丙子	戊子	庚子	壬子	甲子	丙子	戊子	庚子	壬子	甲子	丙子	戊子	庚子	壬子	甲子	丙子	戊子	庚子	壬子	
农事节令	全国科普日,巳时朔	离日	酉时秋分,农暴					上弦	上戊,孔子诞辰			国庆节			中秋节	酉时望			子时寒露		农暴	下弦	农暴	国际减灾日			世界粮食日	国际消除贫困日		

公元2036年　农历丙辰(龙)年(闰六月)

九月大

季秋之月　狗月　戊戌　角宿

黄	白	碧
绿	白	白
紫	黑	赤

天道行南，日躔在卯宫，宜用癸乙丁辛时

初五日**霜降** 3:59　初一日**朔** 19:49

二十日**立冬** 4:25　十七日**望** 8:43

农历	阳历	星期	干支	28宿	建除	五行	节元	黄道黑道	八卦	方位	五脏	子时时辰	农事节令
初一	19	日	己未	昴	收	火	寒露下3	朱雀	艮	东北正北	心	甲子	戌时朔
初二	20	一	庚申	毕	开	木		金匮	坤	西北正东	肝	丙子	
初三	21	二	辛酉	觜	闭	木		天德	乾	西南正东	肝	戊子	
初四	22	三	壬戌	参	建	水		白虎	兑	正南正南	肾	庚子	
初五	23	四	癸亥	井	除	水		玉堂	离	东南正南	肾	壬子	寅时霜降
初六	24	五	甲子	鬼	满	金	霜降上5	天牢	震	东北东南	肺	甲子	联合国日
初七	25	六	乙丑	柳	平	金		元武	巽	西北东南	肺	丙子	
初八	26	日	丙寅	星	定	火		司命	坎	西南正西	心	戊子	上弦
初九	27	一	丁卯	张	执	火		勾陈	艮	正南正西	心	庚子	重阳节，农暴
初十	28	二	戊辰	翼	破	木		青龙	坤	东南正北	肝	壬子	
十一	29	三	己巳	轸	危	木	霜降中8	明堂	乾	东北正北	肝	甲子	
十二	30	四	庚午	角	成	土		天刑	兑	西北正东	脾	丙子	
十三	31	五	辛未	亢	收	土		朱雀	离	西南正东	脾	戊子	世界勤俭日
十四	11月	六	壬申	氐	开	金		金匮	震	正南正南	肺	庚子	万圣节
十五	2	日	癸酉	房	闭	金		天德	巽	东南正南	肺	壬子	
十六	3	一	甲戌	心	建	火	霜降下2	白虎	坎	东北东南	心	甲子	
十七	4	二	乙亥	尾	除	火		玉堂	艮	西北东南	心	丙子	辰时望
十八	5	三	丙子	箕	满	水		天牢	坤	西南正西	肾	戊子	
十九	6	四	丁丑	斗	平	水		元武	乾	正南正西	肾	庚子	农暴，绝日
二十	7	五	戊寅	牛	平	土		天牢	兑	东南正北	脾	壬子	寅时立冬
廿一	8	六	己卯	女	定	土	立冬上6	元武	离	东北正北	脾	甲子	
廿二	9	日	庚辰	虚	执	金		司命	震	西北正东	肺	丙子	
廿三	10	一	辛巳	危	破	金		勾陈	巽	西南正东	肺	戊子	
廿四	11	二	壬午	室	危	木		青龙	坎	正南正南	肝	庚子	下弦
廿五	12	三	癸未	壁	成	木		明堂	艮	东南正南	肝	壬子	
廿六	13	四	甲申	奎	收	水	立冬中9	天刑	坤	东北东南	肾	甲子	
廿七	14	五	乙酉	娄	开	水		朱雀	乾	西北东南	肾	丙子	冷风信
廿八	15	六	丙戌	胃	闭	土		金匮	兑	西南正西	脾	戊子	
廿九	16	日	丁亥	昴	建	土		天德	离	正南正西	脾	庚子	
三十	17	一	戊子	毕	除	火		白虎	震	东南正北	心	壬子	国际大学生节

公元2036年　　农历丙辰(龙)年(闰六月)

十月小

孟冬之月　猪月　己亥　亢宿

绿碧白　紫黄白　黑赤白

天道行东,日躔在寅宫,宜用甲丙庚壬时

初五日**小雪** 1:46　初一日**朔** 8:13

十九日**大雪** 21:16　十六日**望** 22:07

农历	初初初初初初初初初初十十十十十十十十十二廿廿廿廿廿廿廿廿廿三 一二三四五六七八九十一二三四五六七八九十一二三四五六七八九十
阳历	18 19 20 21 22 23 24 25 26 27 28 29 30 12月 2 3 4 5 6 7 8 9 10 11 12 13 14 15 16
星期	二三四五六日一二三四五六日一二三四五六日一二三四五六日一二
干支	己庚辛壬癸甲乙丙丁戊己庚辛壬癸甲乙丙丁戊己庚辛壬癸甲乙丙丁 丑寅卯辰巳午未申酉戌亥子丑寅卯辰巳午未申酉戌亥子丑寅卯辰巳
28宿	觜参井鬼柳星张翼轸角亢氐房心尾箕斗牛女虚危室壁奎娄胃昴毕觜 满平定执破危成收开闭建除满平定执破危危成收开闭建除满平定执
五行	火木木水水金金火火木木土土金金火火水水土土金金木木水水土土
节元	立冬下3　小雪上5　小雪中8　小雪下2　大雪上4　大雪中7
黄道黑道	玉天元司勾青明天朱金天白玉天元司勾青勾青明天朱金天白玉天元 堂牢武命陈龙堂刑雀匮德虎堂牢武命陈龙陈龙堂刑雀匮德虎堂牢武
八卦	坤乾兑离震巽坎艮坤乾兑离震巽坎艮坤乾兑离震巽坎艮坤乾兑离震
方位	东西西正东东西西正东东西西正东东西西正东东西西正东东西西正 北北南南南北北南南南北北南南南北北南南南北北南南南北北南南 正正正正正东东正正正正正正正正东东正正正正正正正正东东正正 北东东南南南南西西北北东东南南南南西西北北东东南南南南西西
五脏	心肝肝肾肾肺肺心心肝肝脾脾肺肺心心肾肾脾脾肺肺肝肝肾肾脾脾
子时时辰	甲丙戊庚壬甲丙戊庚壬甲丙戊庚壬甲丙戊庚壬甲丙戊庚壬甲丙戊庚 子子子子子子子子子子子子子子子子子子子子子子子子子子子子子
农事节令	辰时朔,祭祖节　丑时小雪　上弦　农暴　世界艾滋病日　下元节　亥时望　亥时大雪　农暴　下弦,农暴

公元 2036 年　农历丙辰(龙)年(闰六月)

十一月大	碧白白 黑绿白 赤紫黄	天道行东南,日躔在丑宫,宜用艮巽坤乾时
仲冬 之月 鼠月 庚子 氐宿		初五日**冬至** 15:13　初一日**朔** 23:33 二十日**小寒** 8:35　十七日**望** 10:34

农历	初一	初二	初三	初四	初五	初六	初七	初八	初九	初十	十一	十二	十三	十四	十五	十六	十七	十八	十九	二十	廿一	廿二	廿三	廿四	廿五	廿六	廿七	廿八	廿九	三十
阳历	17	18	19	20	21	22	23	24	25	26	27	28	29	30	31	1月	2	3	4	5	6	7	8	9	10	11	12	13	14	15
星期	三	四	五	六	日	一	二	三	四	五	六	日	一	二	三	四	五	六	日	一	二	三	四	五	六	日	一	二	三	四
干支	戊午	己未	庚申	辛酉	壬戌	癸亥	甲子	乙丑	丙寅	丁卯	戊辰	己巳	庚午	辛未	壬申	癸酉	甲戌	乙亥	丙子	丁丑	戊寅	己卯	庚辰	辛巳	壬午	癸未	甲申	乙酉	丙戌	丁亥
28宿	参	井	鬼	柳	星	张	翼	轸	角	亢	氐	房	心	尾	箕	斗	牛	女	虚	危	室	壁	奎	娄	胃	昴	毕	觜	参	井
	破	危	成	收	开	闭	建	除	满	平	定	执	破	危	成	收	开	闭	建	建	除	满	平	定	执	破	危	成	收	开
五行	火	火	木	木	水	水	金	金	火	火	木	木	土	土	金	金	火	火	水	水	土	土	金	金	木	木	水	水	土	土
节元		大雪下1					冬至上1					冬至中7					冬至下4					小寒上2					小寒中8			
黄道黑道	司命	勾陈	青龙	明堂	天刑	朱雀	金匮	天德	白虎	玉堂	天牢	元武	司命	勾陈	青龙	明堂	天刑	朱雀	金匮	朱雀	金匮	天德	白虎	玉堂	天牢	元武	司命	勾陈	青龙	明堂
八卦	乾	兑	离	震	巽	坎	艮	坤	乾	兑	离	震	巽	坎	艮	坤	乾	兑	离	震	巽	坎	艮	坤	乾	兑	离	震	巽	坎
方位	东南 正北	东北 正北	西北 正东	西南 正东	正南 正南	东南 正南	东北 东南	西北 东南	西南 正西	正南 正西	东南 正北	东北 正北	西北 正东	西南 正东	正南 正南	东南 正南	东北 东南	西北 东南	西南 正西	正南 正西	东南 正北	东北 正北	西北 正东	西南 正东	正南 正南	东南 正南	东北 东南	西北 东南	西南 正西	正南 正西
五脏	心	心	肝	肝	肾	肾	肺	肺	心	心	肝	肝	脾	脾	肺	肺	心	心	肾	肾	脾	脾	肺	肺	肝	肝	肾	肾	脾	脾
子时时辰	壬子	甲子	丙子	戊子	庚子	壬子	甲子	丙子	戊子	庚子	壬子	甲子	丙子	戊子	庚子	壬子	甲子	丙子	戊子	庚子	壬子	甲子	丙子	戊子	庚子	壬子	甲子	丙子	戊子	庚子
农事节令	夜子朔		农暴	离日,澳门回归日	申时冬至,一九				上弦,圣诞节					二九		元旦	巳时望			辰时小寒			三九	下弦			农暴			

公元 2036 年　　农历丙辰(龙)年(闰六月)

十二月大

季冬 之月 牛月 辛丑 房宿

黑赤紫
白碧黄
白白绿

天道行西，日躔在子宫，宜用癸乙丁辛时

初五日**大寒** 1:54　初一日**朔** 17:34

十九日**立春** 20:12　十六日**望** 22:03

农历	初一	初二	初三	初四	初五	初六	初七	初八	初九	初十
阳历	16	17	18	19	20	21	22	23	24	25
星期	五	六	日	一	二	三	四	五	六	日
干支	戊子	己丑	庚寅	辛卯	壬辰	癸巳	甲午	乙未	丙申	丁酉
28宿	鬼闭	柳建	星除	张满	翼平	轸定	角执	亢破	氐危	房成
五行	火	火	木	木	水	水	金	金	火	火
节元		小寒下5					大寒上3			
黄道黑道	天刑	朱雀	金匮	天德	白虎	玉堂	天牢	元武	司命	勾陈
八卦	兑	离	震	巽	坎	艮	坤	乾	兑	离
方位	东南正北	东北正北	西北正东	西南正东	正南正南	东南东南	东北东南	西北正南	西南正西	正南正西
五脏	心	心	肝	肝	肾	肾	肺	肺	心	心
子时时辰	壬子	甲子	丙子	戊子	庚子	壬子	甲子	丙子	戊子	庚子
农事节令	酉时朔	四九			丑时大寒			上弦，腊八节，农暴		

农历	十一	十二	十三	十四	十五	十六	十七	十八	十九	二十
阳历	26	27	28	29	30	31	2月	2	3	4
星期	一	二	三	四	五	六	日	一	二	三
干支	戊戌	己亥	庚子	辛丑	壬寅	癸卯	甲辰	乙巳	丙午	丁未
28宿	心收	尾开	箕闭	斗建	牛除	女满	虚平	危定	室定	壁执
五行	木	木	土	土	金	金	火	火	水	水
节元		大寒中9					大寒下6			
黄道黑道	青龙	明堂	天刑	朱雀	金匮	天德	白虎	玉堂	白虎	玉堂
八卦	震	巽	坎	艮	坤	乾	兑	离	震	巽
方位	东南正北	东北正北	西北正东	西南正东	正南正南	东南正南	东北东南	西北东南	西南正西	正南正西
五脏	肝	肝	脾	脾	肺	肺	心	心	肾	肾
子时时辰	壬子	甲子	丙子	戊子	庚子	壬子	甲子	丙子	戊子	庚子
农事节令	五九			农暴		亥时望		绝日	戊时立春	六九

农历	廿一	廿二	廿三	廿四	廿五	廿六	廿七	廿八	廿九	三十
阳历	5	6	7	8	9	10	11	12	13	14
星期	四	五	六	日	一	二	三	四	五	六
干支	戊申	己酉	庚戌	辛亥	壬子	癸丑	甲寅	乙卯	丙辰	丁巳
28宿	奎破	娄危	胃成	昴收	毕开	觜闭	参建	井除	鬼满	柳平
五行	土	土	金	金	木	木	水	水	土	土
节元		立春上8					立春中5			
黄道黑道	天牢	元武	司命	勾陈	青龙	明堂	天刑	朱雀	金匮	天德
八卦	坎	艮	坤	乾	兑	离	震	巽	坎	艮
方位	东南正北	东北正北	西北正东	西南正东	正南正南	东南正南	东北东南	西北东南	西南正西	正南正西
五脏	脾	脾	肺	肺	肝	肝	肾	肾	脾	脾
子时时辰	壬子	甲子	丙子	戊子	庚子	壬子	甲子	丙子	戊子	庚子
农事节令			下弦	扫尘节，小年			农暴		七九	除夕，情人节

正 月 大

孟春之月　虎月　壬寅　心宿

白	白	白
紫	黑	绿
黄	赤	碧

天道行南，日躔在亥宫，宜用甲丙庚壬时

初四日**雨水** 15:59　初一日**朔** 12:53

十九日**惊蛰** 14:06　十六日**望** 8:27

农历	初一	初二	初三	初四	初五	初六	初七	初八	初九	初十	十一	十二	十三	十四	十五
阳历	15	16	17	18	19	20	21	22	23	24	25	26	27	28	3月
星期	日	一	二	三	四	五	六	日	一	二	三	四	五	六	日
干支	戊午	己未	庚申	辛酉	壬戌	癸亥	甲子	乙丑	丙寅	丁卯	戊辰	己巳	庚午	辛未	壬申
28宿	星	张	翼	轸	角	亢	氐	房	心	尾	箕	斗	牛	女	虚
	定	执	破	危	成	收	开	闭	建	除	满	平	定	执	破
五行	火	火	木	木	水	水	金	金	火	火	木	木	土	土	金
节元		立春下2					雨水上9					雨水中6			
黄道黑道	白虎	玉堂	天牢	元武	司命	勾陈	青龙	明堂	天刑	朱雀	金匮	天德	白虎	玉堂	天牢
八卦	坤	乾	兑	离	震	巽	坎	艮	坤	乾	兑	离	震	巽	坎
方位	东南正北	东北正北	西北正东	西南正东	正南正南	东南正南	东北东南	西北东南	西南正西	正南正西	东南正北	东北正北	西北正东	西南正东	正南正南
五脏	心	心	肝	肝	肾	肾	肺	肺	心	心	肝	肝	脾	脾	肺
子时时辰	壬子	甲子	丙子	戊子	庚子	壬子	甲子	丙子	戊子	庚子	壬子	甲子	丙子	戊子	庚子
农事节令	春节，午时朔	财神节		申时雨水，四日得辛，四姑看蚕	破五节，五人九饼		人胜节	上弦，八九，八牛耕地	农暴	土神诞	十一龙治水		农暴		元宵节

农历	十六	十七	十八	十九	二十	廿一	廿二	廿三	廿四	廿五	廿六	廿七	廿八	廿九	三十
阳历	2	3	4	5	6	7	8	9	10	11	12	13	14	15	16
星期	一	二	三	四	五	六	日	一	二	三	四	五	六	日	一
干支	癸酉	甲戌	乙亥	丙子	丁丑	戊寅	己卯	庚辰	辛巳	壬午	癸未	甲申	乙酉	丙戌	丁亥
28宿	危	室	壁	奎	娄	胃	昴	毕	觜	参	井	鬼	柳	星	张
	危	成	收	收	开	闭	建	除	满	平	定	执	破	危	成
五行	金	火	火	水	水	土	土	金	金	木	木	水	水	土	土
节元		雨水下3					惊蛰上1					惊蛰中7			
黄道黑道	元武	司命	勾陈	司命	勾陈	青龙	明堂	天刑	朱雀	金匮	天德	白虎	玉堂	天牢	元武
八卦	艮	坤	乾	兑	离	震	巽	坎	艮	坤	乾	兑	离	震	巽
方位	东南正南	东北东南	西北东南	西南正西	正南正西	东南正北	东北正北	西北正东	西南正东	正南正南	东南正南	东北东南	西北东南	西南正西	正南正西
五脏	肺	心	心	肾	肾	脾	脾	肺	肺	肝	肝	肾	肾	脾	脾
子时时辰	壬子	甲子	丙子	戊子	庚子	壬子	甲子	丙子	戊子	庚子	壬子	甲子	丙子	戊子	庚子
农事节令	辰时望	九九		未时惊蛰，农暴			妇女节		下弦	填仓节	植树节				送穷节，农暴，消费者权益日

公元 2037 年　　农历丁巳(蛇)年

二月大　仲春之月　兔月　癸卯　尾宿

紫黄赤
白白碧
绿白黑

天道行西南，日躔在戌宫，宜用艮巽坤乾时

初四日**春分** 14:50　初一日**朔** 7:35
十九日**清明** 18:44　十五日**望** 17:52

农历	阳历	星期	干支	28宿		五行	节元	黄道黑道	八卦	方位	五脏	子时时辰	农事节令
初一	17	二	戊子	翼	收	火		司命	乾	东南正北	心	壬子	辰时朔，中和节，春社，上戊
初二	18	三	己丑	轸	开	火	惊蛰下4	勾陈	兑	东北正北	心	甲子	龙头节，闰女节，农暴
初三	19	四	庚寅	角	闭	木		青龙	离	西北正东	肝	丙子	离日，农暴
初四	20	五	辛卯	亢	建	木		明堂	震	西南正东	肝	戊子	未时春分
初五	21	六	壬辰	氐	除	水		天刑	巽	正南正南	肾	庚子	世界森林日
初六	22	日	癸巳	房	满	水		朱雀	坎	东南正南	肾	壬子	世界水日
初七	23	一	甲午	心	平	金	春分上3	金匮	艮	东北东南	肺	甲子	春斫暴，世界气象日
初八	24	二	乙未	尾	定	金		天德	坤	西北东南	肺	丙子	上弦，农暴，世界防治结核病日
初九	25	三	丙申	箕	执	火		白虎	乾	西南正西	心	戊子	农暴
初十	26	四	丁酉	斗	破	火		玉堂	兑	正南正西	心	庚子	
十一	27	五	戊戌	牛	危	木		天牢	离	东南正北	肝	壬子	乌龟暴
十二	28	六	己亥	女	成	木	春分中9	元武	震	东北正北	肝	甲子	
十三	29	日	庚子	虚	收	土		司命	巽	西北正东	脾	丙子	农暴
十四	30	一	辛丑	危	开	土		勾陈	坎	西南正东	脾	戊子	
十五	31	二	壬寅	室	闭	金		青龙	艮	正南正南	肺	庚子	酉时望，花朝节
十六	4月	三	癸卯	壁	建	金		明堂	坤	东南正南	肺	壬子	
十七	2	四	甲辰	奎	除	火	春分下6	天刑	乾	东北东南	心	甲子	
十八	3	五	乙巳	娄	满	火		朱雀	兑	西北东南	心	丙子	寒食节
十九	4	六	丙午	胃	满	水		天刑	离	西南正西	肾	戊子	酉时清明，农暴
二十	5	日	丁未	昴	平	水		朱雀	震	正南正西	肾	庚子	
廿一	6	一	戊申	毕	定	土		金匮	巽	东南正北	脾	壬子	
廿二	7	二	己酉	觜	执	土	清明上4	天德	坎	东北正北	脾	甲子	
廿三	8	三	庚戌	参	破	金		白虎	艮	西北正东	肺	丙子	
廿四	9	四	辛亥	井	危	金		玉堂	坤	西南正东	肺	戊子	下弦
廿五	10	五	壬子	鬼	成	木		天牢	乾	正南正南	肝	庚子	
廿六	11	六	癸丑	柳	收	木		元武	兑	东南正南	肝	壬子	
廿七	12	日	甲寅	星	开	水	清明中1	司命	离	东北东南	肾	甲子	
廿八	13	一	乙卯	张	闭	水		勾陈	震	西北东南	肾	丙子	农暴
廿九	14	二	丙辰	翼	建	土		青龙	巽	西南正西	脾	戊子	农暴
三十	15	三	丁巳	轸	除	土		明堂	坎	正南正西	脾	庚子	

公元 2037 年　　农历丁巳(蛇)年

三 月 小

季春之月　龙月　甲辰　箕宿

白	绿	白
赤	紫	黑
碧	黄	白

天道行北，日躔在酉宫，宜用癸乙丁辛时

初五日**谷雨** 1:41　初一日**朔** 0:07

二十日**立夏** 11:50　十五日**望** 2:53

农历	阳历	星期	干支	28宿	五行	节元	黄道黑道	八卦	方位	五脏	子时时辰	农事节令
初一	16	四	戊午	角满	火		天刑	兑	东南正北	心	壬子	子时朔
初二	17	五	己未	亢平	火	清明下7	朱雀	离	东北正北	心	甲子	
初三	18	六	庚申	氐定	木		金匮	震	西北正东	肝	丙子	上巳，桃花暴
初四	19	日	辛酉	房执	木		天德	巽	西南正东	肝	戊子	
初五	20	一	壬戌	心破	水		白虎	坎	正南正南	肾	庚子	丑时谷雨
初六	21	二	癸亥	尾危	水		玉堂	艮	东南正南	肾	壬子	
初七	22	三	甲子	箕成	金	谷雨上5	天牢	坤	东北东南	肺	甲子	世界地球日，农暴
初八	23	四	乙丑	斗收	金		元武	乾	西北东南	肺	丙子	上弦
初九	24	五	丙寅	牛开	火		司命	兑	西南正西	心	戊子	
初十	25	六	丁卯	女闭	火		勾陈	离	正南正西	心	庚子	
十一	26	日	戊辰	虚建	木		青龙	震	东南正北	肝	壬子	
十二	27	一	己巳	危除	木	谷雨中2	明堂	巽	东北正北	肝	甲子	
十三	28	二	庚午	室满	土		天刑	坎	西北正东	脾	丙子	
十四	29	三	辛未	壁平	土		朱雀	艮	西南正东	脾	戊子	
十五	30	四	壬申	奎定	金		金匮	坤	正南正南	肺	庚子	丑时望，农暴
十六	5月	五	癸酉	娄执	金		天德	乾	东南正南	肺	壬子	劳动节
十七	2	六	甲戌	胃破	火	谷雨下8	白虎	兑	东北东南	心	甲子	
十八	3	日	乙亥	昴危	火		玉堂	离	西北东南	心	丙子	
十九	4	一	丙子	毕成	水		天牢	震	西南正西	肾	戊子	绝日，青年节
二十	5	二	丁丑	觜成	水		玉堂	巽	正南正西	肾	庚子	午时立夏
廿一	6	三	戊寅	参收	土		天牢	坎	东南正北	脾	壬子	
廿二	7	四	己卯	井开	土	立夏上4	元武	艮	东北正北	脾	甲子	
廿三	8	五	庚辰	鬼闭	金		司命	坤	西北正东	肺	丙子	下弦，天石暴
廿四	9	六	辛巳	柳建	金		勾陈	乾	西南正东	肺	戊子	
廿五	10	日	壬午	星除	木		青龙	兑	正南正南	肝	庚子	母亲节，猴子暴
廿六	11	一	癸未	张满	木		明堂	离	东南正南	肝	壬子	农暴
廿七	12	二	甲申	翼平	水	立夏中1	天刑	震	东北东南	肾	甲子	护士节，防灾减灾日
廿八	13	三	乙酉	轸定	水		朱雀	巽	西北东南	肾	丙子	东帝暴
廿九	14	四	丙戌	角执	土		金匮	坎	西南正西	脾	戊子	
三十												

公元 2037 年　　　　农历丁巳(蛇)年

四月大

孟夏之月　蛇月　乙巳　斗宿

赤碧黄
白白白
黑绿紫

天道行西，日躔在申宫，宜用甲丙庚壬时

初七日**小满** 0:36　初一日**朔** 13:53

廿二日**芒种** 15:47　十五日**望** 12:23

农历	初一	初二	初三	初四	初五	初六	初七	初八	初九	初十	十一	十二	十三	十四	十五	十六	十七	十八	十九	二十	廿一	廿二	廿三	廿四	廿五	廿六	廿七	廿八	廿九	三十
阳历	15	16	17	18	19	20	21	22	23	24	25	26	27	28	29	30	31	6月	2	3	4	5	6	7	8	9	10	11	12	13
星期	五	六	日	一	二	三	四	五	六	日	一	二	三	四	五	六	日	一	二	三	四	五	六	日	一	二	三	四	五	六
干支	丁亥	戊子	己丑	庚寅	辛卯	壬辰	癸巳	甲午	乙未	丙申	丁酉	戊戌	己亥	庚子	辛丑	壬寅	癸卯	甲辰	乙巳	丙午	丁未	戊申	己酉	庚戌	辛亥	壬子	癸丑	甲寅	乙卯	丙辰
28宿	亢	氐	房	心	尾	箕	斗	牛	女	虚	危	室	壁	奎	娄	胃	昴	毕	觜	参	井	鬼	柳	星	张	翼	轸	角	亢	氐
	破	危	成	收	开	闭	建	除	满	平	定	执	破	危	成	收	开	闭	建	除	满	满	平	定	执	破	危	成	收	开
五行	土	火	火	木	木	水	水	金	金	火	火	木	木	土	土	金	金	火	火	水	水	土	土	金	金	木	木	水	水	土
节元			立夏下7					小满上5					小满中2					小满下8					芒种上6					芒种中3		
黄道黑道	天德	白虎	玉堂	天牢	元武	司命	勾陈	青龙	明堂	天刑	朱雀	金匮	天德	白虎	玉堂	天牢	元武	司命	勾陈	青龙	明堂	青龙	明堂	天刑	朱雀	金匮	天德	白虎	玉堂	天牢
八卦	离	震	巽	坎	艮	坤	乾	兑	离	震	巽	坎	艮	坤	乾	兑	离	震	巽	坎	艮	坤	乾	兑	离	震	巽	坎	艮	坤
方位	正南	东南	东北	西北	西南	正南	东南	东北	西北	西南	正南	东南	东北	西北	西南	正南	东南	东北	西北	西南	正南	东南	东北	西北	西南	正南	东南	东北	西北	西南
	正西	正北	正北	正东	正东	正南	正南	东南	东南	正西	正西	正北	正北	正东	正东	正南	正南	东南	东南	正西	正西	正北	正北	正东	正东	正南	正南	东南	东南	正西
五脏	脾	心	心	肝	肝	肾	肾	肺	肺	心	心	肝	肝	脾	脾	肺	肺	心	心	肾	肾	脾	脾	肺	肺	肝	肝	肾	肾	脾
子时时辰	庚子	壬子	甲子	丙子	戊子	庚子	壬子	甲子	丙子	戊子	庚子	壬子	甲子	丙子	戊子	庚子	壬子	甲子	丙子	戊子	庚子	壬子	甲子	丙子	戊子	庚子	壬子	甲子	丙子	戊子
农事节令	未时朔，农暴，国际家庭日						子时小满	上弦，老虎暴							午时望，农暴		世界无烟日	儿童节				申时芒种，世界环境日		下弦	农暴					入梅

公元 2037 年　　农历丁巳(蛇)年

五月小 仲夏 之月 马月 丙午 牛宿	白黑绿 黄赤紫 白碧白
天道行西北，日躔在未宫，宜用艮巽坤乾时	
初八日**夏至** 8:23　初一日**朔** 1:09	
廿四日**小暑** 1:56　十四日**望** 23:19	

农历	初一 初二 初三 初四 初五 初六 初七 初八 初九 初十 十一 十二 十三 十四 十五 十六 十七 十八 十九 二十 廿一 廿二 廿三 廿四 廿五 廿六 廿七 廿八 廿九 三十
阳历	14 15 16 17 18 19 20 21 22 23 24 25 26 27 28 29 30 7月 2 3 4 5 6 7 8 9 10 11 12
星期	日一二三四五六日一二三四五六日一二三四五六日一二三四五六日
干支	丁巳 戊午 己未 庚申 辛酉 壬戌 癸亥 甲子 乙丑 丙寅 丁卯 戊辰 己巳 庚午 辛未 壬申 癸酉 甲戌 乙亥 丙子 丁丑 戊寅 己卯 庚辰 辛巳 壬午 癸未 甲申 乙酉
28宿	房心尾箕斗牛女虚危室壁奎娄胃昴毕觜参井鬼柳星张翼轸角亢氐房
	闭建除满平定执破危成收开闭建除满平定执破危成收收开闭建除满
五行	土火火木木水水金金火火木木土土金金火火水水土土金金木木水水
节元	芒种下9　夏至上9　夏至中3　夏至下6　小暑上8　小暑中2
黄道黑道	元武 司命 勾陈 青龙 明堂 天刑 朱雀 金匮 天德 白虎 玉堂 天牢 元武 司命 勾陈 青龙 明堂 天刑 朱雀 金匮 天德 白虎 玉堂 白虎 玉堂 天牢 元武 司命 勾陈
八卦	震巽坎艮坤乾兑离震巽坎艮坤乾兑离震巽坎艮坤乾兑离震巽坎艮坤
方位	正南正西 东南正北 东北正北 西北正东 西南正东 正南正南 东南正南 东北东南 西北东南 西南正西 正南正西 东南正北 东北正北 西北正东 西南正东 正南正南 东南正南 东北东南 西北东南 西南正西 正南正西 东南正北 东北正北 西北正东 西南正东 正南正南 东南正南 东北东南 西北东南
五脏	脾心心肝肝肾肾肺肺心心肝肝脾脾肺肺心心肾肾脾脾肺肺肝肝肾肾
子时时辰	庚子 壬子 甲子 丙子 戊子 庚子 壬子 甲子 丙子 戊子 庚子 壬子 甲子 丙子 戊子 庚子 壬子 甲子 丙子 戊子 庚子 壬子 甲子 丙子 戊子 庚子 壬子 甲子 丙子
农事节令	丑时朔　防治荒漠化和干旱日　端午节，端阳暴　上弦，离日　辰时夏至，父亲节　头莳　全国土地日　磨刀暴，中莳，国际禁毒日　夜子望　农暴，末莳　建党节，香港回归日　农暴，分龙　龙母暴　下弦　丑时小暑　世界人口日

公元 2037 年　　　农历丁巳(蛇)年

六月小 季夏之月　羊月　丁未　女宿	黄白碧 绿白白 紫黑赤 天道行东，日躔在午宫，宜用癸乙丁辛时 初十日**大暑** 19:13　初一日**朔** 10:31 廿六日**立秋** 11:43　十五日**望** 12:14
农历	初初初初初初初初初初十十十十十十十十十二廿廿廿廿廿廿廿廿廿三 一二三四五六七八九十一二三四五六七八九十一二三四五六七八九十
阳历	13 14 15 16 17 18 19 20 21 22 23 24 25 26 27 28 29 30 31 8月 2 3 4 5 6 7 8 9 10
星期	一二三四五六日一二三四五六日一二三四五六日一二三四五六日一
干支	丙丁戊己庚辛壬癸甲乙丙丁戊己庚辛壬癸甲乙丙丁戊己庚辛壬癸甲 戌亥子丑寅卯辰巳午未申酉戌亥子丑寅卯辰巳午未申酉戌亥子丑寅
28宿	心尾箕斗牛女虚危室壁奎娄胃昴毕觜参井鬼柳星张翼轸角亢氐房心 平定执破危成收开闭建除满平定执破危成收开闭建除满平平定执破
五行	土土火火木木水水金金火火木木土土金金火火水水土土金金木木水
节元	小暑下 5　大暑上 7　大暑中 1　大暑下 4　立秋上 2　立秋中 5
黄道 黑道	青明天朱金天白玉天元司勾青明天朱金天白玉天元司勾青勾青明天 龙堂刑雀匮德虎堂牢武命陈龙堂刑雀匮德虎堂牢武命陈龙陈龙堂刑
八卦	巽坎艮坤乾兑离震巽坎艮坤乾兑离震巽坎艮坤乾兑离震巽坎艮坤乾
方位	西正东东西西正东东西西正东东西西正东东西西正东东西西正东东 南南南北北南南南北北南南南北北南南南北北南南南北北南南南北 正正正正正正正正东东正正正正正正正正东东正正正正正正正正东 西西北北东东南南南南西西北北东东南南南南西西北北东东南南南
五脏	脾脾心心肝肝肾肾肺肺心心肝肝脾脾肺肺心心肾肾脾脾肺肺肝肝肾
子时 时辰	戊庚壬甲丙戊庚壬甲丙戊庚壬甲丙戊庚壬甲丙戊庚壬甲丙戊庚壬甲 子子子子子子子子子子子子子子子子子子子子子子子子子子子子子
农事节令	巳时朔　天贶节，姑姑节，农暴 头伏　戌时大暑　农暴　午时望，二伏　建军节，农暴 农暴　午时立秋 绝日　农暴

公元2037年　　农历丁巳(蛇)年

七月大　孟秋之月　猴月　戊申　虚宿

绿紫黑
碧黄赤
白白白

天道行北,日躔在巳宫,宜用甲丙庚壬时

十三日**处暑** 2:22　初一日**朔** 18:41
廿八日**白露** 14:46　十六日**望** 3:08

农历	初一	初二	初三	初四	初五	初六	初七	初八	初九	初十	十一	十二	十三	十四	十五	十六	十七	十八	十九	二十	廿一	廿二	廿三	廿四	廿五	廿六	廿七	廿八	廿九	三十
阳历	11	12	13	14	15	16	17	18	19	20	21	22	23	24	25	26	27	28	29	30	31	9月	2	3	4	5	6	7	8	9
星期	二	三	四	五	六	日	一	二	三	四	五	六	日	一	二	三	四	五	六	日	一	二	三	四	五	六	日	一	二	三
干支	乙卯	丙辰	丁巳	戊午	己未	庚申	辛酉	壬戌	癸亥	甲子	乙丑	丙寅	丁卯	戊辰	己巳	庚午	辛未	壬申	癸酉	甲戌	乙亥	丙子	丁丑	戊寅	己卯	庚辰	辛巳	壬午	癸未	甲申
28宿	尾	箕	斗	牛	女	虚	危	室	壁	奎	娄	胃	昴	毕	觜	参	井	鬼	柳	星	张	翼	轸	角	亢	氐	房	心	尾	箕
	危	成	收	开	闭	建	除	满	平	定	执	破	危	成	收	开	闭	建	除	满	平	定	执	破	危	成	收	收	开	闭
五行	水	土	土	火	火	木	木	水	水	金	金	火	火	木	木	土	土	金	金	火	火	水	水	土	土	金	金	木	木	水
节元					立秋下8					处暑上1					处暑中4					处暑下7					白露上9					白露中3
黄道黑道	朱雀	金匮	天德	白虎	玉堂	天牢	元武	司命	勾陈	青龙	明堂	天刑	朱雀	金匮	天德	白虎	玉堂	天牢	元武	司命	勾陈	青龙	明堂	天刑	朱雀	金匮	天德	金匮	天德	白虎
八卦	坎	艮	坤	乾	兑	离	震	巽	坎	艮	坤	乾	兑	离	震	巽	坎	艮	坤	乾	兑	离	震	巽	坎	艮	坤	乾	兑	离
方位	西北东南	西南正西	正南正西	东南正北	东北正北	西北正东	西南正东	正南正南	东南正南	东北东南	西北东南	西南正西	正南正西	东南正北	东北正北	西北正东	西南正东	正南正南	东南正南	东北东南	西北东南	西南正西	正南正西	东南正北	东北正北	西北正东	西南正东	正南正南	东南正南	东北东南
五脏	肾	脾	脾	心	心	肝	肝	肾	肾	肺	肺	心	心	肝	肝	脾	脾	肺	肺	心	心	肾	肾	脾	脾	肺	肺	肝	肝	肾
子时时辰	丙子	戊子	庚子	壬子	甲子	丙子	戊子	庚子	壬子	甲子	丙子	戊子	庚子	壬子	甲子	丙子	戊子	庚子	壬子	甲子	丙子	戊子	庚子	壬子	甲子	丙子	戊子	庚子	壬子	甲子
农事节令	酉时朔					三伏	七夕,乞巧节,农暴	上弦					丑时处暑		中元节	寅时望	农暴							下弦				未时白露,农暴		

公元2037年　　农历丁巳(蛇)年

八月小

仲秋　之月　鸡月　己酉　危宿

碧白白
黑绿白
赤紫黄

天道行东北，日躔在辰宫，宜用艮巽坤乾时

十四日**秋分** 0:14　初一日**朔** 2:24
廿九日**寒露** 6:39　十五日**望** 19:30

农历	初初初初初初初初初初十十十十十十十十十二廿廿廿廿廿廿廿廿廿三 一二三四五六七八九十一二三四五六七八九十一二三四五六七八九十
阳历	10 11 12 13 14 15 16 17 18 19 20 21 22 23 24 25 26 27 28 29 30 10月 2 3 4 5 6 7 8
星期	四五六日一二三四五六日一二三四五六日一二三四五六日一二三四
干支	乙丙丁戊己庚辛壬癸甲乙丙丁戊己庚辛壬癸甲乙丙丁戊己庚辛壬癸 酉戌亥子丑寅卯辰巳午未申酉戌亥子丑寅卯辰巳午未申酉戌亥子丑
28宿	斗牛女虚危室壁奎娄胃昴毕觜参井鬼柳星张翼轸角亢氐房心尾箕斗 建除满平定执破危成收开闭建除满平定执破危成收开闭建除满平平
五行	水土土火火木木水水金金火火木木土土金金火火水水土土金金木木
节元	白露下6　秋分上7　秋分中1　秒分下4　寒露上6
黄道黑道	玉天元司勾青明天朱金天白玉天元司勾青明天朱金天白玉天元司元 堂牢武命陈龙堂刑雀匮德虎堂牢武命陈龙堂刑雀匮德虎堂牢武命武
八卦	艮坤乾兑离震巽坎艮坤乾兑离震巽坎艮坤乾兑离震巽坎艮坤乾兑离
方位	西西正东东西西正东东西西正东东西西正东东西西正东东西西正东 北南南南北北南南南北北南南南北北南南南北北南南南北北南南南 东正正正正正正正正东东正正正正正正正正东东正正正正正正正正 南西西北北东东南南南南西西北北东东南南南南西西北北东东南南
五脏	肾脾脾心心肝肝肾肾肺肺心心肝肝脾脾肺肺心心肾肾脾脾肺肺肝肝
子时时辰	丙戊庚壬甲丙戊庚壬甲丙戊庚壬甲丙戊庚壬甲丙戊庚壬甲丙戊庚壬 子子子子子子子子子子子子子子子子子子子子子子子子子子子子子
农事节令	教师节，丑时朔　农暴　上戊　上弦　全国科普日　离日　子时秋分，秋社　中秋节，戊时望　孔子诞辰　农暴　国庆节　下弦，农暴　卯时寒露

九月小

季之秋月　狗月　庚戌　室宿

黑赤紫
白碧黄
白白绿

天道行南，日躔在卯宫，宜用癸乙丁辛时

十五日**霜降**9:51

初一日**朔**10:33

十六日**望**12:35

农历	初一	初二	初三	初四	初五	初六	初七	初八	初九	初十	十一	十二	十三	十四	十五	十六	十七	十八	十九	二十	廿一	廿二	廿三	廿四	廿五	廿六	廿七	廿八	廿九	三十
阳历	9	10	11	12	13	14	15	16	17	18	19	20	21	22	23	24	25	26	27	28	29	30	31	11月	2	3	4	5	6	
星期	五	六	日	一	二	三	四	五	六	日	一	二	三	四	五	六	日	一	二	三	四	五	六	日	一	二	三	四	五	
干支	甲寅	乙卯	丙辰	丁巳	戊午	己未	庚申	辛酉	壬戌	癸亥	甲子	乙丑	丙寅	丁卯	戊辰	己巳	庚午	辛未	壬申	癸酉	甲戌	乙亥	丙子	丁丑	戊寅	己卯	庚辰	辛巳	壬午	
28宿	牛定	女执	虚破	危危	室成	壁收	奎开	娄闭	胃建	昴除	毕满	觜平	参定	井执	鬼破	柳危	星成	张收	翼开	轸闭	角建	亢除	氐满	房平	心定	尾执	箕破	斗危	牛成	
五行	水	水	土	土	火	火	木	木	水	水	金	金	火	火	木	木	土	土	金	金	火	火	水	水	土	土	金	金	木	
节元	寒露中9	子卯午申	子寅申酉			寒露下3					霜降上5					霜降中8					霜降下2					立冬上6				
黄道黑道	司命	勾陈	青龙	明堂	天刑	朱雀	金匮	天德	白虎	玉堂	天牢	元武	司命	勾陈	青龙	明堂	天刑	朱雀	金匮	天德	白虎	玉堂	天牢	元武	司命	勾陈	青龙	明堂	天刑	
八卦	坤	乾	兑	离	震	巽	坎	艮	坤	乾	兑	离	震	巽	坎	艮	坤	乾	兑	离	震	巽	坎	艮	坤	乾	兑	离	震	
方位	东北东南	西北东南	西南正西	正南正西	东南正北	东北正北	西北正东	西南正东	正南正南	东南正南	东北东南	西北东南	西南正西	正南正西	东南正北	东北正北	西北正东	西南正东	正南正南	东南正南	东北东南	西北东南	西南正西	正南正西	东南正北	东北正北	西北正东	西南正东	正南正南	
五脏	肾	肾	脾	脾	心	心	肝	肝	肾	肾	肺	肺	心	心	肝	肝	脾	脾	肺	肺	心	心	肾	肾	脾	脾	肺	肺	肝	
子时时辰	甲子	丙子	戊子	庚子	壬子	甲子	丙子	戊子	庚子	壬子	甲子	丙子	戊子	庚子	壬子	甲子	丙子	戊子	庚子	壬子	甲子	丙子	戊子	庚子	壬子	甲子	丙子	戊子	庚子	
农事节令	巳时朔				国际减灾日			上弦，世界粮食日	重阳节，农暴，国际消除贫困日						巳时霜降	午时望，联合国日			农暴				下弦，世界勤俭日	万圣节			冷风信		绝日	

公元2037年　　农历丁巳(蛇)年

十月大

孟冬之月　猪月　辛亥　壁宿

白	白	白
紫	黑	绿
黄	赤	碧

天道行东，日躔在寅宫，宜用甲丙庚壬时

初一日**立冬** 10:05　初一日**朔** 20:01

十六日**小雪** 7:39　十七日**望** 5:34

农历	初一	初二	初三	初四	初五	初六	初七	初八	初九	初十	十一	十二	十三	十四	十五	十六	十七	十八	十九	二十	廿一	廿二	廿三	廿四	廿五	廿六	廿七	廿八	廿九	三十
阳历	7	8	9	10	11	12	13	14	15	16	17	18	19	20	21	22	23	24	25	26	27	28	29	30	12月	2	3	4	5	6
星期	六	日	一	二	三	四	五	六	日	一	二	三	四	五	六	日	一	二	三	四	五	六	日	一	二	三	四	五	六	日
干支	癸未	甲申	乙酉	丙戌	丁亥	戊子	己丑	庚寅	辛卯	壬辰	癸巳	甲午	乙未	丙申	丁酉	戊戌	己亥	庚子	辛丑	壬寅	癸卯	甲辰	乙巳	丙午	丁未	戊申	己酉	庚戌	辛亥	壬子
28宿	女成	虚收	危开	室闭	壁建	奎除	娄满	胃平	昴定	毕执	觜破	参危	井成	鬼收	柳开	星闭	张建	翼除	轸满	角平	亢定	氐执	房破	心危	尾成	箕收	斗收	牛闭	女建	虚除
五行	木	水	水	土	土	火	火	木	木	水	水	金	金	火	火	木	木	土	土	金	金	火	火	水	水	土	土	金	金	木
节元		立冬中9					立冬下3					小雪上5					小雪中8					小雪下2					大雪上4			
黄道黑道	明堂	天刑	朱雀	金匮	天德	白虎	玉堂	天牢	元武	司命	勾陈	青龙	明堂	天刑	朱雀	金匮	天德	白虎	玉堂	天牢	元武	司命	勾陈	青龙	明堂	天刑	朱雀	金匮	天德	白虎
八卦	乾	兑	离	震	巽	坎	艮	坤	乾	兑	离	震	巽	坎	艮	坤	乾	兑	离	震	巽	坎	艮	坤	乾	兑	离	震	巽	坎
方位	东南正南	东北东南	西北东南	西南正西	正南正西	东南正北	东北正北	西北正东	西南正东	正南正南	东南正南	东北东南	西北东南	西南正西	正南正西	东南正北	东北正北	西北正东	西南正东	正南正南	东南正南	东北东南	西北东南	西南正西	正南正西	东南正北	东北正北	西北正东	西南正东	正南正南
五脏	肝	肾	肾	脾	脾	心	心	肝	肝	肾	肾	肺	肺	心	心	肝	肝	脾	脾	肺	肺	心	心	肾	肾	脾	脾	肺	肺	肝
子时时辰	壬子	甲子	丙子	戊子	庚子	壬子	甲子	丙子	戊子	庚子	壬子	甲子	丙子	戊子	庚子	壬子	甲子	丙子	戊子	庚子	壬子	甲子	丙子	戊子	庚子	壬子	甲子	丙子	戊子	庚子
农事节令	巳时立冬，戌时朔，祭祖节								上弦	农暴	国际大学生节				下元节	辰时小雪	卯时望			感恩节，农暴			农暴	下弦	世界艾滋病日					

十一月小

仲冬之月　鼠月　壬子　奎宿

紫	黄	赤
白	白	碧
绿	白	黑

天道行东南，日躔在丑宫，宜用艮巽坤乾时

初一日**大雪** 3:08　初一日**朔** 7:37

十五日**冬至** 21:08　十六日**望** 21:37

农历	初一	初二	初三	初四	初五	初六	初七	初八	初九	初十	十一	十二	十三	十四	十五	十六	十七	十八	十九	二十	廿一	廿二	廿三	廿四	廿五	廿六	廿七	廿八	廿九	三十
阳历	7	8	9	10	11	12	13	14	15	16	17	18	19	20	21	22	23	24	25	26	27	28	29	30	31	1月	2	3	4	
星期	一	二	三	四	五	六	日	一	二	三	四	五	六	日	一	二	三	四	五	六	日	一	二	三	四	五	六	日	一	
干支	癸丑	甲寅	乙卯	丙辰	丁巳	戊午	己未	庚申	辛酉	壬戌	癸亥	甲子	乙丑	丙寅	丁卯	戊辰	己巳	庚午	辛未	壬申	癸酉	甲戌	乙亥	丙子	丁丑	戊寅	己卯	庚辰	辛巳	
28宿	危除	室满	壁平	奎定	娄执	胃破	昴危	毕成	觜收	参开	井闭	鬼建	柳除	星满	张平	翼定	轸执	角破	亢危	氐成	房收	心开	尾闭	箕建	斗除	牛满	女平	虚定	危执	
五行	木	水	水	土	土	火	火	木	木	水	水	金	金	火	火	木	木	土	土	金	金	火	火	水	水	土	土	金	金	
节元		大雪中7					大雪下1					冬至上1					冬至中7					冬至下4					小寒上2			
黄道黑道	天德	白虎	玉堂	天牢	元武	司命	勾陈	青龙	明堂	天刑	朱雀	金匮	天德	白虎	玉堂	天牢	元武	司命	勾陈	青龙	明堂	天刑	朱雀	金匮	天德	白虎	玉堂	天牢	元武	
八卦	兑	离	震	巽	坎	艮	坤	乾	兑	离	震	巽	坎	艮	坤	乾	兑	离	震	巽	坎	艮	坤	乾	兑	离	震	巽	坎	
方位	东南正南	东北东南	西北东南	西南正西	正南正西	东南正北	东北正北	西北正东	西南正东	正南正南	东南正南	东北东南	西北东南	西南正西	正南正西	东南正北	东北正北	西北正东	西南正东	正南正南	东南正南	东北东南	西北东南	西南正西	正南正西	东南正北	东北正北	西北正东	西南正东	
五脏	肝	肾	肾	脾	脾	心	心	肝	肝	肾	肾	肺	肺	心	心	肝	肝	脾	脾	肺	肺	心	心	肾	肾	脾	脾	肺	肺	
子时时辰	壬子	甲子	丙子	戊子	庚子	壬子	甲子	丙子	戊子	庚子	壬子	甲子	丙子	戊子	庚子	壬子	甲子	丙子	戊子	庚子	壬子	甲子	丙子	戊子	庚子	壬子	甲子	丙子	戊子	
农事节令	寅时大雪，辰时朔		农暴					上弦						离日，澳门回归日	亥时冬至，一九	亥时望			圣诞节				下弦	二九		元旦	农暴			

公元2037年　　农历丁巳(蛇)年

十二月大

季冬 之月 牛月 癸丑 娄宿

白	绿	白
赤	紫	黑
碧	黄	白

天道行西，日躔在子宫，宜用癸乙丁辛时

初一日**小寒** 14:27　初一日**朔** 21:40

十六日**大寒** 7:49　十七日**望** 11:59

农历	初一	初二	初三	初四	初五	初六	初七	初八	初九	初十	十一	十二	十三	十四	十五	十六	十七	十八	十九	二十	廿一	廿二	廿三	廿四	廿五	廿六	廿七	廿八	廿九	三十
阳历	5	6	7	8	9	10	11	12	13	14	15	16	17	18	19	20	21	22	23	24	25	26	27	28	29	30	31	2月	2	3
星期	二	三	四	五	六	日	一	二	三	四	五	六	日	一	二	三	四	五	六	日	一	二	三	四	五	六	日	一	二	三
干支	壬午	癸未	甲申	乙酉	丙戌	丁亥	戊子	己丑	庚寅	辛卯	壬辰	癸巳	甲午	乙未	丙申	丁酉	戊戌	己亥	庚子	辛丑	壬寅	癸卯	甲辰	乙巳	丙午	丁未	戊申	己酉	庚戌	辛亥
28宿	室执	壁破	奎危	娄成	胃收	昴开	毕闭	觜建	参除	井满	鬼平	柳定	星执	张破	翼危	轸成	角收	亢开	氐闭	房建	心除	尾满	箕平	斗定	牛执	女破	虚危	危成	室收	壁开
五行	木	木	水	水	土	土	火	火	木	木	水	水	金	金	火	火	木	木	土	土	金	金	火	火	水	水	土	土	金	金
节元			小寒中8					小寒下5					大寒上3					大寒中9					大寒下6					立春上8		
黄道黑道	天牢	元武	司命	勾陈	青龙	明堂	天刑	朱雀	金匮	天德	白虎	玉堂	天牢	元武	司命	勾陈	青龙	明堂	天刑	朱雀	金匮	天德	白虎	玉堂	天牢	元武	司命	勾陈	青龙	明堂
八卦	离	震	巽	坎	艮	坤	乾	兑	离	震	巽	坎	艮	坤	乾	兑	离	震	巽	坎	艮	坤	乾	兑	离	震	巽	坎	艮	坤
方位	正南正南	东南正南	东北东南	西北东南	西南正西	正南正西	东南正北	东北正北	西北正东	西南正东	正南正南	东南正南	东北东南	西北东南	西南正西	正南正西	东南正北	东北正北	西北正东	西南正东	正南正南	东南正南	东北东南	西北东南	西南正西	正南正西	东南正北	东北正北	西北正东	西南正东
五脏	肝	肝	肾	肾	脾	脾	心	心	肝	肝	肾	肾	肺	肺	心	心	肝	肝	脾	脾	肺	肺	心	心	肾	肾	脾	脾	肺	肺
子时时辰	庚子	壬子	甲子	丙子	戊子	庚子	壬子	甲子	丙子	戊子	庚子	壬子	甲子	丙子	戊子	庚子	壬子	甲子	丙子	戊子	庚子	壬子	甲子	丙子	戊子	庚子	壬子	甲子	丙子	戊子
农事节令	未时小寒，亥时朔			三九				腊八节，农暴	上弦				四九	农暴		辰时大寒	午时望					五九		扫尘节，小年，下弦			农暴			除夕，绝日

公元 2038 年　　农历戊午(马)年

正月大

孟春 之月 虎月 甲寅 胃宿

赤碧黄
白白白
黑绿紫

天道行南，日躔在亥宫，宜用甲丙庚壬时

初一日**立春** 2:04　初一日**朔** 13:51
十五日**雨水** 21:52
三十日**惊蛰** 19:55　十七日**望** 0:08

农历	初一	初二	初三	初四	初五	初六	初七	初八	初九	初十
阳历	4	5	6	7	8	9	10	11	12	13
星期	四	五	六	日	一	二	三	四	五	六
干支	壬子	癸丑	甲寅	乙卯	丙辰	丁巳	戊午	己未	庚申	辛酉
28宿	奎	娄	胃	昴	毕	觜	参	井	鬼	柳
	开	闭	建	除	满	平	定	执	破	危
五行	木	木	水	水	土	土	火	火	木	木
节元			立春中5					立春下2		
黄道黑道	青龙	明堂	天刑	朱雀	金匮	天德	白虎	玉堂	天牢	元武
八卦	乾	兑	离	震	巽	坎	艮	坤	乾	兑
方位	正南 正南	东南 正南	东北 东南	西北 东南	西南 正西	正南 正西	东南 正北	东北 正北	西北 正东	西南 正东
五脏	肝	肝	肾	肾	脾	脾	心	心	肝	肝
子时时辰	庚子	壬子	甲子	丙子	戊子	庚子	壬子	甲子	丙子	戊子
农事节令	春节，六九，丑时立春，未时朔	财神节，二牛耕地			破五节，五龙治水，一人五饼		人胜节		上弦，农暴	七九，土神诞，十日得辛

农历	十一	十二	十三	十四	十五	十六	十七	十八	十九	二十
阳历	14	15	16	17	18	19	20	21	22	23
星期	日	一	二	三	四	五	六	日	一	二
干支	壬戌	癸亥	甲子	乙丑	丙寅	丁卯	戊辰	己巳	庚午	辛未
28宿	星	张	翼	轸	角	亢	氐	房	心	尾
	成	收	开	闭	建	除	满	平	定	执
五行	水	水	金	金	火	火	木	木	土	土
节元			雨水上9					雨水中6		
黄道黑道	司命	勾陈	青龙	明堂	天刑	朱雀	金匮	天德	白虎	玉堂
八卦	离	震	巽	坎	艮	坤	乾	兑	离	震
方位	正南 正南	东南 正南	东北 东南	西北 东南	西南 正西	正南 正西	东南 正北	东北 正北	西北 正东	西南 正东
五脏	肾	肾	肺	肺	心	心	肝	肝	脾	脾
子时时辰	庚子	壬子	甲子	丙子	戊子	庚子	壬子	甲子	丙子	戊子
农事节令	情人节，昨日十姑看蚕		农暴		元宵节，亥时雨水		子时望		八九，农暴	

农历	廿一	廿二	廿三	廿四	廿五	廿六	廿七	廿八	廿九	三十
阳历	24	25	26	27	28	3月	2	3	4	5
星期	三	四	五	六	日	一	二	三	四	五
干支	壬申	癸酉	甲戌	乙亥	丙子	丁丑	戊寅	己卯	庚辰	辛巳
28宿	箕	斗	牛	女	虚	危	室	壁	奎	娄
	破	危	成	收	开	闭	建	除	满	满
五行	金	金	火	火	水	水	土	土	金	金
节元			雨水下3					惊蛰上1		
黄道黑道	天牢	元武	司命	勾陈	青龙	明堂	天刑	朱雀	金匮	朱雀
八卦	巽	坎	艮	坤	乾	兑	离	震	巽	坎
方位	正南 正南	东南 正南	东北 东南	西北 东南	西南 正西	正南 正西	东南 正北	东北 正北	西北 正东	西南 正东
五脏	肺	肺	心	心	肾	肾	脾	脾	肺	肺
子时时辰	庚子	壬子	甲子	丙子	戊子	庚子	壬子	甲子	丙子	戊子
农事节令				下弦	填仓节			九九	送穷节，农暴	戌时惊蛰

公元2038年　　农历戊午(马)年

二月大

仲春之月　兔月　乙卯　昴宿

白	黑	绿
黄	赤	紫
白	碧	白

天道行西南，日躔在戌宫，宜用艮巽坤乾时

十五日**春分** 20:41

初一日**朔** 7:14

十六日**望** 10:08

农历	阳历	星期	干支	28宿		五行	节元	黄道黑道	八卦	方位		五脏	子时时辰	农事节令
初一	6	六	壬午	胃	平	木		金匮	兑	正南	正南	肝	庚子	辰时朔，中和节
初二	7	日	癸未	昴	定	木		天德	离	东南	正南	肝	壬子	闰女节，龙头节，农暴
初三	8	一	甲申	毕	执	水	惊蛰中 7	白虎	震	东北	东南	肾	甲子	农暴，妇女节
初四	9	二	乙酉	觜	破	水		玉堂	巽	西北	东南	肾	丙子	
初五	10	三	丙戌	参	危	土		天牢	坎	西南	正西	脾	戊子	
初六	11	四	丁亥	井	成	土		元武	艮	正南	正西	脾	庚子	
初七	12	五	戊子	鬼	收	火		司命	坤	东南	正北	心	壬子	上戊，春祈暴，植树节
初八	13	六	己丑	柳	开	火	惊蛰下 4	勾陈	乾	东北	正北	心	甲子	上弦，农暴
初九	14	日	庚寅	星	闭	木		青龙	兑	西北	正东	肝	丙子	农暴
初十	15	一	辛卯	张	建	木		明堂	离	西南	正东	肝	戊子	消费者权益日
十一	16	二	壬辰	翼	除	水		天刑	震	正南	正南	肾	庚子	乌龟暴
十二	17	三	癸巳	轸	满	水		朱雀	巽	东南	正南	肾	壬子	
十三	18	四	甲午	角	平	金	春分上 3	金匮	坎	东北	东南	肺	甲子	农暴
十四	19	五	乙未	亢	定	金		天德	艮	西北	东南	肺	丙子	离日
十五	20	六	丙申	氐	执	火		白虎	坤	西南	正西	心	戊子	戌时春分，花朝节
十六	21	日	丁酉	房	破	火		玉堂	乾	正南	正西	心	庚子	巳时望，世界森林日
十七	22	一	戊戌	心	危	木		天牢	兑	东南	正北	肝	壬子	春社，世界水日
十八	23	二	己亥	尾	成	木	春分中 9	元武	离	东北	正北	肝	甲子	世界气象日
十九	24	三	庚子	箕	收	土		司命	震	西北	正东	脾	丙子	农暴，世界防治结核病日
二十	25	四	辛丑	斗	开	土		勾陈	巽	西南	正东	脾	戊子	
廿一	26	五	壬寅	牛	闭	金		青龙	坎	正南	正南	肺	庚子	
廿二	27	六	癸卯	女	建	金		明堂	艮	东南	正南	肺	壬子	
廿三	28	日	甲辰	虚	除	火	春分下 6	天刑	坤	东北	东南	心	甲子	下弦
廿四	29	一	乙巳	危	满	火		朱雀	乾	西北	东南	心	丙子	
廿五	30	二	丙午	室	平	水		金匮	兑	西南	正西	肾	戊子	
廿六	31	三	丁未	壁	定	水		天德	离	正南	正西	肾	庚子	
廿七	4月	四	戊申	奎	执	土		白虎	震	东南	正北	脾	壬子	
廿八	2	五	己酉	娄	破	土	清明上 4	玉堂	巽	东北	正北	脾	甲子	农暴
廿九	3	六	庚戌	胃	危	金		天牢	坎	西北	正东	肺	丙子	农暴
三十	4	日	辛亥	昴	成	金		元武	艮	西南	正东	肺	戊子	

公元 2038 年　　　　农历戊午(马)年

三月小

季春之月　龙月　丙辰　毕宿

黄	白	碧
绿	白	白
紫	黑	赤

天道行北，日躔在酉宫，宜用癸乙丁辛时

初一日**清明** 0:29　初一日**朔** 0:42

十六日**谷雨** 7:29　十五日**望** 18:35

农历	初一	初二	初三	初四	初五	初六	初七	初八	初九	初十	十一	十二	十三	十四	十五	十六	十七	十八	十九	二十	廿一	廿二	廿三	廿四	廿五	廿六	廿七	廿八	廿九	三十
阳历	5	6	7	8	9	10	11	12	13	14	15	16	17	18	19	20	21	22	23	24	25	26	27	28	29	30	5月	2	3
星期	一	二	三	四	五	六	日	一	二	三	四	五	六	日	一	二	三	四	五	六	日	一	二	三	四	五	六	日	一
干支	壬子	癸丑	甲寅	乙卯	丙辰	丁巳	戊午	己未	庚申	辛酉	壬戌	癸亥	甲子	乙丑	丙寅	丁卯	戊辰	己巳	庚午	辛未	壬申	癸酉	甲戌	乙亥	丙子	丁丑	戊寅	己卯	庚辰
28宿	毕成	觜收	参开	井闭	鬼建	柳除	星满	张平	翼定	轸执	角破	亢危	氐成	房收	心开	尾闭	箕建	斗除	牛满	女平	虚定	危执	室破	壁危	奎成	娄收	胃开	昴闭	毕建
五行	木	木	水	水	土	土	火	火	木	木	水	水	金	金	火	火	木	木	土	土	金	金	火	火	水	水	土	土	金
节元			清明中1					清明下7					谷雨上5					谷雨中2					谷雨下8					立夏上4	
黄道黑道	天牢	元武	司命	勾陈	青龙	明堂	天刑	朱雀	金匮	天德	白虎	玉堂	天牢	元武	司命	勾陈	青龙	明堂	天刑	朱雀	金匮	天德	白虎	玉堂	天牢	元武	司命	勾陈	青龙
八卦	离	震	巽	坎	艮	坤	乾	兑	离	震	巽	坎	艮	坤	乾	兑	离	震	巽	坎	艮	坤	乾	兑	离	震	巽	坎	艮
方位	正南正南	东南正南	东北东南	西北东南	西南正西	正南正西	东南正北	东北正北	西北正东	西南正东	正南正南	东南正南	东北东南	西北东南	西南正西	正南正西	东南正北	东北正北	西北正东	西南正东	正南正南	东南正南	东北东南	西北东南	西南正西	正南正西	东南正北	东北正北	西北正东
五脏	肝	肝	肾	肾	脾	脾	心	心	肝	肝	肾	肾	肺	肺	心	心	肝	肝	脾	脾	肺	肺	心	心	肾	肾	脾	脾	肺
子时时辰	庚子	壬子	甲子	丙子	戊子	庚子	壬子	甲子	丙子	戊子	庚子	壬子	甲子	丙子	戊子	庚子	壬子	甲子	丙子	戊子	庚子	壬子	甲子	丙子	戊子	庚子	壬子	甲子	丙子
农事节令	子时清明，子时朔		上巳，桃花暴				农暴	上弦							酉时望，农暴	辰时谷雨		世界地球日					下弦，天石暴		猴子暴	农暴	劳动节	东帝暴	

公元2038年　　农历戊午(马)年

四月大

孟夏之月　蛇月　丁巳　觜宿

绿紫黑
碧黄赤
白白白

天道行西，日躔在申宫，宜用甲丙庚壬时

初二日**立夏** 17:31　初一日**朔** 17:19

十八日**小满** 6:23　十六日**望** 2:22

农历	初一	初二	初三	初四	初五	初六	初七	初八	初九	初十	十一	十二	十三	十四	十五	十六	十七	十八	十九	二十	廿一	廿二	廿三	廿四	廿五	廿六	廿七	廿八	廿九	三十
阳历	4	5	6	7	8	9	10	11	12	13	14	15	16	17	18	19	20	21	22	23	24	25	26	27	28	29	30	31	6月	2
星期	二	三	四	五	六	日	一	二	三	四	五	六	日	一	二	三	四	五	六	日	一	二	三	四	五	六	日	一	二	三
干支	辛巳	壬午	癸未	甲申	乙酉	丙戌	丁亥	戊子	己丑	庚寅	辛卯	壬辰	癸巳	甲午	乙未	丙申	丁酉	戊戌	己亥	庚子	辛丑	壬寅	癸卯	甲辰	乙巳	丙午	丁未	戊申	己酉	庚戌
28宿	觜	参	井	鬼	柳	星	张	翼	轸	角	亢	氐	房	心	尾	箕	斗	牛	女	虚	危	室	壁	奎	娄	胃	昴	毕	觜	参
	除	除	满	平	定	执	破	危	成	收	开	闭	建	除	满	平	定	执	破	危	成	收	开	闭	建	除	满	平	定	执
五行	金	木	木	水	水	土	土	火	火	木	木	水	水	金	金	火	火	木	木	土	土	金	金	火	火	水	水	土	土	金
节元				立夏中1					立夏下7					小满上5					小满中2					小满下8					芒种上6	
黄道黑道	明堂	青龙	明堂	天刑	朱雀	金匮	天德	白虎	玉堂	天牢	元武	司命	勾陈	青龙	明堂	天刑	朱雀	金匮	天德	白虎	玉堂	天牢	元武	司命	勾陈	青龙	明堂	天刑	朱雀	金匮
八卦	震	巽	坎	艮	坤	乾	兑	离	震	巽	坎	艮	坤	乾	兑	离	震	巽	坎	艮	坤	乾	兑	离	震	巽	坎	艮	坤	乾
方位	西南正东	正南正南	东南正南	东北东南	西北东南	西南正西	正南正西	东南正北	东北正北	西北正东	西南正东	正南正南	东南正南	东北东南	西北东南	西南正西	正南正西	东南正北	东北正北	西北正东	西南正东	正南正南	东南正南	东北东南	西北东南	西南正西	正南正西	东南正北	东北正北	西北正东
五脏	肺	肝	肝	肾	肾	脾	脾	心	心	肝	肝	肾	肾	肺	肺	心	心	肝	肝	脾	脾	肺	肺	心	心	肾	肾	脾	脾	肺
子时时辰	戊子	庚子	壬子	甲子	丙子	戊子	庚子	壬子	甲子	丙子	戊子	庚子	壬子	甲子	丙子	戊子	庚子	壬子	甲子	丙子	戊子	庚子	壬子	甲子	丙子	戊子	庚子	壬子	甲子	丙子
农事节令	青年节，酉时朔，绝日	酉时立夏，昨日农暴				母亲节		上弦，老虎暴	护士节，防灾减灾日			国际家庭日			农暴	丑时望		卯时小满					下弦		农暴			世界无烟日	儿童节	

公元 2038 年　　农历戊午(马)年

五月小　仲夏之月　马月　戊午　参宿

碧白白
黑绿白
赤紫黄

天道行西北，日躔在未宫，宜用艮巽坤乾时

初三日**芒种** 21:25　初一日**朔** 8:22

十九日**夏至** 14:09　十五日**望** 10:29

农历	初一	初二	初三	初四	初五	初六	初七	初八	初九	初十	十一	十二	十三	十四	十五	十六	十七	十八	十九	二十	廿一	廿二	廿三	廿四	廿五	廿六	廿七	廿八	廿九	三十
阳历	3	4	5	6	7	8	9	10	11	12	13	14	15	16	17	18	19	20	21	22	23	24	25	26	27	28	29	30	7月	
星期	四	五	六	日	一	二	三	四	五	六	日	一	二	三	四	五	六	日	一	二	三	四	五	六	日	一	二	三	四	
干支	辛亥	壬子	癸丑	甲寅	乙卯	丙辰	丁巳	戊午	己未	庚申	辛酉	壬戌	癸亥	甲子	乙丑	丙寅	丁卯	戊辰	己巳	庚午	辛未	壬申	癸酉	甲戌	乙亥	丙子	丁丑	戊寅	己卯	
28宿	井	鬼	柳	星	张	翼	轸	角	亢	氐	房	心	尾	箕	斗	牛	女	虚	危	室	壁	奎	娄	胃	昴	毕	觜	参	井	
	破	危	危	成	收	开	闭	建	除	满	平	定	执	破	危	成	收	开	闭	建	除	满	平	定	执	破	危	成	收	
五行	金	木	木	水	水	土	土	火	火	木	木	水	水	金	金	火	火	木	木	土	土	金	金	火	火	水	水	土	土	
节元				芒种中 3					芒种下 9					夏至上 9					夏至中 3					夏至下 6					小暑上 8	
黄道 黑道	天德	白虎	天德	白虎	玉堂	天牢	元武	司命	勾陈	青龙	明堂	天刑	朱雀	金匮	天德	白虎	玉堂	天牢	元武	司命	勾陈	青龙	明堂	天刑	朱雀	金匮	天德	白虎	玉堂	
八卦	巽	坎	艮	坤	乾	兑	离	震	巽	坎	艮	坤	乾	兑	离	震	巽	坎	艮	坤	乾	兑	离	震	巽	坎	艮	坤	乾	
方位	西南 正东	正南 正南	东南 正南	东北 东南	西北 东南	西南 正西	正南 正西	东南 正北	东北 正北	西北 正东	西南 正东	正南 正南	东南 正南	东北 东南	西北 东南	西南 正西	正南 正西	东南 正北	东北 正北	西北 正东	西南 正东	正南 正南	东南 正南	东北 东南	西北 东南	西南 正西	正南 正西	东南 正北	东北 正北	
五脏	肺	肝	肝	肾	肾	脾	脾	心	心	肝	肝	肾	肾	肺	肺	心	心	肝	肝	脾	脾	肺	肺	心	心	肾	肾	脾	脾	
子时 时辰	戊子	庚子	壬子	甲子	丙子	戊子	庚子	壬子	甲子	丙子	戊子	庚子	壬子	甲子	丙子	戊子	庚子	壬子	甲子	丙子	戊子	庚子	壬子	甲子	丙子	戊子	庚子	壬子	甲子	
农事节令	辰时朔		世界环境日，亥时芒种		端午节，端阳暴	入梅		上弦					磨刀暴		农暴，巳时望，防治荒漠化干旱日			父亲节，离日	未时夏至	农暴，分龙	龙母暴	头莳	全国土地日，下弦	中莳，国际禁毒日		末莳			建党节，香港回归日	

公元 2038 年　　农历戊午(马)年

六月大	黑赤紫 白碧黄 白白绿	天道行东，日躔在午宫，宜用癸乙丁辛时
季夏之月　羊月　己未　井宿		初六日**小暑** 7:33　初一日**朔** 21:30 廿二日**大暑** 1:00　十五日**望** 19:47

农历	初一	初二	初三	初四	初五	初六	初七	初八	初九	初十	十一	十二	十三	十四	十五	十六	十七	十八	十九	二十	廿一	廿二	廿三	廿四	廿五	廿六	廿七	廿八	廿九	三十
阳历	2	3	4	5	6	7	8	9	10	11	12	13	14	15	16	17	18	19	20	21	22	23	24	25	26	27	28	29	30	31
星期	五	六	日	一	二	三	四	五	六	日	一	二	三	四	五	六	日	一	二	三	四	五	六	日	一	二	三	四	五	六
干支	庚辰	辛巳	壬午	癸未	甲申	乙酉	丙戌	丁亥	戊子	己丑	庚寅	辛卯	壬辰	癸巳	甲午	乙未	丙申	丁酉	戊戌	己亥	庚子	辛丑	壬寅	癸卯	甲辰	乙巳	丙午	丁未	戊申	己酉
28宿	鬼 开	柳 闭	星 建	张 除	翼 满	轸 满	角 平	亢 定	氐 执	房 破	心 危	尾 成	箕 收	斗 开	牛 闭	女 建	虚 除	危 满	室 平	壁 定	奎 执	娄 破	胃 危	昴 成	毕 收	觜 开	参 闭	井 建	鬼 除	柳 满
五行	金	金	木	木	水	水	土	土	火	火	木	木	水	水	金	金	火	火	木	木	土	土	金	金	火	火	水	水	土	土
节元					小暑中2					小暑下5					大暑上7					大暑中1					大暑下4					立秋上2
黄道黑道	天牢	元武	司命	勾陈	青龙	勾陈	青龙	明堂	天刑	朱雀	金匮	天德	白虎	玉堂	天牢	元武	司命	勾陈	青龙	明堂	天刑	朱雀	金匮	天德	白虎	玉堂	天牢	元武	司命	勾陈
八卦	坎	艮	坤	乾	兑	离	震	巽	坎	艮	坤	乾	兑	离	震	巽	坎	艮	坤	乾	兑	离	震	巽	坎	艮	坤	乾	兑	离
方位	西北 正东	西南 正东	正南 正南	东南 正南	东北 东南	西北 东南	西南 正西	正南 正西	东南 正北	东北 正北	西北 正东	西南 正东	正南 正南	东南 正南	东北 东南	西北 东南	西南 正西	正南 正西	东南 正北	东北 正北	西北 正东	西南 正东	正南 正南	东南 正南	东北 东南	西北 东南	西南 正西	正南 正西	东南 正北	东北 正北
五脏	肺	肺	肝	肝	肾	肾	脾	脾	心	心	肝	肝	肾	肾	肺	肺	心	心	肝	肝	脾	脾	肺	肺	心	心	肾	肾	脾	脾
子时时辰	丙子	戊子	庚子	壬子	甲子	丙子	戊子	庚子	壬子	甲子	丙子	戊子	庚子	壬子	甲子	丙子	戊子	庚子	壬子	甲子	丙子	戊子	庚子	壬子	甲子	丙子	戊子	庚子	壬子	甲子
农事节令	亥时朔			荷花节		辰时小暑，天贶节，农暴，姑姑节		上弦		世界人口日	头伏	农暴			戊时望	出梅			农暴	农暴	二伏	丑时大暑	下弦						农暴	

公元2038年　　　　农历戊午(马)年

七月小 孟秋 之月 猴月 庚申 鬼宿	白白白 紫黑绿 黄赤碧
天道行北，日躔在巳宫，宜用甲丙庚壬时	初七日**立秋** 17:21　初一日**朔** 8:38 廿三日**处暑** 8:10　十五日**望** 6:55

农历	初初初初初初初初初初十十十十十十十十十二廿廿廿廿廿廿廿廿廿三 一二三四五六七八九十一二三四五六七八九十一二三四五六七八九十
阳历	8月 2 3 4 5 6 7 8 9 10 11 12 13 14 15 16 17 18 19 20 21 22 23 24 25 26 27 28 29
星期	日一二三四五六日一二三四五六日一二三四五六日一二三四五六日
干支	庚辛壬癸甲乙丙丁戊己庚辛壬癸甲乙丙丁戊己庚辛壬癸甲乙丙丁戊 戌亥子丑寅卯辰巳午未申酉戌亥子丑寅卯辰巳午未申酉戌亥子丑寅
28宿	星张翼轸角亢氐房心尾箕斗牛女虚危室壁奎娄胃昴毕觜参井鬼柳星 平定执破危成成收开闭建除满平定执破危成收开闭建除满平定执破
五行	金金木木水水土土火火木木水水金金火火木木土土金金火火水水土
节元	立秋中5　立秋下8　处暑上1　处暑中4　处暑下7
黄道黑道	青明天朱金天金天白玉天元司勾青明天朱金天白玉天元司勾青明天 龙堂刑雀匮德匮德虎堂牢武命陈龙堂刑雀匮德虎堂牢武命陈龙堂刑
八卦	艮坤乾兑离震巽坎艮坤乾兑离震巽坎艮坤乾兑离震巽坎艮坤乾兑离
方位	西西正东东西西正东东西西正东东西西正东东西西正东东西西正东 北南南南北北南南南北北南南南北北南南南北北南南南北北南南南 正正正正东东正正正正正正正正东东正正正正正正正正东东正正正 东东南南南南西西北北东东南南南南西西北北东东南南南南西西北
五脏	肺肺肝肝肾肾脾脾心心肝肝肾肾肺肺心心肝肝脾脾肺肺心心肾肾脾
子时时辰	丙戊庚壬甲丙戊庚壬甲丙戊庚壬甲丙戊庚壬甲丙戊庚壬甲丙戊庚壬 子子子子子子子子子子子子子子子子子子子子子子子子子子子子子
农事节令	建军节，辰时朔　绝日　酉时立秋，七夕，乞巧节，农暴　上弦　三伏　卯时望，中元节　农暴　下弦　辰时处暑　农暴

公元 2038 年　　　　农历戊午(马)年

八月大

仲秋　之月　鸡月　辛酉　柳宿

紫 黄 赤
白 白 碧
绿 白 黑

天道行东北，日躔在辰宫，宜用艮巽坤乾时

初九日**白露** 20:27　初一日**朔** 18:11

廿五日**秋分** 6:03　十五日**望** 20:22

农历	初一	初二	初三	初四	初五	初六	初七	初八	初九	初十	十一	十二	十三	十四	十五	十六	十七	十八	十九	二十	廿一	廿二	廿三	廿四	廿五	廿六	廿七	廿八	廿九	三十
阳历	30	31	9月	2	3	4	5	6	7	8	9	10	11	12	13	14	15	16	17	18	19	20	21	22	23	24	25	26	27	28
星期	一	二	三	四	五	六	日	一	二	三	四	五	六	日	一	二	三	四	五	六	日	一	二	三	四	五	六	日	一	二
干支	己卯	庚辰	辛巳	壬午	癸未	甲申	乙酉	丙戌	丁亥	戊子	己丑	庚寅	辛卯	壬辰	癸巳	甲午	乙未	丙申	丁酉	戊戌	己亥	庚子	辛丑	壬寅	癸卯	甲辰	乙巳	丙午	丁未	戊申
28宿	张 危	翼 成	轸 收	角 开	亢 闭	氐 建	房 除	心 满	尾 满	箕 平	斗 定	牛 执	女 破	虚 危	危 成	室 收	壁 开	奎 闭	娄 建	胃 除	昴 满	毕 平	觜 定	参 执	井 破	鬼 危	柳 成	星 收	张 开	翼 闭
五行	土	金	金	木	木	水	水	土	土	火	火	木	木	水	水	金	金	火	火	木	木	土	土	金	金	火	火	水	水	土
节元	白露上 9					白露中 3					白露下 6					秋分上 7					秋分中 1					秋分下 4				
黄道黑道	朱雀	金匮	天德	白虎	玉堂	天牢	元武	司命	元武	司命	勾陈	青龙	明堂	天刑	朱雀	金匮	天德	白虎	玉堂	天牢	元武	司命	勾陈	青龙	明堂	天刑	朱雀	金匮	天德	白虎
八卦	坤	乾	兑	离	震	巽	坎	艮	坤	乾	兑	离	震	巽	坎	艮	坤	乾	兑	离	震	巽	坎	艮	坤	乾	兑	离	震	巽
方位	东北 正北	西北 正东	西南 正东	正南 正南	东南 正南	东北 东南	西北 东南	西南 正西	正南 正西	东南 正北	东北 正北	西北 正东	西南 正东	正南 正南	东南 正南	东北 东南	西北 东南	西南 正西	正南 正西	东南 正北	东北 正北	西北 正东	西南 正东	正南 正南	东南 正南	东北 东南	西北 东南	西南 正西	正南 正西	东南 正北
五脏	脾	肺	肺	肝	肝	肾	肾	脾	脾	心	心	肝	肝	肾	肾	肺	肺	心	心	肝	肝	脾	脾	肺	肺	心	心	肾	肾	脾
子时时辰	甲子	丙子	戊子	庚子	壬子	甲子	丙子	戊子	庚子	壬子	甲子	丙子	戊子	庚子	壬子	甲子	丙子	戊子	庚子	壬子	甲子	丙子	戊子	庚子	壬子	甲子	丙子	戊子	庚子	壬子
农事节令	酉时朔		农暴					上弦	戌时白露	上戊		教师节			戌时望，中秋节					秋社，全国科普日	农暴	下弦	农暴	离日	卯时秋分					孔子诞辰

九月小 季秋 之月 狗月 壬戌 星宿	白绿白 赤紫黑 碧黄白
天道行南，日躔在卯宫，宜用癸乙丁辛时	初十日**寒露** 12:22　初一日**朔** 2:59 廿五日**霜降** 15:41　十五日**望** 12:20

农历	初初初初初初初初初初十十十十十十十十十二廿廿廿廿廿廿廿廿廿三 一二三四五六七八九十一二三四五六七八九十一二三四五六七八九十
阳历	29 30 10月 2 3 4 5 6 7 8 9 10 11 12 13 14 15 16 17 18 19 20 21 22 23 24 25 26 27
星期	三四五六日一二三四五六日一二三四五六日一二三四五六日一二三
干支	己庚辛壬癸甲乙丙丁戊己庚辛壬癸甲乙丙丁戊己庚辛壬癸甲乙丙丁 酉戌亥子丑寅卯辰巳午未申酉戌亥子丑寅卯辰巳午未申酉戌亥子丑
28宿	轸角亢氐房心尾箕斗牛女虚危室壁奎娄胃昴毕觜参井鬼柳星张翼轸 建除满平定执破危成成收开闭建除满平定执破危成收开闭建除满平
五行	土金金木木水水土土火火木木水水金金火火木木土土金金火火水水
节元	寒露上6（初一）　寒露中9（初六）　寒露下3（十一）　霜降上5（十六）　霜降中8（廿一）　霜降下2（廿六）
黄道黑道	玉天元司勾青明天朱天朱金天白玉天元司勾青明天朱金天白玉天元 堂牢武命陈龙堂刑雀刑雀匮德虎堂牢武命陈龙堂刑雀匮德虎堂牢武
八卦	乾兑离震巽坎艮坤乾兑离震巽坎艮坤乾兑离震巽坎艮坤乾兑离震巽
方位	东西西正东东西西正东东西西正东东西西正东东西西正东东西西正 北北南南南北北南南南北北南南南北北南南南北北南南南北北南南 正正正正正东东正正正正正正正正东东正正正正正正正正东东正正 北东东南南南南西西北北东东南南南南西西北北东东南南南南西西
五脏	脾肺肺肝肝肾肾脾脾心心肝肝肾肾肺肺心心肝肝脾脾肺肺心心肾肾
子时时辰	甲丙戊庚壬甲丙戊庚壬甲丙戊庚壬甲丙戊庚壬甲丙戊庚壬甲丙戊庚 子子子子子子子子子子子子子子子子子子子子子子子子子子子子子
农事节令	丑时朔（初一）；国庆节（初三）；上弦（初八）；重阳节，农暴（初九）；午时寒露（初十）；午时望，国际减灾日（十五）；世界粮食日（十八）；农暴，国际消除贫困日（十九）；下弦（廿三）；申时霜降（廿五）；联合国日（廿六）；冷风信（廿七）

公元 2038 年　　农历戊午(马)年

十月小

孟冬之月　猪月　癸亥　张宿

赤碧黄
白白白
黑绿紫

天道行东，日躔在寅宫，宜用甲丙庚壬时

十一日**立冬** 15:52　初一日**朔** 11:51

廿六日**小雪** 13:32　十六日**望** 6:26

农历	初一	初二	初三	初四	初五	初六	初七	初八	初九	初十	十一	十二	十三	十四	十五	十六	十七	十八	十九	二十	廿一	廿二	廿三	廿四	廿五	廿六	廿七	廿八	廿九	三十
阳历	28	29	30	31	11月	2	3	4	5	6	7	8	9	10	11	12	13	14	15	16	17	18	19	20	21	22	23	24	25	
星期	四	五	六	日	一	二	三	四	五	六	日	一	二	三	四	五	六	日	一	二	三	四	五	六	日	一	二	三	四	
干支	戊寅	己卯	庚辰	辛巳	壬午	癸未	甲申	乙酉	丙戌	丁亥	戊子	己丑	庚寅	辛卯	壬辰	癸巳	甲午	乙未	丙申	丁酉	戊戌	己亥	庚子	辛丑	壬寅	癸卯	甲辰	乙巳	丙午	
28宿	角定	亢执	氐破	房危	心成	尾收	箕开	斗闭	牛建	女除	虚除	危满	室平	壁定	奎执	娄破	胃危	昴成	毕收	觜开	参闭	井建	鬼除	柳满	星平	张定	翼执	轸破	角危	
五行	土	土	金	金	木	木	水	水	土	土	火	火	木	木	水	水	金	金	火	火	木	木	土	土	金	金	火	火	水	
节元		立冬上6					立冬中9					立冬下3					小雪上5					小雪中8					小雪下2			
黄道黑道	司命	勾陈	青龙	明堂	天刑	朱雀	金匮	天德	白虎	玉堂	白虎	玉堂	天牢	元武	司命	勾陈	青龙	明堂	天刑	朱雀	金匮	天德	白虎	玉堂	天牢	元武	司命	勾陈	青龙	
八卦	兑	离	震	巽	坎	艮	坤	乾	兑	离	震	巽	坎	艮	坤	乾	兑	离	震	巽	坎	艮	坤	乾	兑	离	震	巽	坎	
方位	东南正北	东北正北	西北正东	西南正东	正南正南	东南正南	东北东南	西北东南	西南正西	正南正西	东南正北	东北正北	西北正东	西南正东	正南正南	东南正南	东北东南	西北东南	西南正西	正南正西	东南正北	东北正北	西北正东	西南正东	正南正南	东南正南	东北东南	西北东南	西南正西	
五脏	脾	脾	肺	肺	肝	肝	肾	肾	脾	脾	心	心	肝	肝	肾	肾	肺	肺	心	心	肝	肝	脾	脾	肺	肺	心	心	肾	
子时时辰	壬子	甲子	丙子	戊子	庚子	壬子	甲子	丙子	戊子	庚子	壬子	甲子	丙子	戊子	庚子	壬子	甲子	丙子	戊子	庚子	壬子	甲子	丙子	戊子	庚子	壬子	甲子	丙子	戊子	
农事节令	午时朔，祭祖节			世界勤俭日	万圣节			上弦		农暴，绝日	申时立冬				下元节	卯时望				农暴	国际大学生节	下弦	农暴			未时小雪			感恩节	

公元 2038 年　　农历戊午(马)年

十一月大

仲冬　之月　鼠月　甲子　翼宿

白	黑	绿
黄	赤	紫
白	碧	白

天道行东南，日躔在丑宫，宜用艮巽坤乾时

十二日**大雪** 8:57　初一日**朔** 21:45

廿七日**冬至** 3:03　十七日**望** 1:29

农历	初一	初二	初三	初四	初五	初六	初七	初八	初九	初十	十一	十二	十三	十四	十五	十六	十七	十八	十九	二十	廿一	廿二	廿三	廿四	廿五	廿六	廿七	廿八	廿九	三十
阳历	26	27	28	29	30	12月	2	3	4	5	6	7	8	9	10	11	12	13	14	15	16	17	18	19	20	21	22	23	24	25
星期	五	六	日	一	二	三	四	五	六	日	一	二	三	四	五	六	日	一	二	三	四	五	六	日	一	二	三	四	五	六
干支	丁未	戊申	己酉	庚戌	辛亥	壬子	癸丑	甲寅	乙卯	丙辰	丁巳	戊午	己未	庚申	辛酉	壬戌	癸亥	甲子	乙丑	丙寅	丁卯	戊辰	己巳	庚午	辛未	壬申	癸酉	甲戌	乙亥	丙子
28宿	亢	氐	房	心	尾	箕	斗	牛	女	虚	危	室	壁	奎	娄	胃	昴	毕	觜	参	井	鬼	柳	星	张	翼	轸	角	亢	氐
	成	收	开	闭	建	除	满	平	定	执	破	破	危	成	收	开	闭	建	除	满	平	定	执	破	危	成	收	开	闭	建
五行	水	土	土	金	金	木	木	水	水	土	土	火	火	木	木	水	水	金	金	火	火	木	木	土	土	金	金	火	火	水
节元			大雪上4					大雪中7					大雪下1					闰大雪上4					闰大雪中7					闰大雪下1		
黄道黑道	明堂	天刑	朱雀	金匮	天德	白虎	玉堂	天牢	元武	司命	勾陈	司命	勾陈	青龙	明堂	天刑	朱雀	金匮	天德	白虎	玉堂	天牢	元武	司命	勾陈	青龙	明堂	天刑	朱雀	金匮
八卦	离	震	巽	坎	艮	坤	乾	兑	离	震	巽	坎	艮	坤	乾	兑	离	震	巽	坎	艮	坤	乾	兑	离	震	巽	坎	艮	坤
方位	正南正西	东南正北	东北正北	西北正东	西南正东	正南正南	东南正南	东北东南	西北东南	西南正西	正南正西	东南正北	东北正北	西北正东	西南正东	正南正南	东南正南	东北东南	西北东南	西南正西	正南正西	东南正北	东北正北	西北正东	西南正东	正南正南	东南正南	东北东南	西北东南	西南正西
五脏	肾	脾	脾	肺	肺	肝	肝	肾	肾	脾	脾	心	心	肝	肝	肾	肾	肺	肺	心	心	肝	肝	脾	脾	肺	肺	心	心	肾
子时时辰	庚子	壬子	甲子	丙子	戊子	庚子	壬子	甲子	丙子	戊子	庚子	壬子	甲子	丙子	戊子	庚子	壬子	甲子	丙子	戊子	庚子	壬子	甲子	丙子	戊子	庚子	壬子	甲子	丙子	戊子
农事节令	亥时朔		农暴			世界艾滋病日			上弦			辰时大雪					丑时望						下弦		澳门回归日	离日，农暴	寅时冬至，一九，农暴			圣诞节

公元 2038 年　　农历戊午(马)年

十二月小 季冬之月　牛月　乙丑　轸宿	黄白碧 绿白白 紫黑赤 天道行西，日躔在子宫，宜用癸乙丁辛时 十一日**小寒** 20:17　初一日**朔** 9:01 廿六日**大寒** 13:44　十六日**望** 19:44
农历	初初初初初初初初初初十十十十十十十十十二廿廿廿廿廿廿廿廿廿三 一二三四五六七八九十一二三四五六七八九十一二三四五六七八九十
阳历	26 27 28 29 30 31 1月 2 3 4 5 6 7 8 9 10 11 12 13 14 15 16 17 18 19 20 21 22 23
星期	日一二三四五六日一二三四五六日一二三四五六日一二三四五六日
干支	丁戊己庚辛壬癸甲乙丙丁戊己庚辛壬癸甲乙丙丁戊己庚辛壬癸甲乙 丑寅卯辰巳午未申酉戌亥子丑寅卯辰巳午未申酉戌亥子丑寅卯辰巳
28宿	房心尾箕斗牛女虚危室壁奎娄胃昴毕觜参井鬼柳星张翼轸角亢氐房 除满平定执破危成收开开闭建除满平定执破危成收开闭建除满平定
五行	水土土金金木木水水土土火火木木水水金金火火木木土土金金火火
节元	冬至上 1　冬至中 7　冬至下 4　小寒上 2　小寒中 8　小寒下 5
黄道黑道	天白玉天元司勾青明天明天朱金天白玉天元司勾青明天朱金天白玉 德虎堂牢武命陈龙堂刑堂刑雀匮德虎堂牢武命陈龙堂刑雀匮德虎堂
八卦	震巽坎艮坤乾兑离震巽坎艮坤乾兑离震巽坎艮坤乾兑离震巽坎艮坤
方位	正东东西西正东东西西正东东西西正东东西西正东东西西正东东西 南南北北南南南北北南南南北北南南南北北南南南北北南南南北北 正正正正正正正东东正正正正正正正正东东正正正正正正正正东东 西北北东东南南南南西西北北东东南南南南西西北北东东南南南南
五脏	肾脾脾肺肺肝肝肾肾脾脾心心肝肝肾肾肺肺心心肝肝脾脾肺肺心心
子时时辰	庚壬甲丙戊庚壬甲丙戊庚壬甲丙戊庚壬甲丙戊庚壬甲丙戊庚壬甲丙 子子子子子子子子子子子子子子子子子子子子子子子子子子子子子
农事节令	巳时朔　二九　元旦　腊八节，农暴，上弦　戌时小寒　农暴　三九　戌时望　下弦　小年，扫尘节，四九　未时大寒　农暴　除夕

公元 2039 年　　农历己未(羊)年(闰五月)

正月大

孟春 之月 虎月 丙寅 角宿

绿 紫 黑
碧 黄 赤
白 白 白

天道行南,日躔在亥宫,宜用甲丙庚壬时

十二日**立春** 7:53　初一日**朔** 21:35

廿七日**雨水** 3:46　十七日**望** 11:38

农历	初一	初二	初三	初四	初五	初六	初七	初八	初九	初十	十一	十二	十三	十四	十五	十六	十七	十八	十九	二十	廿一	廿二	廿三	廿四	廿五	廿六	廿七	廿八	廿九	三十
阳历	24	25	26	27	28	29	30	31	2月	2	3	4	5	6	7	8	9	10	11	12	13	14	15	16	17	18	19	20	21	22
星期	一	二	三	四	五	六	日	一	二	三	四	五	六	日	一	二	三	四	五	六	日	一	二	三	四	五	六	日	一	二
干支	丙午	丁未	戊申	己酉	庚戌	辛亥	壬子	癸丑	甲寅	乙卯	丙辰	丁巳	戊午	己未	庚申	辛酉	壬戌	癸亥	甲子	乙丑	丙寅	丁卯	戊辰	己巳	庚午	辛未	壬申	癸酉	甲戌	乙亥
28宿	心 执	尾 破	箕 危	斗 成	牛 收	女 开	虚 闭	危 建	室 除	壁 满	奎 平	娄 平	胃 定	昴 执	毕 破	觜 危	参 成	井 收	鬼 开	柳 闭	星 建	张 除	翼 满	轸 平	角 定	亢 执	氐 破	房 危	心 成	尾 收
五行	水	水	土	土	金	金	木	木	水	水	土	土	火	火	木	木	水	水	金	金	火	火	木	木	土	土	金	金	火	火
节元				大寒上 3					大寒中 9					大寒下 6					立春上 8					立春中 5					立春下 2	
黄道黑道	天牢	元武	司命	勾陈	青龙	明堂	天刑	朱雀	金匮	天德	白虎	天德	白虎	玉堂	天牢	元武	司命	勾陈	青龙	明堂	天刑	朱雀	金匮	天德	白虎	玉堂	天牢	元武	司命	勾陈
八卦	兑	离	震	巽	坎	艮	坤	乾	兑	离	震	巽	坎	艮	坤	乾	兑	离	震	巽	坎	艮	坤	乾	兑	离	震	巽	坎	艮
方位	西南正西	正南正西	东南正北	东北正北	西北正东	西南正东	正南正南	东南正南	东北东南	西北东南	西南正西	正南正西	东南正北	东北正北	西北正东	西南正东	正南正南	东南正南	东北东南	西北东南	西南正西	正南正西	东南正北	东北正北	西北正东	西南正东	正南正南	东南正南	东北东南	西北东南
五脏	肾	肾	脾	脾	肺	肺	肝	肝	肾	肾	脾	脾	心	心	肝	肝	肾	肾	肺	肺	心	心	肝	肝	脾	脾	肺	肺	心	心
子时时辰	戊子	庚子	壬子	甲子	丙子	戊子	庚子	壬子	甲子	丙子	戊子	庚子	壬子	甲子	丙子	戊子	庚子	壬子	甲子	丙子	戊子	庚子	壬子	甲子	丙子	戊子	庚子	壬子	甲子	丙子
农事节令	春节,亥时朔	财神节		五九,四姑看蚕	破五节	六日得辛	人胜节,七人一饼	八牛耕地	上弦,农暴	土神诞	绝日,十一龙治水	辰时立春	农暴,六九		元宵节		午时望		农暴			情人节,七九		下弦	填仓节		寅时雨水		送穷节,农暴	

公元 2039 年　　农历己未(羊)年(闰五月)

二月大

仲春之月　兔月　丁卯　亢宿

碧	白	白
黑	绿	白
赤	紫	黄

天道行西南，日躔在戌宫，宜用艮巽坤乾时

十二日**惊蛰** 1:43　　初一日**朔** 11:16

廿七日**春分** 2:32　　十七日**望** 0:34

农历	初一	初二	初三	初四	初五	初六	初七	初八	初九	初十
阳历	23	24	25	26	27	28	3月	2	3	4
星期	三	四	五	六	日	一	二	三	四	五
干支	丙子	丁丑	戊寅	己卯	庚辰	辛巳	壬午	癸未	甲申	乙酉
28宿	箕	斗	牛	女	虚	危	室	壁	奎	娄
	开	闭	建	除	满	平	定	执	破	危
五行	水	水	土	土	金	金	木	木	水	水
节元				雨水上 9					雨水中 6	
黄道黑道	青龙	明堂	天刑	朱雀	金匮	天德	白虎	玉堂	天牢	元武
八卦	离	震	巽	坎	艮	坤	乾	兑	离	震
方位	西南正西	正南正西	东南正北	东北正北	西北正东	西南正东	正南正南	东南正南	东北东南	西北东南
五脏	肾	肾	脾	脾	肺	肺	肝	肝	肾	肾
子时时辰	戊子	庚子	壬子	甲子	丙子	戊子	庚子	壬子	甲子	丙子
农事节令	午时朔，中和节，八九	龙头节，闰女节，农暴	上戊				春砍暴	农暴	上弦，农暴	九九

农历	十一	十二	十三	十四	十五	十六	十七	十八	十九	二十
阳历	5	6	7	8	9	10	11	12	13	14
星期	六	日	一	二	三	四	五	六	日	一
干支	丙戌	丁亥	戊子	己丑	庚寅	辛卯	壬辰	癸巳	甲午	乙未
28宿	胃	昴	毕	觜	参	井	鬼	柳	星	张
	成	成	收	开	闭	建	除	满	平	定
五行	土	土	火	火	木	木	水	水	金	金
节元				雨水下 3					惊蛰上 1	
黄道黑道	司命	元武	司命	勾陈	青龙	明堂	天刑	朱雀	金匮	天德
八卦	巽	坎	艮	坤	乾	兑	离	震	巽	坎
方位	西南正西	正南正西	东南正北	东北正北	西北正东	西南正东	正南正南	东南正南	东北东南	西北东南
五脏	脾	脾	心	心	肝	肝	肾	肾	肺	肺
子时时辰	戊子	庚子	壬子	甲子	丙子	戊子	庚子	壬子	甲子	丙子
农事节令	乌龟暴	丑时惊蛰	农暴	妇女节	花朝节		子时望	植树节	农暴	

农历	廿一	廿二	廿三	廿四	廿五	廿六	廿七	廿八	廿九	三十
阳历	15	16	17	18	19	20	21	22	23	24
星期	二	三	四	五	六	日	一	二	三	四
干支	丙申	丁酉	戊戌	己亥	庚子	辛丑	壬寅	癸卯	甲辰	乙巳
28宿	翼	轸	角	亢	氐	房	心	尾	箕	斗
	执	破	危	成	收	开	闭	建	除	满
五行	火	火	木	木	土	土	金	金	火	火
节元				惊蛰中 7					惊蛰下 4	
黄道黑道	白虎	玉堂	天牢	元武	司命	勾陈	青龙	明堂	天刑	朱雀
八卦	艮	坤	乾	兑	离	震	巽	坎	艮	坤
方位	西南正西	正南正西	东南正北	东北正北	西北正东	西南正东	正南正南	东南正南	东北东南	西北东南
五脏	心	心	肝	肝	脾	脾	肺	肺	心	心
子时时辰	戊子	庚子	壬子	甲子	丙子	戊子	庚子	壬子	甲子	丙子
农事节令	消费者权益日		春社	下弦		离日	丑时春分，世界森林日	农暴，世界水日	农暴，世界气象日	世界防治结核病日

公元 2039 年　　农历己未(羊)年(闰五月)

三月小

季春之月　龙月　戊辰　氐宿

黑	赤	紫
白	碧	黄
白	白	绿

天道行北，日躔在酉宫，宜用癸乙丁辛时

十二日**清明** 6:16　初一日**朔** 1:58

廿七日**谷雨** 13:18　十六日**望** 10:51

农历	阳历	星期	干支	28宿	建除	五行	节元	黄道黑道	八卦	方位	五脏	子时时辰	农事节令
初一	25	五	丙午	牛	平	水		金匮	震	西南正西	肾	戊子	丑时朔
初二	26	六	丁未	女	定	水		天德	巽	正南正西	肾	庚子	
初三	27	日	戊申	虚	执	土		白虎	坎	东南正北	脾	壬子	上巳，桃花暴
初四	28	一	己酉	危	破	土	春分上3	玉堂	艮	东北正北	脾	甲子	
初五	29	二	庚戌	室	危	金		天牢	坤	西北正东	肺	丙子	
初六	30	三	辛亥	壁	成	金		元武	乾	西南正东	肺	戊子	
初七	31	四	壬子	奎	收	木		司命	兑	正南正南	肝	庚子	农暴
初八	4月	五	癸丑	娄	开	木		勾陈	离	东南正南	肝	壬子	上弦，愚人节
初九	2	六	甲寅	胃	闭	水	春分中9	青龙	震	东北东南	肾	甲子	
初十	3	日	乙卯	昴	建	水		明堂	巽	西北东南	肾	丙子	
十一	4	一	丙辰	毕	除	土		天刑	坎	西南正西	脾	戊子	
十二	5	二	丁巳	觜	除	土		明堂	艮	正南正西	脾	庚子	卯时清明
十三	6	三	戊午	参	满	火		天刑	坤	东南正北	心	壬子	
十四	7	四	己未	井	平	火	春分下6	朱雀	乾	东北正北	心	甲子	
十五	8	五	庚申	鬼	定	木		金匮	兑	西北正东	肝	丙子	农暴
十六	9	六	辛酉	柳	执	木		天德	离	西南正东	肝	戊子	巳时望
十七	10	日	壬戌	星	破	水		白虎	震	正南正南	肾	庚子	
十八	11	一	癸亥	张	危	水		玉堂	巽	东南正南	肾	壬子	
十九	12	二	甲子	翼	成	金	清明上4	天牢	坎	东北东南	肺	甲子	
二十	13	三	乙丑	轸	收	金		元武	艮	西北东南	肺	丙子	
廿一	14	四	丙寅	角	开	火		司命	坤	西南正西	心	戊子	
廿二	15	五	丁卯	亢	闭	火		勾陈	乾	正南正西	心	庚子	
廿三	16	六	戊辰	氐	建	木		青龙	兑	东南正北	肝	壬子	下弦，天石暴
廿四	17	日	己巳	房	除	木	清明中1	明堂	离	东北正北	肝	甲子	
廿五	18	一	庚午	心	满	土		天刑	震	西北正东	脾	丙子	猴子暴
廿六	19	二	辛未	尾	平	土		朱雀	巽	西南正东	脾	戊子	农暴
廿七	20	三	壬申	箕	定	金		金匮	坎	正南正南	肺	庚子	未时谷雨
廿八	21	四	癸酉	斗	执	金		天德	艮	东南正南	肺	壬子	东帝暴
廿九	22	五	甲戌	牛	破	火	清明下7	白虎	坤	东北东南	心	甲子	世界地球日
三十													

公元 2039 年　　农历己未(羊)年(闰五月)

四月大

孟夏之月　蛇月　己巳　房宿

白	白	白
紫	黑	绿
黄	赤	碧

天道行西，日躔在申宫，宜用甲丙庚壬时

十三日**立夏** 23:18　初一日**朔** 17:33

廿九日**小满** 12:11　十六日**望** 19:19

农历	初一	初二	初三	初四	初五	初六	初七	初八	初九	初十	十一	十二	十三	十四	十五
阳历	23	24	25	26	27	28	29	30	5月	2	3	4	5	6	7
星期	六	日	一	二	三	四	五	六	日	一	二	三	四	五	六
干支	乙亥	丙子	丁丑	戊寅	己卯	庚辰	辛巳	壬午	癸未	甲申	乙酉	丙戌	丁亥	戊子	己丑
28宿	女危	虚成	危收	室开	壁闭	奎建	娄除	胃满	昴平	毕定	觜执	参破	井破	鬼危	柳成
五行	火	水	水	土	土	金	金	木	木	水	水	土	土	火	火
节元					谷雨上5					谷雨中2					谷雨下8
黄道黑道	玉堂	天牢	元武	司命	勾陈	青龙	明堂	天刑	朱雀	金匮	天德	白虎	天德	白虎	玉堂
八卦	巽	坎	艮	坤	乾	兑	离	震	巽	坎	艮	坤	乾	兑	离
方位	西北 东南	西南 正西	正南 正西	东南 正北	东北 正北	西北 正东	西南 正东	正南 正南	东南 正南	东北 东南	西北 东南	西南 正西	正南 正西	东南 正北	东北 正北
五脏	心	肾	肾	脾	脾	肺	肺	肝	肝	肾	肾	脾	脾	心	心
子时时辰	丙子	戊子	庚子	壬子	甲子	丙子	戊子	庚子	壬子	甲子	丙子	戊子	庚子	壬子	甲子
农事节令	酉时朔，农暴							上弦，老虎暴	劳动节			青年节，绝日	夜子立夏		农暴

农历	十六	十七	十八	十九	二十	廿一	廿二	廿三	廿四	廿五	廿六	廿七	廿八	廿九	三十
阳历	8	9	10	11	12	13	14	15	16	17	18	19	20	21	22
星期	日	一	二	三	四	五	六	日	一	二	三	四	五	六	日
干支	庚寅	辛卯	壬辰	癸巳	甲午	乙未	丙申	丁酉	戊戌	己亥	庚子	辛丑	壬寅	癸卯	甲辰
28宿	星收	张开	翼闭	轸建	角除	亢满	氐平	房定	心执	尾破	箕危	斗成	牛收	女开	虚闭
五行	木	木	水	水	金	金	火	火	木	木	土	土	金	金	火
节元					立夏上4					立夏中1					立夏下7
黄道黑道	天牢	元武	司命	勾陈	青龙	明堂	天刑	朱雀	金匮	天德	白虎	玉堂	天牢	元武	司命
八卦	震	巽	坎	艮	坤	乾	兑	离	震	巽	坎	艮	坤	乾	兑
方位	西北 正东	西南 正东	正南 正南	东南 正南	东北 东南	西北 东南	西南 正西	正南 正西	东南 正北	东北 正北	西北 正东	西南 正东	正南 正南	东南 正南	东北 东南
五脏	肝	肝	肾	肾	肺	肺	心	心	肝	肝	脾	脾	肺	肺	心
子时时辰	丙子	戊子	庚子	壬子	甲子	丙子	戊子	庚子	壬子	甲子	丙子	戊子	庚子	壬子	甲子
农事节令	母亲节，戌时望							下弦，国际家庭日		农暴				午时小满	

公元 2039 年　　农历己未(羊)年(闰五月)

五月大

仲夏　之月　马月　庚午　心宿

紫黄赤
白白碧
绿白黑

天道行西北，日躔在未宫，宜用艮巽坤乾时

十五日**芒种** 3:16　初一日**朔** 9:37

三十日**夏至** 19:58　十六日**望** 2:46

农历	初一	初二	初三	初四	初五	初六	初七	初八	初九	初十
阳历	23	24	25	26	27	28	29	30	31	6月
星期	一	二	三	四	五	六	日	一	二	三
干支	乙巳	丙午	丁未	戊申	己酉	庚戌	辛亥	壬子	癸丑	甲寅
28宿	危	室	壁	奎	娄	胃	昴	毕	觜	参
	建	除	满	平	定	执	破	危	成	收
五行	火	水	水	土	土	金	金	木	木	水
节元					小满上5					小满中2
黄道黑道	勾陈	青龙	明堂	天刑	朱雀	金匮	天德	白虎	玉堂	天牢
八卦	坎	艮	坤	乾	兑	离	震	巽	坎	艮
方位	西北 东南	西南 正西	正南 正西	东南 正北	东北 正北	西北 正东	西南 正东	正南 正南	东南 正南	东北 东南
五脏	心	肾	肾	脾	脾	肺	肺	肝	肝	肾
子时时辰	丙子	戊子	庚子	壬子	甲子	丙子	戊子	庚子	壬子	甲子
农事节令	巳时朔，农暴				端午节，端阳暴			上弦	世界无烟日	儿童节

农历	十一	十二	十三	十四	十五	十六	十七	十八	十九	二十
阳历	2	3	4	5	6	7	8	9	10	11
星期	四	五	六	日	一	二	三	四	五	六
干支	乙卯	丙辰	丁巳	戊午	己未	庚申	辛酉	壬戌	癸亥	甲子
28宿	井	鬼	柳	星	张	翼	轸	角	亢	氐
	开	闭	建	除	除	满	平	定	执	破
五行	水	土	土	火	火	木	木	水	水	金
节元					小满下8					芒种上6
黄道黑道	元武	司命	勾陈	青龙	勾陈	青龙	明堂	天刑	朱雀	金匮
八卦	坤	乾	兑	离	震	巽	坎	艮	坤	乾
方位	西北 东南	西南 正西	正南 正西	东南 正北	东北 正北	西北 正东	西南 正东	正南 正南	东南 正南	东北 东南
五脏	肾	脾	脾	心	心	肝	肝	肾	肾	肺
子时时辰	丙子	戊子	庚子	壬子	甲子	丙子	戊子	庚子	壬子	甲子
农事节令			磨刀暴	世界环境日	寅时芒种，农暴	丑时望				分龙，农暴

农历	廿一	廿二	廿三	廿四	廿五	廿六	廿七	廿八	廿九	三十
阳历	12	13	14	15	16	17	18	19	20	21
星期	日	一	二	三	四	五	六	日	一	二
干支	乙丑	丙寅	丁卯	戊辰	己巳	庚午	辛未	壬申	癸酉	甲戌
28宿	房	心	尾	箕	斗	牛	女	虚	危	室
	危	成	收	开	闭	建	除	满	平	定
五行	金	火	火	木	木	土	土	金	金	火
节元					芒种中3					芒种下9
黄道黑道	天德	白虎	玉堂	天牢	元武	司命	勾陈	青龙	明堂	天刑
八卦	兑	离	震	巽	坎	艮	坤	乾	兑	离
方位	西北 东南	西南 正西	正南 正西	东南 正北	东北 正北	西北 正东	西南 正东	正南 正南	东南 正南	东北 东南
五脏	肺	心	心	肝	肝	脾	脾	肺	肺	心
子时时辰	丙子	戊子	庚子	壬子	甲子	丙子	戊子	庚子	壬子	甲子
农事节令	龙母暴	入梅	下弦			防治荒漠化和干旱日		父亲节	离日	戌时夏至

公元2039年　　农历己未(羊)年(闰五月)

闰五月小

仲夏之月　马月　庚午　心宿

紫黄赤
白白碧
绿白黑

天道行西北，日躔在未宫，宜用艮巽坤乾时

十六日**小暑** 13:26

初一日**朔** 1:19
十五日**望** 10:02

农历	初一	初二	初三	初四	初五	初六	初七	初八	初九	初十	十一	十二	十三	十四	十五
阳历	22	23	24	25	26	27	28	29	30	7月	2	3	4	5	6
星期	三	四	五	六	日	一	二	三	四	五	六	日	一	二	三
干支	乙亥	丙子	丁丑	戊寅	己卯	庚辰	辛巳	壬午	癸未	甲申	乙酉	丙戌	丁亥	戊子	己丑
28宿	壁执	奎破	娄危	胃成	昴收	毕开	觜闭	参建	井除	鬼满	柳平	星定	张执	翼破	轸危
五行	火	水	水	土	土	金	金	木	木	水	水	土	土	火	火
节元					夏至上9					夏至中3					夏至下6
黄道黑道	朱雀	金匮	天德	白虎	玉堂	天牢	元武	司命	勾陈	青龙	明堂	天刑	朱雀	金匮	天德
八卦	坎	艮	坤	乾	兑	离	震	巽	坎	艮	坤	乾	兑	离	震
方位	西北东南	西南正西	正南正西	东南正北	东北正北	西北正东	西南正东	正南正南	东南正南	东北东南	西北东南	西南正西	正南正西	东南正北	东北正北
五脏	心	肾	肾	脾	脾	肺	肺	肝	肝	肾	肾	脾	脾	心	心
子时时辰	丙子	戊子	庚子	壬子	甲子	丙子	戊子	庚子	壬子	甲子	丙子	戊子	庚子	壬子	甲子
农事节令	丑时朔		头莳		中莳		末莳	上弦		建党节，香港回归日					巳时望

农历	十六	十七	十八	十九	二十	廿一	廿二	廿三	廿四	廿五	廿六	廿七	廿八	廿九	三十
阳历	7	8	9	10	11	12	13	14	15	16	17	18	19	20	
星期	四	五	六	日	一	二	三	四	五	六	日	一	二	三	
干支	庚寅	辛卯	壬辰	癸巳	甲午	乙未	丙申	丁酉	戊戌	己亥	庚子	辛丑	壬寅	癸卯	
28宿	角危	亢成	氐收	房开	心闭	尾建	箕除	斗满	牛平	女定	虚执	危破	室危	壁成	
五行	木	木	水	水	金	金	火	火	木	木	土	土	金	金	
节元					小暑上8					小暑中2					
黄道黑道	金匮	天德	白虎	玉堂	天牢	元武	司命	勾陈	青龙	明堂	天刑	朱雀	金匮	天德	
八卦	巽	坎	艮	坤	乾	兑	离	震	巽	坎	艮	坤	乾	兑	
方位	西北正东	西南正东	正南正南	东南正南	东北东南	西北东南	西南正西	正南正西	东南正北	东北正北	西北正东	西南正东	正南正南	东南正南	
五脏	肝	肝	肾	肾	肺	肺	心	心	肝	肝	脾	脾	肺	肺	
子时时辰	丙子	戊子	庚子	壬子	甲子	丙子	戊子	庚子	壬子	甲子	丙子	戊子	庚子	壬子	
农事节令	未时小暑				世界人口日	出梅	下弦				头伏				

公元 2039 年　　农历己未(羊)年(闰五月)

六月大

季夏之月　羊月　辛未　尾宿

白	绿	白
赤	紫	黑
碧	黄	白

天道行东，日躔在午宫，宜用癸乙丁辛时

初三日**大暑** 6:48　初一日**朔** 15:53

十八日**立秋** 23:18　十五日**望** 17:55

农历	初一	初二	初三	初四	初五	初六	初七	初八	初九	初十	十一	十二	十三	十四	十五	十六	十七	十八	十九	二十	廿一	廿二	廿三	廿四	廿五	廿六	廿七	廿八	廿九	三十
阳历	21	22	23	24	25	26	27	28	29	30	31	8月	2	3	4	5	6	7	8	9	10	11	12	13	14	15	16	17	18	19
星期	四	五	六	日	一	二	三	四	五	六	日	一	二	三	四	五	六	日	一	二	三	四	五	六	日	一	二	三	四	五
干支	甲辰	乙巳	丙午	丁未	戊申	己酉	庚戌	辛亥	壬子	癸丑	甲寅	乙卯	丙辰	丁巳	戊午	己未	庚申	辛酉	壬戌	癸亥	甲子	乙丑	丙寅	丁卯	戊辰	己巳	庚午	辛未	壬申	癸酉
28宿	奎收	娄开	胃闭	昴建	毕除	觜满	参平	井定	鬼执	柳破	星危	张成	翼收	轸开	角闭	亢建	氐除	房除	心满	尾平	箕定	斗执	牛破	女危	虚成	危收	室开	壁闭	奎建	娄除
五行	火	火	水	水	土	土	金	金	木	木	水	水	土	土	火	火	木	木	水	水	金	金	火	火	木	木	土	土	金	金
节元	小暑下5					大暑上7					大暑中1					大暑下4					立秋上2					立秋中5				
黄道黑道	白虎	玉堂	天牢	元武	司命	勾陈	青龙	明堂	天刑	朱雀	金匮	天德	白虎	玉堂	天牢	元武	司命	元武	司命	勾陈	青龙	明堂	天刑	朱雀	金匮	天德	白虎	玉堂	天牢	元武
八卦	艮	坤	乾	兑	离	震	巽	坎	艮	坤	乾	兑	离	震	巽	坎	艮	坤	乾	兑	离	震	巽	坎	艮	坤	乾	兑	离	震
方位	东北东南	西北东南	西南正西	正南正西	东南正北	东北正北	西北正东	西南正东	正南正南	东南正南	东北东南	西北东南	西南正西	正南正西	东南正北	东北正北	西北正东	西南正东	正南正南	东南正南	东北东南	西北东南	西南正西	正南正西	东南正北	东北正北	西北正东	西南正东	正南正南	东南正南
五脏	心	心	肾	肾	脾	脾	肺	肺	肝	肝	肾	肾	脾	脾	心	心	肝	肝	肾	肾	肺	肺	心	心	肝	肝	脾	脾	肺	肺
子时时辰	甲子	丙子	戊子	庚子	壬子	甲子	丙子	戊子	庚子	壬子	甲子	丙子	戊子	庚子	壬子	甲子	丙子	戊子	庚子	壬子	甲子	丙子	戊子	庚子	壬子	甲子	丙子	戊子	庚子	壬子
农事节令	申时朔		卯时大暑	荷花节		天贶节，姑姑节，农暴	二伏	上弦				建军节，农暴			酉时望		绝日	夜子立秋	农暴	农暴			下弦				三伏		农暴	

公元2039年　　农历己未(羊)年(闰五月)

七月小

孟秋　之月　猴月　壬申　箕宿

赤碧黄
白白白
黑绿紫

天道行北，日躔在巳宫，宜用甲丙庚壬时

初四日**处暑** 13:59　初一日**朔** 4:49

二十日**白露** 2:24　十五日**望** 3:22

农历	初一	初二	初三	初四	初五	初六	初七	初八	初九	初十	十一	十二	十三	十四	十五	十六	十七	十八	十九	二十	廿一	廿二	廿三	廿四	廿五	廿六	廿七	廿八	廿九	三十
阳历	20	21	22	23	24	25	26	27	28	29	30	31	9月	2	3	4	5	6	7	8	9	10	11	12	13	14	15	16	17	
星期	六	日	一	二	三	四	五	六	日	一	二	三	四	五	六	日	一	二	三	四	五	六	日	一	二	三	四	五	六	
干支	甲戌	乙亥	丙子	丁丑	戊寅	己卯	庚辰	辛巳	壬午	癸未	甲申	乙酉	丙戌	丁亥	戊子	己丑	庚寅	辛卯	壬辰	癸巳	甲午	乙未	丙申	丁酉	戊戌	己亥	庚子	辛丑	壬寅	
28宿	胃满	昴平	毕定	觜执	参破	井危	鬼成	柳收	星开	张闭	翼建	轸除	角满	亢平	氐定	房执	心破	尾危	箕成	斗成	牛收	女开	虚闭	危建	室除	壁满	奎平	娄定	胃执	
五行	火	火	水	水	土	土	金	金	木	木	水	水	土	土	火	火	木	木	水	水	金	金	火	火	木	木	土	土	金	
节元	立秋下8					处暑上1					处暑中4					处暑下7					白露上9					白露中3				
黄道黑道	司命	勾陈	青龙	明堂	天刑	朱雀	金匮	天德	白虎	玉堂	天牢	元武	司命	勾陈	青龙	明堂	天刑	朱雀	金匮	朱雀	金匮	天德	白虎	玉堂	天牢	元武	司命	勾陈	青龙	
八卦	坤	乾	兑	离	震	巽	坎	艮	坤	乾	兑	离	震	巽	坎	艮	坤	乾	兑	离	震	巽	坎	艮	坤	乾	兑	离	震	
方位	东北东南	西北东南	西南正西	正南正西	东南正北	东北正北	西北正东	西南正东	正南正南	东南正南	东北东南	西北东南	西南正西	正南正西	东南正北	东北正北	西北正东	西南正东	正南正南	东南正南	东北东南	西北东南	西南正西	正南正西	东南正北	东北正北	西北正东	西南正东	正南正南	
五脏	心	心	肾	肾	脾	脾	肺	肺	肝	肝	肾	肾	脾	脾	心	心	肝	肝	肾	肾	肺	肺	心	心	肝	肝	脾	脾	肺	
子时时辰	甲子	丙子	戊子	庚子	壬子	甲子	丙子	戊子	庚子	壬子	甲子	丙子	戊子	庚子	壬子	甲子	丙子	戊子	庚子	壬子	甲子	丙子	戊子	庚子	壬子	甲子	丙子	戊子	庚子	
农事节令	寅时朔			未时处暑			七夕，乞巧节，农暴	上弦							寅时望，中元节		农暴			丑时白露		教师节	下弦					农暴	全国科普日	

公元 2039 年　农历己未(羊)年(闰五月)

八月大

仲秋 之月　鸡月　癸酉　斗宿

白黑绿 黄赤紫 白碧白

天道行东北,日躔在辰宫,宜用艮巽坤乾时

初六日**秋分** 11:50　初一日**朔** 16:21

廿一日**寒露** 18:18　十五日**望** 15:21

农历	初一	初二	初三	初四	初五	初六	初七	初八	初九	初十	十一	十二	十三	十四	十五
阳历	18	19	20	21	22	23	24	25	26	27	28	29	30	10月	2
星期	日	一	二	三	四	五	六	日	一	二	三	四	五	六	日
干支	癸卯	甲辰	乙巳	丙午	丁未	戊申	己酉	庚戌	辛亥	壬子	癸丑	甲寅	乙卯	丙辰	丁巳
28宿	昴破	毕危	觜成	参收	井开	鬼闭	柳建	星除	张满	翼平	轸定	角执	亢破	氐危	房成
五行	金	火	火	水	水	土	土	金	金	木	木	水	水	土	土
节元		白露下6					秋分上7					秋分中1			
黄道黑道	明堂	天刑	朱雀	金匮	天德	白虎	玉堂	天牢	元武	司命	勾陈	青龙	明堂	天刑	朱雀
八卦	乾	兑	离	震	巽	坎	艮	坤	乾	兑	离	震	巽	坎	艮
方位	东南正南	东北东南	西北东南	西南正西	正南正西	东南正北	东北正北	西北正东	西南正东	正南正南	东南正南	东北东南	西北东南	西南正西	正南正西
五脏	肺	心	心	肾	肾	脾	脾	肺	肺	肝	肝	肾	肾	脾	脾
子时时辰	壬子	甲子	丙子	戊子	庚子	壬子	甲子	丙子	戊子	庚子	壬子	甲子	丙子	戊子	庚子
农事节令	申时朔		农暴			午时秋分,上戊,秋社		上弦			孔子诞辰			国庆节	中秋节,申时望

农历	十六	十七	十八	十九	二十	廿一	廿二	廿三	廿四	廿五	廿六	廿七	廿八	廿九	三十
阳历	3	4	5	6	7	8	9	10	11	12	13	14	15	16	17
星期	一	二	三	四	五	六	日	一	二	三	四	五	六	日	一
干支	戊午	己未	庚申	辛酉	壬戌	癸亥	甲子	乙丑	丙寅	丁卯	戊辰	己巳	庚午	辛未	壬申
28宿	心收	尾开	箕闭	斗建	牛除	女除	虚满	危平	室定	壁执	奎破	娄危	胃成	昴收	毕开
五行	火	火	木	木	水	水	金	金	火	火	木	木	土	土	金
节元		秋分下4					寒露上6					寒露中9			
黄道黑道	金匮	天德	白虎	玉堂	天牢	玉堂	天牢	元武	司命	勾陈	青龙	明堂	天刑	朱雀	金匮
八卦	坤	乾	兑	离	震	巽	坎	艮	坤	乾	兑	离	震	巽	坎
方位	东南正北	东北正北	西北正东	西南正东	正南正南	东南正南	东北东南	西北东南	西南正西	正南正西	东南正北	东北正北	西北正东	西南正东	正南正南
五脏	心	心	肝	肝	肾	肾	肺	肺	心	心	肝	肝	脾	脾	肺
子时时辰	壬子	甲子	丙子	戊子	庚子	壬子	甲子	丙子	戊子	庚子	壬子	甲子	丙子	戊子	庚子
农事节令						酉时寒露,农暴		下弦,农暴			国际减灾日			世界粮食日	国际消除贫困日

公元2039年　　农历己未(羊)年(闰五月)

九月小	黄白碧 绿白白 紫黑赤	天道行南，日躔在卯宫，宜用癸乙丁辛时 初六日**霜降**21:26　初一日**朔** 3:07 廿一日**立冬**21:44　十五日**望** 6:34

季秋　之月　狗月　甲戌　牛宿

农历	初初初初初初初初初初十十十十十十十十十二廿廿廿廿廿廿廿廿廿三 一二三四五六七八九十一二三四五六七八九十一二三四五六七八九十
阳历	18 19 20 21 22 23 24 25 26 27 28 29 30 31 11月 2 3 4 5 6 7 8 9 10 11 12 13 14 15
星期	二三四五六日一二三四五六日一二三四五六日一二三四五六日一二
干支	癸甲乙丙丁戊己庚辛壬癸甲乙丙丁戊己庚辛壬癸甲乙丙丁戊己庚辛 酉戌亥子丑寅卯辰巳午未申酉戌亥子丑寅卯辰巳午未申酉戌亥子丑
28宿	觜参井鬼柳星张翼轸角亢氐房心尾箕斗牛女虚危室壁奎娄胃昴毕觜 闭建除满平定执破危成收开闭建除满平定执破破危成收开闭建除满
五行	金火火水水土土金金木木水水土土火火木木水水金金火火木木土土
节元	寒露下3　霜降上5　霜降中8　霜降下2　立冬上6　立冬中9
黄道黑道	天白玉天元司勾青明天朱金天白玉天元司勾青勾青明天朱金天白玉 德虎堂牢武命陈龙堂刑雀匮德虎堂牢武命陈龙陈龙堂刑雀匮德虎堂
八卦	兑离震巽坎艮坤乾兑离震巽坎艮坤乾兑离震巽坎艮坤乾兑离震巽坎
方位	东东西西正东东西西正东东西西正东东西西正东东西西正东东西西 南北北南南南北北南南南北北南南南北北南南南北北南南南北北南 正东东正正正正正正正正东东正正正正正正正正东东正正正正正正 南南南西西北北东东南南南南西西北北东东南南南南西西北北东东
五脏	肺心心肾肾脾脾肺肺肝肝肾肾脾脾心心肝肝肾肾肺肺心心肝肝脾脾
子时时辰	壬甲丙戊庚壬甲丙戊庚壬甲丙戊庚壬甲丙戊庚壬甲丙戊庚壬甲丙戊 子子子子子子子子子子子子子子子子子子子子子子子子子子子子子
农事节令	寅时朔　亥时霜降　上弦　重阳节，农暴　世界勤俭日　卯时望，万圣节　农暴　绝日　亥时立冬　下弦　冷风信

公元 2039 年　　农历己未(羊)年(闰五月)

十月大

孟冬　之月　猪月　乙亥　女宿

绿紫黑
碧黄赤
白白白

天道行东，日躔在寅宫，宜用甲丙庚壬时

初七日**小雪** 19:13　初一日**朔** 13:44

廿二日**大雪** 14:46　十六日**望** 0:48

农历	阳历	星期	干支	28宿		五行	节元	黄道黑道	八卦	方位		五脏	子时时辰	农事节令
初一	16	三	壬寅	参	平	金		天牢	离	正南	正南	肺	庚子	未时朔，祭祖节
初二	17	四	癸卯	井	定	金		元武	震	东南	正南	肺	壬子	国际大学生节
初三	18	五	甲辰	鬼	执	火	立冬下3	司命	巽	东北	东南	心	甲子	
初四	19	六	乙巳	柳	破	火		勾陈	坎	西北	东南	心	丙子	
初五	20	日	丙午	星	危	水		青龙	艮	西南	正西	肾	戊子	
初六	21	一	丁未	张	成	水		明堂	坤	正南	正西	肾	庚子	
初七	22	二	戊申	翼	收	土		天刑	乾	东南	正北	脾	壬子	戌时小雪
初八	23	三	己酉	轸	开	土	小雪上5	朱雀	兑	东北	正北	脾	甲子	上弦
初九	24	四	庚戌	角	闭	金		金匮	离	西北	正东	肺	丙子	
初十	25	五	辛亥	亢	建	金		天德	震	西南	正东	肺	戊子	农暴
十一	26	六	壬子	氐	除	木		白虎	巽	正南	正南	肝	庚子	
十二	27	日	癸丑	房	满	木		玉堂	坎	东南	正南	肝	壬子	
十三	28	一	甲寅	心	平	水	小雪中8	天牢	艮	东北	东南	肾	甲子	
十四	29	二	乙卯	尾	定	水		元武	坤	西北	东南	肾	丙子	
十五	30	三	丙辰	箕	执	土		司命	乾	西南	正西	脾	戊子	下元节
十六	12月	四	丁巳	斗	破	土		勾陈	兑	正南	正西	脾	庚子	子时望，世界艾滋病日
十七	2	五	戊午	牛	危	火		青龙	离	东南	正北	心	壬子	
十八	3	六	己未	女	成	火	小雪下2	明堂	震	东北	正北	心	甲子	
十九	4	日	庚申	虚	收	木		天刑	巽	西北	正东	肝	丙子	
二十	5	一	辛酉	危	开	木		朱雀	坎	西南	正东	肝	戊子	农暴
廿一	6	二	壬戌	室	闭	水		金匮	艮	正南	正南	肾	庚子	
廿二	7	三	癸亥	壁	闭	水		朱雀	坤	东南	正南	肾	壬子	未时大雪
廿三	8	四	甲子	奎	建	金	大雪上4	金匮	乾	东北	东南	肺	甲子	农暴，下弦
廿四	9	五	乙丑	娄	除	金		天德	兑	西北	东南	肺	丙子	
廿五	10	六	丙寅	胃	满	火		白虎	离	西南	正西	心	戊子	
廿六	11	日	丁卯	昴	平	火		玉堂	震	正南	正西	心	庚子	
廿七	12	一	戊辰	毕	定	木		天牢	巽	东南	正北	肝	壬子	
廿八	13	二	己巳	觜	执	木	大雪中7	元武	坎	东北	正北	肝	甲子	
廿九	14	三	庚午	参	破	土		司命	艮	西北	正东	脾	丙子	
三十	15	四	辛未	井	危	土		勾陈	坤	西南	正东	脾	戊子	

公元2039年　　农历己未(羊)年(闰五月)

十一月小 仲冬之月　鼠月　丙子　虚宿	碧白白 黑绿白 赤紫黄
天道行东南，日躔在丑宫，宜用艮巽坤乾时	初七日冬至 8:42　初一日朔 0:30 廿二日小寒 2:04　十五日望 20:35
农历	初初初初初初初初初初十十十十十十十十十二廿廿廿廿廿廿廿廿廿三 一二三四五六七八九十一二三四五六七八九十一二三四五六七八九十
阳历	16 17 18 19 20 21 22 23 24 25 26 27 28 29 30 31 1月 2 3 4 5 6 7 8 9 10 11 12 13
星期	五六日一二三四五六日一二三四五六日一二三四五六日一二三四五
干支	壬癸甲乙丙丁戊己庚辛壬癸甲乙丙丁戊己庚辛壬癸甲乙丙丁戊己庚 申酉戌亥子丑寅卯辰巳午未申酉戌亥子丑寅卯辰巳午未申酉戌亥子
28宿	鬼柳星张翼轸角亢氐房心尾箕斗牛女虚危室壁奎娄胃昴毕觜参井鬼 成收开闭建除满平定执破危成收开闭建除满平定定执破危成收开闭
五行	金金火火水水土土金金木木水水土土火火木木水水金金火火木木土
节元	大雪下1　冬至上1　冬至中7　冬至下4　小寒上2　小寒中8
黄道黑道	青明天朱金天白玉天元司勾青明天朱金天白玉天玉天元司勾青明天 龙堂刑雀匮德虎堂牢武命陈龙堂刑雀匮德虎堂牢堂牢武命陈龙堂刑
八卦	震巽坎艮坤乾兑离震巽坎艮坤乾兑离震巽坎艮坤乾兑离震巽坎艮坤
方位	正东东西西正东东西西正东东西西正东东西西正东东西西正东东西 南南北北南南南北北南南南北北南南南北北南南南北北南南南北北 正正东东正正正正正正正正东东正正正正正正正正东东正正正正正 南南南南西西北北东东南南南南西西北北东东南南南南西西北北东
五脏	肺肺心心肾肾脾脾肺肺肝肝肾肾脾脾心心肝肝肾肾肺肺心心肝肝脾
子时时辰	庚壬甲丙戊庚壬甲丙戊庚壬甲丙戊庚壬甲丙戊庚壬甲丙戊庚壬甲丙 子子子子子子子子子子子子子子子子子子子子子子子子子子子子子
农事节令	子时朔　农暴　澳门回归日　离日　辰时冬至，一九　上弦　圣诞节　戌时望　二九　元旦　丑时小寒，下弦　三九　农暴

公元 2039 年　　农历己未(羊)年(闰五月)

十二月小

季冬之月　牛月　丁丑　危宿

黑赤紫
白碧黄
白白绿

天道行西,日躔在子宫,宜用癸乙丁辛时

初七日**大寒** 19:22　初一日**朔** 11:24
廿二日**立春** 13:40　十六日**望** 15:53

农历	初一	初二	初三	初四	初五	初六	初七	初八	初九	初十	十一	十二	十三	十四	十五	十六	十七	十八	十九	二十	廿一	廿二	廿三	廿四	廿五	廿六	廿七	廿八	廿九	三十
阳历	14	15	16	17	18	19	20	21	22	23	24	25	26	27	28	29	30	31	2月	2	3	4	5	6	7	8	9	10	11	
星期	六	日	一	二	三	四	五	六	日	一	二	三	四	五	六	日	一	二	三	四	五	六	日	一	二	三	四	五	六	
干支	辛丑	壬寅	癸卯	甲辰	乙巳	丙午	丁未	戊申	己酉	庚戌	辛亥	壬子	癸丑	甲寅	乙卯	丙辰	丁巳	戊午	己未	庚申	辛酉	壬戌	癸亥	甲子	乙丑	丙寅	丁卯	戊辰	己巳	
28宿	柳建	星除	张满	翼平	轸定	角执	亢破	氐危	房成	心收	尾开	箕闭	斗建	牛除	女满	虚平	危定	室执	壁破	奎危	娄成	胃成	昴收	毕开	觜闭	参建	井除	鬼满	柳平	
五行	土	金	金	火	火	水	水	土	土	金	金	木	木	水	水	土	土	火	火	木	木	水	水	金	金	火	火	木	木	
节元				小寒下5					大寒上3					大寒中9					大寒下6					立春上8					立春中5	
黄道黑道	朱雀	金匮	天德	白虎	玉堂	天牢	元武	司命	勾陈	青龙	明堂	天刑	朱雀	金匮	天德	白虎	玉堂	天牢	元武	司命	勾陈	司命	勾陈	青龙	明堂	天刑	朱雀	金匮	天德	
八卦	巽	坎	艮	坤	乾	兑	离	震	巽	坎	艮	坤	乾	兑	离	震	巽	坎	艮	坤	乾	兑	离	震	巽	坎	艮	坤	乾	
方位	西南正东	正南正南	东南正南	东北东南	西北东南	西南正西	正南正西	东南正北	东北正北	西北正东	西南正东	正南正南	东南正南	东北东南	西北东南	西南正西	正南正西	东南正北	东北正北	西北正东	西南正东	正南正南	东南正南	东北东南	西北东南	西南正西	正南正西	东南正北	东北正北	
五脏	脾	肺	肺	心	心	肾	肾	脾	脾	肺	肺	肝	肝	肾	肾	脾	脾	心	心	肝	肝	肾	肾	肺	肺	心	心	肝	肝	
子时时辰	戊子	庚子	壬子	甲子	丙子	戊子	庚子	壬子	甲子	丙子	戊子	庚子	壬子	甲子	丙子	戊子	庚子	壬子	甲子	丙子	戊子	庚子	壬子	甲子	丙子	戊子	庚子	壬子	甲子	
农事节令	午时朔				四九		戊时大寒	腊八节,上弦,农暴						农暴,五九		申时望					绝日	未时立春	下弦,六九	小年,扫尘节			农暴		除夕	

公元 2040 年　　农历庚申(猴)年

正 月 大　　孟春之月　虎月　戊寅　室宿

白白白
紫黑绿
黄赤碧

天道行南，日躔在亥宫，宜用甲丙庚壬时

初八日**雨水** 9:24　　初一日**朔** 22:23

廿三日**惊蛰** 7:32　　十七日**望** 8:58

农历	初一	初二	初三	初四	初五	初六	初七	初八	初九	初十	十一	十二	十三	十四	十五
阳历	12	13	14	15	16	17	18	19	20	21	22	23	24	25	26
星期	日	一	二	三	四	五	六	日	一	二	三	四	五	六	日
干支	庚午	辛未	壬申	癸酉	甲戌	乙亥	丙子	丁丑	戊寅	己卯	庚辰	辛巳	壬午	癸未	甲申
28宿	星定	张执	翼破	轸危	角成	亢收	氐开	房闭	心建	尾除	箕满	斗平	牛定	女执	虚破
五行	土	土	金	金	火	火	水	水	土	土	金	金	木	木	水
节元					立春下2					雨水上9					雨水中6
黄道黑道	白虎	玉堂	天牢	元武	司命	勾陈	青龙	明堂	天刑	朱雀	金匮	天德	白虎	玉堂	天牢
八卦	离	震	巽	坎	艮	坤	乾	兑	离	震	巽	坎	艮	坤	乾
方位	西北正东	西南正东	正南正南	东南正南	东北东南	西北东南	西南正西	正南正西	东南正北	东北正北	西北正东	西南正东	正南正南	东南正南	东北东南
五脏	脾	脾	肺	肺	心	心	肾	肾	脾	脾	肺	肺	肝	肝	肾
子时时辰	丙子	戊子	庚子	壬子	甲子	丙子	戊子	庚子	壬子	甲子	丙子	戊子	庚子	壬子	甲子
农事节令	春节，亥时朔	财神节，二日得辛	七九，情人节，三人七饼	四姑看蚕	破五节		人胜节	巳时雨水，八牛耕地	上弦，农暴	土神诞	十一龙治水	八九	农暴		元宵节

农历	十六	十七	十八	十九	二十	廿一	廿二	廿三	廿四	廿五	廿六	廿七	廿八	廿九	三十
阳历	27	28	29	3月	2	3	4	5	6	7	8	9	10	11	12
星期	一	二	三	四	五	六	日	一	二	三	四	五	六	日	一
干支	乙酉	丙戌	丁亥	戊子	己丑	庚寅	辛卯	壬辰	癸巳	甲午	乙未	丙申	丁酉	戊戌	己亥
28宿	危危	室成	壁收	奎开	娄闭	胃建	昴除	毕除	觜满	参平	井定	鬼执	柳破	星危	张成
五行	水	土	土	火	火	木	木	水	水	金	金	火	火	木	木
节元					雨水下3					惊蛰上1					惊蛰中7
黄道黑道	元武	司命	勾陈	青龙	明堂	天刑	朱雀	天刑	朱雀	金匮	天德	白虎	玉堂	天牢	元武
八卦	兑	离	震	巽	坎	艮	坤	乾	兑	离	震	巽	坎	艮	坤
方位	西北东南	西南正西	正南正西	东南正北	东北正北	西北正东	西南正东	正南正南	东南正南	东北东南	西北东南	西南正西	正南正西	东南正北	东北正北
五脏	肾	脾	脾	心	心	肝	肝	肾	肾	肺	肺	心	心	肝	肝
子时时辰	丙子	戊子	庚子	壬子	甲子	丙子	戊子	庚子	壬子	甲子	丙子	戊子	庚子	壬子	甲子
农事节令		辰时望		农暴		九九		辰时惊蛰	下弦	填仓节	妇女节			送穷节，农暴	植树节

公元2040年　　农历庚申(猴)年

二月小

仲春 之月　兔月　己卯　壁宿

紫黄赤
白白碧
绿白黑

天道行西南，日躔在戌宫，宜用艮巽坤乾时

初八日**春分** 8:12　初一日**朔** 09:44

廿三日**清明** 12:06　十六日**望** 23:10

农历	初一	初二	初三	初四	初五	初六	初七	初八	初九	初十	十一	十二	十三	十四	十五
阳历	13	14	15	16	17	18	19	20	21	22	23	24	25	26	27
星期	二	三	四	五	六	日	一	二	三	四	五	六	日	一	二
干支	庚子	辛丑	壬寅	癸卯	甲辰	乙巳	丙午	丁未	戊申	己酉	庚戌	辛亥	壬子	癸丑	甲寅
28宿	翼收	轸开	角闭	亢建	氐除	房满	心平	尾定	箕执	斗破	牛危	女成	虚收	危开	室闭
五行	土	土	金	金	火	火	水	水	土	土	金	金	木	木	水
节元					惊蛰下4					春分上3					春分中9
黄道黑道	司命	勾陈	青龙	明堂	天刑	朱雀	金匮	天德	白虎	玉堂	天牢	元武	司命	勾陈	青龙
八卦	震	巽	坎	艮	坤	乾	兑	离	震	巽	坎	艮	坤	乾	兑
方位	西北正东	西南正东	正南正南	东南正南	东北东南	西北东南	西南正西	正南正西	东南正北	东北正北	西北正东	西南正东	正南正南	东南正南	东北东南
五脏	脾	脾	肺	肺	心	心	肾	肾	脾	脾	肺	肺	肝	肝	肾
子时时辰	丙子	戊子	庚子	壬子	甲子	丙子	戊子	庚子	壬子	甲子	丙子	戊子	庚子	壬子	甲子
农事节令	巳时朔，中和节	龙头节，闰女节，农暴	农暴，消费者权益日				离日，春斫暴	辰时春分，上弦，农暴	春社，上戊，农暴，世界森林日	世界水日	乌龟暴，世界气象日	世界防治结核病日	农暴		花朝节

农历	十六	十七	十八	十九	二十	廿一	廿二	廿三	廿四	廿五	廿六	廿七	廿八	廿九	三十
阳历	28	29	30	31	4月	2	3	4	5	6	7	8	9	10	
星期	三	四	五	六	日	一	二	三	四	五	六	日	一	二	
干支	乙卯	丙辰	丁巳	戊午	己未	庚申	辛酉	壬戌	癸亥	甲子	乙丑	丙寅	丁卯	戊辰	
28宿	壁建	奎除	娄满	胃平	昴定	毕执	觜破	参破	井危	鬼成	柳收	星开	张闭	翼建	
五行	水	土	土	火	火	木	木	水	水	金	金	火	火	木	
节元					春分下6					清明上4					
黄道黑道	明堂	天刑	朱雀	金匮	天德	白虎	玉堂	白虎	玉堂	天牢	元武	司命	勾陈	青龙	
八卦	离	震	巽	坎	艮	坤	乾	兑	离	震	巽	坎	艮	坤	
方位	西北东南	西南正西	正南正西	东南正北	东北正北	西北正东	西南正东	正南正南	东南正南	东北东南	西北东南	西南正西	正南正西	东南正北	
五脏	肾	脾	脾	心	心	肝	肝	肾	肾	肺	肺	心	心	肝	
子时时辰	丙子	戊子	庚子	壬子	甲子	丙子	戊子	庚子	壬子	甲子	丙子	戊子	庚子	壬子	
农事节令	夜子望			农暴				午时清明，下弦					农暴	农暴	

三月大

季春之月　龙月　庚辰　奎宿

白	绿	白
赤	紫	黑
碧	黄	白

天道行北，日躔在酉宫，宜用癸乙丁辛时

初九日**谷雨** 19:00　初一日**朔** 21:59

廿五日**立夏** 5:10　十七日**望** 10:36

农历	初一	初二	初三	初四	初五	初六	初七	初八	初九	初十	十一	十二	十三	十四	十五	十六	十七	十八	十九	二十	廿一	廿二	廿三	廿四	廿五	廿六	廿七	廿八	廿九	三十
阳历	11	12	13	14	15	16	17	18	19	20	21	22	23	24	25	26	27	28	29	30	5月	2	3	4	5	6	7	8	9	10
星期	三	四	五	六	日	一	二	三	四	五	六	日	一	二	三	四	五	六	日	一	二	三	四	五	六	日	一	二	三	四
干支	己巳	庚午	辛未	壬申	癸酉	甲戌	乙亥	丙子	丁丑	戊寅	己卯	庚辰	辛巳	壬午	癸未	甲申	乙酉	丙戌	丁亥	戊子	己丑	庚寅	辛卯	壬辰	癸巳	甲午	乙未	丙申	丁酉	戊戌
28宿	轸除	角满	亢平	氐定	房执	心破	尾危	箕成	斗收	牛开	女闭	虚建	危除	室满	壁平	奎定	娄执	胃破	昴危	毕成	觜收	参开	井闭	鬼建	柳建	星除	张满	翼平	轸定	角执
五行	木	土	土	金	金	火	火	水	水	土	土	金	金	木	木	水	水	土	土	火	火	木	木	水	水	金	金	火	火	木
节元	清明中1					清明下7					谷雨上5					谷雨中2					谷雨下8					立夏上4				
黄道黑道	明堂	天刑	朱雀	金匮	天德	白虎	玉堂	天牢	元武	司命	勾陈	青龙	明堂	天刑	朱雀	金匮	天德	白虎	玉堂	天牢	元武	司命	勾陈	青龙	勾陈	青龙	明堂	天刑	朱雀	金匮
八卦	巽	坎	艮	坤	乾	兑	离	震	巽	坎	艮	坤	乾	兑	离	震	巽	坎	艮	坤	乾	兑	离	震	巽	坎	艮	坤	乾	兑
方位	东北正北	西北正东	西南正东	正南正南	东南正南	东北东南	西北东南	西南正西	正南正西	东南正北	东北正北	西北正东	西南正东	正南正南	东南正南	东北东南	西北东南	西南正西	正南正西	东南正北	东北正北	西北正东	西南正东	正南正南	东南正南	东北东南	西北东南	西南正西	正南正西	东南正北
五脏	肝	脾	脾	肺	肺	心	心	肾	肾	脾	脾	肺	肺	肝	肝	肾	肾	脾	脾	心	心	肝	肝	肾	肾	肺	肺	心	心	肝
子时时辰	甲子	丙子	戊子	庚子	壬子	甲子	丙子	戊子	庚子	壬子	甲子	丙子	戊子	庚子	壬子	甲子	丙子	戊子	庚子	壬子	甲子	丙子	戊子	庚子	壬子	甲子	丙子	戊子	庚子	壬子
农事节令	亥时朔		上巳，桃花暴				农暴		戌时谷雨，上弦			世界地球日			农暴		巳时望				劳动节		天石暴	下弦，绝日，青年节	卯时立夏，猴子暴	农暴		东帝暴		

公元 2040 年　　农历庚申(猴)年

四月大　孟夏之月　蛇月　辛巳　娄宿

赤碧黄
白白白
黑绿紫

天道行西，日躔在申宫，宜用甲丙庚壬时

初十日**小满** 17:56　初一日**朔** 11:26
廿六日**芒种** 9:08　十六日**望** 19:46

农历	初一	初二	初三	初四	初五	初六	初七	初八	初九	初十	十一	十二	十三	十四	十五
阳历	11	12	13	14	15	16	17	18	19	20	21	22	23	24	25
星期	五	六	日	一	二	三	四	五	六	日	一	二	三	四	五
干支	己亥	庚子	辛丑	壬寅	癸卯	甲辰	乙巳	丙午	丁未	戊申	己酉	庚戌	辛亥	壬子	癸丑
28宿	亢破	氐危	房成	心收	尾开	箕闭	斗建	牛除	女满	虚平	危定	室执	壁破	奎危	娄成
五行	木	土	土	金	金	火	火	水	水	土	土	金	金	木	木
节元	立夏中1					立夏下7					小满上5				
黄道黑道	天德	白虎	玉堂	天牢	元武	司命	勾陈	青龙	明堂	天刑	朱雀	金匮	天德	白虎	玉堂
八卦	坎	艮	坤	乾	兑	离	震	巽	坎	艮	坤	乾	兑	离	震
方位	东北正北	西北正东	西南正东	正南正南	东南正南	东北东南	西北东南	西南正西	正南正西	东南正北	东北正北	西北正东	西南正东	正南正南	东南正南
五脏	肝	脾	脾	肺	肺	心	心	肾	肾	脾	脾	肺	肺	肝	肝
子时时辰	甲子	丙子	戊子	庚子	壬子	甲子	丙子	戊子	庚子	壬子	甲子	丙子	戊子	庚子	壬子
农事节令	午时朔，农暴	护士节，防灾减灾日	母亲节		国际家庭日			上弦，老虎暴		酉时小满					农暴

农历	十六	十七	十八	十九	二十	廿一	廿二	廿三	廿四	廿五	廿六	廿七	廿八	廿九	三十
阳历	26	27	28	29	30	31	6月	2	3	4	5	6	7	8	9
星期	六	日	一	二	三	四	五	六	日	一	二	三	四	五	六
干支	甲寅	乙卯	丙辰	丁巳	戊午	己未	庚申	辛酉	壬戌	癸亥	甲子	乙丑	丙寅	丁卯	戊辰
28宿	胃收	昴开	毕闭	觜建	参除	井满	鬼平	柳定	星执	张破	翼破	轸危	角成	亢收	氐开
五行	水	水	土	土	火	火	木	木	水	水	金	金	火	火	木
节元	小满中2					小满下8					芒种上6				
黄道黑道	天牢	元武	司命	勾陈	青龙	明堂	天刑	朱雀	金匮	天德	金匮	天德	白虎	玉堂	天牢
八卦	巽	坎	艮	坤	乾	兑	离	震	巽	坎	艮	坤	乾	兑	离
方位	东北东南	西北东南	西南正西	正南正西	东南正北	东北正北	西北正东	西南正东	正南正南	东南正南	东北东南	西北东南	西南正西	正南正西	东南正北
五脏	肾	肾	脾	脾	心	心	肝	肝	肾	肾	肺	肺	心	心	肝
子时时辰	甲子	丙子	戊子	庚子	壬子	甲子	丙子	戊子	庚子	壬子	甲子	丙子	戊子	庚子	壬子
农事节令	戌时望					世界无烟日	儿童节		下弦	农暴	巳时芒种，世界环境日		入梅		

公元 2040 年　　农历庚申(猴)年

五月小 仲夏之月　马月　壬午　胃宿	白黑绿 黄赤紫 白碧白
天道行西北，日躔在未宫，宜用艮巽坤乾时	十二日**夏至** 1:47　初一日**朔** 2:02 廿七日**小暑** 19:20　十六日**望** 3:18
农历	初初初初初初初初初初十十十十十十十十十二廿廿廿廿廿廿廿廿廿三 一二三四五六七八九十一二三四五六七八九十一二三四五六七八九十
阳历	10 11 12 13 14 15 16 17 18 19 20 21 22 23 24 25 26 27 28 29 30 7月 2 3 4 5 6 7 8
星期	日一二三四五六日一二三四五六日一二三四五六日一二三四五六日
干支	己庚辛壬癸甲乙丙丁戊己庚辛壬癸甲乙丙丁戊己庚辛壬癸甲乙丙丁 巳午未申酉戌亥子丑寅卯辰巳午未申酉戌亥子丑寅卯辰巳午未申酉
28宿	房心尾箕斗牛女虚危室壁奎娄胃昴毕觜参井鬼柳星张翼轸角亢氐房 闭建除满平定执破危成收开闭建除满平定执破危成收开闭建建除满
五行	木土土金金火火水水土土金金木木水水土土火火木木水水金金火火
节元	芒种中3　芒种下9　夏至上9　夏至中3　夏至下6　小暑上8
黄道黑道	元司勾青明天朱金天白玉天元司勾青明天朱金天白玉天元司元司勾 武命陈龙堂刑雀匮德虎堂牢武命陈龙堂刑雀匮德虎堂牢武命武命陈
八卦	艮坤乾兑离震巽坎艮坤乾兑离震巽坎艮坤乾兑离震巽坎艮坤乾兑离
方位	东西西正东东西西正东东西西正东东西西正东东西西正东东西西正 北北南南南北北南南南北北南南南北北南南南北北南南南北北南南 正正正正正东东正正正正正正正正东东正正正正正正正正东东正正 北东东南南南南西西北北东东南南南南西西北北东东南南南南西西
五脏	肝脾脾肺肺心心肾肾脾脾肺肺肝肝肾肾脾脾心心肝肝肾肾肺肺心心
子时时辰	甲丙戊庚壬甲丙戊庚壬甲丙戊庚壬甲丙戊庚壬甲丙戊庚壬甲丙戊庚 子子子子子子子子子子子子子子子子子子子子子子子子子子子子子
农事节令	丑时朔　端午节，端阳暴　上弦，父亲节，防治沙漠化和干旱日　离日　丑时夏至　磨刀暴　农暴，头莳　寅时望，全国土地日　中莳，国际禁毒日　末莳　农暴，分龙　龙母暴　建党节，香港回归日　下弦　戌时小暑，出梅

公元 2040 年　　农历庚申(猴)年

六月大

季夏之月　羊月　癸未　昴宿

黄	白	碧
绿	白	白
紫	黑	赤

天道行东,日躔在午宫,宜用癸乙丁辛时

十四日**大暑** 12:41　初一日**朔** 17:13

三十日**立秋** 5:11　十六日**望** 10:05

农历	初一	初二	初三	初四	初五	初六	初七	初八	初九	初十	十一	十二	十三	十四	十五	十六	十七	十八	十九	二十	廿一	廿二	廿三	廿四	廿五	廿六	廿七	廿八	廿九	三十
阳历	9	10	11	12	13	14	15	16	17	18	19	20	21	22	23	24	25	26	27	28	29	30	31	8月	2	3	4	5	6	7
星期	一	二	三	四	五	六	日	一	二	三	四	五	六	日	一	二	三	四	五	六	日	一	二	三	四	五	六	日	一	二
干支	戊戌	己亥	庚子	辛丑	壬寅	癸卯	甲辰	乙巳	丙午	丁未	戊申	己酉	庚戌	辛亥	壬子	癸丑	甲寅	乙卯	丙辰	丁巳	戊午	己未	庚申	辛酉	壬戌	癸亥	甲子	乙丑	丙寅	丁卯
28宿	心	尾	箕	斗	牛	女	虚	危	室	壁	奎	娄	胃	昴	毕	觜	参	井	鬼	柳	星	张	翼	轸	角	亢	氐	房	心	尾
	平	定	执	破	危	成	收	开	闭	建	除	满	平	定	执	破	危	成	收	开	闭	建	除	满	平	定	执	破	危	危
五行	木	木	土	土	金	金	火	火	水	水	土	土	金	金	木	木	水	水	土	土	火	火	木	木	水	水	金	金	火	火
节元		小暑中2					小暑下5					大暑上7					大暑中1					大暑下4					立秋上2			
黄道黑道	青龙	明堂	天刑	朱雀	金匮	天德	白虎	玉堂	天牢	元武	司命	勾陈	青龙	明堂	天刑	朱雀	金匮	天德	白虎	玉堂	天牢	元武	司命	勾陈	青龙	明堂	天刑	朱雀	金匮	朱雀
八卦	坤	乾	兑	离	震	巽	坎	艮	坤	乾	兑	离	震	巽	坎	艮	坤	乾	兑	离	震	巽	坎	艮	坤	乾	兑	离	震	巽
方位	东南正北	东北正北	西北正东	西南正东	正南正南	东南正南	东北东南	西北东南	西南正西	正南正西	东南正北	东北正北	西北正东	西南正东	正南正南	东南正南	东北东南	西北东南	西南正西	正南正西	东南正北	东北正北	西北正东	西南正东	正南正南	东南正南	东北东南	西北东南	西南正西	正南正西
五脏	肝	肝	脾	脾	肺	肺	心	心	肾	肾	脾	脾	肺	肺	肝	肝	肾	肾	脾	脾	心	心	肝	肝	肾	肾	肺	肺	心	心
子时时辰	壬子	甲子	丙子	戊子	庚子	壬子	甲子	丙子	戊子	庚子	壬子	甲子	丙子	戊子	庚子	壬子	甲子	丙子	戊子	庚子	壬子	甲子	丙子	戊子	庚子	壬子	甲子	丙子	戊子	庚子
农事节令	酉时朔			荷花节		天贶节,姑姑节,农暴		上弦				农暴	头伏	午时大暑		巳时望			农暴	农暴			下弦,二伏	建军节					农暴,绝日	卯时立秋

公元2040年　　农历庚申(猴)年

七月小

孟秋之月　猴月　甲申　毕宿

绿碧白　紫黄白　黑赤白

天道行北，日躔在巳宫，宜用甲丙庚壬时

初一日朔 8:25

十五日处暑 19:54

十五日望 17:09

农历	初一 初二 初三 初四 初五 初六 初七 初八 初九 初十 十一 十二 十三 十四 十五 十六 十七 十八 十九 二十 廿一 廿二 廿三 廿四 廿五 廿六 廿七 廿八 廿九 三十
阳历	8 9 10 11 12 13 14 15 16 17 18 19 20 21 22 23 24 25 26 27 28 29 30 31 9月 2 3 4 5
星期	三四五六日一二三四五六日一二三四五六日一二三四五六日一二三
干支	戊辰 己巳 庚午 辛未 壬申 癸酉 甲戌 乙亥 丙子 丁丑 戊寅 己卯 庚辰 辛巳 壬午 癸未 甲申 乙酉 丙戌 丁亥 戊子 己丑 庚寅 辛卯 壬辰 癸巳 甲午 乙未 丙申
28宿	箕斗牛女虚危室壁奎娄胃昴毕觜参井鬼柳星张翼轸角亢氐房心尾箕 成收开闭建除满平定执破危成收开闭建除满平定执破危成收开闭建
五行	木木土土金金火火水水土土金金木木水水土土火火木木水水金金火
节元	立秋中5　立秋下8　处暑上1　处暑中4　处暑下7　白露上9
黄道黑道	金匮 天德 白虎 玉堂 天牢 元武 司命 勾陈 青龙 明堂 天刑 朱雀 金匮 天德 白虎 玉堂 天牢 元武 司命 勾陈 青龙 明堂 天刑 朱雀 金匮 天德 白虎 玉堂 天牢
八卦	乾兑离震巽坎艮坤乾兑离震巽坎艮坤乾兑离震巽坎艮坤乾兑离震巽
方位	东南正北 东北正北 西北正东 西南正东 正南正南 东南正南 东北东南 西北东南 西南正西 正南正西 东南正北 东北正北 西北正东 西南正东 正南正南 东南正南 东北东南 西北东南 西南正西 正南正西 东南正北 东北正北 西北正东 西南正东 正南正南 东南正南 东北东南 西北东南 西南正西
五脏	肝肝脾脾肺肺心心肾肾脾脾肺肺肝肝肾肾脾脾心心肝肝肾肾肺肺心
子时时辰	壬子 甲子 丙子 戊子 庚子 壬子 甲子 丙子 戊子 庚子 壬子 甲子 丙子 戊子 庚子 壬子 甲子 丙子 戊子 庚子 壬子 甲子 丙子 戊子 庚子 壬子 甲子 丙子 戊子
农事节令	辰时朔　三伏　七夕，乞巧节，农暴　上弦　戌时处暑，酉时望，中元节　农暴　下弦　农暴

附录　2023—2040年老黄历

八月大

仲秋之月　鸡月　乙酉　觜宿

碧	白	白
黑	绿	白
赤	紫	黄

天道行东北，日躔在辰宫，宜用艮巽坤乾时

初二日**白露** 8:15　初一日**朔** 23:13

十七日**秋分** 17:45　十六日**望** 1:42

农历	初一	初二	初三	初四	初五	初六	初七	初八	初九	初十	十一	十二	十三	十四	十五
阳历	6	7	8	9	10	11	12	13	14	15	16	17	18	19	20
星期	四	五	六	日	一	二	三	四	五	六	日	一	二	三	四
干支	丁酉	戊戌	己亥	庚子	辛丑	壬寅	癸卯	甲辰	乙巳	丙午	丁未	戊申	己酉	庚戌	辛亥
28宿	斗除	牛除	女满	虚平	危定	室执	壁破	奎危	娄成	胃收	昴开	毕闭	觜建	参除	井满
五行	火	木	木	土	土	金	金	火	火	水	水	土	土	金	金
节元			白露中3					白露下6					秋分上7		
黄道黑道	元武	天牢	元武	司命	勾陈	青龙	明堂	天刑	朱雀	金匮	天德	白虎	玉堂	天牢	元武
八卦	兑	离	震	巽	坎	艮	坤	乾	兑	离	震	巽	坎	艮	坤
方位	正南正西	东南正北	东北正北	西北正东	西南正东	正南正南	东南正南	东北东南	西北东南	西南正西	正南正西	东南正北	东北正北	西北正东	西南正东
五脏	心	肝	肝	脾	脾	肺	肺	心	心	肾	肾	脾	脾	肺	肺
子时时辰	庚子	壬子	甲子	丙子	戊子	庚子	壬子	甲子	丙子	戊子	庚子	壬子	甲子	丙子	戊子
农事节令	夜子朔	辰时白露，上戊	农暴		教师节				上弦	全国科普日		秋社			中秋节

农历	十六	十七	十八	十九	二十	廿一	廿二	廿三	廿四	廿五	廿六	廿七	廿八	廿九	三十
阳历	21	22	23	24	25	26	27	28	29	30	10月	2	3	4	5
星期	五	六	日	一	二	三	四	五	六	日	一	二	三	四	五
干支	壬子	癸丑	甲寅	乙卯	丙辰	丁巳	戊午	己未	庚申	辛酉	壬戌	癸亥	甲子	乙丑	丙寅
28宿	鬼平	柳定	星执	张破	翼危	轸成	角收	亢开	氐闭	房建	心除	尾满	箕平	斗定	牛执
五行	木	木	水	水	土	土	火	火	木	木	水	水	金	金	火
节元			秋分中1					秋分下4					寒露上6		
黄道黑道	司命	勾陈	青龙	明堂	天刑	朱雀	金匮	天德	白虎	玉堂	天牢	元武	司命	勾陈	青龙
八卦	乾	兑	离	震	巽	坎	艮	坤	乾	兑	离	震	巽	坎	艮
方位	正南正南	东南正南	东北东南	西北东南	西南正西	正南正西	东南正北	东北正北	西北正东	西南正东	正南正南	东南正南	东北东南	西北东南	西南正西
五脏	肝	肝	肾	肾	脾	脾	心	心	肝	肝	肾	肾	肺	肺	心
子时时辰	庚子	壬子	甲子	丙子	戊子	庚子	壬子	甲子	丙子	戊子	庚子	壬子	甲子	丙子	戊子
农事节令	丑时望，离日	酉时秋分				农暴		孔子诞辰，下弦，农暴			国庆节				

九月大

季秋　之月　狗月　丙戌　参宿

黑	赤	紫
白	碧	黄
白	白	绿

天道行南，日躔在卯宫，宜用癸乙丁辛时

初三日**寒露** 0:06　初一日**朔** 13:24

十八日**霜降** 3:20　十五日**望** 12:48

农历	初一	初二	初三	初四	初五	初六	初七	初八	初九	初十	十一	十二	十三	十四	十五	十六	十七	十八	十九	二十	廿一	廿二	廿三	廿四	廿五	廿六	廿七	廿八	廿九	三十
阳历	6	7	8	9	10	11	12	13	14	15	16	17	18	19	20	21	22	23	24	25	26	27	28	29	30	31	11月	2	3	4
星期	六	日	一	二	三	四	五	六	日	一	二	三	四	五	六	日	一	二	三	四	五	六	日	一	二	三	四	五	六	日
干支	丁卯	戊辰	己巳	庚午	辛未	壬申	癸酉	甲戌	乙亥	丙子	丁丑	戊寅	己卯	庚辰	辛巳	壬午	癸未	甲申	乙酉	丙戌	丁亥	戊子	己丑	庚寅	辛卯	壬辰	癸巳	甲午	乙未	丙申
28宿	女	虚	危	室	壁	奎	娄	胃	昴	毕	觜	参	井	鬼	柳	星	张	翼	轸	角	亢	氐	房	心	尾	箕	斗	牛	女	虚
	破	危	危	成	收	开	闭	建	除	满	平	定	执	破	危	成	收	开	闭	建	除	满	平	定	执	破	危	成	收	开
五行	火	木	木	土	土	金	金	火	火	水	水	土	土	金	金	木	木	水	水	土	土	火	火	木	木	水	水	金	金	火
节元			寒露中9					寒露下3					霜降上5					霜降中8					霜降下2					立冬上6		
黄道黑道	明堂	天刑	明堂	天刑	朱雀	金匮	天德	白虎	玉堂	天牢	元武	司命	勾陈	青龙	明堂	天刑	朱雀	金匮	天德	白虎	玉堂	天牢	元武	司命	勾陈	青龙	明堂	天刑	朱雀	金匮
八卦	离	震	巽	坎	艮	坤	乾	兑	离	震	巽	坎	艮	坤	乾	兑	离	震	巽	坎	艮	坤	乾	兑	离	震	巽	坎	艮	坤
方位	正南正西	东南正北	东北正北	西北正东	西南正东	正南正南	东南正南	东北东南	西北东南	西南正西	正南正西	东南正北	东北正北	西北正东	西南正东	正南正南	东南正南	东北东南	西北东南	西南正西	正南正西	东南正北	东北正北	西北正东	西南正东	正南正南	东南正南	东北东南	西北东南	西南正西
五脏	心	肝	肝	脾	脾	肺	肺	心	心	肾	肾	脾	脾	肺	肺	肝	肝	肾	肾	脾	脾	心	心	肝	肝	肾	肾	肺	肺	心
子时时辰	庚子	壬子	甲子	丙子	戊子	庚子	壬子	甲子	丙子	戊子	庚子	壬子	甲子	丙子	戊子	庚子	壬子	甲子	丙子	戊子	庚子	壬子	甲子	丙子	戊子	庚子	壬子	甲子	丙子	戊子
农事节令	未时朔		子时寒露					上弦，国际减灾日	重阳节，农暴		世界粮食日	国际消除贫困日			午时望			寅时霜降	联合国日，农暴				下弦			世界勤俭日	万圣节，冷风信			

公元 2040 年　　农历庚申(猴)年

十月小

孟冬 之月　猪月　丁亥　井宿

白白白
紫黑绿
黄赤碧

天道行东，日躔在寅宫，宜用甲丙庚壬时

初三日**立冬** 3:30　初一日**朔** 2:54

十八日**小雪** 1:06　十五日**望** 3:04

农历	初一 初二 初三 初四 初五 初六 初七 初八 初九 初十 十一 十二 十三 十四 十五 十六 十七 十八 十九 二十 廿一 廿二 廿三 廿四 廿五 廿六 廿七 廿八 廿九 三十
阳历	5 6 7 8 9 10 11 12 13 14 15 16 17 18 19 20 21 22 23 24 25 26 27 28 29 30 12月 2 3
星期	一 二 三 四 五 六 日 一 二 三 四 五 六 日 一 二 三 四 五 六 日 一 二 三 四 五 六 日 一
干支	丁酉 戊戌 己亥 庚子 辛丑 壬寅 癸卯 甲辰 乙巳 丙午 丁未 戊申 己酉 庚戌 辛亥 壬子 癸丑 甲寅 乙卯 丙辰 丁巳 戊午 己未 庚申 辛酉 壬戌 癸亥 甲子 乙丑
28宿	危 室 壁 奎 娄 胃 昴 毕 觜 参 井 鬼 柳 星 张 翼 轸 角 亢 氐 房 心 尾 箕 斗 牛 女 虚 危
	闭 建 建 除 满 平 定 执 破 危 成 收 开 闭 建 除 满 平 定 执 破 危 成 收 开 闭 建 除 满
五行	火 木 木 土 土 金 金 火 火 水 水 土 土 金 金 木 木 水 水 土 土 火 火 木 木 水 水 金 金
节元	立冬中9（初三） 立冬下3（初八） 小雪上5（十三） 小雪中8（十八） 小雪下2（廿三） 大雪上4（廿八）
黄道黑道	天德 白虎 天德 白虎 玉堂 天牢 元武 司命 勾陈 青龙 明堂 天刑 朱雀 金匮 天德 白虎 玉堂 天牢 元武 司命 勾陈 青龙 明堂 天刑 朱雀 金匮 天德 白虎 玉堂
八卦	震 巽 坎 艮 坤 乾 兑 离 震 巽 坎 艮 坤 乾 兑 离 震 巽 坎 艮 坤 乾 兑 离 震 巽 坎 艮 坤
方位	正南正西 东南正北 东北正北 西北正东 西南正东 正南正南 东南正南 东北东南 西北东南 西南正西 正南正西 东南正北 东北正北 西北正东 西南正东 正南正南 东南正南 东北东南 西北东南 西南正西 正南正西 东南正北 东北正北 西北正东 西南正东 正南正南 东南正南 东北东南 西北东南
五脏	心 肝 肝 脾 脾 肺 肺 心 心 肾 肾 脾 脾 肺 肺 肝 肝 肾 肾 脾 脾 心 心 肝 肝 肾 肾 肺 肺
子时时辰	庚子 壬子 甲子 丙子 戊子 庚子 壬子 甲子 丙子 戊子 庚子 壬子 甲子 丙子 戊子 庚子 壬子 甲子 丙子 戊子 庚子 壬子 甲子 丙子 戊子 庚子 壬子 甲子 丙子
农事节令	丑时朔，祭祖节（初一） 绝日（初二） 寅时立冬（初三） 上弦（初八） 农暴（初十） 国际大学生节（十三） 寅时望，下元节（十五） 丑时小雪，感恩节（十八） 农暴（二十） 下弦（廿二） 农暴（廿三） 世界艾滋病日（廿七）

公元 2040 年　　农历庚申(猴)年

十一月大

仲冬之月　鼠月　戊子　鬼宿

紫	黄	赤
白	白	碧
绿	白	黑

天道行东南，日躔在丑宫，宜用艮巽坤乾时

初三日**大雪** 20:31　初一日**朔** 15:31

十八日**冬至** 14:34　十五日**望** 20:14

农历	初一	初二	初三	初四	初五	初六	初七	初八	初九	初十	十一	十二	十三	十四	十五	十六	十七	十八	十九	二十	廿一	廿二	廿三	廿四	廿五	廿六	廿七	廿八	廿九	三十
阳历	4	5	6	7	8	9	10	11	12	13	14	15	16	17	18	19	20	21	22	23	24	25	26	27	28	29	30	31	1月1	2
星期	二	三	四	五	六	日	一	二	三	四	五	六	日	一	二	三	四	五	六	日	一	二	三	四	五	六	日	一	二	三
干支	丙寅	丁卯	戊辰	己巳	庚午	辛未	壬申	癸酉	甲戌	乙亥	丙子	丁丑	戊寅	己卯	庚辰	辛巳	壬午	癸未	甲申	乙酉	丙戌	丁亥	戊子	己丑	庚寅	辛卯	壬辰	癸巳	甲午	乙未
28宿	室	壁	奎	娄	胃	昴	毕	觜	参	井	鬼	柳	星	张	翼	轸	角	亢	氐	房	心	尾	箕	斗	牛	女	虚	危	室	壁
	平	定	定	执	破	危	成	收	开	闭	建	除	满	平	定	执	破	危	成	收	开	闭	建	除	满	平	定	执	破	危
五行	火	火	木	木	土	土	金	金	火	火	水	水	土	土	金	金	木	木	水	水	土	土	火	火	木	木	水	水	金	金
节元				大雪中7					大雪下1					冬至上1					冬至中7					冬至下4					小寒上2	
黄道黑道	天牢	元武	天牢	元武	司命	勾陈	青龙	明堂	天刑	朱雀	金匮	天德	白虎	玉堂	天牢	元武	司命	勾陈	青龙	明堂	天刑	朱雀	金匮	天德	白虎	玉堂	天牢	元武	司命	勾陈
八卦	巽	坎	艮	坤	乾	兑	离	震	巽	坎	艮	坤	乾	兑	离	震	巽	坎	艮	坤	乾	兑	离	震	巽	坎	艮	坤	乾	兑
方位	西南正西	正南正西	东南正北	东北正北	西北正东	西南正东	正南正南	东南正南	东北东南	西北东南	西南正西	正南正西	东南正北	东北正北	西北正东	西南正东	正南正南	东南正南	东北东南	西北东南	西南正西	正南正西	东南正北	东北正北	西北正东	西南正东	正南正南	东南正南	东北东南	西北东南
五脏	心	心	肝	肝	脾	脾	肺	肺	心	心	肾	肾	脾	脾	肺	肺	肝	肝	肾	肾	脾	脾	心	心	肝	肝	肾	肾	肺	肺
子时时辰	戊子	庚子	壬子	甲子	丙子	戊子	庚子	壬子	甲子	丙子	戊子	庚子	壬子	甲子	丙子	戊子	庚子	壬子	甲子	丙子	戊子	庚子	壬子	甲子	丙子	戊子	庚子	壬子	甲子	丙子
农事节令	申时朔		戌时大雪，农暴					上弦							戌时望		离日，澳门回归日	未时冬至，一九				圣诞节	下弦				农暴	二九	元旦	

公元 2040 年　　农历庚申(猴)年

十二月小

季冬之月　牛月　己丑　柳宿

白	绿	白
赤	紫	黑
碧	黄	白

天道行西，日躔在子宫，宜用癸乙丁辛时

初三日**小寒** 7:49　初一日**朔** 3:06

十八日**大寒** 1:14　十五日**望** 15:09

农历	初一	初二	初三	初四	初五	初六	初七	初八	初九	初十	十一	十二	十三	十四	十五	十六	十七	十八	十九	二十	廿一	廿二	廿三	廿四	廿五	廿六	廿七	廿八	廿九	三十
阳历	3	4	5	6	7	8	9	10	11	12	13	14	15	16	17	18	19	20	21	22	23	24	25	26	27	28	29	30	31	
星期	四	五	六	日	一	二	三	四	五	六	日	一	二	三	四	五	六	日	一	二	三	四	五	六	日	一	二	三	四	
干支	丙申	丁酉	戊戌	己亥	庚子	辛丑	壬寅	癸卯	甲辰	乙巳	丙午	丁未	戊申	己酉	庚戌	辛亥	壬子	癸丑	甲寅	乙卯	丙辰	丁巳	戊午	己未	庚申	辛酉	壬戌	癸亥	甲子	
28宿	奎	娄	胃	昴	毕	觜	参	井	鬼	柳	星	张	翼	轸	角	亢	氐	房	心	尾	箕	斗	牛	女	虚	危	室	壁	奎	
	成	收	收	开	闭	建	除	满	平	定	执	破	危	成	收	开	闭	建	除	满	平	定	执	破	危	成	收	开	闭	
五行	火	火	木	木	土	土	金	金	火	火	水	水	土	土	金	金	木	木	水	水	土	土	火	火	木	木	水	水	金	
节元				小寒中8					小寒下5					大寒上3					大寒中9					大寒下6					立春上8	
黄道黑道	青龙	明堂	青龙	明堂	天刑	朱雀	金匮	天德	白虎	玉堂	天牢	元武	司命	勾陈	青龙	明堂	天刑	朱雀	金匮	天德	白虎	玉堂	天牢	元武	司命	勾陈	青龙	明堂	天刑	
八卦	坎	艮	坤	乾	兑	离	震	巽	坎	艮	坤	乾	兑	离	震	巽	坎	艮	坤	乾	兑	离	震	巽	坎	艮	坤	乾	兑	
方位	西南正西	正南正西	东南正北	东北正北	西北正东	西南正东	正南正南	东南正南	东北东南	西北东南	西南正西	正南正西	东南正北	东北正北	西北正东	西南正东	正南正南	东南正南	东北东南	西北东南	西南正西	正南正西	东南正北	东北正北	西北正东	西南正东	正南正南	东南正南	东北东南	
五脏	心	心	肝	肝	脾	脾	肺	肺	心	心	肾	肾	脾	脾	肺	肺	肝	肝	肾	肾	脾	脾	心	心	肝	肝	肾	肾	肺	
子时时辰	戊子	庚子	壬子	甲子	丙子	戊子	庚子	壬子	甲子	丙子	戊子	庚子	壬子	甲子	丙子	戊子	庚子	壬子	甲子	丙子	戊子	庚子	壬子	甲子	丙子	戊子	庚子	壬子	甲子	
农事节令	寅子朔		辰时小寒			三九		上弦，农暴，腊八节						农暴	申时望，四九			丑时大寒				下弦		五九，小年，扫尘节			农暴		除夕	